涂料树脂合成及应用

闫福安　官仕龙　张良均　樊庆春　编著

U0249650

化学工业出版社

·北京·

内 容 提 要

本书以涂料化学为中心系统地介绍了涂料树脂合成的聚合反应理论，并以此为基础对醇酸树脂、聚酯树脂、丙烯酸树脂、聚氨酯树脂、氨基树脂、氟硅树脂、环氧树脂和光固化树脂进行了介绍，其主线是合成原理和大分子的分子设计，尽力揭示树脂结构和性能的关系。同时对涂料的基本组成、涂料助剂、涂料配方设计及金属涂料、建筑涂料和木器涂料进行了介绍，注重理论与实践相结合。

本书可供从事涂料教学、研究、生产及应用的技术人员以及高等院校的学生、研究生和教师参考。

图书在版编目（CIP）数据

涂料树脂合成及应用/闫福安等编著. —北京：化学
工业出版社，2008.6（2020.10重印）
ISBN 978-7-122-03030-6

Ⅰ. 涂… Ⅱ. 闫… Ⅲ. 涂料-应用化学 Ⅳ. TQ630.1

中国版本图书馆 CIP 数据核字（2008）第 081597 号

责任编辑：宋林青　　　　　　　　　文字编辑：向　东
责任校对：徐贞珍　　　　　　　　　装帧设计：史利平

出版发行：化学工业出版社（北京市东城区青年湖南街 13 号　邮政编码 100011）
印　　装：北京虎彩文化传播有限公司
787mm×1092mm　1/16　印张 23¼　字数 612 千字　2020 年 10 月北京第 1 版第 7 次印刷

购书咨询：010-64518888　　　　　　　　售后服务：010-64518899
网　　址：http://www.cip.com.cn
凡购买本书，如有缺损质量问题，本社销售中心负责调换。

定　　价：58.00 元　　　　　　　　　　　　　　　　　版权所有　违者必究

前　言

随着改革开放的深入和国民经济的发展，涂料品种迅速增加、性能不断提高，涂料工业得到了长足发展，形成了一个重要的工业门类，涂料产品已经成为工业、农业、国防、高新技术以及人们日常生活不可缺少的材料之一。涂料科学与技术已成为精细化工研究与开发的最重要领域之一。

武汉工程大学是国内较早开展涂料教学与科研的高校之一，近三十年来为涂料行业的发展培养了大量人才，为了进一步促进人才培养和涂料科技的发展，我们结合近年来的科研与教学经验，组织编写了《涂料树脂合成及应用》一书，全书有十六章，重点介绍了涂料树脂合成的聚合反应原理，以及醇酸树脂、聚酯树脂、丙烯酸树脂、聚氨酯树脂、环氧树脂、氟硅树脂、氨基树脂、光固化树脂的合成，其主线是合成原理和大分子的分子设计，尽力揭示树脂结构和性能的关系；此外，对涂料的组成、涂料用助剂的种类及应用、涂料配方设计原理以及金属涂料、木器涂料和建筑涂料的配方及生产工艺进行了介绍。书中既有理论，又有实例、配方设计和实际操作工艺，力求简单、直观、易学、好懂。

本书可作为从事涂料教学、研究、生产及应用的技术人员，大专院校的学生、研究生和教师参考。若本书能为我国涂料工业的创新和发展做出一定贡献，编者将感到无比欣慰。本书由闫福安教授主编，第1～6章由闫福安教授编写，第7～10章由官仕龙副教授编写，第11、12、16章由樊庆春老师编写，第13章由张良均教授编写，第14、15章由张良均教授、闫福安教授编写。全书由闫福安教授统稿。

本书在编写过程中得到了武汉工程大学绿色化工过程省部共建教育部重点实验室、化学工业出版社的支持和一些学生、朋友的帮助，在此深表谢意。由于水平有限，书中疏漏之处在所难免，敬请批评指正。

编　者

于 2008 年 3 月

目　录

第1章 导 论

1.1　概述

涂料是一种保护、装饰物体表面的涂装材料。具体讲,涂料是涂布于物体表面后,经干燥可以形成一层薄膜,赋予物体以保护、美化或其他功能的材料。从组成上看,涂料一般包含四大组分:成膜物质(也称为主要成膜物质)、溶剂(或分散介质)、颜(或填)料(也称为次要成膜物质)和各类涂料助剂。本书首先介绍成膜物质,即涂料树脂的合成方法,然后介绍涂料配方的其他组分、配方原理和应用。

成膜物质是一种高分子化合物(亦称为树脂),可分为天然高分子和合成高分子两大类。其中合成高分子在涂料成膜物质中占主导地位,可细分为缩聚型高分子(缩聚物)、加聚型高分子(加聚物)及改性型高分子三大类。常用的缩聚型高分子有聚氨酯、醇酸树脂、环氧树脂等,加聚型高分子有丙烯酸树脂、过氯乙烯树脂、聚氯乙烯树脂、聚醋酸乙烯树脂等,改性型大分子有高氯化聚乙烯、氯化橡胶等。天然高分子来自自然界,常用的有以矿物为来源的沥青、以植物为来源的生漆、以动物为来源的虫胶等。沥青涂料不仅耐腐蚀性能良好,而且价格便宜。生漆是我国的特产,有很多优良的性能,使用已有几千年的历史。

颜料是涂料中的次要成膜物质。它也是构成涂膜的组成部分,但它不能离开主要成膜物质而单独构成涂膜。颜料是一种不溶于成膜物质的有色物质。依颜料的用途分为体质颜料(也称为填料)、着色颜料、防锈颜料三种。体质颜料:主要用来增加涂层厚度,提高耐磨性和机械强度。着色颜料:可赋予涂层美丽的色彩,具有良好的遮盖性,可以提高涂层的耐日晒性、耐久性和耐气候变化等性能。防锈颜料:这种颜料可使涂层具有良好的防锈能力,延长寿命,它是防锈底漆的主要原料。颜料依组成可分为有机颜料和无机颜料,无机颜料又可分为天然无机颜料和人造无机颜料。

溶剂(或分散介质)在涂料中起到溶解或分散成膜物质及颜(填)料的作用,以满足各种油漆施工工艺的要求,其用量在 50% (体积分数)左右。油漆涂布成膜后,它并不留在漆膜中,而是全部挥发掉了,因此,溶剂(或分散介质)并非成膜物质,它可以帮助施工和成膜。不同品种的合成树脂或油漆,其溶剂不同。溶剂在涂料中的作用往往不为人们重视,认为它是挥发组分,最后总是挥发掉而不留在漆膜中,对漆的质量不会有很大影响。其实不然,各种溶剂的溶解力及挥发率等因素对于成漆在生产、贮存、施工及漆膜光泽、附着力、表面状态等多方面性能都有极大影响。涂料中的溶剂是一种挥发组分,对环境造成极大污染,也是对资源的很大浪费,所以,现代涂料行业正在努力减少溶剂的使用量,开发出了高固体分涂料、水性涂料、无溶剂涂料等环保型涂料。溶剂的品种类别很多,按其化学成分和来源可分为下列几大类。①萜烯溶剂:绝大部分来自松树分泌物,常用的有松节油。②石油溶剂:这类溶剂属于烃类,是从石油中分馏而得,常用的有溶剂油、松香水。松香水是油漆中普遍采用的溶剂,毒性较小。③煤焦溶剂:这类溶剂也属于烃类,但由煤干馏而得,常用的有苯、甲苯、二甲苯等。苯的溶解能力很强,但毒性大,挥发快,一般不用;甲苯的溶解能力与苯相似,主要作为醇酸漆溶剂,也可以作环氧树脂、喷漆等的稀释剂用;二甲苯的溶解性略低于甲苯,挥发比甲苯慢,毒性较小。近年来,重芳烃(三甲基苯)类溶剂得到了广泛应用。④酯类溶剂：是低碳的有机酸和醇的酯化物，常用的有醋酸丁酯、醋酸乙酯、醋酸戊酯等。酯类溶剂毒性小，一般用在民用漆中。⑤酮类溶剂：主要用来溶解硝酸纤维，常用的有丙酮、甲乙酮、甲异丙酮、环己酮、异佛尔酮等。⑥醇类溶剂：常用的有乙醇、异丙醇和丁醇等。醇类溶剂对涂料的溶解力差，仅能溶解虫胶或聚乙烯醇缩丁醛树脂，与酯类、酮类溶剂配合使用时，可增加其溶解力。乙醇不能溶解一般树脂，而能溶解硝基纤维、虫胶等。⑦其他溶剂：常用的有含氯溶剂、硝化烷烃溶剂、醚醇类溶剂等。含氯溶剂溶解力很强，但毒性较大，只是在某些特种漆和脱漆剂中使用；醚醇类溶剂是一种新型的溶剂，有乙醚乙二醇、甲醚乙二醇及其酯类等。近年来，水性涂料发展很快，除极少量水溶性体系外，绝大部分属于水分散体系，水起到分散介质的作用。

助剂：形象的说，助剂在涂料中的作用，就相当于维生素和微量元素对人体的作用，用量很少，约 0.1%（质量分数），但作用很大，不可或缺。现代涂料助剂主要有四大类：①对涂料生产过程发生作用的助剂，如消泡剂、润湿剂、分散剂、乳化剂等；②对涂料储存过程发生作用的助剂，如防沉剂、稳定剂，防结皮剂等；③对涂料施工过程起作用的助剂，如流平剂、消泡剂、催干剂、防流挂剂等；④对涂膜性能产生作用的助剂，如增塑剂、消光剂、阻燃剂、防霉剂等。

1.2　涂料的作用

涂料是精细化工的一个重要工业部门，在工业、农业及人们日常生活中起着重要的作用。

涂料的作用一般包括三个方面：

（1）保护作用　涂料可以在物体表面形成一层保护膜，保护各种制品免受大气、雨水及各种化学介质的侵蚀，延长其使用寿命，减少损失。

（2）装饰作用　由颜料（或填料）及成膜物质提供，其他组分协助。当然，颜料除了使涂膜呈现鲜艳多彩的颜色外，还具有其他作用，如提供一定的机械强度、化学稳定性以强化保护作用；成膜物质使涂饰物表面光泽发生变化，提高丰满度，提高质感，提高了装饰效果。

（3）其他作用　保护和装饰性是涂料的基本功能，此外涂膜还可以提供防静电、导电、绝缘、耐高温、隔热、阻燃、防霉、杀菌、防海洋生物附着、热至变色、光至变色等作用。

1.3　涂料的分类与命名

随着涂料科研、生产及应用的不断发展，涂料工业发展非常迅速，涂料品种越来越多、用途越来越广，因此有必要对涂料进行分类。

涂料的分类方法很多。

（1）按照涂料形态分　粉末涂料、液体涂料；

（2）按成膜机理分　热塑性涂料、热固性涂料；

（3）按施工方法分　刷涂涂料、辊涂涂料、喷涂涂料、浸涂涂料、淋涂涂料、电泳涂涂料；

（4）按干燥方式分　常温干燥涂料、烘干涂料、湿气固化涂料、光固化涂料、电子束固化涂料；

（5）按涂布层次分　腻子、底漆、中涂漆、面漆；

（6）按涂膜外观分　清漆、色漆；平光漆、亚光漆、高光漆；

（7）按使用对象分　金属漆、木器漆、水泥漆，汽车漆、船舶漆、集装箱漆、飞机漆、家电漆；

（8）按性能分　防腐漆、绝缘漆、导电漆、耐热漆、防火漆；

（9）按成膜物质分　醇酸树脂漆、环氧树脂漆、氯化橡胶漆、丙烯酸树脂漆、聚氨酯漆、乙烯基树脂漆等。

（10）按分散介质不同分　溶剂型涂料、水性涂料（水溶型涂料、水分散型涂料和水乳型涂料）。

以上的各种分类方法各具特点，但是无论哪一种分类方法都不能把涂料所有的特点都包含进去，可以说到目前为止还没有统一的分类方法。

为了简化起见，在涂料命名时，除了粉末涂料外仍采用"漆"一词，以后的具体叙述时，各涂料品种也称为漆，在统称时仍用"涂料"一词。涂料命名原则规定如下：

① 涂料全名＝颜料或颜色名称＋成膜物质名称＋基本名称；

② 若颜料对漆膜性能起显著作用，则用颜料名称代替颜色名称；

③ 对于某些有专门用途及特性的产品，必要时在成膜物质后面加以阐明。

按成膜物质的种类，涂料可以进行如表 1-1 所示分类。

按照中国国家标准 GB 2705—92，涂料基本名称代号如表 1-2 所示。

表 1-1　涂料分类表

序号	代号（汉语拼音）	涂料类别	主要成膜物质
1	Y	油性漆类	天然动植物油,鱼油,合成油
2	T	天然树脂漆类	松香及其衍生物、虫胶、酪素、动物胶,大漆及其衍生物
3	F	酚醛树脂漆类	酚醛树脂、改性酚醛树脂、二甲苯树脂
4	L	沥青漆类	天然沥青、石油沥青、煤焦沥青、硬脂酸沥青
5	C	醇酸树脂漆类	甘油醇酸树脂、季戊四醇醇酸树脂、其他改性醇酸树脂
6	A	氨基树脂漆类	脲醛树脂、三聚氰胺甲醛树脂
7	Q	硝基漆类	硝基纤维素、改性硝基纤维素
8	M	纤维素漆类	乙基纤维素、苄基纤维素、羟甲基纤维素,醋酸纤维素,醋酸丁酸纤维素等
9	G	过氯乙烯漆类	过氯乙烯树脂、改性过氯乙烯树脂
10	X	乙烯漆类	氯乙烯共聚物,聚醋酸乙烯及其共聚物,聚乙烯醇缩醛,氟树脂
11	B	丙烯酸漆类	丙烯酸酯共聚物及其改性树脂
12	Z	聚酯漆类	饱和聚酯及不饱和聚酯
13	H	环氧树脂漆类	环氧树脂及改性环氧树脂
14	S	聚氨酯漆类	聚氨基甲酸酯
15	W	元素有机漆类	有机硅、有机钛等元素有机化合物
16	J	橡胶漆类	天然橡胶、合成橡胶及其改性树脂
17	E	其他漆类	如无机高分子(硅酸锂),聚苯胺,聚酰亚胺等

表 1-2 涂料基本名称代号

代号	基 本 名 称	代号	基 本 名 称
00	清油	44	船底漆
01	清漆	45	饮水舱漆
02	厚漆	46	油舱漆
03	调合漆	47	车间(预涂)底漆
04	磁漆	50	耐酸漆
05	粉末涂料	51	耐碱漆
06	底漆	52	防腐漆
07	腻子	60	耐火漆
08	水性涂料	61	耐热漆
09	大漆	62	示温漆
11	电泳漆	63	涂布漆
12	乳胶漆	64	可剥漆
13	其他水溶(性)漆	65	卷材涂料
14	透明漆	66	光固化涂料
15	斑纹漆	67	隔热涂料
16	锤纹漆	71	工程机械用漆
17	皱纹漆	72	农机用漆
18	裂纹漆	73	发电、输配电设备用漆
20	铅笔漆	77	内墙涂料
22	木器漆	78	外墙涂料
23	罐头漆	79	屋面防水涂料
24	家电用漆	80	地板漆
26	自行车漆	82	锅炉漆
27	玩具漆	83	烟囱漆
28	塑料用漆	86	标志漆、路标漆、马路划线漆
30	(浸渍)绝缘漆	87	汽车漆(车身)
32	(绝缘)磁漆	88	汽车漆(底盘)
34	漆包线漆	89	其他汽车漆
35	硅钢片漆	90	汽车修补漆
36	电容器漆	93	集装箱漆
37	电阻漆、电位器漆	94	铁路车辆用漆
38	半导体漆	95	桥梁漆、输电塔漆及其他(大型露天)钢结构漆
40	防污漆	96	航空、航天用漆
41	水线漆	98	胶液
42	甲板漆、甲板防滑漆	99	其他
43	船壳漆		

涂料用辅助材料型号由一个汉语拼音字母和 1～2 位阿拉伯数字组成，字母与数字之间有半字线（读成"之"）。字母表示辅助材料类别代号。数字为序号，用以区别同一类辅助材料的不同品种。辅助材料代号见表 1-3，型号名称举例见表 1-4。

表 1-3　辅助材料代号

代　　号	辅助材料名称	代　　号	辅助材料名称
X	稀释剂	T	脱漆剂
F	防潮剂	H	固化剂
G	催干剂		

表 1-4　型号名称举例

产品型号	产品名称	产品型号	产品名称
Q01-17	硝基清漆	H36-51	中绿环氧烘干电容器漆
A05-19	铝粉氨基烘漆	S07-1	浅灰聚氨酯腻子(分装)
C04-2	白醇酸磁漆	H-1	环氧漆固化剂

1.4　涂料发展概况

涂料的发展历史源远流长，可以追溯到石器时代，我国是最早生产、使用涂料的国家之一，考古发掘出土的大量文物、漆器就是证明，足见我们的祖先已具有很高的涂料生产、使用技术。由于早期的涂料是由植物油脂等为原料生产的，所以人们习惯上称其为油漆，随着 20 世纪初高分子科学的发展，尤其是 30 年代醇酸树脂的工业化生产，合成树脂开始广泛应用于涂料生产，因此油漆的含义已经发生了根本变化，现在应当用涂料代替油漆的概念，包括有机和无机涂料，其中以有机涂料尤为重要。据统计，目前合成树脂涂料已占涂料总产量的 80%，而且，仍在不断开发新的涂料用树脂。

涂料的发展史一般可分为三个阶段：①天然成膜物质的使用；②涂料工业的形成；③合成树脂涂料的生产。

① 天然成膜物质的使用。中国是世界上使用天然成膜物质涂料最早的国家之一。春秋时期（公元前 770～公元前 476 年）就掌握了熬炼桐油制造涂料的技术。战国时期（公元前 475～公元前 221 年）能用桐油和大漆复配涂料。长沙马王堆出土的汉墓漆棺和漆器，做工细致，漆膜坚韧，保护性能良好，说明中国在公元前 2 世纪的汉初时，大漆的使用技术已相当成熟。此后，该项技术陆续传入朝鲜、日本及东南亚各国，并得到发展。公元前的巴比伦人使用沥青作为木船的防腐涂料，希腊人掌握了蜂蜡涂饰技术。公元初年，埃及采用阿拉伯树胶制作涂料。到了明代（1368～1644 年），中国漆器技术达到高峰。明隆庆年间黄成所著的《髹饰录》系统地总结了大漆的使用经验。17 世纪以后，中国的漆器技术和印度的虫胶（紫胶）涂料逐渐传入欧洲。

② 涂料工业的形成。18 世纪涂料工业开始形成。亚麻仁油熟油的大量生产和应用，促使清漆和色漆的品种迅速发展。1773 年，英国韦廷公司搜集出版了很多用天然树脂和干性油炼制清漆的工艺配方。1790 年，英国创立了第一家涂料厂。19 世纪，涂料生产开始摆脱了手工作坊的状态，很多国家相继建厂，法国在 1820 年、德国在 1830 年、奥地利在 1843 年、日本在 1881 年都相继建立了涂料厂。19 世纪中叶，涂料生产厂家直接配制适合施工要求的涂料，即调合漆。从此，涂料配制和生产技术才完全掌握在涂料厂中，推动了涂料生产

的规模化。第一次世界大战期间，中国涂料工业开始萌芽，1915年开办的上海开林颜料油漆厂是中国第一家涂料生产厂。

③ 合成树脂涂料时期。19世纪中期，随着合成树脂的出现，涂料成膜物质发生了根本性的变革，形成了合成树脂涂料时期。

1855年，英国人A.帕克斯取得了用硝酸纤维素（硝化棉）制造涂料的专利权，建立了第一个生产合成树脂涂料的工厂。1909年，美国化学家L.H.贝克兰试制成功醇溶性酚醛树脂。随后，德国人K.阿尔贝特研究成功松香改性的油溶性酚醛树脂涂料。第一次世界大战后，为了打开过剩的硝酸纤维素的销路，适应汽车生产发展的需要，找到了醋酸丁酯、醋酸乙酯等良好溶剂，开发了空气喷涂的施工方法。1925年硝酸纤维素涂料的生产达到高潮。与此同时，酚醛树脂涂料也广泛应用于木器家具行业。在色漆生产中，轮碾机被逐步淘汰，球磨机、三辊机等现代机械研磨设备在涂料工业中得到推广应用。

1927年，美国通用电气公司的R.H.基恩尔突破了植物油醇解技术，发明了用干性油脂肪酸制备醇酸树脂的工艺，醇酸树脂涂料迅速发展为主流的涂料品种，摆脱了以干性油和天然树脂混合炼制涂料的传统方法，开创了涂料工业的新纪元。1940年，三聚氰胺-甲醛树脂（氨基树脂）与醇酸树脂配合制漆（即氨基-醇酸烘漆），进一步扩大了醇酸树脂涂料的应用范围，发展成为装饰性涂料的主要品种，广泛用于工业涂装。

第二次世界大战结束后，合成树脂涂料品种发展很快。美国、英国、荷兰（壳牌公司）、瑞士（汽巴公司）在20世纪40年代后期首先生产了环氧树脂，为发展新型防腐蚀涂料和工业底漆提供了新的原料。50年代初，性能优异的聚氨酯涂料在联邦德国拜耳公司投入工业化生产。1950年，美国杜邦公司开发了丙烯酸树脂涂料，逐渐成为汽车涂料的主要品种，并扩展到轻工、建筑等部门。第二次世界大战后，丁苯胶乳过剩，美国积极研究用丁苯胶乳制造水乳胶涂料。20世纪50～60年代，又开发了聚醋酸乙烯酯胶乳和丙烯酸酯胶乳涂料，这些都是建筑涂料的最大品种。1952年联邦德国克纳萨克·格里赛恩公司发明了乙烯类树脂热塑性粉末涂料。壳牌化学公司开发了环氧粉末涂料。美国福特汽车公司1961年开发了电沉积涂料，并实现工业化生产。此外，1968年联邦德国拜耳公司首先在市场上出售光固化木器漆。乳胶涂料、水性涂料、粉末涂料和光固化涂料，使涂料产品中的有机溶剂用量大幅度下降，甚至不使用有机溶剂，开辟了低污染涂料的新领域。随着电子技术和航天技术的发展，以有机硅树脂为主的元素有机树脂涂料，在50～60年代发展迅速，在耐高温涂料领域占据重要地位。这一时期开发并实现工业化生产的还有杂环树脂涂料、橡胶类涂料、乙烯基树脂涂料、聚酯涂料、无机高分子涂料等品种。

随着合成树脂涂料的发展，逐步采用了大型的树脂反应釜，研磨工序逐步采用高效的研磨设备，如高速分散机和砂磨机得到推广使用，取代了40～50年代的三辊磨。

为配合合成树脂涂料的推广应用，涂装技术也发生了根本性变化。20世纪50年代，高压无空气喷涂在造船工业和钢铁桥梁建筑中推广，大大提高了涂装的工作效率。静电喷涂是60年代发展起来的，它适用于大规模流水线涂装，促进了粉末涂料的进一步推广。电沉积涂装技术是60年代为适应水性涂料的出现而发展的，尤其在超过滤技术解决了电沉积涂装的废水问题后，进一步扩大了应用领域。

20世纪70年代以来，由于石油危机的冲击，涂料工业向节省资源、能源，减少污染、有利于生态平衡和提高经济效益的方向发展。高固体涂料、水型涂料、粉末涂料和辐射固化涂料的开发，是其具体表现。1976年，美国匹兹堡平板玻璃工业公司研制的新型电沉积涂料——阴极电沉积涂料，提高了汽车车身的防腐蚀能力，得到迅速推广。70年代开发了有机-无机聚合物乳液，应用于建筑涂料等领域。另外，功能性涂料成为70年代以来涂料工的研究的重要课题，并推出了一系列新品种。80年代各种建筑涂料发展很快。这一阶段有如下特点：①以现代的高分子科学等理论为指导，有目的地进行研究开发工作，加快了涂料发展的进程，例如现代化学、材料科学的理论应用在涂料科学，涂料助剂得到广泛推广使用，从而使涂料产品的性能和生产效率都有了大幅度提高。②利用共聚合、大分子改性和共混方法，实现了合成树脂结构的优化组合，提高了涂料的性能，且使功能性涂料品种日益增多。③对涂料质量的测试由宏观转向微观，已从测定表面性能转向测定影响涂料内在质量的结构层次方面。如更加重视测定合成树脂的分子量与分子量分布以了解合成树脂的质量，用扫描电镜观察涂膜的微观结构对涂膜性能的影响等。

20世纪90年代初，世界发达国家进行的"绿色革命"对涂料工业是个挑战，促进了涂料工业向"绿色"涂料方向大步迈进。以工业涂料为例，在北美和欧洲，1992年常规溶剂型涂料占49％，到2000年降为26％；水性涂料、高固体分涂料、光固化涂料和粉末涂料由1992年的51％增加到2002年的74％。今后十年，涂料工业的技术发展将主要体现在"水性化、粉末化、高固体分化和光固化"——即"四化"上，50％以下固体含量的溶剂型涂料则是衰退中的技术。

（1）涂料的水性化　由于水性涂料的优越性十分突出，近十年来，水性涂料在涂料领域的应用日益扩大，已经替代了不少惯用的溶剂型涂料。随着各国对挥发性有机物及有毒物质的限制越来越严格，以及树脂、配方的优化和适用助剂的开发，可以预计水性涂料在用于家庭装饰涂料、建筑涂料等方面的市场份额将不断提高，逐步占领溶剂型涂料的市场。在水性涂料中，乳胶涂料占绝对优势，此外，水分散体涂料在木器、金属涂料领域的技术、市场发展很快。水性涂料重要的研究方向有以下几个方面。

① 成膜机理的研究。这方面的研究主要是改善涂膜的性能。

② 施工应用的研究。近年来对金属涂装用水基涂料做了大量研究并获得十分可喜的进展，美国、日本、德国等国家已生产出金属防锈底漆、面漆，在市场上颇受欢迎。热塑性乳胶基料常用丙烯酸酯聚合物、聚氨酯分散体及其杂合乳液，通过大分子量的聚合物颗粒聚结而固化成膜。乳胶颗粒的聚结性关系到乳胶成膜的性能。近几年来，着重于强附着性基料和快干基料的研制，以及混合树脂胶的开发。一般水性乳胶聚合物对疏水性底材（如塑料和净化度差的金属）附着性差。为提高乳胶附着力，必须注意乳胶聚合物的结构和配方设计，使其尽量与底材的表面能接近，并选择合适的聚结剂，降低体系的表面张力，以适应表面张力较低的市售塑料等基材的涂饰。新开发的聚合物乳胶容易聚结，聚结剂用量很少也能很好地成膜，现已在家具、机械和各种用具等塑料制品上广泛应用。

③ 水性聚氨酯涂料。这是近年来迅速发展的一类水性涂料。水性聚氨酯对环境无污染，中毒和着火的危险性小。水性聚氨酯树脂分子内存在氨基甲酸酯键，所以水性聚氨酯涂料的柔韧性、机械强度、耐磨性、耐化学药品及耐久性等都十分优异，欧、美、日均将其视为高性能的现代涂料品种大力研究开发。

由于能源危机，油性漆原材料的价格大涨，为水性漆的发展提供了机遇。当然，目前水性涂料的发展还面临着很多挑战。一是消费者的消费习惯能不能被环保和健康观念改变；二是生产厂家能不能在水性漆的物理性能方面有更大的改进和提高。另外，政策面的推动也应加强，广大民众的消费观念也需更新。因此，水性漆的发展需要研发、生产、政府和用户等多方的共同努力。

（2）涂料的粉末化　在涂料工业中，粉末涂料亦属于发展较快的一类。由于世界上出现了严重的大气污染，环保法规对污染控制日益严格，要求开发无公害、省资源的涂料品种。因此，无溶剂、100％地转化成膜、具有保护和装饰综合性能的粉末涂料，便因其具有独有的经济效益和社会效益而获得飞速发展。

粉末涂料的主要品种有环氧树脂、聚酯、丙烯酸和聚氨酯粉末涂料。近年来，芳香族聚氨酯和脂肪族聚氨酯粉末以其优异的性能令人注目。

（3）涂料的高固体分化 在环境保护措施日益强化的情况下，高固体分涂料有了迅速发展。采用脂肪族多异氰酸酯和聚己内酯多元醇等低黏度聚合多元醇，可制成固体分高达100％的聚氨酯涂料。该涂料各项性能均佳，施工性好。用低黏度 IPDI 三聚体和高固体分羟基丙烯酸树脂或聚酯树脂配制的双组分热固性聚氨酯涂料，其固体含量可达 70％以上，且黏度低，便于施工，室温或低温可固化，是一种非常理想的高装饰性高固体分聚氨酯涂料。

（4）涂料的光固化 光固化涂料也是一种不用溶剂、节省能源的涂料，最初主要用于木器和家具等产品的涂饰，目前在木质和塑料产品的涂装领域开始广泛应用。在欧洲和发达国家，光固化涂料市场潜力大，很受大企业青睐，主要是流水作业的需要，美国约有 700 多条大型光固化涂装线，德国、日本等大约有 40％的木质或塑料包装物采用光固化涂料。最近又开发出聚氨酯丙烯酸光固化涂料，它是将有丙烯酸酯端基的聚氨酯齐聚物溶于活性稀释剂（光聚合性丙烯酸单体）中而制成的，既保持了丙烯酸树脂的光固化特性，又具有特别好的柔性、附着力、耐化学腐蚀性和耐磨性。

环境压力正在改造全球涂料工业，一大批环境保护条例对 VOC 的排放量和使用有害溶剂等都做了严格规定，整个发达国家的涂料工业已经或正在进行着调整。归根结底，全球市场正朝着更适应环境的技术尤其是水性、高固体分、辐射固化和粉末涂料方向发展。

1.5 结语

虽然涂料科学和技术方面的研究已有近百年历史了，但直到 20 世纪 80 年代，涂料技术才发展成为一门科学，又因为涂料科学和技术涉及聚合物化学、有机化学、无机化学、分析化学、电化学、表面与胶体化学、流变学、色彩物理学、化学工程、腐蚀、粘接、材料科学、微生物学、光化学和物理学等多个学科领域，一些基本问题还没有满意的答案，因此就需要多学科的学者协同攻关，进一步完善涂料科学的内容，促进涂料工业的蓬勃发展，使涂料产品为社会创造更加巨大的经济效益。

第2章 聚合反应原理

2.1 概述

聚合物的合成方法可概括如下：

$$聚合物的合成反应 \begin{cases} 单体的聚合反应 \begin{cases} 加聚反应，属于连锁聚合机理 \\ 缩聚反应，属于逐步聚合机理 \end{cases} \\ 大分子反应 \end{cases}$$

其中单体的聚合反应是聚合物合成的重要方法。

2.2 自由基连锁聚合

2.2.1 高分子化学的一些基本概念

2.2.1.1 高分子化合物（high molecular weight compound）

由许多一种或几种结构单元通过共价键连接起来的呈线形、分支形或网络状的高分子量的化合物，称之为高分子量[1]化合物，简称高分子化合物或高分子。高分子化合物也称之为大分子（macromolecule）、聚合物（polymer）。

高分子化合物的特点：

① 高的分子量。一般高聚物 MW（molecular weight）$>10^4$；MW$<10^3$ 时称为齐聚物（oligomer）、寡聚物或低聚物。

② 存在结构单元。结构单元是由单体（小分子化合物）通过聚合反应转变成的构成大分子链的单元。

③ 结构单元通过共价键连接，连接形式有线型、分支型或网络状结构。

如聚苯乙烯（PS）：MW 为 $(10 \times 10^4) \sim (30 \times 10^4)$，线型，含一种结构单元——苯乙烯单元，属通用合成塑料。

2.2.1.2 单体（monomer）

单体是指能够通过聚合反应生成高分子化合物的化合物。即合成高分子化合物用的原料，包括小分子单体和大分子单体。

$$单体 \xrightarrow{\text{聚合反应}} 聚合物$$

2.2.1.3 结构单元（structural unit）

结构单元是由单体通过聚合反应转变成的构成大分子链的单元。

---

[1] 本书中分子量即相对分子质量。

| PVC | PMMA | PS |

2.2.1.4　重复单元（repeating unit）

重复单元即可以通过其重复共价连接构成大分子链的单元。结构简单的大分子可能有重复单元，如上述 PVC（聚氯乙烯）、PS（聚苯乙烯）、PMMA（聚甲基丙烯酸甲酯）及 PP（聚丙烯）等，但有时（如结构复杂时）往往找不到重复单元，如丁苯橡胶、丙烯酸酯共聚树脂、酚醛树脂等。

2.2.1.5　单体单元（monomic unit）

单体单元即由单体通过聚合反应转变成的构成大分子链的，而且同单体组成相同的单元。如上述 PVC、PS、PMMA 的结构单元也是单体单元、重复单元，三者相同。但三者也可以是不同的，如尼龙-66（聚己二酰己二胺），有两个结构单元，两个结构单元链接起来组成其重复单元。

另外，由于其结构单元组成与单体组成不同，不能称为单体单元。

2.2.1.6　聚合度（degree of polymerization，DP）

聚合度即一条大分子所包含的重复单元的个数，用 DP 表示；对缩聚物，聚合度通常以结构单元计数，符号为 X_n；DP、X_n 对加聚物一般相同，对缩聚物有时可能不同，如对尼龙-66，$X_n = 2DP$；对尼龙-6，$X_n = DP$。因此，谈及聚合度时，一定要明确其计数对象。

2.2.1.7　高分子化合物的结构式（structural formula）

高分子化合物的结构式用下式表示，其中下标 n 表示重复单元的个数，即重复单元记数的聚合度。

如果结构非常复杂，如分支、网络型大分子，不存在重复单元，其结构式一般只能写出其特征结构单元和特征结构。如醇酸树脂：

2.2.2　聚合反应的类型

由单体合成聚合物的反应可依不同方案进行分类。

① 依聚合前后组成是否变化将聚合反应分为加聚反应（addition polymerization）和缩聚反应（polycondensation）。

加聚反应主要是指烯类单体在活性种进攻下打开双键、相互加成而生成大分子的聚合反应，单体、聚合物组成一般相同。如

$$nCH_2=CH \longrightarrow \begin{matrix} \text{—} CH_2\text{—}CH \text{—} \\ | \\ O \\ | \\ C=O \\ | \\ CH_3 \end{matrix}_n$$

缩聚反应主要是指带有两个或多个可反应官能团的单体，通过官能团间多次缩合而生成大分子，同时伴有水、醇、氯化氢等小分子生成的聚合反应。如

$$nHOOC(CH_2)_4COOH + nH_2N(CH_2)_6NH_2 \longrightarrow H \text{—} NH(CH_2)_6NHCO(CH_2)_4CO \text{—}_n OH + (2n-1)H_2O$$

② 依聚合机理分为连锁聚合（chain polymerization）和逐步聚合（step polymerization）。

连锁聚合时大分子的生成通常包括链引发、链增长、链转移和链终止等基元反应。其大分子生成的机制是由引发剂产生活性种，进而加成单体生成新的活性种，不断重复这一过程即链增长，形成数千上万聚合度的活性种，再经链转移或链终止而生成死的聚合物。其特点是：a. 单体主要为烯类（一些杂环类化合物、少量醛也可以进行连锁聚合）；b. 存在活性中心，如自由基、阴离子、阳离子；c. 属链式反应，活性中心寿命短，约 10^{-1} s，从活性中心形成、链增长到大分子生成在转瞬完成，聚合体系由单体和聚合物构成，延长聚合时间的目的是为了提高单体的转化率，分子量变化不大；d. 聚合物、单体组成一般相同。加聚反应从机理上看大部分属于连锁聚合，二者常替换使用，实际上连锁聚合与加聚反应是从不同角度对聚合反应的分类，因此也有一些形式上的加聚反应属于逐步聚合机理。连锁聚合聚合物的分子量、转化率与时间的关系可用图 2-1 表示。

逐步聚合时大分子的生成是一个逐步过程，其聚合度的提高是一个宏观过程，可以追踪。其特点是：a. 单体带有两个或两个以上可反应的官能团；b. 伴随聚合往往有小分子化合物析出，聚合物、单体组成一般不同；c. 聚合物主链往往带有官能团的特征；d. 逐步聚合机理——大分子的生成是一个逐步的过程，由可反应官能团相互反应逐步提高聚合度。缩聚反应从机理上看大部分属于逐步聚合，二者常替换使用，但也有一些缩聚反应属于连锁机理。缩聚反应其分子量、转化率与时间的关系可用图 2-2 表示。

| (a) 分子量与时间关系 | (b) 转化率与时间的关系 | (a) 分子量与时间关系 | (b) 转化率与时间的关系 |

图 2-1　连锁聚合的分子量、转化率与时间的关系　　图 2-2　缩聚反应分子量、转化率与时间的关系

③ 开环聚合反应（ring-opening polymerization）是指由杂环状单体开环而聚合成大分子的反应。常见的单体为环醚、环酰胺（内酰胺）、环酯（内酯）、环状硅氧烷等。开环聚合

反应的聚合机理可能是连锁聚合或者是逐步聚合。聚合条件对聚合机理有重要的影响，如己内酰胺，用碱作引发剂时按连锁机理进行；用酸作催化剂有水存在时，按逐步聚合机理进行。其中环醚、内酯及环状硅氧烷的开环聚合所得到的聚环氧乙烷（PEG）、聚环氧丙烷（PPG）、聚己内酯（PCL）、聚硅氧烷对涂料工业非常重要。

④ 大分子反应，除了可以由小分子单体的聚合反应合成大分子之外，利用大分子结构上的可反应官能团的反应也可以合成新型的高分子化合物，这种方法实际上是对现有聚合物的化学改性。

近年来，该法的重要性日益突现，得到了一些具有重要用途的合成树脂。聚乙烯醇的合成是一个典型的例子。由于乙烯醇不能稳定存在，容易异构化为乙醛或环氧乙烷，所以聚乙烯醇的合成路线是：醋酸乙烯酯经自由基聚合先合成出聚醋酸乙烯酯（PVAc），聚醋酸乙烯酯再经碱性醇解而生成聚乙烯醇（PVA）。

$$n\text{CH}_2{=}\text{CH} \longrightarrow \left[\text{CH}_2{-}\text{CH}\right]_n \xrightarrow[\text{NaOH}]{n\text{CH}_3\text{OH}} \left[\text{CH}_2{-}\text{CH}\right]_n$$

涂料工业用防腐树脂氯化橡胶、高氯化聚乙烯（HCPE）、高氯化聚丙烯（HCPP）以及羟乙基纤维素（HEC）、聚乙烯醇缩丁醛（或甲醛）等，都是利用大分子反应合成的。

2.2.3　高分子化合物的分类与命名

2.2.3.1　高分子化合物的分类

(1) 依组成分类　①碳链型大分子，其大分子主链由碳元素组成，如聚烯烃类。主要由烯类单体加聚而成，产量大、用途广，属通用型树脂。②杂链型大分子，大分子主链除碳元素外，还含有 O、S、N、P 等杂元素，如聚酯（聚对二甲酸乙二醇酯，PET）、聚酰胺（聚己二酰己二胺）、聚氨酯（PU）、聚（硫）醚等，主要由缩聚生成，大分子极性大，分子间作用力大，材料强度好，用作合成纤维或工程塑料。③元素有机大分子，大分子主链不含碳元素，主要有 O、S、N、P 及 Si、B、Al、Sn、Se、Ge 等元素组成，但侧基含有有机基团（烷基或芳基）。聚硅氧烷是其中典型的例子，其结构式为 $\left[\text{O}{-}\overset{\text{CH}_3}{\underset{\text{CH}_3}{\text{Si}}}\right]_n$。④ 无机大分子，主链、侧基都不含碳元素的聚合物，如聚磷酸。

(2) 依用途分类　包括塑料用大分子、橡胶用大分子、纤维用大分子、涂料用大分子、黏合剂用大分子等。其中塑料用大分子、橡胶用大分子、纤维用大分子常称之为通用型高分子。此外还包括工程塑料用高分子、功能高分子、复合材料高分子等。

(3) 依聚合类型分类　有加聚物和缩聚物；连锁型聚合物和逐步型聚合物。

(4) 依含有单体（或结构）单元的多少分类　均聚物（homopolymer，大分子链上只有一种单体单元，如 PS，PP，PVC，HDPE 等）、共聚物（copolymer，大分子链上含有两种以上的单体单元，如丁苯橡胶，ABS 树脂，EVA 树脂，SBS 热塑性弹性体等）。

(5) 依微观结构分类　线型（linear）大分子，分支型（branched）大分子，体型（网络，networked）大分子。

(6) 依聚合物材料的热性能分类　热塑性聚合物（thermoplastics），热固性聚合物（thermosetting polymer）。

2.2.3.2　大分子的命名（nomenclature of polymer）

（1）习惯命名法　在单体的名称前加前缀"聚"构成习惯名。如聚乙烯（PE）、聚丙烯（PP）、聚氯乙烯（PVC）、聚苯乙烯（PS）、聚甲基丙烯酸甲酯（PMMA）等。对缩聚物稍微复杂一些：如聚对苯二甲酸乙二醇酯（PET）（其中"酯"不能省略）、聚己二酰己二胺；结构复杂时（对分支、网络状高分子）常用"树脂"作后缀，树脂指纯的聚合物材料，如苯酚-甲醛树脂（简称酚醛树脂）、脲醛树脂、醇酸树脂、环氧树脂等。

对共聚物常用"聚"作前缀，或"共聚物"作后缀进行命名。如聚（丁二烯-苯乙烯）或（丁二烯-苯乙烯）共聚物。

（2）商品名及英文缩写名　合成纤维的商品名用"纶"作后缀，如涤纶、锦纶（尼龙-66、尼龙-6、尼龙-1010，其中第一个数字表示所用单体中二元胺的碳原子数，第二个数字表示二元酸的碳原子数，只有一个数字时表示内酰胺的碳原子数）、腈纶及维尼纶等。合成橡胶常以"橡胶"作后缀，如丁（二烯）苯（乙烯）橡胶、合成天然橡胶、丁（二烯）（丙烯）腈橡胶、顺丁橡胶等。少量聚合物有俗名，如有机玻璃、塑料王、人造羊毛、太空玻璃、防弹玻璃等。

常见聚合物的英文缩写名：PE、PP、PS、PVC、PMMA、PAN（聚丙烯腈）、PVA（聚乙烯醇）、PVAc（聚醋酸乙烯酯）、PTFE（聚四氟乙烯）、ABS（丙烯腈-丁二烯-苯乙烯三元共聚物）、PET等。

（3）IUPAC命名法　自从高分子科学及高分子化学工业建立以来，目前工业规模生产的产品就有100多种，而新的功能高分子的研究开发正在不断向纵深发展，为方便研究、交流，有必要建立一套系统的命名法，为此国际纯粹与应用化学联合会提出了以结构为基础的系统命名法。其命名规则是：

① 确定结构重复单元（constutional repeating unit），该单元即最小重复单元；

② 划出次级单元（subunit）并排列次序，排序规则为 a. 杂原子先排，b. 带取代基的先排；

③ 以"聚"为前缀，依次写出次级单元的名称，即IUPAC名。

$$\left[\!\!\!-CH_2-\!\!\!\right]_n$$ 　$$\left[\!\!\!-OCH_2CH_2-\!\!\!\right]_n$$ 　$$\left[\!\!\!-CH_2-CH-\!\!\!\right]_n$$
聚亚甲基　　　　聚氧化乙烯　　　　　　O
　　　　　　　　　　　　　　　　　　　　　$C=O$
　　　　　　　　　　　　　　　　　　　　　CH_3
　　　　　　　　　　　　　　　　　　聚-1-乙酰氧基乙烯

$$\left[\!\!\!-C-\langle\!\!\bigcirc\!\!\rangle-C-O(CH_2)_2O-\!\!\!\right]_n$$ 　$$\left[\!\!\!-NH(CH_2)_6NH\cdot CO(CH_2)_4CO-\!\!\!\right]_n$$
聚氧乙烯基氧对苯二甲酰　　　　　　聚亚氨基-1,6-亚己基亚氨基己二酰

IUPAC命名法比较严谨，但是名称冗长，不便与合成单体对应，应用仍不广泛。

2.2.4　高分子化合物的分子量及其分布

高分子化合物分子量的特点之一是分子量很高，高的分子量是聚合物作为材料使用的必要条件，所以分子量是高分子的重要表征指标之一。图2-3表示强度-分子量的关系。

因此每种聚合物都存在一个临界聚合度，大于该值才能呈现强度性质。该临界值对非极性、弱极性、极性聚合物分别为100、

图 2-3　高分子强度-
分子量的关系

100～40、40。

当然由于分子量还影响加工性能，所以分子量并非越大越好。如合成纤维用聚合物，分子量过大将堵塞纺丝喷头，因此，在保证材料强度的前提下，应尽量降低分子量。

2.2.4.1 平均分子量及其分布

低分子化合物通常可以认为具有固定的分子量，因而具有固定的沸点、熔点；高分子化合物通常无固定的熔点，存在熔融范围，其根本原因就在于分子量的不均一性，即高分子化合物的分子量存在多分散性，此为聚合物分子量的另一特点。高分子化合物分子量多分散性的根本原因在于大分子生成的统计性（或每条大分子生成的物理条件和化学条件不同），聚合物试样实际上是一系列分子量不等的同系物的混合物。为表征分子量的大小，应引入平均分子量的概念。采用不同的统计方法、测试方法可以得到不同的平均分子量。常用的有以下几种。

（1）数均分子量（number average of molecular weight）

$$\overline{M}_n = \frac{m}{\sum N_i} = \frac{\sum N_i M_i}{\sum N_i} = \sum n_i M_i$$

式中，m 为聚合物试样的质量，g；N_i 为 i-聚体的物质的量；M_i 为 i-聚体的相对分子质量；n_i 为 i-聚体的摩尔分数。

测定方法有端基分析法、依数性测定法（包括冰点下降法、沸点升高法、渗透压法和蒸气压降低法）。

（2）重均分子量（weight average of molecular weight）

$$\overline{M}_w = \frac{\sum m_i M_i}{\sum m_i} = \sum w_i M_i$$

式中，m_i 为 i-聚体的质量；w_i 为 i-聚体的质量分数。

测定方法有光散射法、凝胶渗透色谱法（GPC 法）。

（3）黏均分子量（viscocity average molecular weight）

$$\overline{M}_v = \left[\frac{\sum m_i M_i^\alpha}{\sum m_i} \right]^{\frac{1}{\alpha}} = \left[\sum w_i M_i^\alpha \right]^{\frac{1}{\alpha}}$$

式中，$0.5 < \alpha < 1$，为 Mark 方程中的一个常数。

$$[\eta] = K M^\alpha$$

式中，$[\eta]$ 为聚合物稀溶液的特性黏数；M 为试样的黏均分子量。

$\overline{M}_n$、$\overline{M}_w$ 及 $\overline{M}_v$ 三者之间的关系为：$\overline{M}_n \leqslant \overline{M}_v \leqslant \overline{M}_w$，只有对单分散试样，才能取等号。

2.2.4.2 聚合物分子量多分散性的表示方法

（1）多分散系数法

$$\lambda = \frac{\overline{M}_w}{\overline{M}_n} \geqslant 1$$

式中，λ 为多分散系数。λ 越大分子量分布越宽，对单分散试样 $\lambda = 1$。

（2）分子量分布曲线法　分子量分布曲线法通常由沉淀分级法及溶解分级法绘制。

除了平均分子量影响聚合物的性能之外，分子量分布对其性能也具有重要的影响。不同用途、成型方法对分子量分布的要求也不同。如，合成纤维用树脂分布宜窄；合成橡胶用树脂则可较宽，其低分子量组分起到内增塑的作用；塑料用树脂的分布居中。

2.2.5 高分子化合物的结构

2.2.5.1 聚合物的结构

聚合物的结构可分为化学结构和物理结构。化学结构也称为高分子的分子结构，即指一条大分子的结构，如大分子的元素组成和分子中原子或原子基团的空间排列方式；物理结构也称为高分子的聚集态结构，即指大分子的堆砌、排列形式，包括有序排列形成的晶态结构和无序排列形成的非晶态结构，也包括有序程度介于二者之间的液晶态结构。

化学结构主要由聚合反应中所用单体及聚合工艺条件决定，是高分子化学要研究的内容；物理结构除与聚合物的化学结构有关外，加工成型条件对物理结构也具有重要影响，是高分子物理要研究的内容。

高分子化学就是研究选用何种单体和聚合工艺合成具有预定化学结构和性能的聚合物。

2.2.5.2　高分子的化学结构

高分子的化学结构包括大分子的组成、键接顺序、立体结构、连接方式、分子量及其分布等。

(1) 大分子的组成　大分子的组成主要由结构单元的组成决定，而结构单元的组成主要决定于所选用的单体。由烯类单体连锁聚合得到的聚烯烃，属碳链聚合物；由杂环单体开环聚合或逐步聚合得到的属杂链聚合物。有时为了调节性能有多种单体参与共聚合，所形成的聚合物的大分子主链上含有多个结构单元，即所谓的共聚物，可使单体性能相复合。

(2) 结构单元的键接顺序　单取代乙烯类单体的聚合物其单体单元在大分子链上的连接方式有以下三种：

头尾连接：

$$-CH_2-\underset{X}{CH}-CH_2-\underset{X}{CH}-$$

头头连接：

$$-CH_2-\underset{X}{CH}-\underset{X}{CH}-CH_2-$$

尾尾连接：

$$-\underset{X}{CH}-CH_2-CH_2-\underset{X}{CH}-$$

其中头尾连接一般占优势，但当头部上取代基位阻效应不明显，且共轭效应、极性效应比较弱时，头-头连接的概率将增加，这又将导致尾尾连接的增加。如聚氟乙烯、聚氯乙烯的大分子链上含有较多的头头连接。

(3) 立体结构

① 旋光异构　一元取代乙烯或偏二元取代乙烯，聚合后生成的链节若含有一个手性碳原子（不对称碳原子），就可以形成两种构型，记为 D 型、L 型。

$$D型：-CH_2-\overset{X}{\underset{Y}{C^*}}- \qquad L型：-CH_2-\overset{Y}{\underset{X}{C^*}}-$$

D 型、L 型链节在大分子链上的不同连接可以形成三种立体异构体：全同立构（isotactic）聚合物、间同立构（syndiotactic）聚合物和无规立构（atactic）聚合物。全同立构聚合物的大分子链上手性碳原子全为 D 型（或 L 型）构型，间同立构聚合物上 D 型、L 型交替出现，无规立构聚合物上 D 型、L 型无规律出现。其中全同立构聚合物、间同立构聚合物都称为有规立构聚合物，有规立构的程度称为立构规整度或等规度。

自由基聚通常得到无规立构异构体，配位聚合通常得到有规立构聚合物。有规立构聚合物结构规整，易结晶，具有较好强度。例如，全同立构 PP 是通用塑料用树脂，而无规立构 PP 是一种非晶态聚合物，强度低，不能作结构材料，可用作一些树脂的增塑剂。

② 顺反异构　共轭二烯烃的连锁聚合物大分子主链上含有碳碳双键，因此也会产生顺

反异构体。如丁二烯的 1,4-位聚合物 1,4-聚丁二烯,有顺-1,4-聚丁二烯和反-1,4-聚丁二烯;异戊二烯有顺-1,4-聚异戊二烯和反-1,4-聚异戊二烯。由于顺式结构规整性差,难以结晶,可用作橡胶;而反式结构规整,容易结晶,主要用作塑料。

顺-1,4-聚异戊二烯:

$$\begin{array}{ccc} H & CH_3 & H & CH_3 \\ | & | & | & | \\ C=C & & C=C \\ \end{array}$$
$$+CH_2 \quad CH_2-CH_2 \quad CH_2+_n$$

反-1,4-聚异戊二烯:

$$+CH_2 \quad CH_2+_n$$
$$C=C$$
$$+CH_2 \quad CH_3$$

2.2.6 自由基聚合机理

聚合物可以通过单体的聚合反应合成。

$$单体 \xrightarrow{\text{加聚反应}} 加聚物$$

$$单体 \xrightarrow{\text{缩聚反应}} 缩聚物$$

$$加聚反应 \begin{cases} 自由基聚合 (freeradical\ polymerization) \\ 阳离子聚合 (cationic\ polymerization) \\ 阴离子聚合 (anionic\ polymerization) \end{cases}$$

其中自由基聚合物产量最大,约占聚合物产量的 60%,占热塑性聚合物的 80%。如通用型塑料用树脂:LDPE、PVC、PS、PMMA、PTFE、PVAc、ABS 等;合成橡胶:丁苯橡胶、丁腈橡胶、氯丁橡胶等;合成纤维:PAN 等。另外,自由基聚合的理论成熟:建立了聚合反应的机理和动力学方程;单体及其自由基的活性与结构的关系也研究得比较清楚;共聚合理论也已经建立。

自由基聚合属于连锁聚合,包含四种基元反应。

(1) 链引发 (chain initiation) 即生成单体自由基活性种的反应,一般采用引发剂引发。此外,也可用热、光、力的作用实现引发。引发剂引发时,链引发由两步反应组成:

$$I \xrightarrow{k_d} 2R\cdot(初级自由基)$$

$$R\cdot + CH_2=CH \longrightarrow RCH_2-CH\cdot(单体自由基)$$
$$\qquad\qquad | \qquad\qquad\qquad |$$
$$\qquad\qquad X \qquad\qquad\qquad X$$

k_d 为引发剂分解反应速率常数,一般为 $10^{-4} \sim 10^{-6} s^{-1}$;引发剂分解反应活化能 E_d,约为 30kcal/mol;两步反应中,第一步为慢反应,决定着链引发速率的大小。

(2) 链增长 (chain propagation)

$$RCH_2-CH\cdot + CH_2=CH \xrightarrow{k_p} RCH_2-CH-CH_2-CH\cdot$$
$$\qquad | \qquad\qquad | \qquad\qquad\qquad | \qquad\qquad |$$
$$\qquad X \qquad\qquad X \qquad\qquad\qquad X \qquad\qquad X$$

$$RCH_2-CH-CH_2-CH\cdot + CH_2=CH \xrightarrow{k_p} R(CH_2-CH)_2-CH_2-CH\cdot$$
$$\qquad | \qquad\qquad | \qquad\qquad | \qquad\qquad\qquad | \qquad\qquad |$$
$$\qquad X \qquad\qquad X \qquad\qquad X \qquad\qquad\qquad X \qquad\qquad X$$

$$----------------$$

$$R(CH_2-CH)_{n-2}CH_2-CH\cdot + CH_2=CH \xrightarrow{k_p} R(CH_2-CH)_{n-1}CH_2-CH\cdot$$
$$\qquad | \qquad\qquad\qquad | \qquad\qquad | \qquad\qquad\qquad | \qquad\qquad |$$
$$\qquad X \qquad\qquad\qquad X \qquad\qquad X \qquad\qquad\qquad X \qquad\qquad X$$

其中,k_p 为链增长反应速率常数,$n \geq 2$。

① 由反应机理可知，自由基聚合的链增长为算术增长。

② 为方便进行动力学处理，假定链自由基活性与链长（聚合度）无关，每步的链增长反应速率常数皆为 k_p，其数量级为 $10^2 \sim 10^4 L/(mol \cdot s)$。

③ 反应活化能低，E_p 为 $5 \sim 8 kcal/mol$（$20 \sim 30 kJ/mol$）；强放热反应：$-\Delta H$ 为 $15 \sim 30 kcal/mol$。

④ 自由基碳原子为 sp^2 杂化轨道，孤电子所在的 p 轨道位于同三个 sp^2 杂化轨道所在平面垂直的方位，单体可以较自由地从平面上或平面下加成增长，通常得到无规立构（atactic）聚合物；而且头尾结合时位阻小，头尾连接为主要方式。

（3）链转移（chain transfer）

$$R(CH_2-CH)_{n-2}CH_2-CH\cdot + YS \xrightarrow{k_{tr}} R(CH_2-CH)_{n-2}CH_2-CHY + S\cdot$$
$$\quad\quad\quad X\quad\quad\quad X \quad\quad\quad\quad\quad\quad\quad X\quad\quad\quad X$$

YS 可能是体系中的引发剂、单体、溶剂、生成的大分子及有意为控制分子量投加的分子量调节剂。

（4）链终止（chain termination）

$$2\sim CH_2-CH\cdot \xrightarrow{k_{tc}} \sim\sim\sim\sim\sim\sim$$
$$\quad\quad X$$

$$2\sim CH_2-CH\cdot \xrightarrow{k_{td}} \sim\sim\sim + \sim\sim\sim$$
$$\quad\quad X$$

自由基聚合的链终止通常为双基终止：偶合终止（coupling termination）或歧化终止（disproportionation termination）。链终止方式决定于：①长链自由基的活性——活性大时易歧化；②由于 $E_{td} > E_{tc}$，升温有利于歧化终止。例如，$\sim VC\cdot$，$\sim VAc\cdot$ 采取歧化终止，$\sim S\cdot$ 在 $60℃$ 以下采取偶合终止。

有关自由基活性大小的问题会在自由基共聚合部分详细讨论。

2.2.7　链引发反应

高分子聚合的活性中心为自由基，其产生可借助力、热、光、辐射直接作用于单体来产生，但目前工业及科学研究上广泛采用的方法是使用引发剂（initiator），引发剂是结构上含有弱键的化合物，由其均裂产生初级自由基（primary radical），加成单体得到单体自由基（monomer radical），然后进入链增长阶段。

$$链引发 \quad\quad\quad I \xrightarrow{k_d} 2R\cdot$$
$$R\cdot + M \xrightarrow{k_i} RM$$

聚合过程中引发剂不断分解，以残基形式构成大分子的端基，因此引发剂不能称之为催化剂。

2.2.7.1　引发剂的分类

依据结构特征可以将引发剂分为过氧类、偶氮类及氧化-还原引发体系。

（1）过氧类引发剂　该类引发剂结构上含有 —O—O—，可进一步分为无机类和有机类。

① 无机类　主要有过硫酸盐〔如，$K_2S_2O_8$、$(NH_4)_2S_2O_8$、$Na_2S_2O_8$〕、过氧化氢。其中过氧化氢活性太低，一般不单独使用，而是同还原剂构成氧化-还原引发体系使用。过硫酸盐的分解反应方程式为

$$-O-\overset{O}{\underset{O}{S}}-O-O-\overset{O}{\underset{O}{S}}-O- \xrightarrow{\triangle} 2-O-\overset{O}{\underset{O}{S}}-O\cdot$$

过硫酸盐类引发剂主要用于乳液聚合，聚合温度 80~90℃。

② 有机类

a. 有机过氧化氢：如异丙苯过氧化氢、叔丁基过氧化氢，该类引发剂活性较低，用于高温聚合也可以同还原剂构成氧化-还原引发体系使用。

b. 过氧化二烷基类：如过氧化二叔丁基、过氧化二叔戊基，该类引发剂活性较低，120~150℃使用。

c. 过氧化二酰类：如过氧化二苯甲酰（BPO），活性适中，应用广泛。

$$\text{（C}_6\text{H}_5\text{—C(=O)—O—O—C(=O)—C}_6\text{H}_5) \longrightarrow 2\,\text{C}_6\text{H}_5\text{—C(=O)—O}\cdot \longrightarrow 2\,\text{C}_6\text{H}_5\cdot + 2CO_2$$

其中，苯甲酰氧基、苯自由基皆有引发活性。

d. 过氧化酯类：如过氧化苯甲酸叔丁酯，活性较低。

e. 过氧化二碳酸酯：如过氧化二碳酸二异丙酯、过氧化二碳酸二环己酯，活性大，贮存时需冷藏，可同低活性引发剂复合使用。

（2）偶氮类引发剂　该类引发剂结构上含有—N＝N—，分解时—C—N＝键发生均裂，产生自由基并放出氮气。主要产品有偶氮二异丁腈（AIBN）、偶氮二异庚腈（ABVN）。AIBN 的分解反应方程式为

$$\text{(CH}_3)_2\text{C(CN)—N＝N—C(CN)(CH}_3)_2 \xrightarrow{\triangle} 2\,\text{(CH}_3)_2\text{C(CN)}\cdot + N_2$$

（3）氧化-还原引发体系　过氧类引发剂中加入还原剂，构成氧化-还原引发体系，该体系在反应过程中生成的中间产物——活性自由基可引发自由基聚合。

特点：活化能低，可在室温或低温下引发聚合。

分为水溶性氧化-还原引发体系和油溶性氧化-还原引发体系。

水溶性氧化-还原引发体系：氧化剂有过氧化氢、过硫酸盐等；还原剂有亚铁盐、亚硫酸钠、亚硫酸氢钠、连二硫酸钠、硫代硫酸钠等。

引发反应方程式为

$$HO\text{—}OH + Fe^{2+} \longrightarrow HO\cdot + OH^- + Fe^{3+}$$
$$S_2O_8^{2-} + SO_3^{2-} \longrightarrow SO_4^{2-} + SO_4^-\cdot + SO_3^-\cdot$$
$$S_2O_8^{2-} + S_2O_6^{2-} \longrightarrow SO_4^{2-} + SO_4^-\cdot + S_2O_6^-\cdot$$
$$S_2O_8^{2-} + S_2O_3^{2-} \longrightarrow SO_4^{2-} + SO_4^-\cdot + S_2O_3^-\cdot$$

上述引发剂体系主要用于乳液聚合及水溶液聚合；

$$Ce^{4+} + R\text{—}OH \longrightarrow RO\cdot + H^+ + Ce^{3+}$$

该方法可用于羟基聚合物的接枝聚合，如纤维素接枝丙烯酸类单体的聚合等。

油溶性氧化-还原引发体系，品种较少；常用的为有机过氧化氢-叔胺体系。

$$BPO + C_6H_5N(CH_3)_2 \longrightarrow C_6H_5\text{—C(=O)—O}\cdot + C_6H_5\text{—C(=O)—O}^- + C_6H_5N^+(CH_3)_2$$

2.2.7.2　引发剂分解动力学

（1）分解速率

$$I \xrightarrow{k_d} 2R\cdot \quad （初级自由基）$$

$$R_d = -\frac{d[I]}{dt} = k_d[I]$$

18

式中，k_d 为引发剂分解速率常数，$10^{-4} \sim 10^{-6} \, \text{s}^{-1}$。其大小可表示引发剂的活性。上式经分离变量，积分可得：

$$[I] = [I]_0 \exp(-k_d t)$$

式中，$[I]_0$ 为起始时刻引发剂的浓度。

工业上常用半衰期 $t_{1/2}$ 表示引发剂的活性，半衰期 $t_{1/2}$ 即引发剂分解一半所需要的时间。$t_{1/2}$、k_d 的关系为

$$t_{1/2} = \frac{\ln 2}{k_d}$$

也常用半衰期 $t_{1/2} = 10 \text{h}$ 时的分解温度来表示引发剂的活性。聚合时应选择活性适中的品种，活性过大，聚合前期分解殆尽；活性过小，聚合周期长，引发剂残留量大。一般情况下引发剂的半衰期应同聚合周期相当。

（2）k_d-T 关系

$$k_d = A_d \exp(-E_d/RT)$$

$$\ln k_d = \ln A_d - E_d/RT$$

作 $\ln k_d$-$1/T$ 关系曲线，其为直线，由斜率、截距可求 k_d、E_d。

2.2.7.3 引发剂效率

（1）引发反应包括两步反应　引发剂均裂生成初级自由基，初级自由基加成单体生成单体自由基。第一步为慢反应，第二步为快反应；因此，引发反应主要由第一步决定。

$$\frac{d[R \cdot]}{dt} = 2 k_d [I]$$

但是由于副反应的原因，并非所有初级自由基都可进行引发增长，真正引发自由基聚合的活性中心为单体自由基。正由于此，链引发要包括单体自由基的生成反应。

科学上引入链引发效率 f 的概念，f 即能生成单体自由基的初级自由基的分数。

$$f = \frac{\text{生成的单体自由基数}}{\text{生成的初级自由基数}} = \text{引发单体聚合的初级自由基的分数}$$

通过引入 f，就可以将链引发速率表示为

$$R_i = \frac{d[RM \cdot]}{dt} = 2 f k_d [I]$$

$f = 0.5 \sim 1$；造成 $f < 1$ 的原因有笼蔽效应（cage effect）和诱导分解效应（inductive decomposation effect）。

（2）笼蔽效应（cage effect）　引发剂分解为一级反应，基本不受溶剂的影响。但是，引发剂分解成的初级自由基处于溶剂等分子"笼子"的包围之中，必须扩散出笼子和单体有效碰撞才能引发聚合。自由基的寿命极短（$10^{-1} \sim 10^0 \text{s}$），若来不及扩散出去，就可能发生副反应，形成稳定分子，降低引发效率。偶氮类引发剂的效率降低主要是笼蔽效应，如

（3）诱导分解效应（inductive decomposation effect） 诱导分解效应即自由基向引发剂的转移反应。过氧类引发剂容易发生诱导分解，如

由此可知，向引发剂的转移反应使该引发剂分子的效率降低 50％。

诱导分解的机理为

一般认为偶氮类引发剂无诱导分解效应，$f<1$ 主要由于笼蔽效应的作用。自由基向引发剂的转移反应，使原来的自由基终止成为稳定的分子，同时产生新的自由基，自由基数目不变，但却浪费了一个引发剂分子，使 f 下降。

引发剂引发效率的高低由以下几个因素决定：①引发剂的种类；②单体的活性；③溶剂的种类；④温度和黏度。

2.2.7.4　引发剂的选择（choice of the initiator）

引发剂的选择可以从以下几方面考虑。

① 引发剂的溶解性。即根据聚合方法从溶解性角度确定引发剂的类型。

本体聚合、悬浮聚合、有机溶液聚合，一般用偶氮类或过氧类等油溶性引发剂或油溶性氧化-还原引发体系。

乳液聚合和水溶液聚合则选择过硫酸盐类水溶性引发剂或水溶性氧化-还原引发体系。

② 根据聚合温度选择。应选择半衰期适当的引发剂，使自由基生成速率和聚合速率相匹配。在聚合温度下半衰期最好为 30～60min。

一般聚合温度（60～100℃）常用 BPO、AIBN 或过硫酸盐作引发剂。对于 $T<50℃$ 的聚合，一般选择氧化-还原引发体系。对于 $T>100℃$ 的聚合，一般选择低活性的异丙苯过氧化氢、过氧化二异丙苯、过氧化二叔丁基或过氧化二叔戊基。

③ 引发剂用量常需通过大量的条件试验才能确定，其质量分数通常约为 0.1％；也可以通过聚合度、聚合速率与引发剂的动力学关系做半定量计算得到。

2.2.7.5　其他引发作用（other methods of initiation）

（1）热引发　不加引发剂，有些烯类单体在热的作用下，也可以进行聚合，这称为热引发聚合，简称热聚合。例如苯乙烯的热聚合（已实现工业化），其引发机理还不是十分清楚。

目前人们接受下面的热引发机理，由两个苯乙烯分子生成 Diels-Alder 加成中间体和 ST 发生歧化反应生成自由基。

甲基丙烯酸甲酯也能进行一定程度的热聚合，但速率较小。

实际上，大部分单体都可以热聚合，因此 ST、MMA 等单体在贮存、运输时需加阻聚剂并保持较低温度，实验室用单体（尤其脱除了阻聚剂的单体）常置于冰箱保存，工业上可将单体贮存于地下储罐，且夏季要对储罐进行水喷淋降温。

（2）光引发（photo chemical initiation）　光引发聚合是体系在光的激发下能够形成自由基而引发聚合。光引发聚合分直接光引发聚合和光引发剂引发聚合。

光引发聚合一般选择能量较高的紫外线，常用的光源是高压汞灯。

① 直接光引发。

引发增长

光引发速率为

$$R_i = 2\phi I_a, \quad I_a = I_0\{1 - \exp(-\varepsilon[M]b)\}$$

式中，ϕ 为自由基量子产率，表示一个光子产生的自由基对数，$\phi = 0.01 \sim 0.1$；ε 为单体的摩尔消光系数；b 为液层距反应器表面的距离。

容易进行直接光聚合的单体有丙烯酰胺、丙烯腈、丙烯酸、丙烯酸酯等。为了避光，实验室贮存单体时应使用棕色瓶子。

直接光聚合速率低，合成工作中一般不用，而常用光引发剂引发聚合。

② 光引发剂引发聚合。

常用的光引发剂有安息香及其醚类。

安息香：

两个自由基都可以引发聚合

安息香醚：

光引发剂引发聚合的引发速率 $R_i = 2\phi I_a$，其中 $I_a = I_0\{1 - \exp(-\varepsilon[S]b)\}$，$[S]$ 为光引发剂的浓度。

目前光引发聚合的研究十分活跃，这是因为：a. 反应可以瞬时开始及终止（光照即始，光灭即停），产物纯净，有利于理论研究；b. 活化能低，可以在低温的条件下聚合。

近年来光固化涂料、油墨等的研究非常的活跃，该体系100％的固体组分，属于环保的产品。

2.2.8 链增长、链终止反应

2.2.8.1 链增长（chain propagation）

$$RM\cdot + M \longrightarrow RM_2\cdot$$
$$RM_2\cdot + M \longrightarrow RM_3\cdot$$

$$RM_{n-1}\cdot + M \longrightarrow RM_n\cdot$$

（1）假定增长自由基的活性与链长无关　等活性理论。

链增长可用通式表示为

$$RM_n\cdot + M \xrightarrow{k_p} RM_{n+1}\dot{}$$

（2）速率方程　链增长阶段单位体积单体的消耗速率。

$$R_p \equiv \left(-\frac{d[M]}{dt} \right)_p = k_p[M\cdot][M]$$

其中，k_p 为链增长速率常数，$k_p = 10^2 \sim 10^4 L/(mol\cdot s)$；$[M\cdot]$ 为体系中自由基活性种的总摩尔浓度。

［链引发速率常数 $k_d = 10^{-4} \sim 10^{-6} s^{-1}$，链终止速率常数 $k_t = 10^6 \sim 10^8 L/(mol\cdot s)$，由各常数对比可知自由基聚合的特点：慢引发、快增长、速终止。］

（3）特点

① 反应的活化能低。$E_p = 5 \sim 8 kcal/mol$；

② 放热反应。$-\Delta H = 12 \sim 23 kcal/mol$；

③ 同引发剂种类及介质性质基本无关，这和离子型聚合有很大区别。

（4）链增长与链结构之间的关系

① 序列结构。自由基聚合一般采取头-尾（H-T）序列结构。

单体单元优先采取 H-T 结构有其合理性和必然性，这是由于：a. 电子效应（苯环对自由基有共轭稳定作用）；b. 空间位阻效应较小。

② 立体结构。

从自由基的电子结构看，其碳原子通常采取 sp^2 杂化，孤电子处于 p 轨道，与 sp^2 杂化的 3 个轨道平面垂直。

因此单体进攻长链自由基时就有两个方向，手性碳原子有 D 型和 L 型两种构型。

若全部手性原子的构型相同，即～DDDDDDD～（或～LLLLLLL～），称为全同立构聚合物（isotactic polymer）。

若 D、L 相间地出现，即～DLDLDLDL～，称为间同立构聚合物（syndiotactic polymer）。

若 D、L 无规出现时，即～DDLDLLLLDDDLLDD～，称无规立构聚合物（atactic polymer）。

对自由基聚合，两种加成方式概率相差不大，因此自由基聚合通常只能得到无规立构聚合物。自由基聚合对单体增长的构型调控能力很差，配位聚合、离子聚合由于活性中心是离子对往往有较强的构型控制能力，有利于合成有规立构聚合物。

2.2.8.2 链终止（chain termination）

$$RM_x^{\cdot} + RM_y^{\cdot} \xrightarrow{k_t} 终止聚合物$$

（1）链终止类型（models of termination）

① 偶联终止（coupling termination）

$$RM_x^{\cdot} + RM_y^{\cdot} \xrightarrow{k_{tc}} RM_{x+y}R$$

如：

偶联终止聚合物的聚合度是活性链聚合度的两倍。

② 歧化终止（disproportionation termination）

$$RM_x \cdot + RM_y \cdot \xrightarrow{k_{td}} RM_x + RM_y$$

如：

歧化终止产物的聚合度等于活性链的聚合度。

终止方式决定于：a. 活性种结构或活性，活性大时利于歧化；b. 反应条件，如升高温度，k_{td} 提高幅度大于 k_{tc}，即更有利于歧化终止。ST 单体，其长链自由基活性较低，在低于 60℃聚合时 100%偶联终止；VAc 单体，其长链自由基活性较高，在大于 60℃聚合时 100%歧化终止。

（2）链终止速率方程

$$RM_x \cdot + RM_y \cdot \xrightarrow{k_{tc}} RM_{x+y}R \qquad R_{tc} = 2k_{tc}[M\cdot]^2$$

$$RM_x \cdot + RM_y \cdot \xrightarrow{k_{td}} RM_x + RM_y \qquad R_{td} = 2k_{td}[M\cdot]^2$$

$$R_t = 2k_t[M\cdot]^2 \qquad k_t = k_{td} + k_{tc}$$

$$k_t = 10^6 \sim 10^8 L/(mol\cdot s)$$

$$\frac{R_p}{R_t} = \frac{k_p[M\cdot][M]}{2k_t[M\cdot]^2} = \frac{k_p[M]}{2k_t[M\cdot]} = \frac{10^2 \sim 10^4}{2 \times (10^6 \sim 10^8) \times (10^{-7} \sim 10^{-9})} = 10^3 \sim 10^5$$

所以，尽管 $k_t \gg k_p$，聚合物的聚合度仍能达到 $10^3 \sim 10^5$。

2.2.9 自由基聚合动力学

自由基聚合动力学（kinetics of radical chain polymerization）所研究的是 R_p，$\overline{X}_n$-[M]，[I]，T，t 的关系，本节将着重讨论聚合速率的问题，$\overline{X}_n$ 及分子量分布将在后面讨论。

2.2.9.1 低转化率下的动力学

(1) 基本假定

① 等活性理论；

② 聚合度很大，引发阶段消耗的单体可忽略不计；

③ 稳态假设，体系中自由基的浓度不变，即引发速率等于终止速率；

④ 不考虑链转移，终止方式为双基终止。

实验证明在转化率不太高、体系黏度不太大的情况下，四个假定是成立的。

下面以这四个假定为基础推导动力学方程。

(2) 推导

链引发：

$$I \xrightarrow{k_d} 2R\cdot$$

$$R\cdot + M \xrightarrow{k_i} RM\cdot \qquad R_i = 2fk_d[I]$$

链增长：

$$RM\cdot + M \xrightarrow{k_p} RM_2\cdot$$

$$RM_2\cdot + M \xrightarrow{k_p} RM_3\cdot$$

$$RM_n\cdot + M \xrightarrow{k_p} RM_{n+1}\cdot \qquad R_p = k_p[M\cdot][M]$$

链双基终止时：

$$RM_x\cdot + RM_y\cdot \xrightarrow{k_{tc}} RM_{x+y}R \qquad R_{tc} = 2k_{tc}[M\cdot]^2$$

$$RM_x\cdot + RM_y\cdot \xrightarrow{k_{td}} RM_x + RM_y \qquad R_{td} = 2k_{td}[M\cdot]^2$$

以单位体积单体的消耗速率表示聚合速度。由假定②可知，聚合速率可表示为链增长速度：

$$R = -\frac{d[M]}{dt} = R_p + R_i \approx R_p = k_p[M][M\cdot]$$

R、R_p 不再特别区分。

为消除 $[M\cdot]$，利用假定③，即稳态假定：

$$R_i = R_t = 2k_t[M\cdot]^2 \Rightarrow [M\cdot] = \left(\frac{R_i}{2k_t}\right)^{\frac{1}{2}}$$

故聚合速率：

$$R_p = k_p \left(\frac{R_i}{2k_t} \right)^{\frac{1}{2}} [M]$$

若采用引发剂引发聚合，则 $R_i = 2fk_d[I]$，此时：

$$R_p = k_p \left(\frac{fk_d}{k_t} \right)^{\frac{1}{2}} [I]^{\frac{1}{2}} [M]$$

可得到下面结论：$R_p \propto [M]$，$R_p \propto [I]^{\frac{1}{2}}$。

实验证明在低转化率下实验结果与理论相符，说明关于自由基聚合的机理及四个假定是正确的，也有一些体系偏离正常的动力学方程。$R_p \propto [I]^{1/2}$ 是双基终止的结果，单基终止时：$R_t = k_t[M \cdot]$ 是一级反应，$R_p \propto [I]$。

（3）温度对聚合速率的影响

$$R_p = k_p \left(\frac{fk_d}{k_t} \right)^{\frac{1}{2}} [I]^{\frac{1}{2}} [M]$$

其表观速率常数为

$$k = k_p \left(\frac{k_d}{k_t} \right)^{\frac{1}{2}}$$

由 Arrhenius equation 可得影响速率的表观活化能为

$$E = E_p + \frac{1}{2} E_d - \frac{1}{2} E_t$$

热分解型引发剂引发时：$E_p = 5 \sim 8 \text{kcal/mol}$，$E_d = 30 \text{kcal/mol}$，$E_t = 2 \sim 5 \text{kcal/mol}$。故：$E \approx 20 \text{kcal/mol}$；$E$ 为正值，$T \uparrow$、$k \uparrow$、$R_p \uparrow$。

光引发时：$E = E_p - \frac{1}{2} E_t \approx 5 \text{kcal/mol}$

这表明光引发时，温度对聚合速率影响不明显，故可在室温或较低温度下进行。

对于氧化还原引发体系：$E_d = 10 \sim 15 \text{kcal/mol}$，$E \approx 10 \text{kcal/mol}$，温度对聚合速率影响也较小。

2.2.9.2 高转化率时的动力学的特征

动力学研究一般是在低转化率下进行，此时体系的黏度低，前述的四个假定成立，可严格推导得到动力学微分方程。但高分子合成感兴趣的是高转化率条件下的动力学特征。聚合到高转化率的阶段，可能出现死端聚合、凝胶效应等现象。

（1）死端聚合　一般聚合时，引发剂总是过量的，除完成聚合反应外，尚有剩余，若无凝胶效应，自由基聚合微观动力学方程为

$$R_p = -\frac{d[M]}{dt} = k_p \left(\frac{fk_d}{k_t} \right)^{\frac{1}{2}} [I]^{\frac{1}{2}} [M]$$

利用 $[I] = [I]_0 \exp(-k_d t)$，分离变量，整理得

$$-\frac{d[M]}{[M]} = k_p \left(\frac{fk_d}{k_t} \right)^{\frac{1}{2}} [I]_0^{\frac{1}{2}} \exp \left(-\frac{k_d}{2} t \right) dt$$

积分：

$$-\ln \frac{[M]}{[M]_0} = -\ln(1-C) = 2k_p \left(\frac{f[I]_0}{k_d k_t} \right)^{\frac{1}{2}} \left[1 - \exp \left(-\frac{k_d}{2} t \right) \right]$$

假如引发剂剂量不足，聚合尚未完成，引发剂即耗尽，这就成为死端聚合。

令 $t \to \infty$，可求得残余单体的浓度 $[M]_\infty$ 或极限转化率 C_∞。

$$-\ln \frac{[M]_\infty}{[M]_0} = -\ln(1-C_\infty) = 2k_p \left(\frac{f[I]_0}{k_d k_t} \right)^{\frac{1}{2}}$$

加入新的引发剂可使死端聚合残余的单体进一步聚合。如 AIBN-ST 聚合体系。

$T = 60℃$ 时，$f = 0.5$，$k_d = 1.35 \times 10^{-5} \, s^{-1}$，$k_p = 260 L/(mol \cdot s)$，$k_t = 1.2 \times 10^8 L/(mol \cdot s)$

$$[AIBN]_0 = 0.001 mol/L，C_\infty = 33.5\%$$

$$[AIBN]_0 = 0.01 mol/L，C_\infty = 51.0\%$$

$$[AIBN]_0 = 0.1 mol/L，C_\infty = 98.3\%$$

联立上述两式得：$\dfrac{\ln(1-C)}{\ln(1-C_\infty)} = 1 - \exp\left(-\dfrac{k_d t}{2}\right) \Rightarrow \ln\left[1 - \dfrac{\ln(1-C)}{\ln(1-C_\infty)}\right] = -\dfrac{k_d t}{2}$

应用该式可以通过测定 C、C_∞，求 k_d。

(2) 自动加速现象 (autoacceleration)

$$R_p = k_p \left(\frac{fk_d}{k_t}\right)^{\frac{1}{2}} [I]^{\frac{1}{2}} [M]$$

$$\begin{cases} t \uparrow \\ [M] \downarrow \Rightarrow R_p \downarrow \\ [I]^{\frac{1}{2}} \downarrow \end{cases}$$

实际上 R_p 不但不降，往往上升，甚至急剧上升，这就是自动加速效应或者称为凝胶效应 (gel effect)。自动加速效应的成因在于体系的黏度增加，链终止变得困难，活性种浓度提高，而且反应中生成的热量难以排出，使体系温度局部过高，而产生自动加速效应。因此自动加速效应也称为凝胶效应，可用终止由扩散控制来解释。

长链自由基双基终止可包括三步：①链自由基的平移；②链段重排使活性中心靠近；③双基反应链终止。

其中链段的重排是控制的一步，受体系黏度的严重影响，当 $\eta \uparrow$，链段重排受到阻碍，活性末端甚至可以被包埋，双基终止困难，$k_t \downarrow$，此时 k_p 变化不大，$R_p \uparrow$。

但是，当 η 很大时，单体、链自由基的反应亦受到阻碍，结果使 k_p 也下降，R_t 继续变小，当 $k_p/k_t^{1/2}$ 的综合值变小时，$R_p \downarrow$，最后降低到不能聚合的程度。

如 MMA：$25℃$ 时，$C_\infty = 80\%$；而在 $85℃$ 时，$C_\infty = 92\%$。

利用这一特点可以逐步升温，使聚合趋于完全。

影响因素：①温度高可推迟自动加速效应的到来；②溶剂的种类，良溶剂可有效防止自动加速效应；③沉淀聚合容易发生自动加速效应。

自动加速效应是不利的，它可以产生爆聚，使产物的分子分布过宽，恶化时造成人身、财产损失。为此，工业上本体聚合可分三步实施：高温预聚、低温中聚、升温后处理。

(3) 聚合速率的类型　聚合速率的类型如图 2-4 所示。

(a) 常见S型曲线　　　(b) 匀速反应型曲线　　　(c) 前快后慢型曲线

图 2-4　聚合速率的类型

2.2.10 聚合物的分子量和链转移反应

2.2.10.1 动力学链长和平均聚合度（kinetic chain length and average degree of polymerization）

（1）定义、表达式

自由基自生至自灭所消耗的单体数称为动力学链长 ν。

$$R\cdot + M \longrightarrow RM\cdot \xrightarrow{M} RM_2\cdot \xrightarrow{M} RM_3\cdot \xrightarrow{(n-3)M} RM_n\cdot \xrightarrow{\text{双基终止}} \text{终止聚合物}$$

$$\nu = \frac{R_p}{R_i} = \frac{R_p}{R_t}$$

上式中利用了聚合度很大的假定。从 R_p、R_i 的定义非常容易理解：R_p 为单位时间单位体积消耗的单体数；R_i 为单位时间单位体积产生的单体自由基数。

利用：

$$\left.\begin{cases} R_p = k_p[M][M\cdot] \\ R_i = 2fk_d[I] \\ R_t = 2k_t[M\cdot]^2 \end{cases}\right\} \Rightarrow [M\cdot] = \left(\frac{fk_d[I]}{k_t}\right)^{1/2}$$

则

$$\nu = \frac{R_p}{R_t} = \frac{k_p[M][M\cdot]}{2k_t[M\cdot]^2} = \frac{k_p[M]}{2k_t[M\cdot]} \times \frac{k_p[M]}{k_p[M]} = \frac{k_p^2[M]}{2k_t R_p}$$

$$\nu = \frac{R_p}{R_i} = \frac{k_p[M][M\cdot]}{2fk_d[I]} = \frac{k_p}{2}\left(\frac{1}{fk_t k_d}\right)^{1/2}[M][I]^{-1/2}$$

故 $\nu \propto [I]^{-1/2}$，$\nu \propto [M]$。

$[M]$ 一定时，$[I]$ 越大，ν 小；而当 $[I]$ 一定时，$[M]$ 越大，ν 越大。

（2）ν 与 $\overline{X_n}$ 的关系（若没有链转移）

① 歧化终止时：

$$RM_x\cdot + RM_y\cdot \xrightarrow{k_{td}} RM_x + RM_y$$

$\overline{X_n} = \nu$，数均聚合度等于动力学链长。

② 偶合终止时：

$$RM_x\cdot + RM_y\cdot \xrightarrow{k_{tc}} RM_{x+y}R$$

$\overline{X_n} = 2\nu$，平均聚合度等于动力学链长的 2 倍。

③ 如果歧化终止和偶合终止同时存在，则 $\nu < \overline{X_n} < 2\nu$

可以用下面的方法推导二者的一般关系。

$$\overline{X_n} = \frac{\text{消耗的单体数}}{\text{大分子数}} = \frac{\text{单位时间单位体积消耗的单体数}}{\text{单位时间单位体积生成的大分子数}} = \frac{\text{单体消耗速率}}{\text{大分子生成速率}}$$

上式中分子即单体消耗速率 R_p；大分子生成速率为

$$R_{tp} = R_{tdp} + R_{tcp} = R_{td} + \frac{1}{2}R_{tc}$$

所以

$$\overline{X_n} = \frac{R_p}{R_{td} + \frac{1}{2}R_{tc}} = \frac{\dfrac{R_p}{R_t}}{\dfrac{R_{td}}{R_t} + \dfrac{1}{2}\dfrac{R_{tc}}{R_t}} = \frac{\nu}{D + \dfrac{1}{2}(1-D)} = \frac{2\nu}{1+D}$$

式中，D 为歧化终止分数。

当 $D = 1$ 时，为全歧化终止，$\overline{X_n} = \nu$。

而当 $D=0$ 时，为全偶合终止，$\overline{X}_n=2\nu$。

当 $0<D<1$ 时为同时存在歧化终止和偶合终止，$\nu<\overline{X}_n<2\nu$。

（3）ν 的测定

$$\nu=\frac{R_p}{R_i}=\frac{R_p}{2fk_d[\text{I}]}$$

其中 R_p、k_d 和 f 是可测，$[\text{I}]$ 已知，ν 可由上式进行计算。

$$\overline{X}_n=\frac{2\nu}{1+D}$$

$\overline{X}_n$，D 可测，也可以根据上式来计算出 ν 的值。

（4）聚合温度对动力学链长的影响

$$\nu=\frac{R_p}{R_i}=\frac{k_p[\text{M}][\text{M}\cdot]}{2fk_d[\text{I}]}=\frac{k_p}{2}\left(\frac{1}{fk_tk_d}\right)^{1/2}[\text{M}][\text{I}]^{-1/2}$$

影响动力学链长的表观活化能为

$$E'=E_p-\frac{1}{2}E_d-\frac{1}{2}E_t$$

热分解型引发剂：

$$E_d=30\text{kcal/mol} \qquad E_p=5\sim8\text{kcal/mol}$$
$$E_t=2\sim5\text{kcal/mol} \qquad E'\approx-10\text{kcal/mol}$$

所以，$T\uparrow$，$\nu\downarrow$，$MW\downarrow$。

对氧化-还原体系，$E'=(5\sim8)-\frac{1}{2}\times10-\frac{1}{2}(2\sim5)\approx0$，故 T 对 ν 影响很小。

对于光引发体系，$E'=(5\sim8)-\frac{1}{2}(2\sim5)\approx5\text{kcal/mol}$，当 $T\uparrow$ 时，$\nu\uparrow$，但 E' 较小，变化不大。

2.2.10.2 链转移反应（chain transfer）

自由基聚合除链引发、链增长、链终止反应外，还常常包括链转移反应。

链转移反应可用通式表示为

$$\text{RM}_x\cdot + \text{Y-S} \xrightarrow{k_{tr}} \text{RM}_x\text{Y} + \text{S}\cdot$$

$$\text{S}\cdot + \text{M} \xrightarrow{k_a} \text{SM}\cdot \xrightarrow{\text{M}} \text{SM}_2\cdot \cdots$$

转移结果使长链自由基终止成死的大分子，因此分子量降低，是一种特殊的链终止，对有的体系，大分子的生成主要是链转移的结果。

根据 k_{tr}、k_a 和 k_p 的大小对比链转移可分为五种情况：

① $k_p\gg k_{tr}$，$k_a\approx k_p$；正常链转移。

② $k_p\ll k_{tr}$，$k_a\approx k_p$；调节聚合。

③ $k_p\gg k_{tr}$，$k_a<k_p$；缓聚。

④ $k_p\ll k_{tr}$，$k_a<k_p$；衰减链转移。

⑤ $k_p\ll k_{tr}$，$k_a=0$；高效阻聚。

链转移的类型　链转移反应也可根据链转移对象的不同分为以下四种类型。

① 向单体的链转移

$$\text{RM}_x\cdot + \text{M} \xrightarrow{k_{trM}} \text{RM}_x + \text{M}\cdot$$

$$R_{trM} = k_{trM}[M\cdot][M]$$

$$\sim\!\!\sim\!\!CH_2\!-\!\underset{\underset{Cl}{|}}{C}H\cdot\ +\ \underset{\underset{Cl}{|}}{C}H\!=\!CH\ \longrightarrow\ \sim\!\!\sim\!\!CH_2\!-\!\underset{\underset{Cl}{|}}{C}HCl\ +\ CH_2\!=\!\dot{C}H$$

对 VC 的聚合，由于 $k_{trM}\approx 10^{-3}$，$R_{trM}\gg R_p$，故 PVC 主要由向单体的链转移反应生成，其聚合度也由向单体的链转移控制。

② 向溶剂的链转移　正是由于向溶剂的链转移使溶液聚合高分子的分子量较低。

$$RM_x\cdot\ +\ Y\text{-}S\ \xrightarrow{k_{trS}}\ RM_xY + S\cdot$$

其中 Y-S 表示聚合溶剂。

$$R_{trS} = k_{trS}[M\cdot][S]$$

烃类熔剂 $\begin{cases} \text{环烷烃，C—H 键较强，} k_{trS} \text{小。} \\ \text{苯、甲苯、乙苯、异丙苯，} k_{trS} \text{渐高。} \end{cases}$

CCl_4、CBr_4 的 C—Cl、C—Br 键很弱，k_{trS} 很大。

R—SH 的 S—H 键较弱，k_{trS} 较高，所以硫醇类化合物（如十二烷基硫醇、正丁基硫醇、巯基乙醇、巯基丙醇等）可用于控制聚合度，称为分子量调节剂。

③ 向引发剂的链转移

$$RM_x\cdot\ +\ \text{(benzoyl peroxide)}\ \xrightarrow{k_{trI}}\ RM_x\!-\!O\!-\!\overset{O}{\overset{||}{C}}\!-\!\text{(phenyl)}\ +\ \text{(phenyl)}\!-\!\overset{O}{\overset{||}{C}}\!-\!O\cdot$$

$$R_{trI} = k_{trI}[M\cdot][I]$$

④ 向大分子的链转移

$$\sim\!\!\sim\!\!CH_2\!-\!\dot{C}H\cdot\ +\ \sim\!\!\sim\!\!CH_2\!-\!\underset{\underset{\overset{|}{C}=O}{|}}{\overset{\overset{H}{|}}{C}}\ \xrightarrow{nM}\ \sim\!\!\sim\!\!CH_2\!-\!\overset{}{C}\!\!\sim\!\!\sim$$

高压聚乙烯（LDPE）除了由向大分子链转移形成长支链外，还有许多乙基、丁基等短支链，这些短链是大分子内转移（回咬）的结果。

恶性的向大分子的链转移反应，将形成凝胶、交联聚合物。

2.2.10.3　链转移反应对数均聚合度 $\overline{X_n}$ 的影响

对于正常链转移，$k_{tr}\ll k_p$ 而 $k_a\approx k_p$，链转移的结果将使分子量减小，对聚合速率影响较小。

下面的讨论即指正常链转移。此时，链转移反应对 R_p 无影响，只对 $\overline{X_n}$ 产生影响。阻聚、缓聚将在下节讨论。

$$\overline{X_n} = \frac{\text{单体消耗速率}}{\text{大分子生成速率}} = \frac{R_p}{R_{tp} + \sum R_{trp}}$$

$$\frac{1}{\overline{X_n}} = \frac{R_{tp}}{R_p} + \frac{k_{trM}[M\cdot][M] + k_{trS}[M\cdot][S] + k_{trI}[M\cdot][I]}{R_p}$$

$$= \frac{R_{tp}}{R_p} + C_M + C_I\frac{[I]}{[M]} + C_S\frac{[S]}{[M]}$$

$C_M = \dfrac{k_{trM}}{k_p}$、$C_I = \dfrac{k_{trI}}{k_p}$、$C_S = \dfrac{k_{trS}}{k_p}$ 分别称为向单体、向引发剂、向溶剂的链转移常数。左边第一项为正常链终止时对聚合度的影响。

$$R_{tp} = R_{td} + \frac{1}{2}R_{tc} \neq R_t \Rightarrow \begin{cases} \dfrac{R_{tp}}{R_p} = \dfrac{R_{td} + \frac{1}{2}R_{tc}}{R_p} = \dfrac{D + \frac{1}{2}(1-D)}{\nu} = \dfrac{1+D}{2\nu} \\ = \dfrac{(2k_{td} + k_{tc})[M\cdot]^2}{k_p[M][M\cdot]} = \dfrac{(2k_{td} + k_{td})R_p}{k_p{}^2[M]^2} \end{cases}$$

上述聚合度的倒数方程称为自由基聚合聚合度控制方程, 可用于配方计算。

对 $CH_2\!\!=\!\!CHCl$, C_M 很大。50℃时, 其 $C_M = 1.35 \times 10^{-3}$, 忽略其他三项的影响, 则:

$$\frac{1}{\overline{X}_n} = C_M \Rightarrow \overline{X}_n = 74$$

与实验结果非常接近。

由于 $C_M = \dfrac{k_{trM}}{k_p}$, $T\uparrow$, $C_M\uparrow$, $\overline{X}_n\downarrow$, 可见 $\overline{X}_n$ 由 T 决定, 而聚合速率则由引发剂用量决定, 这是 PVC 聚合机理的特点。

2.2.10.4 链转移的应用

链转移反应常用于大分子的分子量调节。常用分子量调节剂有 $n\text{-}C_{12}H_{25}SH$ (正十二烷基硫醇)、$t\text{-}C_{12}H_{25}SH$ (叔十二烷基硫醇)、$HS\text{---}(CH_2)_2OH$ 等。其链转移常数通常在 10^0, 过大则消耗过快, 过小则用量太大。

2.2.11 阻聚与缓聚

阻聚反应是链转移的一种类型: $k_p \ll k_{tr}$, $k_a = 0$。

2.2.11.1 阻聚反应的应用

① 防止单体在贮运过程中聚合, ST、MMA、VAc 等单体在夏天就可热聚合, 常需加阻聚剂保护, 聚合时可用碱水洗涤或减压蒸馏法除去阻聚剂;

② 控制反应程度;

③ 用于研究聚合反应的机理。

2.2.11.2 阻聚剂 (inhibitor) 和缓聚剂 (retarder)

(1) 定义 少量的某种物质加入聚合体系中就可以将活性自由基变为无活性或非自由基, 这种物质叫阻聚剂 (inhibitor)。能降低自由基活性或部分捕捉活性自由基的物质称为缓聚剂 (retarder)。

(2) 阻聚剂的种类 自由基型阻聚剂、分子型阻聚剂、电子转移型阻聚剂。

① 自由基型阻聚剂 DPPH——1,1-二苯基-2-(2,4,6-三硝基苯) 肼自由基; TMPO——2,2,6,6-四甲基-4-羟基哌啶-1-氧自由基。

DPPH

TMPO

DPPH 是一种高效的阻聚剂, 浓度在 10^{-4} mol/L 以下就足以使醋酸乙烯酯或苯乙烯完全阻聚, 而且一个 DPPH 分子能够化学计量地消灭一个自由基, 是理想的阻聚剂, 可用于测定引发速率。DPPH 有自由基捕捉剂之称。

DPPH 原来是深紫色, 反应后成无色, 可用比色法定量。

$$\sim\!CH_2\!-\!\overset{\cdot}{C}HX + DPPH \longrightarrow \sim\!CH=CHX + \underset{\text{(二苯基三硝基苯肼结构)}}{\text{DPPH-H}}$$

②分子型阻聚剂　苯醌；多元酚（如对苯二酚）；硝基及亚硝基化合物；氧气；仲胺，R_2NH。

苯醌是最重要的阻聚剂，其阻聚机理非常复杂，苯醌环上的氧、碳都可以和自由基加成。

$$RM_x\!\cdot + \; O\!=\!\!\bigcirc\!\!=\!O \longrightarrow \begin{cases} RM_x\!-\!O\!-\!\bigcirc\!-\!O\cdot \longrightarrow \text{歧化终止或偶合终止} \\[2mm] \bigcirc\!-\!O\cdot \longrightarrow HO\!-\!\bigcirc\!-\!O\cdot \end{cases}$$

$$\downarrow RM_x\!\cdot$$

$$RM_xH + \; O\!=\!\bigcirc\!=\!O \longrightarrow \text{阻聚}$$

多元酚有：

多元酚的阻聚机理也十分复杂。

$$RM_x\!\cdot + HO\!-\!\bigcirc\!-\!OH \longrightarrow RM_xH + \cdot O\!-\!\bigcirc\!-\!OH$$

$$RM_x\!\cdot + \cdot O\!-\!\bigcirc\!-\!OH \longrightarrow RM_xH + O\!=\!\bigcirc\!=\!O$$

$$2HO\!-\!\bigcirc\!-\!OH + O_2 \longrightarrow 2H_2O + 2O\!=\!\bigcirc\!=\!O$$

$$2\cdot O\!-\!\bigcirc\!-\!OH \longrightarrow O\!=\!\bigcirc\!=\!O + HO\!-\!\bigcirc\!-\!OH$$

氧气：

$$RM_x\!\cdot + O_2 \longrightarrow RM_xO\!-\!O\!\cdot \xrightarrow{RM_y\cdot} RM_xO\!-\!OM_yR$$

因此自由基聚合必须在排氧下进行。通 N_2 置换或采用溶剂回流，可以实现排氧目的。

硝基化合物：

$$RM_x\!\cdot + \bigcirc\!-\!NO_2 \longrightarrow \bigcirc\!-\!\overset{OM_xR}{\underset{O\cdot}{N}} \xrightarrow{RM_x} \bigcirc\!-\!\overset{OM_xR}{\underset{OM_xR}{N}}$$

③ 电子转移型阻聚剂　$FeCl_3$，$CuCl$，$CuCl_2$。

$$RM_x\!\cdot + FeCl_3 \longrightarrow RM_xCl + FeCl_2$$

$$RM_x\!\cdot + CuCl_2 \longrightarrow RM_xCl + CuCl$$

$$RM_x\!\cdot + CuCl \longrightarrow RM_xCl + Cu$$

$FeCl_3$ 可 1：1 消灭自由基，类似 DPPH；在减压蒸馏精制单体时，加入少量 CuCl、$CuCl_2$ 或对苯二酚，可防热聚合，保护单体。

因 Fe^{2+}、Cu^{2+} 对聚合有阻聚作用，故聚合釜常用搪瓷或不锈钢釜，而不能用一般碳钢的聚合釜。

2.2.11.3 阻聚常数

$$RM_x\cdot + M \xrightarrow{k_p} RM_{x+1}\cdot$$

$$RM_x\cdot + Z \xrightarrow{k_z} RM_xZ\cdot$$

定义 $C_Z = \dfrac{k_z}{k_p}$ 为阻聚常数，与链转移常数相当。

阻聚剂的阻聚常数可以从一些高分子科学手册中查取。氧气、DPPH、对苯醌、$FeCl_3$ 等的阻聚常数都很高，是非常高效的阻聚剂。

2.2.12 加聚物的分子量分布

2.2.12.1 基本概念

表征 $\begin{cases} \text{分布指数：} \dfrac{\overline{M}_n}{\overline{M}_w} \\ \text{分布曲线：沉淀分级测定曲线} \end{cases}$

2.2.12.2 理论推导

假定 $\begin{cases} \text{① 低转化率条件下（} C<10\%\text{，} R_i\text{，[M]，} k_t\text{，} k_p \text{ 不变）；} \\ \text{② 双基终止；} \\ \text{③ 只进行引发，增长，终止反应，无链转移；} \\ \text{④ 等反应活性理论。} \end{cases}$

（1）歧化终止条件下的分子量分布

在较高温度聚合时，甲基丙烯酸甲酯的链终止属于歧化终止。

$$RM_{x-1}\cdot + M \xrightarrow{k_p} RM_x\cdot \qquad R_p = k_p[M\cdot][M]$$

$$RM_x\cdot + RM_y\cdot \xrightarrow{k_{td}} RM_x + RM_y \qquad R_t = 2k_{td}[M\cdot]^2 = R_i$$

成键概率 $\qquad\qquad p = \dfrac{R_p}{R_p + R_t}$，$0.999 < p < 1$

$1 - p = \dfrac{R_t}{R_p + R_t}$ 为不成键概率即终止概率。

形成 x 聚体需要单体自由基成键（$x-1$）次，一次不成键。

故生成 x 聚体的概率 $\dfrac{N_x}{N} = p^{(x-1)}(1-p)$，该式即为数量分布函数。

聚合单体与链终止概率的积为链终止次数，即为歧化终止生成的大分子数。$N = N_0(1-p)$ 故 $N_x = N_0 p^{x-1}(1-p)^2$。设 m_x 为 x 聚体的质量，m 为聚合物总质量，m_0 为单体单元分子量。

$$\frac{m_x}{m} = \frac{m_x}{\sum m_x} = \frac{N_x \cdot x \cdot m_0}{N_0 \cdot m_0} = \frac{N_x \cdot x}{N_0} = x p^{(x-1)}(1-p)^2$$

此式即为重量分布函数。

数均聚合度 $\qquad\qquad \overline{X}_n = \dfrac{N_0}{N} = \dfrac{N_0}{N_0(1-p)} = \dfrac{1}{1-p}$

或 $\qquad\qquad \overline{X}_n = \sum \dfrac{N_x}{N} x = \sum p^{x-1}(1-p)x = \dfrac{1}{1-p}$

重均聚合度 $\qquad \overline{X}_w = \sum \dfrac{m_x}{m} x = \sum x^2 p^{(x-1)} (1-p)^2 = \dfrac{1+p}{1-p} \approx \dfrac{2}{1-p}$

多分散系数 $\qquad\qquad\qquad\qquad\qquad \lambda = \dfrac{\overline{X}_w}{\overline{X}_n} \approx 2$

（2）偶合终止时的分子量分布　典型的例子是苯乙烯单体的聚合，由偶合生成 x 聚体，可能有许多的偶合情况：

$$\begin{cases} 1+(x-1) \\ 2+(x-2) \\ 3+(x-3) \\ \cdots\cdots \\ (x-2)+2 \\ (x-1)+1 \end{cases}$$

y 聚体自由基与 $(x-y)$ 聚体自由基偶合形成 x 聚体的概率为

$$a_{y+(x-y)} = [p^{y-1}(1-p)][p^{(x-y)-1}(1-p)] = p^{(x-2)}(1-p)^2$$

故形成 x 聚体的总概率为

$$a_x = (x-1)a_{y+(x+y)} = (x-1)p^{(x-2)}(1-p)^2 \approx x p^{(x-2)}(1-p)^2$$

（$x \gg 1$，故 $x-1 \approx x$）

即 $\dfrac{N_x}{N} = x p^{(x-2)}(1-p)$ ←数量分布函数

偶合终止时，终止两次生成一条大分子，$N = \dfrac{1}{2} N_0(1-p)$，$N_x = \dfrac{1}{2} N_0 x p^{(x-2)}(1-p)^3$

所以 $\dfrac{m_x}{m} = \dfrac{N_x \cdot x}{N} = \dfrac{1}{2} x^2 p^{(x-2)}(1-p)^3$ ←重量分布函数

$$\overline{X}_n = \sum \dfrac{N_x}{N} x = \sum x^2 p^{(x-2)}(1-p)^2 = \dfrac{1+p}{1-p} \approx \dfrac{2}{1-p}$$

$$\overline{X}_w = \sum \dfrac{m_x}{m} x = \dfrac{1}{2}(1-p)^3 \sum x^3 p^{(x-2)} \approx \dfrac{3}{1-p}$$

多分散系数 $\qquad\qquad\qquad\qquad\qquad \lambda = \dfrac{\overline{X}_w}{\overline{X}_n} \approx 1.5$

偶合终止时多了一次聚合度或分子量的平均过程，其多分散系数较双基歧化终止时小。

2.2.13　自由基共聚合

2.2.13.1　均聚合与共聚合的区别

均聚合（homopolymerization）即只有一种单体参与聚合，且所生成的大分子只含一种单体单元的聚合反应，所合成的大分子称为均聚物（homopolymer）。

共聚合（copolymerization）即有两种或多种单体参加聚合，且所生成的大分子含两个或多个单体单元的聚合，所合成的大分子称为共聚物（copolymer）。

注意：并非所有单体混合物的聚合皆为共聚合，只有能生成共聚物（即含多个单体单元的聚合物）的聚合才称为共聚合。若投入的单体分别只能均聚，则得到的是两种均聚物的共混物。

对于共聚反应，二元共聚的理论研究已相当详细，三元共聚也有研究，更多元的共聚仅限应用。

2.2.13.2　共聚物的分类与命名

（1）分类　依据两种单体单元在大分子主链上的连接特点可分为如下四种。

① 无规共聚物（random copolymer）　大分子主链上两种单体单元无规连接，同种单

元链段的聚合度一般低于 10，～AAABABBABBBAAABABBBBAA～，A、B 分别表示两个不同的单体单元。自由基共聚合通常得到无规聚合物，如丁苯橡胶，丙烯酸酯共聚物等。

② 交替共聚物（alternating copolymer） 大分子主链上两种单体单元交替连接，～AB-ABABABAB～，它是无规共聚物的一种特例。自由基二元共聚合有时得到交替共聚物，如苯乙烯-马来酸酐交替共聚物，其钠盐可以用作悬浮聚合的分散剂。

③ 嵌段共聚物（blocking copolymer） 大分子主链由不同单体单元组成的嵌段连接而成，同种单元嵌段的其聚合度大于数十。～A ～～～——B———。

④ 接枝共聚物（grafting copolymer） 由一种单体单元构成主链，而该主链连有由第二种单体单元构成的分支。

（2）命名

① 习惯命名法 如聚（丁二烯-苯乙烯）或（丁二烯-苯乙烯）共聚物，（乙烯-醋酸乙烯酯）共聚物。

② 英文缩写名 如 ABS、EVA、EVC 等。

2.2.13.3 研究共聚合反应的意义

① 通过共聚可以比较单体、自由基、阴离子、阳离子的相对活性，由此获得结构、活性的关系，有利于有效地合成指定结构、性能的聚合物，建立高分子设计的理论。

② 共聚可以扩大单体的使用范围。如 A、B、C 三种单体均聚只能得三种均聚物；A-B、B-C、A-C 二元共聚可得到三种二元共聚物；A-B-C 三元共聚可得到一种三元共聚物。而且，共聚时调节单体配比及单体单元的序列结构，可获得不同的系列品种。如苯乙烯-丁二烯共聚物（丁苯橡胶）的合成：苯乙烯含量高时强度好，弹性差；丁二烯含量高时弹性好，强度差；另外，有些单体难均聚，但可以和特定单体进行共聚，如苯乙烯-马来酸酐的共聚合。

2.2.13.4 共聚物组成方程

均聚反应中，聚合速率、平均分子量、分子量分布是所研究的三项重要内容。对共聚反应，因为单体结构不同，则活性不同，共聚物组成与单体混合物配料比不同。这样对共聚反应共聚物的组成和序列分布上升为首要问题。其中组成包括瞬时组成和平均组成。

（1）共聚物组成方程推导的基本假定

a. 等活性理论：自由基活性与链长无关。

b. 自由基的活性取决于末端单体单元结构，前末端单体单元不影响其活性。

$$\sim M_i M_j \cdot \text{ 的活性等于} \sim M_j M_j \cdot , \quad i, \ j = 1, \ 2$$

c. 聚合反应不可逆。

d. 单体主要消耗于链增长反应（$\overline{X}_n$ 很大）。

e. 稳态假定：即总自由基浓度不变，且两种自由基相互转变的速率相等。

$$\sim M_1 \cdot + M_2 \xrightarrow{k_{12}} \sim M_1 M_2 \cdot , \quad R_{12} = k_{12} [M_1 \cdot][M_2]$$

$$\sim M_2 \cdot + M_1 \xrightarrow{k_{21}} \sim M_2 M_1 \cdot , \quad R_{21} = k_{21} [M_2 \cdot][M_1]$$

$$R_{12} = R_{21} ; \quad R_i = R_t$$

(2) 共聚物组成方程的推导　二元共聚包括下列基元反应。

链引发：

$$I \xrightarrow{k_d} 2R\cdot$$

$$R\cdot + M_1 \xrightarrow{k_{i1}} RM_1\cdot$$

$$R\cdot + M_2 \xrightarrow{k_{i2}} RM_1\cdot$$

链增长：

$$\sim\sim\sim M_1\cdot + M_1 \xrightarrow{k_{11}} \sim\sim M_1 M_1\cdot , \quad R_{11} = k_{12}[M_1\cdot][M_1]$$

$$\sim\sim\sim M_1\cdot + M_2 \xrightarrow{k_{12}} \sim\sim M_1 M_2\cdot , \quad R_{12} = k_{12}[M_1\cdot][M_2]$$

$$\sim\sim\sim M_2\cdot + M_1 \xrightarrow{k_{21}} \sim\sim M_2 M_1\cdot , \quad R_{21} = k_{21}[M_2\cdot][M_1]$$

$$\sim\sim\sim M_2\cdot + M_2 \xrightarrow{k_{22}} \sim\sim M_2 M_2\cdot , \quad R_{22} = k_{22}[M_2\cdot][M_2]$$

链终止：

$$\left.\begin{array}{l} 2\sim\sim\sim M_1\cdot \xrightarrow{k_{t11}} \\ 2\sim\sim\sim M_2\cdot \xrightarrow{k_{t22}} \\ \sim\sim\sim M_1\cdot + \sim\sim\sim M_2\cdot \xrightarrow{k_{t12}} \end{array}\right\} \text{终止聚合物}$$

（考虑终止方式时应写出六种双基终止反应）

$$-\frac{d[M_1]}{dt} = R_{11} + R_{21} = k_{11}[M_1\cdot][M_1] + k_{21}[M_2\cdot][M_1]$$

$$-\frac{d[M_2]}{dt} = R_{12} + R_{22} = k_{12}[M_1\cdot][M_2] + k_{22}[M_2\cdot][M_2]$$

两种单体的消耗速率之比就等于进入共聚物中两单体（单元）的摩尔比：

$$\frac{d[M_1]}{d[M_2]} = \frac{-\dfrac{d[M_1]}{dt}}{-\dfrac{d[M_2]}{dt}} = \frac{k_{11}[M_1\cdot][M_1] + k_{21}[M_2\cdot][M_1]}{k_{12}[M_1\cdot][M_2] + k_{22}[M_2\cdot][M_2]}$$

利用稳态假设：$R_{12} = R_{21}$，即

$$k_{12}[M_1\cdot][M_2] = k_{21}[M_2\cdot][M_1]$$

因此

$$[M_2\cdot] = \frac{k_{12}[M_1\cdot][M_2]}{k_{21}[M_1]}$$

代入整理得

$$\frac{d[M_1]}{d[M_2]} = \frac{[M_1]}{[M_2]} \frac{\dfrac{k_{11}}{k_{12}}[M_1] + [M_2]}{[M_1] + \dfrac{k_{22}}{k_{21}}[M_2]}$$

令

$$r_1 = \frac{k_{11}}{k_{21}}, \quad r_2 = \frac{k_{22}}{k_{21}}$$

则

$$\frac{d[M_1]}{d[M_2]} = \frac{[M_1]}{[M_2]} \frac{r_1[M_1] + [M_2]}{[M_1] + r_2[M_2]}$$

该方程即二元共聚物组成微分方程，它用单体的摩尔比表示共聚物组成与单体组成的瞬时关系。

(3) 讨论

① 该公式主要用于共聚初期（此时上述假定成立）；

② 除了单体的摩尔比，单体竞聚率——r_1、r_2 也影响共聚物组成 $\dfrac{d[M_1]}{d[M_2]}$，有时起决定作用。这反映了单体结构、活性对于共聚物组成的影响。

（4）用摩尔分数表示的共聚物组成方程

M_1-M_2 二元共聚体系中：

M_1 的摩尔分数 $f_1 = \dfrac{[M_1]}{[M_1]+[M_2]}$，$f_2 = 1-f_1 = \dfrac{[M_2]}{[M_1]+[M_2]} \Rightarrow \dfrac{[M_1]}{[M_2]} = \dfrac{f_1}{f_2}$

共聚物中 M_1 的摩尔分数 $F_1 = \dfrac{d[M_1]}{d[M_1]+d[M_2]}$，$F_2 = 1-F_1 = \dfrac{d[M_2]}{d[M_1]+d[M_2]}$

$$\frac{d[M_1]}{d[M_2]} = \frac{f_1}{f_2} \cdot \frac{r_1 \dfrac{f_1}{f_2}+1}{\dfrac{f_1}{f_2}+r_2} = \frac{r_1 f_1{}^2 + f_1 f_2}{f_1 f_2 + r_2 f_2{}^2}$$

$$F_1 = \frac{r_1 f_1{}^2 + f_1 f_2}{r_1 f_1{}^2 + 2f_1 f_2 + r_2 f_2{}^2}$$

此式为用摩尔分数表示的二元共聚物组成微分方程。

2.2.13.5 竞聚率（monomer reactivity ratio）的意义

二元共聚若不考虑前末端单元对活性的影响，体系中链增长有四种竞争反应：

$$\sim\sim\sim M_1\cdot + M_1 \xrightarrow{k_{11}} \sim\sim M_1 M_1\cdot , R_{11} = k_{11}[M_1\cdot][M_1]$$

$$\sim\sim\sim M_1\cdot + M_2 \xrightarrow{k_{12}} \sim\sim M_1 M_2\cdot , R_{12} = k_{12}[M_1\cdot][M_2]$$

$$\sim\sim\sim M_2\cdot + M_1 \xrightarrow{k_{21}} \sim\sim M_2 M_1\cdot , R_{21} = k_{21}[M_2\cdot][M_1]$$

$$\sim\sim\sim M_2\cdot + M_2 \xrightarrow{k_{22}} \sim\sim M_2 M_2\cdot , R_{22} = k_{22}[M_2\cdot][M_2]$$

M_1 单体竞聚率 $r_1 = \dfrac{k_{11}}{k_{12}} >$ 均聚、共聚速率常数之比，也称单体活性比。

M_2 单体竞聚率 $r_2 = \dfrac{k_{22}}{k_{21}} >$ 均聚、共聚速率常数之比。

$r_1 = 0$，$\Rightarrow k_{11} = 0$，则 M_1 单体只能共聚不能均聚。

$r_1 = 1$，$\Rightarrow k_{11} = k_{12}$，则 M_1 单体自聚、共聚倾向（概率）相同。

$0 < r_1 < 1$ 时，$k_{11} < k_{12}$，共聚倾向大于自聚倾向。

$r_1 > 1$ 时，自聚倾向大于共聚。

$r_1 \to \infty$ 时，$k_{12} = 0$，只能自聚不能共聚。

自由基二元共聚合通常 $r_1 > 1$，$r_2 < 1$（$r_1 < 1$，$r_2 > 1$）或 $r_1 < 1$，$r_2 < 1$。很少有 $r_1 > 1$，$r_2 > 1$ 的情况。

有关竞聚率的数据已有大量实验工作，可查阅高分子科学手册。

2.2.13.6 共聚物组成随转化率的变化

共聚物组成微分方程 $\dfrac{d[M_1]}{d[M_2]} = \dfrac{[M_1]}{[M_2]} \cdot \dfrac{r_1[M_1]+[M_2]}{[M_1]+r_2[M_2]}$ 或 $F_1 = \dfrac{r_1 f_1^2 + f_1 f_2}{r_1 f_1^2 + 2f_1 f + r_2 f_2^2}$，表明了共聚过程瞬间单体组成与共聚物组成间的关系。如果单体的反应活性相差不大或在转化率不太高时，可以认为单体组成及共聚物组成基本不变；然而，实际上对聚合反应，除了极少数理论研究之外，总期望在高的转化率完成反应，由于随着转化率的变化，C 变化 $\Rightarrow f_1$ 变化 $\Rightarrow F_1$ 变化。因此，共聚物组成-转化率关系的研究具有重要意义。

(1) Skeist 方程理论推导　设某一时刻单体的总浓度为 $[M]$，单体 M_1 的摩尔分数为 f_1，对应瞬间进入共聚物中的 M_1 的单元摩尔分数为 F_1。

$$f_1 = \frac{[M_1]}{M}$$

微分得　$\mathrm{d}f_1 = \frac{[M]\mathrm{d}[M_1] - [M_1]\mathrm{d}[M]}{[M]^2} = \frac{1}{[M]}\left(\mathrm{d}[M_1] - \frac{[M_1]\mathrm{d}[M]}{M}\right)$

$$= \frac{\mathrm{d}[M]}{[M]}\left(\frac{\mathrm{d}[M_1]}{\mathrm{d}[M]} - \frac{[M_1]}{[M]}\right) = \frac{\mathrm{d}[M]}{[M]}(F_1 - f_1)$$

$$\Rightarrow \frac{\mathrm{d}[M]}{[M]} = \frac{\mathrm{d}f_1}{F_1 - f_1}$$

以 $t=0$ 时：$[M]_0 = [M_1]_0 + [M_2]_0$，$f_1^0 = \frac{[M_1]_0}{[M]_0}$，积分得

$$\ln\frac{[M]}{[M]_0} = \int_{f_1^0}^{f_1}\frac{\mathrm{d}f_1}{F_1 - f_1}$$

利用　　　　　　　　　　　$[M] = [M]_0(1-C)$

$$\ln(1-C) = \int_{f_1^0}^{f_1}\frac{\mathrm{d}f_1}{F_1 - f_1}$$

此式即为转化率-共聚物组成方程式（或 Skeist Equation）。

(2) 讨论　该式适用于各种体系，因推导过程中没做任何假设，只要 F_1-f_1 关系已知，就可以求出任何转化率 C 时的共聚物组成。

由 F_1-f_1 关系 $\Rightarrow$ C-f_1 关系 $\Rightarrow$ C-F 关系。

如果体系满足共聚物组成微分方程，即 $F_1 = \dfrac{r_1 f_1^2 + f_1 f_2}{r_1 f_1^2 + 2f_1 f_2 + r_2 f_2^2}$ 成立，可将其代入积分：

再经过整理得：$1 - C = \left(\dfrac{f_1}{f_1^0}\right)^\alpha \left(\dfrac{f_2}{f_2^0}\right)^\beta \left(\dfrac{f_1^0 - \delta}{f_1 - \delta}\right)^\gamma$

其中 $\alpha = \dfrac{r_2}{1 - r_2}$，$\beta = \dfrac{r_1}{1 - r_1}$，$\gamma = \dfrac{1 - r_1 r_2}{(1 - r_1)(1 - r_2)}$，$\delta = \dfrac{1 - r_2}{2 - r_1 - r_2}$。

如果单体的起始摩尔分数 f_1^0（或 f_2^0）及竞聚率 r_1、r_2 已知，由上式及可求出不同转化率下的单体组成（或 f_1），再由 $F_1 = \dfrac{r_1 f_1^2 + f_1 f_2}{r_1 f_1^2 + 2f_1 f_2 + r_2 f_2^2}$，可求 F_1，进而得到 C-F_1 关系。

因为共聚物的组成随着转化率而变化，可以引出平均组成的概念：

$$\overline{F_1} = \frac{[M_1]_0 - [M_1]}{[M]_0 - [M]} = \frac{f_1^0 - f_1(1-C)}{C}$$

所以，随着 C 的变化，f_1 发生变化，$\overline{F_1}$ 也发生变化。

这些计算是很烦琐的，总之通过转化率-共聚物组成方程，F_1-f_1 及 $\overline{F_1}$-f_1 关系，就可求出 f_1、F_1、$\overline{F_1}$ 与 C 的关系。

2.2.13.7　共聚物组成的控制方法

由上面的讨论可知共聚物组成随转化率提高而变。然而无论科学研究或工业生产过程中都要求 C 尽可能高，这样得到的共聚物是不同组成共聚物的混合物，有些情况下甚至混有均聚物（如 $r_1 > 1$，$r_2 < 1$，$f_1^0 < 0.5$）。为了得到均一结构组成的共聚物，研究结构-性能关系或控制共聚物性能，通常采用三种方法来实现。

(1) 在恒比点处投料　若共聚物组成恒等于单体混合物组成而与转化率无关，该组成即为恒比点。当 $r_1 = r_2 = 1$ 时，无论何处投料，$F_1 = f_1$，且不随转化率而变化，此种共聚称为

理想恒比共聚；当 $r_1<1$、$r_2<1$（或 $r_1>1$、$r_2>1$，实例很少）时，只存在一个恒比点：

$$令 \quad \frac{[M_1]}{[M_2]}=\frac{d[M_1]}{d[M_2]}=\frac{[M_1]}{[M_2]}\frac{r_1[M_1]+[M_2]}{[M_1]+r_2[M_2]}$$

经数学处理可得
$$\frac{[M_1]}{[M_2]}=\frac{1-r_2}{1-r_1}$$

所以
$$F_1=f_1=\frac{1-r_2}{2-r_1-r_2}$$

因此当 $r_1<1$、$r_2<1$（或 $r_1>1$、$r_2>1$）时，只有在该点投料，共聚物组成才始终等于单体的组成。

（2）控制转化率的一次投料法　对于恒比点处的共聚，$F_1=f_1^0$（任何 C）。

对于非恒比点处的共聚，可采用控制 C 的方法，使共聚物组成分布在不太宽时就终止反应，以获得较满意组成的共聚物。

通过理论模拟或实验做出 F_1-C 曲线，由此确定 F_1 满足要求的最大转化率 C_{max}。不同的共聚体系，由于 f_1^0，r_1，r_2 不同，C_{max} 必然不同。如 St-AN 的共聚，$f_1^0=0.55$ 时，C_{max} 可达 80%。

（3）补加活泼单体法　恒比点投料及控制转化率的方法在工业上一般较少采用，后者仅限于气态单体或低沸点液态单体的共聚。最常用的方法还是补加活泼单体法。该法应用方便、普适，但共聚物组成分布较宽。可以连续补加或分段补加。如 VC-AN 的共聚：$r_1=0.02$，$r_2=3.28$，设计 $\frac{d[M_1]}{d[M_2]}=\frac{60}{40}\Rightarrow\frac{[M_1]}{[M_2]}=\frac{88}{12}$，可以分段或连续补加 AN，维持单体混合物在某一水平附近，以获得满意的共聚物。

实际合成工作中，多元共聚物的合成选用滴加混合单体法比较方便。如果控制单体混合液的滴加速度低于共聚合速度，即使共聚反应处于"饥饿态"，则投料单体的组成基本等于共聚物的组成。这种工艺在溶液聚合及乳液聚合时经常使用，效果也较好。

2.2.13.8　共聚物微观结构及链段分布

以上是从宏观角度讨论了共聚物的瞬时组成、平均组成随转化率的变化问题。自由基共聚物中除少量交替共聚物外，通常属于无规共聚物，在这些共聚物中，M_1、M_2 单元构成不同聚合度的链段，按一定概率无规排列。

$$\sim\sim\sim M_2 \underline{M_1 M_1 M_1} M_2 M_2 \underline{M_1} M_2 M_2 \sim\sim\sim$$
$$3M_1 序列链段 \quad 1M_1 序列链段$$

对 $r_1=5$，$r_2=0.2$，当 $\frac{[M_1]}{[M_2]}=1\Rightarrow\frac{d[M_1]}{d[M_2]}=\frac{[M_1]}{[M_2]}\frac{r_1[M_1]+[M_2]}{[M_1]+r_2[M_2]}=5$，这并不是说该共聚物的分子链都是由 $5M_1$ 链段和 $1M_2$ 链段相间而成，实际上 $1M_1$，$2M_1$，…，xM_1 链段均可出现，只是 $5M_1$ 的概率最大。同理 $1M_2$，$2M_2$，$3M_2$，…，yM_2 亦可存在，按一定概率分布。

链段分布函数类似分子量分布函数，可由概率法推导。

$$\sim\sim\sim M_1\cdot + \begin{array}{l} M_1 \xrightarrow{k_{11}} \sim\sim\sim M_1 M_1\cdot \quad R_{11}=k_{11}[M_1\cdot][M_1] \\ M_2 \xrightarrow{k_{12}} \sim\sim\sim M_1 M_2\cdot \quad R_{12}=k_{12}[M_1\cdot][M_2] \end{array}$$

故 $\sim\sim\sim M_1 M_1\cdot$ 的生成概率为

$$p_{11}=\frac{R_{11}}{R_{11}+R_{12}}=\frac{k_{11}[M_1]}{k_{11}[M_1]+k_{12}[M_2]}=\frac{r_1[M_1]}{r_1[M_1]+[M_2]}$$

$\sim\sim\sim M_1 M_2\cdot$ 的生成概率为

$$p_{12} = 1 - p_{11} = \frac{[M_2]}{r_1[M_1] + [M_2]}$$

$$\overset{\displaystyle\sim}{} M_2 \cdot + \quad \begin{matrix} M_1 \xrightarrow{k_{21}} \overset{\displaystyle\sim}{} M_2 M_1 \cdot & R_{21} = k_{21}[M_2 \cdot][M_1] \\ M_2 \xrightarrow{k_{22}} \overset{\displaystyle\sim}{} M_2 M_2 \cdot & R_{22} = k_{22}[M_2 \cdot][M_2] \end{matrix}$$

同理生成$\overset{\displaystyle\sim}{} M_2 M_2 \cdot$ 的概率为

$$p_{22} = \frac{r_2[M_2]}{r_2[M_2] + [M_1]}$$

生成$\overset{\displaystyle\sim}{} M_2 M_1 \cdot$ 的概率为

$$p_{21} = \frac{[M_1]}{r_2[M_2] + [M_1]}$$

因为要生成 $x M_1$ 链段需$\overset{\displaystyle\sim}{} M_2 M_1 \cdot$ 自聚 $(x-1)$ 次，共聚一次。

$$\overset{\displaystyle\sim}{} M_2 M_1 \cdot \xrightarrow[+M_2]{+(x-1)M_1} \overset{\displaystyle\sim}{} M_2 (M_1)_x M_2 \cdot$$

故生成 $x M_1$ 链段的概率为

$$p(x M_1) = p_{11}^{(x-1)} p_{12} = p_{11}^{(x-1)}(1 - p_{11})$$

由此可求链段的平均长度：

$$\overline{N_{M_1}} = \sum x p_{11}^{(x-1)}(1 - p_{11}) = \frac{1}{1 - p_{11}} = \frac{r_1[M_1] + [M_2]}{[M_2]}$$

同理可求出 $x M_2$ 链段的生成概率为

$$p(x M_2) = p_{22}^{(x-1)}(1 - p_{22})$$

M_2 链段的平均长度为

$$\overline{N_{M_2}} = \sum x p_{22}^{(x-1)}(1 - p_{22}) = \frac{1}{1 - p_{22}} = \frac{[M_1] + r_2[M_2]}{[M_1]}$$

因此

$$\frac{\overline{N_{M_1}}}{\overline{N_{M_2}}} = \frac{1 - p_{22}}{1 - p_{11}} = \frac{[M_1]}{[M_2]} \frac{r_1[M_1] + [M_2]}{[M_1] + r_2[M_2]}$$

上式即为二元共聚物组成微分方程。用概率法也可以导出二元共聚物组成微分方程。

根据 M_1 链段的数量分布函数可以求出 $x M_1$ 链段的 M_1 单元数占 M_1 单元总数的分数：

$$\frac{x[p(x M_1)]}{\sum x[p(x M_1)]} = x p_{11}^{(x-1)}(1 - p_{11})^2$$

2.2.13.9 单体、自由基活性的表示及影响因素

共聚合反应可用来比较单体及其活性种的相对活性，这对理论研究具有重要意义。

(1) 单体的相对活性 由 $r_i = k_{ii}/k_{i2}$，则 $1/r_i = k_{i2}/k_{ii}$ 表示$\overset{\displaystyle\sim}{} M_i \cdot$ 自由基同 M_2 单体加成的反应速率常数与同其自身单体加成的反应速率常数之比，该值可以用来表示两单体的相对活性。若以 $\overset{\displaystyle\sim}{} M_i \cdot$ 作为标准，让 M_1、M_2、M_3……单体同其共聚，可求出许多 r_i^{-1}，r_i^{-1} 越大，表示单体的相对活性越大。

由此可得单体的活性由大到小的顺序为：苯乙烯，丁二烯，异戊二烯＞丙烯腈，(甲基) 丙烯酸酯＞醋酸乙烯酯，氯乙烯，乙烯。

(2) 自由基的活性 为了比较活性种自由基的相对活性，必须选一单体作为对象（如 M_2），让其和自由基共聚。

共聚速率常数 k_{i2} 可用来比较不同的自由基的相对活性，k_{i2} 越大则该长链自由基活性越大。选定 M_2：

$$\overset{\displaystyle\sim}{} M_i \cdot + M_2 \xrightarrow{k_{i2}} \overset{\displaystyle\sim}{} M_i M_2 \cdot \quad k_{i2} = k_{11}/r_1$$

单体活性越大，则由其转变成自由基越稳定，因此链自由基的活性同单体的活性顺序相反；由此可得单体转变成的活性自由基的活性由小到大的顺序为：苯乙烯自由基，丁二烯自由基，异戊二烯自由基＜丙烯腈自由基，（甲基）丙烯酸酯自由基＜醋酸乙烯酯自由基，氯乙烯自由基，乙烯自由基。

苯乙烯（S）活性最高，醋酸乙烯酯（VAc）活性最低，相差约 10^2；相反 ST· 活性最低，VAc· 活性最高，相差约 10^4 倍。

因此不同自由基的活性差别比对应单体活性差别大得多。所以在均聚时，自由基活性起主导作用。

对 S-VAc 共聚体系：

S＞VAc 的活性，而 VAc·≫S· 的活性，由此可解释（S-VAc）二元共聚的速率常数的大小。

尽管 VAc 的活性低，S 活性大，但 VAc· 的活性远大于 S·；故 $k_{21}＞k_{22}＞k_{11}＞k_{12}$，即 $k_p(VAc)＞k_p(S)$。由此可知 S-VAc 不能有效进行共聚，S 对 VAc 的均聚起阻聚剂的作用。

（3）取代基对单体、自由基活性的影响

① 共轭效应的影响　单体、自由基的活性主要受其共轭效应的影响。

共轭效应使单体的 π 电子流动、极化，容易接受活性自由基的进攻，而且生成的自由基也较稳定，所以共轭效应使得单体的活性增大，无共轭效应的单体活性最低。

取代基共轭效应对自由基活性的影响同单体相反，共轭效应使生成的自由基稳定化，因此无共轭效应单体转变成的自由基（如 VAc·）最活泼，共轭单体自由基（如 S·）活性最低。

② 极性效应

看下面的实例：

即聚合体系中的两种自由基都容易共聚（交叉增长），其原因即为极性效应：同性相斥、异性相吸，此时极性效应对单体的活性起决定作用，造成了对 S·自由基 AN 的活性大于 S 的反常现象。因此两单体极性效应相差越大，其共聚越有利于交叉增长，即交替共聚。r_1、r_2 的大小，可以用来表示交替共聚倾向的大小。

有时，极性效应使不能均聚的单体可以和适当的单体进行交替共聚。如反二苯基乙烯、顺丁烯二酸酐难均聚（位阻效应），但二者可以共聚，形成交替共聚物；S-反丁烯二腈亦可以交替共聚。

③ 位阻效应

a. 一元取代乙烯可共聚。

b. 二元取代：1,1-二元取代，同均聚一样可共聚；1,2-二元取代乙烯难以均聚，但某些单体有共聚的可能，主要是极性效应的作用（如电子给体和电子受体单体形成 1∶1 络合物，该络合物均聚可形成交替共聚物），生成的共聚物主要为交替型。

c. 三元、四元取代一般难共聚。同均聚一样，氟代乙烯如三氟氯乙烯、四氟乙烯皆能共聚。

2.2.13.10　竞聚率的测定

$$\frac{d[M_1]}{d[M_2]}=\frac{[M_1]}{[M_2]}\frac{r_1[M_1]+[M_2]}{[M_1]+r_2[M_2]}$$

$$F_1=\frac{r_1 f_1^2+f_1 f_2}{r_1 f_1^2+2f_1 f_2+r_2 f_2^2}$$

对二元共聚，共聚物的组成除了与单体组成有关外，还与单体竞聚率 r_1、r_2 有关，$r_1 r_2$ 体现了两种单体的结构、活性对共聚组成的贡献。

(1) 竞聚率的截距法测定

$$令\ \rho=\frac{d[M_1]}{d[M_2]},R=\frac{[M_1]}{[M_2]}$$

代入共聚物组成方程，得

$$\frac{\rho-1}{R}=r_1-r_2\frac{\rho}{R^2}$$

作 $\frac{\rho-1}{R}$-$\frac{\rho}{R^2}$ 图，直线的斜率为（$-r_2$），截距为 r_1。

具体方法为：按不同配方投料（安瓿瓶），抽真空、冲 N_2，置换 O_2，封管，设定温度下聚合，控制 C<5%，破管，分离，干燥，分析。

(2) 竞聚率的影响因素

① 温度的影响

$$r_1=\frac{k_{11}}{k_{12}}=\frac{A_{11}}{A_{12}}\frac{\exp(-E_{11}/RT)}{\exp(-E_{12}/RT)}=\frac{A_{11}}{A_{12}}\exp\left(\frac{E_{12}-E_{11}}{RT}\right)$$

$$E_{11}、E_{12}\approx 5\sim 18\text{kcal/mol}$$

考虑到同一反应类型 E 的数量级相同，T 升高，$r_1\rightarrow 1$，趋向理想共聚。

② 压力的影响　P 升高，$r_1\rightarrow 1$。

③ 溶剂的影响　溶剂对自由基共聚影响较小。

2.2.13.11　Q-e 方程

(1) 概述　单体竞聚率是共聚反应中的重要参数，共聚物的组成（瞬时组成、平均组成）、链段分布皆由它决定，每一对单体就有一对竞聚率。

假若有 10 种单体，只考虑二元共聚，就有 $C_{10}^2=\dfrac{10\times 9}{2}=45$ 对竞聚率，全面测定将不胜其烦。所以人们期望建立一套理论，关联共轭效应、极性效应及空间位阻对单体、自由基活性的影响。并能由此计算不同单体对的竞聚率。

Alfrey-Price 通过研究，发现了一些规律，半定量地解决了上述问题。

（2）$Q\text{-}e$ 规则　Alfrey-Price 于 1947 年提出 $Q\text{-}e$ 方程，它利用单体同某一标准物的共聚速率常数 r_1、r_2 来求出各种单体的 Q、e 值，再由 Q、e 值求出不同单体对的竞聚率。

按照 $Q\text{-}e$ 规则，自由基共聚合的链增长速率常数 k_{ij}（i，$j=1$，2）可用下式表示：

$$\sim\!\sim\!\sim M_i\cdot\,+\,M_j\;\xrightarrow{\;k_{ij}\;}\;\sim\!\sim\!\sim M_iM_j\cdot$$
$$k_{ij}=P_iQ_j\exp(-e_ie_j)$$

式中，P_i 为共轭效应对 $M_i\cdot$ 长链自由基活性影响的参数；Q_j 为共轭效应对 M_j 单体活性影响的参数；e_i、e_j 分别为极性对 $M_i\cdot$ 长链自由基、M_j 单体活性影响的参数。

并且假定极性对单体 M_i 及其形成的自由基 $M_i\cdot$ 活性影响的 e 值相等，这样，竞聚率可表示为

$$r_1=\frac{k_{11}}{k_{12}}=\frac{P_1Q_1\exp(-e_1^2)}{P_1Q_2\exp(-e_1e_2)}=\frac{Q_1}{Q_2}\exp[-e_1(e_1-e_2)]$$

为

$$r_2=\frac{k_{22}}{k_{21}}=\frac{P_2Q_2\exp(-e_2^2)}{P_2Q_1\exp(-e_1e_2)}=\frac{Q_2}{Q_1}\exp[-e_2(e_2-e_1)]$$

$$\Rightarrow r_1r_2=\exp[-(e_1-e_2)^2]$$

$Q\text{-}e$ 规则以 S 为基准：$Q_S=1.0$，$e_S=-0.8$，然后将 S-M_2 共聚测 r_1、$r_2\Rightarrow Q_2$、e_2。

不同的 M_2 可得一系列的 Q、e 值，Q、e 值已经据表可查。在没有竞聚率数值可直接使用的情况下，就可利用 Q_1、e_1 和 Q_2、e_2 的值估算出 r_1、r_2。

由上述介绍我们发现 $Q\text{-}e$ 方程没有考虑位阻效应，理论上是不完善的，再加上实验误差，因此由 Q、e 计算竞聚率会有误差。而且发现，用不同的单体作标准计算 Q、e 值，r_1、r_2 会有不同的数值，对于半定量、半经验性的理论不能求求的。

Q 值的大小表示共轭效应；若极性相差不大（即 e 值接近），共轭效应决定活性大小顺序；Q 值越大，单体的活性就越大，对应的自由基越稳定。通常 Q 值相近的单体容易无规共聚，竞聚率值 $r_1>1$，$r_2<1$ 或 $r_1<1$，$r_2>1$；Q 值相差大时共聚往往比较困难，如 S-VAc、MMA-VAc 难以共聚。

e 值表示双键极性，$e>0$ 表示带吸电基团，$e<0$ 表示带供电基团；Q 值相近时，e 值大小决定单体的活性；通常，e 值相差（绝对值）越大，共聚时的交替倾向越大。此时，竞聚率值 $r_1<1$，$r_2<1$，$r_1r_2\rightarrow 0$。

2.3　逐步聚合反应

前面我们已经学习了属于连锁机理的加聚反应，加聚反应单体常含有 $\diagup\!\!\!\!C\!=\!\!C\diagdown$，聚合过程可分为链引发、链增长、链转移及链终止等几个基元反应。对自由基聚合，由引发产生自由基活性种，单体、自由基的链增长很快完成，聚合过程中不存在中等聚合度的产物，聚合体系只有单体，聚合物及少量引发剂组成，属于连锁机理。而且由于加聚反应是活性中心依次打开数千万计的单体的"π"键进行加成的结果，因此聚合物组成和单体组成相同，仅仅是电子结构发生了变化。

加聚反应无疑是获得聚合物的重要方法，通过加聚得到了许多重要聚合物产品。大部分合成橡胶、合成塑料用树脂都是通过加聚反应合成的。

从前面的学习中我们也发现，加聚的产物都是碳链高分子，对于杂链高分子，元素有机高分子及无机高分子，高分子主链上除了碳外，还含有其他原子，甚至完全不含有碳原子，除了一些环状单体经开环聚合合成之外，只能通过缩聚反应来制取。

缩聚反应也是一类重要的聚合反应，在高分子合成工业中占有很重要的地位，通过缩聚反应合成了大量有工业价值的、与人类息息相关的聚合物，如涤纶树脂（聚对苯二甲酸乙二醇酯）、锦纶树脂（尼龙-66，尼龙-6，尼龙-610，尼龙-1010 等）、聚氨酯、酚醛树脂、聚碳酸酯（PC）等。涂料工业中，醇酸树脂（alkyd resin）、聚酯（polyester）树脂、聚氨酯（polyurethane）树脂、氨基树脂、环氧树脂（epoxy resin），也是通过缩聚反应合成的。

随着科学技术的发展，对于特别性能的合成材料，如耐高温、高强度，以及高技术领域特殊功能高分子（导电，磁性，分离膜）等需求日益迫切，这些新型聚合物多半也是通过缩聚来实现的。因此缩聚反应是合成聚合物的重要方法。

2.3.1 缩聚反应

2.3.1.1 缩聚反应（polycondensation）及其特点

（1）缩聚反应 有机化学的学习中，我们知道许多官能团可以发生反应，生成一种产物，并伴有 H_2O、ROH、HCl 等小分子化合物的生成，这种反应叫做缩合反应。

假若反应体系中的小分子化合物含有两个或两个以上可以反应的官能团，若官能团摩尔比接近 1:1，每次缩合的产物仍具有两个或两个以上可反应的官能团，这样反应就可以不断进行下去，多次缩合的结果就形成聚合物，而且反应过程中伴有副产小分子的生成，这种聚合反应，称为缩合聚合反应，简称为缩聚反应。

例如二元酸和二元醇的缩聚生成聚酯：

$$HOOC-R-COOH + HO-R'-OH \longrightarrow HOOC-R-COO-R'-OH + H_2O$$

$$HOOC-R-COO-R'-OH + HOOC-R-COOH \longrightarrow HOOC-R-COO-R'-OOC-R-COOH + H_2O$$

$$\cdots\cdots$$

$$HO[OC-R-COO-R'-O]_nH + HO[OC-R-COO-R'-O]_mH \longrightarrow$$
$$HO[OC-R-COO-R'-O]_{n+m}H + H_2O$$

不同的二元酸、二元醇缩聚得到不同的聚酯产品。

二元酸和二元胺的缩聚生成聚酰胺：

$$nH_2N-R-NH_2 + nHOOC-R'-COOH \longrightarrow H[NH-R-NHOC-R'-CO]_nOH + (2n-1)H_2O$$

另外，$HO-R-COOH$，$NH_2-R-COOH$ 也可以通过自身缩聚得到聚酯或聚酰胺。

$$nHOOC(CH_2)_4COOH + nH_2N(CH_2)_6NH_2 \longrightarrow H[NH(CH_2)_6NHCO(CH_2)_4CO]_nOH + (2n-1)H_2O$$

聚己二酰己二胺，尼龙-66，1938 年工业化的第一个合成纤维。

$$nHOOC-\bigcirc-COOH + nHO(CH_2)_2OH \longrightarrow HO[OC-\bigcirc-COO(CH_2)_2O]_nH + (2n-1)H_2O$$

聚对苯二甲酸乙二醇酯即涤纶。1941 合成，1945 年工业化。

定义：将带有两个或两个以上可反应官能团的化合物（单体），通过多次缩合形成聚合物，并伴有小分子副产物生成的聚合反应称为缩合聚合反应，简称缩聚反应。

从机理上讲大部分缩聚反应属于逐步聚合，因此这两个概念一般不加区分。

官能度——一个分子中参加反应的官能团个数，也可定义为单体在聚合反应中能形成新键的数目。常用 f(functionalgray) 表示，官能度决定于单体的分子结构和特定的反应及反应条件。

如酚醛树脂的合成，碱催化时，苯酚邻、对位氢都有活性，其官能度为3；而酸催化时只有邻位氢有活性，其官能度为2。

能发生缩聚的单体的官能度 $f \geqslant 2$。对体型缩聚体系，引入平均官能度的概念，$\bar{f} = \dfrac{\sum N_i \cdot f_i}{\sum N_i}$，$N_i$、$f_i$ 分别为 i 单体的物质的量和官能度。依缩聚单体官能度的不同，缩聚体系可分为 2-2,2-官能度体系；2-3 官能度体系，2-4 官能度体系等。

(2) 缩聚反应的特点

① 单体官能度 $f \geqslant 2$；

② 属于逐步聚合机理；

③ 缩聚过程中有小分子化合物析出；

④ 大部分属于杂链高分子，链上含有官能团结构特征。

2.3.1.2　缩聚反应的单体

(1) 缩聚单体　必须含有两个或两个以上可反应官能团，缩聚反应就是官能团间的多次缩合、酯化、酯交换、酰胺化、醚化等有机化学反应。

常见的官能团有：—COOH，—OH，—NH₂，—COCl，—COOR，—COOOC—（酐基），—NCO，活性 H 原子，卤原子等。也包括在反应中形成的基团，例如酚醛树脂合成中形成的—CH₂OH，醇酸树脂合成中生成的—COOH。

单体的官能度、活性影响缩聚物的结构、性能及生产工艺。

1-1,1-2,1-3,……，官能度体系生成小分子化合物。

2-2,2-官能度体系为线型缩聚体系。

2-3,2-4,……，官能度体系为体型缩聚反应。

单体：二官能度单体用于线型缩聚；多官能度单体用于体型缩聚。单官能度化合物常用作端基封闭剂或黏度稳定剂，它可以和大分子链端基官能团反应使之失去继续反应的能力，停止大分子链的增长，以此达到控制分子量的目的。

(2) 单体的反应活性　单体的活性决定于官能团的活性。

—OH 与以下基团的反应能力，由大到小的顺序为

$$—COCl > —N=C=O > —COOOC— > —COOH > —COOR$$

(3) 缩聚反应的分类　缩聚反应的分类可以采用不同的分类方法。

① 按反应的热力学特征分类　平衡缩聚反应与不平衡缩聚反应。

② 按生成聚合物的结构分类　线型缩聚——参加反应的单体含有两个官能团，反应中形成的大分子都向两个方向发展，得到线型缩聚物。体型缩聚——参加反应的单体至少含有一个官能度大于 2 的单体，若配比恰当，达到一定反应程度后，大分子向三个方向增长，得到体型结构的聚合物。如醇酸树脂的合成（属 A_2-B_3 体系）。

③ 按参加反应的单体种类分类　均缩聚——只有一种单体参加的缩聚；混缩聚——两种带有不同官能团的单体进行的缩聚反应，其中任何一种单体都不能进行均缩聚；共缩聚——在均缩聚中加入第二种单体或混缩聚中加入第三、四种单体的缩聚反应。

④ 按反应中所生成的键合基团分类　缩聚反应是通过官能团反应进行的，聚合物往往带有官能团特征，借此可像有机反应一样，缩聚反应分为如表 2-1 所示的类型。

表 2-1　按反应中所生成的键合基团分类

反应类型	键合基团	产品举例
聚酯反应	—COO—	涤纶,醇酸树脂
聚酰胺化反应	—NH—CO—	尼龙-6,尼龙-66,尼龙-1010
聚氨酯化反应	—NH—COO—	聚氨酯类
聚醚化反应	—O—	聚二苯醚,环氧树脂
酚醛缩聚	OH基苯环—CH₂	酚醛树脂
脲醛缩聚	—NH—CO—NH—	脲醛树脂
聚碳酯化反应	—O—COO—	聚碳酯

（4）缩聚反应的机理——逐步和平衡

① 机理　缩聚反应是通过官能团的逐步反应来实现大分子的链增长，链增长过程中不但单体可以加入到增长链中，而且形成的各种低聚物之间亦可以通过可反应官能团之间相互缩合连接起来。而加聚反应增长链活性种只能和单体反应。

因此，缩聚早期单体很快消失，转化成各种大小不等的低聚物，单体转化率很高，以后的缩聚则在各种低聚物之间进行，延长反应时间的目的在于提高分子量。

因为对于缩聚反应，反应一开始转化率就很高，而分子量仍然很低，人们采用官能团的反应分率即反应程度来描述反应进行的程度，用 P 表示：

$$P=\frac{N_0-N}{N_0}=\frac{已经反应掉的某种官能团数}{起始该种官能团数}$$

对反应程度一定要明确是哪种官能团的反应程度，若起始投料的官能团数不等，则不同官能团的反应程度就不同。引入 P 后，就会发现 P 的值随着时间延续也是增大的，聚合度也随时间增大，而且二者存在简单的关系。

对于均缩聚：用 a-R-b 代表羟基酸或氨基酸。

$$n\text{a-R-b}\longrightarrow \text{a-}[\text{R}]_n\text{-b}+(n-1)\text{ab}$$

设起始的 a 基数为 N_0（b 基也为 N_0，分子数亦为 N_0）；t 时，a 基数为 N（假定无副反应，b 基也为 N，分子数亦为 N），则：

$$P_a=\frac{已反应的 a 基数}{起始的 a 基数}=\frac{N_0-N}{N_0}\Rightarrow N=N_0(1-P_a)$$

$$P_b=\frac{已反应的 b 基数}{起始的 b 基数}=\frac{N_0-N}{N_0}\Rightarrow N=N_0(1-P_b)$$

所以：$P_b=P_a$

而

$$\overline{X}_n=\frac{投料的单体总数}{t 时分子总数}=\frac{N_0}{N}=\frac{N}{N(1-P_a)}=\frac{1}{1-P_a}$$

对 A_2-B_2 两种反应官能团等物质的量投料的缩聚体系。设 $t=0$ 时，a 基数为 N_0，b 基数为 N_0；t 时，a 基数为 N，b 基数则变为 N。则：

$$P_a=P_b=\frac{已反应的 a（或 b）基数}{起始的 a（或 b）基数}=\frac{N_0-N}{N_0}\Rightarrow N=N_0(1-P_a)$$

而
$$\overline{X}_n = \frac{\dfrac{N_0}{2}+\dfrac{N_0}{2}}{\dfrac{N}{2}+\dfrac{N}{2}} = \frac{N_0}{N} = \frac{1}{1-P_a}$$

因此对于均缩聚或官能团等物质的量投料的 2-2 线型缩聚体系：$\overline{X}_n = \dfrac{1}{1-P_a}$。

② 缩聚反应的平衡问题　有机小分子官能团间的反应大多是可逆的，如酯化反应，由于反应机理相同，聚酯化反应也是可逆的，缩聚反应也存在平衡常数。

$$\text{～～OH} + \text{HOOC～～} \underset{k_2}{\overset{k_1}{\rightleftharpoons}} \text{～～OCO～～} + H_2O$$

$$\text{平衡常数 } K = \frac{k_1}{k_2} = \frac{[-COO-][H_2O]}{[-OH][-COOH]}$$

正是由于热力学的平衡限制以及官能团失活（即脱除）的动力学链终止，造成了共聚物的分子量均不太高，一般在 10^4，涤纶约为 20000，尼龙-66 约为 18000。而加聚物的分子量为 $10^5 \sim 10^6$。但由于缩聚物是杂链的极性聚合物，这样的分子量已满足对力学性能的要求。

后面还会谈到平衡常数对聚合度的影响，为了提高聚合度，对于 K 值较小的平衡缩聚，常采用高温熔融缩聚、抽真空等工艺，将小分子化合物（如水）有效排除出体系。

2.3.2　缩聚过程中的副反应

2.3.2.1　成环反应

在反应过程中，单体可以分子间成环或分子内成环，大分子链也可以成环。成环后就终止了大分子的增长，它同缩聚反应是一对竞争反应。在能生成五元环或六元环时，这种成环更明显。

如 γ-氨基丁酸加热时只能得五元环的环丁内酰胺：

$$H_2N(CH_2)_3COOH \longrightarrow \begin{array}{c} H_2C\overset{\displaystyle H_2}{\underset{\displaystyle |}{C}}\ \\ H_2C-NH \end{array}\kern-1.5em \begin{array}{c} \\ C=O \end{array}$$

环的稳定性顺序是：5，6＞7，12＞3，4，8～11；因此可以从分析生成环的稳定性判断单体或低聚物的成环能力。3，4 元环很难形成（环张力太大），而 5，6 元环易形成，7 元环成环能力较低。

除了上述热力学因素外，还存在动力学因素，随着链的增长，其端基距离增大，再加上长链分子的构象很多，其中只有少量的构象才易于成环。所以链越长，端基官能团相遇机会越少，成环概率下降。

2.3.2.2　官能团的脱除

有些官能团由于某些原因发生了副反应而失去反应能力，称为官能团的脱除。

脱羧反应：

$$\text{～～}CH_2-COOH \overset{\triangle}{\longrightarrow} \text{～～}CH_3 + CO_2\uparrow$$

脱氨反应：

$$H_2N-(CH_2)_n-NH_2 \overset{分子内}{\longrightarrow} NH(CH_2)_{n-1}-CH_2 + NH_3$$

$$2H_2N-(CH_2)_n-NH_2 \overset{分子间}{\longrightarrow} H_2N(CH_2)_nNH(CH_2)_nNH_2 + NH_3$$

$$\text{～～}CH_2-CH_2-NH_2 \longrightarrow \text{～～}CH=CH_2 + NH_3$$

水解反应：

$$\text{～～}COCl + H_2O \longrightarrow \text{～～}COOH + HCl$$

由于官能团的消除，造成可反应官能团的摩尔比（r）发生变化，影响分子量的提高。羧酸经酯化后，其热稳定性提高，因此对易脱羧的二元酸可用它的酯来制备高聚物。一些单体容易氧化，缩聚开始阶段，为了避免单体氧化损失，通常通氮气或二氧化碳给予保护。

2.3.2.3　降解反应

除解反应即缩聚反应的逆反应。

如聚酰胺的氨解：

$$+NHR'NHOCRCO]_m[NHR'NHOCRCO]_n + H_2NRNH_2 \longrightarrow$$
$$+NHRNHOCRCO]_m NHR'NH_2 + H+NHR'NHOCRCO]_n$$

2.3.2.4　链交换反应

两个大分子链从键合基团处交换连接的反应为链交接反应。链交接反应分两种类型：①链端与大分子链间的交换；②两个大分子之间链间的交换。通过链交换反应制备嵌段共缩聚物需要较高温度，可通过加入适当催化剂等降低温度。另外为了得到较好的嵌段共聚物必须严格控制反应的条件，否则随着反应的进行，最后将得到无规共聚物。

2.3.3　线型缩聚的动力学

缩聚反应动力学的研究无论在理论上或实际生产上都有极为重要的意义。动力学研究理论上揭示了缩聚反应的微观机理，为合成条件的选择、控制提供了理论基础。

大部分缩聚反应是逐步进行的官能团间反应，从热力学上看是平衡可逆的，可表示为

$$[M]_m+[M]_n \underset{k_2}{\overset{k_1}{\rightleftharpoons}} [M]_{m+n}$$

其中 m，n 为任意常数，也就是说缩聚反应全过程包括许多反应步骤。假若官能团的反应活性与 m，n 有关，每一步的反应速率常数就各不相同，那么缩聚反应动力学处理就十分困难。官能团的等活性理论是经过长期争论才被大家逐步承认的。其中 P. J. Flory 和 W. H. Carothers 在 20 世纪 30 年代做了大量工作，用大量实验事实和理论分析阐述了官能团的反应活性问题。根据实验和理论研究，Flory 提出了官能团的等反应活性理论，即官能团的活性相等，与分子大小或链长无关，直到体系黏度很大时才产生偏离。官能团的等反应活性理论是解决缩聚反应动力学的一个基本前提。

在早期的研究中，曾认为高聚物大分子链上的官能团的反应活性可能要比相应的低分子化合物上的官能团低。理由是，高聚物分子量大，体系黏度大，使大分子活动性降低。也有人认为大分子链的蜷曲，将官能团包裹在其中，因而降低了官能团的反应活性，实际上这纯属错觉。

从阿伦尼乌斯方程式 $k = PZ\exp(-E_a/RT)$ 来看，反应速率常数决定于碰撞频率 Z，有效碰撞概率 P 和反应活化能 E_a。一般认为同类官能团间反应的活化能与分子链长短无关。

当体系的黏度增大时，虽然整个大分子链的整体运动减慢，但体系在黏度不太高时，链段构象的重排都和小分子一样迅速，官能团对于邻近链段的碰撞频率基本上不受分子整体运动性或体系黏度的影响，即 Z 变化不大。另外由于高分子活动迟缓，扩散速率慢，使两个官能团之间的碰撞时间增长，有利于提高有效碰撞概率，即 P 不变或稍有增加。另外，从结构因素看，当链长增长到一定程度后，官能团的临近化学环境变得基本一致。

因此可得出结论，在一定温度下，官能团的等活性理论，即缩聚反应每一步的反应速率常数和平衡常数相等。整个缩聚过程就可以用官能团之间的反应来表征，而不必考究各个具体的反应步骤。

聚酯化反应可表示为

$$\text{\sim\sim\sim COOH} + \text{HO}\text{\sim\sim\sim} \underset{k_2}{\overset{k_1}{\rightleftharpoons}} \text{\sim\sim\sim OCO}\text{\sim\sim\sim} + H_2O$$

聚酰胺化反应可表示为

$$\text{\sim\sim\sim COOH} + H_2N\text{\sim\sim\sim} \underset{k_2}{\overset{k_1}{\rightleftharpoons}} \text{\sim\sim\sim CONH}\text{\sim\sim\sim} + H_2O$$

线型缩聚动力学常以聚酯反应来讨论，这里采用了官能团的等反应活性理论，使动力学处理过程简化。

（1）不可逆条件下的线型缩聚动力学　酯化、聚酯化是酸催化反应，反应机理为

三步反应中 k_1，k_2，k_5，$k_6 \gg k_3$，k_4，每一步都是可逆反应，为了得到高分子量产物，需使反应移向生成聚合物一方，可以采取高温或（和）减压操作，不断脱除酯化水的方法。这样可将反应视为不可逆反应，k_4、k_6 不存在。

以羧基的消失表示聚合速率，聚酯反应速率可表示为

$$R_p = -\frac{d[COOH]}{dt} = k_3[C^+(OH)_2][OH] = -\frac{d[C^+(OH)_2]}{dt}$$

因为第一步反应的速率很快，平衡始终建立，故

$$K = \frac{k_1}{k_2} = \frac{[C^+(OH)_2][A^-]}{[COOH][HA]}$$

消去聚合速率公式中的 $[C^+(OH)_2]$，得到：

$$R_p = -\frac{d[COOH]}{dt} = \frac{k_1 k_3 [COOH][OH][HA]}{k_2 [A^-]}$$

考虑 $HA \rightleftharpoons H^+ + A^-$ 的离解平衡，$K_{HA} = \dfrac{[H^+][A^-]}{[HA]}$

$$R_p = -\frac{d[COOH]}{dt} = \frac{k_1 k_3 [COOH][OH][H^+]}{k_2 K_{HA}}$$

① 如果体系没有外加强酸性催化剂，即属于自身催化体系。

此时 $[H^+] = [COOH]$，并设 $\begin{cases} t=0\text{时，}[COOH]=[OH]=c_0 \\ t\text{ 时，}[COOH]=[OH]=c \end{cases}$

则 $-\dfrac{dc}{dt} = kc^3$ 积分得 $\dfrac{1}{c^2} - \dfrac{1}{c_0^2} = 2kt$（$k$ 为综合常数）

利用 $c = c_0(1-P)$，上式变为 $\dfrac{1}{(1-P)^2} = 2c_0^2 kt + 1$ 或 $\overline{X}_n^2 = 2c_0^2 kt + 1$

因此做 $\dfrac{1}{(1-P)^2}\text{-}t$ 曲线，对于不可逆自催化线型聚酯反应应为直线。

由上述的直线斜率可求出综合反应速率常数 k。改变缩聚反应温度测定不同的 k 值，利用 Arrhenius 方程就可求出其综合活化能。

$\overline{X}_n$ 随 t 缓慢增加，聚合度的增加速率随反应的进行而减慢。要获得高的分子量，需较长时间。为了加速反应，往往另加酸作为聚酯化的催化剂。

② 外加酸催化时的缩聚反应，此时 $[H^+]$ 不变，仍考虑官能团等物质的量投料的情况。

$$\begin{cases} t=0\text{时}, [COOH]=[OH]=c_0 \\ t\text{ 时}, [COOH]=[OH]=c \end{cases}$$

$-\dfrac{dc}{dt}=k'c^2$ 积分得 $\dfrac{1}{c}-\dfrac{1}{c_0}=k't$ （k' 为综合常数）

利用 $c=c_0(1-P) \Rightarrow \dfrac{1}{1-P}=k'c_0t+1$ 或 $\overline{X}_n=k'c_0t+1$

$$\overline{X}_n \propto t$$

人们研究了对甲苯磺酸催化己二酸-乙二醇或二甘醇的聚酯化反应，发现实验结果与理论基本吻合。

（2）平衡缩聚反应动力学 聚酯、聚酰胺反应中的每一步都是可逆的。前面讨论聚酯化反应动力学时，假定反应中生成的小分子副产物被有效排除，反应向生成缩聚物方向移动，逆反应聚酯的水解反应可以忽略，得到了不可逆的自催化、强酸催化线型聚酯化反应分别是三级和二次反应。但是在反应后期，体系黏度很大，小分子副产物排除困难，总有一部分小分子副产物无法除去，这时逆反应就不能忽略。下面考虑一般的平衡缩聚动力学问题，以酸催化体系为例。

$$\mathord{\sim}\!\!\mathord{\sim}\!\!\mathord{\sim}COOH + HO\mathord{\sim}\!\!\mathord{\sim}\!\!\mathord{\sim} \underset{k_2}{\overset{k_1}{\rightleftharpoons}} \mathord{\sim}\!\!\mathord{\sim}\!\!\mathord{\sim}OCO\mathord{\sim}\!\!\mathord{\sim}\!\!\mathord{\sim} + H_2O$$

$t=0$ 时	c_0 c_0	0	0
$t=t$ 时	c c	c_0-c	n_w

聚酯反应总速率为 $\quad R_p=-\dfrac{dc}{dt}=k_1c^2-k_{-1}(c_0-c)n_w$

当 K 很大或 n_w 很小时 $\quad -\dfrac{dc}{dt}=k_1c^2 \Rightarrow \dfrac{1}{c}-\dfrac{1}{c_0}=kt$

即为外加酸催化的不可逆聚酯化动力学方程。

① 对于封闭体系：$n_w=c_0-c$

利用 $c=c_0(1-P)$ 代入速率方程，得

$$\dfrac{dP}{dt}=k_1c_0(1-P)^2-k_{-1}c_0P^2=k_1c_0\left[(1-P)^2-\dfrac{1}{K}P^2\right]=k_1c_0\left[\left(1-\dfrac{1}{K}\right)P^2-2P+1\right]$$

$$\Rightarrow \dfrac{dP}{1-2P+\left(1-\dfrac{1}{K}\right)P^2}=k_1c_0dt \quad \text{（其中 } K=k/k_{-1}\text{）}$$

设 $K>1$

积分 $\quad \displaystyle\int_0^P \dfrac{dP}{1-2P+\left(1-\dfrac{1}{K}\right)P^2}=\int_0^t k_1c_0dt$

$$\dfrac{1}{2\sqrt{\dfrac{1}{K}}}\ln\left[\dfrac{\left(1-\dfrac{1}{K}\right)P-1-\sqrt{\dfrac{1}{K}}}{1\left(1-\dfrac{1}{K}\right)P-1+\sqrt{\dfrac{1}{K}}}\times\dfrac{\sqrt{K}-1}{\sqrt{K}+1}\right]=c_0k_1t$$

整理 $\Rightarrow \sqrt{K}\ln\left[\dfrac{(K-1)P-K-\sqrt{K}}{(K-1)P-K+\sqrt{K}}\times\dfrac{\sqrt{K}-1}{\sqrt{K}+1}\right]=2c_0k_1t$

令 $t \to \infty$ 得 $P_{平衡} = \dfrac{\sqrt{K}}{\sqrt{K}+1}$

② 对于非封闭体系：由 $-\dfrac{\mathrm{d}c}{\mathrm{d}t} = k_1 c^2 - k_{-1}(c_0 - c)n_w$

$$c = c_0(1-P)$$

$$\Rightarrow \dfrac{\mathrm{d}P}{\mathrm{d}t} = k_1 c_0 \ (1-P)^2 - k_{-1} P n_w$$

$$= k_1 c_0 \left[(1-P)^2 - \dfrac{n_w}{Kc_0}P \right]$$

$$= k_1 c_0 \left[1 - \left(2 + \dfrac{n_w}{Kc_0} \right)P + P^2 \right]$$

$$\dfrac{\mathrm{d}P}{1 - \left(2 + \dfrac{n_w}{Kc_0} \right)P + P^2} = k_1 c_0 \, \mathrm{d}t$$

积分整理得

$$\dfrac{1}{2\sqrt{\left(1+\dfrac{n_w}{2Kc_0}\right)^2 - 1}} \ln \left[\dfrac{P - \left(1+\dfrac{n_w}{2Kc_0}\right) - \sqrt{\left(1+\dfrac{n_w}{2Kc_0}\right)^2 - 1}}{P - \left(1+\dfrac{n_w}{2Kc_0}\right) + \sqrt{\left(1+\dfrac{n_w}{2Kc_0}\right)^2 - 1}} \times \dfrac{\left(1+\dfrac{n_w}{2Kc_0}\right) - \sqrt{\left(1+\dfrac{n_w}{2Kc_0}\right)^2 - 1}}{\left(1+\dfrac{n_w}{2Kc_0}\right) + \sqrt{\left(1+\dfrac{n_w}{2Kc_0}\right)^2 - 1}} \right]$$

$$= k_1 c_0 t$$

令 $t \to \infty$ 得，$P_{平衡} = \left(1+\dfrac{n_w}{2Kc_0}\right) - \sqrt{\left(1+\dfrac{n_w}{2Kc_0}\right)^2 - 1}$

$$\overline{X}_{n(平衡)} = \dfrac{1}{1-P_{平衡}} = \sqrt{\dfrac{1}{4} + \dfrac{Kc_0}{n_w}} + \dfrac{1}{2} \approx \sqrt{\dfrac{Kc_0}{n_w}} \ [n_w \text{ 很小}, \overline{X}_{n(平衡)} \text{ 较大时适用}]$$

要获得高分子量聚合物需 $\dfrac{Kc_0}{n_w} \geqslant 1$。

2.3.4 线型缩聚物聚合度的影响因素及控制

为了适应材料使用性能的要求，往往需要控制缩聚产物的分子量。如为了使合成的纤维具有较好的强度、弹性和纺丝性能，化纤聚合物的分子量应满足一定的要求。分子量过小时，不仅弹性、强度差，甚至纺不成丝。分子量过高会因纺丝液黏度过高而给纺丝带来困难，还影响纤维性质。涤纶、锦纶的分子量一般控制在 15000～40000，用作塑料的聚合物，分子量就要大些，橡胶更大。因此缩聚反应中根据不同需要来控制产物分子量是极其重要的。为此，下面先讨论缩聚物聚合度的影响因素，然后介绍控制问题。

2.3.4.1 聚合度的影响因素

(1) 反应程度对聚合度的影响　缩聚反应是官能团间的反应，官能团反应的结果使得链增长，即随时间的延续分子量或聚合度逐渐增加，理论上可以推导出二者的关系。

$$nHO-R-COOH \longrightarrow H-[ORCO]_n-OH + (n-1)H_2O$$

$$P = \dfrac{N_0 - N}{N_0} = 1 - \dfrac{1}{\overline{X}_n} \Rightarrow \overline{X}_n = \dfrac{1}{1-P}$$

图 2-5　$\overline{X}_n$-P 关系曲线

其中 N_0、N 表示起始和 t 时羧基或羟基的个数。$\overline{X}_n$-P 关系曲线如图 2-5 所示。

$0 \leqslant P < 1$，缩聚初期 P 增加很快，$\overline{X}_n$ 增加很慢。

$P \to 1$，即缩聚后期 P 增加很慢，但 $\overline{X}_n$ 增加很快，这也正是逐步聚合机理的体现。当 $P > 0.99$ 时，$\overline{X}_n > 100$，才有可能作

为材料使用。

由此可看出缩聚与缩合的不同，其对反应程度的要求很高。

提高反应程度的措施有：①延长反应时间；②选用高活性单体；③排除小分子副产物；④使用催化剂。

（2）平衡常数与聚合度的关系　平衡缩聚是由一系列相继进行的平衡反应构成，根据官能团的反应活性理论，各步可用一个平衡常数 K 表示。

以线型聚酯化反应为例，设官能团等物质的量投料。

$$\sim\!\!\sim\!\!\text{COOH} + \text{HO}\!\sim\!\!\sim \underset{k_2}{\overset{k_1}{\rightleftharpoons}} \sim\!\!\sim\!\!\text{OCO}\!\sim\!\!\sim + \text{H}_2\text{O}$$

$t=0$ 时 $\qquad\qquad\qquad c_0 \qquad c_0 \qquad\qquad\qquad 0 \qquad\qquad 0$

$t=t$ 时 $\qquad\qquad\qquad c \qquad\quad c \qquad\qquad c_0-c \qquad\quad n_w$

则 $K=\dfrac{[-\text{OCO}-][\text{H}_2\text{O}]}{[-\text{COOH}][-\text{OH}]}=\dfrac{(c_0-c)n_w}{c^2}=\dfrac{\dfrac{c_0-c}{c_0}\times\dfrac{n_w}{c_0}}{\dfrac{c^2}{c_0^2}}$

（上述各式中 c 表示各种官能团的物质的量浓度，n_w 表示平衡时残留水的物质的量浓度）

① 对封闭体系 $[\text{H}_2\text{O}]=[-\text{OCO}-]=c_0-c$

利用 $\qquad\qquad\qquad P=\dfrac{N_0-N}{N_0}=\dfrac{c_0-c}{c_0}$；$\overline{X}_n=\dfrac{N_0}{N}=\dfrac{c_0}{c}$

$$K=\dfrac{\left(\dfrac{c_0-c}{c_0}\right)^2}{\dfrac{c^2}{c_0^2}}=\dfrac{P^2}{\dfrac{1}{\overline{X}_n^2}}\longrightarrow \dfrac{1}{\overline{X}_n^2}=\dfrac{P^2}{K}$$

再利用 $\qquad\qquad\qquad \overline{X}_n=\dfrac{1}{1-P}\Rightarrow(1-P)^2=\dfrac{P^2}{K}$

所以 $\qquad\qquad\qquad P=\dfrac{\sqrt{K}}{\sqrt{K}+1}$，$\overline{X}_n=\sqrt{K}+1$

对聚酯化，设 $K=4$。对封闭体系，缩聚达到平衡时：$P=2/3$，$\overline{X}_n=3$，因此要得到高分子量产物必须排除副产物小分子。

② 非封闭体系

$$K=\dfrac{P\dfrac{n_w}{c_0}}{\dfrac{1}{\overline{X}_n^2}}\longrightarrow\dfrac{1}{\overline{X}_n^2}=\dfrac{P\dfrac{n_w}{c_0}}{K}$$

$$\overline{X}_n=\sqrt{\dfrac{c_0 K}{P n_w}}\approx\sqrt{\dfrac{c_0 K}{n_w}}\quad(\overline{X}_n\sim 10^2，\text{或 } P\rightarrow 1)$$

$\overline{X}_n\propto\dfrac{1}{\sqrt{n_w}}$，排除小分子化合物可提高 $\overline{X}_n$；$\overline{X}_n\propto\sqrt{K}$，$K$ 值很大的时允许稍高的小分子含量。如尼龙-66 的预聚，$K=10^3$，可在水溶液中进行。

③ 平衡常数的影响因素：单体活性、反应温度。

$\sim\!\!\sim\!\!\text{COOH}+\text{HO}\!\sim\!\!\sim$，$K=4$；

$\sim\!\!\sim\!\!\text{COCl}+\text{HO}\!\sim\!\!\sim$，很大甚至不可逆；

$\sim\sim\sim COCl + H_2N \sim\sim\sim$，$K = 10^4 \sim 10^5$。

温度的影响可用下式表示：

$$\ln \frac{K_2}{K_1} = \frac{\Delta H}{R} \left(\frac{1}{T_1} - \frac{1}{T_2} \right)$$

其中 ΔH 为缩聚反应的热焓变化；一般 $\Delta H < 0$（放热反应）其值约为 $-10 \mathrm{kJ/mol}$。$T_2 > T_1$ 时，$K_2 < K_1$，即 $T \uparrow$，$K \downarrow$，对生成高分子量产物不利。

另一方面对平衡缩聚，$T \uparrow$，$k \uparrow$，$R_p \uparrow$，可缩短达到平衡的时间，因此相同的反应时间可提高分子量，还有利于小分子副产物的排除。但到达平衡后却是低温亦获得高分子量的产物。

（3）压力对聚合度的影响 对缩聚反应，压力对平衡常数影响不大，但减小压力有利于缩聚中产生的小分子副产物排除出去，使平衡向生成高分子量聚合物方向移动。

$$K = \frac{[-COO-][H_2O]}{[-COOH][-OH]}$$

但为了防止单体、聚合物在高温下氧化变质和避免单体挥发造成原料摩尔比发生变化，往往反应初期用惰性气体保护，待反应到达一定程度后再降压，将小分子副产物排出去，从而得到高分子量产物。

2.3.4.2 线型缩聚物的聚合度（分子量）控制

前面已经推导了 $\overline{X}_n = \dfrac{1}{1-P}$，那么控制 P 是否可以达到控制分子量的目的？控制 P 不仅手续麻烦，即使得到了暂时控制，当树脂加工成型时，由于加热，等物质的量存在的两种官能团仍可发生反应，结果使 $\overline{X}_n$ 发生变化，影响产品的性能。因此应采取有效的措施控制产品的最终分子量。常用的方法有两种：①使某种单体可反应官能团过量；②加单官能团物质。目的都是使一种端基官能团失去活性，封锁端基，终止大分子的增长，使分子量保持永久稳定。

如
$$na\text{-}A\text{-}a + (n+1)\,b\text{-}B\text{-}b \longrightarrow bB\text{-}[AB]_n\text{-}b + 2nab$$
$$na\text{-}R\text{-}b + C\text{-}b \longrightarrow C\text{-}(R)_n\text{-}b + nab$$

a、b 为两个可反应基团上的离去基团。

（1）反应体系里某种单体过量 对 a-A-a+b-B-b 体系，设 b-B-b 过量，即官能团 b 过量。

设 $t = 0$ 时，a，b 的官能团数各为 N_a，N_b，定义 $r_a = \dfrac{N_a}{N_b} \leqslant 1$；

设 t 时，官能团 a，b 的反应程度分别为 P_a，P_b。

则 t 时，a，b 基团数各为 $N_a - N_a P_a$，$N_b - N_b P_b$；体系中分子总数为

$$\frac{N_a - N_a P_a + N_b - N_b P_b}{2}$$

故 $\overline{X}_n = \dfrac{\text{投料时单体分子数}}{t \text{ 时体系分子数}} = \dfrac{\dfrac{N_a}{2} + \dfrac{N_b}{2}}{\dfrac{N_a - N_a P_a + N_b - N_b P_b}{2}} = \dfrac{N_a + N_b}{N_a + N_b - N_a P_a - N_b P_b}$

利用 a，b 基团消耗数相等的条件：$N_a P_a = N_b P_b$

$$\overline{X}_n = \frac{N_a + N_b}{N_a + N_b - 2 N_a P_a} = \frac{1 + \dfrac{N_a}{N_b}}{1 + \dfrac{N_a}{N_b} - 2\,\dfrac{N_a}{N_b} P_a} = \frac{1 + r_a}{1 + r_a - 2 r_a P_a}$$

讨论：

① $r_a = 1$（即两可反应官能团等物质的量投料）时，$\overline{X}_n = \dfrac{1}{1-P_a}$（同前面的结论相同）；

② $r_a < 1$，$P_a = 1$ 时 $\overline{X}_n = \dfrac{1+r_a}{1-r_a}$。

由上式可知，要合成高分子量缩聚物，除了使反应程度尽量接近 1 外，单体纯度要高，需用"聚合级"原料，另外必须严格控制单体可反应官能团的摩尔比，否则亦将影响缩聚物的合成。

（2）加入单官能团物质（端基封锁剂，黏度稳定剂）　缩聚反应中，根据需要加入一定量的单官能团物质，由于它的参加反应，而停止了大分子链的增长，也可达到控制分子量的目的。

对于均缩聚 a-R-b 型单体的缩聚，a，b 严格等物质的量配比，就只能采用加单官能团物质的方法控制聚合度。如尼龙-66 可加 CH_3COOH 作端基封锁剂，加入 CH_3COOH 后，大分子端基为

$$CH_3COONH \sim\sim\sim COOH$$
$$CH_3COONH \sim\sim\sim NHOOCCH_3$$
$$HOOC \sim\sim\sim COOH$$

① 对于 (a-A-a + b-B-b) 另加单官能团物质 C-b 的体系。

$$\overline{X}_n = \frac{\text{投料时单体分子数}}{t \text{ 时体系分子数}} = \frac{\dfrac{N_a}{2} + \dfrac{N_b}{2} + N_c}{\dfrac{N_a - N_a P_a + N_b - N_b P_b + N_c P_c}{2} + N_c - N_c P_c}$$

$$= \frac{N_a + N_b + 2N_c}{N_a - N_a P_a + N_b - N_b P_b + 2N_c - N_c P_c}$$

（N_a 为投料 A 单体上的 a 基数，N_b 为投料 B 单体上的 b 基数，N_c 为投料 C 单体上的 b 基数；P_a、P_b、P_c 分别为 A 单体上 a 基、B 单体上 b 基、C 单体上 b 基的反应程度）

利用 a 基消耗数等于 b 基消耗总数，则 $N_a P_a = N_b P_b + N_c P_c$，代入上式：

$$\overline{X}_n = \frac{N_a + (N_b + 2N_c)}{N_a + (N_b + 2N_c) - 2N_a P_a} = \frac{1 + \dfrac{N_a}{N_b + 2N_c}}{1 + \dfrac{N_a}{N_b + 2N_c} - 2\dfrac{N_a}{N_b + 2N_c} P_a}$$

令 $r_a = \dfrac{N_a}{N_b + 2N_c} \leqslant 1$，称为 a 基对 b 基的摩尔分数（或摩尔比）。

上式也化简为 $\qquad\qquad \overline{X}_n = \dfrac{1 + r_a}{1 + r_a - 2r_a P_a}$

② 对于 a-R-b 加 C-b 的缩聚体系。

$$\overline{X}_n = \frac{\text{投料单体分子数}}{t \text{ 时体系分子数}} = \frac{N_a + N_c}{\dfrac{N_a - N_a P_a + N_a - N_a P_b + N_c P_c}{2} + N_c - N_c P_c}$$

$$= \frac{N_a + N_a + 2N_c}{N_a + N_a + 2N_c - N_a P_a - N_b P_b - N_c P_c}$$

（P_a、P_b、P_c 分别为 R 单体上 a 基、R 单体上 b 基、C 单体上 b 基的反应程度）

利用 $N_a P_a = N_b P_b + N_c P_c$

$$\overline{X}_n = \frac{(N_a + 2N_c) + N_a}{(N_a + 2N_c) + N_a - 2N_a P_a} = \frac{1 + r_a}{1 + r_a - 2r_a P_a}$$

其中 a 基对 b 基的摩尔分数 $r_a = \dfrac{N_a}{N_a + 2N_c}$。

因 b 基过量，当 $P_a = 1$ 时，$\overline{X}_n = \dfrac{1 + r_a}{1 - r_a}$。

加入单官能团化合物 C-b 的分子数越少，缩聚产物的分子量越高。所以可以根据所需要的聚合度，计算单官能团化合物加入量。

③ 对于 a-R-b + b-B-b 体系。

$$\overline{X}_n = \dfrac{N_a + N_c}{\dfrac{N_a - N_a P_a + N_a - N_a P_b + 2N_c - 2N_c P_c}{2}}$$

利用 $N_a P_a = N_a P_b + 2N_c P_c$

$$\overline{X}_n = \dfrac{2N_a + 2N_c}{2N_a + 2N_c - 2N_a P_a} = \dfrac{(N_a + 2N_c) + N_a}{(N_a + 2N_c) + N_a - 2N_a P_a} = \dfrac{1 + r_a}{1 + r_a - 2r_a P_a}$$

其中：N_a 为 a-R-b 的物质的量，N_c 为 b-B-b 的物质的量；

$$r_a = \dfrac{N_a}{N_a + 2N_c}$$

2.3.5 线型缩聚产物的分子量分布

除了分子量对材料的性能有重要影响之外，分子量的分布对材料性能的影响也很大。纤维分布较窄，橡胶分布较宽，塑料居中。Flory 首先用统计方法研究了分子量分布。此方法需要两个假定：①各个反应的速率常数相等；②系统中两个反应官能团始终保持等物质的量，即无官能团的消除等副反应。

现以 HOOC ～～～ R ～～～ OH 为例推导。

$$\text{HOOC} \sim\!\sim\!\sim \text{R} \sim\!\sim\!\sim \text{OH}$$

$t = 0$　　　N_0　　　　　　N_0

t　　　　　N　　　　　　　N

$$P = \dfrac{\text{已知反应的 -COOH 数}}{\text{起始的 -COOH 数}} = \dfrac{N_0 - N}{N_0} = \text{构成一个酯键的概率}$$

$$1 - P = \dfrac{\text{未参加反应的 -COOH 数}}{\text{起始的 -COOH 数}} = \dfrac{N}{N_0} = \text{不成键的概率}$$

$$\text{HO-R-}\overset{\text{O}}{\underset{}{\text{C}}}\text{-O-R-}\overset{\text{O}}{\underset{}{\text{C}}}\text{-O-R-}\overset{\text{O}}{\underset{}{\text{C}}}\cdots\text{-O-R-}\overset{\text{O}}{\underset{}{\text{C}}}\text{-O-R-}/\text{-}\overset{\text{O}}{\underset{}{\text{C}}}\text{-OH}$$

不成键

x-聚体分子中含有 $(x-1)$ 个酯键〔即 $(x-1)$ 个 -COOH 参加了反应〕和一个不成键的羧基。由于构成一个酯键的概率为 P，$(x-1)$ 个酯键的总概率为各个酯键概率的乘积，即 $P^{(x-1)}$，同时还含有一个不成键的羧基，其概率为 $(1-P)$，所以生成 x-聚体的总概率为 $P^{(x-1)}(1-P)$。用 N_x、N 分别表示 x-聚体个数和体系分子总数。

因此数量分布函数为　　　　$\dfrac{N_x}{N} = P^{(x-1)}(1-P)$

$$\Rightarrow N_x = NP^{(x-1)}(1-P)$$

由此可做出数量分布曲线（图 2-6）。

特点：①曲线无极值，体系内单体摩尔分数最高，高聚物的摩尔分数随着聚合度的增加而减少；②反应程度愈大，分布愈宽。

利用 $N = N_0(1-P)$，得 $N_x = N_0 P^{(x-1)}(1-P)^2$。

设 W_x 为 x-聚体的质量，M_0 为结构单元分子量。x-聚体的质量分数为

图 2-6　数量分布曲线

$$\frac{W_x}{W}=\frac{N_xM_0x}{N_0M_0}=\frac{N_xx}{N_0}=xP^{(x-1)}(1-P)^2$$

数均聚合度
$$\overline{X}_{\mathrm{n}}=\frac{N_0}{N}=\frac{1}{1-P}$$

或
$$\overline{X}_{\mathrm{n}}=\sum\frac{N_x}{N}x=\sum p^{(x-1)}(1-P)x=\frac{1}{1-P}$$

重均聚合度
$$\overline{X}_{\mathrm{w}}=\sum\frac{W_x}{W}x=\sum x^2P^{(x-1)}(1-P)^2=\frac{1+P}{1-P}\approx\frac{2}{1-P}$$

多分散系数
$$\lambda=\frac{\overline{X}_{\mathrm{w}}}{\overline{X}_{\mathrm{n}}}\approx2$$

2.3.6 体型缩聚

能够生成三维体型缩聚物的缩聚反应称为体型缩聚反应，简称为体型缩聚（crosslinked polycondenszation）。

（1）体型缩聚的单体 参加反应的单体必含有一种官能度大于2的单体，如2-2-3，2-3，2-4……体系，这是体型缩聚的必要条件。此外原料的投放比，反应条件，反应程度等对体型缩聚的进行也起重要的作用。因此一个体系能否顺利进行要全面分析。

（2）体型、线型缩聚物合成反应的差别

$$单体\xrightarrow{\text{聚合反应}}线型缩聚物\xrightarrow{\text{加工成型}}制成品（热塑性）$$

$$单体\xrightarrow{\text{聚合反应}}预聚物\xrightarrow{\text{交联固化}}制成品（热固性）$$

（3）预聚物的分类 按照反应程度的不同，体型缩聚可分为三个阶段：

$$\begin{cases}甲阶段，P<P_{\mathrm{c}}\\乙阶段，P\to P_{\mathrm{c}}\\丙阶段，P>P_{\mathrm{c}}\end{cases}$$

其中丙阶段也称为熟化、固化或交联阶段。

对应的生成物分别称 $\begin{cases}甲阶树脂，P<P_{\mathrm{c}}\\乙阶树脂，P\to P_{\mathrm{c}}\end{cases}$ 预聚物
丙阶树脂，$P>P_{\mathrm{c}}$ 体型缩聚物

预聚物的熟化过程对制品性能至关重要。熟化过程的控制常常需要知道预聚物的结构。

根据预聚物的结构是否确定，热固性树脂可分为两种类型：无规预聚物（random prepolymer）和定结构预聚物（structoset prepolymer）。

无规预聚物是指结构不确定的预聚物。早期的热固性树脂预聚物多是无规预聚物。例如碱催化酚醛树脂、脲醛树脂、醇酸树脂等；它们的预聚物上未反应官能团无规存在，交联反应一般凭经验进行。

如用碱催化酚醛（酚-醛＝1：1.5）预缩聚体系，预聚物组成非常复杂，常为包含数个苯环的羟甲基酚：

定结构预聚物即结构确定的预聚物。包括具有确定的活性侧基或端基的预聚物。如二醇类预聚物、环氧预聚物、不饱和聚酯预聚物等。由于它们具有确定的活性基团，用交联剂固化时可以定量计算。而且预聚物的分子量也可采用线型缩聚物的分子量控制方法。因此结构性预聚物在热固性树脂里显得越来越重要。

二醇类预聚物：$\begin{cases} H—(OR)_n—OH，聚醚型 \\ H—(OROCOR'CO)_n—OROH，聚酯型 \end{cases}$

二醇类预聚物与过量的二异氰酸酯反应，将生成以异氰酸酯基团为端基的聚合物——聚氨酯预聚物。

$$(n+1)HO\sim\sim OH + (n+2)OCN—R—NCO \longrightarrow OCN—R—NHCO\sim\sim O\overset{O}{C}—NH—R—\left[NHCO\sim\sim O\right]_n \overset{O}{C}NH—R—NCO$$

此聚合物用多元胺、聚合物多元醇交联即成体型结构产物。

环氧类预聚物：此类预聚物一般通过双酚 A 与环氧氯丙烷反应生成。

$$(n+2)CH_2—CH—CH_2Cl + (n+1)HO—\langle\rangle—\overset{CH_3}{\underset{CH_3}{C}}—\langle\rangle—OH \xrightarrow{NaOH}$$

$$CH_2—CH—CH_2—\left[O—\langle\rangle—\overset{CH_3}{\underset{CH_3}{C}}—\langle\rangle—OCH_2\overset{}{\underset{OH}{C}HCH_2}\right]_n O—\langle\rangle—\overset{CH_3}{\underset{CH_3}{C}}—\langle\rangle—OCH_2—CH—CH_2 + (n+2)HCl$$

为了使端基为环氧基，应使环氧氯丙烷过量。

一般认为环氧氯丙烷与双酚 A 的缩聚是分步进行的，即交替的开环与闭环。

$$HO—\langle\rangle—\overset{CH_3}{\underset{CH_3}{C}}—\langle\rangle—OH + CH_2—CH—CH_2Cl \xrightarrow{NaOH} HO—\langle\rangle—\overset{CH_3}{\underset{CH_3}{C}}—\langle\rangle—OCH_2—\underset{OH}{C}H—CH_2Cl$$

$$HO—\langle\rangle—\overset{CH_3}{\underset{CH_3}{C}}—\langle\rangle—OCH_2—\underset{OH}{C}H—CH_2Cl \xrightarrow{NaOH} HO—\langle\rangle—\overset{CH_3}{\underset{CH_3}{C}}—\langle\rangle—OCH_2—CH—CH_2 + HCl$$

$$CH_2—CH—CH_2Cl + HO—\langle\rangle—\overset{CH_3}{\underset{CH_3}{C}}—\langle\rangle—OCH_2—CH—CH_2$$

$$\longrightarrow ClCH_2—\underset{OH}{C}H—CH_2—O—\langle\rangle—\overset{CH_3}{\underset{CH_3}{C}}—\langle\rangle—O—CH_2—CH—CH_2$$

……

环氧树脂的交联剂常用多元胺（室温固化剂）、酸酐或多元酸（烘烤型固化剂）等。

2.3.7 体型缩聚的凝胶现象及凝胶理论

2.3.7.1 凝胶现象及凝胶点

由二官能度单体生成线型大分子仅有两个端基，其差别只在于分子链的长度。如果缩聚体系中有多官能度单体存在，将生成非线型的多支链产物，体型缩聚反应是经过甲阶段和乙阶段而逐步转变为体型结构产物的过程。缩聚过程中，反应体系表现为黏度逐渐增大，而且当反应进行到一定程度后，黏度急剧增加，体系转变成凝胶状物质，这一现象称为凝胶现象或凝胶化，出现凝胶现象时的临界反应程度称为凝胶点（P_c）。充分凝胶化后树脂的物理性质发生显著变化：刚性增大，尺寸稳定，耐热性好，即具有热固性，是重要的工程塑料。凝胶点是高度支化的缩聚物过渡到体型缩聚物的转折点。凝胶理论的中心问题之一就是凝胶点的计算。

2.3.7.2 凝胶点的预测

凝胶点是热固性聚合物预聚、固化交联的重要参数，凝胶点的预测在实际中具有重要意义。关于凝胶点的预测，主要有两种理论。

（1）Carothers 理论 Carothers 理论认为，当体系出现凝胶时，数均聚合度 $\overline{X}_n \to \infty$。可以根据数均聚合度与反应程度 P 的关系，求出 $\overline{X}_n \to \infty$ 时的反应程度，即凝胶点 P_c。

① 两种官能团等物质量的体系。

此时定义平均官能度：

$$\overline{f} = \frac{投料单体官能团总数}{投料分子总数} = \frac{\sum N_i f_i}{\sum N_i}$$

N_i、f_i 分别为 i 单体的个数和官能度。

$\overline{f} < 2$ 时，不能生成高分子量聚合物。

$\overline{f} = 2$ 时，生成线型或分支型聚合物。

$\overline{f} > 2$ 时，则可生成支化或网状聚合物。

对于 A_2-B_3 两种官能团等物质的量的缩聚体系，A_2、B_3 的投料摩尔比为 $3：2$；则

$$\overline{f} = \frac{投料官能团总数}{投料分子总数} = \frac{3 \times 2 + 2 \times 3}{3 + 2} = 2.4$$

现在来推导 P-$\overline{X}_n$ 的关系。

设 N_0 为投料单体分子总数，平均官能度为 $\overline{f}$；则反应开始时的官能团总数为 $N_0 \overline{f}$；

假定缩聚中无分子内环化等副反应，凝胶点之前每步反应都要减少一个分子，消耗两个官能团。

设 t 时体系分子数为 N。则

$$P = \frac{\dfrac{2 \times (N_0 - N)}{2}}{\dfrac{N_0 \times \overline{f}}{2}} = \frac{2}{\overline{f}} \left(1 - \frac{N}{N_0}\right) = \frac{2}{\overline{f}} \left(1 - \frac{1}{\overline{X}_n}\right)$$

令 $\overline{X}_n \to \infty$，则得

$$P_c = \frac{2}{\overline{f}}$$

该式即为 Carothers 方程。

对于两种官能团等物质量投料的丙三醇与邻苯二甲酸酐的体型缩聚：

$$\overline{f} = \frac{2 \times 3 + 3 \times 2}{2 + 3} = 2.4$$

$$P_c = \frac{2}{\overline{f}} = \frac{2}{2.4} = 0.833$$

实验测定发现：P_c（实验）$=0.800$，其原因在于 Carothers 过高地估计了出现凝胶时的数均分子量。$\overline{X}_n$ 并非无穷大，而是有限的，一般为几十；如上例中，出现凝胶时的 $\overline{X}_n = 24$。

因此如欲在凝胶点前停止反应，一定要控制反应程度比 Carothers 方程计算的凝胶点小一些才不至于发生凝胶化。

② 对于非等当量缩聚（或两官能团非等物质的量）的体系。

此时的平均官能度 $\overline{f}$ 不能用上述平均官能度的求法：这样求出来的 $\overline{f}$ 比实际值大。

比如对于 1mol 丙三醇和 3mol 苯酐的体系，若按上式 $\overline{f} > 2$，似乎可以发生体型缩聚，实际上只能得到小分子化合物：

小分子化合物

因此对于非等量的缩聚体系，平均官能度的计算公式应修正为

$$\overline{f} = \frac{2 \times \text{非过量的官能团数}}{\text{投料的单体分子数}}$$

再代入 $P_c = \frac{2}{\overline{f}}$ 就可求出凝胶点 P_c（注意 P_c 为非过量官能团的反应程度）。

又如 1∶3（摩尔比）的

体系。

$$\overline{f} = \frac{2 \times 1 \times 3}{1+3} = 1.5 < 2，不可能得到聚合物。$$

③ 由公式 $P = \frac{2}{\overline{f}}\left(1 - \frac{1}{\overline{X}_n}\right)$ 可以求出 $\overline{X}_n = \frac{2}{2 - P\overline{f}}$。

此公式可取代 $\overline{X}_n = \frac{1+r_a}{1+r_a-2r_aP_a}$ 用于线型缩聚体系聚合度的控制或计算。但当体系含有多官能度单体时，$\overline{X}_n = \frac{1+r_a}{1+r_a-2r_aP_a}$ 不再使用，而 $\overline{X}_n = \frac{2}{2-P_a\overline{f}}$ 仍可应用。

而且 $\overline{X}_n = \frac{2}{2-P_a\overline{f}}$ 应用起来更方便。只要根据原料投料比求出平均官能度，即可求出在任一反应程度下的平均聚合度。

（2）统计法　许多学者利用统计方法研究凝胶化理论，即凝胶点问题。其中 Flory 用此法处理了一些简单缩聚体系的凝胶点问题。我国著名化学家唐敖庆提出了自己处理凝胶化问题的理论，这种理论较为简单，可以处理从简单到复杂的体型缩聚体系。

① 对于 $A_f + B_g$ 型缩聚体系。A_f 为含有官能团 A，官能度为 f 的单体；B_g 为含有官能

团 B，官能度为 g 的单体；而且 A、B 为可反应性的官能团。

唐氏的理论采用同心环模型：即把 A_f+B_g 型缩聚物摆在许多同心环上，根据 A 基或 B 基在环上的消长情况来确定凝胶化时的临界条件。摆法规则是：奇数环上放未反应的 A 基和 AB 键；偶数环上放未反应的 B 基和 BA 键；环与环之间通过官能团以外的残留单元相联结。

（A_3+B_3）缩聚物放在同心环上的模型如下：

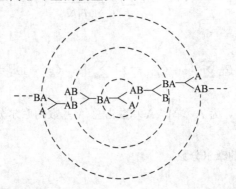

现在推导凝胶化的临界条件：

设第 i 环上的 A 基总数为 $N_A^{(i)}$（包括反应的和未反应的 A 基总数），设 A 基的反应程度为 P_A。

那么反应掉的 A 基数为 $N_A^{(i)} P_A$；因为反应一个 A 基用掉一个 B 基，在（$i+1$）环上引入（$g-1$）个 B 基，所以第（$i+1$）环上的 B 基数为

$$N_B^{(i+1)}=N_A^{(i)} P_A(g-1)$$

假设 B 基的反应程度为 P_B，且（$i+1$）环上的 B 基数很大，同理由（$i+1$）环上反应掉的 B 基在（$i+2$）环上引入的 A 基总数为

$$N_A^{(i+2)}=N_A^{(i)} P_A(g-1)P_B(f-1)=N_A^{(i)} P_A P_B(g-1)(f-1)$$

在此可以看出由 $N_A^{(i)}$ 通过 P_A、P_B 可推算出 $N_A^{(i+2)}$，比较 $N_A^{(i)}$、$N_A^{(i+2)}$ 的值，有三种情况：

$N_A^{(i)}>N_A^{(i+2)}$，缩聚物逐渐收敛；

$N_A^{(i+2)}>N_A^{(i)}$，缩聚物发散，可以产生凝胶；

因此，$N_A^{(i+2)}=N_A^{(i)}$ 为产生凝胶的临界条件。

即得：
$$N_A^{(i)} P_A P_B(g-1)(f-1)=N_A^{(i)}$$
$$\Rightarrow P_A P_B(g-1)(f-1)=1$$

如果摩尔系数 $r_A=\dfrac{fN_A}{gN_B}\leqslant 1$（A 基对 B 基的摩尔比）

则 $P_B=r_A P_A$，代入上式，$r_A P_A^2(f-1)(g-1)=1$

$$P_A=\frac{1}{\sqrt{r_A(f-1)(g-1)}}$$

对 A_2+B_3 两官能团等物质量的体系：$P_A=0.707$，此值比实验值小。

② （$A_{f_1}+A_{f_2}+\cdots+A_{f_i}+\cdots+A_{f_s}$）+（$B_{g_1}+B_{g_2}+\cdots+B_{g_j}+\cdots+B_{g_t}$）型反应体系。

该体系为 A_f+B_g 型体系的推广。A_{f_i} 为含有官能基 A，官能度为 f_i 的单体，N_{A_i}（$i=1\sim s$）为其物质的量；B_{g_j} 为含有官能基 B，官能度为 g_j 的单体，N_{B_j}（$j=1\sim t$）为其物质

的量。

采用假想同心环模型，把缩聚物摆在同心环上。采用上述假定及方法，得

$$N_{\mathrm{B}}^{(i+1)} = N_{\mathrm{A}}^{(i)} P_{\mathrm{A}} \sum_j \left[\frac{g_j N_{\mathrm{B}_j}}{\sum_j g_j N_{\mathrm{B}_j}} (g_j - 1) \right]$$

$$N_{\mathrm{A}}^{(i+2)} = N_{\mathrm{B}}^{(i+1)} P_{\mathrm{B}} \sum_i \left[\frac{f_i N_{\mathrm{A}_i}}{\sum_i f_i N_{\mathrm{A}_i}} (f_i - 1) \right]$$

由 $N_{\mathrm{A}}^{(i+2)} = N_{\mathrm{A}}^{(i)}$ 得

$$P_{\mathrm{A}} P_{\mathrm{B}} \sum_i \left[x_{f_i} (f_i - 1) \right] \sum_j \left[x_{g_j} (g_j - 1) \right] = 1$$

其中：$x_{f_i} = \dfrac{f_i N_{\mathrm{A}_i}}{\sum\limits_i f_i N_{\mathrm{A}_i}}$，为 A_{f_i} 单体 A 基数占总 A 基数的摩尔分数；$x_{g_j} = \dfrac{g_j N_{\mathrm{B}_j}}{\sum\limits_j g_j N_{\mathrm{B}_j}}$，为

B_{g_j} 单体 B 基数占总 B 基数的摩尔分数。

令 $r_{\mathrm{a}} = \dfrac{\sum\limits_i f_i N_{\mathrm{A}_i}}{\sum\limits_j g_j N_{\mathrm{B}_j}} \leqslant 1$ 为 A 基对 B 基的摩尔系数，由 $P_{\mathrm{B}} = r_{\mathrm{a}} P_{\mathrm{A}}$ 代入上式整理得凝胶

点为

$$P_{\mathrm{A}} = \frac{1}{\sqrt{r_{\mathrm{a}} \sum\limits_i \left[x_{f_i} (f_i - 1) \right] \sum\limits_j \left[x_{g_j} (g_j - 1) \right]}}$$

2.4 聚合实施方法

自由基聚合实施方法按照聚合配方、工艺特点可分为四种：本体聚合（mass polymerization），溶液聚合（solution polymerization），悬浮聚合（suspension polymerization），乳液聚合（emulsion polymerization）。

按照单体在聚合介质中的分散情况可分为均相聚合（homogeneous polymerization）和非均相聚合（heterogeneous polymerization）。

烯类单体究竟采取何种聚合方法实施往往取决于对产品的性能要求和经济效益。如PMMA 采用本体聚合，PS、PVC 可采用悬浮聚合，丁苯胶、丁腈胶采用乳液聚合来合成。

四种实施方法的配方、聚合机理、工艺条件及产品性能各有特点。

逐步聚合的实施方法主要有融熔聚合；溶液聚合；界面缩聚。

本章主要介绍本体聚合（mass polymerization），溶液聚合（solution polymerization），悬浮聚合，以及熔融缩聚和溶液缩聚。乳液聚合（emulsion polymerization）是一种非常重要的自由基聚合方法，将在水性丙烯酸树脂合成部分详细介绍。

2.4.1 本体聚合

本体聚合（mass polymerization）是单体加少量（甚至不加）引发剂进行聚合的聚合实施方法。纯粹热引发聚合或直接光引发聚合可以不加引发剂。四种自由基聚合方法中以本体聚合的配方最为简单。

2.4.1.1 本体聚合的特点

① 产物纯净，色浅透明，其树脂适合于生产各种管、棒、板材等。

② 配方简单，链转移较弱，本体聚合的分子量可以很高，如 PMMA 可达到 10^6。

③ 工艺流程短，设备简单，设备利用率高，可间歇法生产，亦可连续法生产。

④ 体系黏度大，比热小，聚合热难散发，温度难控制，易爆聚，分子量分布较宽。这些缺点限制了本体聚合的工业应用。为了克服这个缺点，工业上常采用三段式聚合的工艺：a. 预聚（pre-polymerization），控制转化率在 $10\% \sim 30\%$，此阶段使聚合热得以散发，且体积部分收缩，预聚釜可用大釜在较高温度下进行；b. 板状聚合（template polymerization），为避免凝胶效应，将预聚阶段的聚合物溶液注入板状或其他高比表面积的反应器中，采取逐段升温工艺，使聚合能够平稳进行，转化率提高；c. 后期高温热处理，进一步提高转化率。

2.4.1.2 实例——甲基丙烯酸甲酯（MMA）的本体聚合

工业上本体聚合的例子主要有 LDPE、PS、PMMA、PVC 等。

$$n\text{MMA} \xrightarrow{\text{AIBN 或 BPO}} \text{PMMA （有机玻璃）}$$

PMMA 的透光率达 92%，优于无机玻璃。PMMA 可用于飞机窗玻璃、标牌、光导纤维、牙托粉等。

(1) 配方　MMA+0.5%BPO（或 AIBN）。

(2) 聚合工艺

① 预聚　控制温度 $T=80 \sim 90℃$；由于聚合放热，应立即冷却，当达到甘油状黏度时，进行浇铸模板聚合。

② 模板聚合　$T=40 \sim 50℃$，当转化率达到 90% 以上时，将温度提高到 $100℃$ 进行热处理。最后经脱模得产品。

2.4.2 溶液聚合

溶液聚合（solution polymerization）是将单体、引发剂溶于适当的溶剂中所实施的聚合，生成的聚合物若能溶于溶剂中叫均相溶液聚合，不溶于溶剂中而沉淀析出者称为非均相溶液聚合。溶剂不仅能降低体系黏度，方便传质、传热，而且利用其链转移还可以控制聚合度，是涂料用聚合物合成的重要方法之一。

2.4.2.1 溶液聚合的特点

① 体系黏度低，传热容易，温度易控制，自动加速效应较弱；

② 单体浓度低和向溶剂的链转移使聚合物的分子量较低，聚合速率也较低；

③ 适宜作动力学研究，便于找出 R_p、$\overline{X_n}$ 与 [M]、[I]、T 之间的定量关系；

④ 由于溶剂占用了容器体积，使设备利用率降低；

⑤ 若要得到固体状树脂，需进行溶剂的回收及精制工序，且聚合物中溶剂难除尽。

工业上溶液聚合多用于聚合物溶液直接适用的场合，如涂料、黏合剂、合成纤维纺丝液或继续进行大分子反应等。聚丙烯腈、聚醋酸乙烯酯、聚丙烯酸酯类大都采用溶液聚合法合成。

2.4.2.2 溶剂的选择

溶液聚合中，溶剂的选择和用量直接影响聚合速率、分子量大小及分布。溶剂选择需要考虑下面几方面的问题。

① 溶剂对引发剂分解速率的影响。引发剂的分解速率与采用的溶剂有关。对常用的偶氮、过氧类引发剂，有机过氧化物在某些溶剂中有诱导分解作用，对聚合速率有很大加速作用。不同溶剂诱导分解引发剂的活性由小到大顺序是：芳香烃＜醇类＜酚类＜醚类＜胺类。一般认为偶氮类引发剂无诱导作用。

② 溶解性能。若选用的溶剂不仅能溶解单体，还能溶解合成的聚合物，通过聚合可获得聚合物的溶液，该聚合为均相聚合；若选用的溶剂只能溶解单体，而是所生成聚合物的非溶剂，生成的聚合物将从体系中沉淀析出，该聚合为非均相聚合或沉淀聚合。

③ 溶剂对于自由基聚合反应应无阻聚或缓聚等不良影响，且溶剂的链转移常数不能很大，否则不能得到高分子量的聚合物。

④ 所选溶剂（或混合溶剂之一）的沸点接近聚合反应温度，聚合在回流条件下进行，既可以带出聚合热又可以排除氧的阻聚作用。

⑤ 尚需考虑溶剂的毒性和安全性以及价格等因素。

实际生产中常采用混合溶剂。

2.4.2.3　引发剂选择

油性体系通常选用偶氮二异丁腈（AIBN）、过氧化二苯甲酰（BPO）或其他有机过氧类引发剂（如叔丁基过氧化物、过氧化苯甲酸叔丁酯等）。水溶液聚合则选用过硫酸盐或水溶性氧化-还原体系引发剂。

2.4.2.4　合成实例——丙烯酸酯共聚物溶液的合成

（1）原料及配方　原料及配方见表 2-2。

表 2-2　原料及配方

原　料	用量(质量份)	原　料	用量(质量份)
苯乙烯	20.00	甲基丙烯酸	1.000
甲基丙烯酸甲酯	18.00	S-100 溶剂	56.00
丙烯酸-β-羟丙酯	25.00	二甲苯	18.00
丙烯酸正丁酯	12.00	引发剂(BPO)	2.000
丙烯酸-2-乙基己酯	58.00	链转移剂	0.8000

（2）生产工艺

① 按配方准确地将各单体和引发剂、链转移剂投入滴加器中，搅拌溶解，备用；

② 将 S-100 和二甲苯投入反应釜中，搅拌，升温至 140℃，回流 20min；

③ 滴加单体混合液，控制滴加速度以保持温度在（140±2）℃，滴加 3.5～4h；

④ 滴加完毕后，保温 2h；

⑤ 取样测转化率，转化率在 99％以上后，停止保温，冷却；

⑥ 迅速冷却至 70℃ 以下，过滤，包装。

（3）产品技术指标

树脂外观　　　　　　　　　清澈透明

固体分/%　　　　　　　　64.5

黏度（涂-4 杯，25℃）/s　　100

羟值/(mg KOH/g)　　　　80

酸价/(mg KOH/g)　　　　4.8

该产品用作羟基组分配制双组分聚氨酯（PU）漆具有很好的综合性能。

2.4.3 悬浮聚合

单体以小液滴状悬浮于水中实施的聚合叫悬浮聚合（suspension polymerization）。悬浮聚合中，用不溶于水的引发剂（油溶液性引发剂），如 AIBN，BPO 等。在剧烈搅拌下，不溶或微溶于水的液态单体以极小的小滴（droplet）悬浮在水中，聚合是在单体的小滴中进行的，悬浮聚合体系中每个小液滴就是一个本体聚合单元。

为了防止单体小滴聚集及聚合中期（C 约为 20%）时聚合物粒子结块，水相中需添加少量分散剂（悬浮剂）。

典型的悬浮聚合配方：油性单体＋油性引发剂＋去离子水＋分散剂。悬浮聚合所用的引发剂是油溶性的（偶氮或有机过氧化物），因此它们存在于单体小液滴中。悬浮聚合兼有本体聚合和溶液聚合的优点，聚合热、聚合温度易控制。

2.4.3.1 悬浮聚合的特点

① 体系黏度低且变化小，聚合热易被分散介质传递，温度易控制；
② 用水作分散介质，安全、成本低；
③ 无向溶液的链转移，分子量较溶液聚合高；
④ 因加有分散剂稳定悬浮液，生产透明、绝缘性聚合物较困难；
⑤ 后处理过程比溶液聚合和乳液聚合简单。

2.4.3.2 分散剂的分散机理及其种类

悬浮聚合借助搅拌的作用使互不相溶的油性单体以小的液滴分散于水中，液滴粒径在最小微米级，若停止搅拌，体系仍将分层。而且当 $C=20\%\sim60\%$ 时，液滴中溶胀有一定量的聚合物，体系开始发黏，搅拌停止时将造成粘连、结块。因此对悬浮聚合"搅拌作用、悬浮分散剂"非常重要。

分散剂主要有两类：①不溶于水的高分散性无机粉状物，如碳酸镁、碳酸钙、滑石粉等。其分散稳定机理为这些无机粉状物吸附在液滴表面，起着机械隔离的作用。用于分散剂的无机盐粉末应是高度分散的，用量为水量的 0.1%～1%。若生产透明悬浮树脂，可用碳酸镁或碳酸钙，聚合完成后用稀盐酸将其洗涤除去，如透明 PST、PMMA 的合成。而且由于这些物质性能稳定，可用于高温悬浮聚合。②水溶性高分子化合物，又称保护胶，通常不属于表面活性剂。如部分水解的聚乙烯醇（PVA）、聚丙烯酸和聚甲基丙烯酸的盐类、马来酸酐-苯乙烯共聚物的钠盐等合成高分子化合物；甲基纤维素，羟乙（丙）基纤维素等纤维素衍生物和明胶、淀粉、海藻酸钠等天然高分子。目前用量最大的是合成高分子。其分散稳定机理为这些水溶性高分子化合物吸附在液滴表面，形成一层保护膜，起到保护的作用。用于悬浮聚合的 PVA 的规格：平均聚合度 1700～2000，平均醇解度 88%，如 PVA1788。

2.4.3.3 悬浮聚合粒子的形成及其形态和大小

悬浮聚合反应是在每个小液滴中进行的，所生成聚合物若能溶于自身的单体中，则此反应始终为一相，属于均相反应，最后聚合产物为透明的圆滑、坚硬的小圆珠。所以往往将均相悬浮聚合称为"珠状（bead）聚合"，例如 PS，PMMA 的悬浮聚合皆为"珠状聚合"。

相反，若聚合产物不溶于自身单体中，在每一个小滴中，一生成聚合就发生沉淀，形成液相单体和固相聚合物两相结构则属于非均相悬浮聚合。其聚合产物不透明，外形为不规则的粒子，呈粉末状，故非均相悬浮聚合也称为"粉状聚合"。氯乙烯的悬浮聚合是典型的粉状聚合。

悬浮生产 PVC 的微粒生长机理还不十分清楚，一般认为它的粒子生长可分为三步：VC 分散成 $30\sim40\mu m$ 的小液滴，水溶性悬浮剂在液滴表面形成保护膜，热的作用使引发剂分解产生自由基引发聚合，当增至 10 个链节时，在单体液滴中聚集，经过继续增长和链转移，链终止生成死的大分子从单体中析出。析出的大分子经过凝聚生成聚合物粒子。

颗粒形态包括聚合物的粒子的外观形状和内部结构。均相聚合得到的是一种表面光滑、大小均匀的小圆珠，透明且有光泽，直径大小为 $0.01\sim5mm$。非均相聚合的产物则不同，多数为不规则形状、表面粗糙、内部具有微小孔隙的微粒。树脂形态主要由悬浮剂的类型和用量决定。PVC 的悬浮聚合：明胶作分散剂时产物表面光滑、内部密实，称为紧密型树脂。PVA 作分散剂时呈棉球状，属疏松型树脂。疏松型树脂吸收增塑剂量大，易塑化，因此深受塑料加工厂的欢迎。

粒径大小的影响因素：①搅拌强度；②分散剂性质、浓度；③水油相比例；④温度；⑤其他助剂；⑥引发剂种类、用量。

2.4.3.4　ST 悬浮聚合
（1）苯乙烯的悬浮聚合配方　苯乙烯的悬浮聚合配方如表 2-3 所列。

表 2-3　苯乙烯的悬浮聚合配方

原　料	用量(质量份)	原　料	用量(质量份)
ST	100	PVA	0.04
H_2O	200	滑石粉	0.1
BPO	0.4		

（2）合成工艺　加入去离子水、PVA，溶解后加入滑石粉分散均匀，将 BPO 加入 ST 中溶解，加入水相分散 0.5h，升温至 85℃，保温 8h；升温到 100℃，保温 3h，过滤，水洗，干燥，包装，得产品 PS。

2.5　缩聚实施方法

缩聚常用的实施方法有三种：融熔缩聚，溶液缩聚，界面缩聚。当然随着新的缩聚反应的不断出现，缩聚的实施方法也会相应地增多。涂料用树脂通常使用融熔缩聚或溶液缩聚方法。

2.5.1　熔融缩聚
熔融缩聚（melting polycondensation）即使单体和缩聚产物均处于熔融状态下的缩聚实施方法。一些大宗缩聚产品（聚酯、聚酰胺、聚碳酸酯）都采用此法生产。

2.5.1.1　特点
①工艺简单，利用率高，便于连续化生产；
②产物纯净，分离简单；
③反应温度高（$200\sim300$℃），为避免物料氧化，通常需要在惰性气体保护下进行，不适宜于高熔点聚合物及热稳定性差单体的缩聚；
④反应时间长，增长反应时间有利于提高缩聚物分子量；
⑤反应后期，需要在高真空下进行，以保证去除低分子副产物。

2.5.1.2 涤纶树脂的熔融缩聚

涤纶树脂于 1941 年实验室合成后，由于单体精制没有解决，直到 1953 年才实现工业化。当时采用的是酯交换法，现在主要采用直接法。其合成原理为

因此涤纶树脂的合成并非 TPA、EG 的一步法混缩聚，而是采用两步法，首先得到BHET，然后用 BHET 进行均缩聚，只有这样才能得到合格的树脂，这是聚对苯二甲酸乙二醇酯合成反应的特点。

2.5.2 溶液缩聚

溶液缩聚（solution polycondensation）是使单体、聚合物溶于适当溶剂以溶液状态实施的缩聚。可采用纯溶剂或混合溶剂，特别适宜于分子量不太高的缩聚物的合成。常用来生产油漆、涂料、胶黏剂等缩聚物溶液。对于不宜采用熔融缩聚法制备的分子量高且难熔的耐高温聚合物，也可以采用溶液缩聚法合成。随着耐高温聚合物的开发，该法日益重要，一些新型的耐高温树脂的合成大多采用此法。尼龙-66 的预聚采用醋酸作封端剂、由尼龙-66 盐进行水溶液聚合，反应程度达 90% 以后，逐步升温至 270℃蒸出水分，进行熔融缩聚，反应后期将压力降至 2700Pa 真空熔融缩聚。

2.5.2.1 特点

① 使用溶剂，反应平稳、散热容易；

② 溶液缩聚一般适用于不平衡缩聚，不需要加压或抽真空，反应设备简单；

③ 反应温度较低，因而常采用高活性单体，常选用二元酰氯、二元异氰酸酯与二元醇、二元胺等参加反应；

④ 使用溶剂，增加了分离、精制、溶剂回收工序。

2.5.2.2 溶剂的选择

溶剂的选择通常考虑以下几点：

① 溶解单体，降低反应物料黏度，吸收反应放出的热，利于热交换；

② 溶解增长链分子，利于增长反应顺利进行；

③ 有利于副产物的去除。因此，所选用的溶剂可考虑与缩聚反应中生成的小分子副产物形成共沸物而及时带走小分子。也可考虑选用那些沸点与小分子副产物相差大者作为溶剂，这样可不断蒸出小分子副产物而溶剂不会被蒸发。此外，如果释放的小分子化合物为HCl 等酸性物质，可以在溶剂中加入俘酸剂吸收。

溶液缩聚的应用在缩聚实施方法中仅次于熔融缩聚，除了主要用于涂料、黏合剂等直接使用缩聚物溶液的合成之外，许多性能优良的工程塑料也有采用溶液缩聚法合成的，如聚砜、聚苯醚、聚芳酰亚胺等。

2.6 结语

以上对涂料树脂合成常用的自由基聚合、逐步聚合的聚合原理做了介绍，这些知识和理论对树脂合成的配方设计、核算、优化和工艺条件的选择具有重要指导意义。有了这些知识的基础，就可以进入下面各章涂料树脂合成的学习。当然，随着高分子科学的进步，一些新的聚合反应不断开发出来，如近年来高分子界非常关注的活性自由基聚合（原子转移聚合）等也被涂料树脂合成学者所应用，因此我们应不断学习这些新的理论，并善于将这些理论运用于涂料树脂的合成，以进一步促进涂料科学的技术进步。

第3章 醇酸树脂

3.1 概述

多元醇和多元酸可以进行缩聚反应，所生成的缩聚物大分子主链上含有许多酯基（—COO—），这种聚合物称为聚酯。涂料工业中，将脂肪酸或油脂改性的聚酯树脂称为醇酸树脂（alkyd resin），而将大分子主链上含有不饱和双键的聚酯称为不饱和聚酯，其他的聚酯则称为饱和聚酯。这三类聚酯型大分子在涂料工业中都有重要的应用。

20世纪30年代开发的醇酸树脂，使涂料工业掀开了新的一页，标志着以合成树脂为成膜物质的现代涂料工业的建立。醇酸树脂涂料具有漆膜附着力好、光亮、丰满等特点，且具有很好的施工性。但其涂膜较软，耐水、耐碱性欠佳。醇酸树脂可与其他树脂（如硝化棉、氯化橡胶、环氧树脂、丙烯酸树脂、聚氨酯树脂、氨基树脂）配成多种不同性能的自干或烘干漆，广泛用于桥梁等建筑物以及机械、车辆、船舶、飞机、仪表等的涂装。此外，醇酸树脂原料易得、工艺简单，符合可持续发展的社会要求。目前，醇酸漆仍然是重要的涂料品种之一，其产量约占涂料工业总量的20%～25%。

3.2 醇酸树脂的分类

3.2.1 按改性用脂肪酸或油的干性分类

（1）干性油醇酸树脂 即由高不饱和脂肪酸或油脂制备的醇酸树脂，可以自干或低温烘干，溶剂用200号溶剂油。该类醇酸树脂通过氧化交联干燥成膜，从某种意义上来说，氧化干燥的醇酸树脂也可以说是一种改性的干性油。干性油漆膜的干燥需要很长时间，原因是它们的分子量较低，需要多步反应才能形成交联的大分子。醇酸树脂相当于"大分子"的油，只需少许交联点，即可使漆膜干燥，漆膜性能当然也远超过干性油漆膜。

（2）不干性油醇酸树脂 不能单独在空气中成膜，属于非氧化干燥成膜，主要是作增塑剂和多羟基聚合物（油）。用作羟基组分时可与氨基树脂配制烘漆或与多异氰酸酯固化剂配制双组分自干漆。

（3）半干性油醇酸树脂 性能在干性油、不干性油醇酸树脂性能之间。

3.2.2 按醇酸树脂油度分类

包括长油度醇酸树脂、短油度醇酸树脂、中油度醇酸树脂。

油度表示醇酸树脂中含油量的高低。

油度（OL）（%）的含义是醇酸树脂配方中油脂的用量（m_o）与树脂理论产量（m_r）之比。其计算公式如下：

$$OL = m_o/m_r$$

以脂肪酸直接合成醇酸树脂时，脂肪酸含量（OLf）（%）为配方中脂肪酸用量（m_f）与树脂理论产量之比。

m_r＝单体用量－生成水量＝苯酐用量＋甘油（或季戊四醇）用量＋油脂（或脂肪酸）

用量－生成水量

$$OLf = m_f / m_r$$

为便于配方的解析比较，可以把 OLf（%）换算为 OL。油脂中，脂肪酸基含量约为 95%，所以：

$$OLf = OL \times 0.95$$

引入油度（OL）对醇酸树脂配方有如下的意义：①表示醇酸树脂中弱极性结构的含量。因为长链脂肪酸相对于聚酯结构极性较弱，弱极性结构的含量，直接影响醇酸树脂的可溶性，如长油度醇酸树脂溶解性好，易溶于溶剂汽油；中油度醇酸树脂溶于溶剂汽油-二甲苯混合溶剂；短油度醇酸树脂溶解性最差，需用二甲苯或二甲苯/酯类混合溶剂溶解。同时，油度对光泽、刷涂性、流平性等施工性能亦有影响，弱极性结构含量高，光泽高，刷涂性、流平性好。②表示醇酸树脂中柔性成分的含量，因为长链脂肪酸残基是柔性链段，而苯酐聚酯是刚性链段，所以，OL 也就反映了树脂的玻璃化温度（T_g），或常说的"软硬程度"，油度长时硬度较低，保光、保色性较差。

醇酸树脂的油度范围见表 3-1。

表 3-1　醇酸树脂的油度范围

油　度	长　油　度	中　油　度	短　油　度
油量/%	＞60	40～60	＜40
苯酐量/%	＜30	30～35	＞35

[例 3-1]　某醇酸树脂的配方如下：亚麻仁油，10.00g；氢氧化锂（酯交换催化剂），0.400g；甘油（98%），43.00g；苯酐（99.5%），74.50g（其升华损耗约 2%）。计算所合成树脂的油度。

解　甘油的分子量为 92，固其投料的物质的量为 43.00×98%/92＝0.458（mol）

含羟基的物质的量为　　　　　3×0.458＝1.374（mol）

苯酐的分子量为 148，因为损耗 2%，固其参加反应的物质的量为

74.50×99.5%×（1-2%）/148＝0.491（mol）

其官能度为 2，固其可反应官能团数为 2×0.491＝0.982（mol）

因此，体系中羟基过量，苯酐（即其醇解后生成的羧基）全部反应生成水量为

0.491×18＝8.835（g）

生成树脂质量为100.0＋43.00×98%＋74.5×99.5%×（1-2%）-8.835＝205.950（g）

所以　　　　　　　　油度＝100/205.950×100%＝49%

3.3　醇酸树脂的合成原料

3.3.1　多元醇

醇是带有羟基官能团的化合物。制造醇酸树脂的多元醇主要有丙三醇（甘油）、三羟甲基丙烷、三羟甲基乙烷、季戊四醇、乙二醇、1,2-丙二醇、1,3-丙二醇等。其羟基的个数称为该醇的官能度，丙三醇为三官能度醇，季戊四醇为四官能度醇。根据醇羟基的位置，有伯羟基、仲羟基和叔羟基之分。它们分别连在伯碳、仲碳和叔碳原子上。

羟基的活性顺序：伯羟基＞仲羟基＞叔羟基。

常见多元醇的基本物性见表 3-2。

表 3-2　醇酸树脂合成常用多元醇的基本物性

单体名称	结 构 式	分子量	熔点(沸点)/℃	密度/(g/cm³)
丙三醇(甘油)	HOCH₂CH(OH)CH₂OH	92.09	18(290)	1.26
三羟甲基丙烷	H₃CH₂CC(CH₂OH)₃	134.12	56~59(295)	1.1758
季戊四醇	C(CH₂OH)₄	136.15	189(260)	1.38
乙二醇	HO(CH₂)₂OH	62.07	−13.3(197.2)	1.12
二乙二醇	HO(CH₂)₂O(CH₂)₂OH	106.12	−8.3(244.5)	1.118
丙二醇	CH₃CH(OH)CH₂OH	76.09	−60(187.3)	1.036

用三羟甲基丙烷合成的醇酸树脂具有更好的抗水解性、抗氧化稳定性、耐碱性和热稳定性，与氨基树脂有良好的相容性。此外还具有色泽鲜艳、保色力强、耐热及快干的优点。乙二醇和二乙二醇主要同季戊四醇复合使用，以调节官能度，使聚合平稳，避免胶化。

3.3.2　有机酸

有机酸可以分为两类：一元酸和多元酸。一元酸主要有苯甲酸、松香酸以及脂肪酸（亚麻油酸、妥尔油酸、豆油酸、菜子油酸、椰子油酸、蓖麻油酸、脱水蓖麻油酸等）；多元酸包括邻苯二甲酸酐（PA）、间苯二甲酸（IPA）、对苯二甲酸（TPA）、顺丁烯二酸酐（MA）、己二酸（AA）、癸二酸（SE）、偏苯三酸酐（TMA）等。多元酸单体中以邻苯二甲酸酐最为常用，引入间苯二甲酸可以提高耐候性和耐化学品性，但其熔点高、活性低，用量不能太大；己二酸（AA）和癸二酸（SE）含有多亚甲基单元，可以用来平衡硬度、韧性及抗冲击性；偏苯三酸酐（TMA）的酐基打开后可以在大分子链上引入羧基，经中和可以实现树脂的水性化，用作合成水性醇酸树脂的水性单体。一元酸主要用于脂肪酸法合成醇酸树脂，亚麻油酸、桐油酸等干性油脂肪酸干性较好，但易黄变、耐候性较差；豆油酸、脱水蓖麻油酸、菜子油酸、妥尔油酸黄变较弱，应用较广泛；椰子油酸、蓖麻油酸不黄变，可用于室外用漆和浅色漆的生产。苯甲酸可以提高耐水性，由于增加了苯环单元，可以改善涂膜的干性和硬度，但用量不能太多，否则涂膜变脆。

一些有机酸物性见表 3-3。

表 3-3　常见有机酸的物性

单体名称	状态(25℃)	分子量	熔点/℃	酸值/(mgKOH/g)	碘值
苯酐(PA)	固	148.11	131(284)	785	
间苯二甲酸(IPA)	固	166.13	330	676	
顺丁烯二酸酐(MA)	固	98.06	52.6(199.7)	1145	
己二酸(AA)	固	146.14	152	768	
癸二酸(SE)	固	202.24	133		
偏苯三酸酐(TMA)	固	192	165	876.5	
苯甲酸	固	122	122(249)	460	
松香酸	固	340	＞70	165	
桐油酸	固	280	α-型 48.5、β-型 71	180~220	155
豆油酸	液	285		195~202	135
亚麻油酸	液	280		180~220	160~175
脱水蓖麻油酸	液	293		187~195	138~143
菜子油酸	液	285		195~202	120~130
妥尔油酸	液	310		180	105~130
椰子油酸	液	208		263~275	9~11
蓖麻油酸	液	310		175~185	85~93
二聚酸	液	566		190~198	

3.3.3 植物油

植物油类有桐油、亚麻仁油、豆油、棉籽油、妥尔油、红花油、脱水蓖麻油、蓖麻油、椰子油等。

植物油是一种三脂肪酸甘油酯，3个脂肪酸一般不同，可以是饱和酸、单烯酸、双烯酸或三烯酸，但是大部分天然油脂中的脂肪酸主要为十八碳酸，也可能含有少量月桂酸（十二碳酸）、豆蔻酸（十四碳酸）和软脂酸（十六碳酸）等饱和脂肪酸，脂肪酸种类受产地、气候甚至加工条件的影响。

重要的不饱和脂肪酸有

油酸（9-十八碳烯酸）：
$$CH_3(CH_2)_7CH=CH(CH_2)_7COOH$$

亚油酸（9,12-十八碳二烯酸）：
$$CH_3(CH_2)_4CH=CHCH_2CH=CH(CH_2)_7COOH$$

亚麻酸（9,12,15-十八碳三烯酸）：
$$CH_3CH_2CH=CHCH_2CH=CHCH_2CH=CH(CH_2)_7COOH$$

桐油酸（9,11,13-十八碳三烯酸）：
$$CH_3(CH_2)_3CH=CHCH=CHCH=CH(CH_2)_7COOH$$

蓖麻油酸（12-羟基-9-十八碳烯酸）：
$$CH_3(CH_2)_5CH(OH)CH_2CH=CH(CH_2)_7COOH$$

因此，构成油脂的脂肪酸非常复杂，植物油酸是各种饱和脂肪酸和不饱和脂肪酸的混合物。

油类一般根据其碘值将其分为干性油、不干性油和半干性油。

干性油：碘值≥140，平均每个分子中双键数≥6个；

不干性油：碘值≤100，平均每个分子中双键数<4个；

半干性油：碘值100～140，平均每个分子中双键数4～6个。

油脂的质量指标

① 外观、气味 植物油一般为清澈透明的浅黄色或棕红色液体，无异味，其颜色色号小于5号。若产生酸败，则有酸臭味，表示油品变质，不能使用。

② 密度 油比水轻，大多数都在0.90～0.94 g/cm³。

③ 黏度 植物油的黏度相差不大。但是桐油由于含有共轭三烯酸结构，黏度较高；蓖麻油含羟基，氢键的作用使其黏度更高。

④ 酸值 酸值用来表示油脂中游离酸的含量。通常以中和1g油中酸所需的氢氧化钾之量来计量。合成醇酸树脂的精制油的酸价应小于5.0mgKOH/g（油）。

⑤ 皂化值和酯值 皂化1g油中全部脂肪酸所需KOH的质量（mg）为皂化值；将皂化1g油中化合脂肪酸所需KOH的质量（mg）称为酯值。

$$皂化值=酸值+酯值$$

⑥ 不皂化物 皂化时，不能与KOH反应且不溶于水的物质。主要是一些高级醇类、烃类等。这些物质影响涂膜的硬度、耐水性。

⑦ 热析物 含有磷脂的油料（如豆油、亚麻油）中加入少量盐酸或甘油，可使其在高温下（240～280℃）凝聚析出。

⑧ 碘值 100g油能吸收碘的质量（g）。它表示油类的不饱和程度，也是表示油料氧化干燥速率的重要参数。

为使油品的质量合格，适合醇酸树脂的生产，合成醇酸树脂的植物油必须经过精制才能使用，否则会影响树脂质量甚至合成工艺。精制方法包括碱漂和土漂处理，俗称"双漂"。碱漂主要是去除油中的游离酸、磷脂、蛋白质及机械杂质，也称为"单漂"。"单漂"后的油再用酸性漂土吸附掉色素（即脱色）及其他不良杂质，才能使用。

如果发现油脂颜色加深、发生酸败、含水、酸值较高，则不能使用。目前最常用的精制油品为豆油、亚麻油和蓖麻油。亚麻油属干性油，干性好，但保色性差、涂膜易黄变。蓖麻油为不干性油，同椰子油类似，保色、保光性好。大豆油取自大豆种子，大豆油是世界上产量最多的油脂。大豆毛油的颜色因大豆的品种及产地的不同而异。一般为淡黄、略绿、深褐色等。精炼过的大豆油为淡黄色。大豆油为半干性油，综合性能较好。

常见的植物油的主要物性见表 3-4。

表 3-4　部分植物油的物性

油品	酸值/(mgKOH/g)	碘值	皂化值	密度(20℃)/(g/cm³)	色泽(铁钴比色法)/号
桐油	6~9	160~173	190~195	0.936~0.940	9~12
亚麻油	1~4	175~197	184~195	0.97~0.938	9~12
豆油	1~4	120~143	185~195	0.921~0.928	9~12
松浆油(妥尔油)	1~4	130	190~195	0.936~0.940	16
脱水蓖麻油	1~5	125~145	188~195	0.926~0.937	6
棉籽油	1~5	100~116	189~198	0.917~0.924	12
蓖麻油	2~4	81~91	173~188	0.955~0.964	9~12
椰子油	1~4	7.5~10.5	253~268	0.917~0.919	4

3.3.4　催化剂

若使用醇解法合成醇酸树脂，醇解时需使用催化剂。常用的催化剂为氧化铅和氢氧化锂（LiOH），由于环保问题，氧化铅被禁用。醇解催化剂可以加快醇解进程，且使合成的树脂清澈透明。其用量一般占油量的 0.02%。聚酯化反应也可以加入催化剂，主要是有机锡类。如二月桂酸二丁基锡、二正丁基氧化锡等。

3.3.5　催干剂

干性油（或干性油脂肪酸）的"干燥"过程是氧化交联的过程。该反应由过氧化氢键开始，属连锁反应机理。

$$ROOH \longrightarrow RO \cdot + HO \cdot$$
$$RO \cdot + \sim CH=CH-CH_2-CH=CH \sim (R'H) \longrightarrow \sim CH=CH-CH-CH=CH \sim (R' \cdot) + ROH$$
$$R' \cdot + O_2 \longrightarrow R'OO \cdot$$
$$R'OO \cdot + R'H \longrightarrow R' \cdot + R'OOH$$
$$R'OOH \longrightarrow R'O \cdot + HO \cdot$$

体系中形成的自由基通过共价结合而交联形成体型结构。

$$R' \cdot + R' \cdot \longrightarrow R'-R'$$
$$R'O \cdot + R' \cdot \longrightarrow R'OR'$$
$$R'O \cdot + R'O \cdot \longrightarrow R'OOR'$$

上述反应可以自发进行，但速率很慢，需要数天才能形成涂膜，其中过氧化氢物的均裂为速率控制步骤。加入催干剂（或干料）可以促进这一反应，催干剂是醇酸涂料的主要助剂，其作用是加速漆膜的氧化、聚合、干燥，达到快干的目的。通常催干剂又可再细分为两类。

（1）主催干剂　也称为表干剂或面干剂，主要是钴、锰、钒（V）和铈（Ce）的环烷酸（或异辛酸）盐，以钴、锰盐最常用，用量以金属计为油量的 0.02%~0.2%。其催干机理是与过氧化氢构成了一个氧化-还原系统，可以降低过氧化氢分解的活化能。

$$ROOH + Co^{2+} \longrightarrow Co^{3+} + RO\cdot + HO^-$$
$$ROOH + Co^{3+} \longrightarrow Co^{2+} + ROO\cdot + H^+$$
$$H^+ + HO^- \longrightarrow H_2O$$

同时钴盐也有助于体系吸氧和过氧化氢物的形成。主催干剂传递氧的作用强，能使涂料表干加快，但易于封闭表层，影响里层干燥，需要助催干剂配合。

（2）助催干剂　也称为透干剂，通常是以一种氧化态存在的金属皂，它们一般和主催干剂并用，作用是提高主催干剂的催干效应，使聚合表里同步进行，如钙（Ca）、铅（Pb）、锆（Zr）、锌（Zn）、钡（Ba）和锶（Sr）的环烷酸（或异辛酸）盐，助催干剂用量较高，其用量以金属计为油量的 0.5% 左右。

使用钴-锰-钙复合体系，效果很好。一些商家也提供复合好的干料，下游配漆非常方便。

传统的钴、锰、铅、锌、钙等有机酸皂催干剂品种繁多，有的色深，有的价高，有的有毒。近年开发的稀土催干剂产品，较好地解决了上述问题，但也只能部分取代价昂物稀的钴剂。开发新型的完全取代钴的催干剂，一直是涂料行业的迫切愿望。

3.4　合成醇酸树脂的反应原理

甘油和苯酐的摩尔比按 2:3 投料，则该体系的平均官能度：$(2\times3+3\times2)/(2+3)=2.4$，其 Carothers 凝胶点为 $P_c=2/2.4=0.833$，因此，若官能团的反应程度超过凝胶点，就生成体型结构缩聚物。其结构可表示如下：

这种树脂遇热不熔，亦不能溶于有机溶剂，具有热固性，不能用作成膜物质。所以制造醇酸树脂时先将甘油与脂肪酸酯化或甘油与油脂醇解生成单脂肪酸甘油酯，使甘油由三官能度变为二官能度，然后再与二官能度的苯酐缩聚。此时体系为 2-2 线型缩聚体系，苯酐、甘油、脂肪酸按 1:1:1（摩尔比）合成醇酸树脂的理想结构为

上述大分子链中引入了脂肪酸残基，降低了甘油的官能度，同时也使大分子链的规整度、结晶度、极性降低，从而提高了漆膜的透明性、光泽和柔韧性和施工性。若使用干性脂肪酸（或干性油），则在催干剂的作用下，可在空气中进一步发生氧化聚合，干燥成膜。

3.5　醇酸树脂的配方设计

合成醇酸树脂的反应很复杂。根据不同结构、性能要求制备不同类型的树脂，首先要拟定一个适当的配方，合成的树脂既要酸值低、分子量较大、使用效果好，又要反应平稳、不致胶化。配方拟定还没有一个十分精确的方法，必须将所订配方反复实验、多次修改，才能

用于生产。

目前，有一种半经验的配方设计方案，程序如下。

① 根据油度要求选择多元醇过量的百分数，确定多元醇用量。

油长/%	>65	65～60	60～55	55～50	50～40	40～30
甘油过量/%	0	0	0～10	10～15	15～25	25～35
季戊四醇/%	0～5	5～15	15～20	20～30	30～40	

多元醇用量＝酯化 1mol 苯酐多元醇的理论用量×(1＋多元醇过量百分数)

使多元醇过量主要是为了避免凝胶化。油度越小，体系平均官能度越大，反应中后期越易胶化，因此多元醇过量百分数越大。

② 由油度概念计算油用量。

$$油量＝油度×(树脂产量－生成水量)$$

③ 由固含量求溶剂量。

④ 验证配方，即计算 f、P_c。

[例 3-2]　现设计一个 60% 油度的季戊四醇醇酸树脂 [豆油-梓油 (9∶1)]，醇过量 10%，固体含量 55%，200 号溶剂汽油-二甲苯 (9∶1)。已知工业季戊四醇的当量为 35.5。计算其配方组成。

解　以 1mol 苯酐为基准

工业季戊四醇的用量：2×(1＋0.1)×35.5＝78.1 (g)

1mol 苯酐完全反应生成水量：18g

由油度概念可得

油脂用量＝60%×(苯酐量＋季戊四醇量－生成水量)/(1－60%)
　　　　＝60%×(148＋78.1－18)/(1－60%)
　　　　＝312.15(g)

因此豆油用量＝312.15×90%＝280.94 (g)

梓油用量＝312.15×10%＝31.22 (g)

理论树脂产量＝苯酐量＋季戊四醇量＋油脂量－生成水量
　　　　　　＝148＋78.1＋312.15－18
　　　　　　＝520.25 (g)

溶剂用量＝(1－55%)×520.25/55%＝425.66 (g)

溶剂汽油用量＝425.66×90%＝383.09 (g)

二甲苯用量＝425.66×10%＝42.57 (g)

配方核算主要是计算体系的平均官能度和凝胶点。此时，应将 1mol 油脂分子视为 1mol 甘油和 3mol 脂肪酸。

将配方归入表 3-5。

表 3-5　[例 3-2] 配方组成

原　料	用量/g	分子量	物质的量/mol	官能度
豆油	280.94	879	0.319	
豆油中甘油			0.319	3
豆油中脂肪酸			3×0.319	1
梓油	31.22	846	0.0369	
梓油中甘油			0.0369	3
梓油中脂肪酸			3×0.0369	1
工业季戊四醇	78.1	142	0.550	4
苯酐	148.0	148	1.000	2

配方中羟基过量。故平均官能度为

$$2\times(3\times0.319+3\times0.0369+2\times1.000)/(0.319+3\times0.319+$$
$$0.0369+3\times0.0369+0.550+1.000)=2.063$$
$$P_c=2/2.063=0.969$$

不易凝胶。

3.6 合成工艺

醇酸树脂的合成工艺按所用原料的不同可分为：醇解法；脂肪酸法。从工艺上可以分为：溶剂法；熔融法。熔融法设备简单、利用率高、安全，但产品色深、结构不均匀、批次性能差别大、工艺操作较困难，主要用于聚酯合成。醇酸树脂主要采用溶剂法生产。溶剂法中常用二甲苯的蒸发带出酯化水，经过分水器的油水分离重新流回反应釜，如此反复，推动聚酯化反应的进行，生成醇酸树脂。釜中二甲苯用量决定反应温度，存在如表3-6所列关系。

表3-6 二甲苯用量与反应温度的关系

二甲苯用量/%	10	8	7	5	4	3
反应温度/℃	188～195	200～210	205～215	220～230	230～240	240～255

醇解法与脂肪酸法则各有优缺点，详见表3-7。

表3-7 醇解法与脂肪酸法的比较

项 目	醇 解 法	脂 肪 酸 法
优点	①成本较低 ②工艺简单易控 ③原料腐蚀性小	①配方设计灵活，质量易控 ②聚合速度较快 ③树脂干性较好、涂膜较硬
缺点	①酸值不易下降 ②树脂干性较差、涂膜较软	①工艺较复杂，成本高 ②原料腐蚀性较大 ③脂肪酸易凝固，冬季投料困难

目前国内两种方法皆有应用，脂肪酸法呈上升趋势。

3.6.1 醇解法

醇解法是醇酸树脂合成的重要方法。由于油脂与多元酸（或酸酐）不能互溶，所以用油脂合成醇酸树脂时要先将油脂醇解为不完全的脂肪酸甘油酯（或季戊四醇酯）。不完全的脂肪酸甘油酯是一种混合物，其中含有单酯、双酯和没有反应的甘油及油脂，单酯含量是一个重要指标，影响醇酸树脂的质量。其反应如下：

74

聚酯化：

$$n_2 \begin{matrix} CH_2-OH \\ | \\ CH-O-C-R^2 \\ || \\ O \\ | \\ CH_2-OH \end{matrix} + m_2 \;\text{(邻苯二甲酸酐)}\; \xrightarrow{180\sim220℃} \;\text{\~\~\~}O-CH_2-CH-CH_2-O-C \;\text{(苯环二羰基)}\; C-O\text{\~\~\~} + H_2O$$

3.6.1.1 醇解反应

醇解时要注意甘油用量、催化剂种类和用量及反应温度，以提高反应速度和甘油一酸酯含量。此外，还要注意以下几点：

① 用油要经碱漂、土漂精制，至少要经碱漂；

② 通入惰性气体（CO_2 或 N_2）保护，也可加入抗氧剂，防止油脂氧化；

③ 常用 LiOH 作催化剂，用量为油量的 0.02％左右；

④ 醇解反应是否进行到应有深度，需及时用醇容忍度法检验以确定其终点。

用季戊四醇醇解时，由于其官能度大、溶点高，醇解温度比甘油高，一般在 230～250℃之间。

3.6.1.2 聚酯化反应

醇解完成后，即可进入聚酯化反应。将温度降到 180℃，分批加入苯酐，加入回流溶剂二甲苯，在 180～220℃之间缩聚。二甲苯的加入量影响脱水速率，二甲苯用量提高，虽然可加大回流量，但同时也降低了反应温度，因此回流二甲苯用量一般不超过 8％，而且随着反应进行，当出水速率降低时，要逐步放出一些二甲苯，以提高温度，进一步促进反应进行。聚酯化宜采取逐步升温工艺，保持正常出水速率，应避免反应过于剧烈造成物料夹带，影响单体配比和树脂结构。另外，搅拌也应遵从先慢后快的原则，使聚合平稳、顺利进行。保温温度及时间随配方而定，而且与油品和油度有关。干性油及短油度时，温度宜低。半干性油、不干性油及长油度时，温度应稍高些。

聚酯化反应应关注出水速率和出水量，并按规定时间取样，测定酸值和黏度，达到规定后降温、稀释，经过过滤，制得漆料。

图 3-1 为醇解溶剂法生产醇酸树脂的工艺流程简图。

图 3-1 醇解溶剂法生产醇酸树脂的工艺流程

3.6.2 脂肪酸法

脂肪酸可以与苯酐、甘油互溶，因此脂肪酸法合成醇酸树脂可以单锅反应。同聚酯合成工艺、设备接近。脂肪酸法合成醇酸树脂一般也采用溶剂法。反应釜为带夹套的不锈钢反应釜，装有搅拌器、冷凝器、惰性气体进口、加料、放料口、温度计和取样装置。为实现油水分离，在横置冷凝器下部配置一个油水分离器，经分离的二甲苯溢流回反应釜循环使用。

3.7 醇酸树脂合成实例

3.7.1 短油度椰子油醇酸树脂的合成

（1）配方及核算　配方及核算结果见表 3-8。

表 3-8　配方及核算结果

原料	用量/kg	分子量	物质的量/kmol
精制椰子油	127.862	662	0.193
95%甘油	79.310	92.1	0.818
苯酐	148.0	148	1.000
油内甘油			0.193
油内脂肪酸			3×0.193

$$油度 = [127.862/(127.862+79.310+148.0-18)] \times 100\% = 38\%$$
$$醇超量 = (3\times0.818-2\times1.000)/(2\times1.000) = 0.227 \ (kmol)$$
$$平均官能度 = 2\times(2\times1+3\times0.193)/(0.818+0.193+1+3\times0.193) = 1.992$$
$$P_c = 2/1.992 = 1.004$$

不易凝胶。

（2）合成工艺

① 将精制椰子油及甘油的 60% 加入反应釜，升温，同时通 CO_2，120℃时加入黄丹；

② 用 2h 升温至 220℃，保温醇解至无水甲醇容忍度达到 5（即在 25℃，1mL 醇解油中加入 5mL 无水甲醇体系仍透明）；

③ 降温到 180℃，加入剩余甘油，用 20min 加入苯酐；

④ 停止通 N_2，从油水分离器加入单体总量 6% 的二甲苯；

⑤ 在 2h 内升温至 195～200℃，保温 2h；

⑥ 取样测酸值、黏度。当酸值约 8mgKOH/g（树脂）、黏度（加氏管）达到 10s，停止加热，出料到兑稀罐，110℃加二甲苯，过滤，收于贮罐。

3.7.2 中油度豆油季戊四醇醇酸树脂的合成

（1）单体配方及核算　单体配方见表 3-9。

表 3-9　单体配方

原料	用量/kg	分子量	物质的量/kmol
豆油酸	305.886	285	1.073
季戊四醇	138.114	136	1.016
苯酐	148.0	148	1.000

$$脂肪酸油度 = [305.886/(305.886+138.114+148.0-18-1.073\times18)] \times 100\% = 55\%$$
$$醇超量 = (4\times1.016-2\times1.000-1.073)/(2\times1.000+1.073) = 0.322$$
$$平均官能度 = 2\times(2\times1+1.073)/(1.073+1.016+1.000) = 1.990$$
$$P_c = 2/1.990 = 1.005$$

不易凝胶。

（2）合成工艺

① 将豆油酸、季戊四醇、苯酐和回流二甲苯（单体总量的8%）全部加入反应釜，通入少量 CO_2，开慢速搅拌，用 1h 升温至 180℃，保温 1h。

② 用 1h 升温至 200～220℃，保温 2h，抽样测酸值达 10mgKOH/g、黏度（加氏管）达到 10s 为反应终点。如果达不到，继续保温，每 30min 抽样复测一次。

③ 达到终点后，停止加热，冷却后将树脂送入已加入二甲苯（固体分 55%）的兑稀罐中。

④ 搅拌均匀（30min），80～90℃过滤，收于贮罐。

3.7.3　60%长油度苯甲酸季戊四醇醇酸树脂的合成

(1) 单体配方及核算　单体配方见表 3-10。

表 3-10　单体配方

原　料	用量/kg	分子量	物质的量/kmol
双漂豆油	253.71	879	0.2886
漂梓油	28.19	846	0.0333
苯甲酸	67.66	122	0.5546
季戊四醇	94.16	136	0.6924
苯酐	148.0	148	1.0000
豆油中甘油			0.2886
豆油中脂肪酸			3×0.2886
梓油中甘油			0.0333
梓油中脂肪酸			3×0.03333
回流二甲苯	45.10		

$$油度=[(253.71+28.19)/(253.71+28.19+67.66+94.16+$$
$$148.0-18-0.5546\times18)]\times100\%=60\%$$

$$醇超量=(4\times0.6924-2\times1.000-0.5546)/(2\times1.000+0.5546)=0.082$$

$$平均官能度=2\times(2\times1+0.5546+3\times0.2886+3\times0.0333)/(0.2886+0.0333+$$
$$0.5546+3\times0.0333+3\times0.288+0.6924+1.000)=1.990$$

$$P_c=2/1.990=1.005$$

不易凝胶。

(2) 合成工艺

① 将双漂豆油、漂梓油加入反应釜，开慢速搅拌，升温，同时通 CO_2，120℃时加入 0.03%的 LiOH；

② 升温至 220℃，逐步加入季戊四醇，再升温至 240℃醇解，保温醇解至醇解物加入 95%乙醇（25℃）（1∶3～5）达到透明；

③ 降温到 200～220℃，分批加入苯酐，加完后停止通 CO_2；

④ 加入单体总量 5%的回流二甲苯；

⑤ 在 200～220℃保温回流反应 3h；

⑥ 抽样测酸值达 10mgKOH/g、黏度（加氏管）达到 10s 为反应终点，如果达不到，继续保温，每 30min 抽样复测一次；

⑦ 酸值、黏度达标后即停止加热，出料到兑稀罐，120℃加 200 号汽油兑稀，冷却至

50℃过滤，收于贮罐供配漆使用。

3.8 醇酸树脂的改性

随着石油化学工业的飞速发展，涂料用高性能成膜物树脂——环氧树脂、聚氨酯树脂、丙烯酸树脂、氯化聚烯烃树脂、有机硅和氟碳树脂等不断涌现，满足了国民经济发展对涂料保护、装饰和功能性的多方面的需求。醇酸树脂涂料具有很好的施工性和初始装饰性，但也存在一些明显的缺点：涂膜干燥缓慢，硬度低，耐水性、耐腐蚀性差，户外耐候性不佳等，需要通过改性来满足性能要求。近十几年来，随着化石燃料（石油、煤为基础的化工原料）在能源危机的驱动下价格持续上涨，而且化石燃料作为不可再生的资源迟早会枯竭，在可持续发展战略的推动下，世界范围内对可再生资源的利用和开发掀起热潮。用发酵法生产乙醇替代汽油、植物油脂脂肪酸甲酯作为生物柴油是重要方向，在涂料行业开发植物油为原料的改性聚氨酯、环氧植物油以及醇酸树脂的改性重新得到重视。中、长油度的醇酸树脂中植物油占固体的 50%以上，而且植物油，尤其是豆油价格相对稳定的状况无论从可持续发展战略要求，还是从经济成本考虑都是不错的选择。同时，醇酸树脂系涂料价格低廉、综合性能平衡、漆膜丰满、施工性能好、品种多样，关键是采用现代的树脂复合技术改进和提高性能，满足工业涂料的高性能要求，提高附加值。另外，植物油改性和醇酸涂料主要使用脂肪烃为溶剂——不受 HAPS 法规控制，可制成高固体分和单组分的涂料，达到环境友好和使用者友好的目标。醇酸树脂分子具有极性主链和非极性侧链，使其能够和许多树脂、化合物较好地混溶，为进行各种物理改性提供了前提；此外其分子上具有羟基、羧基和双键等反应性基团，可以通过化学合成的途径引入其他分子，这是对醇酸树脂化学改性的基础。

从 20 世纪 60 年代开始，我国涂料行业曾开展了醇酸树脂化学改性的研究和开发，包括用于防腐涂料的环氧酯、高耐候性和高装饰性的丙烯酸改性醇酸树脂和有机硅改性醇酸树脂，用于木器装饰的聚氨酯油以及各种系列化的氨基醇酸产品等。在工业涂料领域，除氨基醇酸仍占有一定的市场外，其他的产品均未形成相当的规模和市场，这方面我们与发达国家存在明显差距。在欧美的装饰市场中聚氨酯油（包括水性聚氨酯油）在 DIY 市场中占有稳定的市场份额。它们环境友好（无游离 TDI，使用脂肪烃溶剂），施工性友好（单组分施工方便），而性能可以满足家装的要求。

3.8.1 丙烯酸改性醇酸树脂

丙烯酸改性醇酸树脂的制备工艺和原理基本成熟，醇酸树脂和丙烯酸树脂优势互补，其性能——耐候性、装饰性和快干都得到认可。但是在中国市场上一直未形成气候，主要原因是产品的产业化程度不高，性价比优势不够明显，应用、推广力度不够。

丙烯酸改性醇酸树脂的制备工艺分为两种。

(1) 冷拼法 也称为物理法，即用可以同醇酸树脂共混的丙烯酸树脂对醇酸树脂涂料进行共混改性。该法工艺简单、改性范围宽，改性剂丙烯酸树脂与醇酸树脂不发生化学交联反应。其关键是合成出一种能够同醇酸树脂混溶的丙烯酸类树脂。但是，由于两种树脂极性差别较大，混溶性差，若处理不当，涂层易出现病态。用丙烯酸（或甲基丙烯酸）的多元醇酯[如（甲基）丙烯酸三羟甲基丙烷酯]及长碳链丙烯酸酯类单体合成的丙烯酸树脂同醇酸树脂混溶性较好。近年来市场上已有一些能够同醇酸树脂混溶的特种丙烯酸树脂供应。如罗门哈斯的 B-67（脂肪烃溶剂，适合中、长油度醇酸树脂），B-99N（芳烃溶剂，适合中、短油度醇酸树脂）。

（2）共聚法　共聚法分为丙烯酸单体的接枝醇酸法和丙烯酸预聚体与醇酸单体的共聚法。前者的工艺是首先合成出常规醇酸树脂，然后再与丙烯酸酯类单体进行共聚，生成丙烯酸改性醇酸树脂。为提高接枝率可以引入一定量的马来酸酐，植物油选择含有共轭双键的脂肪酸（如脱水蓖麻油酸、桐油酸等），引发剂可以选择过氧化二苯甲酰（BPO）。改性的醇酸树脂表干较快，硬度较高，耐候性也有提高。

3.8.2　水性醇酸树脂

随着工业的发展，环境污染问题越来越困扰着人类，所以发展环保涂料是大趋势。解决涂料对环境的污染问题其根本途径是发展无溶剂涂料、水性涂料、粉末涂料和高固体分涂料。上述环保型涂料在国外早已得到重要发展，如美国在 1995 年，其溶剂型涂料占33.4%，而水性涂料占 50.5%，其他如粉末型、高固体分及辐射固化涂料占 16.1%；而到2005 年溶剂型只占 15%，而水性涂料占 65%。

我国涂料工业产品结构不合理，溶剂型产品比重过大，所以，为了适应日益激烈的市场竞争，我们必须大力发展中、高档涂料，发展环保型涂料，这是我们必须面对的大趋势。

水性涂料是 20 世纪 60 年代发展起来的一类新型的低污染、省能源、省资源涂料。水性涂料由于全部或大部分用水取代了有机溶剂，因而减轻了对环境的污染。随着人们环保意识的加强，以及有机溶剂费用的高涨，水性涂料日益受到人们的重视，得到广泛的研制和开发。

醇酸树脂是一种重要的涂料用树脂，其单体来源丰富、价格低、品种多、配方变化大、方便化学改性且性能好；醇酸树脂既可配制单组分自干漆，也可以配制双组分自干漆（如聚氨酯漆）或烘干漆（如氨基烘漆）。因此自醇酸树脂开发以来，醇酸树脂在涂料工业一直占有重要的地位。但是，同其他溶剂型涂料一样，溶剂型醇酸涂料含有大量的溶剂（＞40%），因此在生产、施工过程中严重危害大气环境和操作人员健康。近年来，世界各国的环保法规日益严格，传统的溶剂型涂料受到越来越大的挑战，涂料的水性化、高固体化趋势愈来愈明晰。

水性醇酸树脂以水和少量助溶剂为溶剂，有机溶剂用量大大减少，因此由其配制的涂料体系 VOC（可挥发性有机物）很低，符合现代涂料工业绿色、环保的发展方向，产业界、研究机构已经投入大量人力、物力进行研发。水性醇酸树脂的开发经历了两个阶段：即外乳化和内乳化阶段。外乳化法即利用外加表面活性剂的方法对常规醇酸树脂进行乳化，得到醇酸树脂乳液，该法所得体系贮存稳定性差，粒径大，漆膜光泽差；目前主要使用内乳化法合成水性醇酸树脂分散体。

3.8.2.1　主要原料

（1）多元酸　水性醇酸树脂的合成主要采用脂肪酸法，该法所得树脂结构、组成均一，分子量分布也比较均匀。其多元酸单体同溶剂型基本相同，应尽量选用抗水解型单体。所用二元酸主要有苯酐（PA）、间苯二甲酸（IPA）、对苯二甲酸（PTA）、己二酸（AD）、壬二酸（AZA），比较新的抗水解型单体有四氢苯酐、六氢苯酐、1,4-环己烷二甲酸（1,4-CHDA）；单元酸有月桂酸（LA）、苯甲酸、油酸、亚油酸、亚麻酸、豆油酸、脱水蓖麻油酸、桐油酸等，其中月桂酸（LA）、苯甲酸、油酸用于水系短油度醇酸树脂的合成，亚油酸、亚麻酸、豆油酸、脱水蓖麻油酸、桐油酸用于可自干水系中长油度醇酸树脂的合成。醇酸树脂中引入 IPA 有利于提高分子量，对提高涂膜干燥速率、硬度、耐水性亦有好处，但其熔点高（330℃），与体系混溶性差，活性较低，用量不能太高，一般占二元酸的 30%

（质量分数）。AD、马来酸酐的引入可调整涂膜的柔韧性。

（2）多元醇　水性醇酸树脂用多元醇可选用丙三醇、季戊四醇、三羟甲基丙烷（TMP）等，有时为平衡官能度可以引入一些二官能度单体，如乙二醇、1,6-己二醇（1,6-HDO）、1,4-环己烷二甲醇（1,4-CHDM）、1,2-丙二醇、新戊二醇（NPG）、2,2,4-三甲基-1,3-戊二醇（TMPD）等。其中，TMP带三个伯羟基，其上乙基的空间位阻效应可屏蔽酯基，提高耐水解性，与其类似二官能度单体新戊二醇也常被选用；另外，据报道CHDM、TMPD也具有较好的耐水解性，但价格较高。

（3）水性单体　水性醇酸树脂的合成中水性单体是必不可少的，由其引入的水性基团，经中和转变成盐基，提供水溶性，因此，它直接影响树脂的性能。目前比较常用的有偏苯三酸酐（TMA），聚乙二醇（PEG）、间苯二甲酸-5-磺酸钠、二羟甲基丙酸（DMPA）、马来酸酐、丙烯酸等。

（4）助溶剂　水性醇酸树脂的合成及使用过程中，为降低体系黏度和贮存稳定性常加入一些助溶剂，主要有乙二醇单丁醚、丙二醇单丁醚、丙二醇甲醚醋酸酯、异丙醇、异丁醇、仲丁醇等。其中乙二醇单丁醚具有很好的助溶性，但近年来发现其存在一定的毒性，可选用丙二醇单丁醚取代。

（5）中和剂　常用的中和剂有三乙胺、二甲基乙醇胺，前者用于自干漆，后者用于烘漆较好。

（6）催干剂　典型的醇酸树脂催干剂为油性的，可溶于芳烃或脂肪烃，在水中很难分散，因此可采用提前加入助溶剂中，然后再分散到水中的方法；即使如此也难以得到快干、高光泽的良好涂膜。目前市场上已出现具有自乳化性的催干剂，此类催干剂作为氧化催干剂可用于水性乳液或水性醇酸树脂，并与水性涂料有良好的混溶性，用该类干料所得涂料的干燥性能已达到或接近溶剂型的水平。

3.8.2.2　合成原理

用TMA合成自乳化水性醇酸树脂的合成分为两步：缩聚及水性化。

缩聚即先将PA、IPA、脂肪酸、TMP进行共缩聚生成常规的一定油度、预定分子量的醇酸树脂。

水性化即利用TMA上活性大的酐基，与上述树脂结构上的羟基进一步反应引入羧基，控制好反应程度，一个TMA分子可以引入两个羧基，此羧基经中和以实现水性化。其合成反应表示如下：

80

NEt₃ (三乙基胺) → NEt$_3$

其中 n、m、p 为正整数。该法的特点是 TMA 水性化效率高，油度调整范围大，可以从短油到长油随意设计。

此外，也可以将 PEG 引入醇酸树脂主链或侧链实现水溶性。但连接聚乙二醇的酯键易水解，漆液稳定性差，而且该种树脂干性慢，漆膜软而发黏，耐水性较差，目前应用较少。其结构式可表示如下：

DMPA 也是一种很好的水性单体，其羧基处于其他基团的保护之中，一般条件下不参与缩聚反应，该单体已经国产化，可广泛用于水性聚氨酯、水性聚酯、水性醇酸树脂的合成。该法的缺点是 DMPA 由于作二醇使用，树脂的油度不易提高，一般用于合成短油度或中油度树脂。其水性醇酸树脂的结构式为

利用马来酸酐与醇酸树脂的不饱和脂肪酸发生狄尔斯-阿德耳（Diels-Alder）反应即马来酸酐与不饱和脂肪酸的共轭双键发生 1,4 加成反应，也可以引入水性化的羧基。

对非共轭型不饱和脂肪酸，加成反应主要是不饱和脂肪酸双键的 α 位。

丙烯酸改性醇酸树脂具有优良的保色性、保光性、耐候性、耐久性、耐腐蚀性及快干、高硬度，而且兼具醇酸树脂本身的优点，拓宽了醇酸树脂的应用领域。因而具有较好的发展前景。将丙烯酸改性醇酸树脂水性化，可采用乳液聚合法，这种乳液具有比丙烯酸乳液更低的最低成膜温度，而且不需要助溶剂就能形成美观的涂膜，其涂膜性能优于丙烯酸乳液。

3.8.2.3 水性醇酸树脂合成实例

（1）TMA 型短油度水性醇酸树脂的合成

① 单体合成配方　TMA 型短油度水性醇酸树脂单体配方见表 3-11。

表 3-11　TMA 型短油度水性醇酸树脂单体配方

原料名称	月桂酸	苯酐	间苯二甲酸	三羟甲基丙烷	偏苯三酸酐	抗氧剂	三乙胺
用量（质量份）	38.00	20.00	4.000	30.00	8.000	0.1000	8.600

② 合成工艺　将 PA、IPA、月桂酸、TMP 及二甲苯加入带有搅拌器、温度计、分水器及氮气导管的 500mL 四口瓶中；用电加热套加热至 140℃，开动慢速搅拌，1h 升温至 180℃，保温约 1h；当出水变慢时，继续升温至 230℃，1h 后测酸值；当酸值小于 10mgKOH/g（树脂）时，蒸除溶剂，降温至 170℃，加入 TMA，控制酸值为 50～60mgKOH/g（树脂），停止反应；降温至 120℃，按 85% 固含量加入乙二醇单丁醚溶解，继续降温至 70℃，按羧基 80%（摩尔分数）加入二甲基乙醇胺，中和 1h；按 50% 固含量加入蒸馏水，搅拌 0.5h；过滤得水性醇酸树脂基料。

（2）PEG 型水性醇酸树脂的合成

① 单体合成配方见表 3-12。

表 3-12　PEG 型水性醇酸树脂的单体合成配方

原料名称	桐油酸	苯酐	季戊四醇	聚乙二醇	抗氧剂
用量（质量份）	50.00	24.00	18.00	8.00	0.0100

② 合成工艺　将 PA、桐油酸、季戊四醇、聚乙二醇及回流二甲苯加入带有搅拌器、温度计、分水器及氮气导管的四口瓶中；用电加热套加热至 180℃，保温约 1h；当出水变慢时，继续升温至 220℃，1h 后测酸值；控制酸值约为 30mgKOH/g（树脂），蒸除二甲苯；降温至 120℃，按 75% 固含量加入乙二醇单丁醚溶解，按 50% 固含量加入蒸馏水，搅拌 0.5h；过滤得水性醇酸树脂。

（3）DMPA 型水性醇酸树脂的合成

① 单体合成配方见表 3-13。

表 3-13　DMPA 型水性醇酸树脂单体合成配方

原料名称	亚麻酸	苯酐	间苯二甲酸	三羟甲基丙烷	二羟甲基丙酸	抗氧剂	三乙胺
用量（质量份）	45.00	20.00	5.000	3.000	15.00	适量	11.31

② 合成工艺　将亚麻酸、苯酐、间苯二甲酸、三羟甲基丙烷、二羟甲基丙酸、抗氧剂及回流二甲苯加入带有搅拌器、温度计、分水器及氮气导管的反应瓶中；加热至160℃，开慢速搅拌，保温约0.5h；生温至180℃，保温约1h；当出水变慢时，继续升温至230℃，1h后测酸值；控制酸值为50～60mgKOH/g（树脂），蒸除溶剂，降温至120℃，按80%固含量加入乙二醇单丁醚，继续降温至70℃，按羧基80%（摩尔分数）加入二甲基乙醇胺，中和0.5h；按40%固含量加入蒸馏水，搅拌0.5h；过滤得水性醇酸树脂。

3.9　醇酸树脂的应用

醇酸树脂是涂料用合成树脂中产量最大、用途最广的一种。它可以配制自干漆和烘漆，民用漆和工业漆，以及清漆和色漆。醇酸树脂的油脂种类和油度对其应用有决定性影响。

① 独立作为涂料成膜树脂，利用自动氧化干燥交联成膜。干性油的短、中、长油度醇酸树脂具有自干性，其中中、长油度的最常用；醇酸树脂具有自干性可以配制清漆和色漆。

② 醇酸树脂作为一个组分（羟基组分）同其他组分（亦称为固化剂）涂布后交联反应成膜。该类醇酸树脂主要为短、中油度不干性油醇酸树脂。其合成用椰子油、蓖麻油、月桂酸等原料。其涂料体系主要有同氨基树脂配制的醇酸-氨基烘漆，同多异氰酸酯配制的双组分聚氨酯漆等。

③ 改性树脂。主要作为改性剂（或增塑剂）以提高硝酸纤维素、氯化橡胶、过氯乙烯树脂的韧性，制造溶剂挥发性涂料。此类树脂通常用短油度不干性油醇酸树脂。

3.10　结语

以上对醇酸树脂的合成单体、化学原理、配方设计及合成工艺做了介绍。醇酸树脂的开发符合可持续发展的社会发展趋势。随着涂料科学与技术的发展，可以预见，醇酸树脂及其涂料将在涂料工业的地位得到继续重视。国内企业界、有关研究机构应加强合作，紧跟世界醇酸树脂发展潮流，促进国内醇酸树脂的开发和应用。

第4章 聚酯树脂

4.1 概述

高分子合成工业中聚酯通常指由对苯二甲酸（PTA）、乙二醇（EG）合成的线型的、高分子量的、结晶性的聚对苯二甲酸乙二醇酯（PET），它是一种重要的合成纤维用树脂。涂料工业中使用的聚酯泛指由多元醇和多元酸通过聚酯化反应合成的、一般为线型或分支型的、较低分子量的无定型齐聚物，其数均分子量在一般在 $10^2 \sim 10^3$，根据其结构的饱和性可以分为饱和聚酯和不饱和聚酯。饱和聚酯包括端羟基型和端羧基型两种，它们亦分别称为羟基组分聚酯和羧基组分聚酯。羟基组分可以同氨基树脂组合成烤漆系统，也可以同多异氰酸酯组成室温固化双组分聚氨酯系统。不饱和聚酯与不饱和单体如苯乙烯通过自由基共聚后成为热固性聚合物，构成涂料行业的聚酯涂料体系。为了实现无定型结构，通常要选用三种、四种甚至更多种单体共聚酯化，因此它是一种共缩聚物。涂料工业中还有一种重要的树脂称醇酸树脂，从学术上讲，也应属于聚酯树脂的范畴，但是考虑到其重要性及其结构的特殊性（即以植物油或脂肪酸改性），称之为油改性聚酯，即醇酸树脂（alkyd resin），第3章已做了介绍。涂料工业中的聚酯也可以称为无油聚酯树脂（polyester resin，PE）。

涂料用聚酯一般不单独成膜，主要用于配制聚酯-氨基烘漆、聚酯型聚氨酯漆、聚酯型粉末涂料和不饱和聚酯漆，都属于中、高档涂料体系，所得涂膜光泽高、丰满度好、耐候性强，而且也具有很好的附着力、硬度、抗冲击性、保光性、保色性、高温抗黄变等优点。同时，由于聚酯的合成单体多、选择余地大，大分子配方设计理论成熟，可以通过丙烯酸树脂、环氧树脂、硅树脂及氟树脂进行改性，因此，聚酯树脂在涂料行业的地位不断提高，产量越来越大，应用也日益拓展。

水性聚酯是涂料技术科学和社会可持续发展要求的产物。水性聚酯树脂的结构和溶剂型聚酯树脂的结构类似，除含有羟基，还含有较多的羧基和（或）聚氧化乙烯嵌段等水性基团或链段。含羧基聚酯的酸值一般在 $35 \sim 60 \text{mgKOH/g}$（树脂）之间，大分子链上的羧基经挥发性胺中和后成盐，提供水溶性（或水分散性）。控制不同的酸值、中和度可提供不同的水溶性，制成不同的分散体系，如水溶液型、胶体型、乳液型等。水性聚酯可与水性氨基树脂配成水性烘漆，特别适合于卷材用涂料和汽车中涂漆，能满足冲压成形和抗石击性的要求。由于涂层的硬度、丰满光亮度及耐沾污性好，也适于作轻工产品的装饰性面漆。水性聚酯也可与水分散性多异氰酸酯配成双组分水性聚氨酯室温自干漆。聚酯大分子链上含有许多酯基，较易皂化水解，所以水性聚酯的应用受到了一定的限制；但现在市场上已有大量优秀单体，因此通过优化配方设计，已能得到良好的耐水解性能。

4.2 主要原料

4.2.1 多元酸

聚酯用多元酸可分为芳香族、脂肪族和脂环族三大类。所用的芳香酸主要有苯酐（PA）、间苯二甲酸（IPA）、对苯二甲酸（PTA）和偏苯三酸酐（TMA）等，其中TMA可用来引入支化结构；所用的脂肪酸主要有丁二酸、戊二酸、己二酸、庚二酸、辛二酸、壬二酸（AZA）、马来酸酐、顺丁烯二酸、反丁烯二酸、羟基丁二酸和二聚酸等。比较新的抗水解型单体有四氢苯酐（THPA）、六氢苯酐（HHPA）、四氢邻苯二甲酸，六氢间苯二甲酸、1,2-环己烷二甲酸、1,4-环己烷二甲酸（1,4-CHDA），它们属于脂环族二元酸；羧酸的羧基同烃基相连，因此烃基的不同结构影响羧基的活性，而且对最终合成的聚酯树脂的结构、性能产生重要影响。水性聚酯体系中 PA 用量很低，主要作用在于降低成本，常选用耐水解性羧酸，如己二酸、IPA、HHPA、CHDA 等，应优先选 HHPA、CHDA。其中己二酸、AZA 及二聚酸的引入可以提高涂膜的柔韧性和对塑料基材的附着力。根据对聚酯所要求的性能，通过选择、调节各种多元酸的种类、用量，以获得所期望的树脂性能。有关单体的结构式为

常用多元酸单体的物理性质见表 4-1。

表 4-1　常用多元酸的物理性质

单体名称	状态	分子量	熔点/℃	特性
己二酸	固体	146.14	151.5	普适性，柔韧性
癸二酸	固体	202.25	131.0～34.5	低极性，柔韧性
苯酐	固体	148.12	130.5	价格低
间苯二甲酸	固体	166.13	345～348	硬度，耐候性，耐药品性
对苯二甲酸	固体	166.13	>300,升华	硬度，耐候性，耐药品性
六氢苯酐	固体	154.15	35～36	硬度，耐候性，耐水解
偏苯三酸酐	固体	192.13	164～167(沸点：240～245)	引入分支和多余羧基
1,4-环己烷二甲酸	固体	172.2	164～167	硬而韧，耐候性，耐水解，活性高，抗变黄
顺酐	固体	98.06	52.6(199.7)	通用性能
蒸馏二聚酸	液体	含量 95%～98%，多聚酸 2%～4%，酸值 194～198mgKOH/g	5(沸点 200)	柔韧性，耐水解

4.2.2　多元醇

聚酯树脂用多元醇二官能度单体有乙二醇，1,2-丙二醇，1,3-丙二醇，1,4-丁二醇，1,2-丁二醇，1,3-丁二醇，2-甲基-1,3-丙二醇（MPD），新戊二醇（2,2-二甲基-1,3-丙二醇，NPG），1,5-戊二醇，1,6-己二醇（1,6-HDO），3-甲基-1,5-戊二醇，2-丁基-2-乙基-1,3-丙二醇（BEPD），2,2,4-三甲基-1,3-戊二醇（TMPD），2,4-二乙基-1,5-戊二醇，1-甲基-1,8-辛二醇，3-甲基-1,6-己二醇，4-甲基-1,7-庚二醇，4-甲基-1,8-辛二醇，4-丙基-1,8-辛二醇，1,9-壬二醇，羟基新戊酸羟基新戊酯（HPHP）等。其他脂肪族二元醇包括二乙二醇，三乙二醇，二丙二醇，三丙二醇；1,4-环己烷二甲醇（1,4-CHDM），1,3-环己烷二甲醇，1,2-环己烷二甲醇，氢化双酚 A 二醇等，属于脂环族二元醇，性能往往更为优异。多元醇也可选

用丙三醇、季戊四醇、三羟甲基丙烷（TMP）、三羟甲基乙烷等，其中，TMP 和三羟甲基乙烷都带三个伯羟基，其上乙基（或甲基）的空间位阻效应可屏蔽聚酯的酯基，提高耐水解性，同时也常用来引入分支，同样道理，与其类似二官能度单体 NPG 也是合成聚酯的常规单体；CHDM、TMPD、BEPD、HPHP 是新一代合成聚酯用的多元醇，据报道具有很好的耐水解性、耐候性、硬而韧、抗污、不黄变等特性，但价格较高。

一个聚酯树脂配方中，若要使聚酯性能优异，多种多元醇要配合使用，以使其硬度、柔韧性、附着力、抗冲击性以及成本达到平衡。

一些多元醇单体的结构式为

常用多元醇单体的物理性质见表 4-2。

表 4-2　常用多元醇的物理性质

单体名称	状态	分子量	熔点(沸点)/℃	特性
乙二醇	液体	62.07	−13.3(197.2)	普适，柔韧性
二乙二醇	液体	106.12	−8.3(244.5)	亲水，柔韧性
1,2-丙二醇	液体	76.09	(188.2)	普适
一缩二丙二醇	液体	134.17	(232)	耐水解
2-甲基-1,3-丙二醇	液体	90.8	42～44(262)	普适
2-丁基-2-乙基-1,3-丙二醇(BEPD)	固体	160.3	43	耐候性,耐水解
1,4-丁二醇	液体	90	20	普适
1,3-丁二醇	液体	90.1	−77(207.5)	溶解性
新戊二醇	固体	104.15	124～130(210)	普适性,耐化学品,耐候性,耐水解
己二醇	固体	118	40	柔韧
氢化双酚 A	固体	236.00	124～126	耐热,耐药品
三羟甲基丙烷	固体	134.12	57～59	耐热,耐水解
1,4-环己烷二甲醇	液体	144.21	43(245)	硬而韧,耐候性,耐水解,活性高,抗变黄
2,2,4-三甲基-1,3-戊二醇(TMPD)	固体	146.22	46～55(215～235)	低黏度,耐候,抗污,柔韧性
羟基新戊酸羟基新戊酯[学名 3-羟基-2,2-二甲基丙酸(3-羟基-2,2-二甲基丙基)酯,HPHP]	固体	209	49.5～50.5	硬而韧,耐候性,耐水解

4.2.3 其他相关助剂

聚酯合成用助剂主要包括催化剂和抗氧剂。

4.2.3.1 聚酯催化剂

聚酯化反应催化剂参与聚酯化过程，可以加快聚合进程，但反应之后该物质又重新复原，没有损耗。催化剂最好符合以下要求：①呈中性，对设备不产生腐蚀；②具有热稳定性及抗水解性；③反应后不需分离，不影响树脂性能；④效率高、用量少；⑤选择性好。目前，聚酯化反应的催化剂以有机锡类化合物应用最广。一般添加量为总反应物料的0.05%～0.25%（质量分数），反应温度为220℃左右。最重要的品种有单丁基氧化锡，二丁基氧化锡，二丁基氧化锡氯化物，二丁基二月桂酸锡，二丁基二乙酸锡，单丁基三氯化锡等。具体选择何种催化剂及其加入量应根据具体的聚合体系及其聚合工艺条件通过实验进行确定。美国 ATOFINA（阿托菲纳）公司是国际知名的聚酯催化剂供应商。表4-3为该公司二丁基氧化锡的技术指标。

表 4-3 美国 ATOFINA 公司二丁基氧化锡技术指标

项 目	标 准	项 目	标 准
外观	白色粉末	不透明度(laurate)	≤50
分子式	$(H_9C_4)_2SnO$	含 Sn 量	32.0%～33.0%
分子量	248.92	含 Fe 量	≤20×10⁻⁶
易挥发物含量(80℃,2h)	≤1.0%	含 NaCl 量	≤0.05%
颜色(laurate APHA)	≤150	平均粒径	≤4μm

此外，该公司的Fascat®4100［单丁基氧化锡，白色固体，分子式 $CH_3(CH_2)_3SnOOH$］，广泛用于饱和及不饱和树脂合成中；Fascat®4101［白色固体，分子式 $BuSnCl(OH)_2$］，是一种高效的有机锡类的酯化反应催化剂；Fascat®4102［透明液体，分子式 $BuSn(2\text{-}EHA)_3$］、Fascat®4200［二丁基二乙酸锡，透明液体，分子式 $Bu_2Sn(OOCCH_3)_2$］也较常用。用Fascat®4100催化间苯二甲酸与丙二醇的反应，回流温度190～220℃，酯化反应速度可以很快，若催化剂用量是总物料量的0.1%，5h后酸值为5mg KOH/g。

4.2.3.2 聚酯抗氧剂

抗氧剂加于高分子材料中能有效地抑制或降低大分子的热氧化、光氧化速度，显著地提高材料的耐热、耐光性能，延缓材料的降解等老化过程，延长制品使用寿命。常用的抗氧剂按分子结构和作用机理主要有三类：受阻酚类、磷类和复合型抗氧剂。

(1) 受阻酚类抗氧剂 受阻酚类抗氧剂是高分子材料的主抗氧剂。其主要作用是与高分子材料中因氧化产生的自由基R·、ROO·反应，中断活性链的增长。受阻酚抗氧剂按分子结构分为单酚、双酚、多酚等品种。酚类抗氧剂具有抗氧效果好、热稳定性高、无污染、与树脂相容性好等特点，因而在高分子材料中应用广泛。其基本品种为BHT（2,6-二叔丁基酚），但其分子量低、挥发性大、易泛黄变色，目前用量正逐年减少。以JY-1010｛四［β-(3,5-二叔丁基-4-羟基苯基) 丙酸］季戊四醇酯｝、JY-1076［β-(3,5-二叔丁基-4-羟基苯基) 丙酸十八碳醇酯］为代表的高分子量受阻酚类抗氧剂用量逐年提高，聚合型和反应型受阻酚类抗氧剂的开发也非常活跃。

(2) 磷类抗氧剂 亚磷酸酯为辅助抗氧剂（或称为预防型抗氧剂）。辅助抗氧剂的主要作用机理是通过自身分子中的磷原子化合价的变化把大分子中高活性的氢过氧化物分解成低活性分子。TNP（三壬苯基亚磷酸酯）、168［三（2,4-二叔丁基苯基）亚磷酸酯〕是通用品种。由于传统的亚磷酸酯易水解,影响了贮存和应用性能,提高亚磷酸酯的水解性一直是抗氧剂研发热点。高分子量亚磷酸酯具有挥发性低、耐久性高等特点。

(3) 复合型抗氧剂　不同类型主、辅抗氧剂或同一类型不同分子结构的抗氧剂作用和应用效果存在差异、各有所长又各有所短,复合抗氧剂由两种或两种以上不同类型或同类型不同品种的抗氧剂复配而成,可取长补短,显示出协同效应。协同效应是指两种或两种以上的助剂复合使用时其应用效应大于每种助剂单独使用的效应加和。高效复合型抗氧剂为受阻酚与亚磷酸酯的复合物。复合型产品具有开发周期短、效果好、综合性能佳、多种助剂充分发挥协同作用的特点,方便用户使用。

(4) 抗氧剂的最佳添加量　由于树脂结构、加工工艺的不同以及对制成品的性能要求不同,很难给出一个普遍适用的一成不变的最佳用量。事实上各个聚合物加工厂都有适合自己工艺流程的添加剂配方。

科学实验数据证明,在一定的添加量范围内抗氧剂的加入量与老化寿命成正比,但这并不意味着加入量越多,抗氧化效果越好。通常情况下聚烯烃中加入量以0.3%左右为宜,最多不超过0.6%,但是如果加入量低于0.1%,抗氧化性能将急剧下降。在主抗氧剂JY-1010、JY-1076低添加量时,应加入同等量或双份量的辅助抗氧剂,如亚磷酸酯或硫代酯类均可,由于主辅抗氧剂协同作用,可显著提高制品的抗氧化寿命。

聚酯合成抗氧剂常用次磷酸、亚磷酸酯类或其和酚类组合的复合型抗氧剂(如汽巴900),次磷酸应在聚合起始时室温加入并控制用量,其他类抗氧剂可在高温聚合阶段加入,加入量在0.1%～0.4%。

4.3　聚酯配方设计

线型缩聚反应分子量的控制通常利用方程:$\overline{X}_n = (1+r_a)/(1+r_a-2r_aP_a)$　　　　(4-1)

式中,r_a为非过量官能团对过量官能团的摩尔比,$r_a \leqslant 1$;$\overline{X}_n$为以结构单元计数的数均聚合度。对一些体系,式中r_a的物理意义不明确,用平均官能度概念控制$\overline{X}_n$普适性强,概念清楚,可取代r_a用于对线型、体型缩聚体系数均聚合度的控制。

为了进行缩聚动力学分析,需要引入两个假定:①可反应官能团的活性与单体种类、聚合进程无关,自始至终相同;②只有分子间可反应官能团间的反应,而不发生分子内及官能团的脱除等副反应。

平均官能度的定义为

$$\overline{f} = 2 \times 非过量官能团的物质的量/单体总的物质的量 \tag{4-2}$$

设a、b为体系两种可反应的官能团;a基为非过量官能团;起始投料单体总量为N_0,缩聚到t时分子总数为N;利用上述假定及平均官能度定义,则得t时a基的反应程度为

$$P_a = (N_0-N)/(N_0\overline{f}/2) = 2(1-1/\overline{X}_n)/\overline{f} \tag{4-3}$$

若令$\overline{X}_n \to \infty$,则得Carothers凝胶点:

$$P_c = 2/\overline{f} \tag{4-4}$$

式(4-3)整理可得:

$$\overline{X}_n = 1/[1-P_a(\overline{f}/2)] \tag{4-5}$$

该式可取代式(4-1)用于缩聚体系$\overline{X}_n$的控制与计算。

由 $\overline{X}_n$ 可以计算聚酯的数均分子量：$\overline{M}_n = \overline{X}_n \dfrac{\sum m_i - m_{H_2O}}{\sum n_i}$ (4-6)

从上述推导过程看，无论线型缩聚或体型缩聚式（4-5）都成立，其前提是符合两个基本假定。当然该式在超过凝胶点后，由于不再符合假定②的条件，误差可能较大，但对体型缩聚预缩聚（$P_a < P_c$）是树脂合成的重要控制阶段。

因此用平均聚合度控制方程：$\overline{X}_n = 1/[1 - P_a(\overline{f}/2)]$ 控制数均聚合度，用途广、适应性强，不仅用于线型缩聚，也可用于体型缩聚；而且同数均聚合度、数均分子量可以直接关联；该方程用于醇酸树脂、聚酯合成的配方设计与核算，简单、方便，内含信息丰富，很值得推广。

涂料用聚酯树脂的分子量通常在 10^3，聚合度在 10^1；计算时根据设定的聚合度、羟值或酸值设计配方，经过实验优化，可以得到优秀的合成配方。

4.4 合成工艺

涂料用聚酯树脂的合成工艺有三种。

（1）溶剂共沸法 该工艺常压进行，用惰性溶剂（二甲苯）与聚酯化反应生成水的共沸而将水带出，用分水器使油水分离，溶剂循环使用。反应可在较低温度（150~220℃）下进行，条件较温和，反应结束后，要在真空下脱除溶剂。另外，由于物料夹带，会造成醇类单体损失，因此，实际配方中应使醇类单体过量一定的量，其具体数值同选用的单体种类、配比、聚合工艺条件及设备参数有关。

（2）本体熔融法 该法系为熔融缩聚工艺，反应釜通常装备锚式搅拌器、N_2 气进管、蒸馏柱、冷凝器、接受器和真空泵。工艺可分两个阶段，第一阶段温度低于180℃，常压操作，在该阶段，应控制 N_2 气流量和出水、回流速度，使蒸馏柱顶温度不大于103℃，避免单体馏出造成原料损失和配比不准，出水量达到 80% 以后，体系由单体转变为低聚物；第二阶段温度在 180~220℃，关闭 N_2 气，逐渐提高真空度，使低聚物进一步缩合，得到较高分子量的聚酯。反应程度可通过测定酸值、羟值及黏度监控。

（3）先熔融后共沸法 该法是本体熔融法和溶剂共沸法的综合。聚合也分为两个阶段进行，第一阶段为本体熔融法工艺，第二阶段为溶剂共沸法工艺。

聚酯合成一般采用间歇法生产。涂料行业及聚氨酯工业使用的聚酯多元醇分子量大多在500~3000，呈二官能度的线型结构或多官能度的分支型聚合物。溶剂共沸法和先熔融后共沸法比较适用于该类聚酯树脂的合成，其聚合条件温和，操作比较方便；本体熔融法适用于高分子量的聚酯树脂合成。无论何种工艺由于单体和低聚物的馏出、成醚反应都会导致实际合成的聚酯同理论设计聚酯分子量的偏差，因此应使醇类单体适当过量一些，一般的经验是二元醇过量 5%~10%（质量分数）。

4.5 聚酯合成实例

4.5.1 端羟基线型聚酯的合成

4.5.1.1 单体合成配方及配方计算

① 合成配方见表 4-4。

表 4-4　端羟基线型聚酯的合成配方

原料名称	用量/g	原料名称	用量/g
己二醇	180.0	己二酸	390.0
1,4-环己烷二甲醇	97.17	抗氧剂	3.850
1,2-丙二醇	84.98	有机锡催化剂	0.525

② 配方计算见表 4-5。

表 4-5　端羟基线型聚酯合成的配方计算

项目	数值	项目	数值
$m_{总}/g$	752.15	$\bar{f}$	1.784
n/mol	5.985	$\bar{X}_n$	9.238
m_{H_2O}/g	96.07	$\bar{M}_n$	1013
n_{OH}/mol	6.633	羟值/(mgKOH/g)	110
n_{COOH}/mol	5.337	$\bar{f}_{OH}$	2

注：$m_{总}$—单体总投料量；n—单体总物质的量；m_{H_2O}—缩合水量；n_{OH}—单体羟基的总物质的量；n_{COOH}—单体羧基的总物质的量；$\bar{f}$—平均官能度；$\bar{X}_n$—数均聚合度；$\bar{M}_n$—数均分子量；$\bar{f}_{OH}$—羟基平均官能度。

4.5.1.2　合成工艺

① 通氮气，投料，加入 5% 二甲苯，升温至 140℃，保温 0.5h；

② 升温至 150℃，保温 1h；

③ 升温至 160℃，保温 2h；

④ 升温至 170℃，保温 0.5h；

⑤ 升温至 180℃，保温 2h；

⑥ 升温至 190℃，保温 0.5h；

⑦ 升温至 200℃，保温 0.5h；

⑧ 升温至 210℃，保温 1h；

⑨ 保温完毕，边抽除溶剂边降温，抽 1~1.5h；

⑩ 测酸值小于 1mgKOH/g（树脂），降温至 90℃，过滤，出料。

4.5.2　端羟基分支型聚酯的合成

4.5.2.1　单体合成配方及配方计算

① 合成配方见表 4-6。

表 4-6　端羟基分支型聚酯合成配方

原料名称	用量/g	原料名称	用量/g
三羟甲基丙烷	15.00	苯酐	40.32
1,4-环己烷二甲醇	10.00	乙酸丁酯	83.66
新戊二醇	30.00	抗氧剂	0.620
2-丁基-2-乙基-1,3-丙二醇	12.00	有机锡催化剂	0.525
己二酸	30.63		

② 配方计算见表 4-7。

表 4-7　端羟基分支型聚酯合成配方计算

项目	数值	项目	数值	项目	数值
$m_{总}/g$	137.95	$m_{树脂}/g$	125.49	$\bar{M}_n$	2004
m_{H_2O}/g	12.46	n/mol	1.027	羟值/(mgKOH/g)	106
n_{OH}/mol	1.202	$\bar{f}$	1.878	$\bar{f}_{OH}$	3.8
n_{COOH}/mol	0.9644	$\bar{X}_n$	16.40		

4.5.2.2 合成工艺（熔融法）

① 通氮气，投料，升温至 130℃，保温 1h；

② 升温至 150℃，保温 1h；

③ 升温至 160℃，保温 2h；

④ 升温至 170℃，保温 0.5h；

⑤ 升温至 180℃，保温 2h；

⑥ 升温至 190℃，保温 0.5h；

⑦ 升温至 200℃，保温 1h；

⑧ 升温至 210℃，保温 1h；

⑨ 保温完毕，将真空度由 0.050MPa 逐渐提高到 0.080MPa，用时约 2~2.5h；

⑩ 测酸值小于 5mgKOH/g（树脂），降温，加入溶剂，过滤得产品。

4.5.3 氨基烤漆用端羟基分支型聚酯的合成

4.5.3.1 单体合成配方及配方计算

① 合成配方见表 4-8。

表 4-8 氨基烤漆用端羟基分支型聚酯合成配方

原料名称	用量/g	原料名称	用量/g
三羟甲基丙烷	8.280	二甲苯(带水剂)	4.500
乙二醇	4.110	抗氧剂	0.150
2-丁基-2-乙基-1,3-丙二醇	42.81	有机锡催化剂	0.120
己二酸	8.190	二甲苯-丙二醇甲醚醋酸酯	39.50
间苯二甲酸	48.91	（8:2,溶剂）	

② 配方计算见表 4-9。

表 4-9 氨基烤漆用端羟基分支型聚酯合成配方的计算

项 目	数 值	项 目	数 值	项 目	数 值
$m_\text{总}$/g	112.3	$m_\text{树脂}$/g	99.67	$\overline{M}_n$	2014
$m_{\text{H}_2\text{O}}$/g	12.62	n/mol	0.751	羟值/(mgKOH/g)	90
n_OH/mol	0.862	$\overline{f}$	1.868	$\overline{f}_\text{OH}$	3.2
n_COOH/mol	0.701	$\overline{X}_n$	15.18		

4.5.3.2 合成工艺（溶剂法）

① 通氮气置换空气，投三羟甲基丙烷、乙二醇和 2-丁基-2-乙基-1,3-丙二醇，升温至 130℃，开搅拌，保温 0.5h；

② 加入间苯二甲酸和带水剂；

③ 用 4h 从 130℃升温至 175℃；

④ 用 6h 从 175℃升温至 210℃；

⑤ 保温至体系透明，降温至 170℃，加入己二酸；

⑥ 用 2h 从 170℃升温至 210℃；

⑦ 保温至酸值小于 10mgKOH/g（树脂），冷却，用溶剂稀释，过滤得产品。

注：反应器带有搅拌器、N₂ 气导管、部分冷凝器和分水器。

该聚酯型羟基组分同氨基树脂配制的烘漆综合性能很好。

4.6 聚酯树脂的应用

羟基型聚酯树脂在涂料工业主要用于同氨基树脂配制聚酯型氨基烘漆或与多异氰酸酯配制室温固化双组分聚氨酯漆，聚酯型的这些体系较醇酸体系有更好的耐候性和保光性，且硬度高、附着力好，属于高端的烘漆体系，但是聚酯极性较大，施工时易出现涂膜病态，因此涂料配方中助剂的选择非常重要。羧基型聚酯树脂主要用于和环氧树脂配制粉末涂料。

4.7 不饱和聚酯

不饱和聚酯是指分子主链上含有不饱和双键的聚酯，一般由饱和的二元醇与饱和的及不饱和的二元酸（或酸酐）聚合而成，它不同于醇酸树脂，醇酸树脂的双键位于侧链上，依靠空气的氧化作用交联固化。不饱和聚酯则利用其主链上的双键及交联单体（如苯乙烯）的双键由自由基型引发剂产生的活性种引发聚合、交联固化。

不饱和聚酯中含有一定量的活性很大的不饱和双键，又有作为稀释剂的活性单体。但在常温下，聚合成膜反应很难发生。为使具有的双键能够迅速反应成膜，必须使用引发剂，引发剂能使线型的热固性树脂在常温或加热条件下变成不溶、不熔的体型结构的聚合物。但是引发剂在常温分解的速度是很慢的，为此还要应用一种能够促进引发快速进行的促进剂。引发剂与促进剂要配套使用，使用过氧化环乙酮作引发剂时，环烷酸钴是有效的促进剂，当使用过氧化苯甲酰作引发剂时，二甲基苯胺是理想的促进剂。引发剂为强氧化剂，而促进剂为还原剂，二者复合构成氧化-还原引发体系。

不饱和聚酯涂料具有较高的光泽、耐磨性和硬度，而且耐溶剂、耐水和耐化学品性良好，其漆膜丰满，表面可打磨、抛光，装饰性高。其缺点是成膜时由于伴有自由基型聚合，涂膜收缩率大，对附着力有不良影响，同时漆膜脆性较大。

4.7.1 不饱和聚酯的原料

不饱和聚酯的原料包括二元醇、二元酸（或酸酐）、交联剂、引发剂（亦称固化剂）和促进剂。

二元醇可以选择乙二醇、二乙二醇、1,2-丙二醇、二丙二醇、1,3-丁二醇、新戊二醇等。其中1,2-丙二醇通常为主单体。二乙二醇可提供柔韧性，但对提高耐水性不利。选择带有支链的二醇（如1,2-丙二醇、1,3-丁二醇、新戊二醇）使聚酯呈现不对称性，可以提高其与苯乙烯等交联剂的相容性。近年来出现了一些抗空气阻聚型不饱和多元醇类单体，如三羟甲基丙烷单烯丙基醚（TMPME）、三羟甲基丙烷双烯丙基醚（TMPDE）。TMPME可以像其他二元醇一样共聚于不饱和聚酯主链中，TMPDE可以作为封端剂使用。

二元酸（或酸酐）可以选择马来酸酐（MA）、反丁烯二酸、苯酐（PA）、间苯二甲酸（IPA）、对苯二甲酸（PTA）和己二酸。其中MA、反丁烯二酸属于不饱和酸，其使用目的是在聚酯中引入不饱和双键，MA为最重要的不饱和二元酸，它在聚酯主链上以顺式、反式构型同时出现，研究发现反式构型的马来酸酐单元的共聚活性大，容易同交联剂（苯乙烯）共聚，为提高反式构型单元含量，可以在反应后期将温度提高到200℃反应1h。另外，MA单元的位置对聚合活性也有重要的影响，实验发现位于链端的活性远远大于位于链中时的活性，因此MA的加料方式应予以重视，分批加料是一种较好的选择。苯酐为合成不饱和聚酯最常用的饱和二元酸。MA、PA的摩尔比通常在（3:1）～（1:3），MA用量高时，树脂活性大，漆膜脆性亦大。因此，配方研究时应根据性能要求，通过实验确定最佳的配料比。

交联剂是不饱和聚酯的重要原料。它们主要是带有不饱和双键的化合物，可以同不饱和聚酯分子链上的双键进行共聚，使线型的不饱和聚酯通过交联剂的架桥链段交联成网络状的聚合物。根据其双键多少，交联剂可以分为单双键型交联剂和多双键型交联剂两种。理论上讲，自由基型单体都可以作为不饱和聚酯的交联单体，但是考虑到相容性，比较常用的单体主要是苯乙烯（或甲基苯乙烯），少量使用丙烯酸酯类，多双键型交联剂（如邻苯二甲酸二烯丙酯）只起到辅助作用。交联剂用量约为不饱和聚酯双键含量的 80～100 倍。

引发剂亦称固化剂，通常和促进剂复合产生自由基活性种，实现链引发。常用的固化剂主要是过氧化酮类和过氧化二苯甲酰（BPO）。过氧化酮类包括过氧化环己酮和过氧化甲乙酮，它们都是几种化合物的混合物。过氧化环己酮含有下列化合物：

过氧化甲乙酮含有下列化合物：

市售的固化剂通常配成 50% 的邻苯二甲酸二丁酯糊状物，过氧化环己酮糊（1 号固化剂）放置会发生分层，使用时应搅拌均匀。过氧化甲乙酮、过氧化二苯甲酰可溶于苯乙烯，使用时现用现配。

固化剂的用量一般为固体分计的 2%。

促进剂是能降低引发剂分解温度或加速聚合反应的一类物质，其化学原理则是同固化剂即引发剂构成了氧化-还原引发体系，大大降低了活化能，使引发能够在室温顺利进行。应该注意的是促进剂对固化剂具有选择性。如二价钴盐（如环烷酸钴、异辛酸钴，俗称蓝水）对过氧化环己酮等氢过氧化物类引发剂可以配伍，但对 BPO 则无效；而叔胺类（如 N,N-二甲基苯胺）则相反，它可以同过氧化物固化剂配伍。促进剂通常配成苯乙烯的溶液使用。

二价钴盐-氢过氧化物类氧化-还原引发体系的引发机理如下：

$$ROOH + Co^{2+} \longrightarrow RO\cdot + OH^- + Co^{3+}$$
$$ROOH + Co^{3+} \longrightarrow ROO\cdot + H^+ + Co^{2+}$$
$$ROOH + RO\cdot \longrightarrow ROH + ROO\cdot$$
$$ROOH + ROO\cdot \longrightarrow RO\cdot + ROH + O_2$$
$$RO\cdot + Co^{2+} \longrightarrow RO^- + Co^{3+}$$
$$ROO\cdot + Co^{3+} \longrightarrow R^+ + O_2 + Co^{2+}$$
$$H^+ + OH^- \longrightarrow H_2O$$

不饱和聚酯的聚合工艺与聚酯相同。升温最好使用梯度升温工艺，160℃ 可以保温 1h，当出水减弱后，此时出水可达理论量的 60%～70%，再继续升温工艺，最后可升至 200℃，直到酸值合格。后阶段的高温聚合，有利于反式马来酸酐单元生成，提高共聚活性和树脂性能。

4.7.2 分子设计原理及合成工艺

不饱和聚酯为线型分子，其分子量可以通过摩尔系数（即非过量羧基与过量羟基的摩尔比）进行控制，当然，也可以用体系的平均官能度进行控制。除此之外，引入的双键量也应根据性能要求通过大量实验给予确定。下面为一合成实例。

4.7.2.1 单体合成配方及配方计算

① 合成配方见表 4-10。

表 4-10 单体合成配方

原料名称	用量/g	原料名称	用量/g
三羟甲基丙烷二烯丙基醚 80	20.00	二甲苯(带水剂)	4.300
1,2-丙二醇	34.41	抗氧剂	0.150
马来酸酐	33.32	有机锡催化剂	0.120
苯酐	19.84	苯乙烯(稀释剂)	50.00

② 配方计算见表 4-11。

表 4-11 单体合成配方计算

项目	数值	项目	数值	项目	数值
$m_{总}$/g	107.57	n_{COOH}/mol	0.948	$\overline{f}$	1.846
$m_{缩合水}$/g	14.65	$m_{树脂}$/g	92.92	$\overline{X}_n$	12.95
n_{OH}/mol	1.029	n/mol	1.027	$\overline{M}_n$	1171

4.7.2.2 合成工艺(溶剂法)

① 通氮气置换空气,投入所有原料(含 0.04% 对苯二酚),用 1h 升温至 140℃,保温 0.5h;

② 升温至 160℃,保温 1h;

③ 用 1h 升温至 185℃,使酸值约为 30mgKOH/g(树脂);

④ 冷却至 150℃,在真空度 0.070MPa 下真空蒸馏 0.5h 脱水;

⑤ 冷却至 120℃,补加 0.2% 对苯二酚;

⑥ 冷却至 90℃,苯乙烯稀释至固含量为 65%,过滤、出料。

注:反应器带有搅拌器、N_2 气导管、部分冷凝器和分水器。

4.7.3 不饱和聚酯的应用

不饱和聚酯在涂料行业主要用来配制不饱和聚酯漆及聚酯腻子(俗称原子灰)。其包装采用双罐包装,一罐为主剂,由树脂、粉料、助剂、交联剂和促进剂(即引发剂的还原剂)组成;另一罐为固化剂(即引发剂的氧化剂),使用时现场混合后施工。

主要优点是可以制成无溶剂涂料,一次涂刷可以得到较厚的漆膜,对涂装温度的要求不高,而且漆膜装饰作用良好,漆膜坚韧耐磨,易于保养。缺点是固化时漆膜收缩率较大,对基材的附着力容易出现问题,气干性不饱和聚酯一般需要抛光处理,手续较为烦琐,辐射固化不饱和聚酯对涂装设备的要求较高,不适合于小型生产。不饱和聚酯漆主要用于家具、木制地板、木器工艺品等方面。

在不饱和聚酯漆固化过程中,由于氧会起到阻聚作用,使漆膜不能干燥,为此可以使用玻璃或涤纶薄膜等覆盖涂层表面来隔绝空气,还可以在涂料中添加涂料量 0.5%~1% 的石蜡。在漆膜固化过程中,石蜡析出浮在涂层表面而阻止空气中氧的阻聚作用。待涂层干燥后,再将蜡层打磨掉。而气干型不饱和树脂由于引入了烯丙基醚或烯丁基醚等气干性官能团,能够使不饱和树脂在不避氧的环境下固化成膜。此外在制漆时不是以苯乙烯稀释聚酯树脂而是用烯丙基醚或酯类来稀释聚酯树脂,提高空气干燥性能。例如,在聚酯树脂中不引入气干性官能团,而是将甘油的二烯丙醚的乙二酸酯来代替苯乙烯稀释,也能使聚酯固化,达到气干的目的。

在不饱和聚酯中加入少量乙酸丁酸纤维素，可以缩短不沾尘时间、提高抗热温度、减少垂直流挂。还能减少漆膜的缩孔。

含蜡不饱和树脂漆由于需要避氧固化，只能用于平面涂饰。而气干不饱和树脂漆可以喷涂、刷涂立面。含蜡不饱和聚酯可用于板式家具板材涂饰。气干不饱和聚酯可以喷涂家具，可以翻新搪瓷浴缸。不饱和聚酯漆具有良好的耐水、耐热性能；硬度高，可打磨、干性好，有良好的光亮和丰满度，一次可涂几百微米的厚涂层。

4.8　水性聚酯树脂

4.8.1　水性单体

水性聚酯树脂的水性单体目前比较常用的有：偏苯三酸酐（TMA），聚乙二醇（PEG），间苯二甲酸-5-磺酸钠（5-SSIPA），二羟甲基丙酸（DMPA），二羟甲基丁酸（DMBA），1,4-丁二醇-2-磺酸钠等。这些单体可以单独使用也可以复合使用，由其引入的水性基团，或经中和转变成盐基，提供水溶性或水分散性。

4.8.2　助溶剂

水性聚酯树脂的合成及使用过程中，为降低体系黏度和贮存稳定性常加入一些助溶剂，主要有乙二醇单丁醚（BCS）、乙二醇单乙醚（ECS）、丙二醇单丁醚、丙二醇甲醚醋酸酯（PMA）、异丙醇（IPA）、异丁醇（IBA）、正丁醇、仲丁醇等。其中乙二醇单丁醚具有很好的助溶性，但近年来发现其存在一定的毒性，可选用丙二醇单丁醚或丙二醇甲醚醋酸酯取代。若选用丙酮、丁酮作溶剂，分散后再经过脱除，可以得到无溶剂或低 VOC 的水性聚酯分散体。

4.8.3　中和剂

常用的中和剂有三乙胺（TEA）、二甲基乙醇胺（DMEA）、二乙基乙醇胺（DEEA）、2-氨基-2-甲基丙醇（AMP-95），TEA、AMP-95 成膜过程容易挥发，可用于室温干燥体系；DMEA、DEEA 挥发较慢，用于氨基烘漆较好。

4.8.4　合成原理及工艺

用 TMA 合成自乳化水性聚酯树脂的合成分为两步：缩聚及水性化。

缩聚即先将 HHPA、1,4-CHDA、NPG、TMP 等聚酯化单体进行共缩聚生成常规的预定分子量的树脂。

水性化即利用 TMA 上活性大的酐基，可与上述树脂结构上的羟基进一步反应引入羧基，控制好反应程度，一个 TMA 分子可以引入两个羧基，此羧基经中和以实现水性化。其合成反应表示如下：

其中 n、m、p 为正整数。该法的特点是 TMA 水性化效率高，成本较低。

DMPA 也是一种很好的水性单体，其羧基处于其他基团的三维保护之中，一般条件下不参与缩聚反应，该单体已经国产化，可广泛用于水性聚氨酯、水性聚酯、水性醇酸树脂的合成。其水性聚酯树脂的典型结构式可表示为

另外间苯二甲酸-5-磺酸钠（5-SSIPA）也常用于水性聚酯的合成。其水性聚酯树脂的典型结构式可表示为

4.8.5 TMA 型水性聚酯树脂的合成

（1）合成配方 TMA 型水性聚酯树脂合成配方见表 4-12。

表 4-12 TMA 型水性聚酯树脂合成配方

原料名称	用量/g	原料名称	用量/g
新戊二醇	416.0	间苯二甲酸	332.0
己二醇	118.0	二甲苯	80.00
三羟甲基丙烷	402.0	偏苯三酸酐	192.00
己二酸	292.0	有机锡催化剂	2.000
苯酐	444.0	二甲基乙醇胺	90.00

（2）配方计算 TMA 型水性聚酯树脂配方计算见表 4-13。

表 4-13 TMA 型水性聚酯树脂配方计算

项 目	数 值	项 目	数 值	项 目	数 值
$m_{总}$/g	2004	$m_{树脂}$/g	1806	$\overline{M}_n$	1806
m_{H_2O}/g	198	n/mol	15	羟值/(mgKOH/g)	112
n_{OH}/mol	19	$\overline{f}$	1.867	酸值/(mgKOH/g)	56
n_{COOH}/mol	14	$\overline{X}_n$	15		

(3) 合成工艺（溶剂法）

① 将反应釜通氮气置换空气，投入所有原料，用 1h 升温至 140℃，保温 0.5h；

② 升温至 150℃，保温 1h；

③ 用 1h 升温至 180℃，保温 2h；

④ 升温至 220℃，使酸值小于 8mgKOH/g（树脂），在真空度 0.070MPa 下真空蒸馏 0.5h 脱水；

⑤ 降温至 170℃，加入 TMA 反应，控制酸值为 56mgKOH/g（树脂），降温至 90℃，按 70%固含量加入丁酮溶解；

⑥ 继续降温至 50℃，加入中和剂中和，按 40%固含量加入去离子水，搅拌 0.5h，减压脱除丁酮，得水性聚酯树脂基料。

4.8.6 5-SSIPA 型水性聚酯树脂的合成

(1) 合成配方 5-SSIPA 型水性聚酯树脂合成配方见表 4-14。

表 4-14 5-SSIPA 型水性聚酯树脂合成配方

原料名称	用量/g	原料名称	用量/g
新戊二醇	391.2	己二酸	225.3
三羟甲基丙烷	90.80	乙二醇丁醚	244.0
5-SSIPA	60.30	水	732.1
六氢苯酐	350.0	有机锡催化剂	1.120

(2) 配方计算 5-SSIPA 型水性聚酯树脂配方计算见表 4-15。

表 4-15 5-SSIPA 型水性聚酯树脂配方计算

项 目	数 值	项 目	数 值
$m_{总}/g$	1117.6	$\bar{f}$	1.906
m_{H_2O}/g	141.41	$\bar{X}_n$	21.24
n_{OH}/mol	9.556	$\bar{M}_n$	2446
n_{COOH}/mol	8.080	羟值/(mgKOH/g)	85
$m_{树脂}/g$	976.2	$\bar{f}_{OH}$	3.7
n/mol	8.479		

(3) 合成工艺

① 将反应釜通氮气置换空气，投入所有原料，用 1h 升温至 150℃，保温 0.5h；

② 升温至 175℃，保温 2h；

③ 用 1h 升温至 190℃，保温 2h；

④ 升温至 205℃，使酸值小于 8mgKOH/g（树脂）；

⑤ 降温至 80℃，按 80%固含量加入乙二醇丁醚，加入蒸馏水调整固含量为 50%，得稍带蓝光透明水性聚酯分散体。

4.9 结语

以上对聚酯树脂的合成单体、化学原理、配方设计、典型配方及合成工艺做了介绍。可以预计，聚酯树脂的发展方向是提高树脂的固含量及水性聚酯树脂的开发，另外应进一步降低优秀单体售价，以促进高档聚酯品种的研发、推广和应用。

第5章 丙烯酸树脂

5.1 概述

以丙烯酸酯、甲基丙烯酸酯及苯乙烯等乙烯基类单体为主要原料聚合的共聚物称为丙烯酸树脂，以其为成膜基料的涂料称作丙烯酸树脂涂料，该类涂料具有色浅、保色、保光、耐候、耐腐蚀和耐污染等优点，已广泛应用于汽车、飞机、机械、电子、家具、建筑、皮革、纸张、织物、木材、工业塑料及日用品的涂饰。随着石油化工技术的发展，丙烯酸（或甲基丙烯酸）及其酯类单体的价格大幅度下降，进一步促进了丙烯酸树脂涂料的开发和应用。近年来，国内外丙烯酸烯树脂涂料的发展很快，目前已占涂料的1/3以上，因此，丙烯酸树脂在涂料成膜树脂中居于重要地位。从组成上分，丙烯酸烯树脂包括纯丙树脂、苯丙树脂、硅丙树脂、醋丙树脂、氟丙树脂、叔丙（叔碳酸乙烯酯-丙烯酸酯）树脂等。从涂料剂型上分，主要有溶剂型涂料、水性涂料、高固体组分涂料和粉末涂料。其中水性丙烯酸树脂涂料具有价格低、使用安全，节省资源和能源，减少环境污染和公害等优点，因而已成为当前涂料工业发展的主要方向之一。涂料用丙烯酸树脂也经常按其成膜特性分为热塑性丙烯酸树脂和热固性丙烯酸树脂。热塑性丙烯酸树脂其成膜主要靠溶剂或分散介质（常为水）挥发使大分子或大分子颗粒聚集融合成膜，成膜过程中没有化学反应发生，为单组分体系，施工方便，但涂膜的耐溶剂性较差；热固性丙烯酸树脂也称为反应交联型树脂，其成膜过程中伴有几个组分可反应基团的交联反应，因此涂膜具有网状结构，其耐溶剂性、耐化学品性好，适合于制备防腐涂料。

我国于20世纪60年代开始开发丙烯酸树脂涂料，在80年代和90年代，北京、吉林和上海分别引进三套丙烯酸及其酯类单体生产装置，极大促进了丙烯酸树脂的合成和丙烯酸烯树脂涂料工业的发展。

5.2 丙烯酸（酯）及甲基丙烯酸（酯）单体

丙烯酸类及甲基丙烯酸类单体是合成丙烯酸树脂的重要单体，该类单体品种多、用途广，活性适中，可均聚也可与其他许多单体共聚。此外，常用的非丙烯酸单体有苯乙烯、丙烯腈、醋酸乙烯酯、氯乙烯、二乙烯基苯、乙（丁）二醇二丙烯酸酯等；近年来，随着科学、技术的进步，新的单体尤其是功能单体层出不穷，而且价格不断下降，推动了丙烯酸树脂的性能提高和价格降低。比较重要的有有机硅单体，叔碳酸酯类单体（Veova10，Veova9，Veova11），氟单体（包括烯类氟单体：三氟氯乙烯、偏二氟乙烯、四氟乙烯、氟丙烯酸单体），表面活性单体，其他自交联功能单体等。常用的丙烯酸酯类单体及其物理性质见表5-1。

依据单体对涂膜性能的影响常可将单体进行如表5-2所示的分类，以方便应用。

单体存放过久、受热、光照后会发生自聚，影响合成树脂质量。如果有聚合物存在，甲醇加入丙烯酸酯类（含苯乙烯）单体中后体系会变混浊，此时应将单体精制（如减压蒸馏）后使用。

表 5-1　丙烯酸酯类单体的物理性质

单体名称	分子量	沸点/℃	相对密度(d^{25})	折射率(n_D^{25})	溶解度(25℃)/(份/100份水)	玻璃化温度/℃
丙烯酸(AA)	72	141.6(凝固点:13)	1.051	1.4185	∞	106
丙烯酸甲酯(MA)	86	80.5	0.9574	1.401	5	8
丙烯酸乙酯(EA)	100	100	0.917	1.404	1.5	−22
丙烯酸正丁酯(n-BA)	128	147	0.894	1.416	0.15	−55
丙烯酸异丁酯(i-BA)	128	62(6.65kPa)	0.884	1.412	0.2	−17
丙烯酸仲丁酯	128	131	0.887	1.4110	0.21	−6
丙烯酸叔丁酯	128	120	0.879	1.4080	0.15	55
丙烯酸正丙酯(PA)	114	114	0.904	1.4100	1.5	−25
丙烯酸环己酯(CHA)	154	75(1.46kPa)	0.9766①	1.460①		16
丙烯酸月桂酯	240	129(3.8kPa)	0.881	1.4332	0.001	−17
丙烯酸-2-乙基己酯(2-EHA)	184	213	0.880	1.4332	0.01	−67
丙烯酸-2-羟基乙酯(HEA)	116	82(655Pa)	1.138	1.427①	∞	−15
丙烯酸-2-羟基丙酯(HPA)	130	77(655Pa)	1.057①	1.445①	∞	−7
甲基丙烯酸(MAA)	86	163(凝固点:15)	1.015	1.4185	∞	130
甲基丙烯酸甲酯(MMA)	100	100	0.940	1.412	1.59	105
甲基丙烯酸乙酯	114	160	0.911	1.4115	0.08	65
甲基丙烯酸正丁酯(n-BMA)	142	163	0.889	1.4215	0.04	27
甲基丙烯酸-2-乙基己酯(2-EHMA)	198	101(6.65kPa)	0.884	1.4398	0.14	−10
甲基丙烯酸异冰片酯(IBOMA)	222	120	0.976~0.996	1.477	0.15	155
甲基丙烯酸月桂酯(LMA)	254	160(0.938kPa)	0.872	1.440	0.09	−65
甲基丙烯酸-2-羟基乙酯(2-HEMA)	130	95(1.33kPa)	1.077	1.451	∞	55
甲基丙烯酸-2-羟基丙酯(2-HPMA)	144.1	96(1.33kPa)	1.027	1.446	13.4	26
苯乙烯	104	145.2	0.901	1.5441	0.03	100
丙烯腈	53	77.4~79	0.806	1.3888	7.35	125
醋酸乙烯酯	86	72.5	0.9342①	1.3952①	2.5	30
丙烯酰胺	71	熔点:84.5	1.122		215	165
Veova10	190	193~230	0.883~0.888	1.439	0.5	−3

单体名称	分子量	沸点/℃	相对密度(d^{25})	折射率(n_D^{25})	溶解度(25℃)/(份/100份水)	玻璃化温度/℃
Veova9	184	185～200	0.870～0.900			68
甲基丙烯酸三氟乙酯	168	107	1.181	1.359	0.04	82
N-羟甲基丙烯酰胺	101	熔点:74～75	1.10		∞	153
N-丁氧基甲基丙烯酰胺	157	125	0.96		0.001	
二乙烯基苯	130.18	199.5	0.93			
甲基丙烯酸缩水甘油酯(GMA)	142	189	1.073	1.4494	2.04	46
乙烯基三甲氧基硅烷	148	123	0.960	1.3920		
γ-甲基丙烯酰氧基丙基三甲氧基硅烷	248	255	1.045	1.4295		

① 20℃时的数据。

表5-2　不同单体的功能

单体名称	功能
甲基丙烯酸甲酯,甲基丙烯酸乙酯,苯乙烯,丙烯腈	提高硬度,称之为硬单体
丙烯酸乙酯,丙烯酸正丁酯,丙烯酸月桂酯,丙烯酸-2-乙基己酯,甲基丙烯酸月桂酯,甲基丙烯酸正辛酯	提高柔韧性,促进成膜,称之为软单体
丙烯酸-2-羟基乙酯,丙烯酸-2-羟基丙酯,甲基丙烯酸-2-羟基乙酯,甲基丙烯酸-2-羟基丙酯,甲基丙烯酸缩水甘油酯,丙烯酰胺,N-羟甲基丙烯酰胺,N-丁氧甲基(甲基)丙烯酰胺,二丙酮丙烯酰胺(DAAM),甲基丙烯酸乙酰乙酸乙酯(AAEM),二乙烯基苯,乙烯基三甲氧基硅烷,乙烯基三乙氧基硅烷,乙烯基三异丙氧基硅烷,γ-甲基丙烯酰氧基丙基三甲氧基硅烷	引入官能团或交联点,提高附着力,称之为交联单体
丙烯酸与甲基丙烯酸的低级烷基酯,苯乙烯	抗污染性
甲基丙烯酸甲酯,苯乙烯,甲基丙烯酸月桂酯,丙烯酸-2-乙基己酯	耐水性
丙烯腈,甲基丙烯酸丁酯,甲基丙烯酸月桂酯	耐溶剂性
丙烯酸乙酯,丙烯酸正丁酯,丙烯酸-2-乙基己酯,甲基丙烯酸甲酯,甲基丙烯酸丁酯	保光、保色性
丙烯酸,甲基丙烯酸,亚甲基丁二酸(衣康酸),苯乙烯磺酸,乙烯基磺酸钠,AMPS	实现水溶性,增加附着力,称之为水溶性单体、表面活性单体

　　20世纪40年代美国道康宁公司首先使有机硅生产实现工业化,半个多世纪以来,全世界有机硅工业得到了蓬勃发展,有机硅化合物正在向更广阔的领域伸展,成为化工新材料中最能适应时代要求和发展最快的品种之一。近年来,西方国家有机硅产业的年发展速度超过10%,生产技术不断提高,新产品不断涌现,现在品种已达到10000种左右。从国际市场看,美国道康宁公司、通用电气有机硅公司(GE)、德国瓦克化学(Waker)、日本信越化学(Shinetsu)等几大公司掌握了有机硅生产的核心技术,他们的生产能力达到全世界的80%,其产品占领了世界的大部分有机硅市场;而俄罗斯、东欧、中国是从事小规模生产的地区,其产品只占很少的份额。由于有机硅特性优良,其应用领域正不断扩大。国内主要厂家有:星火化工厂,吉化电石厂,浙江开化有机硅厂,浙江新安江化工厂,北京化工二厂,生产能力约6万吨/年。

　　常用的乙烯基硅氧烷类单体已在表5-2中列出,其中乙烯基三甲氧基硅烷、乙烯基三乙氧基硅烷、乙烯基三异丙氧基硅烷、γ-甲基丙烯酰氧基丙基三甲氧基硅烷,乙烯基硅氧烷类单体活性较大，很容易水解和交联，因此用量要少，而且最好在聚合过程的保温阶段加入。乙烯基三异丙氧基硅烷由于异丙基的空间位阻效应，水解活性较低，可以用来合成高硅单体含量（10%）的硅丙乳液，而且单体可以预先混合，这样也有利于大分子链中硅单元的均匀分布。乙烯基硅氧烷类单体可用如下通式表示：

$CH_2 =\!\!=CHSi(OR)_3$，R 可以为—CH_3，—C_2H_5，—C_3H_9，—$CH(CH_3)_2$，—$C_2H_5OCH_3$。

γ-甲基丙烯酰氧基丙基三甲氧基硅烷的结构式为：$CH_2=\!\!=C(CH_3)COO(CH_2)_3$—$Si(OCH_3)_3$。$\gamma$-甲基丙烯酰氧基丙基三（$\beta$-三甲氧基乙氧基）硅烷的结构式为：$CH_2=\!\!=C(CH_3)COO(CH_2)_3$—$Si(OCH_2CH_2OCH_3)_3$。

另外，硅偶联剂可以作为外加交联剂应用。如

β-（3,4-环氧环己基）乙基三乙氧基硅烷：

γ-缩水甘油醚丙基三甲氧基硅烷：

γ-氨丙基三乙氧基硅烷：$NH_2CH_2CH_2CH_2Si(OCH_2CH_3)_3$

硅偶联剂一般含有两个官能团，其中的环氧基可同树脂上的羟基、羧基或氨基反应，烷氧基硅部分在水解后通过缩聚而交联。通常作为外加交联剂冷拼使用。

另一类较重要的单体为叔碳酸乙烯酯。

叔碳酸是 α-C 上带有三个烷基取代基的高度支链化的饱和酸，其结构式如下：

式中，R^1、R^2、R^3 为烷基取代基，而且至少有一个取代基为甲基，其余的取代基为直链或支链的烷基。叔碳酸是一种支链酸，在常温下一般是液体，而直链酸是固体，但两类酸的沸点往往非常接近，支链酸与有机溶剂有很好的相容性，合成中具有很好的操作性。

叔碳酸缩水甘油酯的结构式如下：

叔碳酸缩水甘油酯具有低黏度、高沸点、气味淡等特点。其主要特性为环氧当量：244～256；密度（20℃）：0.958～0.968g/mL；黏度（25℃）：7.1cP；沸点：251～278℃；蒸气压（37.8℃）：899.9Pa；闪点：126℃；凝固点＜—60℃。

叔碳酸缩水甘油酯的环氧基有很强的反应性。对涂料用树脂最有用的反应是其与羟基、羧基和氨基的反应。环氧基的反应性使之能在常规温度下进入聚酯、醇酸树脂、丙烯酸树脂大分子链中，反应几乎是定量的，副反应很少，这就为制备分子量分布窄和低黏度的高固体分涂料树脂提供了原料支持。

叔碳酸乙烯酯最早由壳牌公司开发，商品名 Veova（或简称为 VV，VV-9，VV-10，

VV-11)，主要用途是与醋酸乙烯酯（丙烯酸丁酯等单体）共聚制成乳液，配制乳胶漆。这种乳胶漆在我国应用较少，但是在欧洲却是极为普遍的产品，叔醋乳液占西欧建筑乳液市场的近 30%。

由于叔碳酸乙烯酯上有三个支链，一个甲基，至少还有一个大于 C_4 的长链，因此空间位阻特别大，不仅自身单元难以水解，而且对于共聚物大分子链上邻近的醋酸乙烯酯单元也有很强的屏蔽作用，使整体抗水解性、耐碱性得到很大的改善，同时，正是由于此屏蔽作用，使叔碳酸乙烯酯共聚物漆膜具有很好的抗氧化性及耐紫外线性能。叔碳酸基团的屏蔽作用可表示如下：

据推测，一个叔碳酸基团可以保护 2～3 个乙酸乙烯酯单元。叔碳酸乙烯酯-醋酸乙烯酯共聚物乳液配制的乳胶漆，性价比很高，综合性能不低于纯丙乳液；纯丙乳胶漆目前存在耐水解性、耐温变性较差等缺点，与叔碳酸乙烯酯共聚，可以大大提高丙烯酸树脂的耐候性、耐碱性等，不仅可以作为内墙涂料也可用作外墙涂料。

5.3 丙烯酸树脂的配方设计

丙烯酸树脂及其涂料应用范围很广，如可用于金属、塑料及木材等基材。金属包括铁、铝、铜、锌、不锈钢等；塑料包括 PP、HDPE、PC、ABS、PVC、HIPS、PET 等。所涂饰的产品包括飞机、火车、汽车、工程机械、家用电器、、五金制品、玩具、家具等。因此其配方设计是非常复杂的。基本原则是首先要针对不同基材和产品确定树脂剂型——溶剂型或水剂型；然后根据性能要求确定单体组成、玻璃化温度（T_g）、溶剂组成、引发剂类型及用量和聚合工艺；最终通过实验进行检验、修正，以确定最佳的产品工艺和配方。其中单体的选择是配方设计的核心内容。

5.3.1 单体的选择

要想正确地选择单体，必须对单体的物化性质非常了解。为方便应用，通常将聚合单体分为硬单体、软单体和功能单体三大类。甲基丙烯酸甲酯（MMA）、苯乙烯（ST）、丙烯腈（AN）是最常用的硬单体，丙烯酸乙酯（EA）、丙烯酸丁酯（BA）、丙烯酸异辛酯（2-EHA）为最常用的软单体。

长链的丙烯酸及甲基丙烯酸酯（如月桂酯、十八烷酯）具有较好的耐醇性和耐水性。

功能性单体有含羟基的丙烯酸酯和甲基丙烯酸酯，含羧基的单体有丙烯酸和甲基丙烯酸。羟基的引入可以为溶剂型树脂提供与聚氨酯固化剂、氨基树脂交联用的官能团。其他功能单体有：丙烯酰胺（AAM）、羟甲基丙烯酰胺（NMA）、双丙酮丙烯酰胺（DAAM）和甲基丙烯酸乙酰乙酸乙酯（AAEM）、甲基丙烯酸缩水甘油酯（GMA）、甲基丙烯酸二甲基氨基乙酯（DMAEMA）、乙烯基硅氧烷类［如乙烯基三甲氧基硅烷，乙烯基三乙氧基硅烷，乙烯基三（2-甲氧基乙氧基）硅烷，乙烯基三异丙氧基硅烷，γ-甲基丙烯酰氧基丙基三甲氧基硅烷，γ-甲基丙烯酰氧基丙基三（β-三甲氧基乙氧基）硅烷单体等］。功能单体的用量一般控制在 1%～6%（质量分数），不能太多，否则可能会影响树脂或成漆的贮存稳定性。乙烯基三异丙氧基硅烷单体由于异丙基的位阻效应，Si—O 键水解较慢，在乳液聚合中其用量可以提高到 10%，有利于提高乳液的耐水、耐候等性能，但是其价格较高。乳液聚合单体中，双丙酮丙烯酰胺（DAAM）、甲基丙烯酸乙酰乙酸乙酯（AAEM）分别需要同聚合终了外加的己二酰二肼、己二胺复合使用，水分挥发后可以在大分子链间架桥形成交联膜。

羧基丙烯酸单体有丙烯酸和甲基丙烯酸，羧基的引入可以改善树脂对颜、填料的润湿性及对基材的附着力，而且同环氧基团有反应性，对氨基树脂的固化有催化活性。树脂的羧基含量常用酸值［AV，即中和 1g 树脂所需 KOH 的毫克数，单位 mgKOH/g（固体树脂）］表示，一般 AV 控制在 10mgKOH/g（固体树脂）左右，聚氨酯体系用时，AV 稍低些，氨基树脂用时 AV 可以大些，促进交联。

合成羟基型丙烯酸树脂时羟基单体的种类和用量对树脂性能有重要影响。双组分聚氨酯体系的羟基丙烯酸组分常用伯羟基类单体：丙烯酸羟乙酯（HEA）或甲基丙烯酸羟乙酯（HEMA）；氨基烘漆的羟基丙烯酸组分常用仲羟基类单体：丙烯酸-β-羟丙酯（HPA）或甲基丙烯酸-β-羟丙酯（HPMA），伯羟基类单体活性较高，由其合成的羟丙树脂用作氨基烘漆的羟基组分时影响成漆贮存，应选择仲羟基丙烯酸单体。近年来也出现了一些新型的羟基单体，如丙烯酸或甲基丙烯酸羟丁酯，甲基丙烯酸羟乙酯与 ε-己内酯的加成物（1:1 或 1:2，摩尔比，Dow Chem 公司）。甲基丙烯酸羟乙酯与 ε-己内酯的加成物所合成的树脂黏度较低，而且硬度、柔韧性可以实现很好的平衡。另外，通过羟基型链转移剂（如巯基乙醇、巯基丙醇、巯基丙酸-2-羟乙酯）可以在大分子链端引入羟基，改善羟基分布，提高硬度，并使分子量分布变窄，降低体系黏度。

为提高耐乙醇性要引入苯乙烯、丙烯腈及甲基丙烯酸的高级烷基酯，降低酯基含量。可以考虑二者并用，以平衡耐候性和耐乙醇性。甲基丙烯酸的高级烷基酯有甲基丙烯酸月桂酯、甲基丙烯酸十八醇酯等，这些单体主要依靠进口。

涂料用丙烯酸树脂常为共聚物，选择单体时必须考虑它们的共聚活性。由于单体结构不同，共聚活性不同，共聚物组成同单体混合物组成通常不同，对于二元、三元共聚，它们通过共聚物组成方程可以关联。对于更多元的共聚，没有很好的关联方程可用，只能通过实验研究，进行具体问题具体分析。实际工作时一般采用单体混合物"饥饿态"加料法（即单体投料速率<共聚速率）控制共聚物组成。为使共聚顺利进行，共聚用混合单体的竞聚率不要相差太大，如苯乙烯同醋酸乙烯、氯乙烯、丙烯腈难以共聚。必须用活性相差较大的单体共聚时，可以补充一种单体进行过渡，即加入一种单体，而该单体同其他单体的竞聚率比较接近、共聚性好，苯乙烯同丙烯腈难以共聚，加入丙烯酸酯类单体就可以改善它们的共聚性。

表 5-3 中列出一些单体对的竞聚率，可用来评估单体的共聚活性。

如果没有竞聚率数值可查，可以通过单体的 Q、e 值计算竞聚率，或直接用 Q、e 简单地评价共聚活性，一般共聚单体的 Q 值不能相差太大，否则难以共聚；当 e 值相差较大时，容易交替共聚，一些难共聚的单体通过加入中间 Q 值的单体，可以改善共聚性能。

单体选择时还应注意单体的毒性大小，一般丙烯酸酯的毒性大于对应甲基丙烯酸酯的毒性，如丙烯酸甲酯的毒性大于甲基丙烯酸甲酯的毒性，此外丙烯酸乙酯的毒性也较大。在与丙烯酸酯类单体共聚用的单体中，丙烯腈、丙烯酰胺的毒性很大，应注意防护。

表 5-3　一些单体对的竞聚率

M₁	M₂	r₁	r₂
甲基丙烯酸甲酯	苯乙烯	0.460	0.520
	丙烯酸甲酯	2.150	0.400
	丙烯酸乙酯	2.000	0.280
	丙烯酸丁酯	1.880	0.430
	甲基丙烯酸	0.550	1.550
	甲基丙烯酸缩水甘油酯	0.750	0.940
	丙烯腈	1.224	0.150
	氯乙烯	10.000	0.100
	醋酸乙烯酯	20.00	0.015
	马来酸酐	6.700	0.020
丙烯酸丁酯	苯乙烯	0.180	0.840
	丙烯腈	0.820	1.080
	甲基丙烯酸	0.350	1.310
	氯乙烯	4.400	0.070
	醋酸乙烯酯	3.480	0.018
丙烯酸-2-乙基己酯	苯乙烯	0.310	0.960
	氯乙烯	4.150	0.160
	醋酸乙烯酯	7.500	0.040
苯乙烯	丙烯酸甲酯	0.750	0.200
	甲基丙烯酸缩水甘油酯	0.450	0.550
	甲基丙烯酸	0.150	0.700
	丙烯腈	0.400	0.040
	氯乙烯	17.00	0.020
	醋酸乙烯酯	55.00	0.010
	马来酸酐	0.019	0.000

5.3.2　T_g 的设计

玻璃化温度反映无定型聚合物由脆性的玻璃态转变为高弹态的转变温度。不同用途的涂料，其树脂的玻璃化温度相差很大。外墙漆用的弹性乳液其 T_g 一般低于 -10℃，北方应更低一些；而热塑性塑料漆用树脂的 T_g 一般高于 60℃。交联型丙烯酸树脂的 T_g 一般在 -20～40℃。玻璃化温度的设计常用 FOX 公式：

$$\frac{1}{T_g} = \frac{w_1}{T_{g1}} + \frac{w_2}{T_{g2}} + \cdots + \frac{w_i}{T_{gi}}$$

式中，w_i 为第 i 种单体的质量分数；T_{gi} 为第 i 种单体对应均聚物的玻璃化温度，K。一些单体的玻璃化温度见表 5-1。

该公式计算值有一定的参考价值，但其准确度和单体组成有关，通常，计算值比实测值小 5～10℃。

5.3.3　引发剂的选择

溶剂型丙烯酸树脂的引发剂主要有过氧类和偶氮类两种。

常用的过氧类引发剂的引发活性见表 5-4。

其中过氧化二苯甲酰（BPO）是一种最常用的过氧类引发剂，正常使用温度 70～100℃，过氧类引发剂容易发生诱导分解反应，而且其初级自由基容易夺取大分子链上的氢、氯等原子或基团，进而在大分子链上引入支链，使分子量分布变宽。过氧化苯甲酸叔丁酯是近年来得到重要应用的引发剂，微黄色液体，沸点 124℃，溶于大多数有机溶剂，室温稳定，对撞击不敏感，贮运方便，它克服了过氧类引发剂的一些缺点，所合成的树脂分子量分布较窄，有利于固体分的提高。

104

表 5-4 常用的过氧类引发剂的引发活性

品 名	不同半衰期对应分解温度/℃			品 名	不同半衰期对应分解温度/℃		
	0.1h	1h	10h		0.1h	1h	10h
过氧化二苯甲酰(BPO)	113	91	71	过氧化-3,5,5-三甲基己酸叔丁酯	135	114	94
过氧化二月桂酰	99	79	61	叔丁基过氧化氢(TBHP)	207	185	164
过氧化-2-乙基己酸叔丁酯	113	91	72	异丙苯过氧化氢	195	166	140
过氧化-2-乙基己酸叔戊酯	111	91	73	二叔丁基过氧化物(DTBP)	164	141	121
过氧乙酸叔丁酯	139	119	100	过碳酸二环己酯	76	59	44
过氧化苯甲酸叔丁酯(TBPB)	142	122	103	过碳酸二(2-乙基己酯)	80	61	44

偶氮类引发剂品种较少，常用的主要有偶氮二异丁腈（AIBN）、偶氮二异庚腈（AB-VN）。其中 AIBN 是最常用的引发剂品种，使用温度 60～80℃，该引发剂一般无诱导分解反应，所得大分子的分子量分布较窄。热塑性丙烯酸树脂常采用该类引发剂。其引发活性见表 5-5。

表 5-5 偶氮类引发剂的引发活性

品 名	不同半衰期对应的分解温度		
偶氮二异丁腈	73h(50℃)	16.6h(60℃)	5.1h(70℃)
偶氮二异庚腈	2.4h(60℃)	0.97h(70℃)	0.27h(80℃)

为了使聚合平稳进行，溶液聚合时常采用引发剂同单体混合滴加的工艺，单体滴加完毕，保温数小时后，还需一次或几次追加滴加后消除引发剂，以尽可能提高转化率，每次引发剂用量为前者的 10%～30%。

5.3.4 溶剂的选择

用作室温固化双组分聚氨酯羟基组分的丙烯酸树脂不能使用醇类、醚醇类溶剂，以防其和异氰酸酯基团反应，溶剂中含水量应尽可能低，可以在聚合完成后，减压脱除部分溶剂，以带出体系微量的水分。常用的溶剂为甲苯、二甲苯，可以适当加些乙酸乙酯、乙酸丁酯。环保涂料用溶剂不准含"三苯"——苯、甲苯、二甲苯，通常以乙酸乙酯、乙酸丁酯（BAC）、丙二醇甲醚乙酸酯（PMA）混合溶剂为主。也有的体系以乙酸丁酯和重芳烃（如重芳烃 S-100，重芳烃 S-150）作溶剂。

氨基烘漆用羟基丙烯酸树脂可以用二甲苯、丁醇作混合溶剂，有时拼入一些丁基溶纤剂（BCS，乙二醇丁醚）、S-100、PMA、乙二醇乙醚乙酸酯（CAC）。

热塑性丙烯酸树脂除使用上述溶剂外，丙酮、丁（甲乙）酮（MEK）、甲基异丁基酮（MIBK）等酮类溶剂，乙醇、异丙醇（IPA）、丁醇等醇类溶剂也可应用。

实际上，树脂用途决定单体的组成及溶剂选择，为使聚合温度下体系处于回流状态，溶剂常用混合溶剂，低沸点组分起回流作用，一旦确定了回流溶剂，就可以根据回流温度选择引发剂，对溶液聚合，主引发剂在聚合温度时的半衰期一般在 0.5～2h 较好。

5.3.5 分子量调节剂

为了调控分子量，需要加入分子量调节剂（或称为黏度调节剂、链转移剂）。分子量调节剂可以被长链自由基夺取原子或基团，长链自由基转变为一个死的大分子，并再生出一个具有引发、增长活性的自由基，因此好的分子量调节剂只降低聚合度或分子量，对聚合速率没有影响。其用量可以用平均聚合度方程进行计算，但是自由基聚合有关的聚合动力学参数很难查到，甚至同一种调节剂的链转移常数也是聚合条件的变量，因此其用量只能通过多组实验确定。现在常用的品种为硫醇类化合物，如正十二烷基硫醇，仲十二烷基硫醇，叔十二烷基硫醇，巯基乙醇，巯基乙酸等。巯基乙醇在转移后再引发时可在大分子链上引入羟基，减少羟基型丙烯酸树脂合成中羟基单体用量。

硫醇一般带有臭味，其残余将影响感官评价，因此其用量要很好的控制，目前，也有一些低气味转移剂可以选择，如甲基苯乙烯的二聚体。另外根据聚合度控制原理，通过提高引发剂用量也可以对分子量起到一定的调控作用。

5.4 溶剂型丙烯酸树脂

溶剂型丙烯酸树脂是丙烯酸树脂的一类，可以用作溶剂涂料的成膜物质，该溶液是一种浅黄色或水白色的透明性黏稠液体。溶剂型丙烯酸树脂的合成主要采用溶液聚合，如果选择恰当的溶剂（常为混合溶剂），如溶解性好、挥发速度满足施工要求、安全、低毒等，聚合物溶液可以直接用作涂料基料进行涂料配制，使用非常方便。丙烯酸类单体的溶液共聚合多采用釜式间歇法生产。聚合釜一般采用带夹套的不锈钢或搪玻璃釜，通过夹套换热，以便加热、排除聚合热或使物料降温，同时，反应釜装有搅拌和回流冷凝器，有单体及引发剂的进料口，还有惰性气体入口，并且安装有防爆膜。其基本工艺如下。

① 共聚单体的混合。关键是计量，无论大料（如硬、软单体）或是小料（如功能单体、引发剂、分子量调节剂等）最好精确到 0.2% 以内，保证配方的准确实施。同时，应该现配现用。

② 加入釜底料。将配方量的（混合）溶剂加入反应釜，逐步升温至回流温度，保温约0.5h，驱氧。

③ 在回流温度下，按工艺要求滴加单体、引发剂的混合溶液。滴加速度要均匀，如果体系温升过快应降低滴料速度。

④ 保温聚合。单体滴完后，保温反应一定时间，使单体进一步聚合。

⑤ 后消除。保温结束后，可以分两次或多次间隔补加引发剂，提高转化率。

⑥ 再保温。

⑦ 取样分析。主要测外观、固含量和黏度等指标。

⑧ 调整指标。

⑨ 过滤、包装、质检、入库。

溶剂型丙烯酸酯树脂聚合的工艺流程图见图 5-1。

5.4.1 热塑性丙烯酸树脂

热塑性丙烯酸树脂可以熔融、在适当溶剂中溶解，由其配制的涂料靠溶剂挥发后大分子的聚集成膜，成膜时没有交联反应发生，属非反应型涂料。为了实现较好的物化性能，应将树脂的分子量做大，但是为了保证固体分不至于太低，分子量又不能过大，一般在几万时物化性能和施工性能比较平衡。该类涂料具有丙烯酸类涂料的基本优点，耐候性好（接近交联型丙烯酸涂料的水平），保光、保色性优良，耐水、耐酸、耐碱良好。但也存在一些缺点：固体分低（固体分高时黏度大，喷涂时易出现拉丝现象），涂膜丰满度差，低温易脆裂、高温易发黏，溶剂释放性差，实干较慢，耐溶剂性不好等。

为克服热塑性丙烯酸树脂的弱点，可以通过配方设计或拼用其他树脂给予解决。要根据不同基材的涂层要求设计不同的玻璃化温度，如金属用漆树脂的玻璃化温度通常在

图 5-1　溶剂型丙烯酸酯树脂聚合工艺流程图

30～60℃，塑料漆用树脂可将玻璃化温度设计得高些（80～100℃）提高硬度，溶剂型建筑涂料树脂的玻璃化温度一般大于50℃；引入甲基丙烯酸正丁酯或甲基丙烯酸异丁酯、甲基丙烯酸叔丁酯、甲基丙烯酸月桂酯、甲基丙烯酸十八醇酯、丙烯腈改善耐乙醇性。引入丙烯酸或甲基丙烯酸及羟基丙烯酸酯等极性单体可以改善树脂对颜填料的润湿性，防止涂膜覆色发花。若冷拼适量的硝酸酯纤维素或醋酸丁酸酯纤维素可以显著改善成漆的溶剂释放性、流平性或金属闪光漆的铝粉定向性。金属闪光漆的树脂酸值应小于3mgKOH/g（树脂）。

（1）塑料漆用热塑性丙烯酸树脂的合成配方　合成配方见表5-6。

表 5-6　塑料漆用热塑性丙烯酸树脂的合成配方

序号	原料名称	用量(质量份)	序号	原料名称	用量(质量份)
01	甲基丙烯酸甲酯	27.00	06	二甲苯	40.00
02	甲基丙烯酸正丁酯	6.000	07	S-100	5.000
03	丙烯酸	0.4000	08	二叔丁基过氧化物	0.4000
04	苯乙烯	9.000	09	二叔丁基过氧化物	0.1000
05	丙烯酸正丁酯	7.100	10	二甲苯	5.000

（2）合成工艺　先将06、07投入反应釜中，通氮气置换反应釜中的空气，加热到125℃，将01、02、03、04、08于4～4.5h滴入反应釜，保温2h，加入09、10于反应釜，再保温2～3h，降温，出料。

该树脂固含量：50%±2%，黏度：4000～6000mPa·s（25℃下的旋转黏度），主要性能是耐候性与耐化学性好。

5.4.2　热固性丙烯酸树脂

热固性丙烯酸树脂也称为交联型或反应型丙烯酸树脂。它可以克服热塑性丙烯酸树脂的缺点，使涂膜的机械性能、耐化学品性能大大提高。其原因在于成膜过程伴有交联反应发生，最终形成网络结构，不熔、不溶。热固性丙烯酸树脂分子量通常较低，10000 左右，高固体分的树脂约在 3000 左右。

反应型丙烯酸树脂可以根据其携带的可反应官能团特征分类，主要包括羟基丙烯酸树脂、羧基丙烯酸树脂和环氧基丙烯酸树脂。其中羟基丙烯酸树脂是最重要的一类，用于同多异氰酸酯固化剂配制室温干燥双组分丙烯酸-聚氨酯涂料和丙烯酸-氨基烘漆，这两类涂料应用范围广、产量大。其中，丙烯酸-聚氨酯涂料主要用于飞机、汽车、摩托车、火车、工业机械、家电、家具、装修及其他高装饰性要求产品的涂饰，属重要的工业或民用涂料品种。丙烯酸-氨基烘漆主要用于汽车原厂漆、摩托车、金属卷材、家电、轻工产品及其他金属制品的涂饰，属重要的工业涂料。羧基丙烯酸树脂和环氧基丙烯酸树脂分别用于同环氧树脂及羧基聚酯树脂配制粉末涂料。交联型丙烯酸树脂的交联反应见表 5-7。

表 5-7　常用交联型丙烯酸树脂的交联反应

丙烯酸树脂官能团种类	功能单体	交联反应物质
羟基 羧基 环氧基 N-羟甲基或甲氧基酰胺基	(甲基)丙烯酸羟基烷基酯 (甲基)丙烯酸、衣康酸或马来酸酐 (甲基)丙烯酸缩水甘油酯 N-羟甲基(甲基)丙烯酰胺、N-甲基甲基(甲基)丙烯酰胺	与烷氧基氨基树脂热交联； 与多异氰酸酯室温交联 与环氧树脂环氧基热交联 与羧基聚酯或羧基丙烯酸树脂热交联 加热自交联，与环氧树脂或烷氧基氨基树脂热交联

5.4.2.1　聚氨酯漆用羟基型丙烯酸树脂的合成配方及合成工艺

(1) 合成配方　聚氨酯漆用羟基型丙烯酸树脂合成配方见表 5-8。

表 5-8　聚氨酯漆用羟基型丙烯酸树脂合成配方

序号	原料名称	用量(质量份)	序号	原料名称	用量(质量份)
01	甲基丙烯酸甲酯	21.0	07	过氧化二苯甲酰	0.800
02	丙烯酸正丁酯	19.0	08	过氧化二苯甲酰	0.120
03	甲基丙烯酸	0.100	09	二甲苯	6.00
04	丙烯酸-β-羟丙酯	7.50	10	过氧化二苯甲酰	0.120
05	苯乙烯	12.0	11	二甲苯	6.00
06	二甲苯	28.0			

(2) 合成工艺

① 将 06 打底用溶剂加入反应釜，用 N_2 置换空气，升温使体系回流，保温 0.5h；

② 将 01～05 单体、07 引发剂混合均匀，用 3.5h 匀速加入反应釜；

③ 保温反应 3h；

④ 将 08 用 09 溶解，加入反应釜，保温 1.5h；

⑤ 将 10 用 11 溶解，加入反应釜，保温 2h；

⑥ 取样分析，外观、固含、黏度合格后，过滤、包装。

该树脂可以同聚氨酯固化剂（即多异氰酸酯）配制室温干燥型双组分聚氨酯清漆或色漆。催化剂用有机锡类，如二月桂酸二正丁基锡（DBTDL）。

5.4.2.2　氨基烘漆用羟基丙烯酸树脂的合成配方及合成工艺

(1) 合成配方　氨基烘漆用羟基丙烯酸树脂合成配方见表 5-9。

表 5-9 氨基烘漆用羟基丙烯酸树脂合成配方

序号	原料名称	用量(质量份)	序号	原料名称	用量(质量份)
01	乙二醇丁醚醋酸酯	100.0	06	丙烯酸	5.000
02	重芳烃-150	320.0	07	丙烯酸异辛酯	30.00
03	丙烯酸-β-羟丙酯	90.00	08	叔丁基过氧化苯甲酰	4.000
04	苯乙烯	370.0	09	叔丁基过氧化苯甲酰	1.000
05	甲基丙烯酸甲酯	50.00	10	重芳烃-150	30.00

（2）合成工艺 先将 01、02 投入反应釜中，通氮气置换反应釜中的空气，加热到（135±2）℃，将 03、04、05、06、07、08 于 3.5～4h 滴入反应釜，保温 2h，加入 09、10 于反应釜，在保温 2～3h，降温，出料。

该树脂固含量：55％±2％；黏度：4000～5000mPa·s（25℃）；酸值：4～8mgKOH/g；色泽：<1。主要性能是光泽及硬度高，流平性好。

5.5 水性丙烯酸树脂

水性丙烯酸树脂涂料的研制和应用始于 20 世纪 50 年代，到 70 年代初得到了迅速发展。与传统的溶剂型涂料相比，水性涂料具有价格低、使用安全，节省资源和能源，减少环境污染和公害等优点，因而已成为当前涂料工业的主要发展方向。水性丙烯酸树脂涂料是水性涂料中发展最快、品种最多的无污染型涂料。水性丙烯酸树脂包括丙烯酸树脂乳液、丙烯酸树脂水分散体及丙烯酸树脂水溶液。乳液主要是由油性烯类单体乳化在水中在水性自由基引发剂引发下合成。树脂水分散体则是通过自由基溶液聚合或溶液聚合等不同的工艺合成。从粒子粒径看：乳液粒径＞树脂水分散体粒径＞水溶液粒径。从应用看以前两者最为重要。丙烯酸乳液主要用于乳胶漆的基料，在建筑涂料市场有重要的应用，目前其应用还在不断扩大；近年来丙烯酸树脂水分散体的开发、应用日益引起人们的重视，在工业涂料、民用涂料领域的应用不断拓展。根据单体组成通常分为纯丙乳液、苯丙乳液、醋丙乳液、硅丙乳液、叔醋（叔碳酸乙烯酯-醋酸乙烯酯）乳液、叔丙（叔碳酸乙烯酯-丙烯酸酯）乳液等。

5.5.1 丙烯酸乳液的合成

乳液聚合是一种重要的自由基聚合实施方法。由于其独特的聚合机理，可以以高的聚合速率合成高分子量的聚合物，是橡胶用树脂（丁苯橡胶）、乳胶漆基料的重要聚合方法。其中丙烯酸乳液是最重要的乳胶漆基料，具有颗粒细、弹性好、耐光、耐候、耐水的特点。丙烯酸乳液的合成充分体现了乳液聚合对涂料工业的重要性。乳液聚合的特点：

① 水作分散介质，黏度低且稳定，价廉、安全；

② 机理独特，可以同时提高聚合速率和聚合物分子量。若用氧化-还原引发体系，聚合可在较低的温度下进行；

③ 对直接应用胶乳（乳液）的场合更为方便，如涂料、胶黏剂、水性墨等；

④ 获得固体聚合物时需经破乳、洗涤、脱水、干燥等工序，纯化困难，生产成本较悬浮聚合高。

乳液聚合与其他自由基聚合方法相比具有速度快、平均分子量高的特点，这是由它的聚合机理所决定的。

5.5.1.1 丙烯酸乳液的合成原料

油性单体在水介质中由乳化剂分散成乳状液，由水溶性引发剂引发的聚合称为乳液聚合。乳液聚合的最简单配方为油性（可含少量水性）单体：30％～60％；去离子水：40％～70％；水溶性引发剂：0.3％～0.7％；乳化剂（emulsifier）：1％～3％。

（1）乳化剂　乳化剂实际上是一种表面活性剂，它可以极大地降低界面（表面）张力，使互不相溶的油水两相借助搅拌的作用转变为能够稳定存在、久置亦难以分层的白色乳液，是乳液聚合的必不可少的组分，在其他工业部门也具有重要应用。

乳化剂的结构包括两部分：其头部表示亲水端，棒部表示亲油的烃基端，如果这两个部分以恰当的质、量进行结合，则这种表面活性剂分子既不同于水溶性物质以分子状态溶于水中，也不同于油和水的难溶，而是以一种特殊的结构——胶束（micelle）分散在水中。胶束的结构见图 5-2。

图 5-2　球形胶束
的结构示意图

胶束是一种纳米级的聚集体，成球形或棒形，一般含 50 个表面活性剂分子，亲水端指向水相，亲油端指向其内核，因此油性单体就可以借助搅拌的作用扩散进入内核，或者说胶束具有增溶富积单体的作用。研究发现正是增溶胶束才是发生乳液聚合的场合。

① 乳化剂的作用

a. 分散作用——乳化剂使油水界面张力极大降低，在搅拌作用下，使油性单体相以细小液滴（$d < 1000nm$）分散于水相中，形成乳液。

b. 稳定乳液——在乳液中，表面活性剂分子主要定位于两相液体的界面上，亲水基团与水相接触，亲油基团与油相接触。乳液聚合中常用阴离子型表面活性剂［如十二烷基硫酸钠，$H_3C(CH_2)_{11}OSO_3^- Na^+$］作主乳化剂，其亲水端带有负电荷，这样液滴上的同种电荷层相互排斥，可阻止液滴间的聚集，起到稳定乳液的作用。非离子型表面活性剂［如壬基酚聚环氧乙烷醚，$H_3C(CH_2)_8$——〇——$O(CH_2CH_2O)_nH$，$n = 10～40$］作助乳化剂，其亲水链段聚环氧乙烷嵌段定向吸附到乳胶粒的表面上，通过氢键作用吸附大量的水，这层水层的位阻效应也有利于乳液的稳定。

c. 增溶作用——表面活性剂分子在浓度超过临界胶束浓度时，可形成胶束，这些胶束中可以增溶单体，称为增溶胶束，也是真正发生聚合的场所。如 ST 室温溶解度为 0.07g/cm³，乳液聚合中可增溶到 2％，提高了 30 倍。

表面活性剂通常依其结构特征分为阴离子型、阳离子型、两性型及非离子型。近年来一些新的品种不断出现，如高分子表面活性剂，耐热（不燃）、抗闪蚀磷酸酯类表面活性剂，反应型表面活性剂。乳液聚合用表面活性剂要求其有很好的乳化性。阴离子型主要以双电层结构分散、稳定乳液，其特点是乳化能力强；非离子型主要以屏蔽效应分散、稳定乳液，其特点是可增加乳液对 pH、盐和冻融的稳定性。因此乳液聚合时常将阴离子型和非离子型表面活性剂复合使用，提高乳液综合性能。阴离子型乳化剂的用量一般占单体的 1％～2％，非离子型乳化剂的用量一般占单体的 2％～4％。

② 乳化剂的性能指标

a. CMC（critical micelle concentration）值——临界胶束浓度。指能够形成胶束的最低表面活性剂浓度。浓度低于 CMC 值时，乳化剂以单个分子状态溶解于水中，形成真溶液，高于 CMC 值时，则乳化剂分子聚集成"胶束"，亲水基团指向水相，亲油基拒水指向胶束内核，每个胶束由 50～100 个乳化剂分子组成。因此乳液聚合时其浓度必须大于 CMC。各种乳化剂的 CMC 值有手册可查，实验测得的 CMC 通常都较低：$10^{-5}～10^{-2}\,mol/L$ 或 0.02％～0.4％。

b. HLB 值——亲水-亲油平衡值。每个表面活性剂分子都含有亲水、亲油基团，这两

110

种基团的大小和性质影响其乳化效果,通常用 HLB 值表示表面活性剂的亲水、亲油性。HLB 越大,亲水性越强,HLB 值一般在 $1\sim40$。乳液聚合常选用阴离子型水包油型(O/W)乳化剂,HLB 值在 $8\sim18$。各种乳化剂的 HLB 值亦有手册可查,也可以通过试验或一定模型(如基团质量贡献法)进行计算。试验发现,复合乳化剂具有协同效应,复合乳化剂的 HLB 值可以用这几种乳化剂 HLB 值的质量平均值进行加和计算。

c. 阴离子乳化剂的三相平衡点——阴离子乳化剂处于分子溶解状态、胶束、凝胶三相平衡时的温度,亦称为克拉夫特点(Kraft point)。高于三相平衡点,凝胶消失,仅以分子、胶束状态存在,但当低于三相平衡点时乳化剂分子以凝胶析出,失去乳化能力。聚合温度应选择高于三相平衡点,$T_p > T_{三相平衡点}$。非离子型表面活性剂无三相平衡点。

d. 非离子型表面活性剂的浊点——非离子型表面活性剂的水溶液加热至一定温度时,溶液由透明变为混浊,出现这一现象的临界温度即为浊点(cloud point)。非离子型表面活性剂之所以存在浊点是由于其溶解特点决定的,非离子型表面活性剂的水溶液中,表面活性剂分子通过氢键和水形成缔合体,从而使乳化剂能溶于水形成透明溶液,随着温度的升高,分子运动能力提高,缔合的水层变薄,表面活性剂的溶解性大大降低,即从水中析出。因此,乳液聚合温度设计值应低于非离子型表面活性剂的浊点,即 $T_p < T_{浊}$。常用乳化剂的 HLB、CMC 值见表 5-10。

表 5-10　常用乳化剂的 HLB、CMC 值

名　称	HLB	CMC/%	名　称	HLB	CMC/%
十二烷基硫酸钠(SDS)	40	0.02	对壬基酚聚氧化乙烯($n=30$)醚	17.2	0.02
十二烷基磺酸钠	13	0.1	对壬基酚聚氧化乙烯($n=40$)醚	17.8	0.04
十二烷基苯磺酸钠	11		对壬基酚聚氧化乙烯($n=100$)醚	19.0	0.1
琥珀酸二辛酯磺酸钠	18.0	0.03	对辛基酚聚氧化乙烯($n=9$)醚	13.0	0.005
对壬基酚聚氧化乙烯($n=4$)醚	8.8		对辛基酚聚氧化乙烯($n=30$)醚	17.4	0.03
对壬基酚聚氧化乙烯($n=9$)醚	13.0	0.005	对辛基酚聚氧化乙烯($n=40$)醚	18.0	0.04
对壬基酚聚氧化乙烯($n=10$)醚	13.2	0.005	聚氧化乙烯(分子量 400)单月桂酸酯	13.1	

乳化剂的乳化性能可以这样进行初步判断:按配方量在试管中分别加入水、乳化剂、单体,上下剧烈摇动 1min,放置 3min,若不分层,说明乳化剂乳化性能优良。

(2)引发剂的选择　乳液聚合常采用水溶性热分解型引发剂。一般使用过硫酸盐($S_2O_8^{2-}$):过硫酸铵、过硫酸钾、过硫酸钠。其分解反应式为

$$S_2O_8^{2-} \longrightarrow 2SO_4^- \cdot$$

硫酸根阴离子自由基如果没有及时引发单体,将发生如下反应:

$$SO_4^- \cdot + H_2O \longrightarrow HSO_4^- + HO \cdot$$
$$4HO \cdot \longrightarrow 2H_2O + O_2$$

其综合反应式为

$$2S_2O_8^{2-} + 2H_2O \longrightarrow 4HSO_4^- + O_2$$

因此,随着乳液聚合的进行,体系的 pH 值将不断下降,影响引发剂的活性,所以乳液聚合配方中通常包括缓冲剂,如碳酸氢钠、磷酸二氢钠、醋酸钠。另外,聚合温度对其引发活性影响较大。温度对过硫酸钾活性的影响见表 5-11。

因此过硫酸钾引发剂的聚合温度一般在 80℃以上,聚合终点,短时间可加热到 90℃,以使引发剂分解完全,进一步提高单体转化率。

此外,氧化-还原引发体系也是经常使用的品种。其中氧化剂有:无机的过硫酸盐,过氧化氢;有机的异丙苯过氧化氢,叔丁基过氧化氢,二异丙苯过氧化氢等。

表 5-11　过硫酸钾的分解速率常数和半衰期

温度/℃	k_d/s^{-1}	$t_{1/2}/h$	温度/℃	k_d/s^{-1}	$t_{1/2}/h$
50	9.5×10^{-7}	212	80	7.7×10^{-5}	2.5
60	3.16×10^{-6}	61	90	3.3×10^{-4}	35min
70	2.33×10^{-5}	8.3			

异丙苯过氧化氢　　　叔丁基过氧化氢　　　　二异丙苯过氧化氢

还原剂有亚铁盐（Fe^{2+}），亚硫酸氢钠（$NaHSO_3$），亚硫酸钠（Na_2SO_3），连二亚硫酸钠（$Na_2S_2O_6$），硫代硫酸钠（$Na_2S_2O_3$），雕白粉。过硫酸盐、亚硫酸盐构成的氧化-还原引发体系，其引发机理为

$$S_2O_8^{2-} + SO_3^{2-} \longrightarrow SO_4^{2-} + SO_4^- \cdot + SO_3^- \cdot$$

氧化-还原引发体系反应活化能低，在室温或室温以下仍具有正常的引发速率，因此在乳液聚合后期为避免升温造成乳液凝聚，可用氧化-还原引发体系在 50~70℃ 条件下进行单体的后消除，降低单体残留率。

氧化剂与还原剂的配比并非严格的 1:1（摩尔比），一般将氧化剂稍过量，往往存在一个最佳配比，此时引发速率最大，该值影响变量复杂，具体用量需要通过实验才能确定。

（3）活性乳化剂　乳液聚合的常规乳化剂为低分子化合物，随着乳胶漆的成膜，乳化剂向表面迁移，对漆膜耐水性、光泽、硬度产生不利变化。活性乳化剂实际上是一种表面活性单体，其通过聚合借共价键连入高分子主链，可以克服常规乳化剂易迁移的缺点。目前，已有不少活性单体应市，如对苯乙烯磺酸钠、乙烯基磺酸钠、AMPS。此外，也可以是合成的具有表面活性的大分子单体，如丙烯酸单聚乙二醇酯、端丙烯酸酯基水性聚氨酯等，该类单体具有独特的性能，一般属于企业技术秘密。

（4）其他组分

① 保护胶体　乳液聚合体系时常加入水溶性保护胶体，如属于天然水溶性高分子的羟乙基纤维素（HEC）、明胶、阿拉伯胶、海藻酸钠等，其中 HEC 最为常用，其特点是对耐水性影响较小；属于合成型水溶性高分子的更为常用，如聚乙烯醇（PVA1788）、聚丙烯酸钠、苯乙烯-马来酸酐交替共聚物单钠盐；这些水性高分子的亲油大分子主链吸附到乳胶粒的表面，形成一层保护层，可阻止乳胶粒在聚合过程中的凝聚，另外保护胶体提高了体系的黏度（增稠），也有利于防止粒子的聚并以及色漆体系贮存过程中颜、填料的沉降。但是，由于保护胶体的加入，可能使涂膜的耐水性下降，因此其品种选择、用量确定应该综合考虑，用量取下限为好。

② 缓冲剂　常用的缓冲剂有碳酸氢钠，磷酸二氢钠，醋酸钠。如前所述，它们能够使体系的 pH 值维持相对稳定，使链引发正常进行。

5.5.1.2　乳液聚合机理

（1）聚合场所　当水、油性单体、乳化剂、水溶性引发剂加入反应器中，经搅拌后形成稳定的乳液；此时反应体系中水为连续相，溶有少量单体分子，引发剂分子及乳化剂分子，还有聚集状态的胶束，增溶胶束则膨胀为 6~10nm，胶束浓度为 10^{17}~10^{18} 个/mL 而单体液滴粒径达 1000nm；浓度为 10^{10}~10^{12} 个/mL 胶束，胶束单体液滴的体积相差很大，单体主要

存在于单体液滴中。二者比表面积相差也极为悬殊。

乳液聚合体系在引发前可用图 5-3 表示。

链引发、链增长及链终止究竟在哪一相进行，即在哪一相引发成核，而后聚合发育成乳胶粒，这是乳液聚合机理最核心的问题。

成核是指形成聚合物-单体粒子即乳胶粒的过程，决定于体系的配方和聚合工艺，其中单体、引发剂的溶解性及乳化剂浓度是重要的影响因素。成核主要有三种途径：胶束成核、均相成核和液滴成核。

胶束成核：自由基（初级或 4～6 聚合度的短链自由基）由水相进入胶束引发增长形成乳胶粒的过程。油性单体在水中的浓度很小，链增长概率很小，因此，水相溶解的单体对聚合的贡献一般很小。因为乳液聚合的引发剂（或体系）是水溶性的，单体液滴中无引

图 5-3　乳液聚合引发前的图像
⟨—乳化剂；·—单体；I—引发剂

发剂，这同悬浮聚合不同，同时由于胶束比表面积比单体液滴大 $10^2 \sim 10^3$ 倍，引发剂在水相形成的自由基几乎不能扩散进入单体液滴，主要进入胶束。因此，单体液滴不是聚合的场所，聚合主要发生在增溶胶束内，增溶胶束才是油性单体和水性引发剂自由基相遇的主要场所，同时胶束内单体浓度高（相当于本体单体浓度，远高于水相单体浓度），也提供了自由基进入后引发、聚合的条件。随聚合进行，水相单体进入胶束，补充单体的消耗，单体液滴中的单体又复溶解于水中，间接起了聚合单体的仓库的作用。此时水相中除了上述分子及粒子外，增加了聚合物乳胶粒相。不断长大的乳胶粒可以由没有成核的胶束和单体液滴通过水相提供乳化剂分子保持稳定，最终形成的乳胶粒数为 $10^{13} \sim 10^{15}$ 个/mL，约占胶束的千分之一到万分之一，未成核的胶束只是乳化剂的临时仓库，就像单体液滴是单体的仓库一样。

均相成核：选用水溶性较大的单体，如醋酸乙烯酯，水相中可以形成相对较长的短链自由基，这些短链自由基随后析出、凝聚，从水相和单体液滴上吸附乳化剂而稳定，继而又有单体扩散进来形成聚合物乳胶粒。乳胶粒形成后，更容易吸附短链或齐聚物自由基及单体，使得聚合不断进行。甲基丙烯酸甲酯和氯乙烯在水中的溶解度介于苯乙烯和醋酸乙烯酯之间，就兼有胶束成核和均相成核两种，两者比例取决于单体的水溶性和乳化剂的浓度。

一般认为如果单体的水溶性大，乳化剂的浓度低则为均相成核，例如乙酸乙烯酯的聚合。单体水溶性小，乳化剂浓度大时利于胶束成核，例如苯乙烯的乳液聚合。而甲基丙烯酸甲酯的溶解性介于二者之间，胶束成核、均相成核并存，以均相成核为主。

液滴成核：乳化剂浓度高时，单体液滴粒径小，其比表面积同胶束相当有利于液滴成核。若选用油溶性引发剂，此时引发剂溶解于液滴中，就地引发聚合，该聚合亦称为微悬浮聚合，属液滴成核。

（2）聚合机理　20 世纪 40 年代末，Harkins 提出了乳液聚合的定性理论。下面以典型的胶束成核介绍乳液聚合的机理。

乳液聚合开始前体系中的粒子主要以 10nm 的增溶胶束和 1000nm 的单体液滴存在，聚合完成后生成了 50～200nm 分散于水中的乳胶粒固液分散体，粒子浓度发生了很大变化，显然经过乳液聚合体系的微粒数目也发生了变化或重组。

依据乳胶粒数目的变化和单体液滴是否存在，典型的乳液聚合分三个阶段。

第一阶段——乳胶粒生成期（亦称成核期、加速期）。

整个阶段聚合速率不断上升，水相中自由基扩散进入胶束，引发增长，当第二自由基进

入时才发生终止，上述过程不断重复生成乳胶粒。

随着聚合的进行，乳胶粒内的单体不断消耗，水相中溶解的单体向胶粒扩散补充，同时单体液滴中的单体又不断溶入水相。单体液滴是提供单体的仓库。这一阶段单体液滴数并不减少，只有体积缩小。

随着聚合的进行，乳胶粒体积不断长大，从水相中不断吸附乳化剂分子来保持稳定；当水中乳化剂浓度低于CMC时，未成核的胶束上的乳化剂分子及缩小的单体液滴上的乳化剂分子将溶于水中，向乳胶粒吸附，间接地满足长大的乳胶粒对乳化剂的需求。最后未成核胶束消失，乳胶粒数固定下来。典型乳液聚合中，乳胶粒数为 $10^{13} \sim 10^{15}$ 个/mL，成核变成乳胶粒的胶束只占起始胶束的极少部分，为千分之一到万分之一。

该阶段时间较短，结束时单体转化率 $C = 2\% \sim 15\%$，与单体种类及聚合工艺有关。

图 5-4　第一阶段结束时乳液聚合的图像

⊸—乳化剂；·—单体；I—引发剂；R·—自由基

因此总地来说第一阶段是成核阶段。乳胶粒数从零不断增加，单体液滴数不变，但体积变小，聚合速率上升，结束的标志是未成核胶束的全部消失，阶段终了体系有两种粒子：单体液滴和乳胶粒。第一阶段结束时乳液聚合的图像如图 5-4 所示。

第二阶段——恒速阶段（即乳胶粒成长期），该阶段从未成核胶束消失开始到单体液滴消失止。

胶束消失后乳胶粒数恒定，单体液滴仍起着仓库的作用，不断向乳胶粒提供单体。引发、增长、终止在胶粒内重复进行。乳胶粒体积继续增大，最终可达 $50 \sim 200nm$。由于乳胶粒数恒定且粒内单体浓度恒定，故聚合速率恒定，直到单体液滴耗尽为止。在该阶段，缩小的单体液滴上的乳化剂分子也通过水相向乳胶粒吸附，满足乳胶粒成长的需要。该阶段终了体系只有一种粒子：乳胶粒。

该阶段持续时间较长，结束时 $C = 15\% \sim 60\%$。第二阶段结束时乳液聚合的图像如图 5-5 所示。

第三阶段——降速期。

图 5-5　第二阶段结束时乳液聚合的图像

⊸—乳化剂；·—单体；I—引发剂；R·—自由基

图 5-6　第三阶段结束时乳液聚合的图像

⊸—乳化剂；·—单体；I—引发剂；R·—自由基

单体液滴消失后，乳胶粒内继续引发、增长和终止直到单体完全转化。但由于单体无补充来源，R_p 随其中 [M] 的下降而降低，最后聚合反应趋于停止。

该阶段自始至终体系只有一种粒子：乳胶粒，且数目不变，最后可达 $50 \sim 200nm$。这样的粒子粒径细，可利用种子聚合增大粒子粒径。第三阶段结束时乳液聚合的图像如图 5-6 所示。

所谓"种子聚合"就是在乳液聚合的配方中加入上次聚合得到的乳液。这些"种子"提供了聚合的场所。具有较高聚合速率，恒定乳胶粒，粒径均一的优点，工业应用非常普遍。

(3) 乳液聚合动力学

① 聚合速率　动力学研究多着重第二阶段——即恒速阶段。

自由基聚合速率可表示为

$$R_p = k_p[M][M \cdot]$$

在乳液聚合中，[M] 表示乳胶粒中单体浓度，单位 mol/L。[M·] 与乳胶粒浓度有关。

$$[M \cdot] = \frac{10^3 N}{2N_A}$$

式中，N 为乳胶粒数，个/cm^3；N_A 为阿氏常数；$10^3 N/N_A$ 是将乳胶粒数化为浓度，mol/L。

典型的恒速阶段的聚合图像是：当第一个自由基扩散进来，聚合开始；当第二个自由基扩散进来，聚合终止。聚合、终止交替进行。若在某一时刻进行统计，则只有一半的乳胶粒进行聚合，另一半无聚合发生，因此，自由基浓度为乳胶粒浓度的 1/2。由于胶粒表面活性剂的保护作用，乳胶粒中自由基的寿命（$10^1 \sim 10^2 s$）较其他聚合方法长（$10^{-1} \sim 10^0 s$），自由基有较长的时间进行聚合，聚合物的聚合度或分子量可以很高，接近甚至超过本体聚合时的分子量。

乳液聚合恒速期的聚合速率表达式为

$$R_p = \frac{10^3 N k_p[M]}{2N_A}$$

讨论：

a. 在第二阶段，未成核胶束已消失，不再有新的胶束成核，乳胶粒数恒定；单体液滴存在，不断通过水相向乳胶粒补充单体，使乳胶粒内单体浓度恒定，因此，R_p 恒定。

b. 在第一阶段，自由基不断进入胶束引发聚合，成核的乳胶粒数从零不断增加，因此，R_p 不断增加。

c. 在第三阶段，单体液滴消失，乳胶粒内单体浓度 [M] 不断下降，因此，R_p 不断下降。

乳液聚合速率取决于乳胶粒数 N，因为 N 高达 10^{14} 个/cm^3，[M·] 可达 10^{-7} mol/L，比典型自由基聚合高一个数量级，且乳胶粒中单体浓度高达 5mol/L，故乳液聚合速率很快。

② 聚合度（忽略转移作用）　设体系中总引发速率为 ρ［单位：mol/(L·s)］。

数均聚合度为聚合物的链增长速率除以大分子生成速率。

$$\overline{X}_n = v = \frac{R_p}{R_{tp}} = \frac{10^3 k_p[M]N/(2N_A)}{\rho/2} = \frac{10^3 k_p[M]N}{N_A \rho}$$

$\rho/2$ 表示一半初级自由基进行引发、另一半自由基进行链偶合终止。

虽然是偶合终止，但一条长链自由基和一个初级自由基偶合并不影响产物的聚合度，乳液聚合的平均聚合度就等于动力学链长。

可以看出：

a. 聚合度与 N 和 ρ 有关，与 N 成正比，与 ρ 成反比；

b. 乳液聚合，在恒定的引发速率 ρ 下，用增加乳胶粒数 N 的办法，可同时提高 R_p 和 $\overline{X}_n$，这也就是乳液聚合速率快、同时分子量高的原因；一般自由基聚合，提高 [I] 和 T，可提高 R_p，但 $\overline{X}_n$ 下降。用提高乳化剂浓度的方法可以提高乳胶粒数 N。

5.5.1.3 乳液聚合工艺

聚合物乳液的合成要通过一定的工艺来进行。根据聚合反应的工艺特点，乳液聚合工艺通常可分为间歇法、半连续法、连续法、种子乳液聚合等。

(1) 间歇法乳液聚合　间歇法乳液聚合对聚合釜间歇操作，即将乳液聚合的原料（如分散介质——水，乳化剂，水溶性引发剂，油性单体）在进行聚合时一次性加入反应釜，在规定聚合温度、压力下反应，经一定时间，单体达到一定的转化率，停止聚合，经脱除单体、降温、过滤等后处理，得到聚合物乳液产品。反应釜出料后，经洗涤，继而进行下一批次的操作。

该法主要用于均聚物乳液及涉及气态单体的共聚物乳液的合成，如糊法 PVC 合成等。其优点是体系中所有乳胶粒同时成长、年龄相同，粒径分布窄，乳液成膜性好，而且生产设备简单，操作方便，生产柔性大，非常适合小批量、多品种（牌号）精细高分子乳液的合成。

但是间歇法乳液聚合工艺也存在许多缺点。

① 从聚合反应速率看：聚合过程中速率不均匀，往往前期过快，而后期过慢，严重时甚至出现冲料、爆聚现象，严重影响聚合物的组成、分子量及其分布，影响产品质量。其原因在于：反应开始时，引发剂、单体浓度最高，容易出现自动加速效应（凝胶效应）。其克服方法是采用引发剂滴加法或高、低活性引发剂复合使用。

② 从共聚物组成看：由于共聚单体结构不同、活性不同，活性大的单体优先聚合，必将导致共聚物组成同共聚单体混合物的组成不同。为此，一般采用控制转化率的方法以得到组成均匀的共聚物。当气态单体存在时比较方便。

③ 从乳液粒度看：由于体系中存在大量的单体液滴，因而其成核概率也大大增大，可能使得乳胶粒的粒度分布变宽，乳液易凝聚，稳定性差。

④ 从乳胶粒的结构看：间歇法乳液聚合通常得到单相乳胶粒，为了改善乳液性能，近年来发现复相乳胶粒具有优异的性能，如核-壳型、梯度变化型乳胶粒得到重视，其研究、开发工作层出不穷。这些结构型乳液只能通过半连续法、连续法、种子乳液聚合等方法合成。

(2) 半连续法乳液聚合　半连续法乳液聚合先将去离子水、乳化剂及部分混合单体（5%～20%，质量分数）和引发剂加入反应釜，聚合一定时间后按规定程序滴加剩余引发剂和混合单体，滴加可连续滴加，也可间断滴加，反应到所需转化率聚合结束。半连续法工艺分为如下几步：打底→升温引发→滴加→保温→清净。打底即将全部或大部分水、乳化剂、缓冲剂、少部分单体（5%～20%）及部分引发剂投入反应釜；生温引发即使打底单体聚合，并使之基本完成，生成种子液，此时放热达到高峰，且体系产生蓝光；滴加即在一定温度下以一定的程序滴加单体和引发剂；保温即进一步提高转化率；清净即补加少量引发剂或提高反应温度，进一步降低残留单体含量。该法同间歇法比有不少优点。

① 通过控制投料速率可方便控制聚合速率和放热速率，使反应能够比较平稳的进行，无放热高峰出现。

② 如果控制单体加入速率等于或小于聚合反应速率，即单体处于饥饿状态，单体一旦加入体系即行聚合，此时瞬间单体转化率很高，单体滴加阶段转化率可达 90% 以上，共聚

116

物在整个过程中的组成几乎是一样的，决定于单体混合物的组成，饥饿型半连续法乳液聚合可有效地控制共聚物组成。

③ 体系中单体液滴浓度低，乳胶粒粒度小而均匀。

④ 为了进一步提高乳液聚合及乳液产品的稳定性，可在聚合过程中间断或连续补加一部分乳化剂。这样也有利于提高乳液固含量。

⑤ 工艺设备同间歇法基本相同，比连续法简单，设备投入较低。

半连续法乳液聚合工艺上有许多优点，目前许多聚合物乳液都是通过半连续法乳液聚合工艺生产的。在工艺路线选择时应优先考虑该工艺。

(3) 连续法乳液聚合　连续法乳液聚合通常用釜式反应器或管式反应器，前者应用较广，一般为多釜串联，如丁苯胶乳、氯丁胶乳的合成等。连续法设备投入大，粘釜、挂胶不宜处理，但是，连续法乳液聚合工艺稳定，自动化程度高，产量大，产品质量也比较稳定。因此，对大吨位产品经济效益好，小吨位高附加值的精细化工产品一般不采用该法生产。

(4) 预乳化聚合工艺　无论半连续法乳液聚合或是连续法乳液聚合，都可以采用单体的预乳化工艺。单体的预乳化在预乳化釜中进行，为使单体预乳化液保持稳定，预乳化釜应给予连续或间歇搅拌。预乳化聚合工艺避免了直接滴加单体对体系的冲击，可使乳液聚合保持稳定，粒度分布更加均匀。

(5) 种子乳液聚合　种子乳液聚合就是首先就地合成或加入种子乳液，以此种子为基础进一步聚合最终得到产品乳液。为了得到良好的乳液，应使种子乳液的粒径尽量小而均匀，浓度尽量大。种子乳液聚合以种子乳胶粒为核心，若控制好单体、乳化剂的投加速度，避免新的乳胶粒的生成，可以合成出优秀的乳液产品。种子乳液聚合具有以下特点。

① 种子乳液聚合过程中，种子乳液中的乳胶粒即为种子，在单体的加料过程中，单体通过扩散进入种子胶粒，经引发、增长、转移或终止生成死的大分子，因此胶粒不断增大，如乳化剂的补加正好满足需要，就不会有新的胶束和乳胶粒形成，胶粒的粒度分布、年龄分布都很窄，容易合成大粒径、粒度分布均匀的乳液。

② 种子乳液聚合可以合成出具有异型结构乳胶粒的乳液。如核-壳结构型乳液，组成具有梯度变化的乳液，互穿网络结构型乳液等。

5.5.1.4　无皂乳液聚合

由前所述，经典的乳液聚合配方中，乳化剂是必不可少的组分，用量一般占单体的 10^{-2}（质量分数），其中阴离子型乳化剂对成核和稳定乳液起着尤为重要的作用。但是，乳液成膜后这些助剂将继续残存在涂膜中，对漆膜光泽、耐水性、电学性质造成不利影响。无皂乳液聚合就是为了克服乳化剂的弊端，开发出来的新型乳液聚合工艺，其胶粒分布均一、表面洁净，具有优秀的性能。

无皂乳液聚合即无乳化剂聚合，在其聚合过程中，完全不加常规的乳化剂或仅加入极少量的乳化剂。

无皂乳液聚合成核机理　经典的乳液聚合理论（Harkins theory）认为：乳液聚合是由水溶性引发剂分解生成的自由基扩散进入单体增容胶束，经引发、增长、终止而成核。对于无皂乳液聚合来说，聚合开始时根本无增溶胶束存在，这种成核机理是说不通的，自 20 世纪 70 年代以来人们对无皂乳液聚合的成核机理进行了广泛深入的研究，提出了一些新的理论。

① 均相成核机理　该机理是 Fitch 于 1969 年提出的，此后许多学者对该机理进行了补充和丰富，使之不断得以完善。该机理认为：无皂乳液聚合乳胶粒的形成是通过水相均相聚合生成的一定长度的一个末端为硫酸根的自由基在水相沉淀析出时凝聚、聚并、吸收单体生成的。

② 齐聚物胶束成核机理　Goodwell 1977 年指出在聚合初期由硫酸根阴离子自由基引发单体生成一定聚合度、一端为—SO_4^-、一端为疏水链段的自由基，该活性齐聚物具有表面活性，超过临界胶束浓度后，经过聚并形成胶束，进一步增溶单体，为乳液聚合提供场合。

仅靠过硫酸盐引发形成的极性端基，毕竟含量低、表面活性差，因此早期的无皂乳液聚合乳液固含量很低，应用范围有限。为了提高无皂乳液聚合产品的固含量及贮存稳定性，在聚合配方中可以加入一些表面活性单体，如乙烯基磺酸钠、AMPS 等。

5.5.1.5　核-壳乳液聚合

随着复合技术在材料科学的发展，20 世纪 80 年代 Okubo 提出了"粒子设计"的新概念，其主要内容包括异相结构的控制、异型粒子官能团在粒子内部或表面上的分布、粒径分布及粒子表面处理等。

核-壳型乳液聚合可以认为是种子乳液聚合的发展。乳胶粒可分为均匀粒子和不均匀粒子两大类。其中不均匀粒子又可分为两类：成分不均匀粒子和结构不均匀粒子。前者指大分子链的组成不同，但无明显相界面，后者指粒子内部的聚合物出现明显的相分离。结构不均匀粒子按其相数可分为两相结构和多相结构。核-壳结构是最常见的两相结构。如果种子乳液聚合第二阶段加入的单体同制备种子乳液的配方不同，且对核层聚合物溶解性较差，就可以形成具有复合结构的乳胶粒，即核-壳型乳胶粒。即由性质不同的两种或多种单体分子在一定条件下多阶段聚合，通过单体的不同组合，可得到一系列不同形态的乳胶粒子，从而赋予核-壳各不相同的功能。核-壳型乳胶粒由于其独特的结构，同常规乳胶粒相比即使组成相同也往往具有优秀的性能。根据"核-壳"的玻璃化温度不同，可以将核-壳型乳胶粒分为硬核-软壳型和软核-硬壳型；从乳胶粒的结构形态看，主要有以下几种：如正常型、手镯型、夹心型、雪人型及反常型。核-壳型乳胶粒究竟采取何种结构形态受制于许多因素。

(1) 单体性质　乳胶粒的核-壳结构常常是由加入水溶性单体而形成的。这些聚合单体通常含有羧基、酰胺基、磺酸基等亲水性基团。由于其水溶性大易于扩散到胶粒表面，在乳胶粒-水的界面处富集和聚合。当粒子继续生长时，其水性基团仍留在界面区，从而产生核-壳结构。具有一定水溶性的单体，特别是当其或其共聚单体玻璃化温度 T_g 较低而聚合温度较高时，有较强的朝水相自发定向排列的倾向。

因此用疏水性单体聚合作核层、亲水性单体聚合作壳层，可得到正常结构形态的乳胶粒；相反，若用亲水性单体聚合作核层，则疏水性单体加入后将向原种子乳胶粒内部扩散，经聚合往往生成异型核-壳结构乳胶粒。

丙烯酸正丁酯（BA）与醋酸乙烯酯（VAc）的二元自由基乳液共聚合，由于两者的自由基聚合活性相差很大，当采用间歇工艺进行时，反应初期生成的大分子主要由 BA 单元组成，后期生成的大分子则富含 VAc，BA 和 VAc 两者均聚物的 T_g 相差很大，混溶性差，使粒子产生相分离。

另外，加入特种功能性单体，在聚合时引入接枝或交联，亦有利于生成核-壳结构粒子。

(2) 加料方式　常用的加料方法有平衡溶胀法、分段加料法等。

平衡溶胀法用单体溶胀种子粒子再引发聚合，控制溶胀时间和溶胀温度，从而可以控制粒子的溶胀状态和胶粒结构。

分段加料并在"饥饿"条件下进行聚合是制备各种核-壳结构乳胶粒最常用的方法。特别是在第一阶段加疏水性较大的单体、第二阶段加亲水性较大的单体更是如此。通常第一阶段加的单体组成粒子的核，第二阶段加的单体形成壳。有时也有例外。如 BA（丙烯酸正丁酯)/AA（丙烯酸）和 ST（苯乙烯）/AA 两步法加料时，无论加料次序如何，生成的粒子都是以 ST/AA 为核、以 BA/AA 为壳的核壳结构。显然，这是 PBA（聚丙烯酸丁酯）链段的柔韧性和 PAA（聚丙烯酸）的亲水性相结合起主要作用，而不是聚合顺序起主要作用。

（3）其他因素　核-壳型乳胶粒的结构形态受到上述因素的主要影响，其他因素对乳胶粒的形态也有重要影响，如反应温度低，大分子整体和链段的活动性低，聚合物分子、链段间的混溶性变差，有利于生成核-壳结构粒子。

水溶性引发剂自由基只在水相引发，并以齐聚物自由基的形式接近粒子表面，使聚合在粒子表面进行。当然，其效能还与其浓度和聚合温度等因素有关。

离子型乳化剂由于其静电屏蔽效应，使带同性电荷的自由基难以进入粒子内部。有利于在聚合物粒子-水相界面处进行聚合。

控制聚合过程中的黏度以控制增长中的活性自由基的扩散性，从而可以影响粒子的结构、形态。

表 5-12 列举了各种影响核-壳结构乳胶粒的因素。

表 5-12　影响核-壳结构乳胶粒的因素

有利因素	不利因素	有利因素	不利因素
间歇聚合	连续聚合	高的引发剂浓度	低的引发剂浓度
饥饿态加料	充盈态加料	低的乳化剂浓度	高的乳化剂浓度
先加疏水性单体，后加亲水性单体	先加亲水性单体，后加疏水性单体	离子型乳化剂	非离子型乳化剂
较低温度下聚合（$<T_g$）	较高温度下聚合（$>T_g$）	乳胶粒的黏度大	乳胶粒的黏度低
用水溶性的引发剂	用油溶性的引发剂	聚合体系相容性差	聚合体系相容性好

（4）核-壳型乳液涂膜的结构、形态及性质　均相粒子乳液所成的膜是完全均匀的，原先每个粒子的形态消失。而核-壳结构型乳液成膜后往往仍能观察到非均相结构。

玻璃化温度显著不同的两相粒子，通常是由低 T_g 的聚合物支配成膜过程，高 T_g 的聚合物则分散在低 T_g 聚合物中。从 PST（聚苯乙烯）-PEA（聚丙烯酸乙酯）乳液（72：28，体积比）膜的扫描电子显微镜图中，可清楚看出 PST 核分散在 PEA 中。高 T_g 聚合物对成膜的影响主要取决于它的体积分数和黏弹性，超过一定的临界值将不能形成连续的涂膜。

在两相间接枝或交联会导致在成膜时限制粒子变形和防止第二相的逆转，这种膜的力学性质与互穿网络聚合物的力学性质接近。

5.5.1.6　互穿网络乳液聚合

互穿网络聚合物（interpenetrating polymer network，IPN）属于多相聚合物中的一种类型，是多种聚合物且含有至少一种网络相互贯穿而形成的特殊网络。1960 年 Millar 首先提及 "IPN" 一词。之后，Sperbing 和 Frisch 对 IPN 的发展做出较大贡献。相对于物理共混，IPN 改性能够使材料凝集态结构发生变化，进而改进某些性能，扩展其应用。

按制备方法分类，则有分步 IPN、同步 IPN 和胶乳 LIPN。后者是在 20 世纪 60 年代末和 70 年代初发展起来的技术。LIPN 制备方法：将交联聚合物 A 作为 "种子" 胶乳，再投入单体 B 及引发剂（不加乳化剂），单体 B 就地聚合、交联和生成 IPN，一般有核-壳结构。若上述聚合物不加交联剂，则称半 LIPN。IPN 结构上存在着一种或一种以上的网络相互贯穿在一起，对其结构、相变、交联及性能研究多采用电镜（SEM、TEM）、红外光谱（IR）、热分析（DSC、DTG、DMA）等现代测试技术。目前，IPN 技术已在广泛的领域得到应用，在众多行业里采用丙烯酸酯作为原料，已取得许多卓有成效的进展。

互穿网络聚合物（IPN）是一种由两种或多种交联聚合物组成的新型聚合物。IPN 中网络间不同化学结构的连接可得到性能的协同效应，如力学性能的增强，胶黏性的改善，或者是较好的减震吸声性能。

5.5.1.7 乳液聚合实例

（1）内墙漆用苯丙乳液的合成

① 配方　内墙漆用苯丙乳液的合成配方见表 5-13。

表 5-13　内墙漆用苯丙乳液的合成配方

组分	原料	用量(质量份)	组分	原料	用量(质量份)
A 组分	去离子水	111.0	E 组分	去离子水	250.0
	CO-458	2.500	F 组分	A-103	2.500
	溶解水	5.000		溶解水	5.000
	CO-630	3.000		CO-630	1.000
	溶解水	5.000		溶解水	5.000
B 组分	苯乙烯	240.0		AOPS-1	1.500
	丙烯酸丁酯	200.0	G 组分	过硫酸钠	0.9000
	丙烯酸	9.375		溶解水	10.00
	丙烯酸异辛酯	10.00	H 组分	过硫酸钠	1.500
C 组分	丙烯酰胺	6.300		溶解水	80.00
	溶解水	18.75	I 组分	乙烯基三乙氧基硅烷	3.000
D 组分	小苏打	0.9000	J 组分	氨水	适量(调 pH 值)
	溶解水	5.000			

注：CO-630 为上海忠诚精细化工有限公司的特种酚醚类乳化剂，CO-458、A-103 分别为该公司的酚醚硫酸盐类、磺基琥珀酸类乳化剂。

② 合成工艺

a. 将 A 组分的去离子水加入预乳化釜；把同组乳化剂 CO-458、CO-630 用水溶解后加入预乳化釜；再依次将 B 组分、C 组分、D 组分加入预乳化釜中，加完搅拌乳化约 30min。

b. 将 E 组分去离子水加入反应釜，升温至 80℃。将 F 组分分别用水溶解后加入反应釜；待温度稳定至 80℃后，加入 G 组分过硫酸钠溶液。约 5min 将温度升至 83～85℃。

c. 在 83～85℃同时滴加预乳液和 H 组分——引发剂溶液。

d. 当预乳液滴加 2/3 后将 I 组分在搅拌下加入预乳液中，搅拌 5min 后继续滴加。

e. 3h 加完后，保温 1h。

f. 降温至 45℃加入氨水中和，调 pH 值在 8.0 左右。搅拌 10min 后，80 目尼龙网过滤出料。

（2）内墙漆用叔丙乳液的合成

① 配方　内墙漆用叔丙乳液的合成配方见表 5-14。

表 5-14　内墙漆用叔丙乳液的合成配方

组分	原料	用量(质量份)	组分	原料	用量(质量份)
A 组分(底料)	去离子水	45.00		N-羟甲基丙烯酰胺	1.328
	K-12	0.0440		丙烯酸	0.664
	OP-10	0.0890	C 组分(引发剂液)	过硫酸钾(初加)	0.100
	NaHCO₃	0.0990		去离子水(初加)	2.000
B 组分(预乳液)	去离子水	15.00		过硫酸钾(滴加)	0.232
	K-12	0.1770		去离子水(滴加)	15.00
	OP-10	0.3540	D 组分(后消除)	TBHP	0.0720
	甲基丙烯酸甲酯	34.023		去离子水	1.500
	丙烯酸丁酯	13.788		SFS(雕白块)	0.0600
	VV-10	16.601		去离子水	1.500

② 合成工艺　将底料加入反应瓶，升温至 78℃；取组分 B 的 10% 加入反应瓶打底，升温至 84℃，加入初加 KPS（过硫酸钾）溶液；待蓝光出现，回流不明显时同时滴加剩余预乳液及滴加用引发剂液，约 4h 滴完；保温 1h；降温为 65℃，后消除，保温 30min；降至 40℃，用氨水调 pH 为 7～8，过滤出料。

（3）苯丙弹性乳液的合成

① 配方　苯丙弹性乳液的合成配方见表 5-15。

表 5-15　苯丙弹性乳液的合成配方

组分	原料	用量（质量份）	组分	原料	用量（质量份）
A 组分（底料）	去离子水	1750	C 组分（引发剂液）	过硫酸钠（初加）	7.730
	2A1（陶氏化学）	1.000		去离子水（初加溶解用）	120.0
B 组分（预乳液）	去离子水	2350		过硫酸钠（滴加）	5.230
	2A1	68.80	D 组分（后消除）	去离子水（滴加溶解用）	162.0
	NP-10	62.90		TBHP（叔丁基过氧化氢）	3.320
	苯乙烯	1952		TBHP 溶解水	70.00
	丙烯酸丁酯	3783		SFS（雕白块）	2.600
	N-羟甲基丙烯酰胺	116.0		SFS 溶解水	70.00
	丙烯酸	1.328			

② 合成工艺　将底料加入反应釜，升至 81℃，加 416kg 预乳液，2min 后加入底料引发剂液，保温 10min，滴加剩余预乳液，控温 83～85℃，2h 后与预乳液同时滴加引发剂液，1.5h 滴完，总滴加时间为 3.5h，保温 1h，降至 75～70℃，用 45min 加入后消除氧化-还原引发体系，降至 60℃加氨水调 pH=7～8，降至 45℃以下，120 目过滤。

③ 指标　固含量：56%±1%；pH 值：7～8；黏度：1000～3000cP。

（4）醋丙乳液合成

① 配方　醋丙乳液的合成配方见表 5-16。

表 5-16　醋丙乳液的合成配方

组分	原料	用量（质量份）	组分	原料	用量（质量份）
A 组分（底料）	去离子水	475.0	B 组分（预乳液）	去离子水	15.00
	K-12	3.750		K-12	3.500
	NP-10	7.000		NP-10	15.00
	磷酸氢二钠	5.000		VAc	450.0
	VAc	30.00		MMA	150.0
	MMA	20.00		BA	25.00
	BA	15.00		丙烯酸	15.00
	AA	2.000	C 组分（引发剂液）	过硫酸铵	4.800
				去离子水	200.0

② 合成工艺　室温下向反应瓶中加入底料用水、阴离子、非离子型乳化剂和缓冲剂，30℃时加入釜底单体，升温至 50℃，通入 N_2，加入引发剂液的 1/4，此时将自然升温至 70～75℃左右，加热至 82～84℃，撤 N_2，开始滴加预乳液和剩余引发剂液，4.5～5h 加完，保温 1h，降至室温，80 目尼龙网过滤出料。

（5）核-壳结构叔-丙乳液合成

① 配方　核-壳结构叔-丙乳液合成配方见表 5-17。

表 5-17　核-壳结构叔-丙乳液合成配方

分	原　料	用量（质量份）
A组分（底料）	去离子水；	50.0
	DS-10	0.118
	OP-10	0.473
	NaHCO₃	0.099
B组分（核预乳液）	DS-10	0.158
	OP-10	0.631
	H₂O	6.000
	MMA	19.727
	BA	1.841
	VV-10	4.472
	AA	0.263
C组分（壳预乳液）	DS-10	0.118
	OP-10	0.473
	H₂O	9.000
	MMA	13.936
	BA	11.817
	VV-10	11.967
	AA	0.395
	N-羟甲基丙烯酰胺	1.134
D组分（打底引发剂液）	过硫酸钾	0.0990
	溶解水	9.000
E组分（滴加引发剂液）	过硫酸钾	0.230
	溶解水	10.00
F组分（后消除）	TBHP（叔丁基过氧化氢）	0.0740
	TBHP 溶解水	1.500
	SFS（雕白块）	0.0600
	SFS 溶解水	1.500
G组分	氨水	适量（调 pH 值）

注：DS-10 为十二烷基苯磺酸钠。

② 合成工艺　底料加入 250mL 四口烧瓶并升温至 78℃，然后取预乳液的 8%～10%打底，当 $T=84℃$ 时，一次性加入打底引发剂液，待体系出现蓝光时，即可同时滴加核预乳液及引发剂液，滴完保温 1h；再滴加壳预乳液及引发剂液，约 2.5h 滴完，保温 1h；再降至65℃，后消除，保温 30min；最后降温至 40℃左右，用氨水调 pH 为 7～8，过滤出料。

5.5.2　丙烯酸树脂水分散体的合成

5.5.2.1　配方设计

丙烯酸树脂水分散体的合成通常采用溶液聚合法，其溶剂应与水互溶；另外，在单体配方中往往含有羧基或叔氨基单体，前者用碱中和得到盐基，后者用酸中和得到季铵盐基，然后在强烈搅拌下加入水分别得到阴离子型和阳离子型丙烯酸树脂水分散体。加水后若没有转相，则体系似真溶液，补水到某一数值，完成转相后，外观则似乳液。两种离子型分散体中，阴离子型应用比较广泛。

丙烯酸树脂水分散体通常设计成共聚物，羧基型单体最常用的是丙烯酸或甲基丙烯酸，此外衣康酸、马来酸也有应用。为引入足够的盐基，实现良好的水可分散性，羧基单体用量一般在 8%～20%，树脂酸值为 40～60mgKOH/g（树脂）。其用量应在满足水分散性的前提下，尽量低些，以免影响耐水性。除羧基外，羟基、醚基、酰胺基对水稀释性亦有提高。另外，丙烯酸树脂水分散体通常设计成羟基型，以供同水性氨基树脂、封闭型水性多异氰酸

122

酯配制烘漆，其羟值也是需要控制的一个重要指标。此外，N-羟甲基丙烯酰胺（NMA）可自交联、甲基丙烯酸缩水甘油酯与（甲基）丙烯酸可以加热交联以提高性能。

中和剂一般使用有机碱，如三乙胺（TEA）、二乙醇胺、二甲基乙醇胺（DMAE）、2-氨基-2-甲基丙醇（AMP）、N-乙基吗啉（NEM）等。其中三乙胺（TEA）挥发较快，对pH稳定不利；二甲基乙醇胺（DMAE）可能会和酯基发生酯交换，影响树脂结构和性能。2-氨基-2-甲基丙醇（AMP）、N-乙基吗啉（NEM）性能较好。另外，中和剂的用量应使体系的 pH 值位于 7.0～7.5，不要太高，否则，将使体系黏度剧增，影响固含量和施工性能。

助溶剂也是合成丙烯酸树脂水分散体的重要组分，它不仅有利于溶液聚合的传质、传热，使聚合顺利进行，而且对加水分散及与氨基树脂的相容性和成漆润饰、流平性有关。综合考虑，醇醚类溶剂较好。因为乙二醇丁醚等溶剂对血液和淋巴系统有影响，同时严重损伤动物的生殖机能，造成畸胎、死胎。因此，应尽量不用乙二醇及其醚类溶剂。丙二醇及其醚类比较安全，可以用作助溶剂。正丁醇、异丙醇可以混合溶剂使用。

丙烯酸树脂水分散体若作为羟基组分，其合成配方中应加入分子量调节剂，如巯基乙醇、十二烷基硫醇等。巯基乙醇转移后的引发、增长可以在大分子端基引入羟基，可提高羟值及改善羟基分布。

5.5.2.2 丙烯酸树脂水分散体的合成工艺

丙烯酸树脂水分散体的合成采用油性引发剂引发、用亲水性的醇醚及醇类作混合溶剂、混合单体以"饥饿"方式滴加、用分子量调节剂控制分子量。水性树脂经碱中和实现其水分散性，在强力搅拌下加入去离子水，即得到透明或乳样的丙烯酸树脂水分散体。下面为丙烯酸树脂水分散体的一个合成实例。

（1）合成化学原理　丙烯酸树脂水分散体合成反应方程式见图 5-7。

图 5-7　丙烯酸树脂水分散体合成反应方程式

其中 R^1＝H、—CH_3；R^2＝—CH_3、—C_4H_9。

（2）合成配方　丙烯酸树脂水分散体合成配方见表 5-18。

表 5-18　丙烯酸树脂水分散体合成配方

序号	原料名称	用量(质量份)	序号	原料名称	用量(质量份)
01	甲基丙烯酸甲酯	15.00	09	巯基乙醇	1.000
02	丙烯酸丁酯	16.00	10	偶氮二异丁腈	1.500
03	甲基丙烯酸丁酯	12.00	11	正丁醇	19.22
04	丙烯酸-β-羟丙酯	28.00	12	乙醇	6.400
05	苯乙烯	8.000	13	追加引发剂液(2份正丁醇溶解)	0.300
06	丙烯腈	8.000	14	二甲基乙醇胺	10.58
07	甲基丙烯酸	10.00	15	水	66.30
08	甲基丙烯酸缩水甘油酯	3.000			

（3）合成工艺　将溶剂加入带有回流冷凝管、机械搅拌器的四口反应瓶中，升温使其回流。接着将全部单体、引发剂、链转移剂混合均匀后的 20％加入反应瓶，保温 0.5h，滴加剩余部分单体液，耗时 3.5～4.0h。滴完后保温 2h，其后加入追加引发剂液，继续保温 2h。降温至 60℃，在充分搅拌下用 N,N-二甲基乙醇胺中和，在高剪切下加水，剧烈搅拌可制得水稀释型丙烯酸树脂。

5.6　结语

丙烯酸树脂是重要的涂料工业用成膜物质，其今后的发展仍将呈加速增长趋势。其中水性丙烯酸树脂（包括乳液型和水可稀释型）的研究、开发、生产及应用将更加受到重视，要加强核-壳结构、互穿网络结构乳液的研究；高固体分丙烯酸树脂和粉末涂料用丙烯酸树脂也将占有一定的市场份额；同时，氟、硅改性，聚氨酯改性，环氧树脂改性以及醇酸树脂改性的丙烯酸树脂在一些高端及特殊领域的应用会得到进一步的推广。

第6章 聚氨酯树脂

6.1 概述

1937年，德国化学家 Otto Bayer 及其同事用二（或多）异氰酸酯和多羟基化合物通过聚加成反应合成了线型、支化或交联型聚合物，即聚氨酯，标志着聚氨酯的开发成功。其后的技术进步和产业化促进了聚氨酯科学和技术的快速发展。最初使用的是芳香族多异氰酸酯（甲苯二异氰酸酯），20世纪60年代以来，又陆续开发出了脂肪族多异氰酸酯。聚氨酯树脂在涂料、黏合剂及弹性体行业取得了广泛、重要的应用。据有关文献报道，在全球聚氨酯产品的消耗总量中，北美洲和欧洲占到70%左右，美国人均年消耗聚氨酯材料约5.5kg，西欧约4.5kg。而我国的消费水平还很低，年人均不足0.5kg，具有极大发展空间。

聚氨酯（polyurethane）大分子主链上含有许多氨基甲酸酯基（—NH—C—O—）。它由二（或多）异氰酸酯、二（或多）元醇与二（或多）元胺通过逐步聚合反应生成，除了氨基甲酸酯基（简称为氨酯基，—NH—C—O—）外，大分子链上还含有醚基（—O—）、酯基（—C—O—）、脲基（—NH—C—NH—）、酰胺基（—NH—C—）等基团，因此大分子间很容易生成氢键。

聚氨酯是综合性能优秀的合成树脂之一。由于其合成单体品种多、反应条件温和、专一、可控、配方调整余地大及其高分子材料的微观结构特点（如相分离），可广泛用于涂料、黏合剂、泡沫塑料、合成纤维以及弹性体，已成为人们衣、食、住、行以及高新技术领域必不可少的材料之一，其本身已经构成了一个多品种、多系列的材料家族，形成了完整的聚氨酯工业体系，这是其他树脂所不具备的。

6.2 聚氨酯化学

6.2.1 异氰酸酯的反应机理

异氰酸酯指结构中含有异氰酸酯（—NCO，即—N＝C＝O）基团的化合物，其化学活性适中。一般认为异氰酸酯基团具有如下的电子共振结构：

$$R—\overset{\ominus}{N}—\overset{\oplus}{C}＝O \Longleftrightarrow R—N＝C＝O \Longleftrightarrow R—N＝\overset{\oplus}{C}—\overset{\ominus}{O}$$

根据异氰酸酯基团中 N、C、O 元素的电负性排序：O(3.5)＞N(3.0)＞C(2.5)，三者获得电子的能力是 O＞N＞C。另外：—C＝O 键能为 733kJ/mol，—C＝N—键能为 553kJ/mol，所以碳氧键比碳氮键稳定。

因此，由于诱导效应，在—N＝C＝O 基团中氧原子电子云密度最高，氮原子次之，碳原子最低，碳原子形成亲电中心，易受亲核试剂进攻，而氧原子形成亲核中心。当异氰酸酯与醇、酚、胺等含活性氢的亲核试剂反应时，—N＝C＝O 基团中的氧原子接受氢原子形成羟基，但不饱和碳原子上的羟基不稳定，经过分子内重排生成氨基甲酸酯基。反应如下：

$$R^1{-}NCO + H{-}OR^2 \longrightarrow [R^1{-}\underset{\underset{OR^2}{|}}{N}{-}C{-}OH] \longrightarrow R^1{-}\underset{H}{N}{-}\overset{\overset{O}{\|}}{C}{-}OR^2$$

6.2.2　异氰酸酯的反应类型

异氰酸酯基团具有适中的反应活性，涂料化学中常用的反应有异氰酸酯基团与羟基的反应，与水的反应，与胺基的反应，与脲的反应，以及其自聚反应等。

其中多异氰酸酯同羟基化合物的反应尤为重要，其反应条件温和，可用于合成聚氨酯预聚体、多异氰酸酯的加和物以及羟基型树脂（如羟基丙烯酸树脂、羟基聚酯和羟基短油醇酸树脂等）的交联固化。配漆时 $n_{NCO} : n_{OH}$ 一般在 $(1 \sim 1.05) : 1$。水性化多异氰酸酯用于水性羟基组分的交联，此时 $n_{NCO} : n_{OH}$ 一般在 $(1.2 \sim 1.6) : 1$。

异氰酸酯基和水的反应机理如下：

$$R{-}NCO + H_2O \longrightarrow R{-}\overset{\overset{H}{|}}{N}{-}\overset{\overset{O}{\|}}{C}{-}OH$$

$$R{-}\overset{\overset{H}{|}}{N}{-}\overset{\overset{O}{\|}}{C}{-}OH \longrightarrow R{-}NH_2 + CO_2$$

该反应是湿固化聚氨酯涂膜的主要反应，也用于合成缩二脲以及芳香族异氰酸酯基的低温扩链合成水性聚氨酯。脂肪族异氰酸酯基活性较低，低温下同水的反应活性较小。一般的聚氨酯化反应在 $50 \sim 100℃$ 反应，水的分子量又小，微量的水就会造成体系中 NCO 基团的大量损耗，造成反应官能团的摩尔比变化，影响聚合度的提高，严重时导致凝胶，因此聚氨酯化反应原料、盛器和反应器必须做好干燥处理。

异氰酸酯基和胺的反应生成脲，反应如下：

$$R{-}NCO + H_2N{-}R' \longrightarrow R{-}\overset{\overset{H}{|}}{N}{-}\overset{\overset{O}{\|}}{C}{-}\overset{\overset{H}{|}}{N}{-}R'$$

取代脲氮原子上的活性氢可以继续与异氰酸酯基反应生成二脲、三脲等，聚脲通常为白色的不溶物，因此可用苯胺检验 NCO 基的存在。反应温度对脲的生成影响较大，如在制备缩二脲时，反应温度应低于 $100℃$。异氰酸酯基和胺的反应常用于脂肪族水性聚氨酯合成时预聚体在水中的扩链，此时氨基的活性远大于水的活性，通过脲基生成高分子量的聚氨酯。另外，位阻胺（如 MOCA，即 $3,3'$-二氯-$4,4'$-二氨基二苯基甲烷）活性适中，可以同预聚体的 NCO 基在室温反应。

芳香族异氰酸酯基在 $100℃$ 以上可以和聚氨酯化反应所生成的氨基甲酸酯基反应生成脲基甲酸酯。所以聚氨酯化反应的反应温度应低于 $100℃$，以防止脲基甲酸酯的生成而导致支化和交联。

$$R{-}NCO + R'{-}\overset{\overset{H}{|}}{N}{-}\overset{\overset{O}{\|}}{C}{-}OR'' \longrightarrow R'{-}N{-}\overset{\overset{O}{\|}}{C}{-}OR''$$
$$\underset{\underset{NHR}{|}}{\underset{\underset{\|}{C}}{}}$$

异氰酸酯还可以发生自聚反应。其中芳香族的异氰酸酯容易生成二聚体——脲二酮：

$$Ar{-}NCO + OCN{-}Ar \underset{加热}{\rightleftharpoons} Ar{-}N\overset{\overset{O}{\|}}{\underset{\underset{O}{\|}}{\overset{C}{\underset{C}{\quad}}}}N{-}Ar$$

126

该二聚反应是一个可逆反应，高温时可以分解。

在催化剂存在下，二异氰酸酯会聚合成三聚体，其性质稳定、漆膜干性快，属于高端的双组分聚氨酯涂料的多异氰酸酯固化剂，预计其应用将不断增加。三聚反应是不可逆的，其合成催化剂主要有叔胺、三烷基磷、碱性羧酸盐等。二异氰酸酯合成三聚体时可以用一种单体也可以用混合单体，如德国 Bayer 公司的 Desmoder HL 就是 TDI 和 HDI 合成的混合型三聚体。

6.2.3 异氰酸酯的反应活性

异氰酸酯的反应活性主要受其取代基的电子效应和位阻效应的影响。

6.2.3.1 电子效应的影响

当 R 为吸电性基团时，会增强—N＝C＝O 基团中碳原子的正电性，提高其亲电性，更容易同亲核试剂发生反应；反之，当 R 为供电性基团时，会增加—N＝C＝O 基团中碳原子的电子云密度，降低其亲电性，削弱同亲核试剂的反应。由此可以排出下列异氰酸酯的活性顺序：

由于电子效应的影响，聚氨酯合成用的二异氰酸酯的活性往往增加。而当第一个—N＝C＝O 基团反应后，第二个的活性往往降低。如甲苯二异氰酸酯，两个—N＝C＝O 基团活性相差 2～4 倍。但当二者距离较远时，活性差别减少。如 MDI 上的两个—N＝C＝O 基团活性接近。

6.2.3.2 位阻效应的影响

位阻效应亦影响—N＝C＝O 基团的活性。甲苯二异氰酸酯有两个异构体：2,4-甲苯二异氰酸酯和 2,6-甲苯二异氰酸酯，前者的活性大于后者，其原因在于 2,4-甲苯二异氰酸酯中，对位上的—NCO 基团远离—CH₃ 基团，几乎无位阻；而在 2,6-甲苯二异氰酸酯中，两个—NCO 基团都在—CH₃ 基团的邻位，位阻较大。另外，甲苯二异氰酸酯中两个—NCO 基团的活性亦不同。2,4-TDI 中，对位—NCO 基团的活性大于邻位—NCO 的数倍，因此在反应过程中，对位的—NCO 基团首先反应，然后才是邻位的—NCO 基团参与反应。在 2,6-TDI 中，由于结构的对称性，两个—NCO 基团的初始反应活性相同，但当其中一个—NCO 基团反应之后，由于失去诱导效应，再加上空间位阻，故剩下的—NCO 基团反应活性大大降低。

6.3 聚氨酯的合成单体

6.3.1 多异氰酸酯

多异氰酸酯可以根据异氰酸酯基与碳原子连接的结构特点，分为芳香族多异氰酸酯（如甲苯二异氰酸酯，即 TDI）、脂肪族多异氰酸酯（六亚甲基二异氰酸酯，即 HDI）、芳脂族多异氰酸酯（即在芳基和多个异氰酸酯基之间嵌有脂肪烃基——常为多亚甲基，如苯二亚甲基二异氰酸酯，即 XDI）和脂环族多异氰酸酯（即在环烷烃上带有多个异氰酸酯基，如异佛尔酮二异氰酸酯，即 IPDI）四大类。芳香族多异氰酸酯合成的聚氨酯树脂户外耐候性差，易黄变和粉化，属于"黄变性多异氰酸酯"，但价格低，来源方便，在我国应用广泛，如 TDI 常用于室内涂层用树脂；脂肪族多异氰酸酯耐候性好，不黄变，其应用不断扩大，在欧、美等发达地区和国家已经成为主流的多异氰酸酯单体；芳脂族和脂环族多异氰酸酯接近脂肪族多异氰酸酯，也属于"不黄变性多异氰酸酯"。

6.3.1.1 芳香族多异氰酸酯

聚氨酯树脂中 90% 以上使用芳香族多异氰酸酯。同芳基相连的异氰酸酯基团对水和羟基的活性比脂肪基异氰酸酯基团更活泼。基于 MDI 的聚氨酯由于高的苯环密度，其力学性能也较脂肪族多异氰酸酯的聚氨酯更为优异。以下是一些常用的产品。

（1）甲苯二异氰酸酯（toluene diisocyanate，TDI）　甲苯二异氰酸酯是开发最早、应用最广、产量最大的二异氰酸酯单体；根据其两个异氰酸酯（—NCO）基团在苯环上的位置不同，可分为 2,4-甲苯二异氰酸酯（2,4-TDI）和 2,6-甲苯二异氰酸酯（2,6-TDI）。

室温下，甲苯二异氰酸酯为无色或微黄色透明液体，具有强烈的刺激性气味。市场上有 3 种规格的甲苯二异氰酸酯出售，T-65 为 2,4-TDI、2,6-TDI 两种异构体质量比为 65%：35% 的混合体；T-80 为 2,4-TDI、2,6-TDI 两种异构体质量比为 80%：20% 的混合体，其产量最高、用量最大，性价比高，涂料工业常用该牌号产品；T-100 为 2,4-TDI 含量大于 95% 的产品，2,6-TDI 含量甚微，其价格较贵。德国 Bayer 公司 TDI 产品性能指标见表 6-1。2,4-TDI 其结构存在不对称性，由于—CH₃ 的空间位阻效应，4 位上的—NCO 的活性比 2 位上的—NCO 的活性大，50℃ 反应时相差约 8 倍，随着温度的提高，活性越来越靠近，到 100℃ 时，二者即具有相同的活性。因此，设计聚合反应时，可以利用这一特点合成出结构规整的聚合物。TDI 的弱点是蒸气压大，易挥发，毒性大，通常将其转变成齐聚物（oligomer）后使用；而且由其合成的聚氨酯制品存在比较严重的黄变性。黄变性的原因在于芳香族聚氨酯的光化学反应，生成芳胺，进而转化成了醌式或偶氮结构的生色团。

TDI 与三羟甲基丙烷的加和物是重要的溶剂型双组分聚氨酯涂料的固化剂，Bayer 公司产品牌号为 Desmodur R，其为 75% 的乙酸乙酯溶液，NCO 含量为 13.0±0.5%，黏度（20℃）为（2000±500）mPa·s。

$$H_5C_2-C\left[CH_2-O-CO-NH-\underset{CH_3}{\overset{NCO}{\bigcirc}}\right]_3$$

表 6-1 德国 Bayer 公司 TDI 产品性能指标

项　　目	T65	T80	T100
2,4-TDI 含量/%	65.5±1	79±1	≥97.5
TDI 纯度/%	>99.5	>99.5	>99.5
凝固点/℃	6~7	12~13	>20
水解氯/%	<0.01	<0.01	≤0.01
酸度/%	<0.01	<0.01	≤0.004
总氯量/%	<0.1	<0.1	≤0.01
色度(AHPA)	<50	<50	20
相对密度 d_4^{25}	1.22	1.22	1.22
沸点/℃	246~247	246~247	251
黏度(25℃)/mPa·s	约3	约3	3
闪点/℃	127	127	127

(2) 二苯基甲烷二异氰酸酯及聚合二苯基甲烷二异氰酸酯　二苯基甲烷二异氰酸酯 (diphenylmethane-4,4′-diisocyanate, MDI) 是继 TDI 以后开发出来的重要的二异氰酸酯; MDI 分子量大,蒸气压远远低于 TDI,对工作环境污染小,单体可以直接使用,因此其产量不断提高,在聚氨酯泡沫塑料、弹性体方面的应用越来越广。MDI 的化学结构主要为 4, 4′-MDI,此外还包括 2,4′-MDI 和 2,2′-MDI,其沸点、凝固点见表 6-2。

4,4′-MDI　　　　　2,4′-MDI　　　　　2,2′-MDI

表 6-2 MDI 异构体的沸点和凝固点

异　构　体	沸点/℃	凝固点/℃
4,4′-MDI	183(400Pa)	39.5
2,4′-MDI	154(173Pa)	34.5
2,2′-MDI	145(173Pa)	46.5

聚合二苯基甲烷多异氰酸酯 (polyphenylmethane diisocyanate,聚合 MDI 或 PAPI) 是 MDI 的低聚物,其结构式如下:

PAPI

PAPI 是一种不同官能度的多异氰酸酯的混合物,其中 $n=0$ 的二异氰酸酯 (即 MDI) 占混合物的 50% 左右,其余是 3~5 官能度、平均分子量为 320~420 的低聚合度多异氰酸酯。MDI 和 PAPI 的质量指标见表 6-3。

纯 MDI 室温下为白色结晶,但易自聚,生成二聚体和脲类等不溶物,使液体浑浊,产品颜色加深,影响使用和制品品质。加入稳定剂 (如磷酸三苯酯、甲苯磺酰异氰酸酯及碳酰异氰酸酯等) 可以提高其贮存稳定性,添加量为 0.1%~5%。

磷酸三苯酯　　　　　甲苯磺酰异氰酸酯　　　　碳酰异氰酸酯

表 6-3　MDI 和 PAPI 的质量指标

项　目	MDI	PAPI
分子量	250.3	131.5～140（胺当量）
外观	白色至浅黄色结晶	棕色液体
相对密度	1.19（d_4^{20}）	1.23～1.25（d_4^{25}）
黏度（25℃）/mPa·s	常温下为固体	150～250
凝固点/℃	≥38	<10
纯度/%	≥99.6	
水解氯/%	≤0.005	≤0.1
酸度（以 HCl 计）/%	≤0.2	≤0.1
NCO 含量/%	约 33.4	30.0～32.0
沸点/℃	194～199（667Pa）	约 260（自聚放出 CO_2）
蒸气压（25℃）/Pa	约 $1.33×10^{-3}$	$1.5×10^{-4}$
色度（APHA）	30～50	
官能度	2	2.7～2.8
闪点/℃	199	>200

MDI 也属于"黄变性多异氰酸酯"，且比 TDI 的黄变性更大，其黄变机理是氧化生成了醌亚胺结构：

一醌亚胺　　　　　　　　　　　　　　二醌亚胺

另外，由于 MDI 常温下为固体，装桶后形成整块固体，只有熔融后才能计量使用，能耗大，使用不便，存在安全隐患；而且，MDI 活性大，稳定性差，其改性产品——液化（或改性）MDI 应用更广。

液化 MDI 主要包括三种类型。

① 氨基甲酸酯化 MDI　该法用大分子多元醇或小分子多元醇与大大过量的 MDI 反应生成改性的 MDI，常温下该产物为液体，NCO 含量约 20%，贮存稳定性也大大提高。

② 混合型 MDI　该法系将 4,4′-MDI 与其他多异氰酸酯拼合而成。常用的拼合多异氰

酸酯包括 2,4′-MDI、TDI、聚合 MDI 及氨基甲酸酯化 MDI 等。此法操作简单，但拼混原料规格、配比要求高。该产品 NCO 含量为 25%～45%。

③ 碳化二亚胺改性 MDI　MDI 在磷化物等催化剂存在下加热，发生缩合，脱除 CO_2，生成含有碳化二亚胺结构的改性 MDI。该产品 NCO 含量约为 30%。

$$2OCN-\!\!\!\bigcirc\!\!\!-CH_2-\!\!\!\bigcirc\!\!\!-NCO \longrightarrow 2OCN-\!\!\!\bigcirc\!\!\!-CH_2-\!\!\!\bigcirc\!\!\!-N=C=N-\!\!\!\bigcirc\!\!\!-CH_2-\!\!\!\bigcirc\!\!\!-NCO+CO_2$$

我国烟台万华聚氨酯股份有限公司从日本聚氨酯公司引进了一套每年万吨 MDI、PAPI 的联产装置，运行稳定，基本满足国内市场需求。

6.3.1.2　脂肪族多异氰酸酯

(1) 六亚甲基二异氰酸酯（hexamethylene-1,6-diisocyanate，HDI）　HDI 属典型的脂肪族二异氰酸酯。结构式为

$$OCN-(CH_2)_6-NCO$$

此产品为无色或淡黄色透明液体，蒸气压高，毒性大，有强烈的催泪作用，使用时应做好安全保护；另外，HDI 贮存时易自聚而变质。

HDI 的主要生产厂家为德国 Bayer 公司、法国 Rhodia 公司及日本聚氨酯公司等。六亚甲基二异氰酸酯的质量指标见表 6-4。

表 6-4　六亚甲基二异氰酸酯的质量指标

项　目	指　标	项　目	指　标
分子量	168.2	总氯量/%	≤0.1
外观	无色或淡黄色透明液体	酸度(以 HCl 计)/%	≤0.2
密度(20℃)/(g/mL)	1.05	NCO 含量/%	约 33.4
黏度(20℃)/mPa·s	25	沸点/℃	120～125(1.33kPa)
凝固点/℃	−67	蒸气压(25℃)/Pa	约 1.33
纯度/%	≥99.5	闪点/℃	140
水解氯/%	≤0.03		

由于 HDI 分子量小，蒸气压高，有毒，一般经过改性后使用，其改性产品主要有 HDI 缩二脲和 HDI 三聚体，其质量指标见表 6-5。

$$3OCN-(CH_2)_6-NCO + H_2O \longrightarrow OCN-(CH_2)_6-N \begin{array}{c} CNH-(CH_2)_6-NCO \\ \| \\ O \\ \\ CNH-(CH_2)_6-NCO \\ \| \\ O \end{array}$$

HDI 缩二脲

$$3OCN-(CH_2)_6-NCO \longrightarrow OCN-(CH_2)_6-N \underset{\underset{(CH_2)_6}{\underset{N}{|}}}{\overset{\overset{O}{\|}}{C}} N-(CH_2)_6-NCO$$

HDI 三聚体

表 6-5　HDI 缩二脲（HDB）、三聚体（HDT）的质量指标（Rhodia 公司）

项　目	HDI 缩二脲（HDB）	HDI 三聚体（HDT）
分子量	191	191
色度（APHA）	≤40	≤40
密度（20℃）/（g/mL）	1.12	1.16
黏度（20℃）/mPa·s	9000±2000	2400±400
游离单体含量/%	0.3	0.2
NCO 含量/%	22.0±1.0	22.0±0.5
闪点/℃	170	166

从性能上讲，HDT 比 HDB 色浅、游离单体含量低、黏度低、稳定性好，而且其成膜硬度高，耐候性也好，因此具有更大的竞争性。使用时，HDB、HDT 可以用甲苯、二甲苯、重芳烃及酯类溶剂稀释调黏度，用作溶剂型双组分聚氨酯漆的固化剂。

（2）异佛尔酮二异氰酸酯（isophorone diisocyanate，IPDI）　异佛尔酮二异氰酸酯是 1960 年由赫斯（Hüls）公司首先开发成功，其学名为 3-异氰酸甲基-3,5,5-三甲基环己基异氰酸酯，其质量指标见表 6-6。

IPDI

表 6-6　异佛尔酮二异氰酸酯（IPDI）的质量指标

项　目	指标	项　目	指标
分子量	222.28	总氯量/10⁻⁶	100~400
色度（APHA）	<30	NCO 含量/%	37.5~37.8
密度（20℃）/（g/mL）	1.058~1.064	沸点/℃	158(1.33kPa)
黏度（23℃）/mPa·s	13~15	蒸气压（20℃）/Pa	0.04
纯度/%	>99.5	闪点/℃	155
水解氯量/10⁻⁶	80~200		

IPDI 是一种性能优秀的非黄变二异氰酸酯。其结构上含有环己烷结构，而且携带三个甲基，在逐步聚合（聚加成）过程中同体系的相容性好。

IPDI 有两个异氰酸酯基团，其中一个是脂环型，一个是脂肪型。由于邻位甲基及环己基的空间位阻作用，造成脂环型异氰酸酯基的活性是脂肪族异氰酸酯基的 10 倍。这一活性差别可以很好地用于聚氨酯预聚体的合成，合成出色浅、游离单体含量低、黏度低、稳定性非常好的产品。

IPDI 合成工艺复杂、路线较长，所以该产品价格较贵。但是，由于其不黄变、耐老化、耐热，以及良好的弹性、力学性能，近年来其市场份额不断上升。目前，IPDI 主要用于高档涂料、耐候、耐低温、高弹性聚氨酯弹性体以及高档的皮革涂饰剂的生产。

IPDI 也可以制成三聚体使用，其三聚体具有优秀的耐候保光性，不泛黄，而且溶解性好，在烃类、酯类、酮类等溶剂中都可以溶解很好，同时，在配漆时同醇酸、聚酯、丙烯酸树脂等羟基组分混溶性好。IPDI 三聚体为固体，软化点为 100~115℃，—NCO 含量 17%（质量分数），使用不便，因此一般配成 70% 不同的溶液体系使用。表 6-7 是德固萨（Degussa）公司产品的质量指标。

IPDI三聚体

表 6-7　德固萨（Degussa）公司 IPDI 三聚体质量指标

项　目	VESTANAT T1890E	VESTANAT T1890S
固体分/%	70±1	70±1
—NCO 含量/%	12.0±0.3	12.0±0.3
黏度（23℃）/mPa·s	900±250	1700±400
溶剂	醋酸正丁酯	醋酸正丁酯-SOLVESS-100（1∶2）
相对密度（15℃）	1.06	1.06
色度（APHA）	≤150	≤150
闪点（闭杯）/℃	30	41
游离 IPDI 含量/%	<0.5	<0.5

（3）苯二亚甲基二异氰酸酯（xylylene diisocyanate，XDI）　苯二亚甲基二异氰酸酯是由混合二甲苯（71%间二甲苯、29%对二甲苯）用氨氧化成苯二甲腈，加氢还原成苯二甲氨，再经光气化而制成。XDI 属芳脂族多异氰酸酯，其质量指标见表 6-8。

XDI

表 6-8　苯二亚甲基二异氰酸酯（XDI）质量指标

项　目	指　标	项　目	指　标
异构体	间位 70%～75%	密度（20℃）/（g/mL）	1.202
	对位 30%～25%	黏度（20℃）/mPa·s	4
凝固点/℃	5.6	沸点/℃	161（1.33kPa）
分子量	188.19	蒸气压（20℃）/Pa	0.04
外观	无色透明液体	闪点/℃	185

由其结构可知苯环和 NCO 基之间存在亚甲基，破坏了其间的共振现象，其聚氨酯制品具有稳定、不黄变的特点。

（4）4,4'-二环己基甲烷二异氰酸酯（4,4'-diisocyanatodicyclohexylmethane，H_{12}MDI）　4,4'-二环己基甲烷二异氰酸酯（H_{12}MDI）亦称为氢化 MDI，由于 MDI 的苯环被氢化，属脂环族多异氰酸酯，它也不黄变，其活性比 MDI 明显降低，另外，H_{12}MDI 蒸气压较高，毒性也较大。该产品 Bayer 公司现有生产，有关指标如表 6-9 所列。

（5）环己烷二亚甲基二异氰酸酯（H_6XDI）　环己烷二亚甲基二异氰酸酯（H_6XDI）即氢化苯二亚甲基二异氰酸酯。同 XDI 类似，由 70%的间位和 30%的对位异构体组成。日本武田药品公司生产 XDI 和 H_6XDI。H_6XDI 指标如表 6-10 所列。

表 6-9 4,4′-二环己基甲烷二异氰
酸酯（H₁₂MDI）的指标

项　目	指　标
分子量	262
相对密度(d_4^{25})	1.07±0.02
色度(APHA)	≤35
黏度(25℃)/mPa·s	30±10
水解氯量/%	0.005
蒸气压(25℃)/Pa	9.33×10⁻²
闪点/℃	201

表 6-10 环己烷二亚甲基二异氰
酸酯（H₆XDI）的指标

项　目	指　标
分子量	194.2
相对密度(d_4^{25})	1.1
凝固点/℃	－50
黏度(25℃)/mPa·s	5.8
蒸气压(98℃)/Pa	53
闪点/℃	150

（6）四甲基苯二亚甲基二异氰酸酯（tetramethylxylylene diisocyanate，TMXDI） TMXDI 是 XDI 的变体，XDI 亚甲基上的两个氢原子被甲基取代而成 TMXDI，由于甲基的引入，强化了空间位阻效应，使其聚氨酯制品的耐候性和耐水解性大大提高，同时—NCO 的活性也大大降低，由其合成的预聚体黏度低，TMXDI 可直接用于水性体系，或用于零 VOC 水性聚氨酯的合成。TMXDI 的产品指标如表 6-11 所列。

表 6-11 四甲基苯二亚甲基二异氰酸酯（TMXDI）指标

项　目	指　标	项　目	指　标
外观	无色透明液体	黏度(20℃)/mPa·s	9
凝固点/℃	－10	沸点(0.4kPa)/℃	150
分子量	244.3	蒸气压(25℃)/Pa	0.39
—NCO 含量/%	34.4	自燃点/℃	450
密度(20℃)/(g/mL)	1.05	闪点/℃	93

在上述二（多）异氰酸酯单体中，TDI、MDI 芳香族二异氰酸酯单体国内已经实现工业化生产，HDI、IPDI 等脂肪族高端二异氰酸酯单体产品依赖进口，价格昂贵，使其推广、应用受到了限制。由于芳香族二异氰酸酯户外易变黄，国外高档的聚氨酯产品主要使用 HDI、IPDI、H₁₂MDI。另外，二异氰酸酯单体蒸气压高、毒性大，常通过预逐步聚合提高其分子量，或者使之三聚化；其中，TDI、HDI、IPDI 三聚体主要由国外知名化工企业（Bayer、BASF、Rhodia 等）生产。HDI 同水反应生成的缩二脲也有越来越重要的应用。

6.3.2 多元醇低聚物

聚氨酯合成用多元醇低聚物（polyol）主要包括聚醚型、聚酯型两大类，它构成聚氨酯的软段，分子量通常在 500～3000。不同的聚多醇与多异氰酸酯制备的 PU 性能各不相同。一般说来，聚酯型 PU 比聚醚型 PU 具有较高的强度和硬度，这归因于酯基的极性大，内聚能（12.2kJ/mol）比醚基的内聚能（4.2kJ/mol）高，软段分子间作用力大，内聚强度较大，机械强度就高，而且酯基和氨基甲酸酯键间形成的氢键促进了软、硬段间的相混。并且由于酯基的极性作用，与极性基材的黏附力比聚醚型优良，抗热氧化性也比聚醚型好。为了获得较好的机械性能，应该采用聚酯作为 PU 的软段。然而，由于聚醚型 PU 醚基较易旋转，具有较好的低温柔顺性，并且聚醚中不存在易水解的酯基，其 PU 比聚酯型耐水解性好，尤其是其价格具有非常竞争力。

国内聚醚多元醇主要由环氧乙烷、环氧丙烷、四氢呋喃单体的开环聚合合成，聚合体系中除了上述单体外，还存在催化剂（KOH）和起始剂（多元醇或胺）以控制聚合速率、分

子量及其官能度。聚合反应式可用通式表示为

$$YH_n + xCH_2\!-\!\underset{\underset{O}{|}}{\overset{\overset{R}{|}}{CH}} \xrightarrow{\text{碱}} Y\!\!\left[\!\left(CH_2\!-\!\overset{\overset{R}{|}}{CH}\!-\!O\right)_{\!\!x}\!\!H\right]_n$$

其中 YH_n 为起始剂，常用的有多元醇（或胺），n 为官能度，x 为聚合度，R 为氢或甲基。由上式可知聚醚多元醇的官能度与起始剂的官能度相等；而且一个起始剂分子生成一个聚醚多元醇大分子；人们可以利用调节起始剂用量和官能度的方法以控制聚醚多元醇的分子量和官能度。三或四官能度以上的聚醚用于合成聚氨酯泡沫塑料。

聚环氧丙烷多元醇的聚合工艺为：将起始剂（如 1,2-丙二醇）和强碱性催化剂（如 KOH）加入不锈钢反应釜，升温至 $80\sim100℃$，真空下脱除水得金属醇化物。将金属醇化物加入不锈钢聚合釜，升温至 $90\sim120℃$，加入环氧丙烷，使釜压保持在 $0.07\sim0.35MPa$ 聚合，分子量达标后回收环氧丙烷，经中和、过滤、精制得 PPG。

聚氨酯合成常用的聚醚型二醇产品主要有：聚环氧乙烷二醇（聚乙二醇）（polyethylene glycol，PEG）、聚环氧丙烷二醇（聚丙二醇）（polypropylene glycol，PPG）、聚四亚甲基醚二醇（四氢呋喃二醇）（polytetramethylene glycol，PTMEG）以及上述单体的共聚二醇或多元醇，其中 PPG 产量大、用途广，PTMEG 综合性能优于 PPG，PTMEG 由阳离子引发剂引发四氢呋喃单体开环聚合生成，其产量近年来增长较快，国内已有厂家生产。

PPG 的主要生产厂家有：金陵石化二厂、天津石化二厂、上海高桥石化三厂、锦西化工总厂、东大化学工业集团公司等。聚环氧丙烷二醇的质量指标见表 6-12。

表 6-12　聚环氧丙烷二醇（PPG）的质量指标

项　目	PPG-700	PPG-1000	PPG-1500	PPG-2000	PPG-3000
官能度	2	2	2	2	2
羟值/(mgKOH/g)	155~165	109~115	72~78	54~58	36~40
酸值(mgKOH/g)≤	0.05	0.05	0.05	0.05	0.05
数均分子量	约700	约1000	约1500	约2000	约3000
pH 值	6~7	5~8	5~8	5~8	5~8
水分/%≤	0.05	0.05	0.05	0.05	0.05
相对密度	1.006	1.005	1.003	1.003	1.002
色度(APHA)≤	50	50	50	50	50
总不饱和度/(meq/g)≤	0.01	0.01	0.03	0.04	0.1

表 6-13 为济南圣泉集团股份有限公司聚四氢呋喃二醇（PTMEG）系列产品质量指标。

表 6-13　济南圣泉集团股份有限公司 PTMEG 系列产品质量指标

项　目	PTMEG-1000	PTMEG-2000
外观	白色蜡状固体 （>40℃，无色油状液体）	白色蜡状固体 （>40℃，无色油状液体）
羟值/(mgKOH/g)	107~118	56±2
数均分子量	950~1050	1900~2100
水分/%	<0.02	<0.02
相对密度(40℃)	0.97	0.97
色度(APHA)≤	40	40
灰分含量/%	<0.003	<0.003

采用聚酯多元醇制备的聚氨酯由于结晶性较高，有利于提高涂膜强度，但其耐水解性往往不如聚醚型产品，不同种类的聚酯多元醇耐水解稳定性相差很大。多元醇分子量越大，用量越多，则表面硬度越低，伸长率越大，强度越低。改变合成单体的种类和比例可以制成软、硬度不同的系列聚氨酯产品，以适合不同的需求。

聚酯型多元醇从理论上讲品种是无限的，目前比较常用的有聚己二酸乙二醇酯二醇、聚己二酸-1,4-丁二醇酯二醇、聚己二酸己二醇酯二醇等。聚酯的国内生产厂家很多，但年生产能力大都在 1000t 以下，由 2-甲基-1,3-丙二醇（MPD）、新戊二醇（NPG）、2,2,4-三甲基-1,3-戊二醇（TMPD）、2-乙基-2-丁基-1,3-丙二醇（BEPD）、1,4-环己烷二甲醇（1,4-CHDM）、己二酸（adipic acid）、六氢苯酐（HHPA）、1,4-环己烷二甲酸（1,4-CHDA）、壬二酸（AZA）、间苯二甲酸（IPA）衍生的聚酯二醇耐水解性大大提高，但其价格较贵，目前，耐水解型聚酯二醇主要为进口产品，国内相关企业应加大该类产品的研发，以满足聚氨酯产业的发展。此外，均缩聚物聚己内酯二醇（PCL）、聚碳酸酯二醇可以用于聚氨酯的合成。表 6-14 和表 6-15 为陶氏化学（DOW Chemical）的聚己内酯二醇（PCL）和日本旭化成的聚碳酸酯二醇（PCDL）的质量指标。

表 6-14　陶氏化学聚己内酯二醇（PCL）质量指标

型　号	分子量	羟值 /(mgKOH/g)	熔点 /℃	黏度 (55℃)/cP	酸值 /(mgKOH/g)	含水量 /%
0200	530	212	30～40	90	≤0.25	≤0.003
0201	530	212	0～25	60	≤0.25	≤0.003
0210	830	133	35～45	170	≤0.25	≤0.003
2221	1000	112	15～40	180	≤0.25	≤0.003
0230	1250	90	40～50	280	≤0.25	≤0.003
0240	2000	56	45～55	650	≤0.25	≤0.003
0240HP	2000	56	45～55	650	≤0.25	≤0.003
0241	2000	56	40～53	450	≤0.25	≤0.003
0249	2000	56	43～55	650	≤0.25	≤0.003
1241	2000	56	40～53	450	≤0.25	≤0.003
2241	2000	56	40～53	450	≤0.25	≤0.003
0260	3000	37	50～60	1500	≤0.25	≤0.003
1270	4000	28	50～60	2900	≤0.25	≤0.003
1278	4000	28	50～60	1700	≤0.25	≤0.003

表 6-15　日本旭化成的聚碳酸酯二醇（PCDL）的质量指标

型　号	分子量	外观	羟值 /(mgKOH/g)	熔点 /℃	黏度 (50℃)/cP	酸值 /(mgKOH/g)	含水量 /%
L6002	2000	白色固体	51～61	40～50	6000～15000	≤0.05	≤0.05
L6001	1000	白色固体	100～20	40～50	1100～2300	≤0.05	≤0.05
L5652	2000	黏性液体	51～61	<－5	7000～16000	≤0.05	≤0.05
L5651	1000	黏性液体	100～120	<－5	1200～2400	≤0.05	≤0.05

6.3.3　扩链剂

为了调节大分子链的软、硬链段比例，同时也为了调节分子量，在聚氨酯合成中常使用扩链剂。扩链剂主要是多官能度的醇类。如乙二醇、一缩二乙二醇（二甘醇）、1,2-丙二醇、一缩二丙二醇、1,4-丁二醇（BDO）、1,6-己二醇（HD）、三羟甲基丙烷（TMP）或蓖麻油。加入少量的三羟甲基丙烷（TMP）或蓖麻油等三官能度以上单体可在大分子链上造成适量的分支，可以有效地改善力学性能，但其用量不能太多，否则预聚阶段黏度太大，极易凝胶。

6.3.4　溶剂

异氰酸酯基活性大，能与水或含活性氢（如醇、胺、酸等）的化合物反应；因此，若所用溶剂或其他单体（如聚合物二醇、扩链剂等）含有这些杂质，必将严重影响树脂的合成，结构和性能；严重时甚至导致事故，造成生命、财产损失。缩聚用单体，溶剂的品质要求达到所谓的"聚氨酯级"。溶剂中能与异氰酸酯反应的化合物的量常用异氰酸酯当量来衡量，异氰酸酯当量为 1mol 异氰酸酯（苯基异氰酸酯为基准物）完全反应所消耗的溶剂的克数。换句话说，溶剂的异氰酸酯当量愈高，即其所含的活性氢类杂质愈低。用于聚氨酯化反应的溶剂的异氰酸酯当量应该大于 3000，折算为水的质量分数应在 10^{-5}，其原因就在于 1mol 水可以消耗 2mol 异氰酸酯基，若以常用的 TDI 为例，即 18g 水要消耗 $2\times174g$ TDI，换言之，1 质量份水要约消耗 20 质量份 TDI，可见其对水含量的要求很高。表 6-16 为一些聚氨酯树脂常用溶剂的异氰酸酯当量。

表 6-16　常用溶剂的异氰酸酯当量

溶　剂	异氰酸酯当量	溶　剂	异氰酸酯当量
丁酮	3800	乙酸乙酯	5600
甲基异丁酮	5700	乙酸丁酯	3000
甲苯	>10000	醋酸溶纤剂	5000
二甲苯	>10000		

6.3.5　催化剂

聚氨酯化反应通常使用的催化剂为有机锡化合物和一些叔胺类化合物。如二丁基锡二月桂酸酯（T-12，DBTDL）和辛酸亚锡。它们皆为黄色液体，前者毒性大，后者无毒。有机锡对—NCO 与—OH 的反应催化效果好，用量一般为固体分的 $0.01\%\sim0.1\%$。其结构式如下：

$$(H_9C_4)_2Sn(OCOC_{11}H_{23})_2$$
DBTDL

$$(H_9C_4-\overset{\displaystyle C_2H_5}{\underset{\displaystyle |}{CH}}-COO)_2Sn$$
辛酸亚锡

叔胺类催化剂对—NCO 与—OH、H_2O、—NH_2 皆有强烈的催化作用，但相对而言，对—NCO 与—OH 的催化作用要小一些，没有有机锡好。叔胺类催化剂对—NCO 与 H_2O 催化作用特别有效，一般用于制备聚氨酯泡沫塑料、发泡型聚氨酯胶黏剂及低温固化型、潮气固化型聚氨酯胶黏剂。叔胺类催化剂有四种类型：脂肪族类，如三乙胺；脂环族类，如亚乙基二胺；醇胺类，如三乙醇胺；芳香胺类。其中三亚乙基二胺最为常用。其结构式如下：

137

三亚乙基二胺常温下为晶体，使用不便，可以将其配成 33% 的一缩丙二醇溶液，易于操作。

6.4 聚氨酯的分类

聚氨酯可以从许多角度进行分类。其用途很广，性能优异，采用不同单体，选择不同工艺可以合成出性能迥异、表观形式各种各样的聚氨酯产品。有软质、硬质的泡沫塑料，有耐磨的橡胶，也有高弹的合成纤维，抗挠曲性能优异的合成革及粘接性能良好的黏合剂。在涂料树脂领域，聚氨酯树脂也是高性能的代表，由其形成的聚氨酯涂料构成了系列化产品，有非常重要的应用。涂料用聚氨酯树脂一般分为单组分聚氨酯涂料用树脂和双组分聚氨酯涂料用树脂，下面依次加以介绍。

6.5 单组分聚氨酯树脂

单组分聚氨酯树脂主要包括线型热塑性聚氨酯、聚氨酯油、潮气固化聚氨酯和封闭型异氰酸酯。前三种树脂都可以单独成膜。热塑性聚氨酯具有热塑性，通过溶剂挥发成膜，涂膜柔韧性好，低温下柔韧性也能很好保持，主要用作手感涂料或皮革、织物的涂层材料。聚氨酯油通过氧化交联，潮气固化聚氨酯通过水扩链交联成膜。封闭型异氰酸酯需要和体系中的羟基组分在加热条件下交联才能成膜，其交联膜的性能远远优于热塑性膜。

6.5.1 线型热塑性聚氨酯

线型热塑性聚氨酯所配制的涂料仅靠溶剂挥发大分子聚集成膜，无交联固化，因此树脂本身应有比较大的分子量，而且大分子链上柔性的、长的嵌段和硬的、短的嵌段要仔细设计，只有这样涂膜才有良好的物理机械性能。

热塑性聚氨酯配制的涂料主要用于皮革和纺织品涂饰。其涂层耐磨、耐油、耐低温、手感好，在防雨布、帐篷、箱包、坐垫等产品上有一定应用。

热塑性聚氨酯配方简单，由聚合物二醇、小分子二元醇和具有对称结构的二异氰酸酯通过溶液聚合合成。为改善性能也可以加入少量的聚合物三醇（如蓖麻油、聚己内酯三醇等）、小分子三元醇（如三羟甲基丙烷），即引入一些内交联单元使大分子带上少量分支。表 6-17 是一配方实例。

表 6-17 配方实例

原　　　料	用量(质量份)	原　　　料	用量(质量份)
聚己内酯二醇($\overline{M}_n$:2000)	2000	TDI(80/20)	348.0
1,6-己二醇	112.0	有机锡催化剂	1.2‰(单位总量)
三羟甲基丙烷	6.700	丁酮	1058

6.5.2 聚氨酯油

聚氨酯油也称为氨酯油，它首先由多元醇和干性或半干性油酯交换，然后将单脂肪酸多元醇酯同二异氰酸酯聚氨酯化反应合成。聚氨酯油大分子链上带有在钴、钙、锰等催干剂催化下可以氧化交联的干性或半干性油脂肪酸侧基，其干燥较醇酸树脂快，涂膜硬度高、耐磨，耐水、耐弱碱性好，可以视为醇酸树脂的升级产品，兼有醇酸树脂、聚氨酯树脂的一些优点。其合成原理如下：

$$\begin{array}{c}H_2C-O-\overset{\displaystyle O}{\overset{\|}{C}}-R^1\\ |\\ HC-O-\overset{\displaystyle O}{\overset{\|}{C}}-R^2\\ |\\ H_2C-O-\overset{\displaystyle O}{\overset{\|}{C}}-R^3\end{array} \;+\; 2CH_3CH_2-\overset{\textstyle CH_2OH}{\underset{\textstyle CH_2OH}{\overset{|}{C}}}-CH_2OH \longrightarrow$$

$$\begin{array}{c}H_2C-OH\\ |\\ HC-O-\overset{\displaystyle O}{\overset{\|}{C}}-R^2\\ |\\ H_2C-OH\end{array} \;+\; CH_3CH_2-\overset{\textstyle CH_2OH}{\underset{\textstyle CH_2OC-R^3}{\overset{|}{C}}}-CH_2OH \;+\; CH_3CH_2-\overset{\textstyle CH_2OC-R^1}{\underset{\textstyle CH_2OH}{\overset{|}{C}}}-CH_2OH$$

$$(n+1)HO-R-OH + nOCN-R'-NCO \longrightarrow HO-R-O-\overset{\displaystyle O}{\overset{\|}{C}}-\overset{H}{\overset{|}{N}}-R'\sim\sim R'-NHC-OR-OH$$

合成时,—NCO 基团与—OH 基团的摩尔比一般在 0.90～0.95,使羟基稍微过量;树脂的油度可高可低,一般 50％左右,可根据性能、成本要求加以选择。如果使用芳香族二异氰酸酯聚氨酯合成聚氨酯油,则其泛黄性比醇酸树脂更严重,使用豆油或脱水蓖麻油、较低的油度及脂肪族二异氰酸酯合成的聚氨酯油黄变性较小。

下面介绍聚氨酯油的合成实例。

6.5.2.1 实例 1

(1) 配方 实例 1 配方见表 6-18。

表 6-18 实例 1 配方

原 料	规 格	用量(质量份)
豆油	双漂	893
三羟甲基丙烷	工业级	268
环烷酸钙	金属含量 4％	0.2％(以油计)
二甲苯	聚氨酯级	100
异佛尔酮二异氰酸酯	工业级	559.4
二月桂酸二丁基锡	工业级	1.2‰(单体总量)
丁醇		5％(单体总量)

(2) 合成工艺

① 依配方将豆油、三羟甲基丙烷、环烷酸钙加入醇解釜,通入 N_2 保护,加热使体系呈均相后开动搅拌;使温度升至 240℃;醇解约 1.5h,测醇容忍度,合格后降温至 180℃,加入 5％的二甲苯共沸带水,至无水带出,将温度降至 60℃。

② 在 N_2 的继续保护下,将配方量二甲苯的 50％加入反应釜,将异佛尔酮二异氰酸酯滴入聚合体系,约 2h 滴完;用剩余二甲苯洗涤异佛尔酮二异氰酸酯滴加罐并加入反应釜。

③ 保温 1h,加入催化剂;将温度升至 90℃,保温反应;5h 后取样测 NCO 含量,当 NCO 含量小于 0.5％时,加入正丁醇封端 0.5h。降温,调固含量、过滤、包装。

6.5.2.2 实例 2

(1) 醇酸树脂的合成

① 醇酸树脂配方见表 6-19。

表 6-19 实例 2 醇酯树脂合成配方

原　　料	规　　格	用量(质量份)
脱水蓖麻油酸	工业级	417.9
三羟甲基丙烷	工业级	201.0
新戊二醇	工业级	181.0
苯酐	工业级	254.0
二甲苯	工业级	53.00

② 合成工艺　依配方将脱水蓖麻油酸、三羟甲基丙烷、新戊二醇、苯酐、二甲苯加入聚合釜，通入 N_2 保护，加热使体系呈均相后开动搅拌；使温度升至 150℃，保温脱水 1h；160℃，保温脱水 2h；180℃，保温脱水 2h；200℃，保温脱水 1h；测酸值，当酸值小于 8mgKOH/g（树脂）时，蒸出溶剂，降温至 60℃、过滤、包装。

（2）聚氨酯油合成

① 聚氨酯油合成配方见表 6-20。

表 6-20　实例 2 聚氨酯油合成配方

原　　料	规　　格	用量(质量份)
醇酸树脂	上步合成产品	1000
二甲苯	聚氨酯级	620.0
甲苯二异氰酸酯	工业级	165.5
二月桂酸二丁基锡	分析醇	1.2‰(以固体分计)
丁醇		51

② 合成工艺

a. 将上步合成的醇酸树脂、50％二甲苯加入反应釜，升温至 60℃，在 N_2 的继续保护下，将甲苯二异氰酸酯滴入聚合体系，约 2h 滴完；用剩余二甲苯洗涤甲苯二异氰酸酯滴加罐，并加入反应釜。

b. 保温 1h，加入催化剂；将温度升至 80℃，保温反应；5h 后取样测 NCO 含量，当 NCO 含量小于 0.5％时，加入正丁醇封端 0.5h。降温，调固含量、过滤、包装。

聚氨酯油在配漆时同醇酸树脂一样要加入干料和防结皮剂。

6.5.3　潮气固化聚氨酯

潮气固化聚氨酯是一种端异氰酸酯基的聚氨酯预聚体，它由聚合物（如聚酯、聚醚、醇酸树脂、环氧树脂）多元醇同过量的二异氰酸酯聚合而成。为了调节硬度及柔韧性也可以引入一些小分子二元醇，如丁二醇、己二醇、1,4-环己烷二甲醇等。合成配方中—NCO 基团与—OH 基团的摩尔比一般在 3 左右，使异氰酸酯基过量，聚氨酯预聚体上—NCO 基团的质量含量在 5％～15％。该类树脂配制的涂料施工后，由大气中的水分起扩链剂的作用，预聚体通过脲键固化成膜。

潮气固化聚氨酯涂料具有聚氨酯涂料的优点。如涂层耐磨、耐腐蚀、耐水、耐油，附着力强、柔韧性好。该类涂料的特点是可以在高湿环境下使用，如地下室、水泥、金属、砖石的涂装。缺点是不能厚涂，否则容易形成气泡。另外，色漆配制工艺复杂，产品一般以清漆供应。

下面介绍潮气固化聚氨酯的合成实例。

6.5.3.1　实例 1 蓖麻油基潮气固化聚氨酯的合成

（1）配方　实例 1 配方见表 6-21。

表 6-21 实例 1 配方

原　料	规　格	用量(质量份)
精炼蓖麻油	工业级	932.0
三羟甲基丙烷	工业级	134.0
环烷酸钙	金属含量 4%	0.2%(以油计)
二甲苯	聚氨酯级	1321
甲苯二异氰酸酯	工业级	1388
二月桂酸二丁基锡	化学纯	1.225

(2) 合成工艺

① 依配方将精炼蓖麻油、三羟甲基丙烷、环烷酸钙加入醇解釜，通入 N_2 保护，加热使体系呈均相后开动搅拌；使温度升至 240℃；醇解约 1h，测醇容忍度，合格（85%乙醇溶液，1∶4 透明）后，降温至 180℃，加入 5% 的二甲苯共沸带水，至无水带出，降温度至 60℃。

② 在 N_2 的继续保护下，将剩余二甲苯的 50% 加入反应釜，将甲苯二异氰酸酯滴入聚合体系，约 1.5h 滴完；用剩余二甲苯洗涤甲苯二异氰酸酯滴加罐，并加入反应釜。

③ 保温 2h，加入催化剂；将温度升至 80℃，保温反应；2h 后取样测 NCO 含量，当 NCO 含量稳定后（一般比理论值小 0.5%），降温、过滤、包装。

6.5.3.2　实例 2 聚酯基潮气固化聚氨酯的合成

(1) 配方　实例 2 配方见表 6-22。

表 6-22　实例 2 配方

原　料	规　格	用量(质量份)
聚己内酯二醇	工业级($\overline{M}_n$:1500)	3200
聚己内酯三醇	工业级($\overline{M}_n$:500)	550.0
二月桂酸二丁基锡	化学纯	0.5‰(以固体分计)
二甲苯	聚氨酯级	2682
甲苯二异氰酸酯	工业级	1230

NCO 理论含量：5.5%；NCO 平均官能度：2.40。

(2) 合成工艺

① 依配方将聚己内酯多元醇加入聚合釜，加入 50% 的二甲苯共沸带水，至无水带出，通入 N_2 保护，将温度降至 60℃。

② 在 N_2 的继续保护下，将甲苯二异氰酸酯滴入聚合体系，约 2.5h 滴完；用剩余二甲苯洗涤甲苯二异氰酸酯滴加罐，并加入反应釜。

③ 保温 2h，加入催化剂；将温度升至 80℃，保温反应；2h 后取样测 NCO 含量，当 NCO 含量稳定后（一般比理论值小 0.5%），降温、过滤、包装。

6.5.4　封闭型异氰酸酯

封闭型异氰酸酯是多异氰酸酯、端异氰酸酯加和物或端异氰酸酯预聚物用含有活性氢原子的化合物（如苯酚、乙醇、己内酰胺）先暂时封闭起来，使异氰酸酯基暂时失去活性，成为潜在的固化剂组分。该组分同聚酯、丙烯酸树脂等羟基组分在室温或稍高温度没有反应活性，故可以包装于同一容器中，构成一种单组分聚氨酯涂料。使用时，将涂装后形成的涂膜经高温烘烤（80~180℃），封闭剂解封闭挥发，—NCO 基团重新恢复，通过与—OH 反应交联成膜。烘烤温度（即解封温度）同封闭剂和多异氰酸酯结构有关。另外，合成聚氨酯用的有机锡类、有机胺类催化剂对解封也有催化性，可以降低解封温度，从节能角度考虑，降低解封温度有利于节能。常用的封闭剂及其解封温度见表6-23。

表6-23　常用的封闭剂及其解封温度

封 闭 剂	解封温度/℃	封 闭 剂	解封温度/℃
乙醇	180～185	乙酰丙酮	140～150
苯酚	150～160	乙酰乙酸乙酯	140～150
间硝基苯酚	130	丙二酸二乙酯	130～140
邻苯二酚	160	甲乙酮肟	110～140
己内酰胺	150～160		

6.5.4.1　封闭型异氰酸酯的合成实例

(1) 实例1　TDI-TMP加成物——苯酚封闭物合成。

① 配方见表6-24。

表6-24　实例1配方

原 料	规 格	用量(质量份)
TDI-TMP加成物(配成65%乙酸丁酯溶液)	工业级	656.0(纯固体)
苯酚	工业级	94.70
二月桂酸二丁基锡	化学纯	0.5‰(以固体分计)
乙酸乙酯	聚氨酯级	50.00

② 合成工艺　依配方将苯酚、催化剂用乙酸乙酯溶解，在 N_2 保护下，加入甲苯二异氰酸酯-三羟甲基丙烷加和物溶液，使温度升至100℃；保温反应至NCO无检出（取样用丙酮稀释，加入苯胺无沉淀析出，即表示—NCO基已封闭完全），停止反应。若蒸出溶剂，产品是固体，软化点为120～130℃，含12%～13%有效—NCO基。

(2) 实例2　端异氰酸酯基聚酯型聚氨酯预聚物封闭物的合成。

① 配方见表6-25。

表6-25　实例2配方

原 料	规 格	用量(质量份)
聚己二酸新戊二醇酯二醇	工业级($\overline{M}_n$:1000)	62.77
三羟甲基丙烷	工业级	10.80
丁二醇	工业级	5.089
乙酸丁酯	聚氨酯级	42.00
异佛尔酮二异氰酸酯	工业级	89.34
二月桂酸二丁基锡	化学纯	0.2020
甲乙酮肟	化学醇	29.69

② 合成工艺

a. 依配方将聚己二酸新戊二醇酯、三羟甲基丙烷、丁二醇加入聚合釜，升温至80℃真空脱水1h；通入 N_2 保护，加入50%溶剂。

b. 在 N_2 的继续保护下，将异佛尔酮二异氰酸酯滴入聚合体系，约1.5h滴完；用剩余溶剂洗涤甲苯二异氰酸酯滴加罐，并加入反应釜。

c. 保温1h，加入催化剂；继续保温反应；2h后取样测NCO含量，当NCO含量稳定后（一般比理论值小0.5%）。

d. 将甲乙酮肟加入聚合釜，升温至95℃，保温约5h；取样用丙酮稀释，加入苯胺无沉淀析出，即表示—NCO 基已封闭完全，停止反应，降温、过滤、包装。产品 NCO 含量：8.1%；$f(NCO)$：2.7。

6.5.4.2 封闭型异氰酸酯的应用

封闭型异氰酸酯的应用特点是单包装，使用方便，同时由于—NCO 基已被封闭成较为稳定的加和物，对水、醇、酸等活性氢类化合物不再敏感，对造漆用溶剂、颜料、填料无严格要求。施工时可以喷涂、浸涂，高温烘烤后交联成膜，漆膜具有优良的绝缘性能、力学性能、耐溶剂性能和耐水性能。缺点是必须高温烘烤才能固化，能耗较大，不能用于塑料、木材材质及大型金属结构产品。另外，解封剂的释放对环境有一定污染。封闭型异氰酸酯主要用于配制电绝缘漆、卷材涂料、粉末涂料和阴极电泳漆。

6.6 溶剂型双组分聚氨酯涂料树脂

溶剂型双组分聚氨酯涂料是最重要的涂料产品，该类涂料产量大、用途广、性能优，可以配制清漆、各色色漆、底漆，对金属、木材、塑料、水泥、玻璃等基材都可涂饰，可以刷涂、滚涂、喷涂，可以室温固化成膜，也可以烘烤成膜。溶剂型双组分聚氨酯涂料为双罐包装，一罐为羟基组分，由羟基树脂、颜料、填料、溶剂和各种助剂组成，常称为甲组分；另一罐为多异氰酸酯的溶液，也称为固化剂组分或乙组分。使用时两个组分按一定比例混合，施工后由羟基组分大分子的—OH 基团同多异氰酸酯的—NCO 基团交联成膜。

6.6.1 羟基树脂

双组分聚氨酯涂料用羟基树脂有短油度的醇酸型、聚酯型、聚醚型和丙烯酸树脂型四种类型。作为羟基树脂首先要求它们与多异氰酸酯具有良好的相容性。另外，其羟基的平均官能度应该大于 2，以便引入一定的交联度，提高漆膜综合性能。树脂合成工程师一般比较关注羟基含量（即羟值），实际上在分子设计时，羟基分布及其官能度和数均分子量也是非常重要的指标。

上述羟基树脂在前面各章节中已有介绍。其中醇酸型、聚醚型多元醇耐候性较差，可以用于室内物品的涂饰。而聚酯型、丙烯酸树脂型则室内、户外皆可以使用。下面再列举一些合成实例。

（1）实例 1 羟基丙烯酸树脂的合成。

① 配方见表 6-26。

表 6-26 实例 1 羟基丙烯酸树脂合成配方

原　料	规　格	用量（质量份）
丙二醇甲醚醋酸酯	聚氨酯级	111.0
二甲苯（1）	聚氨酯级	140.0
丙烯酸-β-羟丙酯	工业级	150.0
苯乙烯	工业级	300.0
甲基丙烯酸甲酯	工业级	100.0
丙烯酸正丁酯	工业级	72.00
丙烯酸	工业级	8.000
叔丁基过氧化苯甲酰（1）	工业级	18.00
叔丁基过氧化苯甲酰（2）	工业级	2.000
二甲苯（2）	聚氨酯级	100.0

② 合成工艺

a. 先将丙二醇甲醚醋酸酯、二甲苯（1）加入聚合釜中，通氮气置换反应釜中的空气，加热升温到 130℃。

b. 将丙烯酸-β-羟丙酯、苯乙烯、甲基丙烯酸甲酯、丙烯酸正丁酯、丙烯酸和叔丁基过氧化苯甲酰（1）混合均匀，用 4h 滴入反应釜。

c. 保温 2h；将叔丁基过氧化苯甲酰（2）用 50％的二甲苯（2）溶解，用 0.5h 滴入反应釜，继续保温 2h。最后加入剩余的二甲苯（2）调整固含量，降温、过滤、包装。

该树脂固含量：65％±2％；黏度：4000～6000mPa·s（25℃下的旋转黏度）；酸值：<10mg KOH/g；色度：<1。主要性能是光泽及硬度高，丰满度好，流平性佳，可以用于高档 PU 面漆与地板漆。

为降低溶剂用量，近年来，高固体分羟基丙烯酸树脂的研究日益受到重视。据报道，采用叔戊基过氧化物、叔丁基过氧化苯甲酰（TBPB）和叔丁基过氧化乙酰（TBPA）等引发剂引发，可以合成高固体含量丙烯酸聚合物，该类引发剂形成的初级自由基稳定性较高，抑制了向大分子的夺氢反应，使合成聚合物链的支化度降低，得到分子量为 3000～4000、窄分子量分布的齐聚物。同采用常规引发剂（叔丁基过氧化物、偶氮类引发剂）得到的聚合物涂料相比，其交联涂膜在老化实验中显示了更高的光泽保持率。此外，链转移剂对聚合物分子量的影响也十分明显，以 3-巯基丙酸为链转移剂时获得最低的分子量和最窄的分子量分布，通过引入环氧基单体与体系中残留的链转移剂的巯基反应，能消除难闻的气味。

（2）实例 2　羟基聚酯树脂的合成。

① 配方见表 6-27。

表 6-27　实例 2 羟基聚酯树脂合成配方

原　　料	规　　格	用量(质量份)
新戊二醇	工业级	300.0
丁二醇	工业级	100.0
乙基丁基丙二醇	工业级	120.0
三羟甲基丙烷	工业级	200.0
邻苯二甲酸酐	工业级	300.0
间苯二甲酸	工业级	200.0
己二酸	工业级	350.0
催化剂	工业级	1.500
二甲苯	聚氨酯级	500.0
乙酸丁酯	聚氨酯级	435.0

② 合成工艺

a. 将新戊二醇、丁二醇、乙基丁基丙二醇、三羟甲基丙烷，加热至 80℃时，在搅拌下依次加入邻苯二甲酸酐、己二酸、间苯二甲酸，升温，通入氮气，当温度达到 160℃时，分馏柱出现回流，在回流温度下保温 0.5h，启用冷凝器，控制分馏柱顶温<105℃，让水分馏出。以 10℃/h 的速率升温至 210℃±5℃，当体系酸值<30mg KOH/g 时，加入催化剂，开动真空泵，真空缩聚，真空度从 0.050MPa 逐步提高到 0.095MPa，至酸值<5mgKOH/g（树脂），停止反应。

b. 降温至 95℃，将二甲苯、乙酸丁酯加入聚合釜中，混合 0.5h。降温至 60℃，过滤、包装。

该树脂固含量：65％±2％；羟值：108mgKOH/g；$f(OH)$：4.5。

（3）实例 3　羟基短油度醇酸树脂的合成。

① 配方见表 6-28。

表 6-28　实例 3 羟基短油度醇酸树脂合成配方

原　料	规　格	用量（质量份）
新戊二醇	工业级	150.0
三羟甲基丙烷	工业级	400.0
邻苯二甲酸酐	工业级	480.0
间苯二甲酸	工业级	100.0
椰子油酸	工业级	380.0
催化剂	工业级	1.450
二甲苯（1）	工业级	75.50
二甲苯（2）	聚氨酯级	750.0

② 合成工艺

a. 将二甲苯（1）、新戊二醇、三羟甲基丙烷、椰子油酸加入反应釜，加热升温至 80℃，在搅拌下依次加入邻苯二甲酸酐、间苯二甲酸，通入氮气，加入催化剂，升温，当温度达到 160℃时，回流带水 2h；以 10℃/h 的速率升温至 210℃±5℃，当体系无水带出时，取样测酸值，至酸值＜8mgKOH/g（树脂），停止反应。

b. 降温至 95℃，将二甲苯（2）加入聚合釜中，混合 0.5h。降温至 60℃，过滤、包装。该树脂固含量：65%±2%；油度：27%；羟值：92mgKOH/g；f(OH)：4.0。

6.6.2　多异氰酸酯的合成

在双组分聚氨酯涂料中，多异氰酸酯组分也称为固化剂或乙组分。最初，人们直接使用甲苯二异氰酸酯作固化剂同羟基组分配制聚氨酯漆，但甲苯二异氰酸酯等二异氰酸酯单体蒸气压高、易挥发，危害人们健康，应用受到限制。现在，将二异氰酸酯单体同多羟基化合物反应制成端异氰酸酯基的加和（成）物或预聚物，另外，二异氰酸酯单体也可以合成出缩二脲或通过三聚化生成三聚体，使分子量提高，降低挥发性，方便应用。

6.6.2.1　多异氰酸酯加和物的合成

多异氰酸酯加和物是国内产量较大的固化剂品种，主要有 TDI-TMP 加和物和 HDI-TMP 加和物。

TDI-TMP 加和物的合成原理如下：

（1）合成配方　TDI-TMP 加和物合成配方见表 6-29。

表 6-29　TDI-TMP 加和物合成配方

原　料	规　格	用量（质量份）
三羟甲基丙烷	工业级	13.40
环己酮	工业级	7.620
醋酸丁酯	聚氨酯级	61.45
苯	工业级	4.50
甲苯二异氰酸酯	工业级	55.68

（2）合成工艺

① 将三羟甲基丙烷、环己酮、苯加入反应釜，开动搅拌，升温使苯将水全部带出，降温至60℃，得三羟甲基丙烷的环己酮溶液。

② 将甲苯二异氰酸酯、80%的醋酸丁酯加入反应釜，开动搅拌，升温至50℃，开始滴加三羟甲基丙烷的环己酮溶液，3h加完；用剩余醋酸丁酯洗涤三羟甲基丙烷的环己酮溶液配制釜。

③ 升温至75℃，保温2h后取样测NCO含量。NCO含量为8%～9.5%、固体分为50%±2%为合格，合格后经过滤、包装，得产品。

TMP加和物的问题在于二异氰酸酯单体的残留问题。目前，国外产品的固化剂中游离TDI含量都小于0.5%，国标要求国内产品中游离TDI含量要小于0.7%。为了降低TDI残留，可以采用化学法和物理法。化学法即三聚法，这种方法在加成反应完成后加入聚合型催化剂，使游离的TDI三聚化。物理法包括薄膜蒸发和溶剂萃取两种方法。国内已有相关工艺的应用。

6.6.2.2 缩二脲多异氰酸酯的合成

缩二脲是由3mol HDI和1mol H_2O反应生成的三官能度多异氰酸酯。缩二脲的合成原理如下：

（1）合成配方 缩二脲多异氰酸酯合成配方见表6-30。

表6-30 缩二脲多异氰酸酯合成配方

原　料	规　格	用量（质量份）
己二异氰酸酯	工业级	1124
水	工业级	18.00
丁酮	聚氨酯级	18.00

（2）合成工艺

① 将己二异氰酸酯加入反应釜，开动搅拌，升温至98℃，用6h滴加丁酮-水溶液。

② 升温至135℃，保温4h后取样测NCO含量。合格后降温至80℃，真空过滤，用真空蒸馏或薄膜蒸发回收过量的己二异氰酸酯，得透明、黏稠的缩二脲产品，加入醋酸丁酯将固体分稀释至75%。

该多异氰酸酯固化剂属脂肪族，耐候性好、不变黄，广泛用于高端产品以及户外产品的涂饰。目前我国没有工业规模生产，完全依赖进口。德国Bayer公司缩二脲N-75的主要产品规格为外观：无色或浅黄色透明黏稠液体；固体含量：75%；NCO含量：16.5%；游离HDI含量：<0.5%；溶剂：乙酸乙酯。

法国Rhodia公司缩二脲HDB-75B产品的主要规格为外观：无色或浅黄色透明黏稠液体；固体含量：75%±1.0%；NCO含量：16.5%±0.5%；游离HDI含量：<0.3%；黏

度（25℃）：(150 ± 100)mPa·s；溶剂：乙酸丁酯。

6.6.2.3　HDI 三聚体的合成

HDI 三聚体是由 3mol HDI 三聚反应生成的三官能度多异氰酸酯。其合成原理如下：

（1）合成配方　HDI 三聚体合成配方见表 6-31。

表 6-31　HDI 三聚体合成配方

原　　料	规　　格	用量（质量份）
己二异氰酸酯	工业级	1000
二甲苯	聚氨酯级	300.0
催化剂（辛酸四甲基铵）		0.300

（2）合成工艺

① 将己二异氰酸酯、二甲苯加入反应釜，开动搅拌，升温至 60℃，将催化剂分四份，每隔 30min 加入一份，加完保温 4h。

② 取样测 NCO 含量。合格后加入 0.2g 磷酸使反应停止。

③ 升温至 90℃，保温 1h。冷却至室温使催化剂结晶析出，过滤，经薄膜蒸发回收过量的己二异氰酸酯，得 HDI 三聚体。

HDI 三聚体具有优良性能。同缩二脲相比，HDI 三聚体有如下特点：a. 黏度较低，可以提高施工固体分；b. 贮存稳定；c. 耐候、保光性优于缩二脲；d. 施工周期较长；e. 韧性、附着力与缩二脲相当，其硬度稍高。因此自 HDI 三聚体生产以来，其应用越来越广。目前，该产品我国亦没有工业生产，完全依赖进口。德国 Bayer 公司 HDI 三聚体 N-3390 产品的主要规格为外观：无色或浅黄色透明黏稠液体；固体含量：90%；NCO 含量：19.6%；游离 HDI 含量：<0.15%；黏度（23℃）：(550 ± 150)mPa·s；溶剂：乙酸乙酯。

法国 Rhodia 公司 HDI 三聚体 HDT-90B 产品的主要规格为外观：无色或浅黄色透明黏稠液体；固体含量：90%；NCO 含量：$20.0\%\pm1.0\%$；游离 HDI 含量：<0.2%；黏度（25℃）：(450 ± 100)mPa·s；溶剂：乙酸丁酯。

异佛尔酮二异氰酸酯（IPDI）也可以三聚化生成三聚体。综合性能优于 HDI 三聚体，但价格较贵。德国 Bayer 公司 IPDI 三聚体 Z-4470 的主要规格为外观：无色或浅黄色透明黏稠液体；固体含量：$70\%\pm2.0\%$；NCO 含量：$11.9\%\pm0.4\%$；游离 IPDI 含量：<0.5%；黏度（23℃）：(1500 ± 500)mPa·s。

6.7　水性聚氨酯

早期的聚氨酯都是油性的，溶剂型的聚氨酯涂料品种众多、用途广泛，在涂料产品中占有非常重要的地位。水性聚氨酯的研究始自 20 世纪 50 年代，60～70 年代，对水性聚氨酯的研究、开发迅速发展，70 年代开始工业化生产用作皮革涂饰剂的水性聚氨酯。进入 90 年代，随着人们环保意识以及环保法规的加强，环境友好的水性聚氨酯的研究、开发日益受到重视，其应用已由皮革涂饰剂不断扩展到涂料、黏合剂等领域，正在逐步占领溶剂型聚氨酯的市场，代表着涂料、黏合剂的发展方向。在水性树脂中，水性聚氨酯仍然也是优秀树脂的代表，是现代水性树脂研究的热点之一。

6.7.1 水性聚氨酯的合成单体

水性聚氨酯合成用聚合物多元醇及小分子多元醇同油性聚氨酯，多异氰酸酯主要选择 IPDI、TDI 和 HDI。此外，要引入携带亲水基团的亲水单体。

6.7.1.1 亲水单体（亲水性扩链剂）

亲水性扩链剂是水性聚氨酯制备中使用的水性化功能单体，它能在水性聚氨酯大分子主链上引入亲水基团。阴离子型扩链剂中带有羧基、磺酸基等亲水基团，结合有此类基团的聚氨酯预聚体经碱中和离子化，即呈现水溶性。常用的产品有：二羟甲基丙酸（dimethylol propionic acid，DMPA）、二羟甲基丁酸（dimethylol butanoic acid，DMBA）、1,4-丁二醇-2-磺酸钠。目前阴离子型水性聚氨酯合成的水性单体主要选用 DMPA，DMBA 活性比 DMPA 大，熔点低，可用于无助溶剂水性聚氨酯的合成，使 VOC 降至接近 0。DMPA、DMBA 为白色结晶（或粉末），使用方便。合成叔胺型阳离子水性聚氨酯时，应在聚氨酯链上引入叔胺基团，再进行季铵盐化（中和）。而季铵化工序较为复杂，这是阳离子水性聚氨酯发展落后于阴离子水性聚氨酯的原因之一。阳离子型扩链剂有二乙醇胺、三乙醇胺、N-甲基二乙醇胺（MDEA）、N-乙基二乙醇胺（EDEA）、N-丙基二乙醇胺（PDEA）、N-丁基二乙醇胺（BDEA）、二甲基乙醇胺、双（2-羟乙基）苯胺（BHBA）、双（2-羟丙基）苯胺（BHPA）等，国内大多数采用 N-甲基二乙醇胺（MDEA）。非离子型水性聚氨酯的水性单体主要选用聚乙二醇，数均分子量通常大于 1000。

水性单体品种、用量对水性聚氨酯的性能具有非常重要的影响。其用量越大，水分散体粒径愈细，外观愈透明，稳定性愈好，但对耐水性不利，因此在设计合成配方时，应该在满足稳定性的前提下，尽可能降低水性单体的用量。

$$
\begin{array}{cc}
\underset{\text{DMPA}}{\overset{\displaystyle CH_3}{\underset{\displaystyle COOH}{HOCH_2-C-CH_2OH}}} &
\underset{\text{DMBA}}{\overset{\displaystyle C_2H_5}{\underset{\displaystyle COOH}{HOCH_2-C-CH_2OH}}}
\end{array}
$$

$$
\begin{array}{cc}
\underset{\text{1,4-丁二醇-2-磺酸钠}}{\underset{\displaystyle SO_3Na}{HOCH_2CHCH_2CH_2OH}} &
\underset{N\text{-甲基二乙醇胺}}{HOH_5C_2N(CH_3)C_2H_5OH}
\end{array}
$$

6.7.1.2 中和剂（成盐剂）

中和剂是一种能和羧基、磺酸基或叔氨基成盐的试剂，二者作用所形成的盐基才使水性聚氨酯具有水中的分散性。阴离子型水性聚氨酯使用的中和剂是三乙胺（TEA）、二甲基乙醇胺（DMEA）、氨水，一般室温干燥树脂使用三乙胺，烘干树脂使用二甲基乙醇胺，中和度一般在80%～95%，低于该区间时影响分散体的稳定性，高于此区间时外观变好，但耐水性变差；阳离子型水性聚氨酯使用的中和剂是盐酸、醋酸、硫酸二甲酯、氯代烃等。中和剂对体系稳定性、外观以及最终漆膜性能有重要的影响，使用时其品种、用量应做好优选。

6.7.2 水性聚氨酯的分类

水性聚氨酯原料繁多，配方多变，制备工艺也各不相同，为方便研究、应用，常对其进行适当分类。

（1）以外观分　水性聚氨酯可分为聚氨酯水溶液、聚氨酯水分散体和聚氨酯乳液。其性能差别见表 6-32。

表 6-32 水性聚氨酯的形态分类

项　目	水溶液	水分散液	乳　液
外观	透明	半透明	乳白
粒径/nm	<1	1～100	>100
分子量	1000～10000	$10^3 \sim 10^5$	>5000

(2) 以亲水性基团的电荷性质（或水性单体）分　水性聚氨酯可分为阴离子型水性聚氨酯、阳离子型水性聚氨酯和非离子型水性聚氨酯。其中阴离子型产量最大、应用最广。阴离子型水性聚氨酯又可分为羧酸型和磺酸型两大类。近年来，非离子型水性聚氨酯在大分子表面活性剂、缔合型增稠剂方面的研究越来越多。阳离子型水性聚氨酯渗透性好，具有抗菌、防霉性能，主要用于皮革涂饰剂。

(3) 以合成用单体分　水性聚氨酯可分为聚醚型、聚酯型、聚碳酸酯型和聚醚、聚酯混合型。依照选用的二异氰酸酯的不同，水性聚氨酯又可分为芳香族、脂肪族、芳脂族和脂环族，或具体分为 TDI 型、IPDI 型，MDI 型等。芳香族水性聚氨酯同油性聚氨酯类似，具有明显的黄变性，耐候性较差，属于低端普及型产品；脂肪族水性聚氨酯则具有很好的保色性、耐候性，但价格高，属于高端产品；芳脂族和脂环族的性能居于二者之间。

(4) 以产品包装形式分　水性聚氨酯可分为单组分水性聚氨酯和双组分水性聚氨酯。单组分水性聚氨酯包括单组分热塑型、单组分自交联型和单组分热固型三种类型。单组分热塑型水性聚氨酯为线型或简单的分支型，属第一代产品，使用方便，价格较低，贮存稳定性好，但涂膜综合性能较差；单组分自交联型、热固型水性聚氨酯是新一代产品，通过引入硅交联单元或者干性油脂肪酸结构形成自交联体系，通过水性聚氨酯的羟基和氨基树脂（HMMM）可以组成单组分热固型水性聚氨酯。自交联基团在加热（或室温）条件下可反应交联，使涂膜综合性能得到了极大提高，其耐水、耐溶剂、耐磨性能完全可以满足应用，该类产品是目前水性聚氨酯的研究主流。双组分水性聚氨酯包括两种类型，一种由水性聚氨酯主剂和交联剂组成，如水性聚氨酯上的羧基可用多氮丙啶化合物进行外交联；另一种由水性羟基组分（可以是水性丙烯酸树脂、水性聚酯或水性聚氨酯）和水性多异氰酸酯固化剂组成；使用时将两组分混合，水挥发后，通过室温（或中温）可反应基团的反应，形成高度交联的涂膜，提高综合性能。其中后者是主导产品。

6.7.3　水性聚氨酯的合成原理

目前，阴离子型水性聚氨酯最为重要，芳香族水性聚氨酯合成的化学原理可用下列反应式表示：

$$\text{HO} \sim \text{OH} + \text{HO}-\text{R}^1-\text{OH} + \text{HOCH}_2-\underset{\underset{\text{COOH}}{|}}{\overset{\overset{\text{CH}_3}{|}}{\text{C}}}-\text{CH}_2\text{OH} + 4\text{OCN}-\text{R}^2-\text{NCO}$$

$$\downarrow$$

$$\text{OCN}-\text{R}^2-\text{NHCO}\sim\text{OCNH}-\text{R}^2-\text{NHCOCH}_2-\underset{\underset{\text{COOH}}{|}}{\overset{\overset{\text{CH}_3}{|}}{\text{C}}}-\text{CH}_2\text{OCNH}-\text{R}^2-\text{NHCO}-\text{R}^1-\text{OCNH}-\text{R}^2-\text{NCO}$$

$$\downarrow \text{NEt}_3$$

$$\underset{\substack{\text{OCN}-\text{R}^2-\text{NHCO}\sim\sim\text{OCNH}-\text{R}^2-\text{NHCOCH}_2-\underset{|}{\overset{|}{C}}-\text{CH}_2\text{OCNH}-\text{R}^2-\text{NHCO}-\text{R}^1-\text{OCNH}-\text{R}^2-\text{NCO}}}{\overset{\overset{\text{O}\quad\quad\text{O}\quad\quad\quad\quad\text{CH}_3\quad\text{O}\quad\quad\quad\quad\text{O}\quad\quad\quad\text{O}}{\parallel\quad\quad\parallel\quad\quad\quad\quad\quad\quad\parallel\quad\quad\quad\quad\parallel\quad\quad\quad\parallel}}{}}$$

$$\downarrow \text{H}_2\text{O}$$

$$\text{H}_2\text{N}\sim\sim\sim\sim\sim\sim\sim\text{NH}_2$$

在中和之后加水乳化的同时，水也起到扩链剂的作用，扩链后大分子的端—NCO基团转变为—NH₂，进一步同—NCO反应，通过脲基（—NH—CO—NH—）使水性聚氨酯的分子量进一步提高。

脂肪族水性聚氨酯使用脂肪族二异氰酸酯（如 IPDI、TMXDI）为单体，其活性较低，因此，其在水中的扩链是通过加入乙二胺、肼或二乙烯三胺（多乙烯多胺）进行；此法溶剂用量低，无须脱除溶剂，工艺更可靠，可以实现真正意义上的绿色工艺生产。

6.7.4 水性聚氨酯的合成工艺

水性聚氨酯的合成可分为两个阶段。第一阶段为预逐步聚合，即由低聚物二醇、扩链剂、水性单体、二异氰酸酯通过溶液（或本体）逐步聚合生成分子量为 10^3 量级的水性聚氨酯预聚体；第二阶段为中和后预聚体在水中的分散和扩链。

早期水性聚氨酯的合成采用强制乳化法。即先制备一定分子量的聚氨酯聚合物，然后在强力搅拌下将其分散于加有一定乳化剂的水中。该法需要外加乳化剂，乳化剂用量大，而且乳液粒径大、分布宽、稳定性差，目前已经很少使用。

现在，水性聚氨酯的乳化主要采用内乳化法。该法利用水性单体在聚氨酯大分子链上引入亲水的离子化基团或亲水嵌段：—COO⁻ ⁺NHEt₃、—SO₃⁻ ⁺Na、—N⁺ ⁻Ac、—(OCH₂CH₂)ₙ—等，在搅拌下自乳化而成乳液（或分散体）。这种乳液稳定性好，质量稳定。根据扩链反应的不同，自乳化法主要有丙酮法和预聚体分散法。

6.7.4.1 丙酮法

该法在预聚中期、后期用丙酮或丁酮降低黏度，经过中和，高速搅拌下加水分散，减压脱除溶剂，得到水性聚氨酯分散体。该法工艺简单，产品质量较好，缺点是溶剂需要回收，回收率低，且难以重复利用。目前，我国主要使用该法合成普通型芳香族水性聚氨酯。

6.7.4.2 预聚体分散法

即先合成带有—NCO端基的预聚体，通常加入少量的 N-甲基吡咯烷酮调整黏度，高速搅拌下将其分散于溶有二（或多）元胺的水中，同时扩链得高分子量的水性聚氨酯。美国等发达国家主要利用该法合成高档脂肪族水性聚氨酯。

6.7.5 水性聚氨酯的合成实例

6.7.5.1 非离子型水性聚氨酯的合成

目前，对于阴离子型聚氨酯乳液研究得较多，而对非离子型聚氨酯乳液的研究相对较少。疏水改性多嵌段非离子聚氨酯分散体是最新一代水性涂料用缔合型增稠剂。与阴离子聚氨酯乳液和阳离子聚氨酯乳液相比，非离子型聚氨酯乳液具有较好的耐酸、耐碱、耐盐稳定性。非离子型水性聚氨酯的制备方法有：①普通聚氨酯预聚体或聚氨酯有机溶液在乳化剂存在下进行高剪切力强制乳化；②制成分子中含有非离子型水性链段或亲水性基团聚氨酯，亲水性链段一般是中低分子量聚环氧乙烷。前者为外乳化法；后者为内乳化法。目前以内乳化法为主。

美国专利（US 6，399，735）介绍：将 240g 聚乙二醇（PEG，数均分子量为 6000）和 20g 聚四氢呋喃二醇（PTMEG，数均分子量为 2000）加入 500mL 反应瓶中真空脱水，然后加入 12.46g 四甲基苯二亚甲基二异氰酸酯（m-TMXDI）。搅拌反应 5h，NCO 含量降至 0.06%，加入水（以 20% 固含量计），得非离子型聚氨酯分散体。黏度：8000mPa·s。可用作水性增稠剂。

6.7.5.2 阴离子型水性聚氨酯的合成

（1）实例 1

① 配方见表 6-33。

表 6-33 阴离子型水性聚氨酯合成实例 1 配方

原　料	规　格	用量（质量份）
聚己二酸新戊二醇酯	工业级（$\overline{M}_n$:1000）	230.0
二羟甲基丙酸	工业级	30.63
异佛尔酮二异氰酸酯（IPDI）	工业级	112.3
N-甲基吡咯烷酮	聚氨酯级	65.7
丙酮	聚氨酯级	50.00
二丁基二月桂酸锡	工业级	0.0200
三乙胺	工业级	25.12
乙二胺	工业级	5.600
水		481.7

② 合成工艺

a. 预聚体的合成：在氮气保护下，将聚己二酸新戊二醇酯、二羟甲基丙酸、催化剂、N-甲基吡咯烷酮加入反应釜中，升温至 60℃，开动搅拌使二羟甲基丙酸溶解，从恒压漏斗滴加 IPDI，1h 加完，保温 1h；然后升温至 80℃，保温 4h。

b. 中和、分散：取样测 NCO 含量，当其含量达标后降温至 60℃，加入三乙胺中和；反应 30min，加入丙酮调整黏度，降温至 20℃ 以下，在快速搅拌下加入冰水、乙二胺；继续高速分散 1h，减压脱除丙酮，得带蓝色荧光的半透明状水性聚氨酯分散体。

（2）实例 2

① 配方见表 6-34。

表 6-34 阴离子型水性聚氨酯合成实例 2 配方

原　料	规　格	用量（质量份）
聚己内酯二醇	工业级（$\overline{M}_n$:2000）	94.5
聚四氢呋喃二醇	工业级（$\overline{M}_n$:2000）	283.5
1,4-丁二醇	工业级	27.16
二羟甲基丙酸	工业级	25.4
异佛尔酮二异氰酸酯	工业级	98.9
4,4′-二环己基甲烷二异氰酸酯（H_{12}MDI）	工业级	122.6
N-甲基吡咯烷酮	聚氨酯级	158.3g
丙酮	聚氨酯级	50.00
二丁基二月桂酸锡	工业级	0.0200
三乙胺	工业级	17.7
乙二胺	工业级	28.5
水		990

② 合成工艺

a. 将聚己内酯二醇、聚四氢呋喃二醇（数均分子量皆为 2000）、二羟甲基丙酸、1,4-丁二醇（BDO）加入反应瓶中，N_2 保护下，120℃脱水 0.5h。

b. 加入 140.6g N-甲基吡咯烷酮（NMP），降温至 70℃；搅拌下加入异佛尔酮二异氰酸酯和 4,4'-二环己基甲烷二异氰酸酯（H_{12}MDI）；升温至 80℃搅拌反应使 NCO 含量降至 2.5%。降温至 60℃，加入三乙胺，继续搅拌 15min，加强搅拌，将 40℃的水加入反应瓶，搅拌 5min，加入乙二胺，强力搅拌 20min，慢速搅拌 2h 得产品。

(3) 实例 3　核-壳型水性丙烯酸-聚氨酯的合成。

采用丙烯酸树脂对水性聚氨酯（PUD）进行改性通常有两种方法：物理改性和化学改性。前者主要是将所需性能的丙烯酸酯类乳液和 PUD 进行物理拼混，以提高 PUD 的物理机械性能（硬度、拉伸强度），改善丙烯酸乳液的成膜性能，同时降低生产成本。采用此种方法改性所用的丙烯酸乳液的离子稳定性以及对溶剂的亲和性要好，否则可能影响涂膜性能甚至会破乳。化学改性主要是制备以丙烯酸酯为核、聚氨酯为壳的无皂核壳乳液。该方法主要是先制备端—NCO 预聚物，经封端引入端不饱和键，中和、加水得聚氨酯表面活性大单体。然后通过自由基引发聚合制得丙烯酸改性的聚氨酯水分散体。由于丙烯酸酯类单体不溶于水中，而被包封在聚氨酯粒子中，通过聚氨酯中被中和的羧基提供乳化稳定作用，这样可制得一种以丙烯酸酯为核，聚氨酯为壳的无游离乳化剂的水分散体，兼具聚氨酯和聚丙烯酸树脂两者的优点，同时又降低了成本，因此被誉为"最新一代水性聚氨酯"。此合成技术是 PUD 以及丙烯酸乳液合成技术上的创新和一大突破。

聚合用的丙烯酸单体中可以复合乙烯基硅氧烷单体和氟单体，对丙烯酸树脂进行氟、硅改性，以进一步提高树脂性能，如耐高温、耐水性、耐候性、透气性等。

① 配方

a. 大单体合成：大单体的合成配方见表 6-35。

表 6-35　大单体的合成配方

序号	1	2	3	4	5	6	7	8	9	10
原料	PPG	HDO	DMPA	TDI	DBTL	NMP	HEA	乙醇	三乙胺（TEA）	水
用量（质量份）	18.00	2.761	2.475	13.88	0.400（10%溶液）	10.58	2.382	0.909	1.867	84.71

b. 杂化体配方：杂化体的合成配方见表 6-36。

表 6-36　杂化体合成配方

序号	1	2	3	4	5	6	7	8	9
原料	大单体水分散体	MMA	BA	HEA	MAA	交联单体	$K_2S_2O_8$	水	三乙胺（TEA）
用量/g	40.00	10.08	6.3	0.360	0.360	0.900	0.218	20(分成两份分别稀释大单体和溶解引发剂)	适量

② 合成工艺

a. 水性聚氨酯大单体制备：向带有搅拌装置、温度计、N_2 入口和冷凝回流的四口玻璃烧瓶中加入 PPG、HDO、DMPA，100℃下真空干燥脱水 2h，降温至 80℃，加入 N-甲基吡咯烷酮，搅拌使 DMPA 全部溶解后，开始滴加 TDI 和丁酮（50∶50，质量比）混合液，约 1h 滴完，向其中加入二丁基二月桂酸锡（DBTL），持续搅拌反应 4h；冷却至 60℃，加入对苯二酚，滴加 HEA，20min 滴完，保温反应 4h；加入乙醇，反应 1h；加入 TEA 中和 0.5h；加入水，强烈分散 0.5h，旋转蒸出丁酮，得半透明水性聚氨酯大单体（WPU），固含量 30%（质量分数）。

b. 核-壳结构水性丙烯酸-聚氨酯杂化体制备：取上述 WPU 大单体溶液加入于带有搅拌装置、温度计、冷凝管和恒压滴液漏斗的四口玻璃烧瓶中，将 MMA、BA、HEA 和 MAA 混合，取其 30% 加入反应瓶，升温至 85℃，搅拌 30min 溶胀胶粒，将 $K_2S_2O_8$ 配成 5% 的溶液，取其 20% 加入反应瓶；搅拌聚合 1h，从滴液漏斗同时滴加单体溶液和引发剂溶液，3.5h 滴加完毕，在 85℃ 继续反应 1h，升温至 90℃，继续反应 1h 后，冷却至 60℃，加 TEA 调整 pH 值为 8.0～8.5，降温至室温，400 目网过滤，即得到水性丙烯酸-聚氨酯杂化乳液。

（4）实例 4　水性聚氨酯油的合成。

首先用醇解法并经萃取合成出甘油一酸酯，再经水性聚氨酯化反应合成出单组分自交联水性聚氨酯油。

① 合成配方　水性聚氨酯油合成配方见表 6-37。

表 6-37　水性聚氨酯油合成配方

序号	1	2	3	4	5	6	7
原料名称	助溶剂	三羟甲基丙烷（TMP）	DMPA	IPDI	三羟甲基丙烷一酸酯	中和剂	去离子水	扩链剂
用量（质量份）	5.0	1.5	5.5	35.0	35.0	4.5	55.0	0.5

② 合成工艺

a. 将妥尔油投釜升温，加入甘油醇解，萃取得甘油一酸酯。

b. 将 N-甲基吡咯烷酮、TMP、DMPA 投入反应釜，100℃ 真空脱水 1h，降温至 60℃，然后用 2h 加入 IPDI，60℃ 反应 1h，分批加入甘油一酸酯，缓慢生温至 80℃，保温至 NCO 含量到理论值。

c. 将体系降温至 60℃，加入中和剂反应 20min，调整搅拌速度，在 1min 内加水，匀化 5min，加入扩链剂，继续搅拌 1h，过滤出料。

由其配制的涂料硬度可达 1H，具有良好的耐水性、耐乙醇性和耐丙酮性。

6.7.6　水性聚氨酯的改性

（1）内交联法　为提高涂膜的机械性能和耐水性，可直接合成具有适度交联度的水性聚氨酯，通常可采用以下方法加以实现：①在合成预聚物时，引入适量的多官能度（通常为三官能度）的多元醇和多异氰酸酯，常用的物质为 TMP、HDI 三聚体、IPDI 三聚体等；②脂肪族水性聚氨酯可以采用适量多元胺进行扩链，使形成的大分子具有微交联结构，常用的多元胺为二乙烯三胺、三乙烯四胺等；③同时采用①和②两种方法。

对水性聚氨酯进行内交联改性，关键要掌握好内交联度，内交联度太低，改性效果不明显，若太高将影响其成膜性能。

（2）自交联法　所谓自交联法是指在水性聚氨酯成膜后，能自动进行化学反应实现交联，提高涂膜的交联度，改善涂膜的性能。因此必须对水性聚氨酯的大分子结构进行改性。例如可以引入干性油脂肪酸（双键结构）以及多烷氧基硅单元等方法加以实现，使得其在成膜后能发生自动氧化交联反应和水解缩合反应，提高综合性能。该法应用较广，市场上已有相关产品应市。

（3）外加交联剂法　采用自乳化法制备的阴离子型水性聚氨酯成膜后仍含有大量的羧基，使涂膜的耐水性变差。同溶剂型双组分 PU 一样，水性聚氨酯在施工前可添加外交联剂，成膜后涂膜中的羧基和外交联剂的可反应基团反应，消除涂膜的亲水基团，可大幅度提高涂膜的耐水性，同时也对涂膜的力学性能有一定改善。常用的交联剂有多氮丙啶、碳化二亚胺，以及水可分散多异氰酸酯、环氧树脂、氨基树脂、环氧硅氧烷等。

① 硅偶联剂的交联　一些硅偶联剂可以作为水性聚氨酯的交联剂。国外有机硅的生产厂家主要为 Crompton 公司和日本信越公司，国内也有一些小规模厂家。有机硅型水性聚氨酯的交联剂主要带有环氧基和硅氧烷基。环氧基可以同羧基反应，将硅氧烷基引入大分子链，再通过硅氧烷基的水解、硅羟基的缩合实现其交联。添加该类交联剂的体系具有以下特点：改善耐溶剂性、耐冲击性和耐划伤性；优异的湿态和干态附着力；坚硬而仍具有弹性的涂层；对固化后涂膜的透明性和颜色没有副作用；老化后光泽保留率高。如下列产品：

$$CH_2CHCH_2OCH_2CH_2CH_2Si(OCH_3)_3$$

γ-缩水甘油醚氧丙基三甲氧基硅烷

（Crompton 公司牌号：A-187；信越公司牌号：KBM-403）

$$-CH_2CH_2Si(OCH_2CH_3)_3$$

β-(3,4-环氧环己基) 乙基三乙氧基硅烷

（Crompton 公司牌号：1770）

交联的化学机理涉及环氧硅烷的两个官能团；分子的环氧基同树脂羧基反应，而烷氧基部分在水解后通过缩聚而交联成硅氧硅键，烷氧基水解形成的羟基也可以同基材表面反应改善涂料的湿态附着力，或改善颜料同树脂的结合。该机理可表示如下：

A-187、1770 的质量指标见表 6-38。

其中 A-187 活性较大，一般用于配制双组分体系；使用时进行混合；1770 活性较低，可用于配制单组分体系；其用量可由树脂酸值进行计算。一般取 ▽O 与—COOH 摩尔比 0.5～0.8。

② 多氮丙啶（polyaziridine）的交联　多氮丙啶类化合物应用于涂料、纺织和医疗等领域已有多年，近几年才作为水性聚氨酯的室温交联剂使用，它能与羧基、羟基等反应，而且在酸性环境中还可自聚，但在碱性环境中相当稳定。通常配成双组分体系，使用时进行混合。其交联膜的耐水性、耐化学品性、耐高温性以及对底材的附着力都有明显改善，若给予烘烤性能更佳。加有该类交联剂的涂料室温下应该在 3～5d 内用完，以免发生水解，丧失活

表 6-38　A-187、1770 的质量指标

项　　目	A-187	1770
外观	淡黄色液体	浅草黄色透明液体
分子量	236.4	288.46
活性成分	100%	100%
相对密度	1.069	1.00
沸点/℃	290	300
闪点(密封杯)/℃	110	104
溶解性	溶于水,并水解放出甲醇。可溶于醇、丙酮和大多数脂肪酸酯类	

性。多氮丙啶（polyaziridine）与水性聚氨酯的交联机理如下：

DSM 公司的产品 Crosslinker CX-100 为多氮丙啶类交联剂，其质量指标见表 6-39。

表 6-39　Crosslinker CX-100 多氮丙啶类交联剂的质量指标

项　　目	Crosslinker CX-100	项　　目	Crosslinker CX-100
外观	黄色清澈液体	pH(25℃)	10.5
固含量	大于 99%	稳定性	6 个月
黏度(20℃)	200mPa·s	溶解性	在异丙醇、丙酮、二甲苯中完全溶解
密度(20℃)	1.08g/mL		

CX-100 官能度为 3，其当量为 166，配漆时氮丙啶基与羧基的摩尔比为 (1～0.6):1。一般加入量为乳液量的 1%～3%，加入方法为 1:1 用水稀释后加入。因为其水溶性很好，手工搅拌即可使用。但该类交联剂具有一定的毒性，而且价格较高，影响了其推广。

③ 水性多异氰酸酯的交联　异氰酸酯单体的选择是决定涂膜性能的因素，脂肪族异氰酸酯单体，如 1,6-己二异氰酸酯（HDI）和异佛尔酮二异氰酸酯（IPDI）合成的固化剂涂膜外观好，干燥速度和活化期具有良好的平衡性。HDI 具有长的亚甲基链，其固化剂黏度较低，容易被多元醇分散，涂膜易流平，外观好，具有较好的柔韧性和耐刮擦性。IPDI 固化剂具有脂肪族环状结构，其涂膜干燥速度快，硬度高，具有较好的耐化学品性和耐磨性。但 IPDI 固化剂黏度较高，不易被多元醇分散，其涂膜的流平性和光泽不及 HDI 固化剂。二异氰酸酯的三聚体是聚氨酯涂料常用的固化剂，环状的三聚体具有稳定的六元环结构及较高的官能度，黏度较低，易于分散，因此涂膜性能较好；而缩二脲由于黏度较高，不易直接用于水性双组分聚氨酯涂料。为了提高多异氰酸酯固化剂在水中的分散性，常采用亲水基团对其进行改性，适合的亲水组分有离子型、非离子型或二者拼用，这些亲水组分与多异氰酸酯具有良好的相容性，作为内乳化剂有助于固化剂分散在水相中，降低混合剪切能耗。其缺点在于亲水改性消耗了固化剂的部分—NCO 基，降低了固化剂的官能度。新一代改性的亲水固化剂必须降低亲水改性剂的含量，提高固化剂的—NCO 基官能度，增强固化剂在水中的分散性。偏四甲基苯基二异氰酸酯与三羟甲基丙烷的加成物，其—NCO 基为叔碳原子上的—NCO 基，反应活性较低，与水反应的速度非常慢。因此用该固化剂配制的双组分涂

料，—NCO 基与水发生副反应的程度非常小，可制备无气泡涂膜，但其玻璃化温度高，需玻璃化温度较低和乳化能力较强的多元醇与其配制双组分涂料。

6.7.7　水性聚氨酯的应用

6.7.7.1　皮革涂饰剂

水性聚氨酯的基本用途是作皮革涂饰剂，我国已有规模生产。

聚氨酯树脂柔韧、耐磨，可用作天然皮革及人造革的涂层剂及补伤剂；水性聚氨酯涂饰剂克服了丙烯酸乳液涂饰剂"热黏冷脆"的弱点，其处理的皮革手感柔软、滑爽、丰满、光亮，真皮感极强，可极大提高皮具档次，增强市场竞争力。

早期的水性聚氨酯是线型的，具热塑性；为了提高其强度、硬度、耐水性、耐溶剂性，可通过引入三官能度单体形成适当的分支或外加交联剂。

6.7.7.2　水性聚氨酯涂料

溶剂型聚氨酯涂料是一种高档的涂料品种，20 世纪 90 年代产量提高很快；但常规的溶剂型聚氨酯涂料含有约 40% 的有机溶剂，因此涂料 VOC（挥发性有机物）带给大气的污染非常巨大。21 世纪涂料的发展方向之一是环保型涂料，即低污染或无污染涂料。主要包括高固体分涂料、水性涂料、粉末涂料和辐射固化涂料。其中，水性涂料是最重要的一类。

目前，以水性聚氨酯分散体为基料的涂料在发达国家发展很快，适用于木材、金属及塑料等底材的水性聚氨酯产品不断投放市场，其中有些产品已经进入我国市场。根据组分数，水性聚氨酯可分为单组分和双组分两大类。

（1）单组分水性聚氨酯涂料　单组分水性聚氨酯涂料只有一个组分，其分子骨架可以是线型的或分支的；也可以是热塑型的或自发、光致、热致交联型的。其特点是施工方便，不存在贮存胶化的危险，但漆膜性能（如硬度、耐磨性、耐化学品性）不及双组分水性聚氨酯。

目前单组分水性聚氨酯涂料树脂是一种改性的水性聚氨酯。改性方法很多，如用丙烯酸接枝、环氧树脂及干性油改性等。

光固化水性聚氨酯指用紫外线作用实现交联的涂料体系。其固化速率快、生产效率高，特别适合流水线作业。

含有封闭异氰酸酯的水性聚氨酯涂料属热致交联型水性聚氨酯。这类涂料以含有封闭异氰酸酯基的水性聚氨酯及低聚物多元醇或多元胺交联剂。在热的作用下封端基解封，—NCO 基团再生，进而实现交联。常用的封闭剂有：己内酰胺、苯酚、乙酰乙酸乙酯、甲乙酮肟以及亚硫酸氢钠。其中，亚硫酸氢钠的脱封温度约 70℃，其余约 150℃。

此外，HMMM（六甲氧基甲基三聚氰胺）、水性环氧在加热条件下可以同水性聚氨酯分散体的羟基、氨基、氨基甲酸酯基或脲基上的活性氢发生化学反应。可配制烘烤型单组分水性聚氨酯涂料。

（2）双组分水性聚氨酯涂料　热塑型水性聚氨酯耐水性、抗溶剂性及抗化学品性欠佳；烘烤型单组分体系综合性能很好，但施工条件苛刻，不适合大型制件，而且有些材质（木材、塑料等）不耐高温。因此，室温固化型双组分水性聚氨酯涂料在水性聚氨酯涂料中占据越来越重要的地位。

该涂料体系组分之一是经亲水性处理的多异氰酸酯。通常选择脂肪族二异氰酸酯三聚体，用非离子型表面活性剂（如聚环氧乙烷）进行接枝改性，官能度为 3～4，固含量可达 100%，也可用酯、酮、芳烃及醚酯类溶剂适当稀释。施工时，该组分在手工搅拌下可以很容易分散到另一组分——即羟基组分中。

双组分水性聚氨酯涂料的羟基组分包括水性短油度醇酸树脂、水性聚酯、水性丙烯酸树脂及水性聚氨酯，它们常以水分散体的形式供应市场。数均分子量为 10^3 量级，羟值约 100mgKOH/g（树脂）。两种可反应官能团（—NCO/—OH）的摩尔比为（1.2～1.6）∶1，施工时限约 4h。

目前，一些知名公司的双组分水性聚氨酯涂料的综合性能已接近溶剂型聚氨酯的水平，通过单体品种、配方的调整可用于木材、金属、塑料等所有材质的涂饰，前景无限。

6.7.7.3　水性聚氨酯黏合剂

同溶剂型聚氨酯黏合剂相比，水性聚氨酯黏合剂是一种绿色、环保型产品，可用于许多领域、多种基材，具有很大的发展潜力。

以木材加工为例。目前我国复合板材的生产主要使用"三醛树脂"，即"酚醛树脂"、"脲醛树脂"和"三聚氰胺甲醛树脂"。这些产品存在甲醛残留、污染环境问题，社会影响很坏。近年来发达国家水性聚氨酯黏合剂发展很快。该类黏合剂称为乙烯基聚氨酯乳液，常为丙烯酸改性的水性聚氨酯，也包括单组分、双组分两类产品。据报道，1999 年仅日本的产量已达 2 万吨。

6.8　结语

以上对聚氨酯的合成单体、化学原理及合成工艺做了介绍。聚氨酯在涂料领域具有重要的应用，市场份额还将不断增加，为了进一步促进聚氨酯涂料的发展，必须加强对聚氨酯树脂的研究和开发，主要有以下方面课题：①基本原材料的开发（包括异氰酸酯单体的清洁生产，脂肪族多异氰酸酯的成本降低等）；②羟基组分的高固体化（包括高固体分丙烯酸树脂、聚酯树脂和短油度醇酸树脂等）、结构和性能优化；③氟、硅改性的高端聚氨酯树脂的开发；④水性聚氨酯的性能提高和推广；⑤多异氰酸酯固化剂中残留单体的脱除新工艺研究。

第7章 环氧树脂

7.1 概述

环氧树脂（Epoxy Resin）是指分子结构中含有 2 个或 2 个以上环氧基并在适当的化学试剂存在下能形成三维网状固化物的化合物的总称，是一类重要的热固性树脂。环氧树脂既包括含环氧基的低聚物，也包括含环氧基的低分子化合物。环氧树脂作为胶黏剂、涂料和复合材料等的树脂基体，广泛应用于水利、交通、机械、电子、家电、汽车及航空航天等领域。

7.1.1 环氧树脂及其固化物的性能特点

① 力学性能高。环氧树脂具有很强的内聚力，材料结构致密，所以它的力学性能高于酚醛树脂和不饱和聚酯等通用型热固性树脂。

② 附着力强。环氧树脂固化体系中含有活性较大的环氧基、羟基以及醚键、胺键、酯键等极性基团，赋予环氧固化物对金属、陶瓷、玻璃、混凝土、木材等极性基材以优良的附着力。

③ 固化收缩率小。一般为 1%～2%，是热固性树脂中固化收缩率最小的品种之一（酚醛树脂为 8%～10%；不饱和聚酯树脂为 4%～6%；有机硅树脂为 4%～8%）。线胀系数也很小，一般为 $6 \times 10^{-5} °C^{-1}$。所以固化后体积变化不大。

④ 工艺性好。环氧树脂固化时基本上不产生低分子挥发物，所以可低压成型或接触压成型。能与各种固化剂配合制造无溶剂、高固体、粉末涂料及水性涂料等环保型涂料。

⑤ 优良的电绝缘性优良。环氧树脂是热固性树脂中介电性能最好的品种之一。

⑥ 稳定性好，抗化学药品性优良。不含碱、盐等杂质的环氧树脂不易变质。只要贮存得当（密封、不受潮、不遇高温），其贮存期为 1 年。超期后若检验合格仍可使用。环氧固化物具有优良的化学稳定性。其耐碱、酸、盐等多种介质腐蚀的性能优于不饱和聚酯树脂、酚醛树脂等热固性树脂。因此环氧树脂大量用作防腐蚀底漆，又因环氧树脂固化物呈三维网状结构，又能耐油类等的浸渍，大量应用于油槽、油轮、飞机的整体油箱内壁衬里等。

⑦ 环氧固化物的耐热性一般为 80～100℃。环氧树脂的耐热品种可达 200℃或更高。

环氧树脂也存在一些缺点，比如耐候性差，环氧树脂中一般含有芳香醚键，固化物经日光照射后易降解断链，所以通常的双酚 A 型环氧树脂固化物在户外日晒，易失去光泽，逐渐粉化，因此不宜用作户外的面漆。另外，环氧树脂低温固化性能差，一般需在 10℃以上固化，在 10℃以下则固化缓慢，对于大型物体如船舶、桥梁、港湾、油槽等寒季施工十分不便。

7.1.2 环氧树脂发展简史

环氧树脂的研究始于 20 世纪 30 年代。1934 年德国 I. G. Farben 公司的 P. Schlack 发现用胺类化合物可使含有多个环氧基团的化合物聚合成高分子化合物，生成低收缩率的塑料，从而获得德国专利。稍后，瑞士 Gebr. de Trey 公司的 Pierre Castan 和美国 Devoe & Raynolds 公司的 S. O. Greelee 用双酚 A 和环氧氯丙烷经缩聚反应制得环氧树脂，用有机多元胺或邻苯二甲酸酐均可使树脂固化，并具有优良的粘接性。不久，瑞士的 Ciba 公司、美国的 Shell 公司以及 Dow Chemical 公司都开始了环氧树脂的工业化生产及应用开发研究。进入 20 世纪 50 年代，在普通双酚 A 环氧树脂生产应用的同时，一些新型的环氧树脂相继问世。1960 年前后，相继出现了热塑性酚醛环氧树脂、卤代环氧树脂、聚烯烃环氧树脂。

中国研制环氧树脂始于 1956 年，在沈阳、上海两地首先获得了成功。1958 年上海、无锡开始了环氧树脂的工业化生产。20 世纪 60 年代中期开始研究一些新型的脂环族环氧-酚醛环氧树脂、聚丁二烯环氧树脂、缩水甘油酯环氧树脂、缩水甘油胺环氧树脂等，到 70 年代末期中国已形成了从单体、树脂到辅助材料，从科研、生产到应用的完整的工业体系。近年来我国环氧树脂开发和应用研究发展迅速，产量不断增加，质量不断提高，新品种不断涌现，由年产能力不足 1.5 万吨发展到目前的 20 万吨左右，预计到 2010 年将达到 30 万吨左右。

7.2　环氧树脂分类

环氧树脂种类较多，且新品种不断增加，因此到目前为止还没有一种较明确的分类方法。

7.2.1　按化学结构分类
按化学结构差异，环氧树脂可分为缩水甘油类环氧树脂和非缩水甘油类环氧树脂两大类。

7.2.1.1　缩水甘油类环氧树脂

缩水甘油类环氧树脂可看成缩水甘油（$CH_2\!-\!CH\!-\!CH_2\!-\!OH$ ，含环氧基 O）的衍生化合物。主要有缩水甘油醚类、缩水甘油酯类和缩水甘油胺类 3 种。

（1）缩水甘油醚类　缩水甘油醚类环氧树脂是指分子中含缩水甘油醚的化合物，常见的主要有以下几种。

① 双酚 A 型环氧树脂（简称 DGEBA 树脂）　是目前应用最广的环氧树脂，约占实际使用环氧树脂中的 85％以上。其化学结构式为

② 双酚 F 型环氧树脂（简称 DGEBF 树脂）

③ 双酚 S 型环氧树脂（简称 DGEBS 树脂）

④ 氢化双酚 A 型环氧树脂

⑤ 线型酚醛型环氧树脂

⑥ 脂肪族缩水甘油醚树脂

⑦ 四溴双酚 A 环氧树脂

（2）缩水甘油酯类　如邻苯二甲酸二缩水甘油酯，其化学结构式为

（3）缩水甘油胺类　由多元胺与环氧氯丙烷反应而得，如

7.2.1.2　非缩水甘油类环氧树脂

非缩水甘油类环氧树脂主要是用过醋酸等氧化剂与碳碳双键反应而得。主要是指脂环族环氧树脂、环氧化烯烃类和一些新型环氧树脂。

（1）脂环族环氧树脂

如

双（2,3-环氧基环戊基）醚（ERR-0300）　　　　2,3-环氧基环戊基环戊基醚（ERLA-0400）

乙烯基环己烯二环氧化物（ERL-4206）　　　　二异戊二烯二环氧化物（ERL-4269）

160

3,4-环氧基-6-甲基环己基甲酸-3′,4′-环氧
基-6′-甲基环己基甲酯(ERL-4201)

3,4-环氧基环己基甲酸-3′,4′-环氧基
环己基甲酯(ERL-4221)

己二酸二(3,4-环氧基-6-甲基环己基甲酯)(ERL-4289)

二环戊二烯二环氧化物(EP-207)

（2）环氧化烯烃类

（3）新型环氧树脂

此外，还有混合型环氧树脂，即分子结构中同时具有两种不同类型环氧基的化合物。

7.2.2 按官能团的数量分类

按分子中官能团的数量，环氧树脂可分为双官能团环氧树脂和多官能团环氧树脂。对反应性树脂而言，官能团数的影响是非常重要的。典型的双酚 A 型环氧树脂属于双官能团环氧树脂。多官能团环氧树脂是指分子中含有 2 个以上的环氧基的环氧树脂。几种有代表性的多官能团环氧树脂如下：

四缩水甘油醚基四苯基乙烷(*tert*-PGEE)

三苯基缩水甘油醚基甲烷(*tri*-PGEM)

四缩水甘油基二甲苯二胺(*tert*-GXDA)

三缩水甘油基-*p*-氨基苯酚(*tri*-PAP)

161

四缩水甘油基二氨基二亚甲基苯(*tert*-GDDM)

三缩水甘油基三聚异氰酸酯(*tri*-GIC)

7.2.3 按状态分类

按室温下的状态，环氧树脂可分为液态环氧树脂和固态环氧树脂。这在实际使用时很重要。液态树脂指分子量较低的树脂，可用作浇注料、无溶剂胶黏剂和涂料等。固态树脂是分子量较大的环氧树脂，是一种热塑性的固态低聚物，可用于粉末涂料和固态成型材料等。

7.3 环氧树脂的性质与特性指标

7.3.1 环氧树脂的性质

环氧树脂都含有环氧基，因此环氧树脂及其固化物的性能相似，但环氧树脂的种类繁多，不同种类的环氧树脂因碳架结构有较大的差别，其性质有一定差别。同一种类不同牌号的环氧树脂因分子量、分子量分布差异，其黏度、软化点、化学反应性等理化性质也有一定差异。即使是同一种类同一牌号的环氧树脂，其固化物的性质也因固化剂及固化工艺的不同而有所不同。也就是说，环氧树脂的性质与其分子结构、制备工艺以及树脂组成有关，固化物的性质还与固化剂的种类及分子结构、固化工艺等有关。

一般来说，作为目前应用最广的双酚A型环氧树脂，其分子式的双酚A骨架提供强韧性和耐热性，亚甲基链赋予柔软性，醚键赋予耐化学药品性，羟基赋予反应性和粘接性。双酚F型环氧树脂与双酚A型环氧树脂性质相似，只不过其黏度比双酚A型环氧树脂低得多，适合作无溶剂涂料。双酚S型环氧树脂也与双酚A型环氧树脂相似，其黏度比双酚A型环氧树脂略高，其最大的特点是固化物具有比双酚A型环氧树脂固化物更高的热变形温度和更好的耐热性能。氢化双酚A型环氧树脂的特点是树脂的黏度非常低，但凝胶时间比双酚A型环氧树脂凝胶时间长两倍多，其固化物的最大特点是耐候性好，可用于耐候性的防腐蚀涂料。酚醛环氧树脂主要包括苯酚线型酚醛环氧树脂和邻甲酚线型酚醛环氧树脂，其特点是每分子的环氧官能度大于2，可使涂料的交联密度大，固化物耐化学药品性、耐腐蚀性以及耐热性比双酚A型环氧树脂好，但漆膜较脆，附着力稍低，且常常需要较高的固化温度，常用作集成电路和电子电路、电子元器件的封装材料。溴化环氧树脂因分子中含有阻燃元素，因此其阻燃性能高，可作为阻燃型环氧树脂使用，常用于印刷电路板、层压板等。

脂环族环氧树脂因为其环氧基直接连在脂环上，因此其固化物比缩水甘油型环氧树脂固化物更稳定，表现在良好的热稳定性、耐紫外线性好、树脂本身的黏度低，缺点是固化物的韧性较差，这类树脂在涂料中应用较少，主要用作防紫外线老化涂料。

7.3.2 环氧树脂的特性指标

环氧树脂有多种型号，各具不同的性能，其性能可由特性指标确定。

(1) 环氧当量（或环氧值） 环氧当量（或环氧值）是环氧树脂最重要的特性指标，表征树脂分子中环氧基的含量。环氧当量是指含有 1mol 环氧基的环氧树脂的质量（g），以 EEW 表示。而环氧值是指 100g 环氧树脂中环氧基的物质的量（mol）。

$$环氧当量 = \frac{100}{环氧值}$$

环氧当量的测定方法有化学分析法和光谱分析法。国际上通用的化学分析法有高氯酸法，其他的还有盐酸丙酮法、盐酸吡啶法和盐酸二氧六环法。盐酸丙酮法方法简单，试剂易得，使用方便。其方法是：准确称量 0.5～1.5g 树脂置于具塞的三角烧瓶中，用移液管加入 20mL 的盐酸丙酮溶液（1mL 相对密度 1.19 的盐酸溶于 40mL 丙酮中），加塞摇荡，使树脂完全溶解，在阴凉处放置 1h，盐酸与环氧基作用生成了氯醇，之后加入甲基红指示剂 3 滴，用 0.1mol/L 的 NaOH 溶液滴定过量的盐酸至红色褪去变成黄色时为终点。同样操作，不加树脂，做一空白试验。由树脂消耗的盐酸的量即可计算出树脂的环氧当量。

(2) 羟值（羟基当量） 羟值是指 100g 环氧树脂中所含的羟基的物质的量（mol）。而羟基当量是指含 1mol 羟基的环氧树脂的质量（g）。

$$羟基当量 = \frac{100}{羟值}$$

羟基的测定方法有两种：一是直接测定环氧树脂中的羟基含量；二是打开环氧基形成羟基，并进一步测定羟基含量的总和。前一方法是根据氢化铝锂能和含有活泼氢的基团进行快速、定量反应的原理，用于直接测定环氧树脂中的羟基，是一种较可靠的方法。后一方法是以乙酸酐、吡啶混合后的乙酰化试剂与环氧树脂进行反应，即可测定环氧树脂中的羟基含量即羟值。

(3) 酯化当量 酯化当量是指酯化 1mol 单羧酸（60g 醋酸或 280g C_{18} 脂肪酸）所需环氧树脂的质量（g）。环氧树脂中的羟基和环氧基都能与羧酸进行酯化反应。酯化当量可表示树脂中羟基和环氧基的总含量。

$$酯化当量 = \frac{100}{环氧值 \times 2 + 羟值}$$

(4) 软化点 环氧树脂的软化点可以表示树脂的分子量大小，软化点高的分子量大，软化点低的分子量小。

低分子量环氧树脂	软化点<50℃	聚合度<2
中分子量环氧树脂	软化点 50～95℃	聚合度 2～5
高分子量环氧树脂	软化点>100℃	聚合度>5

(5) 氯含量 是指环氧树脂中所含氯的物质的量（mol），包括有机氯和无机氯。无机氯主要是指树脂中的氯离子，无机氯的存在会影响固化树脂的电性能。树脂中的有机氯含量标志着分子中未起闭环反应的那部分氯醇基团的含量，它含量应尽可能地降低，否则也会影响树脂的固化及固化物的性能。

(6) 黏度 环氧树脂的黏度是环氧树脂实际使用中的重要指标之一。不同温度下，环氧树脂的黏度不同，其流动性能也就不同。黏度通常可用杯式黏度计、旋转黏度计、毛细管黏度计和落球式黏度计来测定。

7.3.3 国产环氧树脂的牌号

国产环氧树脂的牌号及规格见表 7-1。

表 7-1　国产环氧树脂的牌号及规格

国家统一型号	旧牌号	规格				
		软化点/℃（或黏度/Pa·s）	环氧值/(mol/100g)	有机氯/(mol/100g)	无机氯/(mol/100g)	挥发分/%
双酚A型	E-54	616	(6～8)	0.55～0.56	≤0.02	≤0.001	≤2
	E-51	618	(<2.5)	0.48～0.54	≤0.02	≤0.001	≤2
		619	液体	0.48	≤0.02	≤0.005	≤2.5
	E-44	6101	12～20	0.41～0.47	≤0.02	≤0.001	≤1
	E-42	634	21～27	0.38～0.45	≤0.02	≤0.001	≤1
	E-39-D		24～28	0.38～0.41	≤0.01	≤0.001	≤0.5
	E-35	637	20～35	0.30～0.40	≤0.02	≤0.005	≤1
	E-31	638	40～55	0.23～0.38	≤0.02	≤0.005	≤1
	E-20	601	64～76	0.18～0.22	≤0.02	≤0.001	≤1
	E-14	603	78～85	0.10～0.18	≤0.02	≤0.005	≤1
	E-12	604	85～95	0.09～0.14	≤0.02	≤0.001	≤1
	E-10	605	95～105	0.08～0.12	≤0.02	≤0.001	≤1
	E-06	607	110～135	0.04～0.07			≤1
	E-03	609	135～155	0.02～0.045			≤1
酚醛型	F-51		28(≤2.5)	0.48～0.54	≤0.02	≤0.001	≤2
	F-48	648	70	0.44～0.48	≤0.08	≤0.005	≤2
	F-44	644	10	≈0.44	≤0.1	≤0.005	≤2
	F_J-47		35	0.45～0.5	≤0.02	≤0.005	≤2
	F_J-43		65～75	0.40～0.45	≤0.02	≤0.005	≤2

注：F_J-47 和 F_J-43 为邻甲酚醛环氧树脂。

7.4　环氧树脂的固化反应及固化剂

7.4.1　环氧树脂的固化反应

环氧树脂本身很稳定，如双酚 A 型环氧树脂即使加热到 200℃ 也不发生变化。但环氧树脂分子中含有活泼的环氧基，因而反应性很强，能与固化剂发生固化反应生成网状大分子。环氧树脂的固化反应主要与分子中的环氧基和羟基有关。

7.4.1.1　环氧基与含活泼氢的化合物反应
（1）与伯胺、仲胺反应

叔胺不与环氧基反应，但可催化环氧基开环，使环氧树脂自身聚合。

（2）与酚类反应

164

（3）与羧酸反应

（4）与无机酸反应

（5）与巯基反应

（6）与醇羟基反应　反应需要在催化和高温下发生。而常温下，环氧基与醇羟基反应极微弱。

7.4.1.2　环氧树脂中羟基的反应
（1）与酸酐反应

（2）与羧酸反应

（3）与羟甲基或烷氧基反应

（4）与异氰酸酯反应

$$-\overset{|}{\underset{OH}{CH}}- + OCN-R \longrightarrow -\overset{|}{\underset{\overset{|}{O}-\overset{O}{\underset{\parallel}{C}}-NH-R}{CH}}-$$

（5）与硅醇或其烷氧基缩合

$$-\overset{|}{\underset{OH}{CH}}- + HO-\overset{CH_3}{\underset{CH_3}{\overset{|}{Si}}}-O- \longrightarrow HC-O-\overset{CH_3}{\underset{CH_3}{\overset{|}{Si}}}-O- + H_2O$$

$$-\overset{|}{\underset{OH}{CH}}- + RO-\overset{CH_3}{\underset{CH_3}{\overset{|}{Si}}}-O- \longrightarrow HC-O-\overset{CH_3}{\underset{CH_3}{\overset{|}{Si}}}-O- + ROH$$

7.4.2　固化剂

环氧树脂的固化反应是通过加入固化剂，利用固化剂中的某些基团与环氧树脂中的环氧基或羟基发生反应来实现的。固化剂种类繁多，按化学组成和结构的不同，常用的固化剂可分为胺类固化剂、酸酐类固化剂、合成树脂类固化剂、聚硫橡胶类固化剂。

7.4.2.1　胺类固化剂

胺类固化剂包括多元胺类固化剂、叔胺和咪唑类固化剂、硼胺配合物及带氨基的硼酸酯类配合物固化剂。胺类固化剂的用量（％）与固化剂的分子量、分子中活泼氢原子数以及环氧树脂的环氧值有关。

$$胺类固化剂的用量 = \frac{胺的分子量}{胺分子中活泼氢原子数} \times 环氧值 \times 100\%$$

胺类固化剂中活性胺的含量用胺值表示。

（1）多元胺类固化剂

单一的多元胺类固化剂有脂肪族多元胺类固化剂、聚酰胺多元胺类固化剂、脂环族多元胺类固化剂、芳香族多元胺类固化剂及其他胺类固化剂。

① 脂肪族多元胺类固化剂　能在常温下使环氧树脂固化，固化速度快，黏度低，可用来配制常温下固化的无溶剂或高固体分涂料，常用的脂肪族多元胺类固化剂有乙二胺、二亚乙基三胺、三亚乙基四胺、四亚乙基五胺、己二胺、间苯二甲胺等。

一般用直链脂肪胺固化的环氧树脂产物韧性好，粘接性能优良，且对强碱和无机酸有优良的耐腐蚀性，但漆膜的耐溶剂性较差。

脂肪族多元胺类固化剂有以下缺点：固化时放热量大，一般配漆不能太多，施工时间短；活泼氢当量很低，配漆称量必须准确，过量或不足会影响性能；有一定蒸气压，有刺激性，影响工人健康；有吸潮性，不利于在低温高湿下施工，且易吸收空气中的 CO_2 变成碳酰胺；高极性，与环氧树脂的混溶性欠佳，易引起漆膜缩孔、橘皮、泛白等。

② 聚酰胺多元胺类固化剂　一种改性的多元胺，是用植物油脂肪酸与多元胺缩合而成的，含有酰胺基和氨基：

$$RCOOH + H_2N-(CH_2)_2-NH-(CH_2)_2-NH_2 \longrightarrow R\overset{O}{\overset{\parallel}{C}}-NH-(CH_2)_2-NH-(CH_2)_2-NH_2$$

产物中有 3 个活泼氢原子，可与环氧基反应。对环境湿度不敏感，对基材有良好的润湿性。

③ 脂环族多元胺类固化剂　色泽浅，保色性好，黏度低，但反应迟缓，往往需与其他固化剂配合使用，或加促进剂，或制成加成物，或需加热固化。如：

双(4-氨基-3-甲基环己基)甲烷　　　　　异佛尔酮二胺

④ 芳香族多元胺类固化剂　芳香族多元胺中氨基与芳环直接相连，与脂肪族多元胺相比，碱性弱，反应受芳香环空间位阻影响，固化速度大幅度下降，往往需要加热才能进一步固化。但固化物比脂肪胺体系的固化物在耐热性、耐化学药品性方面优良。芳香族多元胺必须经过改性，制成加成物等，或加入催化剂，如苯酚、水杨酸、苯甲醇等，才能配成良好的固化剂，能在低温下固化，漆混合后的发热量不高，耐腐蚀性优良，耐酸及耐热水，广泛应用于工厂的地坪涂料，耐溅滴、耐磨。芳香族多元胺类固化剂主要有 4,4′-二氨基二苯甲烷、4,4′-二氨基二苯基砜、间苯二胺等。固化剂 NX-2045 的结构式为

该固化剂的分子结构上带有憎水性优异且常温反应活性高（带双键）的柔性长脂肪链，还带有抗化学腐蚀的苯环结构，使其既有一般酚醛胺的低温、潮湿快速固化特性，又有一般低分子聚酰胺固化剂的长使用期。

⑤ 其他胺类固化剂

a. 双氰胺　结构式为 $H_2N-\overset{NH}{\underset{}{C}}-NHCN$，很早就被用作潜伏性固化剂应用于粉末涂料、胶黏剂等领域。双氰胺在 145～165℃ 能使环氧树脂在 30min 内固化，但在常温下是相对稳定的，将固态的双氰胺充分粉碎分散在液体树脂内，其贮存稳定性可达 6 个月。与固体树脂共同粉碎，制成粉末涂料，贮存稳定性良好。

b. 己二酰二肼　结构式为 $H_2NHN-\overset{O}{\underset{}{C}}-(CH_2)_4-\overset{O}{\underset{}{C}}-NHNH_2$，在常温下与环氧树脂的配合物贮存稳定，在加热后才缓慢溶解发生固化反应，也可加入叔胺、咪唑等促进剂加快其固化反应。

c. 酮亚胺类化合物　结构式为 ，是一种潜伏性固化剂。当与环氧树脂混合制成的漆膜暴露于空气中时，酮亚胺类化合物会吸收空气中的水分产生多元胺，从而使漆膜迅速固化。

d. 曼尼基加成多元胺　曼尼基（Mannich）反应是酚、甲醛及多元胺三者的缩合反应。

分子中有酚羟基，能促进固化。其固化特点是即使在低温、潮湿的环境下也能固化。常用于寒冷季节时需快速固化的环氧树脂漆。

（2）叔胺和咪唑类固化剂

① 叔胺类固化剂　叔胺属于路易斯碱，其分子中没有活泼氢原子，但氮原子上仍有一对孤对电子，可对环氧基进行亲核进攻，催化环氧树脂自身开环固化。固化反应机理如下：

是阴离子型的催化反应。叔胺类固化剂具有固化剂用量、固化速度、固化产物性能变化较大，且固化时放热量较大的缺点，因此不适应于大型浇铸。

最典型的叔胺类固化剂为DMP-30（或K-54）固化剂，其结构式如下：

该化合物分子中氨基上没有活泼氢原子，不能与环氧基结合，但它能促进聚酰胺、硫醇等与环氧基交联。

其他具有代表性的叔胺类固化剂有：

N(CH₂CH₂OH)₃　　　(CH₃)₂N—C—N(CH₃)₂　　CH₃—N　N—CH₃　　
三乙醇胺　　　　　四甲基胍　　　　N,N'-二甲基哌嗪　　三亚乙基二胺

苄基二甲胺　　　　　　DMP-10

② 咪唑类固化剂　咪唑类固化剂是一种新型固化剂，可在较低的温度下使环氧树脂固化，并得到耐热性优良、力学性能优异的固化产物。咪唑类固化剂主要是一些1位、2位或4位取代的咪唑衍生物，典型的咪唑类固化剂如下：

2-甲基咪唑　　2-乙基-4-甲基咪唑　　2-十一烷基咪唑　　2-十七烷基咪唑　　2-苯基咪唑

1-苄基-2-甲基咪唑　1-氰乙基-2-甲基咪唑　1-氰乙基-2-乙基-4-甲基咪唑　1-氰乙基-2-十一烷基咪唑

偏苯三酸-1-氰乙基-2-十一烷基咪唑盐

偏苯三酸-1-氰乙基-2-苯基咪唑盐

2,4-二氨基-6-[2′-乙基咪唑基]乙基顺式三嗪

2,4-二氨基-6-[2′-乙基-4′-甲基咪唑基]乙基顺式三嗪

2,4-二氨基-6-[2′-十一烷基咪唑基]乙基顺式三嗪

1-十二烷基-2-甲基-3-苄基咪唑盐酸盐

1,3-二苄基-2-甲基咪唑盐酸盐

咪唑类固化剂与环氧树脂的固化反应机理如下：

咪唑类固化剂的结构不同，其性质也有所不同。一般来说，咪唑类固化剂的碱性越强，固化温度就越低。咪唑环内有两个氮原子，1位氮原子的孤电子对参与环内芳香大 π 键的形

成，而 3 位氮原子的孤电子对则没有，因此 3 位氮原子的碱性比 1 位氮原子的强，起催化作用的主要是 3 位氮原子。1 位氮上的取代基对咪唑类固化剂的反应活性影响较大，当取代基较大时，1 位氮上的孤电子对不能参与环内芳香大 π 键形成，此时 1 位氮的作用相当于叔胺。

(3) 硼胺配合物及带氨基的硼酸酯类固化剂

① 三氟化硼-胺配合物固化剂　三氟化硼分子中的硼原子缺电子，易与富电子物质结合，因此三氟化硼属路易斯酸，能与环氧树脂中的环氧结合，催化环氧树脂进行阳离子聚合。三氟化硼活性很大，在室温下与缩水甘油酯型环氧树脂混合后很快固化，并放出大量的热，且三氟化硼在空气中易潮解并有刺激性，因此一般不单独用做环氧树脂的固化剂。通常是将三氟化硼与路易斯碱结合成配合物，以降低其反应活性。所用的路易斯碱主要是单乙胺，此外还有正丁胺、苄胺、二甲基苯胺等。三氟化硼-胺配合物与环氧树脂混合后在室温下是稳定的，但在高温下配合物分解产生三氟化硼和胺，很快与环氧树脂进行固化反应。

最具有代表性的三氟化硼-胺配合物固化剂是三氟化硼单乙胺配合物，其结构式为 $BF_3NH_2—CH_2CH_3$，在常温下与环氧树脂混合后稳定，但加热至 100℃ 以上时，该配合物分解成三氟化硼和乙胺，进而引发环氧树脂固化。

三氟化硼-胺配合物的反应活性主要取决于胺的碱性强弱，对于碱性弱的苯胺、单乙胺，其配合物的反应起始温度低，而对于碱性强的哌啶、三乙胺，其配合物的反应起始温度就高。

② 带氨基的硼酸酯类固化剂　该类固化剂是我国 20 世纪 70 年代研制成功的带氨基的环状硼酸酯类化合物。常见的带氨基的硼酸酯类固化剂见表 7-2。

表 7-2　常见的带氨基的硼酸酯类固化剂

型号	化学结构	外观	沸点/℃	黏度(20℃)/mPa·s
901	H₃C基团的环状结构 B—OCH₂CH₂N(CH₃)₂	无色透明液体		2～3
595	环状结构 B—OCH₂CH₂N(CH₃)₂	无色透明液体	240～250	3～6
594	环状结构 B—OCH₂CH₂N(CH₃)₂	橙红色黏稠液体	>250	30～50①

① 单位为 s。

这类固化剂的优点是沸点高、挥发性小、黏度低、对皮肤刺激性小，与环氧树脂相容性好，操作方便，与环氧树脂的混合物常温下保持 4～6 个月后黏度变化不大，贮存期长，固化物性能好。缺点是易吸水，在空气中易潮解，因此贮存时要注意密封保存，防止吸潮。如 901 固化剂与环氧树脂在 150℃ 烘 5h 固化，常温下使用期限为两星期。如用于聚酰胺-环氧体系，在常温下贮存 14 个月不胶凝，但在 190～260℃ 烘烤时，30～60s 即可固化。固化后机械性能优良。

7.4.2.2　酸酐类固化剂

酸酐类固化剂的优点是对皮肤刺激性小，常温下与环氧树脂混合后使用期长，固化物的性能优良，特别是介电性能比胺类固化剂优异，因此酸酐固化剂主要用于电气绝缘领域。其缺点是固化温度高，往往加热到 80℃ 以上才能进行固化反应，所以比其他固化剂成型周期长，并且改性类型也有限，常常被制成共熔混合物使用。

在无促进剂存在下，酸酐类固化剂与环氧树脂中的羟基作用，产生含有一个羧基的单酯，后者再引发环氧树脂固化。固化反应速度与环氧树脂中的羟基有关，羟基浓度很低的环氧树脂固化反应速度很慢，羟基浓度高的则固化反应速度快。酸酐类固化剂用量一般为环氧基的物质的量的 0.85 倍。

用叔胺作促进剂时，固化反应机理如下：

可以看出，固化反应速度取决于叔胺的浓度，叔胺浓度越大，固化反应速度则越快；每一个酸酐分子对应于一个环氧基，酸酐的用量等于环氧基的化学计量。

叔胺是酸酐固化环氧树脂的最常用的促进剂。由于活性较强，叔胺通常是以羧酸复盐的形式使用。常用的叔胺促进剂有三乙胺、三乙醇胺、苄基二甲胺、二甲氨基甲基苯酚、三（二甲氨基甲基）苯酚、2-乙基-4-甲基咪唑等。除叔胺外，季铵盐、金属有机化合物如环烷酸锌、六酸锌也可作酸酐/环氧树脂固化反应的促进剂。

酸酐类固化剂种类很多，按化学结构不同可分为直链脂肪族酸酐、芳香族酸酐和脂环族酸酐。按酸酐官能团数量不同可分为单官能团酸酐、双官能团酸酐。还可按分子中是否含游离羧基进行分类。酸酐类固化剂的种类不同，其性质和用途也有差异，常用的酸酐类固化剂种类、特点和用途见表 7-3。

此外，顺丁烯二酸酐也可用作环氧树脂的固化剂，100g 双酚 A 环氧树脂，顺丁烯二酸酐的用量为 30～40g。顺丁烯二酸酐酸性强，其固化环氧树脂的速度较快。顺丁烯二酸酐还可和各种共轭双烯加成，生成多种重要的液体酸酐。如顺丁烯二酸酐与丁二烯可合成 70 酸酐。70 酸酐是一种液体酸酐，毒性低，挥发性小，其用量为环氧树脂计量的 80%，固化条件是 150℃、4h 或 180℃、2h。用桐油改性顺丁烯二酸酐可制得液体桐油酸酐（308 酸酐），每 100g 双酚 A 树脂，其用量是 200g，固化条件是 100～120℃、4h，固化物柔软，延伸率好，但热变形温度低。647 酸酐是一种低熔点混合酸酐，它是由环戊二烯与顺丁烯酸酐的加成物以及部分未反应的顺丁烯二酸酐组成的，其熔点低于 40℃，实际用量为计算值的 80%～90%，固化条件为 150～160℃、4h，固化物的热变形温度为 150℃。

7.4.2.3 合成树脂类固化剂

许多分子中含有酚羟基或醇羟基或其他活性氢的涂料用合成树脂，在高温（150～200℃）下可使环氧树脂固化，从而交联成性能优良的漆膜。这些合成树脂类固化剂主要有酚醛树脂固化剂、聚酯树脂固化剂、氨基树脂固化剂和液体聚氨酯固化剂等。改变树脂的品种和配比，可得到具有不同性能的涂料。

（1）酚醛树脂固化剂　酚醛树脂中含有大量的酚羟基，在加热条件下可以使环氧树脂固化，形成高度交联的、性能优良的酚醛-环氧树脂漆膜。漆膜既保持了环氧树脂良好的附着力，又保持了酚醛树脂的耐热性，因而具有优良的耐酸碱性、耐溶剂性、耐热性。但漆膜颜色较深，不能做浅色漆。主要用于涂装罐头、包装桶、贮罐、管道的内壁，以及化工设备和

表 7-3　常用的酸酐类固化剂种类、特点和用途

类别	名　称	特　点		用　途
		优点	缺点	
单官能团酸酐	邻苯二甲酸酐	价格便宜,固化时放热少,耐化学药品性优良	易升华,与环氧树脂不易混合	适于大型浇铸,涂料
	四氢邻苯二甲酸酐	不升华,固化时放热少,耐化学药品性优良	着色,与环氧树脂不易混合	很少单独使用,一般与其他酸酐混用
	六氢邻苯二甲酸酐	黏度低,适用期长,耐热性、耐漏电痕迹性、耐候性优良	有吸湿性	熔化后黏度低,可与环氧树脂制成低黏度配合物
	甲基四氢邻苯二甲酸酐	黏度低、工艺性优良	价格较贵	使用广泛,适于层压、浇铸
	甲基六氢邻苯二甲酸酐	无色透明,适用期长,色相稳定,耐漏电痕迹性、耐候性优良	价格较贵	适于层压、浇铸、浸渍
	甲基纳迪克酸酐	适用期长,工艺性优良,固化时收缩率小,耐热性、耐化学药品性优良	耐碱性差	使用广泛,适于层压、浇铸、浸渍、涂料
	十二烷基琥珀酸酐	工艺性优良,韧性好	耐化学药品性差	适于层压、浇铸、浸渍
	氯茵酸酐	耐热性、阻燃性好,电性能优良	操作工艺性差	适于层压、浇铸
双官能团酸酐	均苯四甲酸酐	耐热性、耐药品性好	操作工艺性差,固化物具脆性	常不单独使用,而与甲基四氢邻苯二甲酸酐混合使用,适于层压、浇铸、涂料
	苯酮四酸二酐	耐热性、耐药品性好,耐高温性、耐老化性优良	溶解性不良	通常不单独使用,适于成型、层压、浇铸、涂料
	甲基环己烯四酸二酐	耐热性高,耐漏电性优良	价格贵	适于成型、层压、浇铸、涂料
	二苯醚四酸二酐	操作工艺性好,耐热性优良	价格贵	适于成型、层压、浇铸
游离酸酐	偏苯三酸酐	固化速度快,电性能、耐热性、耐化学药品性优良	使用期短,操作工艺性差	适于层压、浇铸、涂料
	聚壬二酸酐	固化物伸长率高,热稳定性好	易吸水降解,固化物耐热性差	适于层压、浇铸、浸渍

电磁线等。

(2) 聚酯树脂固化剂　聚酯树脂分子末端含有羟基或羧基,可与环氧树脂中的环氧基反应,使环氧树脂固化。该固化物柔韧性、耐湿性、电性能和粘接性都十分优良。

(3) 氨基树脂固化剂　氨基树脂主要是指脲醛树脂和三聚氰胺甲醛树脂。脲醛树脂和三聚氰胺甲醛树脂分子中都含有羟基和氨基,它们都可与环氧基反应,使环氧树脂固化,得到具有较好的耐化学药品性和柔韧性的漆膜,漆膜颜色浅、光泽强。适于涂装医疗器械、仪器设备、金属或塑料表面罩光等。丁醇醚化的脲醛树脂与环氧树脂有很好的混溶性,丁醇醚化的三聚氰胺甲醛树脂和环氧树脂可混溶。环氧树脂与氨基树脂的质量配比为70∶30时漆膜的性能最好。当环氧树脂比例增加时,漆膜的柔韧性和附着力提高。而当氨基树脂的比例增加时,漆膜的硬度和抗溶剂性提高。

(4) 液体聚氨酯固化剂　聚氨酯分子中既含有氨基,又含有异氰酸酯基,它们可以和环氧树脂中的环氧基或羟基反应,而使环氧树脂固化,所得漆膜具有优越的耐水性、耐溶剂

性、耐化学药品性以及柔韧性，可用于涂装耐水设备或化工设备等。

7.4.2.4 聚硫橡胶类固化剂

聚硫橡胶类固化剂主要有液态聚硫橡胶和多硫化合物两种。

（1）液态聚硫橡胶　液态聚硫橡胶是一种黏稠液体，其分子量一般为 800～3000。液体聚硫橡胶本身硫化后具有很好的弹性和黏附性，且耐各种油类和化学介质，是一种通用的密封材料。液体聚硫橡胶分子末端含有巯基（—SH），巯基可与环氧基反应，从而使环氧树脂固化。无促进剂时，反应极缓慢。加入路易斯碱作促进剂时，反应在 0～20℃的低温下就可进行。在常温下只有 2～10min 的适用期，但完全固化需要 1 周左右的时间。温度升高固化速度加快，反应也更完全。

（2）多硫化合物　多硫化合物一般结构如下：

$$HS \overline{} CH_2CH_2OCH_2OCH_2CH_2 \overline{} S \overline{} S \overline{}_n CH_2CH_2OCH_2OCH_2CH_2 \overline{} SH$$

这种多硫化合物是一种低分子量的齐聚物，其分子末端有巯基，与液体聚硫橡胶不同，即使用路易斯碱作促进剂也不能使环氧树脂在低温下固化。但多硫化合物与普通叔胺或多元胺固化剂并用时，则可在室温下使环氧树脂固化。

7.5　环氧树脂的合成

环氧树脂的种类繁多，不同类型的环氧树脂的合成方法不同。环氧树脂的合成方法主要有两种：

① 多元酚、多元醇、多元酸或多元胺等含活泼氢原子的化合物与环氧氯丙烷等含环氧基的化合物经缩聚而得；

② 链状或环状双烯类化合物的双键与过氧酸经环氧化而成。

本节主要介绍双酚 A 型环氧树脂、酚醛型环氧树脂、部分脂环族环氧树脂以及缩水甘油胺类多官能团环氧树脂的合成方法。

7.5.1　双酚 A 型环氧树脂的合成

（1）合成原理　双酚 A 型环氧树脂又称为双酚 A 缩水甘油醚型环氧树脂，因原料来源方便、成本低，所以在环氧树脂中应用最广，产量最大，约占环氧树脂总产量的 85％以上。双酚 A 型环氧树脂是由双酚 A 和环氧氯丙烷在氢氧化钠催化下反应制得的，双酚 A 和环氧氯丙烷都是二官能度化合物，所以合成所得的树脂是线型结构。反应原理如下：

双酚 A 型环氧树脂实际上是由低分子量的二环氧甘油醚、双酚 A 以及部分高分子量聚合物组成的，双酚 A 与环氧氯丙烷的摩尔比不同，其组成也就不同：

可以看出，环氧氯丙烷与双酚 A 的摩尔比必须大于 1∶1 才能保证聚合物分子末端含有环氧基。环氧树脂的分子量随双酚 A 和环氧氯丙烷的摩尔比的变化而变化，一般说来，环氧氯丙烷过量越多，环氧树脂的分子量越小。若要制取分子量高达数万的环氧树脂，必须采用等摩尔比。工业上环氧氯丙烷的实际用量一般为双酚 A 化学计量的 2～3 倍。

(2) 合成工艺　工业上，双酚 A 型环氧树脂的生产方法主要有一步法和二步法两种。低、中分子量的树脂一般用一步法合成，而高分子量的树脂既可用一步法，也可用二步法合成。

① 一步法　一步法是将一定摩尔比的双酚 A 和环氧氯丙烷在 NaOH 作用下进行缩聚，用于合成低、中分子量的双酚 A 型环氧树脂。国产的 E-20、E-12、E-14 和 E-44 等环氧树脂均是采用一步法生产的。一步法又可分为水洗法、溶剂萃取法和溶剂法。

水洗法是先将双酚 A 溶于 10％的 NaOH 水溶液中，在一定温度下一次性加入环氧氯丙烷，使之进行反应，反应完毕后静置，除去上层碱液，然后用沸水洗涤十几次，除去树脂中残存的碱和盐类，最后脱水即得产品。

溶剂萃取法与水洗法基本相同，只是后处理时在除去上层碱水后，不是先用沸水洗涤，而是先用溶剂将树脂萃取出来，再经水洗、过滤和脱除溶剂得产品。此法生产的树脂杂质比水洗法少，树脂透明度好。国内厂家多采用此法。

溶剂法是先将双酚 A、环氧氯丙烷和有机溶剂投入反应釜中，搅拌溶解后，升温到 50～75℃，滴加 NaOH 溶液使之进行反应。也可先加入催化剂使反应物醚化，然后再加入 NaOH 溶液脱 HCl 进行闭环反应。到达反应终点后加入大量的溶剂进行萃取，之后进行水洗、过滤，脱除溶剂后即得产品。本法反应温度易于控制，树脂透明度好，杂质少，收率高。

② 二步法　二步法又有本体聚合法和催化聚合法两种。本体聚合法是将低分子量的环

氧树脂和双酚 A 加热溶解后,再在 200℃高温下反应 2h 即得产品。本体聚合法是在高温下进行,副反应多,生成物中有支链,产品不仅环氧值低,而且溶解性差,反应过程中甚至会出现凝锅现象。催化聚合法是将低分子量的双酚 A 型环氧树脂和双酚 A 加热到 80～120℃溶解,然后加入催化剂使其反应,因反应放热而自然升温,放热完毕后冷至 150～170℃反应 1.5h,过滤即得产品。

一步法是在水介质中呈乳液状态进行的,后处理较困难,树脂分子量分布较宽,有机氯含量高,不易制得环氧值高、软化点也高的树脂产品。而二步法是在有机溶剂中呈均相状态进行的,反应较平稳,树脂分子量分布较窄,后处理相对较容易,有机氯含量低,环氧值和软化点可通过原料配比和反应温度来控制。二步法具有工艺简单、操作方便、投资少,以及工时短、无三废、产品质量易控制和调节等优点,因而日益受到重视。

(3) 合成实例

① 低分子量 E-44 环氧树脂的合成

a. 原料配比见表 7-4。

表 7-4　低分子量 E-44 环氧树脂合成原料配比

原　　料	用量/kg	原　　料	用量/kg
双酚 A	1.0	第一份 NaOH(30%水溶液)	1.43
环氧氯丙烷	2.7	第二份 NaOH(30%水溶液)	0.775
苯	适量		

b. 操作过程:将双酚 A 投入溶解釜中,加入环氧氯丙烷,开动搅拌,用蒸汽加热至 70℃溶解。溶解后,将物料送至反应釜中,在搅拌下于 50～55℃,4h 内滴加完第一份 NaOH 溶液,在 55～60℃下继续维持反应 4h。在 85℃、21.33kPa 下减压回收过量的环氧氯丙烷。回收结束后,加苯溶解,搅拌加热至 70℃。然后在 68～73℃下,于 1h 内滴加第二份 NaOH 溶液,在 68～73℃下维持反应 3h。然后冷却静置分层,将上层树脂苯溶液移至回流脱水釜,下层的水层可加苯萃取一次后放掉。在回流脱水釜中回流至蒸出的苯清晰无水时止,冷却、静置、过滤后送至脱苯釜脱苯,先常压脱苯至液温达 110℃以上,然后减压脱苯,至液温 140～143℃无液体馏出时,出料包装。

② 中分子量 E-12 环氧树脂的合成

a. 原料配比见表 7-5。

表 7-5　中分子量 E-12 环氧树脂合成原料配比

原　　料	用量/kg	原　　料	用量/kg
双酚 A	1.0	苯	适量
环氧氯丙烷	1.145	NaOH(30%水溶液)	1.185

b. 操作过程:将双酚 A 和 NaOH 溶液投入溶解釜中,搅拌加热至 70℃溶解,趁热过滤,滤液转入反应釜中冷却至 47℃时一次加入环氧氯丙烷,然后缓缓升温至 80℃。在 80～85℃反应 1h,再在 85～95℃维持至软化点合格为止。加水降温,将废液水放掉,再用热水洗涤数次,至中性和无盐,最后用去离子水洗涤。先在常压脱水,液温升至 115℃以上时,减压至 21.33kPa,逐步升温至 135～140℃。脱水完毕,出料冷却,即得固体环氧树脂。

③ 高分子量环氧树脂的合成　将低分子量环氧树脂(预含叔胺催化剂)及双酚 A 投放反应釜,通氮气,加热至 110～120℃,此时反应开始放热,控制釜温至 177℃左右,注意用冷却水控制反应,使之不超过 193℃以免催化剂失效。在 177℃所需保温的时间,取决于制

得的环氧树脂的分子量：环氧当量在 1500 以下，保持 45min；环氧当量在 1500 以上，保持 90～120min。

7.5.2　酚醛型环氧树脂的合成

酚醛型环氧树脂主要有苯酚线型酚醛型环氧树脂和邻甲酚线型酚醛型环氧树脂两种。酚醛型环氧树脂的合成方法与双酚 A 型环氧树脂相似，都是利用酚羟基与环氧氯丙烷反应来合成的，所不同的是前者是利用线型酚醛树脂中酚羟基与环氧氯丙烷反应来合成的，而后者是利用双酚 A 中的酚羟基与环氧氯丙烷反应来合成。酚醛型环氧树脂的合成分两步进行，第一步，由苯酚与甲醛合成线型酚醛树脂，第二步，由线型酚醛树脂与环氧氯丙烷反应合成酚醛型环氧树脂，反应原理如下：

合成线型酚醛树脂所用的酸性催化剂一般为草酸或盐酸。为防止生成交联型酚醛树脂，甲醛的物质的量必须小于苯酚的物质的量。

工业上的生产过程一般是将工业酚、甲醛以及水依次投入反应釜中，在搅拌下加入适量的草酸，缓缓加热至反应物回流并维持一段时间后冷却至 70℃ 左右，再补加适量 10% HCl，继续加热回流一段时间后，冷却，以 10% 氢氧化钠溶液中和至中性。以 60～70℃ 的温水洗涤树脂数次，以除去未反应的酚和盐类等杂质，蒸去水分，即得线型酚醛树脂。然后在温度不高于 60℃ 的情况下，向合成好的线型酚醛树脂中加入一定量的环氧氯丙烷，搅拌，分批加入约 10% 的氢氧化钠，保持温度在 90℃ 左右反应约 2h，反应完毕用热水洗涤至洗水溶液 pH 在 7～8。脱水后即得棕色透明酚醛型环氧树脂。

7.5.3　部分脂环族环氧树脂的合成

(1)

(2)

(3)

(4)

(5)

(6)

7.6 新型环氧树脂固化剂的合成

7.6.1 改性多元胺固化剂的合成

为了克服胺类固化剂的脆性、不良的耐冲击性、欠佳的耐候性、高的挥发性以及毒害作用，必须对胺类固化剂进行改性，以便获得无毒或低毒、可在室温条件下固化的胺类固化剂。

7.6.1.1 氰乙基己二胺固化剂的合成

等物质的量的己二胺与丙烯腈反应，主要生成氰乙基己二胺：

$$H_2N(CH_2)_6NH_2 + CH_2\!\!=\!\!CH\!-\!CN \longrightarrow H_2N(CH_2)_6NHCH_2CH_2CN$$

反应产物中，含有伯氨基、仲氨基和氰基。固化环氧树脂时，伯氨基、仲氨基先后反应，固化速度缓和，固化物有优良的力学、物理性能。氰乙基己二胺是一种中温固化剂，可以在 $60\sim100℃$ 固化环氧树脂，固化后的树脂热变形温度较高，耐热性和芳胺固化的树脂相当。此固化剂挥发性低，毒性较小，有着较宽的用量范围。

7.6.1.2 双马来酰亚胺改性芳香胺固化剂的合成

先以二苯甲烷双马来酰亚胺和芳香二胺为原料，以二甲基甲酰胺为溶剂合成二苯甲烷双马来酰亚胺改性的芳香二胺，然后以单官能环氧化合物丁基缩水甘油醚对该改性芳香二胺进行化学增韧改性，得到一种新型固化剂，合成原理如下：

$$H_2N—R—NH_2 + \text{（双马来酰亚胺结构）} \longrightarrow$$

$$H_2N—R—NH—\text{（马来酰亚胺环）}—CH_2—\text{（马来酰亚胺环）}—NH—R—NH_2 \quad CH_2—CH—OCH_2CH_2CH_2CH_3 \longrightarrow$$

$$H_2N—R—NH—\text{（马来酰亚胺环）}—CH_2—\text{（马来酰亚胺环）}—NH—R—NH—CH_2—\overset{OH}{CH}—OCH_2CH_2CH_2CH_3$$

$$R = \text{（苯基）}—CH_2—\text{（苯基）}$$

由于分子中引入了双马来酰亚胺结构和部分脂肪族环氧醚，因此该固化剂与环氧树脂的固化物既有较好的耐湿热性能，也有一定柔韧性，固化体系高温流变性能得到改善，同时该固化剂分子中还保留有伯氨基、仲氨基，因此仍可在较低温度下使环氧树脂固化。

7.6.1.3 烯丙基芳香二胺固化剂的合成

以溴丙烯和芳香族二酚为原料，通过缩合、重排反应制备烯丙基二酚，以所合成的烯丙基二酚和 4-溴硝基苯为原料，通过 Williamson 反应和还原反应制备新型烯丙基取代二胺固化剂。合成过程如下：

$$HO—\text{（苯）}—R—\text{（苯）}—OH \xrightarrow[NaOH]{\text{烯丙基 Br}} \text{（烯丙氧基苯）}—R—\text{（烯丙氧基苯）} \xrightarrow[\text{Claisen 重排}]{\text{加热}} \text{（烯丙基酚）}—R—\text{（烯丙基酚）}$$

$$\xrightarrow[K_2CO_3,\ DMAc]{Br—\text{（苯）}—NO_2} O_2N—\text{（苯氧基）}—\text{（烯丙基苯）}—R—\text{（烯丙基苯）}—\text{（苯氧基）}—NO_2 \xrightarrow[EtOH]{Fe/HCl}$$

$$H_2N—\text{（苯氧基）}—\text{（烯丙基苯）}—R—\text{（烯丙基苯）}—\text{（苯氧基）}—NH_2$$

$$R = \overset{CH_3}{\underset{CH_3}{C}}, \quad \overset{CF_3}{\underset{CF_3}{C}}, \quad \overset{O}{\underset{O}{S}}$$

这类固化剂对于环氧树脂以及双马来酰亚胺树脂均具有较好的固化效果，固化物具有良好的耐热性能和耐溶剂性能。

7.6.1.4 树枝状多氨基大分子固化剂的合成

以三羟甲基丙烷三丙烯酸酯和乙二胺为原料，以甲醇为溶剂和催化剂，进行 Michael 加成反应，可合成外围带多个活泼氢原子的树枝状大分子环氧树脂固化剂。合成原理如下：

178

该树枝状多氨基大分子固化剂挥发性小、毒性小，很容易与环氧树脂混匀，用来固化 E-44 双酚 A 型环氧树脂时，室温下体系使用期和凝胶时间分别是用乙二胺作固化剂时的体系的 4.0 倍和 1.6 倍，而在加热固化时，其固化速度又比乙二胺作为固化剂的体系快得多。这是因为较低温度时，该大分子固化剂分子体积庞大，运动不如乙二胺分子自如，因此其所在体系的使用期、凝胶时间都较长，而温度升高时，分子运动加快，树枝状大分子有多个活泼氢，且这些活泼氢都在大分子外围，所以固化反应速度大大加快。用该固化剂的环氧树脂体系在低温有较长的可使用时间，能方便操作和施工，但在较高的温度下又能很快固化，提高工作效率。

若以含有 8 个碳碳双键的化合物和乙二胺为原料，甲醇为溶剂和催化剂，则可合成结构更加复杂的树枝状多氨基化合物。

将该产物作为环氧树脂固化剂，具有无挥发性、黏度小、毒性低、固化速度快、固化时间缩短、适用期长等优点。

此外，树枝状多胺固化剂还可以如下合成：

以该化合物用作环氧树脂固化剂时，其合适用量在理论用量附近。与常用固化剂乙二胺相比，该化合物不但挥发性小，低污染，与环氧树脂相容性好，而且体系使用期和凝胶时间长，加热时固化速度快；在固化过程中热量分两个阶段逐渐放出，放热过程比较缓和；固化产物热稳定性较好。

7.6.1.5 改性脂肪族、脂环族胺类环氧树脂柔性固化剂的合成

脂肪族胺、脂环族胺类通过改性引入长链、醚键等官能团结构能提高固化物的韧性。如己二胺与 $C_3 \sim C_{11}$ 脂肪族单缩水甘油酯和 $C_1 \sim C_9$ 烷基酚单缩水甘油醚反应制成的液态固化剂有良好的储存稳定性，对皮肤刺激性小，固化物具有挠曲性、耐低温性和耐化学药品性。

以甲苯二异氰酸酯和聚环氧丙烷二醇为原料，合成端羟基聚氨酯预聚体，该预聚体同环氧氯丙烷进行开环加成反应，得到中间体氯化聚醚二元醇，再用乙二胺胺解后，可制得一种新型端氨基遥爪柔性液体固化剂——氨酯基改性的端氨基聚醚型柔性固化剂。反应是通过 3 步进行的，即先以聚氧化丙烯二醇和甲苯二异氰酸酯为原料，以二丁基二月桂酸锡为催化剂，在 80℃ 加热合成端羟基聚氨酯预聚体，然后以该端羟基聚氨酯预聚体和环氧氯丙烷为原料，甲苯为溶剂，三氟化硼乙醚为催化剂，在 50℃ 下，合成氯化聚醚二醇，最后以该氯化聚醚二醇、乙二胺为原料，甲苯为溶剂，进行胺解反应，即得氨酯基改性的端氨基聚醚型柔性固化剂，该固化剂是一种新型端氨基遥爪柔性液体固化剂，为棕红色透明黏稠液体，对环氧树脂具有良好的增韧作用。

7.6.2 改性双氰胺潜伏性固化剂的合成

双氰胺是一种应用广泛且具有优良潜伏性能的环氧树脂固化剂，但在其应用中存在一定的缺点，比如难与环氧树脂相容、固化温度过高（180℃）等，因而不能适应许多生产工艺要求。用对甲苯胺改性双氰胺，在双氰胺分子中引入活性的胺类基团，可制备一种新型固化剂——对甲基苯基双胍盐酸盐，合成原理如下：

对甲基苯基双胍盐酸盐为白色粉末状固体，具有较高的反应活性，易与环氧树脂相容，作为环氧树脂固化剂单独使用时，固化体系的固化温度为 122℃，比双氰胺体系固化温度降低了近 60℃，并且室温下有 40d 以上的贮存期。

7.6.3 硫醇固化剂的合成

硫醇固化剂与环氧树脂的配合物可低温快速固化，广泛应用于胶黏剂领域。实验表明，

选用 β-巯基丙酸与季戊四醇在酸性催化剂存在下酯化，然后再与环氧树脂进行扩链反应，可以制得黏度和使用配比均适用的硫醇固化剂。用此固化剂与环氧树脂及叔胺混合后，能在 5℃ 以下数分钟内固化。合成原理如下：

$$4HSCH_2CH_2COOH + C(CH_2OH)_4 \xrightarrow[\triangle]{催化剂} C(CH_2OCCH_2CH_2SH)_4$$

$$CH_2{-}CH{-}R{-}CH{-}CH_2 + C(CH_2OCCH_2CH_2SH)_4 \xrightarrow{\triangle}$$

$$(HSCH_2CH_2COCH_2)_3CCH_2OCCH_2CH_2S{-}CH_2{-}CH{-}R{-}CH{-}CH_2{-}SCH_2CH_2COCH_2C(CH_2OCCH_2CH_2SH)_3$$

该产品黏度适中，与环氧树脂相容性好，低温固化快，固化物无色透明。

7.6.4 非卤阻燃型固化剂的合成

环氧树脂的阻燃性较差，为改善其阻燃性，通常在环氧树脂中引入卤素、氮、磷、硼和硅等阻燃元素。卤系阻燃剂在燃烧过程中可能会产生苯并呋喃等有害气体，限制了其应用。因此大力开发非卤阻燃型固化剂成为阻燃型固化剂发展的方向。

7.6.4.1 含磷阻燃型固化剂的合成

磷系阻燃剂具有低烟、低毒和低添加量的优点。将磷引入环氧树脂中的方法有两种：一是将添加型含磷阻燃剂通过物理共混的方法添加到环氧树脂中，该方法经济、方便，但存在阻燃剂和环氧树脂的相容性差、阻燃效果不持久、环氧树脂的力学性能降低等问题；二是将反应型含磷阻燃剂（包括含磷的环氧树脂或含磷的环氧树脂固化剂）通过固化反应添加到环氧树脂中，该方法制得的环氧树脂的阻燃效果持久，对环氧树脂原有的热学性质和力学性能影响不大，因此受到研究者的关注。用含磷固化剂来固化环氧树脂以提高固化物的阻燃性是较为常用的方法。含磷固化剂主要有胺类含磷固化剂、含磷羟基类固化剂及二亚膦酸酯类固化剂三类。

（1）胺类含磷固化剂的合成　胺类含磷固化剂主要有：

这类固化剂制备原理较为相似，都是由相应的化合物经硝化反应生成硝基化合物，再氢化还原得到胺类化合物。如 BAOP 的合成原理如下：

181

（2）含磷羟基类固化剂的合成　这类固化剂主要有：

ODOPB　　　　　　　　OD-PN　　　　　　　　BHPP

ODOPB 与 OD-PN 合成原理相似，而 BHPP 是由苯基二氯氧磷和间苯二酚反应合成的。合成原理如下：

ODOPB

OD-PN

BHPP

（3）二亚磷酸酯类固化剂的合成　由于亚磷酸酯受热及有水存在下可以生成磷酸，所以一个分子中含有两个亚磷酸酯的化合物也可用作环氧树脂的固化剂，如聚（双酚 A-二乙基亚磷酸酯）可用于环氧树脂的固化，该化合物合成原理如下：

聚（双酚 A-二乙基亚磷酸酯）

聚（双酚 A-二乙基亚磷酸酯）起始降解温度高于 300℃，可作为潜伏型环氧树脂固化剂，具有在常温下贮存稳定、毒性低、合成简易、应用成本低、环氧固化物电气性能高而具有很高的商业价值。同时由于磷含量高而不必另添加阻燃剂就具有极好的热稳定性和阻燃性，有望用于环境友好的微电子封装产品。

以 4,4'-二氨基二苯基甲烷、苯甲醛和亚磷酸二乙酯为原料，也可合成二亚磷酸酯类固化剂：

$$H_2N-\!\!\bigcirc\!\!-CH_2-\!\!\bigcirc\!\!-NH_2 + \bigcirc\!\!-CHO + C_2H_5O-\overset{\overset{O}{\|}}{\underset{H}{P}}-OC_2H_5 \longrightarrow$$

$$C_2H_5O-\overset{\overset{O}{\|}}{P}-OC_2H_5$$
$$\bigcirc\!\!-CH-NH-\!\!\bigcirc\!\!-CH_2-\!\!\bigcirc\!\!-NH_2$$

7.6.4.2 其他非卤阻燃型固化剂的合成

（1）氮系阻燃型固化剂的合成　氮系阻燃剂中，三嗪环结构可有效地赋予材料阻燃性能，但大部分氮系阻燃剂是添加型的，从而造成环氧树脂固化物综合性能下降。将三嗪结构通过化学键的形式引入到环氧体系中，不仅能够起到很好的阻燃效果，而且还能提高材料的热学、力学等性能。利用三聚氰胺、甲醛、苯酚等即可合成一种含氮固化剂——2,4,6-三（羟基苯基亚甲基胺）均三嗪：

该固化剂与含磷环氧树脂配合使用，所得固化物具有优良的热稳定性，以及优良的阻燃性能。

（2）含硅阻燃型固化剂的合成　芳香二胺与二（4-酰氯苯基）甲基硅烷反应可制备一系列含硅阻燃型固化剂：

$$Ar = \bigcirc\!\!-\overset{\overset{O}{\|}}{\underset{\overset{\|}{O}}{S}}\!\!-\bigcirc , \quad \bigcirc\!\!-\overset{\overset{O}{\|}}{\underset{\overset{\|}{O}}{S}}\!\!-\bigcirc , \quad \bigcirc\!\!-\overset{H}{\underset{H}{C}}\!\!-\bigcirc , \quad \bigcirc\!\!-O-\bigcirc , \quad \bigcirc\!\!-\overset{\overset{O}{\|}}{\underset{CH_3}{P}}\!\!-\bigcirc$$

7.6.5 微胶囊固化剂的制备

微胶囊技术是一种用成膜材料把固体、液体或气体包覆起来形成微小粒子的技术。由于微胶囊将活性成分包覆于囊中，从而降低了囊内物质（囊芯）的挥发和毒性并保护囊芯免受环境影响，同时可根据实际需要控制囊芯的可持续释放，因此被广泛地应用于医学、食品、农药、化妆品、涂料、油墨等多种领域。微胶囊型固化剂的研究也有了很大进展，并在厌氧胶、密封胶、导电胶和日用胶等行业发挥着非常重要的作用。

采用界面聚合方法，以 E-44 环氧树脂改性的二氨基二苯基甲烷固化剂为囊芯，以甲苯二异氰酸酯为壁材单体，可制备具有优良常温潜伏性能的新型微胶囊固化剂。制备过程分两步进行，第一步，将一定比例二氨基二苯基甲烷的二甲苯溶液置于三口烧瓶中，然后在室温下缓慢滴入 E-44 环氧树脂 70%～80%的二甲苯溶液，搅拌的同时使体系温度升至 120℃并反应 2h，最后经减压蒸馏、冷却、干燥、球磨、过筛即可制得 E-44 环氧树脂改性的二氨基二苯基甲烷固化剂粉体。第二步，采用界面聚合法，将制得的固化剂粉体制成微胶囊固化剂；首先，将一定比例的固化剂粉体分散于正己烷溶剂中，搅拌的同时滴入一定量的斯盘-85 表面活性剂并在其作用下形成均匀的分散体系；其次，在此分散体系中滴入固化剂粉体质量 3%的壁材单体 2,4-甲苯二异氰酸酯（TDI），在表面张力和表面活性剂的共同作用下，TDI 单体均匀地分布在固化剂粉体颗粒的表面；室温下，TDI 单体与固化剂粉体颗粒表面的羟基发生加成聚合反应，从而在固化剂粉体颗粒表面生成一连续的聚合物薄膜，即微胶囊壁；最后经 40℃加热熟化，即制得微胶囊固化剂。反应原理如下：

所制备的微胶囊固化剂平均粒径为 2.54μm，壁厚约为 100nm。该微胶囊固化剂不仅能够成功实现 E-51 环氧树脂的固化，且其与 E-51 环氧树脂体系在常温下具有优良的潜伏性能，室温贮存期可达 6 个月以上。

7.7 环氧树脂的改性

环氧树脂作为一种热固性树脂具有良好的电绝缘性、化学稳定性、粘接性、加工性等特点而被广泛应用于建筑、机械、电子电气、航天航空等领域。但环氧树脂含有大量的环氧基团，固化后交联密度大，内应力高，质脆，耐冲击性、耐开裂性、耐候性和耐湿热性较差，因而难以满足工程技术的要求，其应用受到一定的限制。近年来，结构粘接材料、封装材料、纤维增强材料、层压板、集成电路等方面要求环氧树脂材料具有更好的综合性能，如韧性好、内部应力低，耐热性、耐水性、耐候性优良等，所以对环氧树脂的改性已成为一个研究热点。

7.7.1 环氧树脂的增韧改性

为了增加环氧树脂的韧性，最初人们采用的方法是加入一些增塑剂、增柔剂，但这些低分子物质会大大降低材料的耐热性、硬度、模量及电性能。从 20 世纪 60 年代开始，国内外普遍开展了环氧树脂增韧改性的研究工作，以期在热性能、模量及电性能下降不太大的情况下提高环氧树脂的韧性。

(1) 橡胶弹性体增韧环氧树脂　环氧树脂增韧用的橡胶弹性体一般都是反应性液态聚合物，分子量在 1000～10000，在端基或侧基上带有可与环氧基反应的官能团。用于环氧树脂增韧的反应性橡胶弹性体品种主要有：端羧基丁腈橡胶、端羟基丁腈橡胶、聚硫橡胶、液体无规羧基丁腈橡胶、丁氰基-异氰酸酯预聚体、端羟基聚丁二烯、聚醚弹性体、聚氨酯弹性体等。近 10 年来，由于互穿网络聚合物技术的应用，橡胶弹性体增韧环氧树脂有了新发展，同步法合成的聚丙烯酸丁酯-环氧树脂互穿网络聚合物，在提高环氧树脂韧性方面取得了令人满意的效果。

(2) 热塑性树脂增韧环氧树脂　用于环氧树脂增韧改性的热塑性树脂主要有聚砜、聚醚砜、聚醚酮、聚醚酰亚胺、聚苯醚、聚碳酸酯等。这些聚合物一般是耐热性及力学性能都比较好的工程塑料，它们或者以热熔化的方式，或者以溶液的方式掺混入环氧树脂。

(3) 超支化聚合物增韧环氧树脂　超支化聚合物是近 10 多年才出现的一种新型高分子材料，它是一种以低分子为生长点，通过逐步控制重复反应而得到的一系列分子质量不断增长的结构类似的化合物。超支化聚合物具有独特的结构和良好的相容性、低黏度等特性，所以可用作环氧树脂的改性剂。超支化聚合物应用于增韧改性环氧树脂还具有下列优点：①超支化聚合物的球状三维结构能降低环氧固化物的收缩率；②超支化聚合物的活性端基能直接参与固化反应形成立体网状结构，众多的末端官能团能加快固化速度；③超支化聚合物的尺寸和球状结构杜绝了在其他传统的增韧体系中所观察到的有害的粒子过滤效应，起到内增韧的作用。

(4) 核-壳结构聚合物增韧环氧树脂　核-壳结构聚合物是指由 2 种或 2 种以上单体通过乳液聚合而获得的一类聚合物复合粒子。粒子的内部和外部分别富集不同成分，显示出特殊的双层或者多层结构，核与壳分别具有不同功能，通过控制粒子尺寸及改变聚合物组成来改性环氧树脂，可减少内应力，提高粘接强度和冲击性，可获得显著增韧效果。

7.7.2 环氧树脂的其他改性

(1) 耐湿热改性　要提高环氧树脂的耐湿热性能，就要减少树脂基体分子结构中的极性基团，使树脂基体与水的相互作用降低，从而降低树脂基体的吸水率；同时优化复合材料的成型工艺，减少复合材料在成型过程中产生的微孔、微裂纹、自由体积等也能提高其耐湿热性能。增大交联度，引入耐热基团如引入亚氨基、异氰酸酯基、噁唑烷酮等，以及形成互穿聚合物网络是提高耐热性的最重要手段。用含有端氨基的苯胺二苯醚树脂作固化剂改性环氧树脂，得到的复合材料在空气气氛中的初始分解温度高，耐湿热性能好。

(2) 阻燃改性　环氧树脂的阻燃性较差，为改善其阻燃性，通常在环氧树脂中引入卤素、氮、磷、硼和硅等阻燃元素。引入的方法可以是使用阻燃型固化剂，如含卤素、磷、硼以及硅的固化剂来固化环氧树脂，也可以对环氧树脂进行结构改性，在环氧树脂分子中引入阻燃元素。溴化的酚醛型环氧树脂可作为封装材料用环氧树脂的反应性阻燃剂。由于氟原子电负性大，与碳原子结合键能高，氟原子间的斥力很大，高分子键内旋转困难，因此含氟环氧树脂具有优异的耐腐蚀性、电绝缘性、憎水性、抗污性，对被粘物浸润性好。9,10-二氢-9-氧杂-10-磷杂菲-10-氧化物（DOPO）作为新型阻燃改性单体已经进入实际应用，DOPO 与双酚 A 型环氧树脂反应得到含磷环氧树脂，由于其具有优异的阻燃性能、对环境友好等特点而备受青睐。

（3）化学改性　通过改变环氧树脂的结构，在环氧树脂分子中引入一些化学基团，来改进环氧树脂的性能，拓宽其应用的范围。如用丙烯酸或甲基丙烯酸与环氧树脂中的部分环氧基反应，在分子保留部分环氧基的同时引入碳碳双键，使改性后的环氧树脂既具有光敏特性，又保留环氧树脂的一些优良特性。或在分子中引入一些亲水性基团，将环氧树脂改性为水性环氧树脂，使改性后的环氧树脂具有水分散性。

7.8　水性环氧树脂

传统的环氧树脂难溶于水，只能溶于芳烃类、酮类及醇类等有机溶剂，必须用有机溶剂作为分散介质，将环氧树脂配成一定浓度、一定黏度的树脂溶液才能使用。用有机溶剂作分散介质来稀释环氧树脂不仅成本高，而且在使用过程中，有机挥发分（VOC）对操作工人身体危害极大，对环境也会造成污染，为此，许多国家先后颁布了严格的限制 VOC 排放的法规。开发具有环保效益的环氧树脂水性化技术成为各国研究的热点。从 20 世纪 70 年代起，国外就开始研究具有环境友好特性的水性环氧树脂体系。为适应环保法规对 VOC 的限制，我国从 20 世纪 90 年代初开始水性环氧体系和水性环氧涂料的研究开发。水性环氧树脂第一代产品是直接用乳化剂进行乳化，第二代水性环氧体系是采用水溶性固化剂乳化油溶性环氧树脂，第三代水性环氧体系是由美国壳牌公司多年研究开发成功的，这一体系的环氧树脂和固化剂都接上了非离子型表面活性剂，乳液体系稳定，由其配制的涂料漆膜可达到或超过溶剂型涂料的漆膜性能指标。我国也正在积极进行水性环氧树脂体系的技术开发。

7.8.1　水性环氧树脂的制备

水性环氧树脂的制备方法主要有机械法、相反转法、固化剂乳化法和化学改性法。

机械法也称直接乳化法，通常是将环氧树脂用球磨机、胶体磨、均质器等磨碎，然后加入乳化剂水溶液，再通过超声振荡、高速搅拌将粒子分散于水中，或将环氧树脂与乳化剂混合，加热到一定温度，在激烈搅拌下逐渐加入水而形成环氧树脂乳液。机械法制备水性环氧树脂乳液的优点是工艺简单、成本低廉、所需乳化剂的用量较少。但是，此方法制备的乳液中环氧树脂分散相微粒的尺寸较大，$10\mu m$ 左右，粒子形状不规则，粒度分布较宽，所配得的乳液稳定性一般较差，并且乳液的成膜性能也不太好，而且由于非离子型表面活性剂的存在，会影响涂膜的外观和一些性能。

相反转法即通过改变水相的体积，将聚合物从油包水（W/O）状态转变成水包油（O/W）状态，是一种制备高分子树脂乳液较为有效的方法，几乎可将所有的高分子树脂借助于外加乳化剂的作用通过物理乳化的方法制得相应的乳液。相反转原指多组分体系中的连续相在一定条件下相互转化的过程，如在油/水/乳化剂体系中，当连续相从油相向水相（或从水相向油相）转变时，在连续相转变区，体系的界面张力最小，因而此时的分散相的尺寸最小。通过相反转法将高分子树脂乳化为乳液，制得的乳液粒径比机械法小，稳定性也比机械法好，其分散相的平均粒径一般为 $1 \sim 2\mu m$。

固化剂乳化法是不外加乳化剂，而是利用具有乳化效果的固化剂来乳化环氧树脂。这种具有乳化性质的固化剂一般是改性的环氧树脂固化剂，它既具有固化、又具有乳化低分子量液体环氧树脂的功能。乳化型固化剂一般是环氧树脂-多元胺加成物。在普通多元胺固化剂中引入环氧树脂分子链段，并采用成盐的方法来改善其亲水亲油平衡值，使其成为具有与低分子量液体环氧树脂相似链段的水可分散性固化剂。由于固化剂乳化法中使用的乳化剂同时又是环氧树脂的固化剂，因此固化所得漆膜的性能比需外加乳化剂的机械法和相反转法要好。

化学改性法又称自乳化法，是目前水性环氧树脂的主要制备方法。化学改性法是通过打开环氧树脂分子中的部分环氧键，引入极性基团，或者通过自由基引发接枝反应，将极性基团引入环氧树脂分子骨架中，这些亲水性基团或者具有表面活性作用的链段能帮助环氧树脂在水中分散。由于化学改性法是将亲水性的基团通过共价键直接引入到环氧树脂的分子中，因此制得的乳液稳定，粒子尺寸小，多为纳米级。化学改性法引入的亲水性基团可是以阴离子、阳离子或非离子的亲水链段。

（1）引入阴离子 通过酯化、醚化、胺化或自由基接枝改性法在环氧聚合物分子链上引入羧基、磺酸基等功能性基团，中和成盐以后，环氧树脂就具备了水分散的性质。酯化、醚化和胺化都是利用环氧基与羧基、羟基或氨基反应来实现的。

酯化是利用氢离子先将环氧基极化，酸根离子再进攻环氧环，使其开环，得到改性树脂，然后用胺类水解、中和。如利用环氧树脂与丙烯酸反应生成环氧丙烯酸酯，再用丁烯二酸（酐）和环氧丙烯酸酯上的碳碳双键通过加成反应而生成富含羧基的化合物，最后用胺中和成水溶性树脂；或与磷酸反应成环氧磷酸酯，再用胺中和也可得到水性环氧树脂。

醚化是由亲核性物质直接进攻环氧基上的碳原子，开环后改性剂与环氧基上的仲碳原子以醚键相连得到改性树脂，然后水解、中和。比较常见的方法是环氧树脂与对羟基苯甲酸甲酯反应后水解、中和；也可将环氧树脂与巯基乙酸进行醚化反应而后水解中和的方法，都可在环氧树脂分子中引入阴离子。

胺化是利用环氧基团与一些低分子的扩链剂如氨基酸、氨基苯甲酸、氨基苯磺酸（盐）等化合物上的氨基反应，在链上引入羧基、磺酸基团，中和成盐后可分散于水中。如用对氨基苯甲酸改性环氧树脂，使其具有亲水亲油两种性质，以改性产物及其与纯环氧树脂的混合物制成水性涂料，涂膜性能优良，保持了溶剂型环氧涂料在抗冲击强度、光泽度和硬度等方面的优点，而且附着力提高，柔韧性大为改善，涂膜耐水性和耐化学药品性能优良。

自由基接枝改性方法是利用双酚 A 型环氧树脂分子上的亚甲基在过氧化物作用下易于形成自由基并与乙烯基单体共聚的性质，将（甲基）丙烯酸、马来酸（酐）等单体接枝到环氧树脂上，再用中和剂中和成盐，最后加入水分散，从而得到水性环氧树脂。

将丙烯酸单体接枝到环氧分子骨架上，制得不易水解的水性环氧树脂。反应为自由基聚合机理，接枝位置为环氧分子链上的脂肪碳原子，接枝率低于 100%，最终产物为未接枝的环氧树脂、接枝的环氧树脂和聚丙烯酸的混合物，这三种聚合物分子在溶剂中舒展成线型状态，加入水后，由于未接枝共聚物和水的不混溶性，在水中形成胶束，接枝共聚物的环氧链段和与其相混溶的未接枝环氧树脂处于胶束内部，接枝共聚物的丙烯酸共聚物羧酸盐链段处于胶束表层，并吸附了与其相混溶的丙烯酸共聚物的羧酸盐包覆于胶束表面，颗粒表面带有电荷，形成了极稳定的水分散体系。

还可先用磷酸将环氧树脂酸化得到环氧磷酸酯，再用环氧磷酸酯与丙烯酸接枝共聚，制得比丙烯酸与环氧树脂直接接枝的产物稳定性更好的水基分散体。并且发现：水性体系稳定性随制备环氧磷酸酯时磷酸的用量、丙烯酸单体用量和环氧树脂分子量的增大而提高，其中丙烯酸单体用量是影响其水分散体稳定性的最重要因素。

以双酚 A 型环氧树脂与丙烯酸反应合成具有羟基侧基的环氧丙烯酸酯，再用甲苯二异氰酸酯与丙烯酸羟乙酯的半加成物对上述环氧丙烯酸酯进行接枝改性，再用酸酐引入羧基，经胺中和后，可得较为稳定的自乳化光敏树脂水分散体系。

(2) 引入阳离子 含氨基的化合物与环氧基反应生成含叔胺或季铵碱的环氧聚合物，用酸中和后得到阳离子型的水性环氧树脂。

$$\sim\sim\!CH\!-\!CH_2 + HNR_2 \longrightarrow \sim\sim\!\overset{OH}{CH}\!-\!CH_2\!-\!NR_2 \xrightarrow{HX} \sim\sim\!\overset{OH}{CH}\!-\!CH_2\!-\!\overset{+}{N}R_2 + X^-$$

用酚醛型多官能环氧树脂 F-51 与一定量的二乙醇胺发生加成反应（每个 F-51 分子中打开了一个环氧基）引入亲水基团，再用冰醋酸中和成盐，加水制得改性 F-51 水性环氧树脂，该方法使树脂具备了水溶性或水分散性，同时每个改性树脂分子中又保留了 2 个环氧基，使改性树脂的亲水性和反应活性达到合理的平衡。固化体系采用改性 F-51 水性环氧树脂与双氰胺配合，由于双氰胺在水性环氧树脂体系中具有良好的溶解性和潜伏性，贮存 6 个月不分层，黏度无变化，可形成稳定的单组分配方。该体系比未改性环氧/双氰胺体系起始反应温度降低了 76℃，固化工艺得到改善。固化物具有良好的力学性能，层压板弯曲强度达 502.93MPa，剪切强度达 36.6MPa，固化膜硬度达 6H，附着力 100%，吸水率 47%，具有良好的应用前景。

由于环氧固化剂通常是含氨基的碱性化合物，两者混合后，体系容易失去稳定性而影响使用性能，因此这类树脂在实际中较少应用。

(3) 引入非离子的亲水链段 通过含亲水性的氧化乙烯链段的聚乙二醇或其嵌段共聚物上的羟基或含聚氧化乙烯链上的氨基与环氧基团反应可以将聚环氧乙烷链段引入到环氧分子链上，得到含非离子亲水成分的水性环氧树脂。该反应通常在催化剂存在下进行，常用的催化剂有三氟化硼络合物、三苯基膦、强无机酸。

$$\sim\sim\!CH\!-\!CH_2 + HO\!\left[CH_2\!-\!CH_2\!-\!O\right]_n\!H \xrightarrow{\text{催化剂}} \sim\sim\!\overset{OH}{CH}\!-\!CH_2\!-\!O\!\left[CH_2\!-\!CH_2\!-\!O\right]_n\!H$$

先用聚环氧乙烷二醇、聚环氧丙烷二醇和环氧氯丙烷反应，形成分子量为 4000～20000 的双环氧端基乳化剂，利用此乳化剂和环氧当量为 190 的双酚 A 环氧树脂混合，以三苯基膦为催化剂进行反应，可得到含有亲水性聚环氧乙烷、聚环氧丙烷链段的环氧树脂。这种环氧树脂不用外加乳化剂即可溶于水中，且由于亲水链段包含在环氧树脂分子中，因而增强了涂膜的耐水性。

在双酚 A 型环氧树脂和聚乙二醇中加入催化剂三苯基膦制得的非离子表面活性剂与氨基苯甲酸改性的双酚 A 型环氧树脂及 E-20 环氧树脂制得水性环氧涂料作为食品罐内壁涂

料，性能良好。

7.8.2 水性环氧树脂的合成实例

(1) 单组分水性环氧乳液的合成　在装有搅拌器、冷凝管、氮气导管、滴液漏斗的 250mL 四口烧瓶中加入一定量环氧树脂和按一定质量比配制的正丁醇和乙二醇单丁醚混合溶剂，加热升温至 105℃；当投入的环氧树脂充分溶解后开动搅拌，2h 内匀速缓慢滴加甲基丙烯酸、丙烯酸丁酯、苯乙烯和过氧化苯甲酰的混合溶液；先升温至 105℃，继续搅拌反应 3h；后降温至 50℃，加入 N,N-二甲基乙醇胺和去离子水的混合溶液中和，中和度 100%，搅拌下继续反应 30min；加水高速分散制成固含量约 30% 的环氧树脂-丙烯酸接枝共聚物乳液。反应原理如下：

在该乳液中按质量比 10:1 加入 25% 氨基树脂 R-717 的溶液，高速分散并滴加去离子水将乳液稀释至固含量为 20%，得到单组分水性环氧乳液。

环氧树脂分子量、功能单体甲基丙烯酸和引发剂过氧化苯甲酰用量是影响环氧-丙烯酸接枝共聚乳液性能的三个关键因素。随着环氧树脂平均分子量增加，合成的环氧乳液稳定性提高，乳液黏度也随之增大。增加甲基丙烯酸用量，乳液粒径减小，但用量过大使漆膜耐水性变差。引发剂的用量直接影响反应接枝率，当引发剂的用量过低时，制备的乳液贮存稳定性差，过低的引发剂浓度导致反应的接枝率较低，聚合物的亲水性差，乳液不稳定。引发剂的浓度增加，反应接枝率增加，环氧树脂亲水性提高，乳液粒子粒径减小，乳液粒子形状规整。但引发剂的用量过高使单体之间的共聚反应增大，降低了体系稳定性。另外，引发剂浓度过高会促使引发剂产生诱导分解，也就是自由基向引发剂的转移反应，结果消耗了引发剂而自由基数量并未增加，导致接枝效率下降。通过实验表明，采用环氧树脂 E-06 和 E-03 配合使用，甲基丙烯酸单体含量 44%，过氧化苯甲酰用量为单体总质量的 8.4%，合成的环氧乳液具有良好的贮存稳定性、黏度适中、粒径小，适于工业涂装。

(2) 水性二乙醇胺改性 E-44 环氧树脂的合成　环氧树脂中的环氧基可与胺反应，因此可用二乙醇胺来改性 E-4 环氧树脂，在树脂分子中引入亲水性羟基和氨基，之后再滴加冰醋酸成盐，即可制得水性二乙醇胺改性的 E-44 环氧树脂。反应原理如下：

合成工艺：60℃下先用乙二醇丁醚和乙醇将环氧树脂溶解，然后慢慢滴加二乙醇胺，滴完后继续加热至 80℃，恒温反应 2.5h，反应完全后，即得二乙醇胺改性的环氧树脂 E-44。最后向制得的改性树脂中滴加冰醋酸，中和成盐，再加入一定量水，搅拌，即得改性环氧树脂的水性体系。改性环氧树脂的亲水性强弱与树脂分子中引入的二乙醇胺和滴加的冰醋酸的多少有关，二乙醇胺和冰醋酸用量的增加，改性树脂亲水性增强而环氧值降低。通过改变两者的用量，可制得一系列具有不同环氧值的水溶液或水乳液。

（3）水性甘氨酸改性环氧树脂的合成　将一定比例的 E-44 环氧树脂、水、表面活性剂及预先用水溶解的甘氨酸投入三颈瓶中，在温度为 80～85℃时反应 3h，制得水性环氧树脂。反应原理如下：

$$\sim\text{CH}\overset{\displaystyle O}{-}\text{CH}_2 + \text{NH}_2\text{CH}_2\text{COOH} \longrightarrow \sim\underset{}{\overset{\text{OH}}{\text{CH}}}-\text{CH}_2-\underset{\underset{\text{CH}_2\text{COOH}}{|}}{\text{N}}-\text{CH}_2\overset{\text{OH}}{\underset{}{\text{CH}}}\sim$$

将制得的水性环氧树脂先用计量的氢氧化钠水溶液中和，再用高剪切分散乳化机将其乳化，制得稳定的水性环氧乳液。制得的水性环氧树脂在有机溶剂中的溶解性变差，在碱性水溶液中的溶解性增强，作为水性环氧涂料，其固化物具有优良的涂膜性能。

（4）水性光敏酚醛环氧树脂的合成　用丙烯酸和琥珀酸酐对 F-44 酚醛环氧树脂进行改性，可合成一种水性光敏酚醛环氧树脂。反应原理如下：

合成工艺：在带回流装置的 100mL 圆底烧瓶中加入 36.2g 质量分数为 70% 的 F-44 环氧树脂的二氧六环溶液（含 0.1mol 环氧基）、2.47mL 质量分数为 2% 的对苯二酚的二氧六环溶液作为阻聚剂、0.5g 催化剂，加入 0.05mol 丙烯酸，在 95℃下反应 6h，丙烯酸转化率达到 100% 后，加入质量分数为 22.5% 的含 0.05mol 琥珀酸酐的二氧六环溶液，在 95℃反应 3h，制得一种力学性能较为优越、可溶于 5%Na$_2$CO$_3$ 水溶液的水性光敏酚醛环氧树脂。

（5）以相反转乳化技术制备 E-44 水性环氧树脂　以甲苯作溶剂，以端甲氧基聚乙二醇、马来酸酐为原料，在回流温度下进行酯化反应，酯化完成后，加入与马来酸酐等物质的量的环氧树脂 E-44，进行酯化反应，当酯化率达到要求时，减压抽去溶剂得到红棕色固态反应型环氧树脂乳化剂 MeO-PEG-Ma-E-44。再将一定量的 E-44 环氧树脂与占 E-44 质量 16.5%～20% 的上述乳化剂于 250mL 三颈瓶中加热至 70℃搅拌均匀，当温度降至 50℃左右，以每 5min 滴加 1mL 蒸馏水，控制搅拌速度 1000r/min，即制得固含量为 60% 的水性环氧树脂。制得的 E-44 水性环氧树脂在水性固化剂作用下室温 2h、60℃40min 内固化，固化后的热稳定性、机械性与乳化前的 E-44 环氧树脂基本一致，且韧性有所提高。

7.8.3　水性环氧树脂固化剂的合成

水性环氧树脂固化剂是指能溶于水或能被水乳化的环氧树脂固化剂。一般的多元胺类固化剂都可溶于水，但在常温下挥发性大，毒性大，固化偏快，配比要求太严，且亲水性强，易保留水分而使得涂膜泛白，甚至吸收二氧化碳降低效果。实际使用的水性环氧固化剂对传统的胺类固化剂的改性，它克服了未改性胺类固化剂的缺点，且不影响涂膜的物理和化学性能。常用的水性环氧固化剂大多为多乙烯多胺改性产物，改性方法有以下三种：①与单脂肪

190

酸反应制得酰胺化多胺；②与二聚酸进行缩合而成聚酰胺；③与环氧树脂加成得到多胺-环氧加成物。这三种方法均采用在多元胺分子链中引入非极性基团，使得改性后的多胺固化剂具有两亲性结构，以改善与环氧树脂的相容性。由于酰胺类固化剂固化后的涂膜的耐水性和耐化学药品性较差，现在研究的水性环氧固化剂主要是封端的环氧-多乙烯多胺加成物。下面举几个合成实例。

（1）E-44 环氧树脂改性三亚乙基四胺水性环氧固化剂的合成　将一定比例的 E-44、三乙烯四胺（三亚乙基四胺）、无水乙醇投入三颈烧瓶中，在温度 55～60℃下反应 6h，减压蒸馏除去乙醇制得。反应原理如下：

$$2NH_2CH_2CH_2NHCH_2CH_2NHCH_2CH_2NH_2 \ + \ CH_2{-}CH{-}\!\!\sim\!\!{-}CH{-}\!\!\sim\!\!{-}CH{-}CH_2 \longrightarrow$$

$$NH_2CH_2CH_2NHCH_2CH_2NHCH_2CH_2NH{-}CH_2{-}CH{-}\!\!\sim\!\!{-}CH{-}\!\!\sim\!\!{-}CH{-}CH_2{-}NHCH_2CH_2NHCH_2CH_2NHCH_2CH_2NH_2$$

制备的水性环氧固化剂的亲水性较低，用于制备水性环氧树脂漆，得到的漆膜性能可达到使用要求。

（2）聚醚型水性环氧树脂固化剂的合成　采用多乙烯多胺与低分子量环氧树脂反应，并在其中引入聚醚和环氧树脂 CYD-128 合成的 CYD-128 改性聚醚链段，合成聚醚型水性固化剂。合成原理如下：

$$CH_2{-}CH{-}R{-}CH{-}CH_2 \ + \ HO{-}Y{-}OH$$

↓催化剂

$$CH_2{-}CH{-}R{-}CH{-}CH_2{-}O{-}Y{-}O{-}CH_2{-}CH{-}R{-}CH{-}CH_2$$

↓ $2NH_2CH_2CH_2NHCH_2CH_2NH_2$

$$NHCH_2CH_2NHCH_2CH_2NH_2 \cdots\cdots NHCH_2CH_2NHCH_2CH_2NH_2$$

↓ $CH_2{-}CH{-}R^2$

$$NHCH_2CH_2NHCH_2CH_2NH \cdots\cdots NHCH_2CH_2NHCH_2CH_2NH$$

最佳配方与工艺：选择分子量为 1500 的聚醚，环氧树脂与聚醚的摩尔比为 2:1，催化剂选用 BF₃，60℃时加入。与现有文献中报道的固化物性能相比，该水性固化剂固化环氧体系的柔韧性和附着力有大幅提高，硬度、光泽度和强度改变不大。

（3）水性柔性环氧固化剂的合成　以三乙烯四胺（TETA）和液体环氧树脂（EPON828）为原料，在物料摩尔比（TETA/EPON828）为 2.2:1，反应温度为 65℃，反应时间为 4h 的工艺条件下合成 EPON828-TETA 加成物。然后用具有多支链柔韧性链段的 C₁₂～C₁₄ 叔碳酸缩水甘油酯（CARDURA E-10）在反应温度为 70℃、反应时间为 3h 的工艺条件下对 EPON828-TETA 加成物进行封端改性。制得 CARDURA E-10 改性的水性环氧固化剂。

$$2NH_2(CH_2CH_2NH)_2CH_2CH_2NH_2 + CH_2-CH\sim CH-CH_2 \longrightarrow$$

（图中化学结构式）

NH$_2$(CH$_2$CH$_2$NH)$_2$CH$_2$CH$_2$NH ······ NH(CH$_2$CH$_2$NH)$_2$CH$_2$CH$_2$NH$_2$

$$2R^2-C-COOCH_2-CH-CH_2 \longrightarrow$$

与液体环氧树脂在室温下固化所形成的涂膜性能良好，其柔韧性和耐冲击性优于用传统封端改性剂 BGE 或 CGE 改性水性环氧固化剂所形成的涂膜。

（4）水性聚氨酯改性环氧树脂固化剂的合成　在 500mL 三颈瓶中投入环氧树脂、甲苯二异氰酸酯（TDI）、改性处理的表面活性剂、阻聚剂，加热搅拌反应至终点（反应物溶于丙酮，滴入亚硝酸钠饱和水溶液不变黄色）。而 1000mL 四颈瓶中投入三亚乙基四胺，控制反应温度缓慢加入上述反应物进行加成反应；滴加丁基缩水甘油醚对加成物进行封端，用醋酸调节亲水亲油平衡值、加入蒸馏水稀释到 50% 固含量，即得水性聚氨酯改性环氧树脂固化剂。TDI 的用量对固化剂的性能有较大影响。当 TDI 含量低于 3.0% 时，表面活性剂含量太小，不能很好地乳化环氧树脂，不能形成稳定的漆液及平整的涂膜；当 TDI 含量大于10.0% 时，小分子胺加成物含量相应提高，虽然乳化性能好，但体系的极性增大，表面张力太大，同样不能形成连续的涂膜。TDI 的质量分数为 4.0%～8.0% 时，合成的水性固化剂稳定性好，配漆使用期长，配漆性能、涂膜表观性能以及漆膜物理机械性能均较好，配制的水性环氧地板漆性能优良。

7.9　环氧树脂的应用

环氧树脂具有优良的粘接性、热稳定性以及优异的耐化学药品性，作为胶黏剂、涂料和复合材料等的树脂基体，广泛应用于水利、交通、机械、电子、家电、汽车及航空航天等领域。作为涂料用的环氧树脂约占环氧树脂总量的 35%。按环氧树脂固化方式的不同，环氧树脂涂料可分为常温固化型、自然干燥型、烘干型以及阳离子电泳环氧涂料。

常温固化型环氧涂料由环氧树脂和常温固化剂两部分组成，以双组分包装形式使用，其主要应用对象是不能进行烘烤的大型钢铁构件和混凝土结构件。常温固化型环氧涂料的优点是在 10℃ 以上的温度下即能形成 3H 铅笔硬度的耐化学药品性涂膜，缺点是涂膜易泛黄，易粉化。

自然干燥型环氧涂料是由不饱和脂肪酸和松香酸等与环氧树脂酯化得到的酯化产物制备的涂料。它与普通的醇酸树脂涂料一样也有规定的酸的种类和用量。按油长分类，可分成长油型（干性）、中油型（半干性）和短油型（不干性）三种，油长不同，涂料的性能也有差异。在该类环氧涂料中加入了一定量的环烷酸钴等金属盐催干剂，调制成单组分的涂料供应市场。这类涂料的固化机理与醇酸树脂涂料类似，在空气中氧的作用下，树脂分子内不饱和双键交联，其耐久性大幅度提高。这种涂料的用途与醇酸树脂涂料相类似，且保留了环氧树脂的一些特性，所以形成的漆膜比醇酸树脂涂料形成的漆膜耐化学药品性更为优越，但也易泛黄且有粉化的趋势。

烘干型环氧涂料在常温下不能固化，必须经烘烤才能固化。烘干型环氧涂料一般是以酚醛树脂、脲醛树脂、三聚氰胺甲醛树脂、醇酸树脂和多异氰酸酯，或以热固性丙烯酸树脂作为固化剂，烘烤温度视固化剂官能团种类不同而异。采用以含羟甲基的酚醛树脂、脲醛树脂、三聚氰胺甲醛树脂为固化剂时，烘烤温度非常低，而以含羧基或羟基的热固性丙烯酸树脂和醇酸树脂作固化剂时，烘烤温度居前两者之间。烘干型环氧涂料既可用作以保护功能为主要目的的底漆，又可用作以装饰功能为主的面漆，不过大多数情况是利用其优良的耐腐蚀性来作为底漆使用的。

阳离子电泳环氧涂料是以环氧树脂作为成膜物质的阳离子电沉积涂料，它比通常的阳离子电泳涂料具有更优越的防腐性能，专门用于大量生产的钢铁制品的底涂涂料。阳离子电泳环氧涂料由作为粘料的阳离子化的聚酰胺树脂、作为交联剂的嵌段多异氰酸酯以及作为颜料分散剂的锍盐化环氧树脂所组成。电沉积涂装的原理实质上就是电泳原理，被涂物为阴极，对应极为阳极，带正电的涂料粒子在阴极上析出，沉积在被涂物的表面，形成 60% 以上的高浓度涂膜，然后用通常的烘烤方法进行烘干，使嵌段多异氰酸酯与羟基发生交联固化反应，最终形成所需要的涂膜。电沉积涂装方法效率较高，主要用于大量涂装的场合，其典型的用途是汽车底涂和铁架的涂装。

环氧树脂涂料在防腐蚀、电气绝缘、交通运输、木土建筑及食品容器等领域有着广泛的应用。本节主要介绍防腐蚀环氧树脂涂料，电气绝缘环氧树脂涂料，汽车、船舶等交通工具用环氧树脂涂料以及食品容器用环氧树脂涂料。

7.9.1 防腐蚀环氧涂料

金属的腐蚀主要是由金属与接触的介质发生化学或电化学反应而引起的，它使金属结构受到破坏，造成设备报废。金属的腐蚀在国民经济中造成了大量的资源和能源浪费，全世界每年因腐蚀造成的经济损失约在 10000 亿美元，为火灾、风灾和地震造成损失的总和。涂装防腐涂料作为最有效、最经济、应用最普遍的防腐方法，受到了国内外广泛的关注和重视。随着建筑、交通、石化、电力等行业的发展，防腐涂料的市场规模已经仅次于建筑涂料而位居第二位。据统计，2004 年我国防腐涂料总产量达到 60 万吨，预计 2020 年将突破 100 万吨大关。环氧树脂涂料是最具代表性的、用量最大的高性能防腐涂料品种。主要有以下几种。

（1）纯环氧树脂涂料　纯环氧树脂涂料是以低分子量的环氧树脂为基础的、树脂和固化剂分开包装的双组分涂料，可以制成无溶剂或高固体分涂料。环氧树脂主要以 E-44、E-42、E-20 为主，这类涂料室温下干燥，养护期在 1 周以上。这类涂料主要包括改性脂肪胺固化环氧防腐蚀涂料、己二胺固化环氧防腐蚀涂料、聚酰胺固化环氧树脂防腐蚀涂料。

（2）环氧煤焦油沥青防腐蚀涂料　煤焦油沥青有很好的耐水性，价格低廉，与环氧树脂混溶性良好。将环氧树脂和沥青配制成涂料可获得耐酸碱、耐水、耐溶剂、附着力强、机械强度大的防腐涂层，且价格比环氧涂料价格低。因此该类涂料已广泛应用于化工设备、水利工程构筑物、地下管道内外壁的涂层。其特殊的优点是具有突出的耐水性，良好的耐酸、耐碱和耐油性，优良的附着力和韧性，以及可配成厚浆和高固体分涂料，但不耐高浓度的酸和苯类溶剂，不能做成浅色漆，不耐日光长期照射，也不能用于饮用水设备上。

（3）无溶剂环氧树脂防腐蚀涂料　无溶剂环氧树脂防腐蚀涂料是一种不含挥发性有机溶剂、固化时不产生有机挥发分的环氧树脂涂料，这种涂料本身是液态的，施工时可采用喷涂、刷涂或浸涂。其主要组成有环氧树脂、固化剂、活性稀释剂、颜料和辅助材料。相对于溶剂型环氧树脂涂料，具有较为明显的优点，如在空间狭窄、封闭的场所进行涂料涂装时，若使用溶剂型涂料，就有可能发生施工人员中毒、溶剂滞留和涂层固化不充分的问题，而使用无溶剂型涂料可以避免上述这些问题。另外无溶剂涂类可以厚涂、快干，能起到堵漏、防渗、防腐蚀的作用。

(4) 环氧酚醛防腐蚀涂料　环氧酚醛防腐蚀涂料是以酚醛树脂为固化剂的一种环氧树脂涂料。酚醛树脂中含有酚羟基和羟甲基，在高温下可引起环氧树脂固化，而在常温下两者的混合物很稳定，因此可制成稳定的单组分涂料。这种涂料既具有环氧树脂良好的附着力，又具有酚醛树脂良好的耐酸性、耐热性，因此是一种较好的防腐蚀涂料。

7.9.2　电气绝缘环氧树脂涂料

绝缘涂料是电机、电器制造必不可少的材料，其质量的好坏对电工设备的技术经济指标和运行寿命起着关键的作用。电气绝缘涂料是绝缘材料中的重要组成部分，主要包括漆包线绝缘漆、浸渍绝缘漆、覆盖绝缘漆、硅钢片绝缘漆、黏合绝缘漆等。电气绝缘涂料必须具有较好的综合性能，如一般涂料的机械性能、防腐蚀性能，以及优异的绝缘性能。环氧树脂或改性后的环氧树脂具有这些综合性能，因此可作为电气绝缘涂料使用。

电气绝缘环氧树脂涂料主要包括环氧漆包线绝缘漆、环氧浸渍绝缘漆、环氧覆盖绝缘漆、环氧硅钢片绝缘漆等。环氧漆包线绝缘漆是漆包线绝缘漆中的小品种，一般是采用高分子量的环氧树脂 E-05、E-06，固化剂为醇溶性酚醛树脂，主要用于潜水电机、化工厂用电机、冷冻机电机、油浸式变压器的绕组和线圈。环氧漆包线绝缘漆主要是利用环氧树脂优良的耐化学品性、耐湿热性、耐冷冻性，但缠绕性、耐热冲击性有限，因此其应用领域受到限制。环氧浸渍绝缘漆是浸渍漆中的一大品种。主要包括环氧树脂烘干绝缘漆、无溶剂环氧树脂绝缘漆、沉浸型无溶剂漆、滴浸型无溶剂漆等。

7.9.3　汽车、船舶等交通工具用环氧树脂涂料

汽车车身用环氧树脂涂料主要是离子电泳涂料，它一般是以水作分散剂的水性环氧树脂涂料，多采用电沉积法进行涂装，其耐腐蚀性能非常优越，专门用于大型生产如汽车车身等的钢铁制品的底漆涂料。

船舶用涂料主要是指船只、舰艇，以及海上石油钻采平台、码头的钢柱及钢铁结构件免受海水腐蚀的专用涂料，主要有车间底漆、船底防锈漆、船壳漆、甲板漆以及压载水舱漆、饮水舱漆、油舱漆等。

车间底漆主要用于车间内成批钢铁材料的预处理，是造船预涂保养钢板的主要底漆，一般为环氧树脂富锌底漆，通常为 3 罐装，甲组分为超细锌粉，其用量以干膜中锌粉含量82％～85％为宜，乙组分为 E-20 环氧树脂液中加入氧化铁及膨润土、气相二氧化硅，丙组分为聚酰胺固化剂液，其胺值为 200。

船底防锈漆是指涂刷在船舰水线以下，长期浸在水中的船用防锈涂料，也可用于深水码头钢柱、海上钻采石油、天然气平台等的钢柱及钢铁结构。环氧树脂沥青防锈涂料及纯环氧树脂防锈涂料能经受长期海水浸泡、干湿交替、阴暗潮湿的环境，是船底防锈漆中的佼佼者。船壳漆是指涂刷在水线之上的船用防锈涂料，要求附着力强、耐水性好、耐磨、耐候性好。室温固化环氧-聚酰胺涂料固化后能得到坚韧、附着力强、耐水、耐磨的涂层，所以能作为长效的船壳漆。为提高漆的耐候性，配方中加入耐候性好的颜料。

甲板漆除要求有耐水、耐晒、耐磨、耐洗刷外，还要求耐石油、机油及具有防滑作用。

环氧树脂类甲板漆由底漆、中间漆和面漆三组涂料组成，底漆为环氧树脂富锌底漆，中间漆为环氧树脂云母氧化铁底漆，面漆为环氧树脂甲板漆。

7.9.4 食品容器用环氧树脂涂料

食品容器是指贮存食品的罐、桶等容器，至今金属容器仍占首位，主要有白铁、马口铁、铝箔等金属品种。为了防止在长期的贮存期内金属容器在食品的条件下发生腐蚀，就必须在金属容器内壁涂上涂料。由于食品是一种特殊商品，必然要求涂料固化后对金属的附着力强，涂膜保色性好，耐焊药性强，耐腐蚀性好（尤其是针对罐装液体食品），且必须符合食品卫生标准。环氧树脂通常是和其他树脂并用后才用作食品罐头内壁涂料的。主要有环氧树脂/酚醛树脂涂料，环氧树脂-甲酚甲醛树脂涂料、环氧树脂-氨基树脂涂料、环氧树脂-聚酰胺树脂涂料等。

7.10 结语

环氧树脂是一类应用广泛的热固性树脂，具有许多独特的优点，对金属、木材、混凝土等极性基材有很强的附着力，耐化学药品性优良，但耐候性和韧性较差。对环氧树脂进行改性或将环氧树脂与其他树脂进行复配并用，可提高其耐候性和柔韧性，拓展其应用领域。随着人们环保意识的增强，开发水性环氧树脂、高固体分环氧树脂、无溶剂环氧树脂是环氧树脂未来的发展方向。

第8章 氨基树脂

8.1 概述

氨基树脂是指含有氨基的化合物与醛类（主要是甲醛）经缩聚反应制得的热固性树脂。氨基树脂在模塑料、粘接材料、层压材料以及纸张处理剂等方面有广泛的应用。

用于涂料的氨基树脂必须经醇改性后，才能溶于有机溶剂，并与主要成膜树脂有良好的混溶性和反应性。

8.1.1 涂料用氨基树脂的发展简史

19世纪末德国掌握福尔马林的工业制法后，各国相继研究了尿素与甲醛间的反应。20世纪30年代初，发现丁醇改性的脲醛树脂可与醇酸树脂混合制成涂料，从此氨基树脂开始进入涂料领域。

20世纪30年代工业化生产三聚氰胺的方法获得成功，许多国家开始研究三聚氰胺和甲醛的反应，1940年制得了用于涂料的丁醇改性的三聚氰胺甲醛树脂。由于丁醇改性的三聚氰胺甲醛树脂许多性能优于脲醛树脂，在涂料领域发展很快，不久成为氨基树脂的主要品种。

苯代三聚氰胺是1911年由奥斯特罗戈维奇（Ostrogovich）首先制得的，德国巴斯夫（BASF）公司第一个将它用于氨基树脂中，以苯代三聚氰胺制备的氨基树脂进一步提高了涂膜的光泽和耐化学性，目前其在涂料工业已占有一定的地位。

随着石油工业的发展，20世纪50年代中期许多国家将石油化工提供的异丁醇作为醚化剂生产氨基树脂。由于异丁醇来源丰富，使氨基树脂的品种进一步扩大。

甲醚化的氨基树脂从20世纪30年代开始应用于织物的整理行业，而它在涂料领域中一直未获发展。直至60年代，为了减少涂料施工中有机溶剂对环境的污染，以及节省资源，开发了各种水性涂料和高固体分涂料后，甲醚化的氨基树脂作为涂料的交联剂才扩大了应用面和生产规模，并出现了系列化产品，但就总产量而言，丁醚化的氨基树脂仍占首位。

我国从20世纪50年代开始研制丁醚化脲醛树脂和三聚氰胺甲醛树脂，70年代初自制苯代三聚氰胺，合成了丁醚化苯代三聚氰胺甲醛树脂，不久又开发了异丁醚化的产品。目前这些树脂的生产已达到一定的规模。从60年代开始对甲醚化氨基树脂的研究，虽然这类树脂目前产量还不大，但随着我国高固体分涂料、水性涂料、电泳涂料、卷材涂料等新型涂料的开发，其品种将逐渐增加，产量将大幅增长。

8.1.2 涂料用氨基树脂的特点

在涂料中，由氨基树脂单独加热固化所得的涂膜硬而脆，且附着力差，因此氨基树脂常与其他树脂如醇酸树脂、聚酯树脂、环氧树脂等配合，组成氨基树脂漆。氨基树脂在氨基树脂漆中主要作为交联剂，它提高了基体树脂的硬度、光泽、耐化学药品性以及烘干速度，而基体树脂则克服了氨基树脂的脆性，改善了附着力。氨基树脂漆在一定的温度经过短时间烘烤后，即形成强韧的三维结构涂层。

与醇酸树脂漆相比，氨基树脂漆的特点是：清漆色泽浅，光泽高，硬度高，有良好的电绝缘性；色漆外观丰满，色彩鲜艳，附着力优良，耐老化性好，具有良好的抗性；干燥时间短，施工方便，有利于涂漆的连续化操作。尤其是三聚氰胺甲醛树脂，它与不干性醇酸树脂、热固性丙烯酸树脂、聚酯树脂配合，可制得保光保色性极佳的高级白色或浅色烘漆。这类涂料目前在车辆、家用电器、轻工产品、机床等方面得到了广泛的应用。

8.1.3　涂料用氨基树脂的分类

涂料用氨基树脂既可按醚化剂分类，又可按母体化合物分类，还可按醚化程度分类。按醚化剂的不同，可分为丁醚化氨基树脂、甲醚化氨基树脂以及混合醚化氨基树脂（甲醇和乙醇混合醚化、甲醇和丁醇混合醚化的氨基树脂）；按母体化合物的不同，可分为脲醛树脂、三聚氰胺甲醛树脂、苯代三聚氰胺甲醛树脂以及共缩聚树脂（三聚树脂尿素共缩聚树脂、三聚氰胺苯代三聚氰胺共缩聚树脂）。按醚化程度的不同，可分为聚合型部分烷基化氨基树脂、聚合型高亚氨基高醚化氨基树脂以及单体型高烷基化氨基树脂。

按结构分类，丁醚化氨基树脂主要属于聚合型部分烷基氨基树脂，这类树脂羟甲基含量较高，醚化程度低，分子量较高。

8.2　氨基树脂的性能

氨基树脂的性能既与母体化合物的性能有关，又与醚化剂及醚化程度有关。树脂的醚化程度一般通过测定树脂对 200 号油漆溶剂的容忍度来控制。测定容忍度应在规定的不挥发分含量及规定的溶剂中进行，测定方法是称 3g 试样于 100mL 烧杯中，在 25℃时搅拌下以 200 号油漆溶剂进行滴定，至试样溶液显示乳浊并在 15s 内不消失为终点。1g 试样可容忍 200 号油漆溶剂的克数即为树脂的容忍度。容忍度也可用 100g 试样能容忍的溶剂的克数来表示。

8.2.1　脲醛树脂的性能

脲醛树脂有如下特性：价格低廉，来源充足；分子结构上含有极性氧原子，与基材的附着力好，可用于底漆，亦可用于中间层涂料；用酸催化时可在室温固化，故可用于双组分木器涂料；以脲醛树脂固化的涂膜改善了保色性，硬度较高，柔韧性较好，但对保光性有一定的影响；用于锤纹漆时有较清晰的花纹。但因脲醛树脂溶液的黏度较大，故贮存稳定性较差。

用甲醇醚化的脲醛树脂仍可溶于水，它具有快固性，可用作水性涂料交联剂，也可与溶剂型醇酸树脂并用。用乙醇醚化的脲醛树脂可溶于乙醇，它固化速度慢于甲醚化脲醛树脂。以丁醇醚化的脲醛树脂在有机溶剂中有较好的溶解度。一般来说，单元醇的分子链越长，醚化产物在有机溶剂中的溶解性越好，但固化速度越慢。

丁醚化脲醛树脂在溶解性、混溶性、固化性、涂膜性能和成本等方面都较理想，且原料易得，生产工艺简单，所以与溶剂型涂料相配合的交联剂常采用丁醚化氨基树脂。丁醚化脲醛树脂是水白色黏稠液体，主要用于和不干性醇酸树脂配制氨基醇酸烘漆，以提高醇酸树脂的硬度、干性等。因脲醛树脂的耐候性和耐水性稍差，因此大多用于内用漆和底漆。

大多数实用的甲醚化脲醛树脂属于聚合型部分烷基化的氨基树脂，这类树脂有良好的醇溶性和水溶性。甲醚化脲醛树脂具有快固性，对金属有良好的附着力，成本较低，可作高固体涂料、无溶剂涂料交联剂。工业甲醚化脲醛树脂有两种规格，一种分子量较低，和各种醇酸树脂、环氧树脂、聚酯树脂有良好的混溶性；另一种具有较高的分子量，适合与干性或不干性短油醇酸树脂配合使用，以芳香烃和醇类的混合物为溶剂，涂膜有良好的光泽和耐冲击性。

8.2.2　三聚氰胺甲醛树脂的性能

三聚氰胺甲醛树脂简称三聚氰胺树脂，是多官能度的聚合物，常和醇酸树脂、热固性丙烯酸树脂等配合，制成氨基烘漆。

与丁醚化脲醛树脂相比，丁醚化三聚氰胺树脂的交联度较大，其热固化速度、硬度、光泽、抗水性、耐化学性、耐热性和电绝缘性都较脲醛树脂优良。且过度烘烤时能保持较好的保光保色性，用它制漆不会影响基体树脂的耐候性。丁醚化三聚氰胺树脂可溶于各种有机溶剂，不溶于水，可用于各种溶剂型烘烤涂料，固化速度快。

甲醚化的三聚氰胺树脂可分为3类，第一类是聚合型部分甲醚化三聚氰胺树脂，这类树脂游离羟甲基较多，甲醚化度较低，分子量较高，水溶性较好；第二类为聚合型高亚氨基高甲醚化三聚氰胺树脂，这类树脂游离羟甲基少，甲醚化度较第一类高，分子量较第一类低，分子中保留了一定量的亚氨基，可溶于水和醇类溶剂；第三类是单体型高甲醚化三聚氰胺树脂，该类树脂游离羟甲基最少，甲醚化度高，分子量最小，基本上是单体，需要助溶剂才能溶于水。

甲醚化氨基树脂中产量最大、应用最广的是六甲氧基甲基三聚氰胺树脂（HMMM），它是一个6官能度单体化合物，属于单体型高甲醚化三聚氰胺树脂。HMMM可溶于醇类、酮类、芳烃、酯类、醇醚类溶剂，部分溶于水。工业级HMMM分子结构中含极少量的亚氨基和羟甲基，它作交联剂时固化温度高于通用型丁醚化三聚氰胺树脂，有时还需加入酸性催化剂帮助固化，固化涂膜硬度大、柔韧性大。HMMM可与醇酸、聚酯、热固性丙烯酸树脂、环氧树脂中羟基、羧基、酰胺基进行交联反应，也可作织物处理剂、纸张涂料，或用于油墨制造、高固体涂料。

聚合型部分甲醚化三聚氰胺树脂可溶于醇类，也具有水溶性，可用于水性涂料。树脂中的反应基团主要是甲氧基甲基和羟甲基。它与醇酸树脂、环氧树脂、聚酯树脂、热固性丙烯酸树脂配合作交联剂时，易于基体树脂的羟基进行缩聚反应，同时也进行自缩聚反应，产生性能优良的涂膜。基体树脂的酸值可有效地催化固化反应，增加配方中的氨基树脂的用量，涂膜的硬度增加，但柔韧性下降。与丁醚化三聚氰胺相比，它具有快固性，有较好的耐化学性，可代替丁醚化三聚氰胺树脂应用于通用型磁漆及卷材涂料中。

聚合型高亚氨基高甲醚化三聚氰胺树脂的分子量比部分甲醚化的三聚氰胺树脂低，易溶于芳烃溶剂、醇和水，适于作高固体涂料，以及需要高温快固的卷材涂料交联剂。与聚合型部分甲醚化三聚氰胺树脂不同之处在于树脂中保留了一定量的未反应的活性氢原子。由于醚化反应较完全，经缩聚反应后树脂中残余的羟甲基较少，但它能像部分烷基化的氨基树脂一样在固化时能进行交联反应，也能进行自缩聚反应。增加涂料配方中氨基树脂的用量可得到较硬的涂膜。这类树脂与含羟基、羧基、酰胺基的基体树脂反应时，基体树脂的酸值可有效地催化交联反应，外加弱酸催化剂如苯酐、烷基磷酸酯等可加速固化反应。由于树脂中亚氨基含量较高，使它有较快的固化性。在低温（120℃以下）固化时，其自缩聚反应速率快于交联反应而使涂膜过分硬脆，性能下降。在较高温度（150℃以上）固化时，由于进行自缩聚的同时进行了有效的交联反应，故能得到有性能优良的涂膜。以它交联的涂料固化时释放甲醛较少，厚涂层施工时不易产生缩孔，并且在烘烤后涂料的保重性也较好。

聚合型部分丁醚化三聚氰胺树脂、聚合型部分甲醚化三聚氰胺树脂和聚合型高亚氨基高甲醚化三聚氰胺树脂三种聚合型三聚氰胺树脂的对比见表8-1。

表 8-1　三种聚合型三聚氰胺树脂的对比

项　目	聚合型部分烷基化三聚氰胺树脂		聚合型高亚氨基高甲醚化三聚氰胺树脂
	丁醚化树脂	甲醚化树脂	
外观	无色透明液体	无色透明液体	无色透明液体
主要反应性基团	—CH$_2$OH，—CH$_2$OC$_4$H$_9$	—CH$_2$OH，—CH$_2$OCH$_3$	—NH—，—CH$_2$OCH$_3$
固化用催化剂	弱酸性催化剂	不需外加催化剂	弱酸性催化剂
固化性	中	大	大
溶解性	溶于有机溶剂,不溶于水	部分溶于醇,溶于水	溶于醇、芳烃、水
分子量	较高	中	较低
应用范围	溶剂型涂料	溶剂型涂料、水性涂料、卷材涂料、纸张涂料	高固体涂料、卷材涂料

8.2.3　苯代三聚氰胺甲醛树脂的性能

苯代三聚氰胺分子中引入了苯环，与三聚氰胺相比，降低了整个分子的极性。因此与三聚氰胺相比，苯代三聚氰胺在有机溶剂中的溶解性增大，与基体树脂的混溶性也大为改善。以苯代三聚氰胺交联的涂料初期有高度的光泽，其耐碱性、耐水性和耐热性也有所提高。但由于苯环的引入，降低了官能度，因而涂料的固化速度比三聚氰胺树脂慢，涂膜的硬度也不及三聚氰胺，耐候性较差。一般来说，苯代三聚氰胺适用于内用漆。

实用的甲醚化苯代三聚氰胺树脂大多属于单体型高烷基化氨基树脂。由于苯环的引入，使这类树脂具有亲油性，在脂肪烃、芳香烃、醇类中有良好的溶解性，涂膜具有优良的耐化学品性，它已应用于溶剂型涂料、高固体涂料、水性涂料。在电泳涂料中，它作为交联剂，与基体树脂配合，还显示优良的电泳共进性。

8.2.4　共缩聚树脂的性能

共缩聚树脂主要有三聚氰胺尿素共缩聚树脂、三聚氰胺苯代三聚氰胺共缩聚树脂。

以尿素取代部分三聚氰胺，可提高涂膜的附着力和干性，成本降低，如取代量过大，则将影响涂膜的抗水性和耐候性。

以苯代三聚氰胺取代部分三聚氰胺，可以改进三聚氰胺树脂和醇酸树脂的混溶性，显著提高涂膜的初期光泽、抗水性和耐碱性，但对三聚氰胺树脂的耐候性有一定的影响。

8.3　氨基树脂的合成原料

用于生产氨基树脂的原料主要有氨基化合物、醛类、醇类。

8.3.1　氨基化合物

氨基化合物主要有尿素、三聚氰胺和苯代三聚氰胺。

8.3.1.1　尿素

尿素（urea）又称碳酰二胺，其分子式为 CO(NH$_2$)$_2$，分子量为 60.06，结构式为

H$_2$N—C(=O)—NH$_2$。纯尿素呈白色、无臭、无味，为针状或棱柱状结晶体。熔点 132.7℃，密度（20℃）为 1.335g/cm^3。在水中溶解热为 241.8kJ/kg。尿素易溶于水和液氨，也能溶于醇类，微溶于乙醚及酯类。尿素在水中溶解度随温度升高而增大，25℃时溶解度为 121g/100g（H$_2$O），100℃时为 726g/100g（H$_2$O）。

尿素化学性质稳定。在强酸性溶液中呈弱碱性，能与酸作用生成盐类，如磷酸尿素 $[CO(NH_2)_2 \cdot H_3PO_4]$、硝酸尿素 $[CO(NH_2)_2 \cdot HNO_3]$。尿素与盐类相互作用生成络合物，如尿素硝酸钙 $[Ca(NO_3)_2 \cdot 4CO(NH_2)_2]$、尿素氯化铵 $[NH_4Cl \cdot CO(NH_2)_2]$。

尿素能与醚类如与甲醛缩合生成脲醛树脂，在酸性作用下与甲醛作用生成羟甲基脲，在中性溶液中与甲醛作用生成二羟甲基脲。

尿素有农用肥料和工业用原料两种，工业用尿素的性能指标见表 8-2。

表 8-2　工业用尿素的性能指标

指　标　名　称	产　品　级　别		
	优等品	一等品	合格品
颜色	白色	白色	白色
氮(N)含量/%	≥46.3	≥46.3	≥46.3
缩二脲含量/%	≤0.5	≤0.9	≤1.0
水分含量/%	≤0.3	≤0.5	≤0.7
铁含量(以 Fe^{3+} 计)/%	≤0.005	≤0.005	≤0.01
碱度(以 NH_3 计)/%	≤0.01	≤0.02	≤0.03
硫酸盐(以 SO_4^{2-} 计)/%	≤0.005	≤0.01	≤0.02
水不溶物含量/%	≤0.05	≤0.01	≤0.04
粒度($\phi 0.85 \sim 2.8mm$)/%	90	90	90

8.3.1.2　三聚氰胺

三聚氰胺（melamine）又称三聚氰酰胺、蜜胺、2,4,6-三氨基-1,3,5-三嗪。其结构式如下：

分子量为 126.12。三聚氰胺为白色单斜棱晶，熔点 347℃，密度 $1.573g/cm^3$，微溶于水、热乙醇、甘油及吡啶，不溶于乙醚、苯、四氯化碳。三聚氰胺在不同溶剂中的溶解度见表 8-3。

表 8-3　三聚氰胺在不同溶剂中的溶解度

溶剂	乙醇	丙酮	二甲基甲酰胺	乙基溶纤剂	水
溶解度(30℃)/[g/100mL(溶剂)]	0.06	0.03	0.01	1.12	0.5

三聚氰胺在不同温度下水中的溶解度见表 8-4。

表 8-4　三聚氰胺在不同温度下水中的溶解度

温度/℃	0	10	20	30	40	50	60	70	80	90	100
溶解度/[g/100g(水)]	0.13	0.23	0.32	0.48	0.69	1.05	1.27	2.05	2.78	3.79	5.10

三聚氰胺有一对称的结构，由一个对称的三嗪环和三个氨基组成，三嗪环很稳定，除非在很激烈的条件下，一般不易裂解，较多的化学反应是发生在氨基上。将三聚氰胺加热至 300℃以上，而氨分压又降低时，三聚氰胺会放出氨气而生成一系列的脱氨产物。三聚氰胺的氨基可和无机酸及碱发生水解反应。水解反应是逐渐进行的，最终结果是三个氨基全部水

解变成羟基而得三聚氰酸。

三聚氰胺是一弱碱，和许多有机酸及无机酸都能生成盐类，如磷酸三聚氰胺盐 $[C_3N_3(NH_2)_3 \cdot H_3PO_4]$、硝酸三聚氰胺 $[C_3N_3(NH_2)_3 \cdot HNO_3]$、醋酸三聚氰胺 $[C_3N_3(NH_2)_3 \cdot C_2H_2O_4]$、苦味酸三聚氰胺 $[C_3N_3(NH_2)_3 \cdot (NO_2)_3C_6H_2OH]$，这些盐类在水中的溶解度很低，其中苦味酸三聚氰胺溶解度极低，被广泛用于定量分析中。

三聚氰胺和甲醛反应生成一系列的树脂状产物，这是三聚氰胺在工业中最重要的应用。三聚氰胺分子中 3 个氨基上的 6 个氢原子都可分别逐个被羟甲基所取代，反应可在酸性或碱性介质中进行，生成不同程度的羟甲基三聚氰胺相互聚合物，最后成三维状聚合物——三聚氰胺-甲醛树脂。

工业上，三聚氰胺有两种生产方法，一种是双氰胺法，另一种是尿素法。尿素法又可分为高压法和低压法。低压法生产三聚氰胺时副反应少，产品纯度高，目前已成为三聚氰胺的主要生产方法。我国三聚氰胺质量指标采用国家标准 GB 9567—88，见表 8-5。

表 8-5 三聚氰胺国家标准 GB 9567—88

指 标 名 称	产 品 级 别		
	优级品	一级品	合格品
三聚氰胺含量/%	≥99.8	≥99.5	≥99.0
水分含量/%	≤0.10	≤0.15	≤0.20
灰分含量/%	≤0.03	≤0.05	≤0.10
pH	7.5~9.5	7.5~9.5	7.5~9.5
甲醛溶解性试验色度(铂-钴)/号	≤20	≤30	≤40
高岭土浊度/度	≤20	≤30	≤40

三聚氰胺对环境和生物的影响未曾进行广泛的试验，但至今未发现有明显的毒性作用或其他影响。

8.3.1.3 苯代三聚氰胺

三聚氰胺分子中的一个氨基或氨基上的一个氢原子被其他基团取代的化合物称为烃基三聚氰胺。取代基可以是芳香烃或脂肪烃。三聚氰胺分子中的一个氨基被苯基取代的化合物称为苯代三聚氰胺。其结构式如下：

苯代三聚氰胺，俗称苯鸟粪胺，又称 2,4-二氨基-6-苯基-1,3,5-三嗪，分子量为 187.17。苯代三聚氰胺是一种弱碱，熔点 227℃，20℃时水溶性小于 0.005g/100mL。苯代三聚氰胺的主要用途是涂料，约占产量的 70%，其次是塑料与三聚氰胺并用制层压板或蜜胺餐具，约占产量的 20%。另外在织物处理剂、纸张处理剂、胶黏剂、耐热润滑剂的增稠剂等方面也有少量应用。苯代三聚氰胺在各种溶剂中的溶解度见表 8-6。

工业上，苯代三聚氰胺由苯甲腈和双氰胺在碱性催化剂存在下，以丁醇为溶剂制得。

表 8-6 苯代三聚氰胺在各种溶剂中的溶解度

溶剂	水	苯	乙醚	醋酸丁酯	二氯甲烷	甲醇	丙酮	四氢呋喃	二甲基甲酰胺	甲基溶纤剂
溶解度/(g/100g)	0	0.04	0.2	0.7	0.08	1.4	1.8	8.8	12.0	13.7

苯代三聚氰胺的性能指标见表 8-7。

表 8-7 苯代三聚氰胺的性能指标

项　目	指　标	项　目	指　标
外观	白色	水分含量/%	≤0.5
氮含量/%	37.0~38.07	游离碱/%	≤0.05
熔点/℃	224~228	灰分/%	≤0.05

8.3.2　醛类

用于生产氨基树脂的醛类化合物主要有甲醛及其聚合物——多聚甲醛。

8.3.2.1　甲醛

甲醛（formaldehyde）分子式为 CH_2O，M 为 30.03，结构式为 $H-\overset{O}{\overset{\|}{C}}-H$。常温下，纯甲醛是一种具有窒息性的无色气体，有特殊的刺激性气味，特别是对眼睛和黏膜有刺激作用，能溶于水。纯甲醛气体是可燃性气体，着火温度为 430℃，与空气混合能形成爆炸混合物，爆炸极限为 7.0%~73.0%。

纯甲醛气体在-19℃时能液化成液体，它在极低的温度下能与非极性溶剂（如甲苯、醚、氯仿、醋酸乙酯等）以任何比例混溶，其溶解度大小随温度的升高而减少。纯气态甲醛和液态甲醛在温度低于 80℃时都易聚合。为防止其聚合，最好的贮存温度为 100~150℃。

甲醛能无限溶解于水，甲醛水溶液的沸点基本上不随其浓度的改变而变化。在 1atm（1atm=101325Pa）下，含甲醛 55%（质量分数）以下的甲醛水溶液其沸点在 99~100℃，25%（质量分数）甲醛水溶液的沸点为 99.1℃，而 35%（质量分数）的甲醛水溶液的沸点为 99.9℃。

甲醛水溶液是一种共聚物的混合物，主要是甲二醇 $[CH_2(OH)_2]$、聚氧亚甲基二醇 $[HO(CH_2O)_nH]$ 和半缩醛 $[HO(CH_2O)_{n-1}H]$ 组成的复杂的平衡混合物，游离的单体甲醛很少。紫外光谱研究表明，在较高浓度的甲醛水溶液中单体甲醛的浓度小于 0.04%（质量分数），在较低浓度的甲醛水溶液中其单体甲醛的含量也不超过 0.1%（质量分数）。

由于坎尼扎罗反应所致，甲醛水溶液呈酸性，pH 为 2.5~4.4。含甲醇的甲醛水溶液可在相对低的温度下贮存，不会有聚合物沉淀出现。

甲醛可与伯胺、仲胺发生加成反应生成烷氨基甲醇，后者在加热或碱性条件下进一步缩合生成取代亚甲基胺。甲醛与叔胺不反应。

在中性或碱性条件下，甲醛与酰胺加成反应生成相对稳定的一羟甲基和二羟甲基衍生物。工业上，甲醛与尿素的加成反应生成羟甲基脲。在酸存在下羟甲基脲之间和羟甲基脲和尿素之间进一步缩聚生成脲醛树脂。甲醛还可与苯酚或甲基苯酚反应生成酚醛树脂。在碱性条件下，于 50~70℃，甲醛与氨缩合生成六亚甲基四胺（乌洛托品）。

工业甲醛一般含甲醛 37%~55%（质量分数）、甲醇 1%~8%（质量分数），其余的为水，通常甲醛含量为 40%，俗称福尔马林。工业甲醛是无色透明的液体，具有窒息性臭味。甲醛的性能指标见表 8-8。

表 8-8　甲醛的性能指标

指标名称	37%甲醛水溶液	50%甲醛水溶液	甲醛的丁醇溶液	甲醛的甲醇溶液
外观	无色透明液体	无色透明液体	无色透明液体	无色透明液体
甲醛含量/(g/100g)	37±0.5	50.0～50.4	39.5～40.5	55
甲醇含量/(g/100g)	≤12	≤1.5		30～35
甲酸含量/(g/100mL)	≤0.04			
铁含量/(g/100mL)	≤0.0005	≤0.005		
灼烧残渣含量/(g/100mL)	≤0.005	≤0.1		
水含量/%			6.5～7.5	10～15
闪点/℃	60	68.3	71.1	
沸点/℃	96	约100	107	
贮存温度/℃	15.6～32.2	48.9～62.8	20	

　　甲醛有毒，低含量甲醛对人体的主要影响是刺激眼睛和黏膜，小于 $0.05×10^{-6}$ 的低含量甲醛对人体无影响。甲醛含量为 $1×10^{-6}$ 时，一般可感受到甲醛气味，但有的人可以觉察到 $0.05×10^{-6}$ 的甲醛含量。$5×10^{-6}$ 含量的甲醛会引起咳嗽、胸闷。$20×10^{-6}$ 时即会引起明显流泪，超过 $50×10^{-6}$ 时即会发生严重的肺部反应，有时甚至会造成死亡。为了减少甲醛对人体的危害，各国对居室内甲醛允许浓度都做了严格规定。部分国家居室内甲醛允许含量见表 8-9。

表 8-9　部分国家居室内甲醛允许含量

国别	居室内甲醛允许含量/(mg/m³)	国别	居室内甲醛允许含量/(mg/m³)
丹麦	0.12	瑞士	0.2
芬兰	0.12	加拿大	0.1
意大利	0.1	德国	0.1
荷兰	0.1	美国	0.4
瑞典	0.4～0.7	中国	0.05

8.3.2.2　多聚甲醛

　　多聚甲醛为无色结晶固体，具有单体甲醛的气味，熔点随聚合度 n 的增大而增高，其熔点范围为 120～170℃；闪点 71℃，着火温度 370～410℃。常温下，多聚甲醛会缓慢分解成气态甲醛，加热会加速分解过程。

　　多聚甲醛能缓慢溶于冷水，形成低浓度的甲二醇，但在热水中会迅速溶解并能水解或解聚成甲醛水溶液，其性质与普通的甲醛水溶液相同。加入稀碱或稀酸会加速多聚甲醛的溶解速度，在 pH＝2～5 时溶解速度最小，当 pH 高于 5 或低于 2 时，其溶解速度迅速增加。多聚甲醛同样可溶于醇类、苯酚和其他极性溶剂，并能发生解聚。多聚甲醛的性能指标见表8-10。

表 8-10　多聚甲醛的性能指标

名称	指标	名称	指标
外观	白色至微黄色粉末有刺激性气味	灼烧残渣含量/(g/100mL)	≤0.1
甲醛含量/(g/100g)	93～95	熔程/℃	120～170
铁含量/(g/100mL)	≤0.005	闪点/℃	71.1

8.3.3 醇类

氨基树脂必须用醇类醚化后才能应用于涂料，所用的醇类主要有甲醇、工业无水乙醇、乙醇、异丙醇、正丁醇、异丁醇和辛醇。醇类原料的性能指标见表 8-11。

表 8-11　醇类原料的性能指标

指标名称		甲醇	工业无水乙醇	乙醇	异丙醇	丁醇	异丁醇	辛醇
外观		无色透明液体	无色透明液体	无色透明液体	无色透明液体	无色透明液体	无色透明液体	无色透明液体
相对密度(d_4^{20})		0.791~0.792	≤0.792	—	0.784~0.788	0.809~0.813	0.802~0.807	0.817~0.823
馏程	蒸馏范围(101.3247kPa, 绝对压力)/℃	64.0~65.5	—	77~85	81.5~83	117.2~118.2	105~110	192~198
	馏出体积/%	≥98.8		≥95	≥99.5	≥95	≥95	≥90
游离酸(以乙酸计)含量/%		≤0.003	—	—	≤0.003	≤0.003	≤0.01	—
酸度(50mL, 以 0.01mol/L NaOH 计)/mL		—	≤1.8	≤1.8	—	—	—	—
乙醇含量(体积分数)/%		—	≥99	≥95	—	—	—	—
水分含量/%		≤0.08	≤1	—	≤0.2	—	—	—
丙酮含量/%		—	—	≤1	—	—	—	—
不挥发物含量/%		—	—	—	≤0.005	≤0.0025	≤0.005	—
游离碱(以 NH_3 计)含量/%		≤0.001	—	—	—	—	—	—

8.4　氨基树脂的合成

改变氨基树脂母体化合物和醚化剂的类型、醚化度、缩聚度以及树脂中亚氨基含量，可制得各种不同的氨基树脂。

8.4.1　脲醛树脂的合成

8.4.1.1　合成原理

脲醛树脂是尿素和甲醛在碱性或酸性条件下缩聚而成的树脂，反应可在水中进行，也可在醇溶液中进行。尿素和甲醛的摩尔比、反应介质的 pH、反应时间、反应温度等对产物的性能有较大影响。反应包括弱碱性或微酸性条件下的加成反应、酸性条件下的缩聚反应以及用醇进行的醚化反应。

（1）加成反应（羟甲基化反应）　尿素和甲醛的加成反应可在碱性或酸性条件下进行，在此阶段主要产物是羟甲基脲，并依甲醛和尿素摩尔比的不同，可生成一羟甲基脲、二羟甲基脲或三羟甲基脲。

$$H_2N-\overset{\overset{\displaystyle O}{\|}}{C}-NH_2 + 3HCHO \underset{}{\overset{OH^- \text{或} H^+}{\rightleftharpoons}} HOCH_2-N-\overset{\overset{\displaystyle O}{\|}}{C}-N-CH_2OH$$
$$\underset{\displaystyle CH_2OH}{|}$$

（2）缩聚反应　在酸性条件下，羟甲基脲与尿素或羟甲基脲与羟甲基脲之间发生羟基与羟基或羟基与酰胺基间的缩合反应，生成亚甲基。

$$HOCH_2-\underset{H}{N}-\overset{\overset{\displaystyle O}{\|}}{C}-NH_2 + HOCH_2-\underset{H}{N}-\overset{\overset{\displaystyle O}{\|}}{C}-\underset{H}{N}-CH_2OH \overset{H^+,\ -H_2O}{\rightleftharpoons} HOCH_2-\underset{H}{N}-\overset{\overset{\displaystyle O}{\|}}{C}-\underset{H}{N}-CH_2-\underset{H}{N}-\overset{\overset{\displaystyle O}{\|}}{C}-\underset{H}{N}-CH_2OH$$

$$HOCH_2-\underset{H}{N}-\overset{\overset{\displaystyle O}{\|}}{C}-\underset{H}{N}-CH_2OH + HOCH_2-\underset{H}{N}-\overset{\overset{\displaystyle O}{\|}}{C}-NH_2 \overset{H^+,\ -H_2O}{\rightleftharpoons} HOCH_2-\underset{H}{N}-\overset{\overset{\displaystyle O}{\|}}{C}-\underset{H}{N}-CH_2-O-CH_2-\underset{H}{N}-\overset{\overset{\displaystyle O}{\|}}{C}-NH_2$$

通过控制反应介质的酸度、反应时间可以制得分子量不同的羟甲基脲低聚物，低聚物间若继续缩聚就可制得体型结构聚合物。

（3）醚化反应　羟甲基脲低聚物具有亲水性，不溶于有机溶剂，因此不能用作溶剂型涂料的交联剂。用于涂料的脲醛树脂必须用醇类醚化改性，醚化后的树脂中具有一定数量的烷氧基，使树脂的极性降低，从而使其在有机溶剂中的溶解性增大，可用作溶剂型涂料的交联剂。

用于醚化反应的醇类，其分子链越长，醚化产物在有机溶剂中的溶解性越好。用甲醇醚化的树脂仍具有水溶性，用乙醇醚化的树脂有醇溶性，而用丁醇醚化的树脂在有机溶剂中则有较好的溶解性。

醚化反应是在弱酸性条件下进行的，此时发生醚化反应的同时，也发生缩聚反应。如

$$HOCH_2-\underset{H}{N}-\overset{\overset{\displaystyle O}{\|}}{C}-\underset{H}{N}-CH_2OH + C_4H_9OH \overset{H^+,\ -H_2O}{\rightleftharpoons} C_4H_9OCH_2-\underset{H}{N}-\overset{\overset{\displaystyle O}{\|}}{C}-N-CH_2\sim$$

制备丁醚化树脂时一般使用过量的丁醇，这有利于醚化反应的进行。弱酸性条件下，醚化反应和缩聚反应是同时进行的。

8.4.1.2　合成工艺

（1）丁醚化脲醛树脂的合成工艺　尿素分子中有2个氨基，为四官能度化合物，甲醛为二官能度化合物，故一般生产配方中，尿素、甲醛、丁醇的摩尔比为1:（2～3）:（2～4）。

尿素和甲醛先在碱性条件下进行羟甲基化反应，然后加入过量的丁醇，反应物的pH调至微酸性，进行醚化和缩聚反应，控制丁醇和酸性催化剂的用量，使两种反应平衡进行。在羟甲基化过程中也可加入丁醇。脲醛树脂的醚化速度较慢，故酸性催化剂用量略多，随着醚化反应的进行，树脂在脂肪烃中的溶解度逐渐增加。醚化反应过程中，通过测定树脂对200号油漆溶剂油的容忍度来控制醚化程度。

丁醚化脲醛树脂的原料配方示例见表8-12。

丁醚化脲醛树脂的生产过程如下：

① 将甲醛加入反应釜中，用10%氢氧化钠水溶液调节pH至7.5～8.0，加入已破碎的尿素；

表 8-12　丁醚化脲醛树脂的原料配方示例

原 料	尿 素	37%甲醛	丁醇（一）	丁醇（二）	二甲苯	苯酐
分子量	60	30	74	74		
物质的量/mol	1	2.184	1.09	1.09		
质量份	14.5	42.5	19.4	19.4	4.0	0.3

② 微热至尿素全部溶解后，加入丁醇（一），再用10％氢氧化钠水溶液调节 pH＝8.0；

③ 加热升温至回流温度，保持回流 1h；

④ 加入二甲苯、丁醇（二），以苯酐调整 pH 至 4.5～5.5；

⑤ 回流脱水至 105℃ 以上，测容忍度达 1：2.5 为终点；

⑥ 蒸出过量丁醇，调整黏度至规定范围，降温，过滤。

丁醚化脲醛树脂的质量规格见表 8-13。

表 8-13　丁醚化脲醛树脂的质量规格

项　目	外观	黏度(涂-4杯)/s	色泽(铁-钴比色计)/号	容忍度	酸值/(mgKOH/g)	不挥发分/％
指　标	透明黏稠液体	80～130	≤1	1：2.5～3	≤4	60±2

（2）甲醚化脲醛树脂的合成工艺　大多数实用的甲醚化脲醛树脂属于聚合型部分烷基化的氨基树脂，有两种规格，一种是低分子量甲醚化脲醛树脂，另一种是高分子量甲醚化脲醛树脂。以下主要介绍高分子量甲醚化脲醛树脂合成过程。

高分子量甲醚化脲醛树脂的原料配方示例见表 8-14。

表 8-14　高分子量甲醚化脲醛树脂的原料配方示例

原　料	尿　素	93％多聚甲醛	甲醇	异丙醇
分子量	60	30	32	
物质的量/mol	1	3	3	
质量份	23.7	38.3	38.0	适量

其生产过程如下：

① 将甲醇、多聚甲醛加入反应釜中，开动搅拌，用三乙胺调 pH 至 9.0～10.0，加热升温至 50℃，保温至多聚甲醛全部溶解；

② 加入尿素，升温回流 30min，用甲酸调 pH 至 4.5～5.5，再回流 3h；

③ 降温至 25℃，用浓硝酸调 pH 至 2.0～3.0，在 25～30℃ 保温 1h；

④ 用 30％氢氧化钠溶液调 pH 至 8.0，真空蒸除挥发物，直到 100℃，93kPa 真空度时基本无液体蒸出；

⑤ 用异丙醇稀释至规定的不挥发分，过滤。

高分子量甲醚化脲醛树脂的质量规格见表 8-15。

表 8-15　高分子量甲醚化脲醛树脂的质量规格

项　　目	色泽(铁-钴比色计)/号	不挥发分/％	黏度/Pa·s	游离甲醛/％	溶解性
指标	≤1	88±2	1.5～3.2	≤2	溶于醇和水

8.4.2　三聚氰胺甲醛树脂的合成

8.4.2.1　合成原理

（1）羟甲基化反应　三聚氰胺分子上有 3 个氨基，共有 6 个活性氢原子，在酸或碱作用下，每个三聚氰胺分子可和 1～6 个甲醛分子发生加成反应，生成相应的羟甲基三聚氰胺，反应速率与原料配比、反应介质 pH、反应温度以及反应时间有关。一般来说，当 pH＝7 时，反应较慢；pH＞7 时，反应加快；当 pH＝8～9 时，生成的羟甲基衍生物较稳定。通常可使用 10％或 20％的氢氧化钠水溶液调节溶液的 pH，也可用碳酸镁来调节。碳酸镁碱性较弱，微溶于甲醛，在甲醛溶液中大部分呈悬浮状态，它可抑制甲醛中的游离酸，使调整后的 pH 较稳定。

1mol 三聚氰胺和 3.1mol 甲醛反应，以碳酸钠溶液调节 pH 至 7.2，在 50～60℃反应 20min 左右，反应体系成为无色透明液体，迅速冷却后可得三羟甲基三聚氰胺的白色细微结晶。此反应速度很快，且不可逆。

在过量的甲醛存在下，可生成多于 3 个羟甲基的羟甲基三聚氰胺，此时反应是可逆的。甲醛过量越多，三聚氰胺结合的甲醛就越多。一般 1mol 三聚氰胺和 3～4mol 甲醛结合，得到处理纸张和织物的三聚氰胺树脂；和 4～5mol 甲醛结合，经醚化后得到用于涂料的三聚氰胺树脂。

（2）缩聚反应　在弱酸性条件下，多羟甲基三聚氰胺分子间的羟甲基与未反应的活泼氢原子之间或羟甲基与羟甲基之间可缩合成亚甲基：

多羟甲基三聚氰胺低聚物具有亲水性，应用于塑料、胶黏剂、织物处理剂和纸张增强剂等方面，经进一步缩聚，成为体型结构产物。

（3）醚化反应　多羟甲基三聚氰胺不溶于有机溶剂，必须经过醇类经醚化改性，才能用作溶剂型涂料交联剂。醚化反应是在微酸性条件下，在过量醇中进行的，同时也进行缩聚反应，形成多分散性的聚合物。

在微酸性条件下，醚化和缩聚是两个竞争反应，若缩聚快于醚化，则树脂黏度高，不挥发分低，与中长油度醇酸树脂的混溶性差，树脂稳定性也差；若醚化快于缩聚，则树脂黏度低，与短油度醇酸树脂的混溶性差，制成的涂膜干性慢，硬度低。所以必须控制条件，使这两个反应均衡进行，并使醚化略快于缩聚，达到既有一定的缩聚度，使树脂具有优良的抗性，又有一定的烷氧基含量，使其与基体树脂有良好的混溶性。

8.4.2.2 合成工艺

（1）丁醇醚化三聚氰胺树脂的合成工艺 丁醇醚化三聚氰胺树脂的生产过程分为反应、脱水和后处理 3 个阶段。

① 反应阶段 有一步法和二步法两种。一步法在合成树脂的反应过程中，将各种原料投入后，在微酸性介质中同时进行羟甲基化反应、醚化反应和缩聚反应。二步法在反应过程中，物料先在微碱性介质中主要进行羟甲基化反应，反应到一定程度后，再转入微酸性介质中进行缩聚和醚化反应。一步法工艺简单，但需严格控制反应介质的 pH，二步法反应较平稳，生产过程易于控制。

② 脱水阶段 将水分不断及时地排出，有利于醚化反应和缩聚反应正向进行。脱水有蒸馏法和脱水法两种方式。蒸馏法一般是加入少量的苯类溶剂进行苯类溶剂-丁醇-水三元恒沸蒸馏，苯类溶剂中苯毒性较大，一般是采用甲苯或二甲苯，其加入量约为丁醇量的 10%，采用常压回流脱水，通过分水器分出水分，丁醇返回反应体系。脱水法是在蒸馏脱水前先将反应体系中部分水分离出去，以降低能耗，缩短工时。

③ 后处理阶段 包括水洗和过滤两个处理过程。通过水洗，除去亲水性物质，提高产品质量，增加树脂贮存稳定性和抗水性。而过滤，是为了除去树脂中未反应的三聚氰胺以及未醚化的羟甲基三聚氰胺低聚物、残余的催化剂等杂质。

水洗方法是在树脂中加入 20%～30% 的丁醇，再加入与树脂等量的水，然后加热回流，静置分层后，减压回流脱水，待水脱尽后，再将树脂调整到规定的黏度范围，冷却过滤后即得透明而稳定的树脂。

丁醇醚化三聚氰胺树脂的生产配方示例见表 8-16。

表 8-16 丁醇醚化三聚氰胺树脂的生产配方示例

	原　料	三聚氰胺	37%甲醛	丁醇（一）	丁醇（二）	碳酸镁	苯酐	二甲苯
	分子量	126	30	74	74	—	—	—
低醚化度	物质的量/mol	1	6.3	5.4	—	—	—	—
	质量份	11.6	46.9	36.8	—	0.04	0.04	4.6
高醚化度	物质的量/mol	1	6.3	5.4	0.8	—	—	—
	质量份	10.9	44.2	34.7	5.8	0.03	0.04	4.3

其生产过程如下：

① 将甲醛、丁醇（一）、二甲苯投入反应釜中，搅拌下加入碳酸镁、三聚氰胺；

② 搅匀后升温，并回流 2.5h；

③ 加入苯酐，调整 pH 至 4.5～5.0，再回流 1.5h；

④ 静置，分出水层；

⑤ 开动搅拌，升温回流出水，直到 102℃以上，树脂对 200 号油漆溶剂油容忍度为 1：（3～4）；

⑥ 蒸出部分丁醇，调整黏度至规定范围，降温过滤。

要生产高醚化度三聚氰胺树脂，可在上述树脂中加入丁醇（二），继续回流脱水，直至容忍度达到 1：（10～15），蒸出部分丁醇，调整黏度至规定范围，降温过滤。

丁醇醚化三聚氰胺树脂的质量规格见表 8-17。

表 8-17　丁醇醚化三聚氰胺树脂的质量规格

项　目		低醚化度三聚氰胺树脂	高醚化度三聚氰胺树脂
色泽(铁-钴比色计)/号		≤1	≤1
不挥发分/%		60±2	60±2
黏度(涂-4 杯)/s		60~100	50~80
混溶性	1:4(纯苯)	透明	透明
	1:1.5(50%油度蓖麻油醇酸树脂)	透明	—
	1:1.5(44%油度豆油醇酸树脂)	—	透明
容忍度(200 号油漆溶剂油)		1:(2~7)	1:(10~20)
酸值/(mgKOH/g)		≤1	≤1
游离甲醛/%		≤2	≤2

(2) 异丁醇醚化三聚氰胺树脂的合成工艺　异丁醇醚化三聚氰胺树脂的合成工艺与丁醇醚化三聚氰胺树脂的合成工艺相似，只不过异丁醇的醚化反应速度较正丁醇慢。因此在容忍度相同时，异丁醇醚化树脂的异丁氧基含量较低，反应时间较长。

异丁醇醚化三聚氰胺树脂的生产配方示例见表 8-18。

表 8-18　异丁醇醚化三聚氰胺树脂的生产配方示例

原　料	三聚氰胺	37%甲醛	异丁醇	碳酸镁	苯酐	二甲苯
分子量	126	30	74			
物质的量/mol	1	6.3	6.9			
份	10.6	42.8	42.8	0.05	0.07	3.7

其生产过程如下：
① 将甲醛、异丁醇投入反应釜中，搅拌下加入碳酸镁、三聚氰胺；
② 搅匀后升温，并回流 3h；
③ 加入苯酐，调整 pH 至 4.4~4.5，再回流 2h；
④ 加入二甲苯，搅匀后静置，分出水层；
⑤ 常压回流出水，直到 104℃以上，树脂对 200 号油漆溶剂油容忍度为 1:4；
⑥ 蒸出过量异丁醇，调整黏度至规定范围，冷却过滤。

异丁醇醚化三聚氰胺树脂的质量规格见表 8-19。

(3) 甲醇醚化三聚氰胺树脂的合成工艺　甲醇醚化三聚氰胺树脂有 3 种：单体型高甲醚化三聚氰胺树脂、聚合型部分甲醚化三聚氰胺树脂、聚合型高亚氨基高甲醚化三聚氰胺树脂。

① 单体型高甲醚化三聚氰胺树脂　单体型高甲醚化三聚氰胺树脂中用量最大、应用最广的是六甲氧基甲基三聚氰胺（HMMM）。

表 8-19　异丁醇醚化三聚氰胺树脂的质量规格

项　目		指　标
色泽(铁-钴比色计)/号		≤1
不挥发分/%		60±2
黏度(涂-4 杯)/s		100~120
混溶性	1:4(纯苯)	透明
	1:1.5(50%油度蓖麻油醇酸树脂)	透明
容忍度(200 号油漆溶剂油)		1:4~10
游离甲醛/%		≤2

六甲氧基甲基三聚氰胺属于单体型高烷基化三聚氰胺树脂，是一种六官能度单体化合物。其结构式如下：

与丁醚化三聚氰胺树脂的合成工艺稍有不同，HMMM 的合成分两步进行，第一步，在碱性介质中，三聚氰胺与过量的甲醛进行羟甲基化反应，生成六羟甲基三聚氰胺晶体；第二步，除去游离甲醛和水分的六羟甲基三聚氰胺在酸性介质中和过量的甲醇进行醚化反应，得到 HMMM。

第一步羟甲基化阶段，反应介质的 pH 一般为 7.5～9.0，反应温度一般为 55～65℃，反应时间一般为 3～4h，甲醛用量一般为三聚氰胺物质的量的 8～12 倍。

第二步醚化反应是可逆反应，六羟甲基三聚氰胺晶体中含有水分，不利于醚化，而有利于缩聚。为避免缩聚和降低树脂中游离甲醛的含量，在醚化前必须除去水分和游离甲醛，使结晶体中含水量在 15％以下。醚化阶段，反应介质的 pH 一般为 2～3.5，反应温度一般为 30～40℃，甲醇用量一般为六羟甲基三聚氰胺物质的量的 14～20 倍。用于醚化的酸性催化剂可以是硫酸、硝酸、盐酸，也可用强酸阳离子交换树脂。

HMMM 的生产配方示例见表 8-20。

其生产过程如下：

a. 将甲醛和水投入反应釜中，搅拌，用碳酸氢钠调节 pH 至 7.6，缓缓加入三聚氰胺；

表 8-20　HMMM 的生产配方示例

原　料	三聚氰胺	37％甲醛	水	甲醇（一）	甲醇（二）	丁醇
分子量	126	30		32	32	
物质的量/mol	1	10		18	18	
份	5.7	36.5	5.8	26.0	26.0	适量

b. 升温到 60℃，待三聚氰胺溶解后，调节 pH 至 9.0，待六羟甲基三聚氰胺结晶析出后，静置保温 3～4h；

c. 降温，由反应瓶底部吸滤除去过剩的甲醛水溶液；

d. 将甲醇（一）投入湿的六羟甲基三聚氰胺晶体，开动搅拌，在 30℃用浓硫酸调 pH 至 2.0，晶体溶解后，用碳酸氢钠中和至 pH＝8.5；

e. 在 75℃以下减压蒸除挥发物；

f. 在 75℃，90kPa（真空度）蒸出残余水分；

g. 加入甲醇（二），重复进行醚化操作；

h. 用丁醇稀释到规定的不挥发分，过滤。

HMMM 的质量规格见表 8-21。

表 8-21　HMMM 的质量规格

项　目	指　标	项　目	指　标
色泽(铁-钴比色计)/号	≤1	游离甲醛/%	≤3
不挥发分/%	70±2	溶解性	溶于醇,部分溶于水
黏度(涂-4 杯)/s	30		

单体型高烷基三聚氰胺树脂中除六甲氧基甲基三聚氰胺外,还有六丁氧基甲基三聚氰胺(HBMM),其制备方法与 HMMM 的制备方法基本相同,在此不做介绍。

② 聚合型部分甲醚化三聚氰胺树脂的合成工艺　这类树脂的合成原理与聚合型部分丁醚化三聚氰胺树脂相似,也包括羟甲基化反应、缩聚反应和醚化反应,两者的合成工艺也相似。

聚合型部分甲醚化三聚氰胺树脂的生产配方示例见表 8-22。

表 8-22　聚合型部分甲醚化三聚氰胺树脂的生产配方示例

原　料	三聚氰胺	37%甲醛	93%多聚甲醛	甲醇(一)	甲醇(二)	丁醇
分子量	126	30	30	32	32	
物质的量/mol	1	4	1.5	10	10	
份	11.2	28.5	4.2	28.05	28.05	适量

其生产过程如下:

a. 将 37%甲醛、多聚甲醛和甲醇(一)投入反应釜中,搅拌,用 20%氢氧化钠溶液调节 pH 至 8.0~9.0,保温至体系透明;

b. 加入三聚氰胺,升温到 60℃,并保温 4~5h;

c. 加入甲醇(二),降温,用浓硫酸调 pH 至 3.0~4.0,在 35~40℃保温到体系透明;

d. 用 30%氢氧化钠溶液调 pH 至 9.0~10.0,真空蒸除挥发物,直至 70℃、93kPa(真空度)无液体蒸出为止;

e. 用丁醇稀释到规定的不挥发分,过滤。

聚合型部分甲醚化三聚氰胺树脂的质量规格见表 8-23。

表 8-23　聚合型部分甲醚化三聚氰胺树脂的质量规格

项　目	指　标	项　目	指　标
色泽(铁-钴比色计)/号	≤1	游离甲醛/%	≤3
不挥发分/%	60±2	溶解性	溶于醇,溶于水
黏度(涂-4 杯)/s	30~80		

③ 聚合型高亚氨基高甲醚化三聚氰胺树脂的合成工艺　这类树脂与聚合型部分甲醚化三聚氰胺树脂不同之处在于,树脂中保留了一定量的未反应活性氢原子,醚化反应较完全。其合成工艺与聚合型部分甲醚化三聚氰胺树脂相似,只不过原料配比不同,表现在甲醛的用量相对减少,部分活性氢原子未发生羟甲基化反应,而甲醇用量增多,醚化反应较完全。其具体的合成方法在此不做介绍。

8.4.3　苯代三聚氰胺甲醛树脂的合成

8.4.3.1　合成原理

苯代三聚氰胺甲醛树脂的合成原理与三聚氰胺甲醛树脂基本相同。苯代三聚氰胺与甲醛在碱性条件下先进行羟甲基化反应，然后在弱酸性条件下，羟甲基化产物与醇类进行醚化反应的同时也进行缩聚反应。只不过由于苯环的引入，降低了官能度，分子中氨基的反应活性也有所降低。苯代三聚氰胺的反应性介于尿素与三聚氰胺之间。

8.4.3.2 合成工艺

(1) 丁醚化苯代三聚氰胺甲醛树脂的合成工艺　苯代三聚氰胺的官能团比三聚氰胺少，合成树脂时，甲醛和丁醇的用量也减少。一般配方中，苯代三聚氰胺、甲醛、丁醇的摩尔比为 1：(3~4)：(3~5)。

制备时分两步进行，第一步在碱性介质中进行羟甲基化反应，第二步在微酸性介质中进行醚化和缩聚反应。水分可用分水法或蒸馏法除去。

丁醚化苯代三聚氰胺甲醛树脂的生产配方示例见表 8-24。

表 8-24　丁醚化苯代三聚氰胺甲醛树脂的生产配方示例

原　料	苯代三聚氰胺	37%甲醛	丁醇	二甲苯	苯酐
分子量	187	30	74		
物质的量/mol	1	3.2	4		
份	22.8	32.9	36.2	8.1	0.07

其生产过程如下：

a. 将甲醛投入反应釜中，搅拌，用 10% 氢氧化钠调节 pH 至 8.0；

b. 加入丁醇和二甲苯，缓缓加入苯代三聚氰胺；

c. 升温，常压回流至出水量约为 10 份；

d. 加入苯酐，调节 pH 至 5.5~6.5；

e. 继续回流出水至 105℃ 以上，取样测纯苯混溶性达 1：4 透明为终点；

f. 蒸出过量丁醇，调整黏度到规定的范围，冷却过滤。

丁醚化苯代三聚氰胺甲醛树脂的质量规格见表 8-25。

(2) 甲醚化苯代三聚氰胺甲醛树脂的合成工艺　实用的甲醚化苯代三聚氰胺甲醛树脂大多属于单体型高烷基化氨基树脂。甲醚化苯代三聚氰胺甲醛树脂的合成原理与甲醚化三聚氰胺甲醛树脂相似。

甲醚化苯代三聚氰胺甲醛树脂的生产配方示例见表 8-26。

表 8-25　丁醚化苯代三聚氰胺甲醛树脂的质量规格

项目	色泽(铁-钴比色计)/号	不挥发分/%	黏度(涂-4 杯)/s	干性(与 44%油度豆油醇酸树脂)	容忍度(200 号油漆溶剂油)	游离甲醛/%	酸值/(mgKOH/g)
指标	≤1	60±2	20~50	120℃×1h	1：(3~7)	≤3	≤2

表 8-26　甲醚化苯代三聚氰胺甲醛树脂的生产配方示例

原料	苯代三聚氰胺	93%多聚甲醛	甲醇(一)	甲醇(二)
分子量	187	30	32	32
物质的量/mol	1	3	2.7	17.1
份	20.4	10.6	9.4	59.6

其生产过程如下：

a. 将甲醇(一)、多聚甲醛投入反应釜中，开动搅拌，用 20% 氢氧化钠调节 pH 至 8.6~8.8，升温至 50℃，待多聚甲醛溶解后，加入苯代三聚氰胺；

b. 升温至 70℃ 保温 1h，加入甲醇(二)，降温；

c. 以浓盐酸调节 pH 至 1.0~2.0，在 40℃保温 2h，以 30％氢氧化钠调节 pH 至 9.0；

d. 真空蒸除挥发物，直至 70℃、93kPa（真空度）时无液体蒸出为止，冷却过滤。

甲醚化苯代三聚氰胺甲醛树脂的质量规格见表 8-27。

表 8-27　甲醚化苯代三聚氰胺甲醛树脂的质量规格

项目	色泽（铁-钴比色计）/号	不挥发分/％	黏度（涂-4 杯）/s	游离甲醛/％	溶解性
指标	≤1	≥98	3.0~5.5	≤0.5	溶于醇类、芳烃类

8.4.4　共缩聚树脂的合成

8.4.4.1　丁醚化三聚氰胺尿醛共缩聚树脂的合成

丁醚化三聚氰胺树脂是使用最广泛的交联剂，但其附着力较差，固化速度较。以尿素取代部分三聚氰胺合成丁醚化三聚氰胺尿醛共缩聚树脂，既可提高涂膜的附着力和干性，又可降低成本。

丁醚化三聚氰胺尿醛共缩聚树脂的生产配方示例见表 8-28。

表 8-28　丁醚化三聚氰胺尿醛共缩聚树脂的生产配方示例

原　料	三聚氰胺	尿素	37％甲醛	丁醇	二甲苯	苯酐
分子量	126	60	30	74		
物质的量/mol	0.75	0.25	5.5	5.5		
份	15.3	2.4	7.2	66.0	6.5	2.6

其生产过程如下：

① 将丁醇、甲醛、二甲苯投入反应釜中，开动搅拌，用 10％氢氧化钠调节 pH 至 8.0~8.5，加入三聚氰胺；

② 升温至 50℃，待三聚氰胺溶解后，加入尿素；

③ 升温回流出水，待出水量达 30 份左右，加入苯酐，调节 pH 至微酸性；

④ 回流出水至 105℃以上，测树脂对 200 号油漆溶剂油容忍度达 1：2 时终止反应；

⑤ 蒸出部分丁醇，调整黏度至规定范围，冷却过滤。

丁醚化三聚氰胺尿醛共缩聚树脂的质量规格见表 8-29。

表 8-29　丁醚化三聚氰胺尿醛共缩聚树脂的质量规格

项目	色泽（铁-钴比色计）/号	不挥发分/％	黏度（涂-4 杯）/s	容忍度（对 200 号油漆溶剂油）	酸值/（mgKOH/g）
指标	≤1	60±2	50~120	1：(2~8)	≤2

8.4.4.2　丁醚化三聚氰胺苯代三聚氰胺共缩聚树脂的合成

以苯代三聚氰胺取代部分三聚氰胺合成丁醚化三聚氰胺苯代三聚氰胺共缩聚树脂，可改进三聚氰胺树脂和醇酸树脂的混溶性，提高涂膜的初期光泽、抗水性和耐碱性，但对树脂的耐候性有些不利影响。

丁醚化三聚氰胺苯代三聚氰胺共缩聚树脂的生产配方示例见表 8-30。

表 8-30　丁醚化三聚氰胺苯代三聚氰胺共缩聚树脂的生产配方示例

原　料	三聚氰胺	苯代三聚氰胺	37％甲醛	丁醇	二甲苯	碳酸镁	苯酐
分子量	126	187	30	74			
物质的量/mol	0.75	0.25	5.5	5.0			
份	9.3	4.6	44.0	36.5	5.5	0.04	0.06

其生产过程如下：

① 将甲醛、丁醇、二甲苯投入反应釜中，开动搅拌，加入碳酸镁、三聚氰胺、苯代三聚氰胺；

② 回流出水，待出水量达 18 份左右，加入苯酐；

③ 继续回流出水至 105℃以上，测树脂对 200 号油漆溶剂油容忍度达 1：2 时终止反应；

④ 蒸出部分丁醇，调整黏度至规定范围，冷却过滤。

丁醚化三聚氰胺苯代三聚氰胺共缩聚树脂的质量规格见表 8-31。

表 8-31　丁醚化三聚氰胺苯代三聚氰胺共缩聚树脂的质量规格

项目	色泽(铁-钴比色计)/号	不挥发分/%	黏度(涂-4 杯)/s	容忍度(对 200 号油漆溶剂油)	混溶性(纯苯 1：4)
指标	≤1	50±2	20～30	1：(2～7)	透明

8.5　氨基树脂的应用

涂料工业使用的氨基树脂在涂料固化过程中起交联剂的作用。氨基树脂与基体树脂可进行共缩聚反应，其本身也进行自缩聚反应，使涂料交联固化。氨基树脂中含有烷氧基甲基、羟甲基和亚氨基等基团。烷氧基甲基是交联反应的主要基团，羟甲基既是交联反应的基团，也是自缩聚的基团，其反应能力比烷氧基甲基大，亚氨基主要是自缩聚的基团，易与羟甲基进行自缩聚反应。

聚合型部分烷基化的氨基树脂主要含有烷氧基甲基和羟甲基，聚合型高亚氨基氨基树脂主要含有烷氧基甲基和亚氨基，单体型高烷基化氨基树脂主要含有烷氧基甲基。

醇酸树脂、热固性丙烯酸树脂、聚酯树脂和环氧树脂中含有羟基、羧基、酰胺基。这些树脂作为基体树脂与氨基树脂配合，在涂膜中发挥增塑作用。基体树脂的羟基、羧基、酰胺基与氨基树脂的烷氧基甲基、羟甲基和亚氨基等基团进行共缩聚反应。这是固化时的主要反应，羧基主要起催化作用，它催化交联反应，同时也催化氨基树脂的自缩聚反应。

为满足涂料的性能要求，常将几种树脂混合，通过改变混合比调节性能，达到优势互补的作用。涂膜性能较大程度上取决于基体树脂和氨基树脂交联剂间的混溶性。在交联反应体系，混溶性不仅与基体树脂和交联剂的种类性能有关，还与它们之间的混合分散状态、相互反应程度、分子立体构型、分子量及其分布等也有很大关系。

当两种树脂混合时往往会出现下列现象。

① 两种树脂混溶性好，烘干后涂膜透明，附着力好，光泽高。

② 两种树脂能混溶，但溶液透明稍差，涂膜烘干后透明。对这种情况，是两种树脂本质上能混溶，只是溶剂不理想。

③ 两种树脂能混溶，但涂膜烘干后表面有一层白雾。这是两者混溶性不佳的最轻程度。

④ 两种树脂能混溶，但涂膜烘干后皱皮、无光。出现这种情况是两者本质上不能混溶，只是因为能溶于同一种溶剂。

⑤ 两种树脂不能混溶，放在一起体系混浊，严重时分层析出。

一般涂膜的必要条件是透明且附着力好。上述几种情况中只有出现①、②两种情况的树脂才能配合使用。

通用的丁醚化三聚氰胺树脂为聚合型结构，分子量一般不超过 2000，分子结构中主要有羟甲基和丁氧基，前者极性高于后者。不干性油醇酸树脂油度短，羟基过量较多，极性较大，它易与低丁醚化三聚氰胺树脂相混溶；半干性油（或干性油）醇酸树脂油度较长，羟基过量较少，极性较小，易与高丁醚化三聚氰胺树脂相容。高醚化氨基树脂可得到较高的应用固体分，但固化速度慢，涂膜硬度低，所以选择氨基树脂时，在达到一定混溶性的前提下，醚化度不要太高。

聚酯树脂极性高于醇酸树脂。热固性丙烯酸树脂主要是（甲基）丙烯酸（酯）单体和多种乙烯基单体的共聚物，分子量一般为 10000～20000，分子链上带有羟基、羧基、酰胺基等，极性也高于醇酸树脂。这两类树脂易与自缩聚倾向小、共缩聚倾向大的低丁醚化三聚氰胺树脂、甲醚化三聚氰胺树脂相容。热固性丙烯酸树脂用醇酸改性后，可提高与低丁醚化三聚氰胺树脂的混溶性。

异丁醇醚化氨基树脂比容忍度相同的丁醇醚化氨基树脂的极性大，分子量分布宽，与极性较大的醇酸树脂有更好的混溶性。

丁醚化苯代三聚氰胺树脂比丁醇醚化三聚氰胺树脂极性低，与多种醇酸树脂有优良的混溶性。

丁醚化脲醛树脂易与短、中油度醇酸树脂相容。

丁醚化氨基树脂的烃容忍度是涉及混溶性的一个重要技术指标，但不是决定混溶性的唯一指标。容忍度是选择混溶性的一个最方便的工具。

甲醚化氨基树脂，不论单体型还是聚合型，分子量一般都比丁醚化氨基树脂低，极性比丁醚化氨基树脂高。它们共缩聚倾向大于自缩聚，与醇酸树脂、聚酯树脂、热固性丙烯酸树脂、环氧树脂都有良好相容性，可产生固化快、耐溶剂、硬度高的涂膜，但它们更倾向于与低分子量的基体树脂相容。

8.5.1 丁醚化氨基树脂的应用

8.5.1.1 氨基醇酸磁漆

氨基醇酸磁漆中大都选用油度在 40% 左右的醇酸树脂，生产短油度醇酸树脂通常多元醇需过量较多。基体树脂中保留的羟基有利于与氨基树脂的交联，但羟基过多会影响涂膜的抗水性。油度短的醇酸树脂涂膜硬度较大，因此氨基树脂用量可适当减少。若氨基树脂的用量增加，则可降低烘烤温度或缩短烘烤时间。

氨基烘漆中主要使用半干性油和不干性油改性的醇酸树脂。最常用的半干性油是豆油和茶油，这类醇酸树脂常用于色漆配方中，氨基树脂和醇酸树脂的比例一般为 1∶(4～5)。不干性油主要有椰子油、蓖麻油和花生油，这类醇酸树脂的保光保色性比豆油醇酸树脂好得多，特别是蓖麻油醇酸树脂，附着力优良，这类醇酸树脂常用于浅色或白色烘漆配方中，氨基树脂和醇酸树脂的比例一般为 1∶(2.5～3)。

以十一烯酸、合成脂肪酸（主要是 C_5～C_6 低碳酸和 C_{10}～C_{20} 中碳酸）等碳链较短的不干性油制得的醇酸树脂与氨基树脂制得的涂膜耐水性、光泽、硬度、保光保色性都有提高，但丰度不如豆油改性醇酸树脂好。氨基树脂和醇酸树脂的比例一般为 1∶(2.8～3)。

聚丙烯酸酯（主要是甲基丙烯酸酯）改性的醇酸树脂制得的氨基烘漆的干性好，保光保色性优良，可做罐头外壁涂料或用于对保光保色性要求较高的场合。

8.5.1.2 清烘漆和透明漆

清烘漆中常用豆油醇酸树脂、蓖麻油醇酸树脂、十一烯酸改性醇酸树脂。三者相比较，豆油醇酸树脂泛黄性较大，但施工性能好，涂膜丰满度好。蓖麻油醇酸树脂泛黄性和附着力比豆油醇酸树脂好。十一烯酸改性醇酸树脂，涂膜的耐水性、耐光保色性都较好。椰子油醇酸树脂有突出的不泛黄性，但涂膜硬度和附着力较差。

氨基树脂较醇酸树脂色泽浅、硬度大、不易泛黄，在罩光用的清烘漆中，氨基树脂用量可适当增加。交联剂都选用醚化度低的三聚氰胺树脂。

透明漆和清烘漆相似，透明漆是在清烘漆中加入少量的颜料或醇溶性染料。透明漆大都用豆油醇酸树脂，氨基树脂和醇酸树脂的比例一般为 1∶3 左右，110℃烘 1.5h 可固化。

醇溶火红 B 是桃紫色结晶型粉末，具有一定的耐光耐热性能，有很好的醇溶性，常用于透明烘漆中。酞菁绿、酞菁蓝也是透明漆中常用的颜料。

8.5.1.3　半光漆和无光漆

半光和无光氨基醇酸树脂漆和一般磁漆配方一样，除颜料外再加些滑石粉、碳酸钙等体质颜料，半光漆少加些、无光漆多加些。滑石粉的消光作用较显著，但用量多则影响涂膜的流平性。氨基树脂的用量在半光漆中可和磁漆相仿，但在无光漆中由于颜料含量高，涂膜的弹性和耐冲击强度较差，所以氨基树脂的比例应适当减少。120℃烘 2h 可固化。

8.5.1.4　快干氨基醇酸磁漆

氨基醇酸烘漆中如果加入部分干性油醇酸树脂，漆的烘烤时间可缩短至 1h。但桐油、亚麻油醇酸树脂易泛黄，故只能在深色漆中使用。在醇酸树脂中引入部分苯甲酸进行改性，可缩短树脂的油度，提高涂膜的干性和硬度，且不会影响耐泛黄性。37％油度苯甲酸改性脱水蓖麻油醇酸可在 110℃烘 1h 固化。如果用三羟甲基丙烷代替甘油，缩短油度，适当增加氨基树脂的用量，干燥时间则为 130℃烘 20～30min。若改用高活性的异丁醇醚化氨基树脂，烘烤温度还可进一步降低，干燥时间可进一步缩短。

8.5.1.5　氨基醇酸绝缘烘漆

氨基醇酸绝缘烘漆是中油度干性油改性醇酸树脂与低醚化度三聚氰胺树脂混合后溶于二甲苯中的溶液。价格适宜，具有较高的附着力、抗潮性和绝缘性、稳定性良好。适用于中小型电机、电器、变压器线圈的浸渍绝缘，耐热温度为 130℃。

8.5.1.6　酸固化氨基清漆

氨基树脂漆的固化可以用酸性催化剂加速，配方中加入相当数量的酸性催化剂，涂膜不经烘烤也能够固化成膜。这种配方可作木器清漆使用。所用的氨基树脂以脲醛树脂较多，基体树脂都用半干性油，不干性油改性中油度或短油度醇酸树脂，酸性催化剂可以用磷酸、磷酸正丁酯、硫酸、盐酸、对甲苯磺酸等。酸性催化剂是溶解于丁醇中分别包装，在使用时按规定的比例在搅拌下加入清漆中，稀释剂用沸点较低、较易挥发的溶剂。这种涂料干性好，可与硝基漆相比，且涂膜硬度高、光泽好、坚韧耐磨。酸性催化剂的量不可过多，否则干燥虽快，但漆膜易变脆，甚至日久产生裂纹。加入催化剂后使用期通常仅为 24h 左右。

8.5.1.7　氨基聚酯烘漆

聚酯树脂是由多元酸、一元酸和多元醇缩聚而成，多元醇常用具有伯羟基的新戊二醇、季戊四醇、三羟甲基丙烷。多元酸则用苯酐、己二酸、间苯二甲酸。一元酸用苯甲酸、十一烯酸等。选择合适的原料，调整它们官能度的比例后制得的聚酯和氨基树脂配合，加入专用溶剂（丙二醇丁醚、二丙酮醇等），可得到光泽、硬度、保色性极好，能耐高温（180～200℃）短时间烘烤的涂膜。氨基树脂烘漆一般 140℃烘 1h 固化。

8.5.1.8　氨基环氧醇酸烘漆

在氨基醇酸烘漆中加入环氧树脂能提高烘漆的耐湿性、耐化学品性、耐盐雾性和附着力，但增加了涂膜的泛黄性。环氧树脂一般不超过 20％。氨基环氧醇酸烘漆主要用作清漆，在金属表面起保护和装饰作用。这种清漆可在 150℃烘 45～60min，得到硬度高、光泽高、附着力强及耐磨性、耐水性优良的涂层,常用于钟表外壳、铜管乐器及各种金属零件的罩光。

8.5.1.9 氨基环氧酯烘漆

环氧酯由环氧树脂和脂肪酸酯化而成。环氧树脂一般用 E-12,脂肪酸用各种植物油脂肪酸,可以是干性、半干性和不干性油脂肪酸。环氧酯的性能随所用油的种类和油度的不同而有所不同。用豆油酸或豆油酸和亚麻油酸混合,可制成烘干型环氧酯。环氧酯可以单独用作涂料,也可以和氨基树脂配合使用,其耐潮、耐盐雾和防霉性能比氨基醇酸烘漆好,适用于在湿热带使用的电器、电机、仪表等外壳的涂装。环氧酯的耐化学性虽不如未酯化环氧树脂涂料,但装饰性要好于环氧树脂涂料,而略逊于氨基醇酸烘漆。氨基环氧酯烘漆一般 120℃烘 2h 固化,如用桐油酸、脱水蓖麻油酸环氧酯,则 120℃烘 1h 固化。

8.5.1.10 氨基环氧漆

环氧树脂和氨基树脂配合可制成色漆、底漆和清漆。氨基环氧漆有较好的耐湿性和耐盐雾性,其底漆性能比醇酸底漆、氨基醇酸底漆和氨基环氧酯底漆都好。由于环氧树脂中与氨基树脂反应的主要基团是仲羟基,因此固化温度较高。常用的固化催化剂为对甲苯磺酸。为提高涂料的贮存稳定性,可用封闭型催化剂,如对甲苯磺酸吗啉盐。

8.5.1.11 醇酸底漆和硝基漆

在铁红醇酸底漆和硝基漆中,常加入极少量的丁醚化三聚氰胺树脂,以增加涂膜硬度和打磨性。

8.5.2 甲醚化氨基树脂的应用

8.5.2.1 六甲氧基甲基三聚氰胺(HMMM)的应用

工业级 HMMM 黏度低、交联度高,与各种油度醇酸树脂、聚酯树脂、热固性丙烯酸树脂、环氧树脂都有良好的混溶性,可应用于溶剂型装饰涂料、卷材涂料、罐头涂料、高固体涂料、粉末涂料、水性涂料,也可用于油墨工业、造纸工业等方面。HMMM 固化时温度较高,但涂膜的机械强度也较高。

(1) 溶剂型氨基醇酸烘漆 在氨基树脂配方中,若以 HMMM 代替丁醇醚化三聚氰胺树脂与醇酸树脂配合,HMMM 用量约为丁醚化三聚氰胺树脂用量的一半,即可达到相同的涂膜性能。

(2) 卷材涂料 在加工前金属板材上涂有的涂料称为卷材涂料。由于涂装的金属板材还要经过一系列的加工过程,所以要求涂膜除了有通常的涂膜性能外,还应具有良好的物理机械性能。卷材涂料的面漆中,主要使用聚酯树脂、塑溶胶、有机硅改性聚酯、热固性丙烯酸树脂和氟树脂共 5 种。其中聚酯树脂由于硬度、附着力和保光保色性突出,在家用电器等装饰性要求高的场合使用较多。聚酯树脂需要用甲醚化三聚氰胺树脂作交联剂。

(3) 高固体涂料 一般高固体涂料的固体分为 60%~80%,施工时固体分较通用型涂料高 15%~25%。高固体涂料中基体树脂是分子量比通用型树脂低的齐聚物。目前高固体涂料较常用的品种有氨基醇酸漆、氨基丙烯酸漆和氨基聚酯漆。

由于高固体涂料中基体树脂分子量小,固化时要求有较高的交联密度,为此交联剂应选择自缩聚倾向较小的品种。HMMM 黏度低,自缩聚倾向小,是高固体分涂料中较理想的交联剂。在高固体分涂料中,常需加入强酸性催化剂帮助固化,常用的催化剂:甲基磺酸、对甲苯磺酸、十二烷基苯磺酸、二壬基萘磺酸、二壬基萘二磺酸等。

HMMM 的极性比丁醚化三聚氰胺树脂大,在湿膜中有较高的表面张力。涂料的固含量越高，湿膜的表面张力越大，因此 HMMM 作交联剂的配方，尤其是高固体涂料配方中，常需加入适量的甲基硅油等表面活性剂，以克服涂膜的表面缺陷。

（4）粉末涂料　粉末涂料与一般涂料形态完全不同，它是细微粉末。由于不使用溶剂，施工中飞散的粉末还可回收利用，因此这种涂料无公害，高效率、省资源。粉末涂料分为热固性和热塑性两大类。热固性聚酯树脂、热固性丙烯酸树脂可采用改性的甲醚化三聚氰胺树脂作交联剂。改性的目的是提高氨基交联剂的玻璃化温度，克服涂料易结块的缺点。这类涂料耐候性、装饰性、耐污染性都很好，但耐结块性还不理想，故目前实际应用不多。

（5）水性涂料　HMMM 在水性涂料中作交联剂。

8.5.2.2　甲醚化苯代三聚氰胺树脂的应用

甲醚化苯代三聚氰胺树脂可用于高固体分涂料，也可用于电泳漆中。以它为交联剂的电泳涂料，经长期电泳涂装后，电泳槽中它和基体树脂的比例可保持基本恒定，使涂膜质量稳定。

8.5.2.3　甲醚化脲醛树脂的应用

甲醚化脲醛树脂可溶于有机溶剂和水，在色漆和清漆中，其固化速度比 HMMM 和丁醚化脲醛树脂快。在溶剂型磁漆中用丁醚化脲醛树脂一半的量，就达到与丁醚化树脂同样的硬度，并有较高光泽和耐冲击性的涂膜。此外，它也可制备高固体涂料及快固的水性涂料。

8.6　结语

氨基树脂的应用面很广，特别是氨基醇酸漆和氨基丙烯酸漆，性能优良，它们是目前热固性涂料的主要品种。随着高固体分涂料、粉末涂料和水性涂料等环保型涂料品种的不断发展，氨基树脂必将迎来更好的发展前景。

第9章 氟树脂和硅树脂

9.1 氟树脂

9.1.1 概述

氟树脂又称氟碳树脂，是指主链或侧链的碳链上含有氟原子的合成高分子化合物。氟树脂可以加工成塑料制品（通用塑料和工程塑料），增强塑料（玻璃钢等）和涂料等产品。以氟树脂为基础制成的涂料称为氟树脂涂料，也称氟碳树脂涂料，简称氟碳涂料。

自从 1934 年德国赫司特公司发现聚三氟氯乙烯，特别是 1938 年美国杜邦（DuPont）公司的 R. J. Plunkett 博士发明聚四氟乙烯（PTFE）以来，氟树脂以其优异的耐热性、耐化学药品性、不粘性、耐候性、低摩擦系数和优良的电气特性，博得人们的青睐，获得长足的发展。1964 年杜邦公司将聚四氟乙烯商品化，商品牌号为特富龙（Teflon）。聚四氟乙烯由于耐腐蚀性最为突出，很快获得了"塑料王"的美称，对现代工业发展起了重要作用。

国际上，从氟塑料基础上发展起来的涂料品种主要有三种。第一种是以美国杜邦公司为代表的热熔型氟涂料特富龙系列不粘涂料，主要用于不粘锅、不粘餐具及不粘模具等方面；第二种是以美国阿托-菲纳公司生产的聚偏氟乙烯（PVDF）树脂为主要成分的建筑氟涂料，具有超强耐候性，主要用于铝幕墙板；第三种是 1982 年日本旭硝子公司推出了 Lumiflon 牌号的热固性氟碳树脂 FEVE，FEVE 由三氟氯乙烯（CTFE）和烷烯基醚共聚制得，其涂料可常温和中温固化。这种常温固化型氟碳涂料不需烘烤，可在建筑及野外露天大型物件上现场施工操作，从而大大拓展了氟碳漆的应用范围，主要用于建筑、桥梁、电视塔等难以经常维修的大型结构装饰性保护等，具有施工简单、防护效果好和防护寿命长等特点。1995 年以后，杜邦公司开发了氟弹性体（氟橡胶），以后又发展了液态（包括水性）氟碳弹性体，产生了溶剂型和水性氟弹性体涂料。至此，具有不同用途的热塑性、热固性及弹性体的氟碳树脂涂料，品种齐全，溶剂型、水性、粉末的氟树脂涂料都在发展，拓宽了氟树脂涂料的应用领域。

我国氟树脂涂料是在借鉴国外先进技术的基础上发展起来的，自 20 世纪 90 年代初期引进日本旭硝子涂料树脂株式会社生产的常温固化氟碳树脂涂料，开始用于上海高速公路、桥梁工程。90 年代后期开始在国内建厂生产。目前年生产能力达到 1.2 万吨左右，已大量应用于防腐、高速公路、铁路桥梁、交通车辆、船舶及海洋工程设施等领域。

氟树脂之所以有许多独特的优良性能，在于氟树脂中含有较多的 C—F 键。氟元素是一种性质独特的化学元素，在元素周期表中，其电负性最强、极化率最低、原子半径仅次于氢。氟原子取代 C—H 键上的 H，形成的 C—F 键极短，键能高达 486kJ/mol(C—H 键能为 413kJ/mol，C—C 键能为 347kJ/mol)，因此，C—F 键很难被热、光以及化学因素破坏。F 的电负性大，F 原子上带有较多的负电荷，相邻 F 原子相互排斥，含氟烃链上的氟原子沿着锯齿状的 C—C 链做螺线形分布，C—C 主链四周被一系列带负电的 F 原子包围，形成高度立体屏蔽，保护了 C—C 键的稳定。因此，氟元素的引入，使含氟聚合物化学性质极其稳定，氟树脂涂料则表现出优异的热稳定性、耐化学品性以及超耐候性，是迄今发现的耐候性最好的户外用涂料，耐用年数在 20 年以上（一般的高装饰性、高耐候性的丙烯酸聚氨酯涂料、丙烯酸有机硅涂料，耐用年数一般为 5～10 年，有机硅聚酯涂料最高也只有 10～15 年）。

9.1.2 氟树脂的合成单体

合成氟树脂的单体主要有四氟乙烯、三氟氯乙烯、氟乙烯、偏氟乙烯、六氟丙烯、全氟烷基乙烯基醚等。

9.1.2.1 四氟乙烯

四氟乙烯（TFE）是一种无色无嗅的气体，沸点 $-76.3℃$，熔点 $-142.5℃$，临界温度 $33.3℃$，临界压力 $4.02MPa$，临界密度 $0.58g/cm^3$，在空气中 $0.1MPa$ 下的燃烧极限为 $14\%～43\%$（体积分数）。纯四氟乙烯极易自动聚合，即使在黑暗的金属容器中也是如此，而且这种聚合是剧烈的放热反应，这种现象称为爆聚。在室温下处理四氟乙烯很不安全，运输时更是如此。为安全起见，贮存时通常在四氟乙烯单体中加入一定量的三乙胺之类的自由基清除剂，以防发生自聚。

四氟乙烯的主要生产方法是以氟石（萤石）为原料，使之与硫酸作用生成氟化氢，氟化氢与三氯甲烷作用生成二氟一氯甲烷，高温下二氟一氯甲烷裂解生成四氟乙烯，再经脱酸、干燥、提纯即得四氟乙烯。

$$CaF_2 + H_2SO_4 \longrightarrow 2HF + CaSO_4$$
$$CHCl_3 + 2HF \longrightarrow CHClF_2 + 2HCl$$
$$2CHClF_2 \xrightarrow{裂解} CF_2 =\!\!= CF_2 + 2HCl$$

9.1.2.2 三氟氯乙烯

三氟氯乙烯（CTFE）在室温下是无色气体，有醚类气味，具中等毒性，沸点 $-27.9℃$，熔点 $-157.5℃$，临界温度 $105.8℃$，临界压力 $4.06MPa$，临界密度 $0.55g/cm^3$。三氟氯乙烯遇 HCl 就生成 1,1-二氯-1,2,2-三氟乙烷。

$$CFCl =\!\!= CF_2 + HCl \longrightarrow CFCl_2 - CHF_2$$

氧气和液态三氟氯乙烯在较低温度下反应生成过氧化物，可以成为 CTFE 剧烈聚合的引发剂，因此在 CTFE 安全贮存和运输时，若不加入阻聚剂就要除尽氧气。

三氟氯乙烯可由 1,1,2-三氯-1,2,2-三氟乙烷在 $500～600℃$ 下气相裂解脱氯，或催化脱氯合成。而 1,1,2-三氯-1,2,2-三氟乙烷由六氯乙烷与氟化氢反应制得：

$$CCl_3 - CCl_3 + 3HF \xrightarrow{SbCl_xF_y} CCl_2F - CClF_2 + 3HCl$$
$$CCl_2F - CClF_2 + Zn \xrightarrow[甲醇]{50～100℃} CFCl =\!\!= CF_2 + ZnCl_2$$

在合成三氟氯乙烯的过程中会有许多副产物，包括一氯二氟乙烯、三氟乙烯、二氯三氟乙烷、氯甲烷、二甲基醚及三氟氯乙烯的二聚体等，因此要通过一系列的净化、蒸馏操作来提纯。

9.1.2.3 氟乙烯

氟乙烯（VF）在室温下是无色气体，有醚类的气味，具高度可燃性，沸点 $-72.0℃$，熔点 $-160.0℃$，临界温度 $54.7℃$，临界压力 $5.24MPa$，临界密度 $0.32g/cm^3$，液体密度（21℃）$0.636g/cm^3$。在空气中的燃烧极限为 $2.6\%～21.7\%$（体积分数）。在常压下不溶于水，能微溶于二甲基甲酰胺和乙醇。

氟乙烯的合成方法主要有以下几种：
① 最早的合成法是将二氟一溴乙烷与锌粉反应，也可用碘化钾的醇溶液代替锌粉。

$$2CHF_2 - CH_2Br + 2Zn \longrightarrow ZnF_2 + ZnBr_2 + 2CHF =\!\!= CH_2$$

② 1,1-二氟乙烷在催化剂作用下裂解脱 HF 而生成 VF。

$$CHF_2-CH_3 \xrightarrow{裂解} HF + CHF{=}CH_2$$

③ 1-氟-2-氯乙烷在 1,2-二氯乙烷的存在下于 500℃ 裂解生成氟乙烯。

$$CH_2F-CClH_2 \xrightarrow{500℃} HCl + CHF{=}CH_2$$

④ 氟化氢与乙炔加成生成 1,1-二氟乙烷，二氟乙烷再在铝酸盐作用下裂解生成氟乙烯。

$$CH{\equiv}CH + 2HF \longrightarrow CHF_2-CH_3$$

$$CHF_2-CH_3 \longrightarrow HF + CHF{=}CH_2$$

⑤ 氟化氢与乙烯加成。把 HF 与含 35%（体积分数）O_2 的乙烯按其量的比 2∶1 通入催化剂炭层，于 240℃ 下生成氟乙烯。在炭层中含有铂和氯化亚铜作催化剂。

⑥ 氯乙烯氟化，氯被氟取代。将 HF 和氯乙烯按其量的比 3∶1 的混合物加热到 370～380℃，催化剂用 96% 的 $\gamma\text{-}Al_2O_3$ 和 4%（质量分数）Cr_2O_3。由于氯乙烯价廉，因此该法是制氟乙烯的实用方法。

$$CHCl{=}CH_2 + HF \longrightarrow CHF{=}CH_2 + HCl$$

在贮存过程中，为防止氟乙烯自聚，需加入阻聚剂萜二烯，在氟乙烯单体聚合前应蒸馏除去阻聚剂。

9.1.2.4　偏氟乙烯

偏氟乙烯（VDF）室温下是可燃气体，无色无嗅，其分子量为 64.05，沸点（0.1MPa）−84℃，熔点 −144℃，密度（23.6℃）为 0.617g/cm^3，临界温度为 30.1℃，临界压力为 4.434MPa，临界密度为 0.417g/cm^3。在空气中爆炸极限（体积分数）为 5.8%～20.3%。偏氟乙烯在大于它的临界温度和临界压力时能发生高放热的聚合反应。

偏氟乙烯的合成方法，最为常用的有 3 种。

① 三氟乙烷脱 HF。

$$CF_3-CH_3 \longrightarrow HF + CF_2{=}CH_2$$

将 1,1,1-三氟乙烷气体通入镀铂的铁镍合金管中，加热到 1200℃，接触 0.01s 后通入装有氟化钠的装置中脱去 HF，然后把它收集在液氮槽中。偏氟乙烯的沸点为 −84℃，可通过低温蒸发把它分离出来。未反应的三氟乙烷升温至 −47.5℃ 回收。

② 乙炔加成 HF，然后氯化，最后脱 HCl。

$$CH{\equiv}CH + 2HF \longrightarrow CHF_2-CH_3$$

$$CHF_2-CH_3 + Cl_2 \longrightarrow CClF_2-CH_3 + HCl$$

$$CClF_2-CH_3 \longrightarrow CF_2{=}CH_2 + HCl$$

③ 偏氯乙烯加成 HF，再脱 HCl。

$$CCl_2{=}CH_2 + 2HF \longrightarrow CClF_2-CH_3 + HCl$$

$$CClF_2-CH_3 \longrightarrow CF_2{=}CH_2 + HCl$$

将偏氯乙烯和 HF 通入真空下加热到 300℃ 的 $CrCl_3 \cdot 6H_2O$ 催化剂层中，使气体的颜色从暗绿变成紫色，冷凝生成气体，在低温下分离偏氟乙烯。

9.1.2.5　六氟丙烯

六氟丙烯（HFP）在室温下是无色气体，具中等毒性。沸点 −29.4℃，熔点 −156.2℃，密度 1.58g/mL(−40℃)，临界温度 85℃，临界压力 32.5MPa，临界密度 0.60g/mL。

六氟丙烯（HFP）的合成方法很多，可通过二氟一氯甲烷裂解、三氟甲烷裂解、四氟乙烯（TFE）裂解、六氟一氯丙烷热分解、全氟丁酸的碱金属盐脱二氧化碳、八氟环丁烷热分解、四氟乙烯与八氟环丁烷共热分解和聚四氟乙烯热分解合成。工业上常通过四氟乙烯（TFE）的热分解来制取。把 TFE 以 500g/(L·h) 的速率通过镍铬铁的合金管道，加热至 850℃，于 8kPa 压力下进行热解即可得到质量分数 75％ 以上的 HFP，然后通过蒸馏得精制 HFP。

$$CF_2=CF_2 \xrightarrow[8kPa]{850℃} CF_3-CF=CF_2$$

$$CF_2=CF_2 \xrightarrow[水蒸气]{850℃} CF_3-CF=CF_2$$

9.1.2.6 全氟代烷基乙烯基醚

全氟代烷基乙烯基醚（PAVE）是四氟乙烯（TFE）共聚物中改善其性能、扩大用途的重要共聚单体，它能有效地抑制聚四氟乙烯（PTFE）的结晶过程，降低其分子量而有良好的力学性能。PAVE 作为改性剂优于 HFP 的是，它有更好的热稳定性。PAVE 与 TFE 的共聚物具有 PTFE 同样优良的热稳定性。

全氟代烷基乙烯基醚（PAVE）的合成以六氟丙烯（HFP）作原料，要经历以下 3 步。

① 六氟丙烯与氧化剂，如 H_2O_2 在碱性溶液中，在 50～250℃，一定的压力下反应生成六氟环氧丙烷（HFPO）：

$$CH_3-CF=CF_2 + H_2O_2 \longrightarrow CF_3-\overset{O}{\overset{\diagup\,\diagdown}{CF-CF_2}} + H_2O$$

② 六氟环氧丙烷与全氟代酰基氟反应生成全氟代-2-烷氧基丙酰氟，是一个电化学反应过程：

$$CF_3-\overset{O}{\overset{\diagup\,\diagdown}{CF-CF_2}} + R_F-\overset{O}{\overset{\|}{C}}-F \longrightarrow R_FCF_2O-\underset{\underset{F_3C}{|}}{CF}-\overset{O}{\overset{\|}{C}}-F$$

$$R_F—全氟烃基$$

③ 全氟代-2-烷氧基丙酰氟与含氧的碱性盐，如 Na_2CO_3，Li_2CO_3，$Na_4B_2O_7$ 等在高温下反应合成全氟代烷基乙烯基醚，反应温度与碱性盐种类有关。

$$R_FCF_2O-\underset{\underset{F_3C}{|}}{CF}-\overset{O}{\overset{\|}{C}}-F + Na_2CO_3 \longrightarrow R_FCF_2O-CF=CF_2 + 2CO_2 + 2NaF$$

$$R_F—全氟烃基$$

全氟代烷基乙烯基醚中最常见的是全氟代丙基乙烯基醚（PPVE），其分子量 266，沸点（0.1MPa）36℃，闪点−20℃，相对密度（23℃）1.53g/cm³，蒸气密度（75℃）0.2g/cm³，临界温度 423.58K，临界压力 1.9MPa，临界摩尔体积 435mL/mol。在空气中可燃极限体积分数为 1％。

9.1.3 氟树脂的合成

氟树脂主要包括聚四氟乙烯（PTFE）、聚三氟氯乙烯（PCTFE）、聚氟乙烯（PVF）、聚偏氟乙烯（PVDF）、聚全氟乙丙烯（FEP）、乙烯-四氟乙烯共聚物（ETFE）、四氟乙烯-全氟烷基乙烯基醚共聚物（PFA）、乙烯-三氟氯乙烯共聚物（ECTFE）等，其中以四氟乙烯均聚物及共聚物最为常见。

9.1.3.1 聚四氟乙烯

聚四氟乙烯（PTFE）由四氟乙烯（TFE）单体聚合而成，聚合机理属自由基聚合。

$$nCF_2=CF_2 \xrightarrow{引发剂} \{CF_2-CF_2\}_n$$

聚合过程一般在水介质中进行，既可在 30℃ 以下的低温下用氧化-还原体系引发，也可在较高温度下用过硫酸盐来引发。以过硫酸钾 $K_2S_2O_8$ 作引发剂时，聚合机理如下。

① 过硫酸钾加热分解成自由基：

$$-O-\overset{\overset{\displaystyle O}{\|}}{\underset{\underset{\displaystyle O}{\|}}{S}}-O-O-\overset{\overset{\displaystyle O}{\|}}{\underset{\underset{\displaystyle O}{\|}}{S}}-O- \xrightarrow{加热} 2 \ ^-O-\overset{\overset{\displaystyle O}{\|}}{\underset{\underset{\displaystyle O}{\|}}{S}}-O\cdot$$

② 四氟乙烯溶解在水相中，$SO_4^-\cdot$ 与四氟乙烯反应生成新的自由基：

$$^-O-\overset{\overset{\displaystyle O}{\|}}{\underset{\underset{\displaystyle O}{\|}}{S}}-O\cdot + CF_2=CF_2 \longrightarrow \ ^-O_3SO-CF_2-\dot{C}F_2$$

③ 链增长：

$$^-O_3SO-CF_2-\dot{C}F_2 + nCF_2=CF_2 \longrightarrow \ ^-O_3SO\mathord{-\!\!\!\!\left[CF_2-CF_2\right]_{\overline{n}}\!\!\!}CF_2-\dot{C}F_2$$

④ 自由基水解成羟端基和羧端基自由基：

$$^-O_3SO\mathord{\left[CF_2-CF_2\right]_{\overline{n}}}CF_2-\dot{C}F_2 + H_2O \longrightarrow HO\mathord{\left[CF_2-CF_2\right]_{\overline{n}}}CF_2-\dot{C}F_2 + HSO_4^-$$

$$HO\mathord{\left[CF_2-CF_2\right]_{\overline{n}}}CF_2-\dot{C}F_2 + H_2O \longrightarrow HOOC\mathord{\left[CF_2-CF_2\right]_{\overline{n}}}CF_2-\dot{C}F_2 + HF$$

⑤ 增长链终止，最终生成端羧基聚合物：

$$HOOC\mathord{\left[CF_2-CF_2\right]_{\overline{n}}}\dot{C}F_2 \ \dot{C}F_2\mathord{\left[CF_2-CF_2\right]_{\overline{m}}}COOH \longrightarrow HOOC\mathord{\left[CF_2-CF_2\right]_{\overline{n+m+1}}}COOH$$

可见，用过硫酸盐作引发剂，生成端羧基聚四氟乙烯。聚四氟乙烯的分子量可通过控制引发剂的用量，或加入调聚物及链转移剂等加以控制。

工业上，一般采用悬浮聚合和乳液聚合来制备聚四氟乙烯。这两种方法都是以单釜间歇聚合的方式进行的。

(1) 悬浮聚合　悬浮聚合是在脱氧的去离子水介质中，在一定的温度和压力下强烈地搅拌进行。聚合时应在恒定的压力下进行，以控制聚合物的分子量及分布。聚合温度保持在 10~50℃，聚合压力由恒速地加入单体来控制。引发剂既可用离子型的无机引发剂，如过硫酸铵或过硫酸钾、过硫酸锂，也可用有机过氧化物如双 (β-羧丙酰基) 过氧化物作引发剂。引发剂的用量是水质量的 $(2\times10^{-6})\sim(5\times10^{-4})$，确切的量取决于聚合条件。当其他条件恒定时，引发剂用量越多，则聚合物的分子量越小，但引发剂的用量太少时产量降低。聚合时放出大量的热量，聚合温度一般通过夹套冷却水来控制。为了操作安全，也为了减少或避免聚合物在釜壁和搅拌器上黏结，加入缓冲剂磷酸盐和硼酸盐等，控制溶液的 pH＝6.5~9.5，在 0.06~0.4MPa 压力下聚合。

利用悬浮聚合得到的聚四氟乙烯树脂悬浮液，经过滤、清洗和干燥后即可包装备用。这种树脂的平均粒径为 150~250μm，可直接用于模压或挤出加工；该粒度树脂经过气流粉碎，可以获得平均粒径为 25~50μm 的细软和表观密度小的树脂，适合于制备薄膜制品、薄壁制品和填充聚四氟乙烯制品等。

(2) 乳液聚合　乳液聚合又叫分散聚合，在水相中进行，除单体外，需加入分散剂（质量分数为 0.1%~3% 的全氟辛酸铵、2,2,ω-三氢全氟戊醇的磷酸酯、ω-氢全氟庚酸或 ω-氢全氟壬酸钾等），引发剂（水中质量分数为 0.1%~0.4% 的丁二酸、戊二酸的过氧化物或过二硫酸铵等），抗胶粒凝结的助剂（液体石蜡、氟氯油或 C_{12} 以上的饱和烃，可提高胶粒在搅拌时的稳定性），以及用作改性剂的共聚单体（六氟丙烯，全氟代甲基乙烯基醚 PMVE，全氟代乙基乙烯基醚 PEVE，全氟代丙基乙烯基醚 PPVE 及全氟代丁基乙烯基醚 PBVE）。如用过硫酸盐引发，在 60℃ 进行聚合，若用过氧化二琥珀酸引发，则在 85~99℃ 进行聚合；

聚合压力一般为 2.75MPa。乳液聚合物的质量和加工性能不仅取决于聚合物的分子量及分布，而且在很大程度上受初级粒子形状、大小及分布的影响。聚合时，通过控制乳化剂的加入量和加入时间，使形成的聚合物粒子始终在适当的乳化剂的包围中，将预先聚合好的分散液加入聚合体系中作为种子，单体在聚合种子上继续聚合，随着反应的进行，粒子不断增大，粒子数目没有增加。用这种方法得到适当大且均匀的球状聚四氟乙烯。

作为改性剂的共聚单体可在聚合过程的任何时间加入，例如在 TFE 消耗掉 70% 时加入，此时的 PTFE 颗粒内芯是高分子量的 PTFE，而外壳是较低分子量的改性 PTFE，因此，有 30% 质量的外壳是共聚改性的 PTFE。改性过的 PTFE 熔融黏度可比未改性的降低 50%。

乳液聚合得到的聚四氟乙烯悬浮粒子为球状、疏水、带负电的粒子，粒径为 0.2～0.4μm，含量为 14%～30%。既可以用电渗析法浓缩分散液，也可以通过加热来浓缩分散液。加热浓缩法原理是，利用聚氧乙烷醚类的水溶性好且加热到浊点温度以上时具有分散作用的特性，将聚四氟乙烯粒子带到下层，达到浓缩的目的。将聚四氟乙烯分散液与非离子表面活性剂及碳酸铵按一定比例加入不锈钢浓缩釜中，加热至 60～65℃直到分层，下层为含量 60% 以上的聚四氟乙烯分散液，从浓缩釜底部放出，进行再处理；上层为非离子表面活性剂的水溶液；中间层为两者的混合液，把这种混合液集中后在 80～90℃再进行分层回收。为了配制树脂含量为 60% 左右、表面活性剂含量为 6% 的成品，在经浓缩的聚四氟乙烯分散液中还需加入适量的非离子表面活性剂，如 TX-10 等。先将待补加的非离子表面活性剂溶于水中，在不断搅拌下慢慢滴入浓缩的聚四氟乙烯分散液中，最后加入氨水调节 pH=10 左右。经过上述处理的聚四氟乙烯树脂主要用于喷涂和浸渍等。用于成型电绝缘性要求高的聚四氟乙烯的浓缩液，在浓缩前最好经过离子交换树脂处理，除去引发聚合时添加的化学试剂和分解物的离子杂质。

另一种聚四氟乙烯分散液的处理方法是凝聚法，它是将聚四氟乙烯分散液用去离子水稀释，放入带有推进式搅拌器的反应釜中进行机械搅拌凝聚，直到树脂脱水而全部上浮为止，然后将浮在水上面的树脂用去离子水清洗和过滤，在 100～150℃干燥后备用。

9.1.3.2　聚三氟氯乙烯

三氟氯乙烯（CTFE）可通过悬浮和分散聚合法在水相或非水液体中进行均聚，也可与其他单体共聚（如乙烯和偏氟乙烯等），聚合方法可以是本体聚合、悬浮聚合、溶液聚合和乳液聚合。聚三氟氯乙烯（PCTFE）是三氟氯乙烯的均聚物，聚合机理与聚四氟乙烯相似。

$$n\text{CFCl}=\text{CF}_2 \xrightarrow{\text{引发剂}} \text{--}[\text{CFCl}\text{--}\text{CF}_2]_n\text{--}$$

三氟氯乙烯的乳液聚合在水介质中进行，选用碱金属过硫酸盐为引发剂，用银盐作促进剂，添加促进剂的目的是为了在不降低聚合物熔融黏度的前提下提高聚合速度。用 5～20 个碳的全氟羧酸为乳化剂，加入二氯苯或丙烯酸甲酯，可以得到 0.18μm 的胶乳。反应体系的配方：150 份去离子水、1 份全氟辛酸、1 份过硫酸钾、0.1 份七水合硫酸亚铁、0.4 份硫酸钠。冷却至 −195℃并严格排除空气，通入三氟氯乙烯，然后升温至 25℃，连续反应 21h 得到产物，产物经后处理即得纯净的聚三氟氯乙烯。后处理方法与聚四氟乙烯相似。

三氟氯乙烯的本体聚合，用 0.01%～0.55% 的三氟乙酰基过氧化物为引发剂，聚合温度为 0～60℃，聚合速度与引发剂浓度的 0.7～0.8 次方成正比关系，聚合活化能为 71.2J/mol。三氟氯乙烯的悬浮聚合与四氟乙烯基本相同，用过硫酸钾和亚硫酸氢钠氧化-还原体系为引发剂，聚合速度与引发剂初始浓度的 0.8 次方成正比关系。三氟氯乙烯的溶液聚合与所用的溶剂有关，不同溶剂聚合温度和聚合反应的活化能不同。溶液聚合时的溶剂有氯仿、四氯化碳、全氟代二甲基环己烷、正己烷、环己烷、苯、甲苯、二甲苯、正丁醇、3-丁醇等，由于产物的分子量低，一般工业上不采用溶液聚合法。

9.1.3.3 聚氟乙烯

聚氟乙烯（PVF）是氟乙烯的均聚产物：

$$nCHF{=\!\!=}CH_2 \xrightarrow{\text{引发剂}} {\leftarrow}CHF{-\!\!}CH_2{\rightarrow}_n$$

聚合机理属自由基引发的加成聚合，能生成头-头、尾-尾和头-尾结合的 3 种构型。氟乙烯的聚合活性不如氯乙烯。与其他含氟乙烯相比，氟乙烯是一种不易聚合的单体，一般在高温高压下，并且有聚合引发剂和催化剂的共同作用或在 γ 射线的作用下进行悬浮聚合。这是因为氟的电负性高，氟乙烯的沸点低而临界温度高，使它的聚合需在高压下才行，就像乙烯的聚合那样。对于氟乙烯的聚合过程来说，引发剂的选择至关重要，它不仅影响聚氟乙烯的热稳定性、润湿性和加工性能，而且也对聚合温度、压力、时间、转化率和产物的分子量有直接影响。常用引发剂有过氧化苯甲酰、α,α'-偶氮二异丁腈、α,α'-偶氮-α,γ-二甲基戊腈、α,α'-偶氮-α,γ-二异丁基联甲苯酰盐酸盐、α,α'-偶氮-α,γ,γ-三甲基戊腈、甲基戊腈、乙酐、β-丁酐、过硫酸铵等。氟乙烯的聚合与反应温度、压力和杂质含量密切相关。以 α,α'-偶氮-α,γ-二异丁基联甲苯酰盐酸盐为引发剂时，在 70～80℃聚合时转化率最高。随着压力增加，引发剂的效率和聚氟乙烯的分子量随之增大。氟乙烯的聚合方法可采用本体聚合和溶液聚合，但更多采用悬浮聚合和乳液聚合法。

（1）悬浮聚合法　在悬浮剂作用下让液相氟乙烯悬浮在水中，在低于其临界温度下，用有机过氧化物如过氧化二碳酸二异丙酯作引发剂进行聚合。悬浮反应也能用紫外线和离子辐射而激发聚合。悬浮剂是水溶性聚合物如纤维素酯、羧甲基纤维素、聚乙烯醇及碳酸镁、碳酸钡之类的无机物。

合成实例：不锈钢反应釜用 N_2 置换，加入 150 质量份无乙炔的氟乙烯单体，150 质量份脱去空气的蒸馏水，0.150 质量份的 2,2'-偶氮二异丁腈，在 1h 内将反应液加热到 70℃并搅拌，在 8.2MPa 压力下保持 18h，得到 75.8 份白色聚氟乙烯树脂。

（2）乳液聚合法　氟乙烯乳液聚合时的温度和压力可比悬浮聚合时低。在水乳液中聚合有利于移去反应热，便于控制反应而提高树脂的分子量、反应速率和得率。乳化剂为脂肪醇硫酸酯和磺酸酯、脂肪酸碱盐。含有 7～8 个氟原子的全氟代羧酸是氟乙烯乳液聚合时的高效乳化剂，它的特点是形成胶束的临界含量低，能确保聚氟乙烯的热性能和化学稳定性。

合成实例：在搅拌的高压釜内加入 200 质量份水，100 质量份氟乙烯单体，0.6 质量份全氟代羧酸，0.2 质量份过硫酸铁及 3 质量份水玻璃，加热混合物至 46℃，4.3MPa 下保持 8h 后加入电解质，让它破乳沉淀，即可得到产率高达 95% 的白色聚氟乙烯粉末树脂。

（3）本体聚合与接枝聚合　在剂量为 0.13～1Gy/s 的 $^{60}Co\gamma$ 射线辐射下氟乙烯能本体聚合，38℃下的聚合速率正比于射线的照射量。氟乙烯也能用等离子体辐射聚合。氟乙烯与低密度聚乙烯、聚异丁烯、聚酰胺等在辐射下进行接枝聚合。接枝共聚物的密度高于均聚物。氟乙烯与无氟单体接枝后，它的粘接性、着色性和加工性能可明显地得到改善。常用的接枝单体有苯乙烯、甲基丙烯酸甲酯、醋酸乙烯酯、偏氯乙烯等，它们在 $^{60}Co\gamma$ 射线或加速电子线辐射后都能发生聚氟乙烯接枝反应。

聚氟乙烯的分解温度比较低，加工温度接近于分解温度，因此不能进行熔融加工。在室温下，聚氟乙烯没有溶剂，只有在 100℃以上，才能找到合适的溶剂，这两大缺点限制了聚氟乙烯的推广应用。为了克服这两大缺点，通常有两种改性方法：一是采用共混改性，通过与其他高分子化合物（潜溶剂）共混，得到低熔点和熔融黏度的复合材料；二是共聚改性，将氟乙烯单体与乙烯、丙烯、异丁烯、氯乙烯、四氟乙烯、偏氟乙烯、三氟氯乙烯和全氟丙烯等共聚得到不同性能的共聚物，共聚物的物理和力学性能取决于长链中各个结构单元的性能、相对数量和排列方式等。共聚物的含氟量大于33%或氟乙烯成分在80%以上，仍能保持聚氟乙烯优异的耐候性、耐溶剂性和耐吸水性等。

氟乙烯与偏氟乙烯共聚物的熔点比聚氟乙烯低，但是分解温度有所提高。当偏氟乙烯成分为3%时，共聚物的分解温度与熔点之差有了改善，热稳定性明显提高，可以进行熔融加工。共聚物的结晶度为75%时，其涂膜具有较好的光泽。

氟乙烯与四氟乙烯共聚能得到结晶性聚合物，共聚物中四氟乙烯的含量在0～75%，四氟乙烯含量增加，共聚物的结晶结构仍与聚氟乙烯相似。四氟乙烯含量超过75%时，结构改变，出现多晶现象。四氟乙烯含量在15%～50%时，共聚物为交替共聚，该共聚物可以用作耐热涂料。

氟乙烯与六氟丙烯共聚物中，当六氟丙烯的含量为3.2%～5.3%（摩尔分数）时，具有良好的熔融加工性能，可以在200℃下进行挤压成型加工，得到透明和热稳定性好的软薄膜。0.5mm厚的透明薄膜，拉伸强度为30.6MPa，在175℃经过24h，拉伸强度仍高达27MPa。

氟乙烯与醋酸乙烯酯共聚得到熔点较低的共聚物，氟乙烯与醋酸乙烯酯摩尔比为74.4∶25.6的共聚物，可以配成分散型涂料，涂在铝板上，可以在≤200℃的温度下烧结，得到附着力很高的涂层。该涂层具有优良的耐紫外线性能和较高的耐热性能。

9.1.3.4　聚偏氟乙烯

聚偏氟乙烯（PVDF）又称聚偏二氟乙烯，是由偏氟乙烯聚合而成。

$$nCF_2 =\!\!=CH_2 \xrightarrow{\text{引发剂}} \ce{+CF_2-CH_2+_{\mathit{n}}}$$

与聚氟乙烯相似，也能生成头-头、尾-尾和头-尾结合的3种构型。偏氟乙烯可按乳液聚合、悬浮聚合、溶液聚合及本体聚合法制得聚合物。本体聚合主要用于偏氟乙烯与乙烯及卤代乙烯单体的共聚反应。引发剂主要为过硫酸盐和有机过氧化物。用有机过氧化物作引发剂得到的聚偏氟乙烯的热稳定性较高。温度升高或压力降低都能使聚合物的分子量降低，但是对聚合物的链结构影响不明显。

（1）乳液聚合　偏氟乙烯的乳液聚合一般采用氟系表面活性剂，如5～15个碳的全氟羧酸盐、ω-氯全氟羧酸盐、全氟磺酸盐、全氟苯甲酸类和全氟邻苯二甲酸类等。另外还需加入链转移剂和引发剂，链转移剂起调节聚合物分子量和聚合介质pH的作用，引发剂可以是水溶性的，如过硫酸盐，也可以是单体溶解型的，即有机过氧化物，如二叔丁基过氧化物。

偏氟乙烯在搅拌反应器中进行聚合反应后，通常生成粒径为0.25μm的球状粒子，在反应液中加入石蜡起稳定聚偏氟乙烯胶束的作用。待反应结束后，倾掉石蜡过滤，清洗，干燥，最后得到聚集成团、粒径为2～5μm的聚偏氟乙烯粉料。通过熔融挤出，再把这种聚偏氟乙烯粉料造粒成丸粒或方形的粒料。

合成实例一：在300mL的高压釜中加入100mL去离子水及0.4g丁二酸过氧化物，抽掉高压釜中的空气，用液氮冷却后加入35g偏氟乙烯，随后加入表面活性剂及由纯氧化铁还原而成的铁0.7mg，加料结束后密闭高压釜，并把它置于电热夹套之内，再把整个装置放在水平摇动的设备上，保温于80℃和527kPa压力，进行聚合反应。聚合反应结束后冷却高压釜并抽空。得到稳定的分散液后让聚合物颗粒沉淀，过滤，并用水和甲醇洗涤，最终放入真空烘箱内干燥。

合成实例二：在 3.7L 的不锈钢反应器内，让它先冷至 15℃，加入 740g 脱气的去离子水、2.59g 的过氧化二碳酸二异丙酯及 13g 全氟辛酸钠，再加入少量的水溶性链转移剂，如环氧乙烷，经排除空气和冷却后，往反应器内加入 518.4g 偏氟乙烯单体并搅拌，用循环油加热反应器中盘管至 75℃，在 5h 的反应时间内采用逐步压入反应器的方法加入 13g 全氟辛酸钠水溶液，周期性地往反应器内注入水保持 414kPa 的压力。反应结束后抽尽水，排空反应器，随后熔化冻结的聚偏氟乙烯乳液，再经过滤、水洗，并在 50℃ 真空烘箱内干燥。

（2）悬浮聚合　间歇式悬浮聚合偏氟乙烯的主要目的为限制在反应器壁上沉积聚偏氟乙烯。以水溶性聚合物，如纤维素衍生物和聚乙烯醇作悬浮剂，在聚合时起减缓聚合物颗粒结团的作用。有机过氧化物作聚合反应的引发剂，链转移剂控制聚偏氟乙烯的分子量，反应生成的聚合物浆液中含有粒径为 30～100μm 的聚偏氟乙烯粉料，经过滤与水分离，再洗涤和干燥即得聚偏氟乙烯树脂。

合成实例：容积为 3.7L 的带搅拌器不锈钢反应器内装有挡板和冷凝盘管，往反应器内加入 2470mL 水，908g 偏氟乙烯和 30g 的水溶性甲基羟丙基纤维素溶液，5g 过氧化三甲基乙酸叔丁酯，25℃ 下升压至 5.5MPa，此时液相单体的密度为 0.69g/mL。将反应器升温至 55℃，升压至 13.8MPa，在 4h 的反应时间内往反应器压入 800mL 水，以保持恒定的压力。反应结束后冷却反应器，离心分离出聚合物，再用水洗净，于真空烘箱内干燥，得到平均粒径 50～120μm 的球形颗粒。单体的转化率可达 91%（质量分数），聚偏氟乙烯的分子量为 $(5×10^4)～(3×10^5)$。

不同的引发剂对聚偏氟乙烯的产率影响不大，但对它的分子量有较大影响。异丙醇之类链转移剂的加入，可明显降低聚偏氟乙烯分子量。过氧化三甲基乙酸叔戊酯作为引发剂的效果不及过氧化碳酸二异丙酯，因为其聚合物产率低。异丙醇特别是甲乙酮对偏氟乙烯的聚合反应有负面影响，碳酸二乙酯作为链转移剂对聚合物的产率没有明显影响。

（3）溶液聚合　偏氟乙烯能在饱和的全氟代或氟氯代烃溶剂中聚合，这类溶剂能溶解偏氟乙烯和有机过氧化物引发剂，在均相中进行聚合反应而生成的聚偏氟乙烯不溶于溶剂，容易与溶剂分离。所用的溶剂沸点必须大于室温，又能溶解单体和引发剂。含 10 个或更少碳原子的全氟代烃或氟氯代烃，不论是单组分还是它们的混合物，都有生成自由基的倾向。为了尽量降低聚合时的压力，所选溶剂的沸点必须大于室温，为此应选用碳原子数大于 1 个的氟代或氟氯代烃，合适的溶剂有一氟三氯甲烷、三氟一氯乙烷、三氟三氯乙烷等。引发剂的质量分数为单体的 0.2%～2.0%。可用的有机过氧化物有二叔丁基过氧化物、叔丁基氢过氧化物及过氧化苯甲酰，聚合反应温度为 90～120℃，压力为 0.6～3.5MPa。

合成实例：在装有磁性搅拌器的 1L 高压反应釜内，加入含十二烷酰过氧化物的三氟三氯乙烷 500g，用 N_2 置换反应釜后排空，加入 160g VDF 单体，在室温下达到 1.2MPa 压力，加热到 120～125℃，保持 20h 并搅拌。在聚合过程中最大压力为 3.5MPa，最小压力为 0.6MPa，单体的转化率达 99.1%。生成的 PVDF 熔点达 169℃。

偏氟乙烯也能辐射聚合，可免去聚合物受引发剂和其他组分的污染。辐射源可采用 ^{60}Co，照射量 10.32C/(kg·h)，在 -40℃ 下聚合，所得的聚偏氟乙烯熔点达 175℃，而一般在水溶液中以化学引发剂引发聚合得到的聚偏氟乙烯熔点为 152℃。

偏氟乙烯可与六氟丙烯（HFP）在水溶液中进行共聚反应，根据反应混合物的组成和聚合条件的不同，在 VDF/HFP 共聚物中 HFP 的摩尔分数可在 1%～13% 内变化。若 HFP 的摩尔分数达 15% 以上时，共聚物呈无定形。只有低的扭变模量，它在很宽的温度范围内呈现出没有脆性的橡胶特性。

偏氟乙烯与六氟丙烯共聚实例：在 300mL 的高压釜中用 N_2 置换，按顺序加入下列组分，含 0.3g 偏亚硫酸钠的水溶液 15mL，含 0.75g 全氟辛酸钾的水溶液 90mL（用质量分数 5％的 KOH 调节其 pH 至 12），含 0.75g 过硫酸钾的水溶液 45mL（pH＝7）。往反应釜中加入 12.4g（摩尔分数 10％）的 HFP 和 47.6g（摩尔分数 90％）的 VDF。密闭后反应釜装在有机械摇动的设备上摇动，并在 50℃下绝热共聚反应 24h。待反应结束后抽出未反应的单体，在液氮下凝集胶乳，随后用热水冲洗，湿饼在 35℃的真空烘箱中干燥。取得的共聚物中含 6％（摩尔分数）HFP 和 94％（摩尔分数）VDF，经 X 射线衍射测得它呈高结晶性；有良好的耐有机溶剂性能，在体积比为 3∶7 的甲苯和异辛烷混合液中，于 25℃7d 仅溶胀 4％，在发烟硝酸中 25℃下浸 7d 也仅溶胀 4％。

偏氟乙烯树脂可以配成溶剂可溶型涂料、溶剂分散型涂料、水性涂料和粉末涂料。聚偏氟乙烯树脂涂料是当前应用最广泛的氟树脂涂料。美国杜邦公司在 20 世纪 40 年代首先研制成功聚偏二氟乙烯，美国 Elf Atochem 公司是首先向涂料（涂装）工业和熔融加工业提供聚偏氟乙烯树脂的公司之一，品牌为 Kynar 500，目前的产量最大，此外还有 Ausimant 公司的 Hylar 5000 和日本吴羽化学工业的 Kfpolymer。

利用 Kynar 树脂配制涂料时，主要为有机溶剂分散型，其配方包括 Kynar 树脂、丙烯酸树脂、改性剂、颜料、有机溶剂和其他助剂等。

9.1.3.5 聚全氟乙丙烯

聚全氟乙丙烯，也称氟塑料 46（F46、FEP），是四氟乙烯和六氟丙烯的共聚物。

$$nx\,CF_2{=}CF_2 + ny\,CF_2{=}\underset{\underset{CF_3}{|}}{CF} \xrightarrow{\text{引发剂}} {-}[{-}(CF_2{-}CF_2)_x{-}(CF_2{-}\underset{\underset{CF_3}{|}}{CF})_y{-}]_n$$

聚全氟乙丙烯最早由美国杜邦公司于 1956 年开始推销，商品名为 Teflon FEP 树脂（FEP 为氟化乙烯-丙烯）。随后，出现了另外一些商品，如日本大金工业公司的 Neoflon，前苏联的 Texflon 等。聚全氟乙丙烯可以采用本体聚合、溶液聚合和 γ 射线引发下的高压共聚合法，但工业上多用悬浮聚合和乳液聚合法。

(1) 悬浮聚合法 四氟乙烯和六氟丙烯的高温悬浮液聚合，可在采用桨式搅拌的不锈钢高压釜中进行，聚合介质为脱氧去离子水，引发剂为过硫酸盐，如过硫酸钾、过硫酸铵等。

合成实例：圆柱形卧式高压反应釜中加入去离子水，反应釜中装有桨式搅拌器和可通冷热水的夹套，釜内抽真空；将水加热到 95℃，往水中加入质量分数为 0.1％的过硫酸铵作引发剂。往反应釜充入 HFP 至 1.7MPa，保持 95℃；待 HFP 和 TFE 成 1∶3 的混合物时，釜内充压到 4.5MPa，搅拌 15min；再补充新配制的过硫酸铵，将它注射入釜。混合液在 95℃下一直搅拌 80min 后，停止搅拌，终止反应。抽空反应釜中的气体，得含固体 4.6％（质量分数）的浆液，过滤后干燥。干燥时把树脂放在深度为 50mm 的铝盘中，在 350℃下加热 3h，产物即是 TFE 和 HFP 的共聚物 FEP，该 FEP 的熔点为 280℃，熔体黏度 $7{\times}10^{-3}$Pa·s。

(2) 乳液聚合 四氟乙烯和六氟丙烯的乳液聚合，以全氟辛酸盐或 ω-氢全氟壬酸钾为乳化剂。聚合液组成：过硫酸钾引发剂 3g、乳化剂 2g、脱氧去离子水 800mL 和混合单体 730～840g（六氟丙烯 85％～89％，四氟乙烯 11％～15％），用氢氧化钾调节 pH 为 3.9～4.1，在聚合过程中补充四氟乙烯单体 350～410g。聚合温度为 66～67℃，聚合压力为 2.5MPa，搅拌速度为 80r/min，产物含六氟丙烯为 15％～17％。

对乳液聚合，通过调节乳液酸度和机械搅拌方式与速度，使聚合物凝聚成细粉。通过加入固体聚合物 20％～25％的聚氧乙烷仲辛烷基苯基醚（TX-10）非离子表面活性剂，混合均匀后加热至表面活性剂浊点以上时，保持一定时间，可以看到含 TX-10 的乳液慢慢地沉降分层，得到浓缩的聚全氟乙丙烯乳液，从不锈钢釜底阀门放出。浓缩乳液的相对密度为

1.38～1.42，含量大于50%，用氨水调节pH为10左右，再用去离子水稀释至50%备用。

在采用过硫酸盐为引发剂时，在四氟乙烯和六氟丙烯的共聚过程中，由于链的引发和终止阶段会产生大量端羧基，这些末端基团的稳定性很低，聚合物在加工温度下会产生带腐蚀性的气体HF等，不仅使产品内有气泡影响产品质量，而且腐蚀加工设备。为了避免和减少上述现象的产生，必须对共聚物进行后处理，以脱除低分子化合物和末端不稳定基团。具体方法如下。

① 湿热处理　这是一种较早使用的方法。聚全氟乙丙烯树脂与热水作用能脱去不稳定的端羧基—COOH，生成稳定的—CF_2H端基。若在聚全氟乙丙烯树脂的热水浴中加入碱或碱性盐，则可加速—CF_2H的生成。可选用在热水温度下仍是稳定的碱性化合物，如NH_3、碱金属及碱土金属的氢氧化物。它们的用量取FEP树脂质量的$(1\times10^{-4})\sim(6\times10^{-4})$。

② 挤出时加少量水处理　聚全氟乙丙烯树脂中的不稳定端基在双螺杆挤出机中受到熔融剪切作用时能部分消除，如在240～450℃下剪切速率达$500\sim700s^{-1}$时，聚全氟乙丙烯树脂的挥发物指数可降至10以下。若把少量的水加入挤出机的加料段，让聚全氟乙丙烯树脂分子中的—COF水解成—COOH，而—COOH因不耐氟的作用而被消除，这也是一种氟化处理的办法，具有改善聚全氟乙丙烯树脂挤出物色泽的作用。

③ 氟化稳定处理　聚全氟乙丙烯树脂的氟化稳定处理可在改进的双圆锥形混合器内进行。它装有进出气口和电热罩，以5r/min的速度旋转氟化器并加热，抽尽空气后充入体积比为1:3的F_2、N_2混合气，过一定时间后停止加热，终止氟化反应。之后充入大量N_2进行清洗，清除氟化器内F_2。氟化处理后聚全氟乙丙烯树脂的不稳定基团明显降低，颗粒变白。

④ 选用链转移剂　在以过氧化物为引发剂的聚合过程中，选用合适的链转移剂，如异戊烷等，不仅可以提高共聚物的分子量，而且可以使离子型末端基团与异戊烷反应生成非离子型末端基团，从而改善了共聚物的热稳定性和加工性，由此得到的聚全氟乙丙烯具有很好的柔性。

⑤ 熔融脱羧　将聚全氟乙丙烯清洗干净后，在150℃干燥，在350～400℃熔融0.15～30h，除去挥发物至含量低于0.2%。若在含水蒸气为2%～20%的空气中加热聚合物至360～380℃，挥发物完全脱除，羧酸端基变为—CF_2H。经过高温熔融处理过的树脂具有较高的热稳定性、化学稳定性和介电性，适合于进行挤压成型。

在0～280℃和0.98MPa条件下，采用ω-氢十二氟庚酰过氧化物或3,5,6-三氯全氟己酰过氧化物为引发剂，可以避免分子链端羧基的生成，减少后处理工序。在介质中加入三氟三氯乙烷溶剂，可以增加单体中的溶解度。利用该法生产的聚合物中无端羧基，而且熔融黏度不随加热时间而变化，具有良好的热稳定性。采用先加溶剂后加水的方法可以提高聚合速度。

9.1.3.6　乙烯-四氟乙烯共聚物

乙烯-四氟乙烯共聚物（ETFE）是继聚四氟乙烯和聚全氟乙丙烯后开发的第三大氟树脂品种，也是第二种含四氟乙烯的可熔融加工聚合物，是乙烯（E）和四氟乙烯（TFE）共聚产物。

合成实例：四氟乙烯与乙烯容易以接近等量的比例共聚。在高压釜中加入1960质量份叔丁醇和40质量份水，釜内充N_2，加入1质量份过硫酸铵，密闭反应釜后把质量分数分别为88.5%和11.5%的四氟乙烯和乙烯混合气体压入反应釜内，升压至1.4MPa，搅拌并加热到50℃。在整个反应过程中由补加四氟乙烯78%（质量分数）的混合气体，使釜内压力保持在 2.1MPa，反应 1h 后停加单体，冷却反应釜并释放掉残留的气体。在反应介质中生成的产物是膏状的聚合物，蒸馏除去叔丁醇，过滤，150℃下干燥，最后可得到细分散的乙烯-四氟乙烯粉末共聚物，内含四氟乙烯 79.1%（质量分数）。

乙烯-四氟乙烯共聚物的熔点随四氟乙烯比例的增大而降低，熔体流动质量速率却增加，同时四氟乙烯比例增大后共聚物的拉伸强度降低，表示共聚物的分子量有所降低。

乙烯与四氟乙烯容易形成交替共聚物，共聚物的熔点接近热分解温度，在加工过程中容易氧化分解，引起聚合物变色、起泡和龟裂。为了改善乙烯与四氟乙烯共聚物的热稳定性，因此需用第三单体改性。常用的第三单体是乙烯基单体，如全氟代烷基乙烯基醚、全氟代烷基乙烯等。第三单体能构成共聚物的主链，但不含产生链转移阻止聚合的作用。乙烯-四氟乙烯共聚物的最低熔融黏度于 300℃下，必须大于 0.5kPa·s，才有一定的拉伸强度，但为了能热熔性加工，在 300℃下熔融黏度不得大于 500kPa·s。含有 48.8% 四氟乙烯、48.8% 乙烯和 2.4%（摩尔分数）全氟代丙基乙烯基醚（PPVE）的乙烯-四氟乙烯共聚物其熔点为 255℃，在 300℃ 的熔融黏度为 73kPa·s。弯曲疲劳寿命 16300 次。

六氟丙烯也能用做四氟乙烯和乙烯共聚物的调聚单体，加入 5%（质量分数）六氟丙烯后能明显提高共聚物在高温下的耐应力开裂性。

9.1.3.7　四氟乙烯-全氟烷基乙烯基醚共聚物

四氟乙烯与全氟丙基乙烯基醚共聚物（PFA）被公认为是聚四氟乙烯的可熔加工的最好替代品，它的许多性能除与聚全氟乙丙烯类似外，还具有熔点较高（290～310℃）、加工性好和在较高的使用温度下力学性能优良等优点。另外，还具有耐应力龟裂和屈挠寿命长等特点。

四氟乙烯与全氟丙基乙烯基醚反应很容易得到高分子量的共聚物，在共聚物中全氟代烷基乙烯醚通常仅含百分之几。共聚反应分为溶液聚合、乳液聚合和悬浮液聚合三种，目前工业上多采用乳液聚合法。溶液聚合过程中，溶剂为全氟烷烃，也可以是 CCl_3F、$CHClF_2$ 和 CCl_2FCClF_2 等非金属烷烃。在乳液或悬浮聚合中采用水或添加了氟烷烃的水作溶剂。引发剂可以采用能溶解于氟烷烃的有机过氧化物，也可以采用过硫酸铵之类的水溶性过氧化物。

（1）溶液聚合　1960 年发现四氟乙烯能在卤代溶剂中与其他氟化单体共聚合。含 H，Cl，Br 及不饱和碳碳键的有机溶剂与四氟乙烯反应时，因为自由基 $\dot{C}F_2$ 提取了这些有机溶剂中的 H，Cl 和 Br 原子而产生链转移，所以只能生成低分子量的蜡状脆性固体聚合物。因此只有用饱和的全氟代化合物作溶剂才行。

合成实例一：以全氟代二甲基环丁烷作溶剂，以过氧化物和偶氮化合物作聚合引发剂，在装有搅拌器的高压反应釜中，把该溶剂作为反应介质充至反应釜容积的 60%，让一定量的全氟烷基乙烯基醚单体溶解在该溶剂内，升温至 60℃ 并搅拌，然后把四氟乙烯单体压入，再加入少量的（10^{-4}mol）、以 N_2 稀释过的 F_2，引发聚合反应。在聚合过程中，保持 60℃ 和搅拌，然后冷却反应器并抽空后即可得到固体聚合物。该聚合物在 350℃ 下加热成薄膜，该薄膜呈无色透明且有韧性。

合成实例二：四氟乙烯和全氟烷基乙烯基醚在含 H，Cl 和 F 的卤代溶剂中共聚，所用的溶剂必须在聚合时呈液体状，计有 F11（CCl_3F），F12（CCl_2F_2），F22（$CClF_2H$），F112（CCl_2FCCl_2），F113（CCl_2FCClF_2）和 F114（$CClF_2CClF_2$），其中 F113 的效果最好。使用一种低温引发剂，溶于单体溶剂溶液内需在 85℃ 以下，若超过 85℃ 溶剂就会起调聚剂的作用。连续地加入四氟乙烯和共聚单体，维持釜内一定的压力，在搅拌下进行反应。以双全氟代丙酰基过氧化物作引发剂。聚合反应时不加表面活性剂，属悬浮聚合法。

（2）乳液聚合　四氟乙烯和全氟烷基乙烯基醚在水溶液中的共聚反应需加入少量的氟碳溶剂，否则聚合物的性能很差，而且氟碳溶剂的加入能提高聚合速度，但聚合物的分子量分布较宽。在聚合反应时加入气相的链转移剂，如甲烷、乙烷和氢气等，一方面使分子量分布变窄，另一方面使分子链末端生成二氟甲基而不是羧基，提高聚合物的热稳定性。聚合反应的引发剂可用过硫酸铵，表面活性剂用全氟代辛酸铵。聚合反应在不锈钢高压釜中进行。

合成实例：将高压釜密闭抽真空，并用四氟乙烯置换空气后在反应釜中加入去离子水、碳酸铵和乳化剂，乳化剂为 10% 的全氟-2,5-二甲基-3,6-二氧杂壬酸铵盐的水溶液。搅拌，升温，达到温度后用四氟乙烯将全氟丙基乙烯基醚和三氟三氯乙烷压入反应釜，加压至比预定压力低 1.96MPa 为止。待温度和压力稳定后，再用四氟乙烯将引发剂压入反应釜，加压到预定压力。反应中，压力每降低 0.098MPa，用四氟乙烯补充压力，重复 30 次以后，停止搅拌，排除未反应的单体，开釜，吸出乳液。用机械搅拌法使乳液凝聚得到白色粉末，然后用去离子水清洗、烘干，在 380℃ 加热 2~3h，可以得到白色发泡状的烧结共聚物。

9.1.3.8　乙烯-三氟氯乙烯共聚物

乙烯（E）和三氟氯乙烯（CTFE）共聚生成乙烯-三氟氯乙烯共聚物（ECTFE）的反应可在水或溶剂中进行。1946 年，E 和 CTFE 以过氧化苯甲酰作引发剂，在 60~120℃，5MPa 的水溶液中共聚反应获得成功。也可以在二氯四氟乙烷溶剂中共聚，引发剂可采用过硫酸铵或过硫酸钾。聚合时的温度和压力与共聚物的分子量有关。

合成实例：在带搅拌器的不锈钢反应釜中，用 N_2 置换后加入 25 质量份的纯水和 0.1 质量份过氧化苯甲酰，然后加入 40 质量份三氟氯乙烯及 10 质量份乙烯，密闭反应器，开启搅拌加热至 80℃；反应 9h 后冷却反应器，排气抽出反应产物，经洗净干燥后可得到 7 质量份白色的乙烯-三氟氯乙烯共聚物粉末，它的分子组成 $n(CTFE):n(E)=1.1:1$。将所得的乙烯-三氟氯乙烯共聚物粉末在 190~200℃ 下压制成韧性薄膜，具有能延伸至原来长度 3 倍的韧性。

乙烯和三氟氯乙烯聚合时，若采用氧化还原体系引发剂，反应温度可低于以过氧化物作引发剂时的温度，得到的共聚物为线型分子，不对称点有序分布。这类引发剂还可回收利用，更为经济，它是有机金属化合物及 4 价的铈盐。

合成实例：100 质量份单体混合物中加入 0.01~2 质量份的有机金属化合物和 0.001~1 质量份的铈盐。反应温度为 $-60~20℃$。该引发剂的实例是 $Pb(C_2H_5)_4$ 和 $(NH_4)_2Ce(NO_3)_6$。在 500mL 的不锈钢反应釜中装有搅拌和控温夹套，反应釜净化后在叔丁醇、水、甲醇质量比为 8:1:1 的混合溶剂中加入 0.24mL 四乙基铅，随后在 200mL 的上述溶剂中加入 $0.69g(NH_4)_2Ce(NO_3)_6$，0.5mL 质量分数为 65% 的 HNO_3，把摩尔分数分别为 77% 和 23% 的乙烯和三氟氯乙烯的混合单体加入反应釜内，保持压力 1.35MPa，反应 3h 后停止。可得到 9g 乙烯-三氟氯乙烯共聚物，其中三氟氯乙烯的摩尔分数为 39.5%，熔点为 181~182。

在三氟氯乙烯和乙烯两种单体中加入不会发生链转移反应的第三种单体生产乙烯-三氟氯乙烯共聚物的调聚物。第三种单体应是有如下结构的乙烯基单体：$R-CF=CF_2$，$R-O-CF=CF_2$。R 为含有 2~10 个碳原子的环状基团。碳原子的多少决定侧链的长短，它赋予调聚物良好的高温拉伸性能。较大的侧链能阻碍乙烯-三氟氯乙烯共聚物链段的快速结晶，提高产品的透明性。最佳的第三种单体是全氟代化合物。调聚物的熔体黏度为 $5×10^5 Pa·s$，在 260℃，45.5kPa 剪切应力下熔融。

合成实例：在反应釜夹套中通入冷冻盐水，让它保持在 0℃，反应釜内通 3 次 N_2 作净化处理。将 500mL 的 F113（1,1,2-三氯-1,2,2-三氟乙烷）连同调聚单体全氟代丙基乙烯基醚和一定量的氯仿（链转移剂）吸入反应釜内，以 1000r/min 速度搅拌，充 N_2 保压于 440kPa 以排除 F113 中空气。冷却反应釜温度至 0℃，然后加入一定量的三氟氯乙烯和乙烯。溶解于 F113 的三氯乙酰过氧化物溶液（质量浓度为 0.02g/mL）加入反应釜发生反应，一直反应至压力降为 98～137kPa，停止反应后取出反应物浆料。经过滤得到的滤饼，用 500mL F113 冲洗 2 次后打碎，并在以 N_2 净化过的真空烘箱中于 100～125℃ 干燥过夜。该调聚物有最佳的屈服强度、拉伸强度和断裂伸长率。

9.1.4 氟树脂的应用

经过近 30 年的发展，氟树脂涂料已形成一系列以聚四氟乙烯（PTFE）、聚偏氟乙烯（PVDF）、聚全氟乙丙-烯烃共聚物等氟树脂为基料的多种牌号和用途的氟碳涂料。按形态的不同可分为水分散型、溶剂分散型、溶液蒸发型、可交联固化溶液型、粉末涂料。按固化温度的不同可分为高温固化型（180℃以上）、中温固化型、常温固化型。按组成涂料树脂的不同可分为聚四氟乙烯（PTFE）涂料、聚三氟氯乙烯（PCTFE）涂料、聚氟乙烯（PVF）涂料、聚偏氟乙烯（PVDF）涂料、聚全氟丙烯（FEP）涂料、乙烯-四氟乙烯共聚物（ETFE）涂料、四氟乙烯-全氟烷基乙烯基醚共聚体（FEVE）涂料、乙烯-三氟氯乙烯共聚物（ECTFE）涂料、氟橡胶涂料及各种改性氟树脂涂料。

聚四氟乙烯分散液通过喷涂、浸渍、涂刷和电沉积等方式可以在金属、陶瓷、木材、橡胶和塑料等材料表面上形成涂层，使这些材料表面具有防粘、低摩擦系数和防水的优异性能，以及良好的电性能和耐热性能，大大拓宽了这些材料的应用领域，提高了材料的使用效率。另外，聚四氟乙烯分散液还可以浇在光滑平面，经干燥烧结后形成浇铸薄膜。因此，聚四氟乙烯涂层的应用日益广泛，如用于生活中的蒸锅、灶具和电熨斗等，橡胶工业上的脱模器具等。聚四氟乙烯涂料本身对渗透和吸附物理过程的抵抗能力比其他涂料好，但由于聚四氟乙烯涂料不能熔融流动，其涂层致密性较差，孔隙率高，腐蚀介质将通过孔隙侵蚀基材。因此聚四氟乙烯涂料还不能用于制造防腐蚀涂层，但是作为防腐蚀涂层的底漆是有利的。

聚全氟乙丙烯涂料主要作为耐化学药品侵蚀涂料和防粘涂料，如用于化工、医疗器械、医药工业设备、管道、阀门、储槽和机械等防护涂装。乙烯-四氟乙烯共聚物涂料的应用与其涂层或薄膜的特性有关，无针孔的厚涂膜适用于防腐蚀领域，电气性能好的薄膜适用于电子计算机等绝缘设备，具有耐紫外线和耐候性的涂膜可用于长期保护高速公路的隔音壁等。聚四氟乙烯-全氟烷基乙烯基醚共聚物涂料具有优异的耐蚀性能、不粘性能、电性能和耐候性能等，在化工和石油化工等行业中，用于强腐蚀介质，特别是在高温（200～250℃）和强酸、强碱、强氧化剂以及强极性溶剂介质条件下，管道、阀门、贮罐和其他设备的防腐处理，取得了令人满意的效果。作为防粘涂料，广泛应用于复印机热辊及食品加工模具等。

聚氟乙烯树脂可以制成粉末涂料、分散涂料，但是以分散涂料为主。聚氟乙烯树脂和颜料分散在高沸点的有机溶剂中制成发散液涂料，可以形成无孔的涂层，主要应用于化工等领域设备的防腐处理和户外建筑涂装。

聚偏氟乙烯的耐腐蚀性比聚氟乙烯好，但不如聚四氟乙烯。聚偏氟乙烯基本不溶于所有非极性溶剂，但能溶于烷基酰胺等强极性溶剂中，另外还可溶于酮类和酯类溶剂中。聚偏氟乙烯树脂既可制成粉末涂料，直接用粉末静电喷涂和流化床浸涂等方法涂覆，也可以将聚偏氟乙烯树脂配成分散液进行涂覆。聚偏氟乙烯涂料可作为一种耐候性涂料使用，涂层具有很长的使用寿命，是一种超耐候性涂料，广泛应用于建筑铝板和再成型（二次成型）钢板（也称金属卷材）。

聚三氟氯乙烯涂料可以制成分散液涂料和粉末涂料，主要用于反应釜、热交换器、管道、阀门、泵、储槽等化工设备的防腐蚀处理以及纺织、造纸等工业用各类滚筒的防粘处理。乙烯-三氟乙烯共聚物涂料可以制成粉末涂料和悬浮液涂料,粉末涂料适合于静电喷涂和流化床浸涂,涂膜对无机药品具有良好的耐蚀性,但是对有机溶剂比全氟树脂差,耐热性也比聚四氟乙烯低。主要用于反应器、泵、管道、阀门、气体捕集器、液膜蒸馏器以及食品和药物的处理装置等方面。

9.2 硅树脂

9.2.1 概述

硅树脂又称有机硅树脂,是指具有高度交联网状结构的聚有机硅氧烷,是以 Si—O 键为分子主链,并具有高支链度的有机硅聚合物。

有机硅树脂以 Si—O 键为主链,其耐热性好。这是由于:①在有机硅树脂中 Si—O 键的键能比普通有机高聚物中的 C—C 键键能大,热稳定性好;②Si—O 键中硅原子和氧原子的相对电负性差数大,因此 Si—O 键极性大,有 51% 离子化倾向,对 Si 原子上连接的烃基有偶极感应影响,提高了所连接烃基对氧化作用的稳定性,也就是说 Si—O—Si 键对这些烃基基团的氧化,能起到屏蔽作用;③有机硅树脂中硅原子和氧原子形成 d-pπ 键,增加了高聚物的稳定性、键能,也增加了热稳定性;④普通有机高聚物的 C—C 键受热氧化易断裂为低分子物,而有机硅树脂中硅原子上所连烃基受热氧化后,生成的是高度交联的更加稳定的 Si—O—Si 键,能防止其主链的断裂降解;⑤在受热氧化时,有机硅树脂表面生成了富于 Si—O—Si 键的稳定保护层,减轻了对高聚物内部的影响。例如聚二甲基硅氧烷在 250℃ 时仅轻微裂解,Si—O—Si 主链要到 350℃ 时才开始断裂,而一般有机高聚物早已全部裂解,失掉使用性能。因此有机硅高聚物具有特殊的热稳定性。

有机硅产品含有 Si—O 键,在这一点上基本与形成硅酸和硅酸盐的无机物结构单元相同;同时又含有 Si—C 键(烃基),而具有部分有机物的性质,是介于有机和无机聚合物之间的聚合物。由于这种双重性,使有机硅聚合物除具有一般无机物的耐热性、耐燃性及坚硬性等特性外,又有绝缘性、热塑性和可溶性等有机聚合物的特性,因此被人们称为半无机聚合物。

硅元素熔点为 1420℃,是世界上分布最广的元素之一,地壳中约含 25.75%。主要以二氧化硅和硅酸盐存在,自然界中常见的化合物有石英石、长石、云母、滑石粉等耐热难熔的硅酸盐材料。二氧化硅熔点为 1710℃。在元素周期表中硅与碳同属 ⅣA 族的主族元素,因此碳、硅两元素具有许多相似的化学性能。18 世纪下叶,当化学家们正竞相研究有机化合物时,C. Friedel、J. M. Crafts、A. Ladenberg、F. S. Kipping 等做了大量工作。他们已注意到了硅和硅碳化合物,并进行了广泛、深入的研究。特别是 F. S. Kipping 的工作奠定了有机硅化学的基础。鉴于当时航天工业对新型耐热合成材料的需要,美国道康宁公司(DOW-CORNING CO.)的 G. F. Hyde、通用电气公司(G. E. CO.)的 W. J. Patnode、E. G. Rochow 和前苏联的 Б. Н. Долгов、К. А. Андрианов 等化学家联想到天然硅酸盐中硅氧键结构的优异耐热性,并考虑到引入有机基团的优越性,于是在 F. S. Kipping 研究的基础上,继续进行研究,1943 年开发出耐热新型有机硅聚合物材料,并得到了广泛应用。

现在有机硅聚合物的发展已超出耐热高聚物的范围。有机硅产品不仅能耐高温、低温,而且具有优良的电绝缘性、耐候性、耐臭氧性、表面活性,又有无毒、无味及生理惰性等特殊性能。按照不同要求,制成各种制品:从液体油到弹性橡胶;从柔性树脂涂层到刚性塑料;从水溶液到乳液型的各种处理剂,以满足现代工业的各种需要。从人们的衣、食、住、行到国民经济生产各部门都能找到有机硅产品。有机硅产品正朝着高性能、多样化的方向发展。

有机硅树脂涂料是以有机硅树脂及有机硅改性树脂（如醇酸树脂、聚酯树脂、环氧树脂、丙烯酸酯树脂、聚氨酯树脂等）为主要成膜物质的涂料，与其他有机树脂相比，具有优异的耐热性、耐寒性、耐候性、电绝缘性、疏水性及防粘脱模性等，因此，被广泛用作耐高低温涂料、电绝缘涂料、耐热涂料、耐候涂料、耐烧蚀涂料等。

9.2.2 硅树脂的合成单体

按官能团的种类的不同，硅树脂的合成单体可分为有机氯硅烷单体、有机烷氧基硅烷单体、有机酰氧基硅烷单体、有机硅醇、含有机官能团的有机硅单体等。

9.2.2.1 有机氯硅烷单体

有机氯硅烷单体通式为 R_nSiCl_{4-n}（$n=1\sim3$），主要有一甲基三氯硅烷（CH_3SiCl_3）、二甲基二氯硅烷 $[(CH_3)_2SiCl_2]$、一甲基二氯氢硅烷（CH_3SiHCl_2）、二甲基氯硅烷 $[(CH_3)_2HSiCl]$、四氯硅烷（$SiCl_4$）、三甲基一氯硅烷 $[(CH_3)_3SiCl]$、一苯基三氯硅烷（$C_6H_5SiCl_3$）、二苯基二氯硅烷 $[(C_6H_5)_2SiCl_2]$、甲基苯基二氯硅烷 $[(CH_3)C_6H_5SiCl_2]$等，大多数有机氯硅烷单体为无色、刺激性液体，单体和空气中的水分接触，极易发生水解，放出氯化氢。单体接触人体皮肤，有腐蚀作用。大多数氯硅烷单体的相对密度都大于1。所有氯硅烷单体均易溶于芳香烃类，卤代烃类，醚类，酯类等溶剂中。

有机氯硅烷分子中含有极性较强的 Si—Cl 键，活性较强，能发生以下化学反应。

① 水解反应　有机氯硅烷与水能发生水解反应，生成硅醇，并放出氯化氢气体。硅醇不稳定，在酸或碱的催化作用下，易脱水缩聚，生成 Si—O—Si 为主链的线型有机硅聚合物或环体聚有机硅烷。生成的环体中，以 $x=3,4,5$ 的环体的量最多，也较稳定。

$$nR_2SiCl_2 + 2nH_2O \longrightarrow nR_2Si(OH)_2 + 2nHCl\uparrow$$
硅醇

$$nR_2Si(OH)_2 \longrightarrow HO\left[\begin{matrix}R\\ |\\ Si-O\\ |\\ R\end{matrix}\right]_{n-x}H + \left(\begin{matrix}R\\ |\\ Si-O\\ |\\ R\end{matrix}\right)_x + (n-1)H_2O$$

$$x=3\sim9$$

② 与醇类反应　生成烷基烷氧基单体。
$$R_2SiCl_2 + 2R'OH \longrightarrow R_2Si(OR')_2 + 2HCl\uparrow$$

③ 酰氧基化反应　酰氧基化反应如下：
$$R_2SiCl_2 + 2(CH_3CO)_2O \longrightarrow (CH_3COO)_2SiR_2 + 2CH_3COCl$$

④ 与氨（或胺类）反应　生成有机硅胺类单体。
$$2(CH_3)_3SiCl + 3NH_3 \longrightarrow (CH_3)_3Si-NH-Si(CH_3)_3 + 2NH_4Cl$$

9.2.2.2 有机烷氧基硅烷单体

有机烷氧基硅烷单体通式为 $R_nSi(OR')_{4-n}$（$n=1\sim3$），可由有机氯硅烷单体与醇类反应生成，是合成有机硅树脂中除有机氯硅烷外的重要单体，常用的单体有甲氧基或乙氧基硅烷。有机烷氧基硅烷进行水解、缩聚反应生成 Si—O—Si 键聚合物时，不产生 HCl 的腐蚀性副产物。有机烷氧基硅烷能发生以下化学反应。

① 当与其他连在硅原子上的官能团反应时，生成 Si—O—Si 键。

$$\underset{|}{-}\text{Si}-\text{OR} + \text{HO}-\underset{|}{\overset{|}{\text{Si}}}- \longrightarrow -\underset{|}{\overset{|}{\text{Si}}}-\text{O}-\underset{|}{\overset{|}{\text{Si}}}-$$

$$\underset{|}{\overset{|}{-}}\text{Si}-\text{OR} + \text{CH}_3\text{COO}-\underset{|}{\overset{|}{\text{Si}}}- \longrightarrow -\underset{|}{\overset{|}{\text{Si}}}-\text{O}-\underset{|}{\overset{|}{\text{Si}}}- + \text{CH}_3\text{COOR}$$

$$\underset{|}{\overset{|}{-}}\text{Si}-\text{OR} + \text{Cl}-\underset{|}{\overset{|}{\text{Si}}}- \longrightarrow -\underset{|}{\overset{|}{\text{Si}}}-\text{O}-\underset{|}{\overset{|}{\text{Si}}}- + \text{RCl}$$

② 与有机化合物（或树脂）中的—OH 结合，这是利用含有—OR 基团的有机硅来改性普通树脂的途径。

$$\underset{|}{\overset{|}{-}}\text{Si}-\text{OR} + \text{HO}-\text{R}'- \longrightarrow -\underset{|}{\overset{|}{\text{Si}}}-\text{O}-\text{R}'- + \text{ROH}$$

③ 在酸或碱的存在下，进行水解及脱水缩聚。

$$\underset{|}{\overset{|}{-}}\text{Si}-\text{OR} + \text{H}_2\text{O} \longrightarrow -\underset{|}{\overset{|}{\text{Si}}}-\text{OH} + \text{ROH}$$

$$\underset{|}{\overset{|}{-}}\text{Si}-\text{OH} + \text{HO}-\underset{|}{\overset{|}{\text{Si}}}- \longrightarrow -\underset{|}{\overset{|}{\text{Si}}}-\text{O}-\underset{|}{\overset{|}{\text{Si}}}- + \text{H}_2\text{O}$$

9.2.2.3 有机酰氧基硅烷单体

有机酰氧基硅烷单体通式为 $R_n\text{Si}(\text{OOCR}')_{4-n}(n=1\sim3)$，主要为乙酰氧基单体，包括二甲基二乙酰氧基硅烷 $[(\text{CH}_3\text{COO})_2\text{Si}(\text{CH}_3)_2]$、甲基三乙酰氧基硅烷 $[(\text{CH}_3\text{COO})_3\text{SiCH}_3]$、二苯基二乙酰氧基硅烷 $[(\text{CH}_3\text{COO})_2\text{Si}(\text{C}_6\text{H}_5)_2]$ 等。有机酰氧基硅烷单体易水解，放出醋酸，比氯硅烷单体水解放出的氯化氢腐蚀性小。一般用作室温硫化硅橡胶中的交联剂。它们在隔绝空气的贮存条件下稳定。一旦暴露于空气中，即被空气中的潮气（水分）所水解，进而脱水缩聚，生成 Si—O—Si 键化合物。

$$\text{CH}_3\text{COO}-\underset{|}{\overset{|}{\text{Si}}}- + \text{H}_2\text{O} \longrightarrow \text{HO}-\underset{|}{\overset{|}{\text{Si}}}- + \text{CH}_3\text{COOH}$$

$$\underset{|}{\overset{|}{-}}\text{Si}-\text{OH} + \text{HO}-\underset{|}{\overset{|}{\text{Si}}}- \longrightarrow -\underset{|}{\overset{|}{\text{Si}}}-\text{O}-\underset{|}{\overset{|}{\text{Si}}}- + \text{H}_2\text{O}$$

作为制备有机硅高聚物的原料，它也可和有机烷氧基硅烷单体反应，生成 Si—O—Si 键聚合物。

$$\underset{|}{\overset{|}{-}}\text{Si}-\text{OR} + \text{CH}_3\text{COO}-\underset{|}{\overset{|}{\text{Si}}}- \longrightarrow -\underset{|}{\overset{|}{\text{Si}}}-\text{O}-\underset{|}{\overset{|}{\text{Si}}}- + \text{CH}_3\text{COOR}$$

9.2.2.4 有机硅醇

硅烷水解时形成有机硅醇，硅醇自发缩聚或强制缩聚而或快或慢地转化成硅氧烷。自发缩聚的倾向取决于它们的分子结构及水解条件。随着硅原子上—OH 基数目的减少，以及有机基团数量及体积增大，对—OH 基的空间屏蔽作用的增大，硅醇的缩合倾向降低；在中性水解条件下易于制备有机硅醇。有机硅醇具有以下化学性质。

① 与有机氯硅烷、有机烷氧基硅烷、有机酰氧基硅烷等作用，形成 Si—O—Si 键。

$$—Si—OH+Cl—Si— \longrightarrow —Si—O—Si—+HCl\uparrow$$

$$—Si—OH+RO—Si— \longrightarrow —Si—O—Si—+ROH$$

$$—Si—OH+NH_2—Si— \longrightarrow —Si—O—Si—+NH_3\uparrow$$

$$—Si—OH+H—Si— \longrightarrow —Si—O—Si—+H_2\uparrow$$

$$—Si—OH+CH_3COO—Si— \longrightarrow —Si—O—Si—+CH_3COOH$$

② 在浓碱溶液的作用下，生成硅醇的碱金属盐。硅醇的碱金属盐在水溶液中稳定，但遇酸重新生成硅醇，并进行缩聚。

$$—Si—OH+NaOH \longrightarrow —Si—O—Na+H_2O$$

$$—Si—ONa+HCl \longrightarrow —Si—OH+NaCl$$

$$—Si—OH+HO—Si— \longrightarrow —Si—O—Si—+H_2O$$

9.2.2.5　含有机官能团的有机硅单体

此类单体既含有与硅原子直接相连的官能团，又含有与硅原子直接相连的烃基上的官能团，如乙烯基三氯硅烷（$CH_2\!=\!CHSiCl_3$）、甲基乙烯基二氯硅烷 [$CH_2\!=\!CHSi(CH_3)Cl_2$]、乙烯基三乙氧基硅烷 [$CH_2\!=\!CHSi(OC_2H_5)_3$]、甲基乙烯基二乙氧基硅烷 [$CH_2\!=\!CHSi(CH_3)(OC_2H_5)_2$]、三氟丙基甲基二氯硅烷 [$CF_3CH_2CH_2(CH_3)SiCl_2$]、氰丙基三氯硅烷（$NCCH_2CH_2CH_2SiCl_3$）等，因此既具有常规有机硅单体官能团特有的反应性能，又具有一般有机官能团的反应性能，是一种特殊有机硅单体，其类型、品种正在不断发展。

9.2.2.6　有机硅单体形成高聚物的一些特性

按分子中官能团的数量的不同，硅树脂的合成单体可分为单官能度单体、二官能度单体、三官能度单体和四官能度单体。

单官能度单体主要有三烃基氯硅烷、三烃基烷氧基硅烷、三烃基酰氧基硅烷等，二官能度单体主要有二烃基氯硅烷、二烃基烷氧基硅烷、二烃基酰氧基硅烷等，三官能度单体主要有一烃基氯硅烷、一烃基烷氧基硅烷、一烃基酰氧基硅烷等，四官能度单体主要有四氯硅烷、四烷氧基硅烷等。不同官能度的单体互相结合能形成不同结构的高聚物。单官能度单体互相结合，只能生成低分子化合物；二官能度单体互相结合，可以生成线型高聚物或低分子(D)ₙ环体（$n=3\sim9$，以 $n=3$，4，5 较多）；三官能度单体互相结合，可以生成低分子(D)ₙ环体（$n=4\sim8$），或不溶、不熔的三维空间交联的高分子聚合物；四官能度单体互相结合，可生成不溶、不熔的无机物质，如（SiO_2）ₙ结构的高聚物；单官能度单体和二官能度单体互相结合，依据两者摩尔比的不同，可以生成不同链长的低分子至高分子的线型聚合物；单官能度单体与三官能度或四官能度单体互相结合，可生成低聚物至不溶、不熔的高度交联的高聚物；二官能度单体与三官能度或四官能度单体互相结合，可以生成具有分支结构的高聚物或不溶、不熔的三维空间高度交联结构的高聚物。

一般说来，在有机硅树脂中，三、四官能度单体提供交联点，二官能度单体增进柔韧性，单官能度单体在高聚物形成中有止键作用或调节作用。配方中二甲基单体的摩尔分数不宜太高，过高将显著增加固化后的柔韧性，而且没有交联的低分子环体也增多。在漆膜热老化时由于环体的挥发，能导致漆膜脆性增加。二苯基单体的引入，可以增加漆膜在高温时的坚韧性和硬度，但由于二苯基二羟基硅烷反应活性差，不易全部进入树脂结构中，低分子物也易挥发，因此二苯基单体用量也不宜过多。甲基苯基单体现在已广泛用于有机硅树脂生产中，给予树脂以柔韧性，而不会像二甲基单体那样使树脂硬度降低。

以甲基单体和苯基单体制备的有机硅树脂，甲基含量高的树脂性能为柔韧性好、耐电弧性好、憎水性好、保光性好、高温时失重小、耐热冲击性能好、耐化学药品性好、固化速度快、对紫外线的稳定性好；苯基含量高的树脂性能为热稳定性好、柔韧性好、热塑性大、耐空气中氧的氧化作用的稳定性好，在热老化时能长期保持柔韧性，在室温下溶剂挥发后，能表面干燥，对有机溶剂的抵抗力弱，与普通有机树脂相容性好，贮存稳定性好，但若引进的苯基太多，相应地增加了漆膜受热时的热塑性。

9.2.3　硅树脂的合成原理

有机硅树脂的合成途径很多，合成单体有有机氯硅烷单体、有机烷氧基硅烷单体、有机酰氧基硅烷单体、有机硅醇、含有机官能团的有机硅单体等，但目前工业生产中普遍采用有机氯硅烷水解法来合成，原因主要是该方法简单可行，且有机氯硅烷价格较便宜，合成容易。因此涂料工业中使用的有机硅树脂一般是以有机氯硅烷单体为原料，经水解、浓缩、缩聚及聚合等步骤来合成的。

9.2.3.1　单体水解

有机氯硅烷单体与水作用，发生水解转变为硅醇。

$$—\!\!\overset{|}{\underset{|}{Si}}\!\!—Cl + H_2O \longrightarrow —\!\!\overset{|}{\underset{|}{Si}}\!\!—OH + HCl$$

单体的水解速度随硅原子上氯原子的数目增加而增加，但也受硅原子上有机基的类型和数目的影响。有机基团越多或基团的体积越大，水解速度越慢；有机基团的电负性大，相应地也会增强 Si—Cl 键，降低它和水的反应活性，水解速度减慢；苯基氯硅烷由于苯基基团的电负性大和体积大的联合效应，因此其比相应的甲基氯硅烷难以水解。

水解过程中还副产盐酸。由于 Si—C 键具有弱极性，在酸性较强的条件下，Si—C 键有可能发生断裂、水解。饱和烃类与硅所构成的键通常不会发生变化，但电负性大的苯基及带有电负性大的取代基的有机基团，其 Si—C 键在强酸性条件下易于断落。因此在水解过程中，水层中 HCl 的浓度不宜超过 20%。氯硅烷单体水解后，生成的硅醇，除继续缩聚成线型或分枝结构的低聚物外，组分中有些单体生成的硅醇，在缩聚过程中分子本身也可自行缩聚成环体，尤其是在酸性介质中水解时。环体的生成消耗了水解组分中总的官能度，减少了组分各分子间交联的机会，故不利于均匀共缩聚体的生长。水解后组分中环体越多，分子结构的不均匀性越大，最后产品的性能相差也越大。因此采用过量的水在低浓度酸液中或能使介质中 pH 变动不大的情况下水解较好。有时在中性介质中，在 $CaCO_3$、$MgCO_3$ 等存在下进行氯硅烷的水解，以中和水解过程中产生的 HCl，可以得到主要以羟基为端基的缩合物。或在过量的 NaOH 等存在下，主要生成带有羟基及 NaO—端基的高聚物，可以封闭一些分子的官能团，减少自缩聚倾向，便于共缩聚体的生成。

含有 Si—OR 键的单体水解时，可加少量酸、碱，以促进其水解作用。形成缩聚物的行为近似氯硅烷单体的水解。

含有 Si—H 键单体在水解时，要尽可能减少与酸水接触的时间，降低水解的温度，以防止 Si—H 键的断裂。

制备有机硅树脂，一般多用两种或两种以上的单体进行水解，如 CH_3SiCl_3、$(CH_3)_2SiCl_2$、$C_6H_5SiCl_3$、$(C_6H_5)_2SiCl_2$、$C_6H_5(CH_3)SiCl_2$ 等共同水解。最理想的情况是：选择适当的水解条件，使各种单体组分均能同时水解，能共缩聚成均匀结构的共缩聚体，以获得较好而又稳定的性能。但实际上水解中各个单体组分的水解速度并不一样，有些单体水解后生成的硅醇分子本身又有自行缩聚成环状低分子倾向，易导致水解中间产物中各分子结构杂乱无章和分子量分布范围过宽之弊。因此水解过程是有机硅树脂生产中的一个特别重要的环节。

一般水解方法是将有机氯硅烷与甲苯、二甲苯等惰性而又不溶或微溶于水的溶剂混合均匀，控制一定温度，在搅拌下缓慢加入过量的水中进行水解。由于水解产物被溶剂萃取出来，减少了受酸水继续作用的影响，可抑制三官能度及四官能度单体水解缩聚的胶凝现象。水解完毕后，静置至硅醇液和酸水分层，然后放出酸水，再用水将硅醇液洗至中性。然后在减压下进行脱水，并蒸出一部分溶剂，进行浓缩，至固体含量为 $50\% \sim 60\%$ 为止。为减少硅醇进一步缩合，真空度愈大愈好。浓缩温度应不超过 90℃。

9.2.3.2 缩聚和聚合

浓缩后的硅醇液大多是低分子的共缩聚体及环体，羟基含量高，分子量低，物理机械性能差，贮存稳定性不好，使用性能也差，因此必须用催化剂进行缩聚及聚合，消除最后有缩合能力的组分，建立和重建聚合物的骨架，达到最终结构，成为稳定的、物理机械性能好的高分子聚合物。

现在进行缩聚和聚合时一般都加入催化剂。催化剂既能使硅醇间羟基脱水缩聚，又能使低分子环体开环，在分子中重排聚合，以提高分子量，并使分子量及结构均匀化。即将各分子的 Si—O—Si 键打断，再形成高分子聚合物，如低分子的环体的聚合反应为

$$x\left[\begin{matrix}R\\ \mathrm{Si-O}\\ R\end{matrix}\right]_n + x\left[\begin{matrix}R'\\ \mathrm{Si-O}\\ R'\end{matrix}\right]_n \longrightarrow \left[\begin{matrix}R & R'\\ \mathrm{Si-O-Si-O}\\ R & R'\end{matrix}\right]_{nx}$$

端基为羟基的低分子物的缩聚反应为

$$+\mathrm{HO-Si-} \longrightarrow -\mathrm{Si-O-Si-} + H_2O$$

在制备涂料用有机硅树脂时，一般采用碱金属的氢氧化物或金属羧酸盐作催化剂。

(1) 碱催化法 系以 KOH、NaOH 或四甲基氢氧化铵等溶液加入浓缩的硅醇液中（加入量为硅醇固体的 $0.01\% \sim 2\%$），在搅拌及室温下进行缩聚及聚合，达到一定反应程度时，加入稍过量的酸，以中和体系中的碱，过量的酸再以 $CaCO_3$ 等中和除去。此法生产的成品微带乳光，工艺较复杂。若中和不好，遗留微量的酸或碱，都会对成品的贮存稳定性、热老化性和电绝缘性能带来不良影响。

碱催化的机理为

各种碱金属氢氧化物的催化活性按下列次序递减：$CsOH > KOH > NaOH > LiOH$，氢氧化锂几乎无效。

(2) 金属羧酸盐法 此法特别适用于涂料工业。以一定量的金属羧酸盐加入浓缩的硅醇内，进行环体开环聚合、羟基间缩聚及有机基团间的氧化交联，以形成高分子聚合物。反应活性强的为 Pb、Sn、Zr、Al、Ca 和碱金属的羧酸盐。反应活性弱的为 V、Cr、Mn、Fe、Co、Ni、Cu、Zn、Cd、Hg、Ti、Th、Ce、Mg 的羧酸盐。一般常用的羧酸为环烷酸或 2-乙基己酸。

此类催化剂的作用随反应温度高低而变化，反应温度越高，作用越快。一般均先保持一定温度，使反应迅速进行，至接近规定的反应程度后，适当降低反应温度以便易于控制反应，然后加溶剂进行稀释。此工艺过程较简便，反应催化剂也不需除去，产品性能好。

9.2.4 硅树脂的合成

9.2.4.1 有机硅树脂配方的拟订

涂料用常规有机硅树脂的制备，大多数使用如 CH_3SiCl_3、$(CH_3)_2SiCl_2$、$C_6H_5SiCl_3$、$(C_6H_5)_2SiCl_2$、$C_6H_5(CH_3)SiCl_2$ 等单体为原料，而且大多是两种或多种单体并用。按照产品性能和要求进行配方设计时，一般先考虑加入单体的摩尔分数组成及树脂中烃基平均取代程度，然后制备树脂，检验其性能；再根据测试结果，逐步调整配方，直至达到所需性能及要求。

烃基平均取代程度（DS）是指在有机硅高聚物中每一硅原子上所连烃基（脂烃及芳烃）的平均数目。其计算公式如下：

$$DS = \sum \text{某组分单体的摩尔分数} \times \text{该单体分子中烃基数}$$

由烃基平均取代程度可以估计这种树脂的固化速度、线型结构程度、耐化学药品性及柔韧性等。DS≤1 时，表明这种树脂交联程度很高，系网状结构，甚至是体型结构，室温下为硬脆固体，加热不易软化，在有机溶剂中不易溶化，大多应用于层压塑料方面。所用单体多数是三官能度的，甚至有四官能度的。DS＝2 或稍大于 2，则是线型油状体或弹性体，即硅油或硅橡胶产品。DS＝2 表示树脂系用二官能度单体合成；DS 稍大于 2，除二官能度单体外，还使用了少量单官能度单体作封头剂。

9.2.4.2 合成实例

（1）原料配方　200℃固化常规有机硅耐热绝缘漆，漆膜柔韧性好、耐热性优良。其原料参考配方见表 9-1。该配方烃基平均取代程度 DS＝1.529，二甲苯溶剂用量为单体总质量的 2 倍，其中稀释单体用 1.5 倍，余下 0.5 倍量的溶剂加入水解水中。水解用的水量为单体总质量的 4 倍。

表 9-1　常规有机硅耐热绝缘涂料原料参考配方

物料名称	单体用量（摩尔分数）/％	100％纯度单体用量/质量份	实际使用单体		实际投料量/质量份
			氯含量/％	纯度/％	
CH_3SiCl_3	17.1	26.5	69	86.7	30.4
$(CH_3)_2SiCl_2$	35.2	45.4	55	99.64	41.5
$C_6H_5SiCl_3$	29.4	62.2	49	97.4	64.0
$(C_6H_5)_2SiCl_2$	17.7	44.8	27	96.3	46.5
二甲苯（稀释用）					273.6
二甲苯（水解用）					91.2
水					729.6

（2）操作方法

① 水解及水洗

a. 将配方中用作稀释剂的二甲苯加入混合釜内，然后再加入各类单体，搅拌混合均匀待用。

b. 在水解釜内加入水解用的二甲苯及水，在搅拌下从混合釜内将混合单体滴加入水解釜，温度在 30℃ 以下 4～5h 加完。加完后静置分层，除去酸水，得硅醇。

c. 以硅醇体积一半的水进行水洗 5～6 次，直至水层呈中性，然后静置分出水层。

d. 硅醇以高速离心机过滤，除去杂质。称量硅醇液，测固含量。

② 硅醇浓缩　过滤后硅醇放入浓缩釜内，在搅拌下缓慢加热，开动真空泵，并调节真空度，使溶剂逐渐蒸出。最高温度不得超出 90℃，真空度在 0.0053MPa 以下，越低越好。浓缩后硅醇固含量控制在 55％～65％ 范围内。

③ 缩聚及聚合

a. 将测定固含量后的浓缩硅醇加入缩聚釜内，开动搅拌，加入计量的 2-乙基己酸锌催化剂，充分搅匀。

其中，$2\text{-}乙基己酸锌用量 = \dfrac{浓缩后硅醇量 \times 浓缩后硅醇固含量（％）}{2\text{-}乙基己酸锌中锌百分含量（％）} \times 0.003$

b. 开动真空泵，升温蒸溶剂。溶剂蒸完后取样在 200℃胶化板上测定胶化时间。

c. 升温至 160～170℃，保温进行缩聚。当试样胶化时间达到 1～2min/200℃ 时作为控制终点的标准。在此以前可预先降低反应温度 5～7℃，以控制反应速度。

d. 终点到达后，立即加入二甲苯稀释，边搅拌边迅速冷却。二甲苯加入量按成品固含量为 50％±1％，进行控制。当温度降到 50℃ 以下，用高速离心机过滤，并测定固含量。调整固含量后，检验合格，即为成品。

该清漆可用于电机线圈、柔性玻璃布、柔性云母板、玻璃丝套管的浸渍和耐热绝缘涂层。清漆或加有颜料的磁漆也可作为耐热涂料使用。

9.2.5 硅树脂的应用

有机硅树脂在涂料中应用品种有有机硅树脂和有机硅改性树脂。有机硅涂料主要包括有机硅耐热涂料、有机硅绝缘涂料、有机硅耐候涂料以及其他一些涂料品种。

9.2.5.1 有机硅耐热涂料

有机硅耐热涂料是耐热涂料的一个主要品种。它通常是以有机硅树脂为基料，配以各种耐热颜填料制得，主要包括有机硅锌粉漆、有机硅铝粉漆以及有机硅改性环氧树脂耐热防腐蚀漆、有机硅陶瓷漆等。

有机硅锌粉漆由有机硅树脂液、金属锌粉、氧化锌、石墨粉和滑石粉等组成，能长期耐400℃高温，用作底漆对钢铁具有防腐蚀作用。为防止产生氢气，颜料部分和漆料部分应分罐包装，临用时调匀使用。漆膜在200℃需2h固化。

有机硅铝粉漆由有机硅改性树脂液（固体分中有机硅含量为55%）、铝粉浆（浮型，65%）组成，漆料与铝粉浆应分罐包装，临用时调匀。漆膜在150℃固化2h，能长期耐400℃温度，在500℃时100h漆膜完整，且仍具有保护作用。

有机硅改性环氧树脂耐热防腐蚀漆属常温固化型，兼有耐热及防腐蚀性能。可长期在150℃使用，短期可达180～200℃。耐潮湿、耐水、耐油及盐雾侵蚀。此漆为双组分包装，甲组分为有机硅改性环氧树脂及分散后的颜料，乙组分为低分子聚酰胺树脂液。在临用时按比例混合均匀，熟化0.5h后使用。

有机硅陶瓷漆以有机硅改性环氧树脂为基料、以氨基树脂为交联剂、由耐热颜料及低熔点陶瓷粉组成。其耐热温度高达900℃。

9.2.5.2 有机硅绝缘涂料

在电机和电器设备的制造中有机硅绝缘材料占有极重要地位。高性能有机硅绝缘材料和漆的研制和生产，可以满足电气工业对耐高温、高绝缘等特殊性能的需求。

有机硅绝缘涂料的耐热等级是180℃，属于H级绝缘材料。它可和云母、玻璃丝、玻璃布等耐热绝缘材料配合使用；具有优良的电绝缘性能，介电常数、介质损耗、电击穿强度、绝缘电阻在很宽的温度范围内变动不大（-50～250℃），在高、低频率范围内均能使用，而且耐潮湿、耐酸碱、耐辐射、耐臭氧、耐电晕、阻燃、无毒等特性。

按其在绝缘材料中的用途，有机硅绝缘漆可分为以下几类。

（1）有机硅黏合绝缘涂料 主要用来黏合各种耐热绝缘材料，如云母片，云母粉、玻璃丝、玻璃布、石棉纤维等层压制品。这类漆要求固化快、粘接力强、机械强度高，不易剥离及耐油、耐潮湿。

（2）有机硅绝缘浸渍涂料 适用于浸渍电机、电器、变压器内的线圈、绕组及玻璃丝包线、玻璃布及套管等。要求黏度低、渗透力强，固体含量高、粘接力强，厚层干燥不易起泡，有适当的弹性和机械强度。

（3）有机硅绝缘覆盖磁漆 用于各类电机、电器的线圈、绕组外表面及密封的外壳作为保护层，以提高抗潮湿性、绝缘性、耐化学品腐蚀性、耐电弧性及三防（防霉、防潮、防盐雾）性能等。有机硅绝缘涂料分为清漆及磁漆，有烘干型及常温干型两种。烘干型的性能比较优越，常温干型一般作为电气设备绝缘涂层修补漆。

（4）有机硅硅钢片用绝缘涂料 涂覆于硅钢片表面，具有耐热、耐油、绝缘、能防止硅钢片叠合体间隙中产生涡流等优点。

（5）有机硅电器元件用涂料

① 电阻、电容器用涂料 用于电阻、电容器等表面，具有耐潮湿、耐热、绝缘、耐温

度交变、漆膜机械强度高、附着力好、耐摩擦、绝缘电阻稳定等优点。色漆可作标志漆。

有机硅绝缘漆的耐热性及电绝缘性能优良，但耐溶剂性、机械强度及粘接性能较差，一般可以加入少量环氧树脂或耐热聚酯加以改善。若配方工艺条件适当不会影响其耐热性能。

有机硅改性聚酯或环氧树脂漆可作为 F 级绝缘漆使用，长期耐热 155℃。具有高的抗电晕性、耐潮性、对底层附着力好、耐化学药品性好、机械强度也好。耐热性能比未改性的聚酯或环氧树脂有所提高。

② 半导体元件用有机硅高温绝缘保护漆料　本漆具有高的介电性能、纯度高，有害金属含量有一定限制，附着力强、热稳定性好、耐潮湿、保护半导体，适用于高温、高压场所。

③ 印刷线路板、集成电路、太阳能电池用有机硅绝缘保护涂料　漆膜坚韧、介电性能好、耐候、耐紫外线、防灰尘污染、耐潮、能常温干、光线透过力强，适用于印刷线路板、集成电路及太阳能电池绝缘保护。

④ 有机硅防潮绝缘涂料　常温干型有机硅清漆具有优良的耐热性、电绝缘性、憎水性、耐潮性，漆膜的力学性能好，耐磨、耐刮伤，常被用作有机或无机电气绝缘元件或整机表面的防潮绝缘漆，以提高这些制品在潮湿环境下工作的防潮绝缘能力。

9.2.5.3　有机硅耐候涂料

有机硅涂料在室外长期暴晒，无失光、粉化、变色等现象，漆膜完整，其耐候性非常优良。涂料工业中利用有机硅树脂的这种特性，来改良其他有机树脂，制造长效耐候性和装饰性能优越的涂料，很有成效。近年来改性工作进展很大，是现在研制涂料用有机硅树脂的主要方向之一。这类有机硅改性树脂漆比有机硅树脂漆价格便宜，能够常温干燥，施工简便，在耐候性、装饰性以及耐热、绝缘、耐水等性能方面较原来未改性的有机树脂漆有很大的提高。被改性的一般有机树脂品种有醇酸树脂、聚酯树脂、丙烯酸酯树脂、聚氨酯树脂等。

改性树脂的耐候性与配方中有机硅含量成正比，一般常温干燥型的改性树脂中有机硅的含量为 20%～30%；烘干型改性树脂中有机硅含量可达 40%。改性树脂的耐候性还与用作改性剂的有机硅低聚物组成有关。有机硅低聚物中 Si—O—Si 键数量越多，耐候性越好。Si—O—Si 键的数量是树脂耐候性的决定因素。因此在配方设计时，具有相同含量的有机硅耐候树脂中以选取比值（甲基基团数目/苯基基团数目）大的有机硅低聚物为好。

有机硅改性常温干型醇酸树脂漆的耐候性比一般未改性醇酸树脂漆性能要提高 50% 以上，保光性、保色性增加两倍。由于耐候性能的提高，可以减少设备维修费用的 75%，所以比使用未改性的醇酸树脂漆经济。常温干型有机硅改性醇酸树脂漆多用作重防腐蚀漆，适用于永久性钢铁构筑物及设备，如高压输电线路铁塔、铁路桥梁、货车、石油钻探设备、动力站、农业机械等涂饰保护，并适用于严酷气候条件下，如航海船舶、水上建筑的涂装。使用 10 年后其漆膜仍然完整，外观良好。

有机硅改性聚酯树脂漆是一种烘干型漆。主要用于金属板材、建筑预涂装金属板及铝质屋面板等的装饰保护。它具有优越的耐候性、保光性、保色性，不易褪色、粉化，涂膜坚韧，耐磨损、耐候性优良。经户外使用 7 年，漆膜完好。

有机硅改性丙烯酸树脂具有优良的耐候性、保光保色性，不易粉化，光泽好。大量用于金属板材及机器设备等的涂装。有机硅改性丙烯酸树脂涂料分为常温干型（自干型）及烘干型两种，就耐候性能来讲，烘干型优于自干型。

有机硅树脂的特殊结构决定了其具有良好的保光性、耐候性、耐污性、耐化学介质和柔韧性等，将其引入丙烯酸主链或侧链上，制得兼具两者优点的有机硅丙烯酸乳液，进而得到理想的有机硅丙烯酸外墙涂料，可常温固化且快干，光泽好、施工方便。

以纯有机硅树脂为主要成膜物的外墙涂料可有效防止潮湿破坏，它们在建筑材料表面形成稳定、高耐久、三维空间的网络结构，抗拒来自外界液态水的吸收，但允许水蒸气自由通过。这即意味着外界的水可以被阻挡在墙体外面，而墙体里的潮气可以很容易地逸出。

9.2.5.4　其他涂料品种

（1）有机硅脱模漆　固化后的有机硅树脂涂膜是一种半永久性脱膜剂，可以连续使用数百次以上。因此受到人们重视。

（2）有机硅防粘涂料　经加有固化剂的有机硅溶液热处理的纸张具有不粘性，可作为压敏胶带或自粘性商标的中间隔离层或包装粘性物品用纸；家庭烹调用不锈钢烤盘上可涂上有机硅树脂涂层，防止食品黏附。

（3）塑料保护用有机硅涂料　有机硅涂料具有优良的耐候性、耐水性、电绝缘性，抗潮湿、抗高低温变化性能好，涂装于塑料表面可以改善外观，增加装饰性、耐久性，延长其使用寿命。

通过在有机硅聚合物分子主链端基和侧链上引入环氧基、烃基等基团，制成环氧改性有机硅，提高了树脂的力学性能，具有优良的防腐蚀性、耐高温性和电绝缘性，特别是对底材的附着力、耐介质性能有很大提高。

有机硅改性聚合物的优良性能主要是有机硅分子表面能低，硅氧烷水解生成的硅醇与底材羟基缩合反应，提高了涂膜的湿附着力，发生硅醇的自交联反应，生成 Si—O—Si 分子链，并迁移到涂膜表面。采用有机硅氧烷与羟基丙烯酸酯类、丙烯酸酯类等共聚，制备水溶性有机硅改性聚丙烯酸多元醇树脂，并与聚叔异氰酸酯树脂复配制备性能优异的双组分水性木器涂料。

9.3　结语

有机氟树脂、硅树脂具有许多优异的性能，主要表现为耐候性、耐水性、耐化学药品性、不粘性能优越。随着新材料的不断研究开发和改进，有机氟、硅树脂的研究将越来越深入，性能也将更优异，应用领域将不断拓展。与此同时，随着人们环保意识的增强，有机氟、硅树脂涂料也将朝着无污染、绿色环保型的方向不断发展。作为性能最佳的涂料品种，有机氟、硅树脂涂料必将越来越引起人们的重视，并在特定领域内得到广泛的、深层次的应用。水性氟、硅涂料既具有含氟、硅树脂优良的耐候、耐污、耐腐蚀等性能，又具有水性涂料环保、安全等性能，因而正日益引起世界各国的极大关注，是今后涂料工业发展的一个重要方向。

第10章 光固化树脂

10.1 概述

光固化树脂又称光敏树脂，是一种受光线照射后，能在较短的时间内迅速发生物理和化学变化，进而交联固化的低聚物。光固化树脂是一种分子量较低的感光性树脂，具有可进行光固化的反应性基团，如不饱和双键或环氧基等。光固化树脂是光固化涂料的基体树脂，它与光引发剂、活性稀释剂以及各种助剂复配，即构成光固化涂料。光固化涂料具有以下优点：

① 固化速度快，生产效率高；
② 能量利用率高，节约能源；
③ 有机挥发分（VOC）少，环境友好；
④ 可涂装各种基材，如纸张、塑料、皮革、金属、玻璃、陶瓷等。

因此，光固化涂料是一种快干、节能的环境友好型涂料。

光固化涂料是 20 世纪 60 年代末由德国拜耳公司开发的一种环保型节能涂料。我国从 20 世纪 80 年代开始进入光固化涂料领域。近年来随着人们节能环保意识的增强，光固化涂料品种性能不断增强，应用领域不断拓展，产量快速增大，呈现出迅猛的发展势头。目前，光固化涂料不仅大量应用于纸张、塑料、皮革、金属、玻璃、陶瓷等多种基材，而且成功应用于光纤、印刷电路板、电子元器件封装等材料。

光固化涂料的固化光源一般为紫外线（光固化）、电子束（EB）和可见光，由于电子束固化设备较为复杂，成本高，而可见光固化涂料又难以保存，因此，目前最常用的固化光源依然是紫外线，光固化涂料一般是指紫外光固化涂料（Curing Coating）。

光固化树脂是光固化涂料中比例最大的组分之一，是光固化涂料中的基体树脂，一般具有在光照条件下进一步反应或聚合的基团，如碳碳双键、环氧基等。按溶剂类型的不同，光固化树脂可分为溶剂型光固化树脂和水性光固化树脂两大类。溶剂型树脂不含亲水基团，只能溶于有机溶剂，而水性树脂含有较多的亲水基团或亲水链段，可在水中乳化、分散或溶解。

10.2 溶剂型光固化树脂的合成

常用的溶剂型光固化树脂主要包括：不饱和聚酯、环氧丙烯酸酯、聚氨酯丙烯酸酯、聚酯丙烯酸酯、聚醚丙烯酸酯、纯丙烯酸树脂、环氧树脂、有机硅低聚物。其合成方法分别介绍如下。

10.2.1 不饱和聚酯的合成

不饱和聚酯（unsaturated polyester，UPE）是指分子链中含有可反应碳碳双键的直链状或支链状聚酯大分子，主要由不饱和二元酸或酸酐与二元醇经缩聚反应制得。不饱和二元酸或酸酐主要有马来酸或酸酐、富马酸或酸酐等。为了改善不饱和聚酯的弹性，减少体积收缩，增加聚酯的塑性，还需加入一定量的邻苯二甲酸酐、丁二酸、丁二酸酐、己二酸酐等饱和二元酸或酸酐，但这样会影响树脂的光固化速度。二元醇主要有乙二醇、多缩乙二醇、丙二醇、多缩丙二醇、1,4-丁二醇等。以邻苯二甲酸酐与二元酸反应为例，合成原理如下：

$$\text{(顺丁烯二酸酐)} + \text{(邻苯二甲酸酐)} + HO-R-OH \longrightarrow \sim\!\!\sim\!\!O-R-O-\overset{O}{\underset{}{C}}-CH=CH-\overset{O}{\underset{}{C}}-O-R-O-\overset{O}{\underset{}{C}}-\overset{O}{\underset{}{C}}-O-R-O\!\!\sim\!\!\sim$$

合成工艺：将二元酸、二元醇和适量的阻聚剂加入到反应器中，通入氮气，搅拌升温到160℃回流，测酸值至200mgKOH/g左右，开始出水，升温至175～200℃，当酸值达到设定值时，停止反应，降温至80℃左右，加入20%～30%活性稀释剂（苯乙烯或丙烯酸酯类活性稀释剂）和适量阻聚剂，出料。

10.2.2 环氧丙烯酸酯的合成

环氧丙烯酸酯（epoxy acrylate，EA）是由环氧树脂和丙烯酸或甲基丙烯酸经开环酯化而制得，是目前应用最广泛、用量最大的光固化低聚物。按环氧树脂主体结构类型的不同，环氧丙烯酸酯可分为双酚 A 型环氧丙烯酸酯、酚醛型环氧丙烯酸酯、改性环氧丙烯酸酯和环氧化油丙烯酸酯。其中最常用的是双酚 A 型环氧丙烯酸酯。环氧丙烯酸酯合成原理如下：

$$CH_2-CH-R-CH-CH_2 + CH_2=CH-COOH \xrightarrow{\text{催化剂}} CH_2=CH-\overset{O}{\underset{}{C}}-O-CH_2-\underset{OH}{CH}-R-\underset{OH}{CH}-CH_2-O-\overset{O}{\underset{}{C}}-CH=CH_2$$

为了得到光固化速度快的环氧丙烯酸酯，要选择环氧值高和黏度低的环氧树脂，这样可引入更多的丙烯酸酯基，因此双酚 A 型环氧丙烯酸酯一般选用 E-51 或 E-44，酚醛型环氧树脂选用 F-51 或 F-44。催化剂一般用叔胺、季铵盐，常用三乙胺、N,N-二甲基苄胺、N,N-二甲基苯胺、三甲基苄基氯化铵、三苯基膦、三苯基锑、乙酰丙酮铬、四乙基溴化铵等，用量（质量分数）为 0.1%～3%。三乙胺价廉，但催化活性相对较低，产品稳定性稍差；季铵盐催化活性稍强，但成本稍高；三苯基膦、三苯基锑、乙酰丙酮铬催化活性高，产物黏度低，但色泽较深。

丙烯酸与环氧基开环酯化是放热反应，因此反应初期控制温度非常重要，通常将环氧树脂加热至 80～90℃，滴加丙烯酸、催化剂和阻聚剂混合物，控制反应温度 100℃，同时取样测定酸值，到反应后期升温至 110～120℃，使酸值降至小于 5mgKOH/g 停止反应，冷却到80℃出料。由于环氧酸酯黏度较大，可以在冷至 80℃时加入 20%活性稀释剂和适量阻聚剂。常用的活性稀释剂为三丙三醇二丙烯酸酯、三羟甲基丙烷三丙烯酸酯，常用的阻聚剂为对甲氧基苯酚、对苯二酚、2,5-二甲基对苯二酚、2,6-二叔丁基对甲苯酚等，阻聚剂加入量约为树脂质量的 0.01%～1%。

丙烯酸和环氧树脂投料摩尔比为 1:(1～1.05)，环氧树脂稍微过量，可以防止残存的丙烯酸对基材和固化膜有不良影响，但残留的环氧基也会影响树脂的贮存稳定性。

10.2.3 聚氨酯丙烯酸酯的合成

聚氨酯丙烯酸酯（polyurethane acrylate，PUA）是一种重要的光固化低聚物，是用多异氰酸酯、长链二醇和丙烯酸羟基酯经两步反应合成的。由于多异氰酸酯和长链二醇品种较多，选择不同的多异氰酸酯和长链二醇可得到不同结构的产品，因此聚氨酯丙烯酸酯是目前光固化树脂中产品牌号最多的低聚物，广泛应用在光固化涂料、油墨、胶黏剂中，其用量仅次于环氧丙烯酸酯。

聚氨酯丙烯酸酯的合成是利用异氰酸酯中异氰酸根与长链二醇和丙烯酸羟基酯中的羟基反应，形成氨酯键而制得的。

10.2.3.1　合成原料

聚氨酯丙烯酸酯的合成原料主要有多异氰酸酯、长链二醇、丙烯酸羟基酯以及催化剂。

（1）多异氰酸酯　用于合成聚氨酯丙烯酸酯的多异氰酸酯为二异氰酸酯，分为芳香族二异氰酸酯和脂肪族二异氰酸酯两大类，芳香族二异氰酸酯主要有甲苯二异氰酸酯（TDI）、二苯基甲烷二异氰酸酯（MDI）、苯二亚甲基二异氰酸酯（XDI），脂肪族二异氰酸酯主要有六亚甲基二异氰酸酯（HDI）、异佛尔酮二异氰酸酯（IPDI）、二环己基甲烷二异氰酸酯（HMDI）。

（结构式：2,4-TDI、2,6-TDI、MDI、m-XDI、p-XDI、HDI、IPDI、HMDI）

甲苯二异氰酸酯是最常用的芳香族二异氰酸酯。它有 2,4-体和 2,6-体两种异构体，商品 TDI 有 TDI-80（80% 2,4-体和 20% 2,6-体）、TDI-65（65% 2,4 体和 35% 2,6-体）、TDI-100（100% 2,4-体）三种。TDI 价格较低，反应活性高，所合成的聚氨酯硬度高，耐化学性优良，耐磨性较好，但耐黄变性较差，其原因是在光老化中会形成有色的醌或偶氮。TDI 有强烈的刺激性气味，对皮肤、眼睛和呼吸道有强烈刺激作用，毒性较大。

二苯基甲烷二异氰酸酯在室温下易生成不溶解的二聚体，颜色变黄，需低温贮存，且是固体，使用不方便。商品化有液体二苯基甲烷二异氰酸酯供应，NCO 含量为 28.0% ~ 30.0%。MDI 毒性比 TDI 低，由于结构对称，故制成的涂料涂膜强度、耐磨性、弹性优于TDI，但其耐黄变性比 TDI 更差，在光老化中更易生成有色的醌式结构。

苯二亚甲基二异氰酸酯由 71% 间位 XDI 和 29% 对位 XDI 组成。XDI 虽为芳香族二异氰酸酯，但苯基与异氰酸基之间有亚甲基间隔，因此不会像 TDI 和 MDI 那样易变黄，其反应活性比 TDI 高，但耐黄变性和保光性比 HDI 稍差，比 TDI 好。

六亚甲基二异氰酸酯是最常用的脂肪族二异氰酸酯，反应活性较低，所合成的聚氨酯丙烯酸有较高的柔韧性和较好的耐黄变性。

异佛尔酮二异氰酸酯属脂环族二异氰酸酯，所合成的聚氨酯丙烯酸酯有优良的耐黄变性、良好的硬度和柔顺性。

二环己基甲烷二异氰酸酯属脂环族二异氰酸酯，其反应活性低于 TDI，所合成的聚氨酯丙烯酸酯具有优良的耐黄变性、良好的挠性和硬度。

二异氰酸酯中异氰酸酯基—NCO 与醇羟基—OH 的反应活性与二异氰酸酯结构有关。芳香族二异氰酸酯比脂肪族二异氰酸酯反应活性要高；—NCO 的邻位若有—CH₃ 等其他基团，由于空间位阻使反应活性降低，TDI 中 4 位—NCO 活性明显高于 2 位—NCO；二异氰酸酯中，第一个—NCO 反应活性高于第二个—NCO。

(2) 长链二醇　用于合成聚氨酯丙烯酸酯的长链二醇主要有聚醚二醇和聚酯二醇两大类。其中聚醚二醇主要有聚乙二醇、聚丙二醇、环氧乙烷-环氧丙烷共聚物、聚四氢呋喃二醇等。

$$HO—(CH_2CH_2O)_n—OH$$
聚乙二醇

$$HO—(CH_2CH_2CH_2CH_2O)_n—OH$$
聚四氢呋喃二醇

$$HO—(CH_2CHO)_n—OH$$
$$\quad\quad\quad\quad CH_3$$
聚丙二醇

$$HO—(CH_2CH_2O)_n—(CH_2CHO)_m—OH$$
$$\quad\quad\quad\quad\quad\quad\quad\quad\quad CH_3$$
环氧乙烷-环氧丙烷共聚物

聚酯二醇主要由二元酸和二元醇缩聚制得，或由己内酯开环聚合所得。

$$HO—R_2—(O—\overset{O}{\overset{\|}{C}}—R_1—\overset{O}{\overset{\|}{C}}—O—R_2)_n—OH$$
聚酯二醇

$$HO—(\overset{O}{\overset{\|}{C}}CH_2CH_2CH_2CH_2CH_2O)_n—OH$$
聚己内酯二醇

由于聚醚中的醚键内聚能低，柔韧性好，因此合成的聚醚型聚氨酯丙烯酸酯低聚物黏度较低，固化膜的柔性好，但是力学性能和耐热性稍差。

聚酯键一般机械强度较高，因此合成的聚酯型聚氨酯丙烯酸酯低聚物具有优异的拉伸强度、模量、耐热性。若聚酯为苯二甲酸型，则硬度好；若为己二酸型，则柔韧性优良。若酯中二元醇为长链二元醇，则柔韧性好；若用短链的三元醇或四元醇代替二元醇，则可得到具有高度交联能力的刚性支化结构，固化速度快，硬度高，力学性能更好。但聚酯遇碱易发生水解，故聚酯型聚氨酯丙烯酸酯耐碱性较差。

(3) (甲基) 丙烯酸羟基酯　用于合成聚氨酯丙烯酸酯的 (甲基) 丙烯酸羟基酯主要有丙烯酸羟乙酯 (HEA)、丙烯酸羟丙酯 (HPA)、甲基丙烯酸羟乙酯 (HEMA)、甲基丙烯酸羟丙酯 (HPMA)、三羟甲基丙烷二丙烯酸酯 (TMPDA)、季戊四醇三丙烯酸酯 (PETA)。

$$CH_2=CH—\overset{O}{\overset{\|}{C}}—OCH_2CH_2OH$$
丙烯酸羟乙酯 (HEA)

$$CH_2=CH—\overset{O}{\overset{\|}{C}}—OCH_2CH_2CH_2OH$$
丙烯酸羟丙酯 (HPA)

$$CH_2=\overset{CH_3}{\overset{\|}{C}}—\overset{O}{\overset{\|}{C}}—OCH_2CH_2OH$$
甲基丙烯酸羟乙酯 (HEMA)

$$CH_2=\overset{CH_3}{\overset{\|}{C}}—\overset{O}{\overset{\|}{C}}—OCH_2CH_2CH_2OH$$
甲基丙烯酸羟丙酯 (HPMA)

三羟甲基丙烷二丙烯酸酯 (TMPDA)

$$CH_2=CH—\overset{O}{\overset{\|}{C}}—O—CH_2—\overset{CH_2—O—\overset{O}{\overset{\|}{C}}—CH=CH_2}{\underset{CH_2OH}{\overset{\|}{C}}}—CH_2CH_3$$

季戊四醇三丙烯酸酯 (PETA)

247

由于丙烯酸酯光固化速度要比甲基丙烯酸酯快得多，故绝大多数用丙烯酸羟基酯。异氰酸酯基与醇羟基的反应活性为：伯醇＞仲醇＞叔醇，相对反应速率为 V（伯醇）：V（仲醇）：V（叔醇）＝1：0.3：（0.003～0.007），因此大多用丙烯酸羟乙酯与异氰酸酯反应，而很少用丙烯酸羟丙酯。

为了制备多官能度的聚氨酯丙烯酸酯，需用三羟甲基丙烷二丙烯酸酯或季戊四醇三丙烯酸酯代替单丙烯酸羟基酯与异氰酸酯反应。

（4）催化剂　二异氰酸酯中—NCO 与—OH 虽然反应活性高，容易进行，但为了缩短反应时间，引导反应沿着预期的方向进行，反应中需加入少量催化剂，常用的催化剂有叔胺类、金属化合物和有机磷。不同催化剂的催化活性不同，叔胺对芳香族 TDI 有显著催化作用，但对脂肪族 HDI 催化作用极弱；金属化合物对芳香族和脂肪族异氰酸酯都有强烈的催化作用，但环烷酸锌对芳香族 TDI 催化作用弱，对脂肪族 HDI 作用较强。实际上，常用催化剂为月桂酸二丁基锡，其用量为总投料量的 0.01%～1%。

10.2.3.2　合成路线

聚氨酯丙烯酸酯的合成分两步进行，有两条合成路线可供选择。第一条合成路线是将二异氰酸酯先与长链二醇反应，再与丙烯酸羟基酯反应。

$$2O=C=N-R^1-N=C=O \xrightarrow{HO-R^2-OH}$$

$$O=C=N-R^1-NH-\overset{O}{\overset{\|}{C}}-O-R^2-O-\overset{O}{\overset{\|}{C}}-ONH-R^1-N=C=O \xrightarrow{2CH_2=CH-\overset{O}{\overset{\|}{C}}-OCH_2CH_2OH}$$

$$CH_2=CH-\overset{O}{\overset{\|}{C}}-OCH_2CH_2O-\overset{O}{\overset{\|}{C}}-NH-R^1-NH-\overset{O}{\overset{\|}{C}}-O-R^2-O-\overset{O}{\overset{\|}{C}}-ONH-R^1-NH-\overset{O}{\overset{\|}{C}}$$
$$CH_2=CH-\overset{O}{\overset{\|}{C}}-OCH_2O$$

第二条合成路线是二异氰酸酯先与丙烯酸羟基酯反应，再与长链二醇反应。

$$2O=C=N-R^1-N=C=O \xrightarrow{2CH_2=CH-\overset{O}{\overset{\|}{C}}-OCH_2CH_2OH}$$

$$2CH_2=CH-\overset{O}{\overset{\|}{C}}-OCH_2CH_2O-\overset{O}{\overset{\|}{C}}-NH-R^1-N=C=O \xrightarrow{HO-R^2-OH}$$

$$CH_2=CH-\overset{O}{\overset{\|}{C}}-OCH_2CH_2O-\overset{O}{\overset{\|}{C}}-NH-R^1-NH-\overset{O}{\overset{\|}{C}}-O-R^2-O-\overset{O}{\overset{\|}{C}}-NH-R^1-NH-\overset{O}{\overset{\|}{C}}$$
$$CH_2=CH-\overset{O}{\overset{\|}{C}}-OCH_2O$$

由于第一条合成路线是先异氰酸酯扩链，再丙烯酸酯酯化，这样丙烯酸酯在反应釜内停留时间较短，有利于防止丙烯酸酯受热时间过长而聚合、凝胶。而第二条合成路线，由于二异氰酸酯先与丙烯酸羟基酯反应生成丙烯酸酯，再与二醇反应，丙烯酸酯受热聚合可能性增大，需加入更多阻聚剂，这对产品的色度和光聚合反应活性产生不良影响。

对芳香族 2,4-TDI 来讲，由于 4 位—NCO 基团反应活性远高于 2 位—NCO 基团活性，可以在较低温度下与二醇反应，生成 4 位半加成物，再在较高温度下，2 位—NCO 基团与丙烯酸羟基酯反应制得分子结构和分子量较均匀的聚氨酯丙烯酸酯。

由于异氰酸基团与羟基反应是放热反应，为避免反应因放热而使反应温度升高，以致发生凝胶化，故反应物要采取滴加方法，将二醇慢慢滴加到含有催化剂的二异氰酸酯中。异氰酸基团也极易与水反应，生成胺，胺可继续与异氰酸酯反应，形成缩脲结构。在碱性条件下，二异氰酸酯与二醇生成的氨基甲酸酯会继续与—NCO 基团反应。为避免这两个副反应的发生，防止发生交联凝胶化，所用二醇和丙烯酸羟基酯都需进行脱水处理，并清除微量碱离子。

10.2.3.3　合成工艺

将 2mol 二异氰酸酯和一定量的月桂酸二丁基锡加入反应器中，升温到 40~50℃，慢慢滴加 1mol 二醇，反应 1h 后，升温到 60℃，测定 NCO 值到计算值，加入 2mol 丙烯酸羟基酯和一定量的阻聚剂对苯二酚，升温至 70~80℃，直至 NCO 值为零。鉴于 NCO 有较大毒性，反应时可以适当使丙烯酸羟基酯稍微过量，使 NCO 基团反应完全

10.2.4　聚酯丙烯酸酯的合成

聚酯丙烯酸酯（polyester acrylate，PEA）也是一种常见的光固化低聚物，它是由低分子量的聚酯二醇经丙烯酸酯化而制得的，合成方法主要有以下几种。

① 丙烯酸、二元酸与二元醇一步酯化。

$$HO-\overset{O}{\overset{\|}{C}}-R^1-\overset{O}{\overset{\|}{C}}-OH + 2HO-R^2-OH + 2CH_2=CH-\overset{O}{\overset{\|}{C}}-OH \xrightarrow{催化剂}$$

$$CH_2=CH-\overset{O}{\overset{\|}{C}}-O-R^2-O-\overset{O}{\overset{\|}{C}}-R^1-\overset{O}{\overset{\|}{C}}-O-R^2-O-\overset{O}{\overset{\|}{C}}-CH=CH_2$$

② 由二元酸与二元醇先合成聚酯二醇，再与丙烯酸酯化。

$$HO-\overset{O}{\overset{\|}{C}}-R^1-\overset{O}{\overset{\|}{C}}-OH \xrightarrow[催化剂]{2HO-R^2-OH} HO-R^2-O-\overset{O}{\overset{\|}{C}}-R^1-\overset{O}{\overset{\|}{C}}-O-R^2-OH$$

$$\xrightarrow[催化剂]{2CH_2=CH-\overset{O}{\overset{\|}{C}}-OH} CH_2=CH-\overset{O}{\overset{\|}{C}}-O-R^2-O-\overset{O}{\overset{\|}{C}}-R^1-\overset{O}{\overset{\|}{C}}-O-R^2-O-\overset{O}{\overset{\|}{C}}-CH=CH_2$$

③ 二元酸先与环氧乙烷加成，再与丙烯酸酯化。

$$HO-\overset{O}{\overset{\|}{C}}-R^1-\overset{O}{\overset{\|}{C}}-OH + 2n\,CH_2{-}CH_2 \longrightarrow H-(OCH_2CH_2)_n-O-\overset{O}{\overset{\|}{C}}-R^1-\overset{O}{\overset{\|}{C}}-O-(CH_2CH_2O)_n-H$$

$$\xrightarrow[催化剂]{2CH_2=CH-\overset{O}{\overset{\|}{C}}-OH} CH_2=CH-\overset{O}{\overset{\|}{C}}-(OCH_2CH_2)_n-O-\overset{O}{\overset{\|}{C}}-R^1-\overset{O}{\overset{\|}{C}}-O-(CH_2CH_2O)_n-\overset{O}{\overset{\|}{C}}-CH=CH_2$$

④ 丙烯酸羟基酯与酸酐先合成酸酐半加成物，再与聚酯二醇酯化。

⑤ 聚酯二元酸与（甲基）丙烯酸缩水甘油酯反应。

$$HO-(C-R^1-C-O-R^2-O)_n-C-R^1-C-OH \xrightarrow{\quad 2CH_2=CH-C-OCH_2CH-CH_2 \quad}$$

$$CH_2=CH-C-OCH_2CH-CH_2-O-(C-R^1-C-O-R^2-O)_n-C-R^1-C-O$$

⑥ 以少量三元醇（或三元酸）代替部分二元醇（或二元酸）合成支化多官能度聚酯。

$$HO-C-R^1-C-OH \xrightarrow[催化剂]{HO-R^2-OH(过量)} HO-R^2-O-C-R^1-C-O-R^2-OH$$

$$\xrightarrow[催化剂]{3CH_2=CH-C-OH} CH_2=CH-C-O-R^2-O-C-R^1-C-O-R^2-O-C-CH=CH_2$$

聚酯丙烯酸酯的最大特点是价格便宜，黏度低。由于黏度低，聚酯丙烯酸酯既可作为低聚物，也可作为活性稀释剂使用。此外，聚酯丙烯酸酯大多具有低气味、低刺激性、较好的柔韧性和颜料润湿性，适用于色漆和油墨。为了提高光固化速度，可以制备四官能度的聚酯丙烯酸酯；采用胺改性的聚酯丙烯酸酯，不仅可以减少氧阻聚的影响，提高光固化速度，还可以改善附着力、光泽和耐磨性等。

10.2.5 聚醚丙烯酸酯的合成

聚醚丙烯酸酯（polyether acrylate）是光固化涂料低聚物的一种，主要指聚乙二醇和聚丙二醇结构的丙烯酸酯。这些聚醚是由环氧乙烷或环氧丙烷与二元醇或多元醇在强碱中经阴离子开环聚合，得到端羟基聚醚，再经丙烯酸酯化得到聚醚丙烯酸酯。由于酯化反应要在酸性条件下进行，而醚键对酸敏感，会被破坏，所以都用酯交换法来制备聚醚丙烯酸酯。一般将端羟基聚醚与过量的丙烯酸乙酯及阻聚剂混合加热，在催化剂（如钛酸三异丙酯）作用下发生酯交换反应，产生的乙醇和丙烯酸乙酯形成共沸物而蒸馏出来，经分馏塔，丙烯酸乙酯馏分重新回到反应釜，而乙醇分馏出来，使酯交换反应进行彻底，再把过量的丙烯酸乙酯真空蒸馏除去。

$$HO\diagup\diagdown OH + 2CH_2=CH-C-OCH_2CH_3 \xrightarrow{催化剂} CH_2=CH-C-O\diagup\diagdown O-C-CH=CH_2 + 2CH_3CH_2OH$$

聚醚丙烯酸酯的柔韧性和耐黄变性好，但机械强度、硬度和耐化学性差，因此，在光固化涂料、油墨中不作为主体树脂使用，但其黏度低、稀释性好，所以用作活性稀释剂。

10.2.6 纯丙烯酸树脂的合成

光固化涂料用的纯丙烯酸树脂低聚物是指丙烯酸酯化的聚丙烯酸树脂，它是通过带有官能基的聚丙烯酸酯共聚物与丙烯酸缩水甘油酯或丙烯酸羟基酯反应，在侧链上接上丙烯酰氧基而制得。如用丙烯酸甲酯、丙烯酸正丁酯、苯乙烯和丙烯酸在过氧化苯甲酰引发下共聚制备的含有侧链羧基的共聚物与丙烯酸缩水甘油酯反应，可制得丙烯酸酯化的聚丙烯酸树脂。

纯丙烯酸树脂低聚物具有良好的柔韧性，极好的耐黄变性和耐溶剂性，对各种不同基材都有较好的附着力，但其机械强度和硬度都很低，且由于分子中含有酯键，其耐酸碱性差。因此，在实际应用中纯丙烯酸树脂不作主体树脂使用，只是为了改善光固化涂料、油墨的某些性能，为提高耐黄变性、增进对基材的附着力和涂层间附着力而配合使用。

10.2.7 环氧树脂的合成

环氧树脂（epoxy resin）是用作阳离子光固化涂料的低聚物。环氧树脂在超强质子酸或路易斯酸作用下，容易发生阳离子聚合，形成聚醚主链。

环氧树脂大致可分为缩水甘油类环氧树脂和脂肪族类环氧树脂两大类。缩水甘油类环氧树脂包括缩水甘油醚型、缩水甘油酯型和缩水甘油胺型环氧树脂，这类环氧树脂阳离子光聚合活性低、聚合速度慢，且黏度较高，因此使用不多。脂肪族环氧树脂黏度低，反应活性高，固化膜收缩率低，耐候性好，有优异的柔韧性和耐磨性，是适合阳离子光聚合的最重要的一类环氧树脂，主要包括氧化环己烯衍生物，如 3,4-环氧环己基甲酸-3,4-环氧环己基甲酯，己二酸双（3,4-环氧环己基甲酯）。

3,4-环氧环己基甲酸-3,4-环氧环己基甲酯

己二酸双(3,4-环氧环己基甲酯)

3,4-环氧环己基甲酸-3,4-环氧环己基甲酯可以由环己烯-3-甲酸和环己烯-3-甲醇先酯化，再用过氧乙酸对碳碳双键环氧化而制得。

产物可能含有少量的低聚物，商品一般成黏稠液，商品牌号主要有 CY179（Ciba）、Photomer1500（Cognis）、光固化 R6110（UCC）。它因较高的反应活性、优良的固化膜性能和可以承受的价格而成为阳离子光固化领域最受青睐的主体树脂。

己二酸双（3,4-环氧环己基甲酯）可由环己烯-3-甲醇与己二酸先酯化，再用过氧乙酸环氧化而制得。商品牌号为光固化 R6128（UCC）。

阳离子光固化用脂环族环氧树脂具有气味低、毒性低、黏度低和收缩率低的优点，固化膜柔韧性、耐磨性和透明度好，对塑料和金属有优异的附着力，主要用于软硬包装材料的涂料，如罐头罩光漆，塑料、纸张涂料，电器、电子用涂料，丝印、胶印油墨，胶黏剂和灌封料等。

10.2.8　有机硅低聚物的合成

光固化有机硅低聚物是以聚硅氧烷中重复的 Si—O 键为主链结构的聚合物，并具有丙烯酰氧基、乙烯基或环氧基等可进行聚合、交联的反应基团。从目前光固化的应用上看，主要为带有丙烯酰氧基的有机硅丙烯酸酯低聚物。在聚硅氧烷中引入丙烯酰氧基主要有下列几种方法。

① 用二氯二甲基硅烷单体和丙烯酸羟乙酯在碱催化下水解缩合。

② 由二乙氧基硅烷和丙烯酸羟乙酯经酯交换反应。

③ 利用端羟基硅烷与丙烯酸酯化。

④ 用端羟基硅烷与二异氰酸酯反应，再与丙烯酸羟乙酯反应。

也可先用二异氰酸酯与丙烯酸羟乙酯反应生成二异氰酸酯-丙烯酸羟乙酯的半加成物，然后再用半加成物与端羟基硅烷来合成。

有机硅低聚物主链为硅氧键，有极好的柔韧性、耐低温性、耐湿性、耐候性和电性能，常用作保护涂料，如电器和电子线路的涂装保护和密封，特别是用作光纤保护涂料，此外，也能用作玻璃和石英材质光学器件的胶黏剂。

10.3　水性光固化树脂的合成

水性光固化树脂是指可溶于水或可用水分散的光固化树脂，分子中既含有一定数量的强亲水基团，如含有羧基、羟基、氨基、醚基、酰胺基等，又含有不饱和基团，如丙烯酰基、甲基丙烯酰基或烯丙基。水性光固化树脂可分为乳液型、水分散型和水溶型三类。主要包括三大类：水性聚氨酯丙烯酸酯、水性环氧丙烯酸酯和水性聚酯丙烯酸酯。

10.3.1　水性聚氨酯丙烯酸酯的合成

在合成聚氨酯丙烯酸酯时，加入一定量的二羟甲基丙酸（DMPA），从而在聚氨酯丙烯酸酯分子中引进羧基。也可用二异氰酸酯与二羟甲基丙酸反应，再与丙烯酸羟基酯反应，制得带有羧基的聚氨酯丙烯酸酯。

二羟甲基丙酸引入量少时，就得到乳化型，随着二羟甲基丙酸引入量增加，就变为水分散型，当用氨和有机胺中和后就变成羧酸铵盐，此时为水溶型光固化树脂。

由二异氰酸酯-丙烯酸羟乙酯半加成物与部分酸酐化的环氧丙烯酸酯反应，可制得带有羧基的，既有环氧丙烯酸酯结构，又有聚氨酯丙烯酸酯结构的低聚物。

水性聚氨酯丙烯酸酯具有优良的柔韧性、耐磨性、耐化学药品性，有高抗冲击和拉伸强度。水性聚氨酯丙烯酸酯可分为芳香型和脂肪型两类。芳香族的硬度好，耐黄变性差，主要用于室内；而脂肪族有优异耐黄变性和柔韧性，但价格较贵。

10.3.2　水性环氧丙烯酸酯的合成

① 利用环氧丙烯酸酯中的羟基与酸酐反应来合成

再用有机胺中和后变成羧酸铵盐，就成为水溶性光固化树脂低聚物。酸酐用量增加，引入羧基增加，水溶性增加；有机胺中和程度增加，水溶性也增加。

用丙烯酸与酚醛环氧树脂的部分环氧基反应，然后利用产物中的羟基与琥珀酸酐反应，也可合成碱溶性的环氧丙烯酸酯。

该产物既含有环氧基，又含有丙烯酰氧基，还含有羧基，因而既具有碱溶性，又具有光固化特性，同时保留有环氧树脂的优良特性。用氨或有机胺中和羧基，即得到水溶性环氧丙烯酸酯。

② 先用叔胺与酚醛环氧树脂中部分环氧基反应，再用丙烯酸酯化。

水性环氧丙烯酸酯具有良好的耐热性能。

10.3.3　水性聚酯丙烯酸酯的合成

用偏苯三甲酸酐或均苯四甲酸二酐与二元醇反应，制得带有羧基的端羟基聚酯，再与丙烯酸反应，得到带羧基的聚酯丙烯酸酯，最后用氨或有机胺中和成羧酸铵盐，成为水溶性聚酯丙烯酸酯。

水性聚酯丙烯酸酯价廉、易制备、涂膜丰满、光泽度好。

10.4　光固化树脂的应用

10.4.1　光固化涂料的其他原料

光固化树脂的主要应用领域是光固化涂料。光固化涂料由光引发剂、活性稀释剂、光固化树脂以及各种添加剂组成。光固化树脂前面已做介绍，下面主要介绍光引发剂、活性稀释剂和各种添加剂。

10.4.1.1　光引发剂

光引发剂主要有自由基光引发剂和阳离子光引发剂两大类。

（1）自由基光引发剂　按结构特点，自由基光引发剂可大致分为羰基化合物类、染料类、金属有机物类、含卤素化合物、偶氮化合物及过氧化合物。按光引发剂产生活性自由基的作用机理的不同，自由基光引发剂又可分为裂解型自由基光引发剂和夺氢型自由基光引发剂两种。

① 裂解型自由基光引发剂　裂解型自由基光引发剂主要有苯偶姻及其衍生物、苯偶酰衍生物、二烷氧基苯乙酮、α-羟烷基苯酮、α-胺烷基苯酮、酰基膦氧化物。

a. 苯偶姻及其衍生物。苯偶姻（benzoin）及其衍生物的结构式如下

$R=H,-CH_3,-C_2H_5,-CH(CH_3)_2,-CH_3CH(CH_3)_2,-C_4H_9$

苯偶姻（R＝H）俗名安息香，曾作为最早商业化的光引发剂广泛使用。苯偶姻醚光引发剂又称安息香醚类光引发剂，其引发速度快，易于合成，成本较低，但因热稳定性差，易发生暗聚合，易黄变，目前已较少使用。

b. 苯偶酰衍生物。苯偶酰（benzil）又称联苯甲酰、二苯基乙二酮，可光解产生两个苯甲酰自由基，但效率太低，溶解性不好，一般不作光引发剂使用。衍生物 α,α'-二甲氧基-α-苯基苯乙酮（又称 α,α'-二甲基苯偶酰缩酮）就是最常见的光引发剂 Irgacure 651，简称 651。其结构式如下

651有很高的光引发活性，广泛应用于各种光固化涂料、油墨中。651的热稳定性优良，合成容易，价格较低，但易黄变，不能在清漆中使用。

c. 二烷氧基苯乙酮。二烷氧基苯乙酮结构式如下

$$R=-C_2H_5,\ -CH(CH_3)_2,\ -CH(CH_3)CH_2CH_3,\ -CH_2CH(CH_3)_2$$

其中作为光引发剂的最主要的为α,α'-乙氧基苯乙酮（DEAP）。DEAP活泼性高，不易黄变，但热稳定性差，价格相对较高，在国内较少使用。DEAP主要用于各种清漆，也可与ITX等配合用于光固化色漆或油墨中。

d. α-羟烷基苯酮。α-羟烷基苯酮类光引发剂是目前应用开发最成功的一类光引发剂。已商品化的主要有

Darocure 1173 (HMPP)   Darocure 2959 (HHMP)   Darocure 184 (HCPK)

α-羟烷基苯酮类光引发剂热稳定性非常优良，有良好的耐黄变性，是耐黄变性要求高的光固化清漆的主引发剂，也可与其他光引发剂配合用于光固化色漆中。其缺点是光解产物中有苯甲醛，有不良气味。

e. α-胺烷基苯酮。α-胺烷基苯酮是一类反应活性很高的光引发剂，已商品化的主要有：

Irgacure 907 (MMMP)   Irgacure 369 (BDMB)

α-胺烷基苯酮类光引发剂引发活性高，常与硫杂蒽酮类光引发剂配合使用。但耐黄变性差，故不能在光固化清漆和白漆中使用。

f. 酰基膦氧化物。酰基膦氧化物光引发剂是一类引发活性较高、综合性能较好的光引发剂。已商品化的主要有

TEPO   TPO   Irgacure 819 (BAPO)

酰基膦氧化物光引发剂热稳定性优良，贮存稳定性好，适用于厚涂层的光固化。这类光引发剂对日光或其他短波可见光敏感，调制配方或贮运时应注意避光。

② 夺氢型自由基光引发剂 夺氢型自由基光引发剂由夺氢型光引发剂和助引发剂组成。夺氢型光引发剂都是二苯酮或杂环芳酮类化合物，主要有二苯甲酮及其衍生物、硫杂蒽酮类、蒽醌类等。与夺氢型光引发剂配合的助引发剂——氢供体主要为叔胺类化合物，如脂肪族叔胺、乙醇胺类叔胺、叔胺型苯甲酸酯、活性胺等。夺氢型光引发剂分子吸收光能后，经

激发和系间窜跃至激发三线态,与作为氢供体的叔胺类化合物发生双分子作用,经电子转移产生活性自由基,进而引发低聚物或活性稀释剂交联聚合。作为夺氢型光引发剂的二苯甲酮及其衍生物主要有

二苯甲酮(BP)

4-甲基二苯甲酮

2,4,6-三甲基二苯甲酮

四甲基米氏酮(MK)

四乙基米氏酮(DEMK)

甲乙基米氏酮(MEMK)

BP 结构简单,容易合成,价格便宜,但光引发活性低,且固化涂层易泛黄。2,4,6-三甲基二苯甲酮和 4-甲基二苯甲酮的混合物即光引发剂 Esacure TZT。TZT 为无色透明液体,与低聚物和活性稀释剂混溶性好,与助引发剂配合使用有很好的光引发效果,可用于各种光固化清漆。

MK 本身有叔胺结构,单独使用就是很好的光引发剂,若与 BP 配合使用,用于丙烯酸酯的光聚合,引发活性远远高于 MK-叔胺体系和 BP-叔胺体系。但 MK 被确定为致癌物,使用时要引起注意。

硫杂蒽酮(TX)类光引发剂主要有

异丙基硫杂蒽酮(ITX)

2-氯硫杂蒽酮(CTX)

2-氯-4-丙氧基硫杂蒽酮(CPTX)

2,4-二乙基硫杂蒽酮(DETX)

硫杂蒽酮类光引发剂必须与适当活性胺配伍才能发挥高效光引发活性,4-(N,N-二甲氨基)苯甲酸乙酯(EDAB)是迄今最适合与硫杂蒽配合使用的活性胺助引发剂,它不仅活性高,而且黄变不严重。硫杂蒽酮类引发剂中应用最广、用量最大的是 ITX,它在活性稀释

剂和低聚物中溶解性较好。ITX 也常与阳离子光引发剂二芳基碘鎓盐配合作用。

与夺氢型光引发剂配合的助引发剂叔胺类化合物分子中至少要有一个 α-H 原子，如脂肪族叔胺、乙醇胺类叔胺、叔胺型苯甲酸酯、活性胺等。脂肪族叔胺中最早使用的是三乙胺，其价格低，相容性好，但挥发性太大，臭味太重，现已不再使用。乙醇胺类叔胺主要有三乙醇胺、N-甲基乙醇胺、N,N-二甲基乙醇胺以及 N,N-二乙基乙醇胺等。三乙醇胺成本低，活性高，但亲水性太大，影响涂层性能，黄变严重，故不能使用。叔胺型苯甲酸酯助引发剂活性高，溶解性好，黄变性低，主要有

$(CH_3)_2N$—苯基—$\overset{O}{\overset{\|}{C}}$—$OC_2H_5$
EDAB(或EPA)

$(CH_3)_2N$—苯基—$\overset{O}{\overset{\|}{C}}$—$OCH_2\underset{C_2H_5}{CH}C_4H_9$
ODAB(或EHA)

苯基—$\overset{O}{\overset{\|}{C}}$—$OCH_2CH_2N(CH_3)_2$
Quantacure DMB

EDAB 在紫外区有较强的吸收，对光致电子转移有促进作用，有利于提高反应活性，但价格较贵，主要与 TX 类光引发剂配合，用于高附加值油墨中。

活性胺类助引发剂属叔胺丙烯酸酯类化合物，是由二乙胺或二乙醇胺等仲胺与二官能团丙烯酸酯或多官能团丙烯酸酯经迈克尔加成反应直接制得的。这类助引发剂相容性好，气味低，刺激性小，效率高，且不会发生迁移。

（2）阳离子光引发剂　阳离子光引发剂是又一类非常重要的光引发剂，它吸收光能后至激发态，发生光解反应，产生超强酸，即超强质子酸或路易斯酸，从而引发环氧树脂和乙烯基醚类树脂等低聚物以及活性稀释剂进行阳离子聚合。阳离子光引发剂可分为鎓盐类、金属有机物类、有机硅烷类，其中以二芳基碘鎓盐、三芳基硫鎓盐和芳基茂铁盐最具有代表性。

二芳基碘鎓盐合成方便，热稳定性好，光引发活性高，是一类重要的阳离子光引发剂。部分已商品化的二芳基碘鎓盐光引发剂如下

$X^- = SbF_6^-$，AsF_6^-，PF_6^-，BF_4^-
咕吨酮基苯基碘鎓盐

$X^- = SbF_6^-$，AsF_6^-，PF_6^-，BF_4^-
蒽酮基苯基碘鎓盐

阴离子的种类对碘鎓盐吸光性没有影响，但对聚合活性有较大影响。阴离子为 SbF_6^- 时，引发活性最高，因为 SbF_6^- 亲核性最弱，对增长链碳正离子中心的阻聚作用最小。阴离子为 BF_4^- 时，碘鎓盐引发活性最弱，因为 BF_4^- 易释放出亲核性较强的 F^-，导致碳正离子活性中心与 F^- 结合，终止聚合。

二芳基碘鎓盐吸收光能后，可同时发生均裂和异裂，既产生超强酸，又产生自由基，因此碘鎓盐除可引发阳离子光聚合外，还可同时引发自由基聚合。这是碘鎓盐和硫鎓盐的共同特点。

三芳基硫鎓盐比二芳基碘鎓盐热稳定性更好，与活性稀释剂混合加热也不会引发聚合，故体系的贮存稳定性极好，光引发活性高。结构简单的三苯基硫鎓盐吸光波长太短，无法利用中压汞灯的几个主要发射谱线。对三苯基硫鎓盐的苯环进行适当取代，可显著增加吸收波长。部分已商品化的三芳基硫鎓盐如下

$X^- = SbF_6^-$、PF_6^-

双（4,4'-硫醚三苯基硫鎓）盐

$X^- = SbF_6^-$、PF_6^-

苯硫基苯基二苯基硫鎓盐

三苯基硫鎓盐在活性稀释剂中溶解性不好，所以商品化的三苯基硫鎓盐都是 50% 碳酸丙烯酯溶液。

芳基茂铁盐阳离子光引发剂中最具代表性的是 η^6-异丙苯茂铁（Ⅱ）六氟磷酸盐，商品名为 Irgacure 261。

Irgacure 261 在远紫外和近紫外都有较强吸收，在可见光也有吸收。其吸光发生分解后，产生异丙苯和茂铁路易斯酸，引发阳离子聚合。

10.4.1.2 活性稀释剂

活性稀释剂是指具有可聚合的反应性官能团，能参与光固化交联反应，并对光固化树脂起溶解、稀释、调节黏度作用的有机小分子。通常将活性稀释剂称为单体或功能性单体。活性稀释剂可参与光固化反应，因此减少了光固化涂料有机挥发分（VOC）的排放，这赋予了光固化涂系的环保特性。

按反应性官能团的种类，活性稀释剂可分为（甲基）丙烯酸酯类、乙烯基类、乙烯基醚类和环氧类等。其中以丙烯酸酯类光固化活性最大，甲基丙烯酸酯类次之。

按固化机理，活性稀释剂可分为自由基型和阳离子型两类。自由基型活性稀释剂主要为丙烯酸酯类单体，而阳离子型活性稀释剂为具有乙烯基醚或环氧基的单体。乙烯基醚类单体也可参与自由基光固化，因此可作为两种光固化体系的活性稀释剂。

按分子中反应性官能团的多少，活性稀释剂则可分为单官能团活性稀释剂、双官能团活性稀释剂和多官能团活性稀释剂。活性稀释剂含有的可反应性官能团越多，则光固化反应活性越高，光固化速度越快。

单官能团活性稀释剂主要有丙烯酸酯类和乙烯基类。丙烯酸酯类活性稀释剂有丙烯酸正丁酯（BA）、丙烯酸异辛酯（2-EHA）、丙烯酸异癸酯（IDA）、丙烯酸月桂酯（LA）、（甲基）丙烯酸羟乙酯、（甲基）丙烯酸羟丙酯，以及一些带有环状结构的（甲基）丙烯酸酯，

甲基丙烯酸缩水甘油酯(GMA)

甲基丙烯酸异冰片酯(IBOA)

甲基丙烯酸四氢呋喃甲酯(THFFA)

丙烯酸苯氧基乙酯(POEA)

如乙烯类活性稀释剂有苯乙烯（ST）、醋酸乙烯酯（VA）以及 N-乙烯基吡咯烷酮（NVP）等。单官能团活性稀释剂一般分子量小，因而挥发性较大，相应地气味大、毒性大，其使用受到一定限制。

双官能团活性稀释剂含有两个可参与光固化反应的活性基团，因此光固化速度比单官能团活性稀释剂快，成膜时交联密度增加，有利于提高固化膜的物理力学性能和耐抗性。因分子量增大，黏度相应增加，但仍保持良好的稀释性，其挥发性较小，气味较低，因此，双官能团活性稀释剂大量应用于光固化涂料中。双官能团活性稀释剂主要有乙二醇类二丙烯酸酯、丙二醇类二丙烯酸酯和其他二醇类二丙烯酸酯。应用较广泛的主要有

$$CH_2{=}CH{-}\overset{\displaystyle O}{\overset{\|}{C}}{-}O{-}(CH_2)_6{-}O{-}\overset{\displaystyle O}{\overset{\|}{C}}{-}CH{=}CH_2$$

1,6-己二醇二丙烯酸酯（HDDA）

$$CH_2{=}CH{-}\overset{\displaystyle O}{\overset{\|}{C}}{-}O{-}CH_2{-}\overset{\displaystyle CH_3}{\underset{\displaystyle CH_3}{C}}{-}CH_2{-}O{-}\overset{\displaystyle O}{\overset{\|}{C}}{-}CH{=}CH_2$$

新戊二醇二丙烯酸酯（NPGDA）

$$CH_2{=}CH{-}\overset{\displaystyle O}{\overset{\|}{C}}{-}O{-}CH_2{-}\overset{\displaystyle CH_3}{CH}{-}O{-}CH_2{-}\overset{\displaystyle CH_3}{CH}{-}O{-}\overset{\displaystyle O}{\overset{\|}{C}}{-}CH{=}CH_2$$

二缩丙二醇二丙烯酸酯（DPGDA）

$$CH_2{=}CH{-}\overset{\displaystyle O}{\overset{\|}{C}}{-}O{-}CH_2{-}\overset{\displaystyle CH_3}{CH}{-}O{-}CH_2{-}\overset{\displaystyle CH_3}{CH}{-}O{-}CH_2{-}\overset{\displaystyle CH_3}{CH}{-}O{-}\overset{\displaystyle O}{\overset{\|}{C}}{-}CH{=}CH_2$$

三缩丙二醇二丙烯酸酯（TPGDA）

HDDA 是一种低黏度的双官能团活性稀释剂，稀释能力强，对塑料有极好的附着力，但皮肤刺激性较大，价格较高。NPGDA 黏度低，稀释能力强，活性高，光固化速度快，对塑料附着力好，但皮肤刺激性较大。DPGDA 和 TPGDA 均是低黏度、稀释能力强、光固化速度快的活性稀释剂。TPGDA 相对于 DPGDA 多一个丙氧基，柔韧性较好，体积收缩较小，皮肤刺激性也较小，是目前光固化涂料中最常用的活性稀释剂。

多官能团活性稀释剂含有 3 个或 3 个以上的可参与光固化反应的活性基团，光固化速度快，交联密度大，固化膜的硬度高，脆性大，耐抗性优异。由于分子量大，黏度高，稀释效果相对较差；沸点高，挥发性低，收缩率大。因此多官能团活性稀释剂通常主要不是用来降低体系黏度，而是用于针对使用要求调节某些性能，如加快固化速度，增加干膜的硬度，提高其耐刮性等。常用的多官能团活性稀释剂主要有

三羟甲基丙烷三丙烯酸酯(TMPTA)　　　　季戊四醇三丙烯酸酯(PETA)

季戊四醇四丙烯酸酯(PETTA)

二缩三羟甲基丙烷四丙烯酸酯(DTMPTTA)

二季戊四醇五丙烯酸酯(DPPA)

二季戊四醇六丙烯酸酯(DPHA)

乙氧基化的三羟甲基丙烷三丙烯酸酯[TMP(EO)TA]

TMPTA 光固化速度快，交联密度大，固化膜坚硬而脆，耐抗性好，黏度比其他多官能团活性稀释剂小，价格也较便宜，是目前光固化涂料中最常用的多官能团活性稀释剂。

阳离子光固化体系常采用脂环族环氧树脂，其本身黏度较低，可以不另外加入活性稀释剂而直接使用。但当采用黏度较高的双酚 A 环氧树脂时，必须加入低分子量的环氧化合物（如苯基缩水甘油醚）作活性稀释剂，另外乙烯基醚也可作为阳离子固化体系的活性稀释剂。

10.4.1.3　各种添加剂

对于光固化涂料来说，最基本的组成通常包括光固化树脂、光引发剂和活性稀释剂，除此之外，往往还需要加入各种添加剂，以达到使用要求。这些添加剂包括颜料、填料、助剂。

颜料的作用是提供涂层一定的颜色，并对底材遮盖，同时改善涂层的某些性能，如提高涂层强度和附着力，增加涂层光泽，增强涂层的耐光性和耐候性等。白色颜料主要有二氧化钛、氧化锌、锌钡白、铅白等。黑色颜料主要有炭黑、石墨、氧化铁黑、苯胺黑等，炭黑价格低，实用性好，所以光固化涂料中主要用炭黑作黑色颜料。彩色颜料包括红色、黄色、蓝色、绿色、橙色、紫色、棕色等多种颜料，红色颜料主要有金光红（PR21）、立索尔大红（PR49）、颜料红 G（PR37）、氧化铁红等；黄色颜料主要有耐晒黄 G（PY1，又称汉沙黄 G）、汉沙黄 R（PY10）、永固黄 GR（PY13）、颜料黄（PY129）、铁黄等；蓝色颜料主要有酞菁蓝（PB15）、靛蒽酮（PB60）、射光蓝浆 AG（PB61）、群青等；绿色颜料主要有酞菁绿 G（PG7）、颜料绿（PG8）、黄光铜钛菁（PG36）、氧化铬绿等；橙色颜料主要有永固橙 G（PO13）和永固橙 HL（PO36）；紫色颜料主要有喹吖啶酮紫（PV19）、永固紫 RL（PV23）、锰紫（PV16）等；棕色颜料主要有永固棕 HSR（PBr25）、氧化铁棕（PBr6）等。

填料又称体积颜料或惰性颜料，其化学性质稳定，价格便宜，来源广泛。加入的目的主要是为了降低涂料的成本，同时对涂料的流变性和物理力学性能也有重要影响，可以增加涂层的厚度，提高涂层的耐磨性和耐久性。常用填料有碳酸钙、硫酸钡（又称钡白）、二氧化硅（又称白炭黑）、氢氧化铝、高岭土、滑石粉等，它们的折射率与低聚物和活性稀释剂接近，所以对基材无遮盖力。

助剂是为了在光固化涂料生产制造、施工应用和运输贮存过程中完善涂料某些性能而使用的添加剂，通常有消泡剂、流平剂、润湿分散剂、消光剂、阻聚剂等。

消泡剂是一种能抑制、降低或消除涂料中气泡的助剂。涂料所用原料如流平剂、润湿剂、分散剂等表面活性剂会产生气泡，消泡剂的作用与表面活性剂相反，它具有与体系不相容性、高度的铺展性、渗透性以及低表面张力特性，消泡剂加入体系后，能很快分散成微小的液滴，与表面活性剂结合，并渗透到双分子膜中，快速铺展，使双分子膜弹性显著降低，导致双分子膜破裂，同时降低气泡周围的液体表面张力，使小的气泡聚集成大的气泡，最终使气泡破裂。常用的消泡剂有低级醇（如乙醇、正丁醇）、有机改性化合物（如磷酸三丁酯、金属皂）、矿物油、有机聚合物（聚醚、聚丙烯酸酯）、有机硅树脂（聚二甲基硅油、改性聚硅氧烷）等，最常用的消泡剂是有机聚合物和有机硅树脂。消泡剂的加入量一般为光固化涂料总量的 0.05%～1.0%。

流平剂是一种用来提高涂料的流动性，使涂料能够流平的助剂。一般来说，涂料的黏度越低，流动性越好，流平性也越好；底材表面粗糙，不利于流平；溶剂挥发快，不利于流平；施工时，环境温度越高，有利于流平；干燥时间长，有利于流平。流平剂种类繁多，用于光固化涂料的流平剂主要有聚丙烯酸酯、有机硅树脂和氟表面活性剂三大类。

润湿分散剂是用来提高颜料在涂料中悬浮稳定性的助剂，大多为表面活性剂，由亲颜料的基团和亲树脂的基团组成。常用的润湿分散剂主要有天然高分子类（如卵磷脂）、合成高分子类（如长链聚酯的酸与多氨基盐）、多价羧酸盐、硅系和钛系偶联剂等。

消光剂是能使涂膜表面产生预期粗糙度，明显降低其表面光泽的助剂。消光剂的折射率应尽量接近成膜树脂的折射率，这样配制的消光清漆透明、无白雾，其颗粒大小应在 $3\sim 5\mu m$。常用的消光剂有金属皂（硬脂酸铝、锌、钙盐等）、改性油（桐油）、蜡（聚乙烯蜡、聚丙烯蜡、聚四氟乙烯蜡）、功能性填料（硅藻土、气相 SiO_2）。光固化涂料中使用的消光剂主要是 SiO_2 和高分子蜡。

阻聚剂是阻止光固化涂料中的低聚物、活性稀释剂发生聚合反应的助剂，它能终止全部自由基，使聚合反应完全停止。常用的阻聚剂有酚类、醌类、芳胺类、芳烃硝基化合物等，空气中氧也是很好的阻聚剂。光固化涂料中使用的阻聚剂主要为酚类，如对羟基苯甲醚、对苯二酚和 2,6-二叔丁基对甲苯酚等，由于对苯二酚的加入有时会引起体系颜色变深，往往不被采用。酚类阻聚剂必须在有氧气存在的条件下才能表现出阻聚效应，因此光固化涂料中除了要加酚类阻聚剂外，还必须注意存放涂料的容器内，涂料不能盛得太满，以保证有足够的氧气。

10.4.2 光固化树脂的应用领域

近年来，随着光固化技术的不断发展和进步，以及人们节能环保意识的增强，光固化涂料得到迅速发展，应用领域不断拓展，不仅大量应用于木器、纸张、塑料、皮革、金属、玻璃、陶瓷等多种基材，而且已成功应用于在光纤、印刷电路板、电子元器件封装等材料，出现了光固化木器涂料、塑料涂料、纸张上光涂料、金属涂料、光纤涂料、皮革涂料、粉末涂料以及水性涂料。

10.4.2.1 光固化木器涂料

光固化木器涂料是光固化涂料产品中产量较大的一类。光固化涂料在木器制品上的应用包括三个方面，即浸涂（塑木合金）、填充（密封和腻子）和罩光。按使用场合与质量要求，光固化木器涂料可分为拼木地板涂料和装饰板材涂料。按光泽度高低又分为高光、亚光等多种类型。涂装方式绝大多数以辊涂为主，也有部分喷涂、淋涂、刮涂等。就施工方面而言，光固化木器涂料包括光固化腻子漆、光固化底漆和光固化面漆。

（1）光固化腻子漆　光固化腻子漆通常用于表面较粗糙的木基材料，如刨花板、纤维板等，其作用是填充底材小孔及微细缺陷，密封底材表面，使随后涂装的装饰性涂料不会被吸入而引起表观不平整，从而为粗材质材料提供光滑的表面。

光固化腻子漆通常为膏状物，除了含有光引发剂、低聚物、活性稀释剂等光固化涂料基本组分外，还含有较高比例的无机填料。合适的填料可提高涂层硬度、抗冲击性能，降低固化收缩率，提高附着力。光固化腻子漆中所用的无机填料包括滑石粉、重质和轻质碳酸钙、重晶石粉、白云石粉等。不饱和聚酯体系光固化腻子漆价格便宜，但由于需使用大量苯乙烯作为稀释剂，该体系光固化速度较慢，聚合收缩率也较大，因此不饱和聚酯体系已基本淡出光固化涂料市场。丙烯酸酯化的各类树脂光聚合速率快，而且配方灵活多变，容易调制出满足多种性能要求的涂料，但丙烯酸酯化的树脂成本太高，因此光固化涂料中成本相对较低的双酚 A 环氧丙烯酸酯树脂最受欢迎。

（2）光固化底漆　光固化底漆与光固化腻子漆的使用场合和作用不同，光固化腻子漆常用于表面平整、光滑度较差的木材，而光固化底漆则应用于表面较为光滑平整的木材。光固化底漆与光固化腻子漆相比，所含无机填料较少，黏度较低。光固化底漆中所添加的无机填料与光固化腻子漆中加入填料的品种和作用相同。另外，光固化底漆中有时还加入少量硬脂酸锌，它可起到润滑作用，还可防止在打磨涂层表面时产生过多的"白雾"。

（3）光固化面漆　光固化面漆不含无机填料，这是光固化面漆与光固化腻子漆和光固化底漆在成分上的主要区别。若要获得亚光或磨砂效果，也可以适当添加硅粉类消光剂。光固化面漆广泛用于天然木材或木饰面，产生高光泽闭纹的涂饰效果。根据不同的用途可配制各种不同的丙烯酸型涂料，如高光泽或消光型涂料，有色或无色涂料，辊涂、淋涂、喷涂涂料，家具、硬木地板或软木板涂料等。一般光固化面漆较难配制完全无光的漆面，常选粒径$25\mu m$ SiO_2用作消光剂较为适宜。

10.4.2.2　光固化塑料涂料

塑料成型加工过程中不可避免会产生缺陷，导致表面光泽度较低，美观程度较差。多数常规塑料制品耐刮伤、耐溶剂、防老化等性能不高，需要对塑料表面进行装饰和保护。塑料基材的种类较多，常见的有聚苯乙烯、聚甲基丙烯酸甲酯、聚氯乙烯、聚乙烯、聚丙烯、聚酯、聚碳酸酯、ABS塑料等。塑料种类不同，其化学性质和物理性质也各不相同，如聚酯、聚甲基丙烯酸甲酯、聚碳酸酯等材质的塑料表面具有一定的极性，光固化涂料在其上的黏附性问题容易解决，而聚乙烯和聚丙烯材料表面极性很低，与光固化涂料的附着性一般较差，常常需要采取一些特殊手段，如进行火花放电、腐蚀等极性化处理，或在光固化涂料配方中添加附着力促进剂，如氯化树脂对增强聚丙烯的附着力有改善作用。成分相同或相近的塑料在物理性能方面也可能有所差别，如聚乙烯包括较硬的高密度聚乙烯和较软的低密度聚乙烯。塑料基材的性质不同，所适用的光固化涂料的配方也有所区别。不同形状的涂料型材，光固化涂料的涂装方法也不同，对于平面状塑料型材（包括管件），可采用辊涂方式；而对于异型塑料型材，宜采用喷涂方式。涂层的作用、使用要求和目的不同，光固化塑料涂料的配方也不同，如对耐磨、抗刮花性能要求较高的涂层，应选用固化后较硬的低聚物及活性稀释剂，合理调整硬度组分与柔韧性组分比例，并添加合适的无机填料及纳米材料。光固化塑料涂料的黏度不高，为便于涂装过程的流水化作业，提高涂装效率，常常在涂料配方中添加少量硅氧烷类的流平助剂，以赋予涂料良好的流平性。

光固化塑料涂料在汽车工业有较为广泛的应用，如前灯透镜、前灯反射灯罩、车轮塑料盖盘、保险杠、尾灯灯箱、汽车内衬塑料等的涂覆。

汽车前灯透镜主要为聚碳酸酯材料，它加工容易，折射率和透光性高，抗震性能好。但聚碳酸酯透镜材料不耐磨，易刮花起雾。配制前灯透镜光固化涂料需考虑涂层应具有较高硬度，且耐磨性、抗刮伤性、附着力、耐雾度、光泽度、冲击强度要较好。加入聚硅氧烷增滑剂可以提高抗裂伤效果，并可减少吸附灰尘的可能；添加受阻胺光稳定剂和短波紫外线吸收剂，可保证涂层耐光老化性。

汽车前灯反射灯罩大多用ABS塑料注塑成型，内表面有很多孔粒结构，不够光滑，缺乏光泽，如果直接用气相沉积法沉积一层铝膜，仍然得不到光滑表面，难以形成有效的反射镜面。光固化涂料可解决这一问题。先在灯罩内表面喷涂一层光固化涂料作底漆，固化后在非常光滑的表面再镀铝膜，形成高度平滑的反射镜面，再在铝膜上喷涂一层保护性光固化面漆，阻隔氧气和潮气向铝膜渗透。

车轮外侧的塑料盖盘由ABS塑料制成，本身耐磨性不高，涂装保护是必需工序。传统涂料是聚氨酯双组分体系，含有大量溶剂，烘烤工序耗时、耗能。采用光固化涂料高效、环保、节能。该类涂料应重点解决附着力、耐磨、耐候、抗冲击。

汽车前后保险杠由工程塑料制成，可以用色母粒获得各种颜色的产品，但其表面美观程度、抗刮性能和防光老化等方面存在不足，涂覆光固化防光老化涂料进行保护装饰。尾灯灯箱的光固化涂料涂覆保护应具有抗刮、防光老化等性能。汽车内衬塑料的涂覆保护宜采用更加环保的水性光固化涂料。

10.4.2.3 光固化纸张上光涂料

光固化纸张涂料是一种罩光清漆，适用于书刊封面、广告宣传画、商品外包装纸盒、装饰纸袋、标签、卡片、金属化涂层等纸质基材的涂装，提高基材表面的光泽度，保护罩印面油墨图案和字样以增强涂饰美感，并且防水防污。传统的覆膜技术是在纸张上黏附一层聚乙烯或聚丙烯薄膜，因施工技术要求高，生产效率低，易出现覆膜脱层问题。溶剂型和水性纸张上光涂料均存在基材浸润变形、干燥时间较长等问题，不能形成规模，所以光固化纸张涂料已成为光固化涂料中产量最大的品种之一，而高光型光固化纸张清漆为纸张上光涂料产量最大的品种。光固化纸张涂料的应用基材多为软质易折的纸质材料，要求固化后涂层必须具有较高柔顺性，聚氨酯丙烯酸酯虽可提供优良的柔韧性，但成本偏高；乙氧基化和丙氧基化改性的丙烯酸酯单体可基本满足固化膜的柔顺性要求，同时保证光固化速率；环氧丙烯酸酯树脂可赋予固化涂层足够的附着力及硬度等性能。

10.4.2.4 光固化金属涂料

光固化金属涂料目前最大的应用领域之一是金属罐体涂装，包括食品罐、饮料罐等，此外，光固化金属涂料在金属标牌装饰、金属饰板制造、彩涂钢板、铝合金门窗保护及钢管临时涂装保护等方面也有广泛的应用。大多金属均存在易腐蚀的问题，且金属表面的耐磨、抗刮伤性能较差，用光固化涂料涂装后既美观又可以保护金属表面。一般情况下在涂饰光固化涂料之前金属表面已产生一层氧化膜，由于金属氧化物的表面能降低，影响了光固化涂料的附着力。和传统涂料涂装相似，在金属涂装之前，往往需要对金属表面进行某种形式的预处理，如蒸汽去油、喷砂、氧化铝真空喷射等物理方法，或采用化学预处理，以改善金属表面状况，提高涂层的附着力。另外，也可在光固化涂料配方中添加附着力促进剂，包括带有羧基的树脂、含羧基的丙烯酸酯单体、丙烯酸酯化的酸性磷酸酯、长链硫醇、硅氧烷偶联剂、钛酸酯偶联剂等。

尽管自由基聚合型光固化金属涂料可以通过添加附着力促进剂来增强涂层对多种金属基材的附着力，但固化膜的收缩内应力依然存在，特别在需要对涂装好的金属板材或卷材进行切割、冲压成型的场合，例如冰箱、洗衣机等家电金属外壳的生产加工，金属导线绝缘保护涂料，金属罐外壁的涂装保护等，自由基聚合型的光固化涂料很难满足工艺要求，而阳离子光固化涂料则可有效解决固化膜体积收缩的问题，从而提高光固化膜对多种金属的附着力。

10.4.2.5 光固化光纤涂料

光纤有石英玻璃光纤和塑料光纤两类。由于石英玻璃光纤透光性能优异，光信号在其中的衰减较小，适用于远距离光信号传输，而塑料光纤透光性能不好，传送距离短，因此，石英玻璃光纤仍占绝对地位。由于玻璃裸纤又细又脆，非常容易折断，因此，必须涂装光纤涂料保护裸纤表面，强化力学性能，增强抗弯能力。通常光纤涂料包括内涂层和外涂层两层，具有较高的折射率、适当的附着力、较低的模量和较宽的玻璃化温度和良好的防水功能。外层涂层具有较高的模量和玻璃化温度、较好的耐老化性。内柔外硬的光纤双涂层保证了光信号的传输、足够的力学性能、良好的耐化学药品性及长久的使用寿命。

光固化光纤涂料通常采用的低聚物有聚氨酯丙烯酸酯、聚硅氧烷丙烯酸酯、改性环氧丙烯酸酯和聚酯丙烯酸酯。芳香族的聚氨酯丙烯酸酯在保持固化膜良好柔韧性的同时，以其芳环结构赋予固化膜适当的硬度和拉伸强度；聚硅氧烷丙烯酸酯具有优越的综合性能，在柔韧性、防潮、隔氧、抗侵蚀、耐老化等方面突出，但成本较高，作为普通光纤涂装应用受限制；改性环氧丙烯酸酯在柔韧性方面得到改善，其母体聚合速率快、黏附力强、高抗冲击强度等特性得以保持；聚酯丙烯酸酯，特别是聚己内酯丙烯酸酯，具有较好的柔韧性和拉伸强度。光引发剂和活性稀释剂也多采用两种以上复合体系，并选择体积收缩小的活性稀释剂以免造成膜层对光纤的不均衡应力，使光纤传输质量下降。此外，灰尘及凝胶粒子的存在将严重影响光纤质量，涂料使用前最好经超细过滤处理，将粒径 $1\mu m$ 以上的粒子去除干净。

10.4.2.6　光固化皮革涂料

目前，国内皮革涂饰剂的品种仍以大量的溶剂型涂饰剂和一定量的水性聚氨酯涂饰剂为主导产品。溶剂型涂饰剂含有大量的有机挥发分，对环境造成危害。即使是水性涂饰剂，一般仍有 5％左右的有机溶剂。光固化皮革涂料凸显出环保、高效、高性能的优势。

光固化皮革涂料既可用于真皮，也可用于人造革，涂装效果有高光、磨砂、绸面等多个品种，使皮革的美观程度大大提高。真皮材料为极性表面，渗透性较强，有利于与光固化皮革涂料的附着力，但鞣革剂的存在会影响与涂层的附着力，需要添加与鞣革剂相容的组分改善附着力。对于人造革制品，如果要求保留皮革表面原始的孔粒结构，只要喷涂光固化面漆即可；如果需要填补皮革表面的坑凹结构，最终获得很平滑的革面，需要先辊涂一层光固化底漆（光固化底漆通常含有较多的颜料粒子），然后再涂覆光固化面漆。光固化皮革涂层要具有柔顺性、耐磨、抗刮伤性能。

10.4.2.7　光固化粉末涂料

光固化粉末涂料是一项将传统粉末涂料与 UV 固化技术相结合的新技术。与传统粉末涂料的最大区别在于，光固化粉末涂料在涂装固化过程中分为明显的两个阶段，涂层在熔融流平阶段不会发生树脂的早期固化，从而为涂层的充分流平和驱除气泡提供了充裕的时间，而传统的热固化粉末涂料的熔融流平和固化开始阶段有一定重叠，涂层有可能出现平整度的缺陷，如缩孔、橘皮等现象；另外，光固化粉末涂料固化过程的温度较低，使其适于各类热敏性基材，而热固化粉末涂料固化温度高，固化时间长，只能用于多属等耐热基材。光固化粉末涂料与光固化涂料液体相比，也有较大优势：光固化粉末涂料无活性稀释剂，涂膜收缩率低，与基材附着力高。

光固化粉末涂料一般是由主体树脂、光引发剂、颜料、填料、助剂等组成。

主体树脂是光固化涂料里的主要成膜物质，是决定涂料性质和涂料性能的主要成分。在选择主体树脂时，应考虑以下因素：树脂除了具备一般光固化树脂的特点外，还必须在加热熔融过程中不发生分解，具有较好的稳定性；在加热熔融后，具有较低的熔融黏度，以保证涂料在光固化之前和光固化过程中具有良好的流动性和流平性。目前应用于光固化涂料的主体树脂主要有不饱和聚酯、乙烯基醚树脂、不饱和聚酯丙烯酸酯、聚氨酯丙烯酸酯、环氧树脂丙烯酸酯、环氧树脂以及超支化聚酯丙烯酸酯等。

光引发剂是光固化涂料中的关键组分。一般要求光引发剂具有高的光固化活性，消光系数高，光裂解产物无毒，贮存稳定，能与其他原料尤其是主体树脂相容，无迁移趋势等。光固化涂料中的光引发剂主要为自由基型引发剂，包括 BP、TPO、Irgacure 184、Irgacure 651、Irgacure 907、Darocur 907、BAPO 等。

许多颜料，如炭黑、氧化铁黄等对紫外线有吸收和散射作用，一般来说，黄色影响最大，而红色和蓝色相对来说影响较小，因此，对于着色体系的光固化粉末涂料，在选择颜色时必须慎重，要注意颜料与主体树脂、光引发剂、助剂等的匹配。

常用的助剂包括流平剂、消泡剂、消光剂、紫外线吸收剂、涂膜增光剂、边角覆盖力改性剂、粉末松散剂和固化促进剂等。

10.4.2.8 光固化水性涂料

相对于溶剂型光固化涂料，光固化水性涂料具有如下优点：①以水作稀释介质，廉价易得，不易燃，安全、无毒；②可用水或增稠剂方便地控制流变性，适用于辊涂、淋涂、喷涂等各种涂装方式；③不必借助活性稀释剂来调节黏度，可解决 VOC 及毒性、刺激性的问题，对环境无污染，对人体健康无影响；④可避免由活性稀释剂引起的固化收缩；⑤设备、容器等易于清洗；⑥光固化前已可指触，可堆放和修理。当然，水性光固化涂料也有些缺点：①光泽度较低、耐洗涤性差；②体系的稳定性较差；③光固化前一般要对湿膜进行干燥除水，造成能耗增加、生产时间延长、生产效率下降。光固化水性涂料由水性光固化树脂、光引发剂、助剂和水组成。

水性光固化树脂是光固化水性涂料最重要的组分，它决定固化膜的物理力学性能，如硬度、柔韧性、强度、黏附性、耐磨性、耐化学药品性等，也影响光固化速度。水性光固化树脂主要有水性聚氨酯丙烯酸酯、水性环氧丙烯酸酯、水性聚酯丙烯酸酯等。

光引发剂是任何紫外光固化体系中不可缺少的成分，它对固化体系的光固化速度起决定性作用。由于水性光固化涂料所用稀释剂主要是水，水不参与光固化反应，必须在光固化之前或光固化过程中除去。因此，必须选择挥发性低，与水性光固化树脂相容性好，在水介质中光活性高，引发效率高，且安全、无毒的引发剂。水性光固化涂料所用的光引发剂可分为分散型和水溶型两类。分散型光引发剂为油溶性，需借助乳化剂和少量单体才能分散到水基光固化体系中。它们存在相容性问题，影响成膜性能和引发效率。而水溶型光引发剂克服了这一问题，它是在常用的油溶性光引发剂结构中引入阴、阳离子基团或亲水性的非离子基团而制得的。

常用的助剂有流平剂、消泡剂、阻聚剂、稳定剂、颜料、填料等。使用助剂时，应考虑它对其他组分的影响。

光固化水性涂料的开发应用尚处于初级阶段，目前已用作塑料清漆、罩印清漆、光聚合印刷版、丝网印刷油墨、凹版及平版印刷油墨、金属涂料等。光固化水性涂料在木器、木材涂饰行业也有较高的应用价值。

10.5 结语

光固化树脂是光固化涂料的基体树脂，品种多，应用广泛。随着全球范围内对环境问题的日益重视，光固化树脂必将随着光固化涂料的发展而快速发展。开发出更加环保、综合性能更加优良的水性光固化树脂是未来化学家们的努力方向。

第11章 涂料助剂

11.1 概述

随着我国国民经济的发展和科学技术的进步，人们对工业界的无名英雄——涂料也提出了更高要求，涂料助剂在其中发挥了关键作用，其理论研究、开发与应用日益为人们所重视。涂料助剂可以改进生产工艺，提高生产效率，改善贮存稳定性，改善施工条件，防止涂料"病态"，提高产品质量，赋予涂膜特殊功能，虽然用量很小（一般不超过总量的 1%），但已成为涂料不可或缺的重要组成部分。涂料的发展对涂料助剂的研究和应用提出了更高的要求，也提供了巨大的市场机会，涂料助剂的研究和应用亦极大地推动了涂料的发展，扩大了其应用领域，二者相得益彰。

涂料助剂品种繁多，应用广泛，无论是建筑涂料、工业涂料还是功能性涂料，无论是溶剂型涂料、水性涂料、高固体分涂料还是粉末涂料都必须使用助剂才能得到预期的性能。在涂料生产和应用的各个阶段：树脂合成、颜填料分散研磨、涂料贮存、施工都需要使用助剂。涂料助剂以涂料树脂化学和物理为基础和核心内容，同时又与高分子科学前沿、流变学、色彩学、电学、磁学、力学、生物学以及仿生学等紧密联系，是一门正蓬勃发展的交叉学科和边缘技术。

涂料助剂按照其使用和功能可分为以下几类：

① 涂料生产用助剂，如润湿剂，分散剂，消泡剂；

② 涂料贮存用助剂，如防沉剂，防结皮剂，防霉剂，防腐剂，冻融稳定剂；

③ 涂料施工用助剂，如触变剂，防流挂剂，电阻调节剂；

④ 涂料成膜用助剂，如催干剂，流平剂，光引发剂，固化促进剂，成膜助剂；

⑤ 改善涂膜性能用助剂，如附着力促进剂，增光剂，防滑剂，抗划伤助剂，光稳定剂；

⑥ 功能性助剂，如抗菌剂，阻燃剂，防污剂，抗静电剂，导电剂。

11.2 润湿分散剂

11.2.1 概述

涂料制备过程的中心环节是颜料分散，亦即颜料在外力的作用下，成为细小的颗粒，均匀地分布到连续相中，以期得到一个稳定的悬浮体。这不仅需要树脂、颜料、溶剂的相互配合，还需使用润湿分散剂才能提高分散效率并改善贮存稳定性，防止颜料在贮存期间沉降、结块，影响施工。此外颜料的良好分散还能够改善涂料的光泽、遮盖力、流变性等。

干粉颜料呈现三种结构形态：①原始粒子，由单个颜料晶体或一组晶体组成，粒径相当小；②凝聚体，由以面相接的原始粒子团组成，其表面积比其单个粒子表面积之和小，再分散困难；③附聚体，由以点、角相接的原始粒子团组成，其总表面积比凝聚体大，但小于单个粒子表面积之和，再分散较凝聚体容易。

颜料分散一般经过润湿、粉碎、稳定三个阶段。润湿是固体和液体接触时，固-液界面取代固-气界面，粉碎是借助机械作用把颜料凝聚体和附聚体解聚成接近原始粒子的细小粒子，并均匀分散在连续相中，成为悬浮分散体，稳定是指制备的悬浮体在无外力作用下，仍能处于稳定的分散悬浮状态。

11.2.2 颜料分散和稳定机理

液体和固体接触时，会形成界面夹角，称为接触角（图 11-1），它是衡量液体对固体润湿程度的一个标志。

图 11-1　接触角示意图

各种界面张力的作用关系可以用杨氏方程表示：

$$\gamma^{lg}\cos\theta = \gamma^{sg} - \gamma^{sl} \qquad (11-1)$$

式中，γ^{lg} 为液体、气体之间的界面张力；γ^{sg} 为固体、气体之间的界面张力；γ^{sl} 为固体、液体之间的界面张力；θ 为固体、液体之间的接触角。

Dr. A. Capelle 等指出润湿效率 $BS = \gamma^{sg} - \gamma^{sl}$

即

$$BS = \gamma^{lg}\cos\theta$$

由此得出接触角越小，润湿效率越高。

Washborre 用下式表示了润湿初始阶段的润湿效率：

$$润湿效率 = K\frac{r^3}{\eta l}\gamma F_1\cos\theta \qquad (11-2)$$

式中，K 为常数；γF_1 为基料的表面张力；θ 为接触角（基料/颜料界面）；r 为颜料粒子的间隙半径；l 为颜料粒子间隙长度；η 为基料的黏度。

式（11-1）和式（11-2）表明，配方固定后，降低基料黏度和使用润湿剂来降低颜料和基料之间的界面张力以缩小接触角可以提高润湿效率，但基料黏度的降低有一定限度，所以使用润湿剂是常用的手段。

颜料充分分散后，由于受到重力和热力学因素的影响往往会发生沉降、团聚，需要使用分散剂稳定分散体系。关于颜料分散体系稳定机理基本上有 3 个，即 DLVO 扩散双电层机理、空间位阻稳定机理、静电空间稳定机理。

DLVO 扩散双电层机理又称静电稳定机理。分散体系中颜料粒子表面带有电荷或者吸附离子，产生扩散双电层，颜料粒子接近时，双电层发生重叠产生静电斥力实现颗粒的稳定分散，调节 pH 值或加入电解质可以使颗粒表面产生一定量的表面电荷，增大双电层厚度和颗粒表面的 Zeta 电位值，使颗粒间产生较大的排斥力。

空间位阻稳定机理是指不带电的高分子化合物吸附在颜料粒子表面形成较厚的空间位阻层，使颗粒间产生空间排斥力，从而达到分散稳定的目的。

静电空间稳定机制是指在颜料粒子的分散体系中加入一定的高分子聚电解质，使其吸附在粒子表面，聚电解质既可通过所带电荷排斥周围粒子，又通过空间位阻效应阻止颜料粒子的团聚，从而使颜料粒子稳定分散。

11.2.3 常用润湿分散剂

润湿分散剂按分子量划分，可分为低分子量的和高分子量的。低分子量的润湿分散剂一般指分子量在数百以下的低分子量化合物，高分子量的润湿分散剂是指分子量在数千乃至几万、并具有表面活性的高分子量化合物。常用润湿分散剂见表 11-1。

表 11-1 常用润湿分散剂

商品名称	组　　成	制造商	主　要　用　途
Tego Dispers 610	高分子量聚羧酸胺溶液	德国 Degussa 公司	无机颜料分散
Tego Dispers 610S	含改性聚硅氧烷的高分子量聚羧酸胺溶液		无机、有机颜料分散
Tego Dispers 630	高分子量聚羧酸胺的衍生物溶液		无机颜料分散，解絮凝
Tego Dispers 700	碱性表面活性剂与脂肪酸的衍生物		有机膨润土浆分散
EFKA4010	新一代聚氨酯聚合物	荷兰 EFKA 公司	有机、无机颜料分散，防浮色发花
EFKA4050			炭黑，有机、无机颜料分散，防浮色发花
EFKA4300	改性聚丙烯酸酯		有机、无机颜料和炭黑的分散
Disper BYK101	长链多元胺聚酰胺盐和极性带酸性基团的共聚物	德国 BYK 公司	润湿、分散、防浮色、防发花
Disper BYK130	不饱和多元酸的多元胺聚酰胺溶液		无机、有机颜料和炭黑用分散剂
Disper BYK160	含亲颜料基团的高分子		无机、有机、炭黑的分散
929	阴离子型高分子表面活性剂	台湾德谦公司	炭黑专用润湿分散剂
923、923S	聚羧酸铵盐		无机、有机颜料润湿分散剂
983	高分子聚合物		无机、有机颜料润湿分散剂

低分子量的润湿分散剂通常为表面活性剂，可分为离子型的和非离子型的。离子型的又可分为阳离子型、阴离子型和两性的表面活性剂，另外还有一种电中性的表面活性剂。

高分子量润湿分散剂分子中必须含有在溶剂或树脂溶液中能够溶解伸展开的链段，发挥空间稳定化作用。分子中还必须含有能够牢固地吸附在颜料粒子表面上的吸附基团。

11.2.4 润湿分散剂在涂料中的应用

润湿分散剂主要是在界面处发挥作用，以吸附层形式覆盖在固体粒子的表面上，可以改变颜料的表面性质。在涂料的生产和使用过程中可节省时间及能源，提高效率。由于颜料分散稳定，提高了涂料贮存的稳定性以及颜料的着色力和遮盖力等，还利于增加涂膜的光泽、降低色浆的黏度，从而改善了涂料的流平性，取得防止浮色、流挂、沉降等效果，提高涂膜的物化性能。

涂料是一个多相的分散体，在颜料表面上会发生竞争吸附。选择合适的润湿分散剂及其适当的使用方法是十分重要的。

分散剂的稳定链必须溶在树脂溶液中才能自由伸展，构成一定厚度的吸附层，如果与树脂溶液不相容，在这种贫溶剂中分散剂虽然能吸附在颜料的表面上，但其稳定链是蜷缩的，不能自由伸展，形成的吸附层会很薄，这样就不能充分发挥高分子分散剂的作用，试验证实，相容性不好，会影响颜料的分散效率及涂料性能。

每种颜料在一个特定的分散体系中都存在一个最佳的浓度值，这个最佳值跟颜料的比表面积、吸油量、最终要求的细度、研磨时间和色浆中所用树脂聚合物的特性有关。要根据这些条件经过实验而确定。

另外还需要考虑与其他助剂的配伍性，对体系稳定性的影响，反应活性等。

11.2.5 润湿分散剂的性能评价

润湿分散剂的性能可以通过颜料的分散质量进行评价，通常采用以下方法测定颜料分散程度。

① 刮板细度计是测量颜料分散情况的一种简单的方法，但它只表示大的颜料凝聚体，反映不出颜料分散质量的真实情况以及粒径的分布和粒子的状态。此测定方法由于速度快，在生产中被广泛采纳。

② 电子显微镜可以直观地看到粒径的分布、粒子的状态以及润湿分散剂在粒子表面上的吸附形态、覆盖程度等，但是效率低、成本高，现在主要应用于理论研究。

③ 光谱分析可以分析出颜料粒子表面发生的变化，活性剂在颜料表面吸附的情况，但和电子显微镜一样主要应用于理论研究。

颜料分散得好，涂膜表面的粗糙度低，比较平整、光的漫反射低、光泽高；否则涂膜表面光的漫反射程度高、光泽低。所以测量涂膜的光泽高低可以用来判断颜料分散的好坏。此外还可以利用着色力和色相以及涂料的贮存稳定性来测定分散的情况。

11.3 流平剂

11.3.1 概述

涂料施工后，有一个流动及干燥成膜过程，然后逐步形成一个平整、光滑、均匀的涂膜。涂膜能否达到平整光滑的特性，称为流平性。缩孔是涂料在流平与成膜过程中产生的特性缺陷之一。在实际施工过程中，由于流平性不好，刷涂时出现刷痕，辊涂时产生辊痕，喷涂时出现橘皮，在干燥过程中相伴出现缩孔、针孔、流挂等现象，都称为流平性不良，这些现象的产生降低了涂料的装饰和保护功能。

影响涂料流平性的因素很多，溶剂的挥发梯度和溶解性能、涂料的表面张力、湿膜厚度和表面张力梯度、涂料的流变性、施工工艺和环境等，其中最重要的因素是涂料的表面张力、成膜过程中湿膜产生的表面张力梯度和湿膜表层的表面张力均匀化能力。改善涂料的流平性需要考虑调整配方和加入合适的助剂，使涂料具有合适的表面张力和降低表面张力梯度的能力。

11.3.2　流平机理

涂料干燥成膜过程中常见的缺陷有缩孔、橘皮、刷痕、辊痕、流挂等。

缩孔是指涂膜上形成的不规则的、有如碗状的小凹陷，使涂膜失去平整性，常以一滴或一小块杂质为中心，周围形成一个环形的棱。从流平性的角度而言，它是一种特殊的"点式"的流不平，产生于涂膜表面，其形状从表观可分为平面式、火山口式、点式、露底式、气泡式等。

导致缩孔的原因是多方面的，既有涂料配方的内在因素，如涂料组分中不溶性胶粒的产生；又有施工环境等外界因素，如施工过程中空气的污染。

涂料贮存过程中，少量树脂从溶剂中沉淀形成颗粒，固化过程中，随着溶剂的挥发，部分溶解性差的树脂变成不溶于溶剂的颗粒等均会导致缩孔，主要是点式。涂料组分中表面活性物质与涂料不相容，或者干燥过程中浓度升高超过其溶解度，生成少量不相容的液滴，易导致缩孔，表现为露底。

施工过程中空气的污染，如空气表面有活性粒子、漆雾、尘埃、水汽等。或施工过程带来的油污、尘埃、水汽等，均可导致缩孔。油污、水分主要造成火山口式缩孔。底材处理不净，有油污、水分、尘埃等污染物，由于不能被涂料所润湿，导致露底式缩孔。湿涂膜中气泡破裂，随后未经涂膜流平就固化成膜，易导致气泡式缩孔。

缩孔形成的关键是涂膜表面产生表面张力梯度，一方面由于涂料干燥过程溶剂的蒸发产生表面张力梯度；另一方面是涂膜中颗粒、液滴等低表面张力物质的存在导致表面张力梯度。如果涂膜周围及内部有粒子或液滴等污染物存在，当它们流动到涂膜表层时，污染物的表面张力低，就会造成表面张力梯度，涂料中各组成物质分散不均匀也会造成表面张力梯度。由于表面张力梯度的形成，粒子或液滴的表面张力比湿涂膜低，所以涂料在表面上径向地向外流动。由于湿涂膜黏度高，被污染物首先要克服黏度的阻滞作用，拖动表层以下的涂料。若湿膜较厚，里层的涂料会移动到表面补充而消除缩孔，若湿膜较薄，里层的涂料量不足以补充，就形成了缩孔。缩孔的形成还取决于涂料本身的流动性，当涂膜上形成表面张力梯度时，流体由一点到另一点流动，若流动量大，就会形成露底缩孔。要减少缩孔，就应使涂料流动性减小，要求涂膜薄、黏度高，尽量使表面张力均匀。

涂料在干燥过程中，随着溶剂的蒸发，在涂膜表面形成较高的表面张力，并且黏度增大，同时，溶剂的蒸发吸收热量导致温度下降，造成内外表面之间的温差及表面张力、黏度不同。当表面张力不同时，将产生一种推动力，使涂料从底层向上层运动。当上层溶剂含量降低时，较多溶剂的底层就往表面散开。随着溶剂蒸发，黏度增大，流动速度缓慢。流动的涂料在重力作用下向下沉。同时，又由于里、表层之间表面张力的不同，再一次使流动的涂料向上。当表面再一次散开时，物质将再一次受到重力的影响并下沉。这种下沉、向上、散开的流动将反复进行，直到其黏度增长到足以阻止其流动时为止，此时里、表层的表面张力差也趋于消失。这种流动的反复进行，造成局部涡流。按照 Helmholtz 流动分配理论，这种流动，形成边与边相接触的不规则六角形的网络，称为贝纳尔旋涡（Benard cells），旋涡状小格中心稍稍隆起。如果涂料的流动性差，干燥后就留下不均匀的网纹或条纹，称为橘皮现象。

涂膜流平过程中常出现的弊病还有刷痕与辊痕，这是由于施工过程中涂料的黏度发生了变化，表面涂料不能及时流平所致。

涂料施工后，不可避免地产生条痕，如果流平得很快，条痕就能够消失，如在涂膜干燥前不能充分流平，则条痕不能完全消失，就得不到光滑的表面。流平过程的推动力是涂料的表面张力，它使涂层表面可收缩成最低表面积的形状，从而使涂层从凹槽、刷痕或皱纹变成平滑表面。关于涂料流平性的讨论，主要是基于条痕模型理论。

图 11-2　条痕模型示意

如图 11-2 所示，涂层平均厚度为 h，刷痕幅度为 a，控制刷痕的线性尺寸为波长 λ，刷痕剖面的周边曲线按正弦波剖面处理。按 Rhodes 和 Orchaed 关系式表示如下

$$\ln \frac{a_t}{a_0} = -\frac{16\pi^4 h^3}{3\lambda^4} \int_0^t \frac{\gamma}{\eta} \mathrm{d}t \tag{11-3}$$

式中，a_0 为初始振幅，cm；a_t 为经过时间 t 后的振幅，cm；t 为时间，s；h 为涂层平均厚度，cm；λ 为波长，cm；γ 为涂料的表面张力，dyn（10^{-5} N/m）；η 为涂料的黏度，P（0.1Pa·s）。

假定 γ、η 在流动过程中不变（随时间变化不大），且时间间隔很小，可按每一份时间间隔数缩减，进行数学处理，上式转变如下

$$\lg \frac{a_0}{a_t} = -\frac{226 h^3 \gamma}{\lambda^4 \eta} \Delta t \tag{11-4}$$

$$\Delta t = \frac{\lambda^4 \eta}{226 \gamma h^3} \lg \frac{a_0}{a_t} \tag{11-5}$$

式（11-5）的物理意义是，流平时间与流平次数成正比。式中，$\lg \frac{a_0}{a_t}$ 就是振幅每发生一次减小的变化值，如果 a_0、a_t 差值越大，流得越平，$\lg \frac{a_0}{a_t}$ 值也越大，相当于流平次数越多。

涂料表面张力一般在 $(2.5 \sim 5.5) \times 10^{-2}$ N/m，改变表面张力对流平无明显效果，而且会带来不利影响。涂层厚度和波长对流平效果有显著影响，而涂层厚度和波长受涂装工艺所控制。另外，在施工后的干燥过程中，随着溶剂的挥发，涂料黏度升高，涂层由液态逐渐转变为固态，可在涂料配方中添加少量高沸点溶剂，延长涂料表面开放时间，从而提高涂膜的流平性。

涂料在垂直面上施工时，由于重力作用导致流挂，涂料黏度低，涂层厚，表面张力高则流平性能佳但容易导致流挂。如涂料具有触变性，就可以适当缓和二者的矛盾，在涂刷时受剪切力作用涂料黏度降低，呈现较好的流动性及流平性，便于施工，涂刷停止后，剪切力逐渐降低，涂料黏度随之增高，可防止流挂及颜料沉降。因此，常在涂料中添加触变助剂，使涂料具有适当的触变性。

根据上述分析，为改善涂料的流平性，应考虑：降低涂料与基材之间的表面张力，使涂料与基材具有良好的润湿性，并且不至于引起缩孔的物质之间形成表面张力梯度；调整

溶剂蒸发速度，降低黏度，改善涂料的流动性，延长流平时间；在涂膜表面形成极薄的单分子层，以提供均匀的表面张力，使表面张力趋于平衡，避免因表面张力梯度造成表面缺陷。

借助流平剂的加入，就能全部或部分满足以上 3 个条件，从而得到更佳的流平效果，使涂膜表面平整光滑。

11.3.3 常用流平剂

常用防缩孔、流平剂的类型有溶剂类、相容性受限制的长链树脂、相容性受限制的长链硅树脂等。

溶剂类流平剂主要是高沸点溶剂混合物。溶剂型涂料仅借助增加溶剂以降低黏度来改善流平性，将使涂料固体分下降并导致流挂等弊病；或者保持溶剂含量不变，只加入高沸点溶剂以图调整挥发速度来改善流平性，干燥时间会相应延长。故此两方案均不理想。只有加入高沸点溶剂混合物，显示各种递增特性（挥发指数、蒸馏曲线、溶解能力），效果较为理想。溶剂类流平剂主要成分是各种高沸点的混合溶剂，具有良好的溶解性，也是颜料良好的润湿剂。常温固化涂料由于溶剂挥发太快，涂料黏度提高过快妨碍流动而造成刷痕，溶剂挥发导致基料的溶解性变差而产生的缩孔，或在烘烤型涂料中产生沸痕、起泡等弊病采用这类助剂是很有效的。另外采用高沸点流平剂调整挥发速度，还可克服泛白的弊病。

相容性受限制的长链树脂常用的有聚丙烯酸酯类、醋丁纤维素等。它们的表面张力较低，可以降低涂料与基材之间的表面张力而提高涂料对基材的润湿性，排除被涂固体表面所吸附的气体分子，防止被吸附的气体分子排除过迟而在固化涂膜表面形成凹穴、缩孔、橘皮等缺陷；此外它们与树脂不完全相混溶，可以迅速迁移到表面形成单分子层，以保证在表层张力均匀化，增加抗缩孔效应，从而改善涂膜表面的光滑平整性。聚丙烯酸酯类流平剂又可分为纯聚丙烯酸酯、改性聚丙烯酸酯（或与硅酮拼合）、丙烯酸碱溶树脂等，纯聚丙烯酸酯流平剂与普通环氧树脂、聚酯树脂或聚氨酯等涂料用树脂相容性很差，应用时会形成有雾状的涂膜。为了提高其相容性，通常用有较好混溶性的共聚物。

相容性受限制的长链硅树脂常用的有聚二甲基硅氧烷，聚甲基苯基硅氧烷，有机基改性聚硅氧烷等。这类物质可以提高对基材的润湿性而且控制表面流动，起到改善流平效果的作用，当溶剂挥发后，硅树脂在涂膜表面形成单分子层，从而改善涂膜的光泽。改性聚硅氧烷又可分为聚醚改性有机硅、聚酯改性有机硅、反应性有机硅、引入有机基团有助于改善聚硅氧烷和涂料树脂的相容性，即使浓度提高也不会产生不相容的副作用。改性聚硅氧烷能够降低涂料与基材的界面张力，提高对基材的润湿性，改善附着力，防止发花、橘皮、减少缩孔、针眼等涂膜表面病态。氟系表面活性剂，其主要成分为多氟化多烯烃，对很多树脂和溶剂也有很好的相容性和表面活性，有助于改善润湿性、分散性和流平性，还可以在溶剂型漆中调整溶剂挥发速度。常用的流平剂如表 11-2 所列。

表 11-2　常用流平剂

商品名称	组成	应　用	生产商
BYK-300	聚醚改性有机硅	中等程度降低表面张力，溶剂型涂料中防止缩孔，改善流平，增光，增滑，抗划伤，抗粘连	德国 BYK 公司
BYK-306	聚醚改性有机硅	强烈降低表面张力，溶剂型涂料中增进底材润湿，防止缩孔，改善流平，增光，增滑；增进消光粉定向效果，改善抗流挂性	

商品名称	组成	应用	生产商
BYK-330	聚醚改性有机硅	强烈降低表面张力,溶剂型涂料中防止缩孔、浮色、发花,改善流动和流平,增光,增滑,抗划伤;增进消光粉定向效果,改善抗流挂性	德国 BYK 公司
Tego Glide406	聚醚改性有机硅	溶剂型涂料中防止缩孔,改善流动和流平,增滑;重涂性好	德国 degussa 公司
Tego Glide410	聚醚改性有机硅	溶剂,无溶剂型和水性涂料中强烈地增进表面滑爽,抗划伤,抗粘连,防缩孔,增进消光粉定向效果	
EFKA-3033	聚醚改性有机硅	强烈降低表面张力,溶剂型涂料中增进底材润湿,防止缩孔、浮色,改善流平,增光,增滑,抗划伤,抗粘连	荷兰 EFKA 公司
EFKA-3232	聚醚改性有机硅	强烈降低表面张力,溶剂型和无溶剂型涂料中增进底材润湿,防止缩孔、浮色,改善流平,增光,增滑,抗划伤,抗粘连	
Levaslip-411	聚醚改性有机硅	溶剂型涂料中改善流平,增光,增滑,抗划伤,抗粘连,增进铝粉定向效果	德谦(上海)化学有限公司
Levaslip-433	聚醚改性有机硅	强烈降低表面张力,溶剂型涂料中增进底材润湿,防止缩孔,减少发花,改善流动和流平,增光,增滑,抗划伤,抗粘连	
Levaslip-836	聚醚改性有机硅	溶剂型涂料中改善流平,增光,增滑,抗划伤,抗粘连,改善铝粉、消光粉的定向效果	
BYK-310	聚醚改性有机硅	强烈降低表面张力,在溶剂型自干漆和烘烤漆中增进底材润湿,防止缩孔,改善流平,增光,增滑,耐热达230℃,烘烤漆重涂时不影响层间附着力,不产生表面缺陷	德国 BYK 公司
BYK-323	聚酯改性含羟基有机硅	在溶剂型及无溶剂型自干漆和烘烤漆中改善流动和流平,增进表面滑爽,淋涂时可稳定帘幕,具有消泡作用	
EFKA-86	异氰酸酯改性有机硅	与含羟基和羧基官能团的溶剂型涂料进行交联反应,提供持久的滑爽性和抗划伤性,改善流平,防止缩孔、浮色	荷兰 EFKA 公司
EFKA-LA8835	异氰酸酯改性有机硅	与含羟基和羧基官能团的溶剂涂料进行交联反应,改善流平,提供持久的滑爽性和抗粘连性	
EFKA-3600	氟改性丙烯酸酯共聚物	显著地降低各类溶剂型和无溶剂型自干漆及烘烤漆的表面张力,增进底材的润湿性,有效地防止缩孔,改善流动和流平,不影响重涂性和层间附着力	

275

商品名称	组成	应　　用	生产商
BYK-352	聚丙烯酸酯	溶剂型自干漆及烘烤漆中防止缩孔,改善流平,提高光泽,不影响重涂性和层间附着力,耐热性好	德国 BYK 公司
BYK-357	丙烯酸酯共聚物	溶剂型自干漆及烘烤漆中防止缩孔,改善流平和光泽,不影响重涂性和层间附着力;耐热性好,有消泡作用	
BYK-390	聚甲基丙烯酸酯	溶剂型自干漆及烘烤漆中防止缩孔,改善流平和光泽,不影响重涂性和层间附着力;耐热性好,烘烤漆中优良的防爆泡性及消泡作用	

流平剂是改进涂装效果的一类重要助剂,品种较多、应用广泛,尤其用于高性能涂料。使用时需要注意其应用范围、用量以及和其他助剂的配伍性,使用前,应对不同的品种、用量进行筛选试验,以求得最佳品种及最宜用量。另外,对添加方式,也应该通过试验选择最佳工艺。

流平剂加入后,对于涂料流平性能的提高一般采用目测判断,也可以采用间接法取得定量的数据如测试涂膜光泽度。

11.3.4　流平剂的发展趋势

随着高性能涂料的开发应用,流平剂在国内已得到应有的重视,一方面借鉴国外品种开发应用的经验,开发了部分新产品,另一方面从结构-性能关系角度,进行必要的理论研究,同时结合涂料组成和实际应用开发新产品,进入分子结构与功能效应的设计阶段,开发新结构、多功能的流平剂已成为趋势。

反应活性流平剂既能起到流平作用,又能与固化剂、树脂起交联作用形成三维网状结构的大分子,它不仅起流平作用,而且可提高涂膜的光泽及物理力学性能。如环氧粉末涂料用的丙烯酸酯聚合物引进少量环氧基的丙烯酸共聚物,既能对环氧粉末起到流平作用,又能与固化剂、环氧树脂起交联作用形成三维网状结构的大分子,它不仅起流平作用,而且可提高涂膜的光泽及物理力学性能。

超支化聚合物具有端基数目多、黏度低的特点,在流平剂中有潜在的应用前景。可控聚合有利于控制分子链的结构和分子量,近年来已经应用于流平剂制备,以此制备的流平剂体现出良好的性能。

11.4　消泡剂

11.4.1　概述

现代涂料配方中大量采用各种助剂,这些助剂品种大多属于表面活性剂,都能改变涂料的表面张力,致使涂料本身就存在着易起泡或使泡沫稳定的因素;另外涂料制造过程中需要使用的各种高速混合分散机械以及涂料涂装时所用的各种施工方法都会程度不同地增加涂料体系的自由能,帮助产生泡沫。泡沫的产生,不仅降低生产效率,影响涂膜外观,而且降低涂膜的装饰和保护功能。

11.4.2　泡沫的产生及稳定

泡沫是不溶性气体在外力作用下进入液体之中,形成的大量气泡被液体相互隔离的非均相分散体系。

　　泡沫产生时，由于液体与气体的接触表面积迅速增加，体系的自由能也迅速增加，泡沫体系自由能的增加，是表面张力和增加表面积的乘积。泡沫产生难易程度与液体体系的表面张力直接有关，表面张力越低，体系形成泡沫所需的自由能越小，越容易生成泡沫。

　　纯净的液体由于表面和内部的均匀性，不可能形成弹性体，它们的泡沫总是不稳定的。涂料中存在分散剂、增稠剂等多种表面活性物质，降低了体系的表面张力，这不仅增加了乳液的起泡性，而且表面活性物质造成的 Marangoni 效应、Gibbs 弹性、静电斥力、表面黏度等都有助于泡沫的稳定。

　　① 可溶性表面活性剂的存在导致 Marangoni 效应产生，当泡沫刚形成时，泡沫膜的液体由于重力的作用向下回流，从而带动表面活性剂分子也向下流动，造成底部表面张力低于上部表面张力。Marangoni 效应认为："在底部低表面张力的液体流向上部高表面张力的液体时，在泡膜中通过与纯液体生成的泡沫不断逆向流动的表面活性剂液体，增加了泡膜的厚度，使气泡稳定。"

　　② 表面活性剂分子中的亲水基和憎水基被气泡壁吸附，有规则地排列在气液界面上，形成了弹性膜，当弹性膜某一部位被拉抻时，在表面张力作用下泡沫膜开始回缩，达到平衡的稳定状态，同时带动液体移动，阻止了泡沫的破裂，称之为 Gibbs 弹性。

　　③ 表面黏度是由液体表面中相邻表面活性剂分子间相互作用引起的，一方面提高了液膜的强度，另一方面防止或减缓泡壁液膜的排水速率，使泡沫稳定。

　　④ 离子型乳化剂的使用，能使气泡膜壁带有电荷，由于静电斥力，液膜的两个表面互相排斥，防止液膜破裂而有利于泡沫的稳定。

11.4.3　消泡机理

　　泡沫是热力学不稳定体系，有表面积自行缩小的趋势，气泡壁液膜由于表面张力差异和重力的原因会自行排水，液膜变薄，达到临界厚度时自行破裂。它的破除要经过 3 个过程，即气泡的再分布、膜厚的减薄和膜的破裂。对于稳定的泡沫体系，要经过这 3 个过程而达到自然消泡需要很长时间，因此需要使用消泡剂实现快速消泡满足工业生产。

　　消泡包括抑泡和破泡两个方面，当体系加入消泡剂后，消泡剂在泡沫体系中造成表面张力不平衡，破坏泡沫体系表面黏度和表面弹性。消泡剂分子抑制形成弹性膜，阻止泡沫的产生，称为抑泡。对于已经存在的泡沫，消泡剂分子迅速散布于泡沫表面，快速铺展，进一步扩散、渗透，取代原泡膜薄壁。由于其表面张力低，便流向产生泡沫的高表面张力的液体，气泡膜壁迅速变薄，导致破泡。

　　消泡是一种界面现象或扩散现象。消泡剂要发挥作用，必须渗入到泡沫之间的液膜上并且很快扩散到起泡介质中，按照 Ross 提出的公式：

渗入系数　　　　　　　　　　　$E = \gamma_F + \gamma_{DF} - \gamma_D > 0$

扩散系数　　　　　　　　　　　$S = \gamma_F - \gamma_{DF} - \gamma_D > 0$

　　式中，γ_F 为泡沫介质的表面张力；γ_{DF} 为泡沫介质与消泡剂之间的界面张力；γ_D 为消泡剂的表面张力。

　　为了产生渗入，E 必须大于 0，为了产生扩散，S 必须大于 0，只有 E 和 S 都为正值的物质才具有消泡作用。要使 E 足够大，消泡剂的表面张力要低；要使 S 足够大，不仅消泡剂的表面张力要低，而且泡沫介质与消泡剂之间的界面张力也要低，这就要消泡剂本身应具有一定的亲水性，使其既不溶于发泡介质中，又具有很好的扩散能力。

　　有效的消泡剂应满足下述条件：①表面张力低于泡沫介质的表面张力；②不溶解于泡沫介质之中或溶解度极小，但又具有能与泡沫表面接触的亲和力；③易于在泡沫体系中扩散，并能够进入泡沫和取代泡沫膜壁；④具有一定的化学稳定性；⑤具有在泡沫介质中分散的适宜颗粒度作为消泡核心。

11.4.4 常用消泡剂

消泡剂多为液体复配产品，主要分为矿物油类、有机硅类、聚合物类三类。常用消泡剂见表 11-3。

表 11-3　常用消泡剂

商品名称	组成	应用	生产商
BYK-065	聚硅氧烷溶液	防止生产和灌装时泡沫的生成。适用于醇酸、环氧、聚氨酯、硝基和丙烯酸系涂料	德国 BYK 公司
BYK-A530	破泡聚合物和聚硅氧烷溶液	优良的破泡、消泡效果。适用于溶剂型涂料尤其适用于环氧涂料	德国 BYK 公司
BYK-052	破泡聚合物，不含有机硅	可有效防止生产、施工、包装过程产生气泡	德国 BYK 公司
Airex 910	不含有机硅的不饱和烷烃溶液	具有消泡、脱泡、消除针孔的作用。适用于环氧体系、不饱和聚酯木器漆	Tego 公司
Airex 970	改性聚有机硅	具有脱泡、消除针孔的作用。适用于醇酸、乙烯基、聚氨酯、硝基和丙烯酸系涂料	Tego 公司
Foamex N	聚硅氧烷	溶剂型、无溶剂型涂料用消泡剂	Tego 公司
Deform 2700	非有机硅聚合物	能防止生产过程及施工过程产生气泡。相容性好，有助流平。适用于溶剂型、无溶剂型色漆及透明涂料	德谦公司
Deform 5500	改性有机硅	对双组分聚氨酯涂料有特效。对烘漆系统因淋涂、浸涂产生的气泡也有抑制作用。兼具流平作用，还适用于醇酸、硝基、环氧体系	德谦公司
Deform 6500	改性聚有机硅	能防止生产过程及施工过程产生气泡。相容性好，有助流平。适用于溶剂型、无溶剂型环氧涂料	德谦公司

（1）矿物油类消泡剂　矿物油类消泡剂通常由载体、活性剂、展开剂等组成。载体是低表面张力的物质，其作用是承载和稀释，常用载体为水、烃油、脂肪醇等；活性剂的作用是抑制和消除泡沫，活性剂的选择取决于介质的性质，常用的有蜡、硅油、脂肪族酰胺、高分子量聚乙二醇、脂肪酸酯、金属皂、疏水性二氧化硅等。

（2）有机硅类消泡剂　有机硅类消泡剂一般包括聚二甲基硅氧烷和改性聚二甲基硅氧烷两类。

聚二甲基硅氧烷为高沸点液体，溶解性很差，具有很低的表面张力，热稳定性好，是一类广泛应用的消泡剂。随着其结构和聚合度的不同，聚二甲基硅氧烷体现不同的性能，可以作为稳泡剂、消泡剂、流平剂、锤纹剂，只有具有适宜的溶解度和相容性的聚二甲基硅氧烷才具有消泡功能，有些情况下，甲基也可以为乙基、苯基等取代。聚二甲基硅氧烷消泡剂一般有本体、溶液、乳化型和复合型几种形式，复合型是涂料中应用最广的形式。

向聚二甲基硅氧烷主链引入聚醚和有机基团进行改性可以满足不同树脂体系和配方的要求，调节亲水性和亲油性的平衡，提高消泡能力的同时又能改善涂膜外观，如引入氟原子可以大幅度降低表面张力和提高消泡能力。

11.4.5 消泡剂的应用

消泡剂的用量不大，但它专用性强。选择消泡剂，一方面要达到消泡目的并保持消泡能力的持久性；另一方面要注意避免颜料凝聚、缩孔、针孔、失光等副作用。应用时需注意以下几点：

① 抑泡和消泡性能要保持平衡以保持消泡能力的持久性，注意和其他助剂的配伍性；

② 一般用量为体系的 $0.1\%\sim0.5\%$，最终用量要通过实验确定，用量过多易引起缩孔、缩边、再涂性差等弊病，用量少，则无法消除泡沫；

③ 使用前充分搅拌并在搅拌情况下加入到涂料中；

④ 分批加入消泡剂，即颜料分散研磨工序和调漆工序分别加入部分消泡剂。在研磨分散工序需要抑泡效果强的消泡剂，在调漆工序需要破泡效果强的消泡剂。

选择消泡剂时，一般采用量筒法、高速搅拌法、鼓泡法、振动法、循环法对其进行性能测试，高速搅拌法应用面较广，结果比较准确。此外还需要进行涂装实验和贮存稳定性实验并对涂膜性能进行测试。

11.5 光泽助剂

11.5.1 概述

不同的被涂物体，不同的使用目的和环境，除了对涂料提出装饰和防护作用要求外，对涂层的表面光泽性能也有不同的要求。光泽是涂膜把投射光线向同一方向反射的能力，光泽越高，反射的光量越多。涂膜的光泽用光泽仪测量，以光泽度表示，从规定入射角照射涂膜表面的光束，其正反射光量与在相同条件下从标准板面上正反射光量之比，称为光泽度。

高光泽度可以体现被涂物体的豪华和高贵气质，如轿车和飞机；柔和的光泽符合人体的生理需要，如家具和地板；电子厂房、医院多采用亚光涂料以提供安静、舒适和优雅的环境；军事装备和设施为隐蔽、保密和安全的目的，需要使用消光涂料；某些仪器部件对光学性能的特殊要求，其表面涂层是半光；建筑外墙涂料为了消除光污染和掩盖本身缺陷，需要低光泽。

使用消光剂和增光剂是调节涂料表面光泽的重要手段。增光剂主要是能提高颜料在涂料中分散、改进漆膜流平和降低漆膜表面张力的表面活性剂，主要通过改善颜料的分散和涂膜外观增大光泽度。消光剂品种繁多，包括金属皂、改性油、蜡、功能性填料等，通过提高涂膜表面的粗糙度发挥作用。在涂料中应用的光泽助剂主要是消光剂。

11.5.2 涂料光泽的影响因素

光线投射到涂膜表面，一部分被涂膜反射和散射，表面越是平整则反射部分越强，光泽值就越大，如果表面非常粗糙，则散射部分相应增加，光泽度就很低。因此，涂膜的光泽是其表面粗糙度的表现，主要影响因素有颜料的颗粒大小和分布、颜料的分散、颜料体积浓度、成膜过程等。

研究表明，颜料的颗粒大小和分布是影响涂膜光泽的重要因素，减小颜料的颗粒大小可以降低涂膜的粗糙程度从而提高光泽度，颜料颗粒平均直径小于 $0.3\mu m$ 时才能够获得高光泽表面，颗粒大小在 $3\sim5\mu m$ 时消光效应最明显。

调整颜料，特别是体质颜料的用量是控制色漆漆膜表面光泽常用的方法，在一般油基漆中，无光泽的 PVC 为 $52.5\%\sim71.5\%$，半光漆的 PVC 为 $33\%\sim52.5\%$，磁漆 PVC 为 $20\%\sim30\%$，这是由于树脂能够充分包覆颜料和填料，能够形成平整的涂膜。

颜料类型和用量确定后，它们在涂料中分散程度将决定漆膜的光反射特性。当有效地增加颜料分散性时，颜料的絮凝体尺寸减小，吸附基料的量增加，产生光滑的表面，光泽随颜料分散程度而提高。但是，过高的分散会使颜料颗粒吸附更多的基料，则可能导致漆膜低光泽。

涂料的成膜过程影响涂膜表面的粗糙程度。一般情况下，涂料施工后，随着溶剂蒸发，漆膜厚度降低并收缩，悬浮颗粒重新排列在表面上，产生不同程度的凹凸面。不同的基料，因分子结构内自由体积不同，成膜后的收缩率也不同，光泽也有差异。对于溶剂型涂料，优良的溶剂能够保证树脂分子充分流平；但溶剂各组分挥发速度不同，残留组分的溶解性能不佳时，树脂分子易于变成颗粒析出，导致涂膜平整性下降。

能使漆膜表面产生粗糙度，明显地降低其表面光泽的物质称为消光剂。涂料中使用的消光剂应能满足下列基本要求：

① 消光剂的折射率应尽量接近树脂的折射率，不至于影响清漆透明度和色漆的颜色；
② 化学稳定性好，不影响涂料贮存和固化；
③ 分散性好且贮存稳定；
④ 用量少，加入少量即能够产生强消光性能。

11.5.3 常用消光剂及其使用

涂料中大量使用的消光剂包括金属皂、蜡、改性油消光剂和功能性填料等几类。

11.5.3.1 金属皂

金属皂是研究和应用较早的消光剂，由于它与漆料组分不相容，以非常细微的悬浮物分散在涂料里，成膜时分布在漆膜表面，降低漆膜表面的光反射性而达到消光目的。

常用的金属皂消光剂有硬脂酸铝、锌、钙，铅和镁的皂用得较少。金属皂消光剂的用量一般为涂料基料的 5%～20%，使用时需避免过度加热和研磨影响消光效果，此外还具有增稠、防沉、防流挂等作用。

11.5.3.2 蜡

蜡作为涂料的消光剂使用简单、应用较早，涂料施工后，因溶剂挥发，蜡从漆中析出，形成微细结晶，浮在漆膜表面，形成一层散射光线的粗糙面而起到消光作用。天然蜡已很少用做消光剂，取而代之的是半合成蜡和合成蜡，半合成蜡由天然蜡改性而得，如微粉脂肪酸酰胺蜡、微粉聚乙烯棕榈蜡等，合成蜡多为低聚物，如低分子聚乙烯蜡、聚丙烯蜡、聚四氟乙烯以及它们的改性衍生物，它们不仅消光能力强，还能够提高涂膜的硬度、耐水性、耐刮伤性、耐湿热性等。

11.5.3.3 改性油消光剂

有些干性油，如桐油能形成无光漆膜，这是由于桐油中共轭双键反应活性高，漆膜底面不同的氧化交联速度使漆膜表面产生凹凸不平而达到消光效果。为了克服生桐油的缺点，可使其进行部分聚合，在油料中加入天然橡胶稀溶液或其他消光剂。

11.5.3.4 功能性填料

功能性填料包括微粉级合成二氧化硅、硅藻土、硅酸镁、硅酸铝等。

微粉级合成二氧化硅主要有微粉级合成二氧化硅气凝胶、微粉级沉淀二氧化硅、气相二氧化硅。

微粉级合成二氧化硅气凝胶具有强度高、分散中耐研磨、孔容积大的特点，此外对涂膜的透明性和干燥性影响很小。目前此类产品多以国外公司为主。

微粉级沉淀二氧化硅国内产量较大，但是质量档次低，多用于底端涂料。

气相二氧化硅目前仅有德固赛公司生产，涂膜透明性好，多用于高档涂料。

消光剂使用时一方面要注意颗粒大小和膜厚度的匹配，以平衡消光效果和涂膜外观；另一方面要注意避免过度研磨。

11.5.4 增光剂

增光剂能够促进涂料流平、降低涂膜表面粗糙度从而提高涂膜光泽度。常用的润湿分散剂可以促进颜料分散，避免容易凝聚的颜料如炭黑等凝聚提高涂膜光泽度；高沸点真溶剂或丙烯酸酯齐聚物、丁基纤维素可改善涂料流平提高涂膜光泽度，硅油或改性聚二甲基硅氧烷可以降低涂料的表面张力，提高涂料对基材的润湿，避免橘皮等表面缺陷得到高光泽的涂膜。

11.6 流变剂

在外力作用下，任何物体都会发生变形或流动，研究流体在外力作用下流动和变形规律的科学，称为流变学。涂料生产的各个阶段，从原料选择、涂料生产、贮存、应用施工直到固化成膜，都涉及流变性能。研究涂料的流变性有助于提高涂料性能、保持贮存稳定性、消除涂膜弊病，指导配方设计和施工。

11.6.1 流体流动模型

在流体模型中，液体被看作多层液层堆积的长方体，它们充满在两块平行板之间，底板固定，其余各层可以移动，如图11-3所示。

图11-3 液体流动模型

11.6.2 流体的主要类型

根据剪切应力和剪切速率之间的关系——流动（黏度）特性曲线，液体可分为牛顿型和非牛顿型两大类。

（1）牛顿流体 在任何给定的温度下，在广泛的剪切速率范围黏度保持不变的流体称为牛顿流体。许多涂料原料，如水、溶剂和一些树脂溶液属牛顿流体，然而涂料成品却大都是非牛顿流体。牛顿流体的流动和黏度特性曲线如图11-4所示。

图11-4 牛顿流体的流动和黏度特性曲线

（2）非牛顿流体 当一个流体的黏度随着剪切速率的变化而变化时，就称为非牛顿流体。非牛顿流体又可分成假塑性流体、胀流性流体和触变性流体。假塑性流体的黏度随着剪切速率的增加而减小（即切力变稀的流体）；胀流性流体的黏度随着剪切速率的增加而增大；触变性流体的黏度随着剪切时间的延长而降低，涂料大都为非牛顿流体。非牛顿流体的流动和黏度特性曲线如图 11-5 所示。

触变性流体的黏度与剪切历程有关，经受剪切的时间越长，其黏度越低，直到某一下限值。一旦释去剪切力，黏度又回升，由于原始结构已遭破坏，必须经过一定的时间，才能恢复到原始值。涂料体系的触变性在施工时的高剪切速率下有较低黏度，有助于流动并易于施工；在施工后的低剪切速率下，有较高黏度，可防止颜料沉降和湿膜流挂。

图 11-5 非牛顿流体的流动和黏度特性曲线

11.6.3 流变剂的作用机理

在低剪切速率下使涂料具有触变性的方法有：①颜料絮凝法；②流变助剂法。

颜料絮凝法是在涂料配方中添加了表面活性剂使颜料疏松地附着在一起形成絮凝物。由于这一脆弱的结构，形成了颜料颗粒链，总合起来为颜料网络，使絮凝了的涂料体系在低剪切速率下显示高黏度。但它削弱了颜料颗粒分散效果，容易影响遮盖力和展色性。而使用流变助剂形成凝胶网络，赋予涂料在低剪切速率下的结构黏度是较好的方法，已被普遍地采用，颜料絮凝法已被迅速取代。

涂层流挂和流平是两个相互矛盾的现象。良好的涂膜流平性要求在足够长的时间内将黏度保持在最低点，有充分的时间使涂膜充分流平，形成平整的涂膜。这样就往往会出现流挂问题。反之，要求完全不出现流挂，涂料黏度必须保持特别高，它将导致较少或完全没有流动性。

为此需要优良的流变助剂，使涂料流挂和流平性能取得适当平衡，即在施工条件下，涂料黏度暂时降低，并在黏度的滞后回复期间保持在低黏度下，显示良好的涂膜流平性；一旦流平后，黏度又逐步回复，这样就起到了防止流挂的作用。

涂料在贮存时，流变助剂在其内部形成疏松的结构。为了破坏其内部结构并使之流动，必须施加外力。当这个力超过该涂料的屈服值时，其内部结构遭到完全破坏，涂料变为极易流动的流体而便于流平，到一定阶段，疏松网状结构又得以形成，有利于防止流挂。

高剪切速率区，涂料的流动行为主要受基料、溶剂和颜料的影响，在低剪切速率区，涂料的流动行为主要由流变剂、颜料的絮凝性质和基料的胶体性质所决定。

在涂料体系中添加流变助剂能够形成胶体结构，使涂料具备触变性，同时能保持良好的颜料分散，还保证了颜料悬浮。

11.6.4 常用流变助剂与应用

涂料中使用流变助剂可以防止贮存时颜料沉降或使沉降软化以提高再分散性，防止涂装时流挂，调整涂膜厚度，改善涂刷性能，防止涂料渗入多孔性基材，消除刷痕，提高流平性。常用的几类流平助剂主要有有机膨润土、气相二氧化硅、蓖麻油衍生物、聚乙烯蜡、触变性树脂。

有机膨润土流变助剂用于涂料工业已有 30 年历史。原料来自天然蒙脱土，主要是水辉石和膨润土两种。亲水性膨润土与鎓盐，如季铵盐反应后成亲有机性化合物，可有效地使用于溶剂型涂料。

球形气相二氧化硅表面上含有憎水性硅氧烷单元和亲水性硅醇基团，由于相邻颗粒的硅醇基团的氢键形成三维结构，三维结构能被机械影响所破坏，黏度由此下降。静置条件下，三维结构自行复生，黏度又上升，因此使体系具有触变性。在完全非极性液体中，黏度回复时间只需几分之一秒；在极性液体中，回复时间长达数月之久，取决于气相二氧化硅浓度和其分散程度。气相二氧化硅在非极性液体中有最大的增稠效应，因为二氧化硅颗粒和液体中分子间的相互作用在能量上大大弱于颗粒间的相互作用。

氢化蓖麻油衍生物分子中含有极性基团，其脂肪酸结构容易溶剂化，在溶胀时生成溶胀粒子间氢键键合，形成触变结构。氢化蓖麻油衍生物主要应用于氯化橡胶涂料、高固体分涂料、环氧涂料，赋予触变结构，改善颜料悬浮性能，控制流变而不牺牲流平性。

分子量 1500～3000 的乙烯共聚物统称为聚乙烯蜡，使之溶解和分散于非极性溶剂中，制成凝胶体，可作涂料流变助剂用。聚乙烯蜡改善颜料悬浮性能而不明显增稠，改善流变控制而流平性能好，在金属闪光漆中还可控制金属颜料定向。

醇酸树脂用聚酰胺树脂存在分子间氢键作用，改性可得触变醇酸树脂。

11.7　水性助剂

随着人们环境意识的加强，环保涂料日益受到重视，水性涂料是其中重要一员，使用助剂有利于改善水性涂料的生产、贮存、施工性能，并能够提高涂膜的装饰和保护性能，水性助剂主要有润湿分散剂、水性消泡剂、水性增稠剂、成膜助剂、缓蚀剂、流平剂、防霉杀菌剂等。

11.7.1　水性润湿分散剂

水性涂料是以水为溶剂或分散介质的涂料体系。水的介电常数大，所以水性涂料主要是通过双电层静电斥力来保持稳定的，另外高聚物和非离子型表面活性剂吸附在颜料、填料表面上，形成空间位阻而使分散体稳定。所以水性涂料是以静电斥力和空间位阻二者共同作用而达到稳定结果的。

用于水性体系的分散剂可分为三类：无机分散剂，聚合物型分散剂和超分散剂。

(1) 无机分散剂　目前使用最多的无机分散剂主要有聚磷酸盐、硅酸盐等，如六偏磷酸钠、多聚磷酸钠、三聚磷酸钾（KTPP）和焦磷酸四钾（TKPP）等。其作用的机理是通过氢键和化学吸附，起静电斥力稳定作用。其优点是用量低，约 0.1％左右，对无机颜料和填料分散效果好。但也存在不足之处：一是随着 pH 值和温度的升高，多聚磷酸盐容易水解，造成长期贮存稳定性不良；二是多聚磷酸盐在乙二醇、丙二醇等二醇类溶剂中不完全溶解，会影响有光乳胶漆的光泽。

(2) 聚合物型分散剂　聚合物型分散剂主要有聚丙烯酸盐类，聚羧酸盐类，缩合萘磺酸盐，多元酸共聚物等。这类分散剂的特点是在颜料和填料表面产生较强的吸附或锚固作用，具有较长的分子链以形成空间位阻，链端具有水溶性，有的还辅以静电斥力，达到稳定的结果。要使分散剂具良好的分散性，要严格控制分子量。分子量太小，空间位阻不足；分子量太大，会产生絮凝作用。

(3) 超分散剂　超分散剂的分子结构分为两个部分：一部分为锚固基团，采用平面吸附方式，将分散剂锚合在颜料颗粒表面，防止超分散剂脱附；另一部分为溶剂化链，它与分散介质具有良好的相容性，能在颜料表面形成足够厚度的保护层，超分散剂是通过伸展于液相中的高分子所产生的位阻斥力的共同作用而使粒子均匀分散于体系中的。

超分散剂亲水端大多为侧链带羧基的聚合物，如丙烯酸（酯）、马来酸（酯）及它们的衍生物，疏水端单体多为不饱和烃类，如苯乙烯、乙烯、丁二烯、异丁烯、甲基乙烯醚、醋酸乙烯酯、α-甲基苯乙烯等。

天然的高分子化合物，如藻酸盐、瓜耳胶等，虽然分子量较大，也可用作分散剂。

11.7.2 水性消泡剂

水性涂料配方中乳化剂、润湿分散剂、流平剂和增稠剂等助剂的存在，不仅生产大量泡沫，而且还能够稳定泡沫。泡沫的存在使生产操作困难，给漆膜留下气泡造成表面缺陷，既有损外观，又影响涂膜的防腐性和耐候性。

水性涂料消泡剂一般分为有机消泡剂、聚硅氧烷类消泡剂和聚醚类消泡剂三大类。

常用的有机消泡剂一般是由水溶性差、表面张力低的液体组成，破泡作用很强，而抑泡作用很差。有机消泡剂包括矿物类，如液体石蜡；胺类及酰胺类，如二戊胺、卤化脂肪酰胺；醇类，如椰子醇、己醇。矿物油类消泡剂使用比较普遍，主要用于平光和半光乳胶漆中。

聚硅氧烷类消泡剂表面张力低，消泡和抑泡能力强，不影响光泽，但使用不当时，会造成涂膜缩孔和重涂性不良等缺陷。常用聚硅氧烷类消泡剂包括乳液型聚硅氧烷消泡剂和聚醚改性聚硅氧烷消泡剂。乳液型聚硅氧烷消泡剂，俗称有机硅消泡剂，通过乳化甲基硅油制得，它在水相中易分散，用量小，消泡快；聚醚改性有机硅氧烷消泡剂由聚甲基硅氧烷和聚醚两种链段组成，通过改变硅氧烷、环氧乙烷、环氧丙烷的比例，可以调节消泡能力。

聚醚类消泡剂是高分子链中含有大量醚键的聚合物，通过环氧乙烷和环氧丙烷共聚制备，改变二者的比例，就可以调节聚醚对水的亲和性，制成一系列消泡剂。

传统水性涂料消泡剂是以与水相不相容而达到消泡目的，因此容易产生涂膜表面缺陷。近几年，开发了分子级消泡剂。这种消泡剂是将消泡活性物质直接接枝在载体物质上形成聚合物。该聚合物分子链上带有湿润作用的羟基，消泡活性物质分布在分子四周，活性物质不易聚集，与涂料体系相容性良好。此外，为了满足生产零 VOC 涂料的需要，也有不含VOC 的消泡剂。

11.7.3 水性增稠剂

11.7.3.1 概述

增稠剂是一种流变助剂，加入增稠剂后使涂料增稠，在低剪切速率下体系黏度增加，而在高剪切速率时对体系的黏度影响很小，同时还能赋予涂料优异的机械及物理性能、化学稳定性，在涂料施工时起控制流变性的作用，在乳胶漆中应用广泛。

（1）生产　在乳液聚合过程中作保护胶体，提高乳液的稳定性。在颜料、填料的分散阶段，提高分散物料的黏度而有利于分散。

（2）贮存　将乳胶漆中的颜、填料微粒包覆在增稠剂的单分子层中，改善涂料的稳定性，防止颜、填料的沉底结块，水层分离。其抗冻融性及抗机械性能提高。

（3）施工　能调节乳胶漆的黏稠度，并呈良好的触变性。

11.7.3.2 水性增稠剂的作用机理

溶剂型涂料的黏度取决于合成树脂的分子量，而合成乳液的黏度与其分子量无关，取决于分散相的所谓黏度。目前对乳胶漆增稠的作用机理有多种说法，一般可归纳为 3 个方面，即水合增稠机理、静电排斥增稠机理、缔合增稠机理。

（1）水合增稠机理

纤维分子是一个由脱水葡萄糖组成的聚合链，通过分子内或分子间形成氢键，也可以通过水合作用和分子链的缠绕实现黏度的提高，纤维素增稠剂溶液呈现假塑性流特性，静态时纤维素分子的支链和部分缠绕处于理想无序状态而使体系呈现高黏性。随着外力的增加，剪切速率梯度的增大，分子平行于流动方向做有序的排列，易于相互滑动，表现为体系黏度下降。与低分子量相比，高分子量纤维的缠绕程度大，在贮存时表现出更大的增稠能力。而当剪切速率增大时，缠绕状态受到破坏，剪切速率越大，分子量对黏度的影响越小，这种增稠机理与所用的基料、颜料和助剂无关，只需选择合适的分子量的纤维和调整增稠浓度即可得到合适的黏度，因而得到广泛应用。

（2）静电排斥增稠机理

丙烯酸类增稠剂，包括水溶性聚丙烯酸盐及碱增稠的丙烯酸酯共聚物两种类型。这类高分子增稠剂高分子链上带有大量的羧基，当加入氨水或碱时，不易电离的羧酸基转化为离子化的羧酸盐，结果沿着聚合物大分子链阴离子中心产生了静电排斥作用，使大分子链迅速扩张与伸展开来，提供了长的链段和触毛，同时分子链段间又可吸收大量水分子，大大减少了溶液中自由状态的减小。由于大分子链的伸展与扩张及自由态水的减少，分子间运动阻力加大，从而使乳液变稠。

（3）缔合增稠机理

缔合型增稠剂是在亲水的聚合物链段中，引入疏水性单体聚合物链段，从而使这种分子呈现出一定的表面活性剂的性质。当它在水溶液的浓度超过一定浓度时，形成胶束。同一个缔合型增稠剂分子可连接几个不同的胶束，这种结构抑制了水分子的迁移，因而提高了水相黏度。另外，每个增稠剂分子的亲水端与水分子以氢键缔合，亲油端可以与乳胶粒、颜料粒子缔合形成网状结构，导致了体系黏度增加，增稠剂与分散相粒子的缔合可提高分子间势能，在高剪切速率下表现出较高的表观黏度，有利于提高涂膜的丰满度；随着剪切力的消失，其立体网状结构逐渐恢复，便于涂料的流平。

增稠剂的增稠可以是某种增稠机理单独起作用，如非离子型纤维素增稠剂，丙烯酸类增稠剂，聚氨酯增稠剂；也可同时存在多种增稠机理，如憎水改性丙烯酸类乳液，憎水改性羟乙基纤维素。

11.7.3.3 常用增稠剂与应用

乳胶漆用增稠剂根据作用机理可分为缔合型和非缔合型，按其组成主要有四类：无机增稠剂类，纤维素类，聚丙烯酸类，聚氨酯类。

（1）无机增稠剂

无机增稠剂是一类可以吸水膨胀而具备触变性的凝胶矿物，主要有有机膨润土、水性膨润土、有机改性水辉石等。水性膨润土在水性涂料中不但起到增稠作用，而且还可以防沉、防流挂、防浮色发花，但保水性、流平性差，常与纤维素醚配合使用或者用于底漆及厚浆涂料。

（2）纤维素类增稠剂

纤维素类增稠剂是应用历史较长、适用面较广的一类重要增稠剂，主要包括羟甲基纤维素、羟乙基纤维素、羟丙基纤维素，其中羟乙基纤维素使用最为广泛，曾是增稠剂的主流。

与其他增稠剂相比，纤维素类增稠剂具有增稠效率高、与涂料体系相容性好、贮存稳定性优良、抗流挂性能高、黏度受 pH 影响小、不影响附着力的优点，但纤维素增稠剂的使用也存在较大的缺陷，主要表现在以下几个方面：

① 抗霉菌性差，纤维素增稠剂属天然高分子化合物，易受到霉菌攻击，导致黏度下降，对生产和贮存环境要求严格。

② 流平性，以纤维素增稠的乳胶涂料在剪切应力作用下，增稠剂与水之间的水合层被破坏，易于施工，涂布完成后，水合层的破坏即行终止，黏度迅速恢复，涂料无法充分流平，造成刷痕或辊痕。

③ 飞溅性，在高速温涂施工时，辊筒和基材的出口间隙处常会产生涂料小颗粒，称之为雾化；在手工低速辊涂时则称为飞溅。

④ 纤维素类增稠剂容易导致乳胶粒子的絮凝和相分离，影响涂料稳定性，产生胶水收缩现象。

（3）聚丙烯酸酯类增稠剂

聚丙烯酸酯增稠剂基本上可分为两种：一种是水溶性的聚丙烯酸盐；另一种是丙烯酸、甲基丙烯酸的均聚物或共聚物乳液增稠剂，这种增稠剂本身是酸性的，须用碱或氨水中和至pH 8～9才能产生增稠效果，也称为丙烯酸碱溶胀增稠剂。它们主要依靠在碱性条件下离解出来的羧酸根离子的静电斥力使分子链伸展成棒状增稠，需要保证pH值高于7.5。丙烯酸酯类增稠剂属阴离子型，其耐水、耐碱性较差。与纤维素类增稠剂相比，其流平性好且抗溅落，对光泽影响小，可用于有光乳胶漆。

（4）聚氨酯类增稠剂

与前述纤维素增稠剂和丙烯酸类增稠剂相比，聚氨酯类增稠剂有以下优点：

① 既有好的遮盖力又有良好的流平性；

② 分子量低，辊涂时不易产生飞溅；

③ 能与乳胶粒子缔合，不会产生体积限制性絮凝，因而可使涂膜具有较高的光泽；

④ 疏水性、耐擦洗稳定性、耐划伤性及生物稳定性好。

聚氨酯类增稠剂对配方组成比较敏感，适应性不如纤维素增稠剂，使用时要充分考虑各种因素的影响。

增稠剂品种繁多，选择使用时首先考虑其增稠效率和对流变性的影响，其次要考虑对施工性能、涂膜外观的影响以及稳定性。

11.7.4　成膜助剂

乳胶漆能形成连续涂膜的最低温度称为最低成膜温度（MFT），若低于此温度施工，乳胶漆中水分挥发后，树脂不能聚结形成连续的涂膜，而呈粉末状或裂状不连续膜。为了满足涂膜性能的要求，如一定的柔韧性、硬度、耐沾污性及颜料连接能力，乳胶涂膜的玻璃化温度设计得较高，最低成膜温度常常高于室温，为调节涂膜物理性能和成膜性能之间的平衡，需添加使高聚物微粒软化的成膜助剂来实现。

成膜助剂又称凝聚剂、聚结剂，它能促进乳胶粒子的塑性流动的弹性流动，改善其聚结性能，能在广泛的施工范围内成膜。成膜助剂通常为高沸点溶剂，会在涂膜形成后慢慢挥发掉，因而最终的涂膜不会太软和太黏。

乳胶粒的融合过程中，如果聚合物颗粒过硬，乳胶粒不会变形，也就不能成膜。因此，成膜首先需要使乳胶粒变软，亦即降低聚合物的玻璃化温度，成膜助剂通过对乳胶粒子的溶解作用，降低了乳胶体系玻璃化温度。一旦乳胶粒变形与成膜过程完成后，成膜助剂会从涂膜中挥发，从而使聚合物玻璃化恢复到初始值，成膜助剂起一种"临时"增塑剂作用。

理想的成膜助剂应该是聚合物的强溶剂，具有同树脂良好的相容性，才能达到降低聚合物玻璃化温度的目的，才具有适宜的水溶解性、适宜的挥发速度。成膜前保留在乳胶漆涂层中，水分挥发后，成膜助剂不能残留在干涂膜中，因此应具有良好的水解稳定性。

成膜助剂大都为微溶于水的强溶剂，有醇类、醇醚及其酯类等。传统的成膜助剂有松节油、松油、十氢萘、1,6-己二醇、1,2-丙二醇、乙二醇醚及其醋酸酯，这些溶剂都有一定的毒性，正逐渐为低毒性的丙二醇醚类及其醋酸酯代替。

尽管成膜助剂对乳胶漆的成膜有很大作用，但成膜助剂是有机溶剂，对环境有一定影响，所以发展的方向是环境友好型的有效成膜助剂，如降低气味、降低挥发性有机物含量，制备低毒、安全、生物降解的成膜助剂以及活性成膜助剂。

11.7.5 防霉杀菌剂

在水性涂料中，酶蛋白、大豆蛋白质、纤维素衍生物等为微生物提供养料，微生物在适当的条件下开始繁殖，导致涂料腐败失效。因此需在涂料中加入适量的防霉杀菌剂，可以抑制微生物的生长和繁殖，保护涂料。

防霉杀菌剂主要通过阻碍菌体呼吸、干扰病原菌的生物合成、破坏细胞壁的合成、阻碍类脂的合成发挥作用。

针对水性涂料的特点，理想的防霉杀菌剂应与涂料中各种组分的相容性良好，加入后不会引起颜色、气味、稳定性等方面的变化，具备良好的贮存稳定性，不仅要求水溶性良好，此外还应具有良好的生物降解性和较低的环境毒性。

常用防霉杀菌剂包括：取代芳烃类，如五氯苯酚及其钠盐，四氯间苯二甲腈，邻苯基苯酚等；杂环化合物类，如 2-(4-噻唑基) 苯并咪唑，苯并咪唑氨基甲酸甲酯，2-正辛基-4-异噻唑啉-3-酮，8-羟基喹啉等；胺类化合物，如双硫代氨基甲酸酯，四甲基二硫化秋兰姆，水杨酰苯胺等；有机金属化合物，如有机汞，有机锡和有机砷；甲醛释放剂以及磺酸盐类、醌类化合物等。

目前应用的防霉杀菌剂大都由一种或多种活性成分进行复配，复配的活性成分不仅保证杀菌谱线的全面性，而且不易使周围环境的细菌出现选择性适应。

11.7.6 水性流平剂

水性涂料用流平剂主要有聚丙烯酸酯类，有机硅类，微粉化蜡乳液。

聚丙烯酸酯类流平剂能降低涂料与基材之间的表面张力，使涂料与基材间有最佳的润湿性。可以在短时间内迁移到涂层表面形成单分子层，以保证表面张力均匀化，增加抗缩孔效应，从而改善涂膜表面的光滑平整度。聚丙烯酸酯类流平剂通常用比均聚物有较好的相容性的共聚物。

有机硅流平剂是以相容性受限制的长链硅树脂为主要组成，水性涂料用有机硅类流平剂又可分为聚醚改性有机硅、聚酯改性有机硅、反应性有机硅。改性有机硅可以消除贝纳德涡流，防止发花、橘皮，降低涂料与底层的界面张力，提高对底材的润湿性，增加附着力，减少缩孔、针眼等涂膜表面弊病。

11.7.7 缓蚀剂

缓蚀剂可以防止或减缓腐蚀作用，在金属表面使用水性涂料，干燥过程中金属表面与涂料中水的接触容易发生闪锈等腐蚀现象，引入缓蚀剂，能有效避免金属腐蚀。

根据电化学理论，缓蚀剂可分为抑制阳极型缓蚀剂和抑制阴极型缓蚀剂。抑制阳极型缓蚀剂是在金属表面形成一层致密的氧化膜而抑制金属的溶解，起到缓蚀的作用；抑制阴极型缓蚀剂使阴极化曲线的斜率变小，即溶液中的金属离子更容易被还原，从而抑制了金属的溶解，抑制腐蚀的发生。吸附理论认为，缓蚀剂之所以能阻止、延缓金属的腐蚀，是由于缓蚀剂通过物理化学吸附在金属表面，减小了介质与金属表面接触的可能性，从而达到缓蚀的效果。成膜理论认为，缓蚀剂与酸性介质中的某些离子形成难溶的物质，沉积在金属表面，阻止金属的腐蚀。

缓蚀剂可分为氧化型、非氧化无机盐、金属阳离子、有机缓蚀剂和无机缓蚀颜料。

氧化型缓蚀剂包括钼酸盐，钨酸盐，铬酸盐等。

非氧化无机盐如磷酸盐，可以以多种形式使用，既可作为钢铁的处理剂，也可作为颜料用于涂料；非氧化型无机盐的离子不直接参与氧化膜的形成，它的功能在于解决氧化膜的不连续性，使涂膜中缺陷部分的微孔通过阴离子的沉积而得到堵塞。

有机缓蚀剂主要包括碱式磺酸盐、二壬基萘磺酸盐、有机氮化物锌盐，螯合物助剂（苯并三唑，苯并咪唑等）、胺及其盐（二苯胺，二甲基乙醇胺、三乙醇胺或其盐类等）等。有机缓蚀剂的作用是靠化学吸附、静电吸附或是 π 键的轨道吸附。

无机缓蚀颜料主要有磷酸盐、硼酸盐、钼酸盐、锌粉等。在金属材料表面的有机涂料中添加防腐蚀颜料，可以显著提高有机涂层的抗腐蚀性能。

11.8　结语

涂料助剂是涂料组成中非常重要的组分，是涂料产品的"味精"，在涂料生产、贮存、施工过程中发挥着重要作用。我国涂料助剂行业发展较慢，已经成为行业发展的瓶颈，因此涂料科研、生产单位应加强联合，以加快助剂产品的研究、开发和生产。

第12章 涂料配方设计

12.1 概述

涂料是一个多组分体系，也是一个配方产品，一般不能单独作为工程材料使用，必须涂装在基材表面与被涂器件一起使用，由于基材和使用环境不同，对涂膜的性能也提出种种不同的要求，而涂料配方中各组分的用量及其相对比例又对涂料的使用性能（如流平性、干燥性等）和涂膜性能（如光泽、硬度等）产生极大的影响，对涂料必须进行配方设计方能满足各方面要求。

涂料配方设计是指根据基材、涂装目的、涂膜性能、使用环境、施工环境等进行涂料各组分的选择并确定相对比例，并在此基础上提出合理的生产工艺、施工工艺和固化方式。总的来说，涂料配方设计需要考虑的因素包括：基材、目的、性能、施工环境、应用环境、安全性、成本等。

由于影响因素千差万别，建立一个符合实际使用要求的涂料配方是一个长期和复杂的课题，需要进行必要的试验并且根据现场情况进行调整，才能得到符合使用要求的涂料配方。

12.2 涂料基本组成

涂料一般由成膜物、颜料、助剂、溶剂和稀释剂组成，涂料施工后，随着溶剂和稀释剂的挥发，成膜物干燥成膜。成膜物可以单独成膜，也可以黏结颜料等物质共同成膜，所以也称黏结剂，它是涂料的基础，常称为基料、漆料和漆基。涂料的基本组成见表12-1。

表 12-1 涂料的基本组成

组成		原料
成膜物	油料	鲨鱼肝油、带鱼油、牛油、豆油、蓖麻油等
	树脂	天然树脂：虫胶、松香、天然沥青等
		合成树脂：醇酸树脂、氨基树脂、丙烯酸树脂、环氧树脂、聚氨酯树脂、有机硅树脂、氟碳树脂等
颜料	颜料	无机颜料：钛白、氧化锌、铬黄、铁蓝、铬绿、氧化铁红、炭黑等
		有机颜料：甲苯胺红、酞菁蓝、耐晒黄等
	填料	滑石粉、碳酸钙、硫酸钡、石英粉等
助剂		增塑剂、催化剂、稳定剂、流平剂、消泡剂、乳化剂、分散剂、防结皮剂、引发剂等
溶剂和稀释剂		石油溶剂、甲苯、二甲苯、醋酸丁酯、醋酸乙酯、丙酮、环己酮、丁醇、乙醇、卤代烃等

12.2.1 树脂

随着石油工业的发展，合成树脂已经取代油料和天然树脂广泛应用于涂料工业，主要应用的合成树脂包括环氧树脂、聚氨酯树脂、醇酸树脂、丙烯酸树脂、氨基树脂、有机硅树脂、氟碳树脂等，选择涂料用树脂主要基于树脂的结构和性能、基材的性质、使用环境、施工环境、成本等因素。

（1）环氧树脂　　环氧树脂（epoxy resin）泛指含有两个或两个以上环氧基，以脂肪族、脂环族或芳香族链段为主链的高分子预聚体。涂料用环氧树脂环氧当量大多在 180～3200：环氧当量在 180～475 的环氧树脂主要用于双组分低温固化体系；环氧当量在 700～1000 的环氧树脂主要用于环氧酯体系；环氧当量为 1500～3200 的环氧树脂主要用于高温烤漆，分子量在 50000 以上的可直接用作热塑性涂料。

目前市面上环氧树脂主要是双酚 A 型环氧树脂，即双酚 A 缩水甘油醚（DGEBA），由双酚 A（DDP）与环氧氯丙烷（ECH）反应制得，目前实际使用的环氧树脂中 70％以上属于这种环氧树脂，其结构如图 12-1 所示。

图 12-1　双酚 A 型环氧树脂结构示意

从化学结构中可以看出，双酚 A 型环氧树脂的分子具有以下特征：
① 两端为反应活性很强的环氧基；
② 分子主链上有许多醚键；
③ 树脂分子链有许多仲羟基，可以看成一种长链的多元醇；
④ 分子链上有大量苯环、亚甲基和异丙基。

环氧树脂稳定性好，未加入固化剂可放置一年以上；树脂工艺性好，能溶于多种溶剂。双酚 A 型环氧树脂固化物有较好的耐化学药品性，尤其是耐碱性；对各种基材有极好的粘接性，粘接强度高，粘接面广；固化物机械强度高，电绝缘性优良，极好的硬度和优良的耐水性，可用作结构材料；固化收缩率低，小于 2％，是热固性塑料中收缩率最小的一种。但耐候性差，在紫外线照射下会降解，造成性能下降，限制了其在户外使用，而且固化物脆性大，冲击强度低，不太耐高温。

大多数环氧树脂需要固化形成交联网状结构以形成有用的涂膜，交联反应可以通过环氧基团也可以通过羟基基团反应。

（2）聚氨酯树脂　　在分子结构中含有氨基甲酸酯重复链节的高分子化合物称为聚氨酯树脂，由多异氰酸酯和多元醇通过氢转移加成聚合而成。

常用的多异氰酸酯有甲苯二异氰酸酯（TDI）、二苯甲烷二异氰酸酯（MDI）、六亚甲基二异氰酸酯（HDI），常用的多元醇有聚醚多元醇、聚酯多元醇、含羟基丙烯酸酯。

芳香族二异氰酸酯的最大缺点是涂膜长期暴露在阳光下易变黄，主要是从异氰酸酯基衍变成的芳环端氨基易被氧化。脂肪族多异氰酸酯有六亚甲基二异氰酸酯，不变黄，但活性较芳香族二异氰酸酯低，漆膜硬度不及芳香族二异氰酸酯的聚氨酯漆膜。

由于聚氨酯分子中具有强极性氨基甲酸酯基团，大分子间存在氢键，聚合物具有高强度、耐磨、耐溶剂等特点。同时，还可以通过改变多羟基化合物的结构、分子量等，在较大范围内调节聚氨酯的性能，此外，聚氨酯与其他树脂共混性好，可与多种树脂并用，制备适应不同要求的涂料新品种。

聚氨酯涂料的固化温度范围宽，可以在高低温条件下固化，其形成的漆膜附着力强，耐磨性、耐高温性、耐低温性能均较好，具有良好的装饰性和防护性能，因此广泛用于家具、汽车、飞机、钢铁设备等的装饰和保护。

（3）醇酸树脂　醇酸树脂系指由多元醇、多元酸与植物油制备的改性聚酯树脂。与以前的油基材料相比，醇酸树脂的原料易得、工艺简单，而且在干燥速率、附着力、光泽、硬度、保光性和耐候性等方面远远优于以前的油性漆。而且还可以进行化学改性或者与聚氨酯树脂、环氧树脂、氨基树脂、丙烯酸树脂、有机硅树脂并用，以降低这些树脂的成本，提高和改善其他涂料产品的某些性能。

长油度醇酸树脂主要用作建筑涂料，中油度醇酸树脂主要用于气干性工业涂料，也可以用作汽车、卡车和重型货车修补漆，短油度醇酸树脂主要和氨基树脂一道用作工业烘干面漆如金属家具、自行车、散热器等。

醇酸树脂通过苯乙烯进行改性可以具备更快的干燥速度，更好的耐水、耐化学品性，但是漆膜耐溶剂性和耐刮伤性差，主要用作底漆，相比之下丙烯酸酯改性醇酸树脂具有更好的耐候性和保光性以及耐刮伤性。聚氨酯改性醇酸树脂干燥快，硬度高，漆膜弹性好，耐磨性高，且防水性能和耐化学品性好，主要用作室内木器清漆。向醇酸树脂中引入有机硅链段有助于改善耐候性、耐久性、保光保色性、耐热性和抗粉化性等，可作船舶漆、户外钢结构件和器具的耐久性漆和维修漆。

（4）丙烯酸树脂　丙烯酸树脂是指由（甲基）丙烯酸酯单体均聚或者共聚得到的聚合物，包括热塑性和热固性丙烯酸树脂。

涂料树脂中丙烯酸树脂的比重不断增大，一方面丙烯酸酯单体资源丰富、品种多、性能各异；另一方面由丙烯酸树脂制备的涂料具有色浅、透明度高、耐光、耐候、户外暴晒耐久性好，在紫外线照射下这类涂膜不易分解或变黄，使用温度范围宽的特点。

热塑性丙烯酸树脂的成膜主要通过溶剂的挥发，分子链相互缠绕进行的，因此，涂膜的性能主要取决于聚合单体的选择和分子量大小，主要用于汽车面漆和汽车修补漆，也可用于纸张涂料、气溶胶、木器清漆、真空清漆、可剥漆、油墨等。

热固性丙烯酸树脂的成膜主要通过溶剂的挥发和官能团的交联固化进行，树脂的分子量较热塑性丙烯酸树脂低，因而其固含量更高，可溶解的溶剂类更多，交联固化膜具有更好的光泽，耐化学品性和耐溶剂性以及抗粘着性好。

丙烯酸酯涂料已广泛用于汽车装饰和修补、家用电器、卷材、机械、仪表电器、建筑、家具等生产领域。

（5）有机硅树脂　硅树脂是以 Si—O—Si 为主链，硅原子上连接有有机基团的交联型的半无机高聚物。既具备无机物的耐候、耐高温性能，又具备有机树脂的柔韧性。

有机硅树脂的突出优点是耐高温性、耐水性、耐候性和电绝缘性，其突出的耐候性，是任何一种有机树脂所望尘莫及的，即使在紫外线强烈照射下，硅树脂也不易泛黄。硅树脂还具有优异的介电性能，在广阔的温度、湿度及频率范围内保持稳定，以及耐氧化、耐电弧、耐辐照、防烟雾、防霉菌等特性。

有机硅树脂单独用作涂料，膜太软，常用醇酸树脂、聚氨酯树脂，环氧树脂和丙烯酸树脂等进行改性以改善漆膜的硬度和干燥程度，有机硅树脂则赋予漆膜保色性。

有机硅树脂及改性树脂广泛用于电机设备的线圈浸渍漆，粘接云母用的绝缘漆，用于玻璃丝、玻璃布及石棉布浸渍的绝缘漆，耐热、耐候的防腐涂料，透明涂料，防潮涂料，耐辐射涂料。

（6）氟碳树脂　氟碳树脂是指由氟烯烃聚合或氟烯烃和其他单体共聚而合成的树脂，由于 C—F 键的键能比较大，氟碳树脂的化学稳定性高，以其制备的涂料耐腐蚀性、耐化学药品性、耐候性、热稳定性较好，具有极好的耐紫外线照射和核辐射性能，电性能和阻燃性能优异，目前已经广泛用于重防腐领域，如海洋防腐、桥梁防腐等。

12.2.2 溶剂

溶剂是涂料配方中的一个重要组成部分，虽然不直接参与固化成膜，但它对涂膜的形成和最终性能起到非常关键的作用，它主要具有以下功能：

① 溶解聚合物树脂；

② 调节涂料体系的流变性能，改善加工性能，使涂料便于涂装；

③ 改进涂料的成膜性能，进而影响涂料的附着力和外观；

④ 静电喷涂时调整涂料的电阻，便于施工；

⑤ 防止涂料和涂膜产生病态和缺陷，如橘皮、发花、浮色、起雾、抽缩等。

溶剂的选择一般需要考虑溶剂的溶解能力、挥发速度、黏度、表面张力、安全性、毒性及成本。

12.2.2.1 聚合物的溶解

聚合物溶解时，首先是聚集分子的互相分离，分子间的间隙被溶剂分子所占据，如果溶剂分子与聚合物分子之间作用力大于聚合物分子间的作用力，溶解就会发生，同时伴随着体系内能的降低，为放热过程。从热力学角度来讲，只有混合过程的自由能 $\Delta G_M < 0$，溶解才能自发进行。

$$\Delta G_M = \Delta H_M - T\Delta S_M < 0 \tag{12-1}$$

ΔS_M 为混合熵变，ΔH_M 为混合焓变，$T\Delta S_M$ 总是正值，ΔH_M 越小越利于溶解。极性聚合物溶解在极性溶剂中，由于溶剂和溶质的强相互作用，$\Delta H_M < 0$，溶解可以自发进行。非极性聚合物与溶剂互相混合时如果混合过程中没有体积变化，则

$$\Delta H_M = V\varphi_1\varphi_2(\delta_1 - \delta_2)^2 \tag{12-2}$$

这就是经典的 Hildebrand 溶度公式，式中 V 为溶液总体积；φ 为体积分数；δ 为溶度参数，下标 1 和 2 分别表示溶剂和溶质。从式中可知，ΔH_M 始终是正值，溶质与溶剂的溶度参数愈接近，则 ΔH_M 愈小，愈能满足 $\Delta G < 0$ 的条件，溶解愈容易进行。

溶度参数定义为内聚能密度的平方根，小分子液体的 δ 可以从某些物理常数求得，聚合物的 δ 可通过特性黏数和溶胀度进行实验测定或者由重复单元中各基团的摩尔引力常数直接计算。

Hansen 认为内聚能密度是色散力、极性力、氢键的共同贡献，提出了三维溶度参数即色散力溶度参数 δ_d、极性溶度参数 δ_p、氢键溶度参数 δ_h 组成，总的溶度参数 δ_t 为

$$\delta_t = (\delta_d^2 + \delta_p^2 + \delta_h^2)^{1/2}$$

则

$$\Delta H_M = V\varphi_1\varphi_2(\Delta\delta_d^2 + \Delta\delta_p^2 + \Delta\delta_h^2) \tag{12-3}$$

当聚合物和溶剂的三维溶度参数之差趋于零时，溶解可以自发进行。常用溶剂和聚合物的三维溶度参数见表 12-2。

表 12-2 常用溶剂和聚合物的三维溶度参数

溶剂或聚合物	丙酮	正丁醇	醋酸丁酯	醋酸乙酯	庚烷	异丙醇	丁酮	甲苯	水	二甲苯	聚甲基丙烯酸甲酯	聚甲基丙烯酸乙酯	聚异丁烯	聚苯乙烯	聚醋酸乙烯酯	聚氯乙烯	丁苯橡胶
δ_d	7.6	7.8	7.7	7.7	7.5	7.7	7.8	8.8	7.6	8.7	9.1	8.6	7.1	10.4	10.2	8.9	8.6
δ_p	5.1	2.8	1.8	2.6	0.0	3.0	4.4	0.7	7.8	0.5	5.1	4.7	1.2	2.8	5.5	3.7	1.7
δ_h	3.4	7.7	3.1	3.5	0.0	8.0	2.5	1.0	20.7	1.5	3.7	2.0	2.3	2.1	4.7	4.1	1.3

12.2.2.2 溶剂的蒸发速率

溶剂的挥发性是在选择溶剂时需考虑的一个重要因素，挥发速率过快，可使干燥时间缩短，但不利于涂料的流平且会导致起泡和橘皮等弊病；挥发速率过慢，则使干燥时间延长且易发生流挂。

溶剂的蒸发速率不仅和沸点或蒸气压有关，还受到氢键、蒸发焓、表面张力、空气流动等的影响，沸点不能够完全反映其蒸发速率，例如正丁醇的沸点为118℃，乙酸正丁酯的沸点为126.3℃，前者的沸点虽较低，但其蒸发速率要比后者低得多，这是由于氢键的原因。为此，多用溶剂的相对蒸发速率来表征溶剂的挥发性，即测定定量溶剂的蒸发时间并与同样条件下定量乙酸正丁酯或者二乙基醚的蒸发时间相比较，以下式表示纯溶剂的相对蒸发速率：

$$E = \frac{t_{90}（乙酸正丁酯）}{t_{90}（测试溶剂）} \qquad (12\text{-}4)$$

为了消除蒸发过程中因溶剂与底材相互作用而产生误差，采用蒸发溶剂总量的90%所需的时间 t_{90} 来表征溶剂的相对蒸发速率，规定以乙酸正丁酯为比较标准，其相对蒸发速率 $E=1$，E 为试验溶剂的相对蒸发速率，常用溶剂的相对蒸发速率见表12-3。

表12-3　涂料常用溶剂的性质

溶剂	ρ/(g/mL)	沸点 t/℃	相对蒸发速率	闪点 t/℃
丙酮	0.79	56	9.44	−18
乙酸正丁酯	0.88	126.3	1.00	23
正丁醇	0.81	118	0.36	35
乙酸乙酯	0.90	77	4.80	−4.4
乙醇	0.79	79	2.53	12
2-乙氧基乙醇	0.93	135	0.24	49
甲乙酮	0.81	80	5.72	−7
甲基异丁基酮	0.83	116	1.64	13
甲苯	0.87	111	2.14	4.4
溶剂汽油	0.80	150～200	约0.18	38
二甲苯	0.87	138～144	0.73	17～25

注：以乙酸正丁酯为比较标准，$E=1.00$。

在混合溶剂中，某一溶剂的相对蒸发速率取决于其浓度及其活度系数，混合溶剂的总相对蒸发速率等于各组分相对蒸发速率之和，随着蒸发的进行，混合溶剂的组成发生变化，其总相对蒸发速率亦发生变化，尤其要提出的是，聚合物溶液中溶剂的挥发还受到与聚合物相互作用的影响，与聚合物相互作用较弱的溶剂较容易挥发。

涂料配方中一般含有几种挥发速度不同的溶剂以保持合适的挥发速率，调节涂料的流平，防止挥发过快造成表面水蒸气凝结，防止涂膜出现沉淀和浑浊影响附着力等。不同的气候条件，配方组成亦不同。

12.2.2.3 常用溶剂及应用

常用溶剂按照沸点分为低沸点溶剂（沸点＜100℃）、中沸点溶剂（沸点100～150℃）、高沸点溶剂（沸点＞150℃），按照化学组成分为烃类溶剂、醇类溶剂、酮类溶剂、酯类溶剂、醚类溶剂等。

（1）烃类溶剂　主要包括脂肪烃，如溶剂汽油、环己烷；芳香烃，如甲苯、二甲苯等。溶剂汽油能溶解大多数天然树脂、油性树脂及中至长油度醇酸树脂，常用于硝基漆和醇酸漆等。二甲苯具有良好的溶解性能和中等蒸发速率，广泛用作醇酸树脂、乙烯基树脂、氯化橡胶和聚氨酯的溶剂。甲苯常与其他溶剂合用，主要用于硝基漆、醇酸树脂漆、氯化橡胶漆等。卤代烃有很好的溶解性能，具有很高的极性，可用来调节静电喷涂涂料的电阻。

（2）醇类和醚类溶剂

① 乙醇　能溶解天然树脂虫胶制成清漆，也能用作聚乙烯醇缩丁醛、聚醋酸乙烯或硝基漆的混合溶剂。

② 正丁醇　蒸发速率低，是多种油类和树脂的溶剂，特别适宜作氨基树脂和丙烯酸树脂的溶剂，也可与甲苯混合作环氧树脂的溶剂。

③ 乙二醇-丁醚　组成中既有醚键，又有羟基。前者具有亲油性，可溶解憎水化合物，后者具有亲水性，可溶解水溶性化合物。

（3）酯类和酮类溶剂

① 丙酮　挥发快、具有优异的溶解力，多用作乙烯基共聚物、丙烯酸树脂和硝酸纤维素溶剂；也可与其他溶剂混合，以改进施工和漆膜性能。

② 甲乙酮　是蒸发速率快的强溶剂，广泛用于乙烯基共聚物、环氧树脂和聚氨酯树脂。常与溶解力低的溶剂掺和，以改进涂料的施工性能与成膜性能。

③ 乙酸乙酯　是蒸发速率较快的酯类溶剂，有令人愉快的水果香味。它优于有刺激性气味的酮类溶剂，最初主要用于硝基纤维素漆，现在广泛应用于聚氨酯树脂、丙烯酸树脂、氨基树脂等，其溶解力低于酮类溶剂。

④ 乙酸丁酯　属于常用的中等蒸发速率的酯类溶剂，可用作多种合成树脂的溶剂。

12.2.3 颜料

颜料是分散在涂料中从而赋予涂料某些性质的粉体材料，包括颜色、遮盖力、耐久性、力学强度、对金属底材的防腐性、特殊功能（如导电、导热性能）等。按照其在涂料中的功能和作用分为着色颜料、体质颜料、防腐颜料、功能颜料。

色泽、着色力、遮盖力、耐光性、耐候性是颜料的基本特性，它们与颜料的结构和组成有关，而颜料结晶形态、粒径和外形对漆膜的光泽、颜料的润湿分散性以及涂料贮存期间颜料的稳定性有较大的影响，在涂料工业中，通常采用研磨或高速分散的方法使颜料均匀地分散在涂料体系中，并使其保持稳定悬浮状态或者沉降后容易被分散。

12.2.3.1 着色颜料

着色颜料主要是提供颜色和遮盖力，但也需要满足力学强度与防腐性等其他要求，可分为无机颜料和有机颜料两类。在涂料配方中，主要使用无机颜料，有机颜料主要作着色助剂，多用于装饰性涂料。

（1）白色颜料　涂料中使用的白色颜料主要包括二氧化钛、立德粉、氧化锌、铅白、锑白等，其中钛白粉应用最为广泛。

钛白粉即二氧化钛，有三种不同的结晶形态：金红石型、锐钛型和板钛型，板钛型为不稳定晶型，无工业应用。涂料工业中应用的金红石型和锐钛型钛白粉具有无毒、白度高、遮盖力强的特点，前者有较高的光折射度、耐光性、耐热性、耐候性、耐久性和耐化学品性，以其制备的涂料保光、保色性强，不易发黄和粉化降解，因此多用于制备户外涂料；后者在光照下易粉化，多用于制备室内涂料，纳米级的二氧化钛还可用于光催化自洁涂料。

立德粉又称锌钡白（$BaSO_4 \cdot ZnS$），由硫化锌和硫酸钡共沉淀物煅烧而得，耐碱性好，遇酸分解放出硫化氢，其遮盖力强，但遇光易变暗，耐候性差，多用于制备室内涂料。氧化锑又名锑白，有较强的遮盖力，在防火涂料中应用较多。铅白由于毒性较大，其使用受到限制。

（2）红色颜料　红色颜料主要有氧化铁红、钼铬红、镉红等。

氧化铁红（Fe_2O_3）是最重要的氧化铁系颜料，也是最常用的红色颜料，有天然氧化铁红与合成氧化铁红两种类型，合成氧化铁红根据晶体结构分为 α-铁红与 γ-铁红。在涂料中作为颜料应用的是 α-铁红，它具有较高的着色力，耐碱和有机酸，且能吸收紫外辐射，具有较强的耐光性，其价格低廉，应用广泛。随着纳米技术的发展，透明氧化铁红也已经投入工业化生产并用于制备高透明的装饰涂料，如金属闪光涂料、云母钛珠光颜料等。

（3）黄色颜料　主要的黄色颜料有铬酸铅、铬酸锌、氧化铁黄、镉黄等。氧化铁黄具有优异的颜料性能，着色力和遮盖力高，耐光、耐候性好且无毒价廉，多用于室外涂料。铬酸铅也称铅铬黄，其着色力高，色坚牢度好且不透明，但有毒，它多用作装饰性涂料和工业涂料的二道漆和面漆。铬酸锌是一种色坚牢度好，对碱和二氧化硫稳定的颜料，但遮盖力低。镉黄耐高温、耐碱，色坚牢度好，常作烘烤型面漆。

（4）绿色颜料　绿色颜料有铅铬绿、氧化铬绿、钴绿等。铬绿即氧化铬绿，对酸碱有较好的稳定性，但遮盖力低，宜做耐化学药品涂料的颜料。铅铬绿有良好的遮盖力，耐酸但不耐碱。钴绿化学稳定性好，耐光，耐高温，耐候，着色力强，但色饱和度差。

（5）蓝色颜料　亚铁氰化铁又称铁蓝，有较高的着色力，色坚牢度好，并有良好的耐酸性，但遮盖力差。群青为天然产品，色坚牢度好，耐光、热和碱，但可被酸分解，着色力和遮盖力低。

（6）黑色颜料　用量最大的黑色颜料是炭黑，其吸油量大，色纯，且遮盖力强，耐光、耐酸碱，但较难分散。此外还有氧化铁黑（Fe_3O_4），它们主要用作底漆和二道漆的着色剂。

（7）有机颜料　有机颜料的色泽鲜艳，着色力较强，但遮盖力、耐高温性、耐候性较差，常用的有机颜料有耐晒黄、联苯胺黄、颜料绿 B、酞菁蓝、甲苯胺红、芳酰胺红等。

12.2.3.2 防腐颜料

防腐颜料用于保护金属底材免受腐蚀，按照防腐蚀机理可分为物理防腐颜料、化学防腐颜料和电化学防腐颜料三类。物理防腐颜料具有化学惰性，通过屏蔽作用发挥防腐功能，如铁系和片状防腐颜料；化学防腐颜料具有化学活性，借助化学反应发挥作用，如铅系化合物、铬酸盐、磷酸盐等；电化学防腐颜料通常是金属颜料，具有比金属还低的电位，起到阴极保护作用，如锌粉。

化学防腐颜料多为无机盐，具有缓蚀性，含有用水可浸出的阴离子，能钝化金属表面或影响腐蚀过程。它们主要是含铅和铬的盐类，因其毒性和污染问题，目前有被其他颜料替代的趋势。

（1）铅系颜料　红丹属于化学和电化学防腐颜料，能对钢材表面提供有效的保护，但因具有毒性，故限制了它在现代涂料工业中的应用范围。

碱式硅铬酸铅是一种使用广泛的铅系颜料。它利用形成的缓蚀性铅盐和浸出的铬酸盐离子使金属底材得到防腐保护，其毒性要比传统的红丹颜料低。此外还有碱式硫酸铅，常用于防腐涂料，有毒；铅酸钙常用于镀锌铁的底漆。

（2）锌系颜料　锌系颜料主要有铬酸钾锌、磷酸锌和四盐基铬酸锌。铬酸钾锌耐碱，但不耐酸；磷酸锌是一种无毒的中性颜料，对漆料的选择范围较广；四盐基铬酸锌常用作轻金属或钢制品的磷化底漆。

（3）其他颜料　物理防腐颜料主要有氧化铁红、云母氧化铁、玻璃鳞片、石墨粉及金属颜料。

金属颜料包括铝、不锈钢、铅和锌。铅常与亚麻仁油配合，在涂料中能形成铅皂，具有先蚀性阳极的作用。锌粉常用作富锌保护底漆，可发挥先蚀性阳极的作用；不锈钢颜料不但具有防腐功能，而且还具有装饰作用；铝粉因表面存在氧化铝膜而具有保护作用；特别是经过表面改性的漂浮型铝粉，能在漆膜表面发生定向排列，起到隔离大气的作用，同时还具有先蚀性阳极的作用。

近年来研制的低毒性防腐颜料包括铬酸钙、钼酸钙、磷酸镁、磷酸钙、钼酸锌、偏硼酸钡、铬酸钡等，可以单独使用或与传统的缓蚀颜料搭配使用，此外，某些体质颜料如滑石粉和云母，也具有防腐的性能。

通常是不同防腐机理的防腐颜料共同使用，发挥协同效应，提高防腐蚀效果。

12.2.3.3 填料

填料亦称体质颜料，大多是白色或稍有颜色的粉体，不具备着色力和遮盖力，但具有增加漆膜的厚度、调节流变性能、改善机械强度、提高漆膜的耐久性和降低成本等作用，主要是碱土金属盐类、硅酸盐类和铝镁等轻金属盐类。常用填料有以下几种。

（1）碳酸钙　涂料用的主要填料，包括重质碳酸钙（天然石灰石经研磨而成）和轻质碳酸钙（人工合成）两类，广泛用于各类涂料。

（2）滑石粉　一种天然存在的层状或纤维状无机矿物，它能提高漆膜的柔韧性，降低其透水性，还可以消除涂料固化时的内应力。

（3）重晶石（天然硫酸钡）和沉淀硫酸钡　稳定性好，耐酸、碱，但密度高，主要用于调合漆、底漆和腻子。

（4）二氧化硅　分为天然产品和合成产品两类。天然二氧化硅又称石英粉，可以提高涂膜的机械性能。合成二氧化硅按照生产工艺分为沉淀二氧化硅和气相二氧化硅，气相二氧化硅在涂料中起到增稠、触变、防流挂等作用。瓷土（$Al_2O_3 \cdot 2SiO_2 \cdot 2H_2O$）也称高岭土，是天然存在的水合硅酸铝，它具有消光作用，能作二道漆或面漆的消光剂，也适用于乳胶漆。

（5）云母　天然存在的硅铝酸盐，呈薄片状，能降低漆膜的透气、透水性，减少漆膜的开裂和粉化，多用于户外涂料。

12.2.4 助剂

助剂用量虽少，但对涂料的生产、储存、施工、成膜过程及最终涂层的性能有很大影响，有时甚至可起关键作用。随着涂料工业的发展，助剂的种类日趋繁多，应用愈来愈广，地位也日益重要。

常用助剂包括颜料分散剂、流平剂、消泡剂、催干剂、增塑剂、防霉剂、抗结皮剂、防紫外线剂、流变剂等。

催干剂常用于氧化交联涂料体系中，能显著提高漆膜的固化速度，使用较为广泛的催干剂是环烷酸、辛酸、松香酸和亚油酸的铅盐、钴盐和锰盐，稀土催干剂使用正在增加。一般认为，催干剂能促进涂料中干性油分子主链双键的氧化，形成过氧键，过氧键分解产生自由基，从而加速交联固化；或者是催干剂本身被氧化生成过氧键，从而产生自由基引发干性油分子中双键的交联。钴催干剂是一种表面催干剂，最常见的是环烷酸钴，其特点是表面干燥快，单独使用时易发生表面很快结膜而内层长期不干的现象，造成漆膜表面不平整，常与铅催干剂配合使用，以达到表里干燥一致，避免起皱的目的。其用量以金属钴计，一般在0.1%以下。锰催干剂也是一种表面催干剂，但催干速度不及钴催干剂，因此有利于漆膜内层的干燥，但其颜色深，不宜用于白色或浅色漆，且有黄变倾向，常用的锰催干剂有环烷酸锰，其用量多在3%以下。铅催干剂是一种漆膜内层催干剂，常与钴或锰催干剂配合使用，铅催干剂主要有环烷酸铅，其用量为0.5%～1.0%。

增塑剂的作用是降低树脂的玻璃化温度从而起到提高漆膜的韧性、伸长率、渗透性和附着力的作用。增塑作用可通过内增塑或外增塑的方法来达到。所谓内增塑，就是利用共聚法（如醋酸乙烯酯与氯乙烯共聚，丙烯酸酯的共聚等）来提高漆膜的弹性和附着力，这种方法在涂料树脂的合成中被广泛使用。外增塑法是采用相容性好的非挥发性液体（称增塑剂）或柔性高分子量树脂来增塑另一种树脂，常用的低分子增塑剂有氯化石蜡、邻苯二甲酸二酯，醇酸树脂常用来增塑氨基树脂和氯化橡胶等。

船舶防污涂料配方加入防污剂，可以防止船体浸入水中部分的表面受到海洋生物的污损，有利于提高船舶的航速，减少维修费用，防止水下构件腐蚀，常用的防污剂有氧化汞、双三丁基氧化锡、百菌清和氧化亚铜等。

功能性助剂可以赋予涂膜特定的功能，如导静电性能、防滑、抗划伤、增强手感、抗汗渍等。

12.3   成膜机理

涂料只有在基材表面形成一层坚韧的薄膜后才能充分发挥其功能，一般来说，涂料首先是一种流动的液体，在涂布完成之后才逐渐从液态变为固态，形成连续有附着力的薄膜，是一个玻璃化温度不断升高的过程。按照成膜过程中树脂基料的结构是否发生了变化，成膜机理可以分为物理成膜和化学成膜，物理成膜主要通过溶剂挥发和分子链缠结成膜或者水的挥发乳胶粒凝聚成膜以及热熔成膜，化学成膜主要通过树脂基料发生交联反应形成体型结构成膜，如环氧基团和氨基的反应等。

12.3.1   溶剂挥发和热熔成膜

热塑性高分子只在较高的分子量下才呈现出较好的物理和化学性能，但分子量高，玻璃化温度和黏度随之升高，必须用足够的溶剂将体系的玻璃化温度和黏度降低，使 $T-T_g$ 的数值大到足够使溶液可以流动和涂布，在涂布以后溶剂挥发，分子链紧密缠结形成固体薄膜。溶剂的挥发分为三个阶段：

阶段Ⅰ   表面溶剂挥发；

阶段Ⅱ   内部溶剂扩散至表面挥发；

阶段Ⅲ   残留溶剂扩散挥发。

溶剂挥发成膜时溶剂的挥发速度和溶解性能对涂膜的外观、微观结构及其他性能有很大的影响，溶剂挥发太快，表面聚合物浓度很快升高导致漆膜不平整，在不良溶剂中的聚合物分子是卷曲成团的，而在良溶剂中的聚合物分子则是舒展松弛的，最后形成的漆膜的微观结构也有很大差异从而导致性能不同。

升高温度也可使聚合物达到可流动的程度，涂布在基材表面予以冷却，便可得到固体漆膜，这是热塑性涂料成膜的另一种方式，即热熔成膜。

12.3.2   乳胶漆的成膜

一般乳胶漆基料是通过乳液聚合制备的，其黏度和聚合物的分子量无关，乳胶漆在涂布以后，随着水分的蒸发，聚合物粒子互相靠近、发生挤压变形，颗粒间界面逐渐消失，聚合物链段相互扩散，由粒子状态的聚集变成分子状态的凝聚形成连续均匀的涂膜。乳胶是否能成膜与乳胶本身的性质特别是它的玻璃化温度和干燥条件有关。

乳胶漆成膜过程大致分为三个阶段：首先聚合物乳液中的水分挥发，当乳胶颗粒占胶层的 74% 体积时，乳胶颗粒相互靠近而达到密集的充填状态，水和水溶性物质充满在乳胶颗粒的空隙；然后，随着水分继续挥发，聚合物颗粒表面吸附的保护层被破坏，间隙越来越小，直至形成毛细管，毛细管作用迫使乳胶颗粒变形，毛细管压力高于聚合物颗粒的抗变形力，颗粒间产生压力，随着介质挥发的增多，这个压力也越大，乳胶颗粒逐渐变形融合，逐渐由球形变为斜方形十二面体，直至颗粒间的界面消失；最后，水分继续挥发，直到压力达到能使每个乳胶颗粒中的分子链扩散到另一颗粒分子链中时，乳胶颗粒中的聚合物链段开始相互扩散，逐渐形成连续均匀的乳胶涂膜。

关于乳胶漆的聚结动力，目前还没有形成统一的看法。Dillion 等认为，是聚合物的表面张力驱动乳液聚合物粒子变形而成膜。马顿和 Brown 认为，固体颗粒间的水溶液产生毛细管力促使乳胶漆粒子聚结成膜。Eckersley 等认为，界面张力和毛细管力一起促使乳胶粒子成膜。Visschers 认为，缩水表面产生的力是驱动乳胶漆成膜的主要动力。

12.3.3 反应成膜

反应成膜是指可溶或可熔的低分子量的聚合物涂覆在基材表面以后，在加温或其他条件下，分子间发生交联反应形成三维网状结构而转变为坚韧的薄膜的过程，是热固性涂料的共同成膜方式，其中如含干性油或者半干性油的醇酸树脂涂料通过氧气发生氧化交联反应成膜，环氧树脂与多元胺或者酸酐反应交联成膜，多异氰酸酯与含羟基低聚物如聚醚多元醇反应生成聚氨酯成膜，光固化涂料通过自由基或阳离子聚合成膜等。

12.3.4 成膜过程表征

目前，红外光谱、原子力显微镜、动态热机械分析、差示扫描量热分析、透射电镜、扫描电子显微镜、小角度中子散射、直接无辐射能量转移、动态二次离子质谱、激光共聚焦荧光显微技术等已经广泛用于成膜过程表征。透射电镜可以观察涂膜形态研究胶乳成膜过程，差示扫描量热分析可以测定树脂的玻璃化温度以及研究固化动力学确定固化工艺，原子力显微镜可在立体三维上观察涂膜的形貌。

12.4　颜料体积浓度

涂料的颜料体积浓度（PVC）是表征涂料最重要、最基本的参数，早期涂料工业普遍采用颜基比描述涂料配方中的颜料含量，由于涂料中所使用的各种颜料、填料和基料的密度相差甚远，颜料体积浓度更能科学反映涂料的性能，在科学研究和实际生产中成为制定和描述涂料配方的参数。

12.4.1 颜基比

涂料配方中颜料（包括填料）与黏结剂的质量比称为颜基比。在很多情况下，可根据颜基比制定涂料配方，表征涂料的性能。一般来说，面漆的颜基比为（0.25～0.9）：1.0，而底漆的颜基比大多为（2.0～4.0）：1.0，室外乳胶漆颜基比为（2.0～4.0）：1.0，室内乳胶漆颜基比为（4.0～7.0）：1.0。要求具有高光泽、高耐久性的涂料，不宜采用高颜基比的配方，特种涂料或功能涂料则需要根据实际情况采用合适的颜基比。

12.4.2 颜料体积浓度与临界颜料体积浓度

在颜料和基料的总体积中即干膜体积中，颜料所占的体积分数称为颜料体积浓度，用 PVC 表示，即：

$$PVC = V_{颜料}/(V_{颜料} + V_{基料}) \tag{12-5}$$

当基料逐渐加入到颜料中时，基料被颜料粒子表面吸附，同时颜料粒子表面空隙中的空气逐渐被基料所取代，随着基料的不断加入，颜料粒子空隙不断减少，基料完全覆盖了颜料粒子表面且恰好填满全部空隙时的颜料体积浓度定义为临界颜料体积浓度，并用 CPVC 表示。

CPVC 可以通过 CPVC 瓶法、密度法、颜料的吸油值求算。

12.4.3　颜料吸油值

一定质量的干颜料形成颜料糊时所需的精亚麻仁油的量称为颜料的吸油值，该值反映了颜料的润湿特性，用 $\overline{OA}$ 表示，单位为 g/100g，颜料的吸油值与颜料对亚麻仁油的吸附、润湿、毛细作用，以及颜料的粒度、形状、表面积、粒子堆砌方式、粒子的结构与质地等性质有关。

将 $\overline{OA}$ 转化为体积分数，可以求出：

$$\mathrm{CPVC} = \frac{100/\rho}{(\overline{OA}/0.935) + (100/\rho)} = \frac{1}{1 + \overline{OA}\rho/93.5} \tag{12-6}$$

式中，ρ 为颜料的密度；0.935 为亚麻仁油的密度。在实际生产中，由于树脂基料的变化，本公式求算的结果仅供参考。

12.4.4　乳胶漆临界颜料体积浓度

乳胶漆是聚合物乳胶粒和颜料在水连续相中的分散体系，其成膜机理与溶剂型涂料不同。溶剂型涂料成膜过程中颜料间的空隙自然为基料充满，乳胶漆成膜前乳胶粒子可能聚集在一起，也可能和颜料混杂排列，而且在成膜过程中发生形变，最后成膜时需要更多的乳胶粒子方能够填满颜料空隙，因此乳胶漆的临界颜料体积浓度总是低于溶剂型涂料的临界颜料体积浓度。

影响乳胶漆临界颜料体积浓度的主要因素有乳胶粒子的大小和分布，聚合物的玻璃化温度和助成膜剂的种类及用量。玻璃化温度的高低直接影响成膜过程中乳胶粒的塑性形变和凝聚能力，乳胶粒子的玻璃化温度越低，越容易发生形变，使颜料堆砌得越紧密，因此玻璃化

图 12-2　颜料体积浓度对涂膜物理机械性能的影响

温度低的乳胶漆有较高的临界颜料体积浓度。由于粒度较小的乳胶粒子容易运动，易进入颜料粒子之间和颜料粒子间较紧密接触，因此，较小粒度的乳胶漆具有较高临界颜料体积浓度。助成膜剂可促进乳胶粒子的塑性流动和弹性形变，能改进乳胶漆的成膜性能，它对临界颜料体积浓度值的影响比较复杂，还与乳液的玻璃化温度和粒度有关，一般存在一个最佳的助成膜剂用量，在此用量下，临界颜料体积浓度的值最大。助成膜剂的用量过多，会使乳胶粒产生早期凝聚或凝聚过快等现象，从而使聚合物的网络松散，导致临界颜料体积浓度值降低。

12.4.5 涂膜性能与 PVC 的关系

PVC 对涂膜性能有很大影响，PVC＞CPVC 时，颜料粒子得不到充分的润湿，在颜料与基料的混合体系中存在空隙，当 PVC＜CPVC 时，颜料以分离形式存在于黏结剂相中；颜料体积浓度在 CPVC 附近变化时，漆膜的性质将发生突变，因此，CPVC 是涂料性能的一项重要表征，也是进行涂料配方设计的重要依据。图 12-2～图 12-4 分别表示了在 CPVC 处涂膜的物理机械性能、渗透性能和光学性能发生的变化。

图 12-3　颜料体积浓度对涂膜渗透性能的影响

300

图 12-4　颜料体积浓度对涂膜光学性能的影响

12.5　流变学

流变学是研究流体流动和变形的科学。涂料的流变性能对涂料的生产、贮存、施工和成膜有很大的影响，最终会影响涂膜性能，研究涂料的流变性对涂料的体系选择、配方设计、生产、施工，提高涂膜性能具有指导意义。

12.5.1　黏度

涂料的流变性能与涂料在不同条件下的黏度有关。如图 12-5 所示，设面积为 A、距离为 dx 的两层液体，在剪切力 F 的作用下以一定的速度差 dv 做平行流动，单位面积所受的力 (F/A) 称为剪切力 (τ)，速度梯度 (dv/dx)

图 12-5　流体流动

称为剪切速率（D），剪切力与剪切速率的比值（τ/D）称为黏度（η），是液体抵制流动的量度。

12.5.2　黏度的影响因素

影响涂料黏度的主要因素有温度，聚合物浓度，分子量大小及其分布，溶剂黏度等。

溶液的黏度随温度升高而降低，其关系可用下式表示：

$$\lg \eta(T) = \lg A + \frac{B}{T} \tag{12-7}$$

实际应用中涂料的黏度与聚合物的浓度之间的关系可用下式表示：

$$\lg \eta_r = \frac{w}{K_a - K_b} \tag{12-8}$$

式中，η_r 为相对黏度；w 为溶质的质量分数；K_a 和 K_b 为常数，其值可以通过做图或者计算求出，该式适用于低分子量聚合物的溶液。

对于聚合物良溶剂的稀溶液，可以用 Mark-Houwink 方程表示：

$$[\eta] = K M_w^a \tag{12-9}$$

式中，$[\eta]$ 为特性黏度；M_w 为聚合物的平均分子量；K 和 a 为常数。

测定涂料黏度方法很多，常用的有斯托默黏度计、布鲁克菲尔德黏度计、旋转同心圆筒式黏度计、旋转圆筒杯式黏度计、锥板黏度计等。

12.5.3　涂料流动方程

涂料在制备、贮存、施工和成膜阶段经受不同的剪切速率的作用。分散过程中搅拌下的剪切速率约为 $10^3 \sim 10^4 \mathrm{s}^{-1}$，而器壁经受到的剪切速率只有 $1 \sim 10 \mathrm{s}^{-1}$，物料放出后，剪切速率可立即下降到 $10^{-3} \sim 0.5 \mathrm{s}^{-1}$ 的范围，颜料有可能沉降下来，在施工中，刷涂、喷涂或辊涂的剪切速率至少在 $10^3 \mathrm{~s}^{-1}$ 以上，甚至达到 $10^5 \mathrm{s}^{-1}$；施工后，剪切速率立即下降到 $1 \mathrm{~s}^{-1}$ 以下，为此涂料总被设计和配制成非牛顿流体，以满足性能要求。

图 12-6　三种典型涂料的剪切速率与黏度的关系

以涂料生产、施工中剪切速率的对数为横坐标，黏度为纵坐标做图描述涂料的流变性能，图 12-6 表示三种涂料在不同剪切速率下的黏度变化情况。涂料 1 的配方不合理，它在施工时黏度过低，施工后黏度过高，导致流平性较差。涂料 2 表示的涂料较合理，低剪切速率下该涂料的屈服值 τ_0 在 $0.4 \sim 1 \mathrm{Pa}$，保证涂料有较好的贮存稳定性以及施工后的流平性，不致产生过多的流挂。高剪切区，该涂料的黏度在 $0.1 \sim 0.3 \mathrm{Pa \cdot s}$，从而确保涂料有较好的施工性能。涂料 3 的配方也不合理，施工时黏度过高，会产生刷涂拖带现象；施工后黏度过低，从而产生过多的流挂。

高剪切速率区，涂料的流动行为主要受基料、溶剂和颜料的影响；在低剪切速率区，涂料的流动行为主要由流变剂，颜料的絮凝性质和基料的胶体性质所决定。

当涂料施工后，不可避免地产生条痕，如果流平得很快，条痕就能够消失，流平过程的推动力是涂料的表面张力。当涂料在垂直底材表面上施工时，由于重力的作用，涂料会向下流动，过度的向下流动会造成涂料的流挂。涂料具有最好的流平性和最低的流挂性是人们所希望的，但降低涂料的黏度有助于流平，却也加速流挂；增加涂层的厚度有助于流平，却又导致流挂。目前的研究表明，只有具有合理屈服值的假塑性涂料体系，才能同时满足上述要求。

12.6 涂膜病态防治

（1）流挂 涂料涂装于垂直物体表面，在涂膜形成过程中湿膜受到重力的影响朝下流动，形成不均匀的涂膜，称为流挂。

要使涂膜流动适宜，就要使涂料的流变性处于最适宜的状态，要防止流挂病态的发生，最重要的是要控制在刷涂剪切速率下的涂料黏度。另外，所用溶剂的品种也是重要的因素，因为它影响着黏度的变化。在采用喷涂方法施工时，涂膜厚度要掌握好，喷涂过厚或溶剂挥发速率过慢，也会造成流挂。另外，底材及底层表面状态，以及施工涂装方法和大气的环境条件等也会导致流挂的产生。

（2）刷痕、辊筒痕 涂料采用刷涂或辊涂方法施工时，涂膜表面干燥后产生未能流平的痕迹称为"刷痕"或"辊筒痕"，它明显地影响了涂膜的外观。

预防措施是控制涂料质量，调整施工黏度及环境条件，必要时可添加少量高沸点溶剂或者流平剂。

（3）橘皮 橘皮是湿膜未能充分流动形成的似橘皮状的痕迹。施工黏度较高，烘干前的闪蒸时间不当，稀释剂的质量，底材的温度等均会导致涂膜橘皮病态的产生。

预防措施主要是添加适量挥发速度较慢的溶剂，以延长湿膜的流动时间使之有足够时间流平，加入适量流平剂也能减轻涂膜橘皮病态。

（4）起粒 起粒是涂装后漆膜表面出现不规则块状物质的总称。颜料分散不良、基料中有不溶的聚合物软颗粒或析出不溶的金属盐、溶剂挥发过程中聚合物沉淀、小块漆皮被分散混合在漆中等是造成起粒的主要原因，因此要防止此病态发生，必须注意颜料充分分散、溶剂合理设计、涂料的净化及施工场所环境的洁净度。

（5）缩孔 缩孔也是涂膜因流平性不良出现的病态之一，产生缩孔的主要原因是湿膜上下部分表面张力不同。实际应用时，可以采取加入适宜的流平助剂或低表面张力溶剂来解决，此外，还应注意提高底材的可润湿性。

（6）泛白 泛白（变白）现象常发生在挥发型涂料涂装中，是涂装后溶剂迅速挥发过程中出现的一种不透明的白色膜的情况，这是由于溶剂迅速挥发吸收大量热量导致正在干燥的涂膜邻近的水分凝结在涂膜上面的缘故，有时溶剂含水也会引起泛白，一般来说，溶剂的挥发性越高，漆膜变白的倾向越大。

预防措施是调整好涂料所用溶剂，并适量增加高沸点溶剂，减少挥发快的溶剂用量，控制空气的相对湿度。

（7）静电喷涂导电性差 静电喷涂法对所用涂料和溶剂均有一定要求，其中导电性差是经常出现的一种弊病。电阻的调整方法有两种，一是靠溶剂来调整，通常在高电阻涂料中添加电阻低的极性溶剂；二是在设计配方时，添加助剂使其符合静电涂装工艺的要求。

12.7 结语

涂料配方研究与开发是涂料科学的重要内容，但是由于涉及多门学科，研究对象复杂，目前还没有形成完善的理论，配方设计主要还是靠大量的实验优选和经验积累，因此一个成熟的配方设计师应该重视多学科理论的学习，将理论运用于实践，同时，不断积累经验，提高悟性，才能成为一名优秀的配方设计工作者。

第13章 金属涂料

13.1 概述

金属腐蚀是金属表面和周围环境中的介质发生化学或电化学反应,逐步由表及里,使金属受环境破坏,丧失其原有性能。粗略估计,每年因腐蚀而造成的金属结构、设备及材料的损失量,大概相当于当年金属产量的 20%~40%。

金属腐蚀有各种各样的分类。按腐蚀介质可以分为大气腐蚀、海水腐蚀、土壤腐蚀及化学介质腐蚀;以腐蚀过程的机理可以分为化学腐蚀和电化学腐蚀。对于涂料防腐蚀工作者来说,常常将腐蚀归纳为"湿蚀"和"干蚀"两类。湿蚀是在水或水汽的参与下,各种介质对金属的作用;干蚀则是指化学物质对金属的直接作用及高温氧化等。大气腐蚀、水及海水腐蚀、电解质腐蚀等都属于"湿蚀"。

防腐蚀涂层可以通过屏蔽、缓蚀、阴极保护作用保护金属基材免受腐蚀。

(1) 屏蔽作用 涂层的屏蔽作用在于使基体和环境隔离以免受其腐蚀,对于金属,根据电化学腐蚀原理,涂层下金属发生腐蚀必须有水、氧、离子存在,以及离子流通(导电)的途径。由此为防止金属发生腐蚀,涂层需能阻挡水、氧以及离子透过涂层到达金属表面,所以,屏蔽效果决定于涂层的抗渗透性。

(2) 缓蚀作用 在涂层含有化学防锈颜料的情况下,当有水存在时,从颜料中解离出缓蚀离子,后者通过各种机理使腐蚀电池的一个电极或两个电极极化,抑制腐蚀进行。故缓蚀作用能弥补屏蔽作用的不足,反过来屏蔽作用又能防止缓蚀离子的流失,使缓蚀效果稳定持久。

(3) 阴极保护作用 涂层中如加入对基体金属能优先腐蚀的金属粉,便能使基体金属免受腐蚀,富锌底漆对于钢铁的保护即在于此。

由上述防腐蚀涂层的作用来看,屏蔽作用要求涂层不渗透水、氧和离子,而缓蚀作用又要求有一定量的水,有的缓蚀颜料还需要有氧的存在。如要兼顾发挥两种作用,要考虑其平衡,但抗渗透仍是防腐蚀涂层的基本要求。此外,任何情况下,均要求涂层耐久,耐久才能有实用价值。而要耐久,则涂层必须对环境介质稳定,对基体牢固附着,并对外加应力有相当的适应性。所以抗渗透性、对介质稳定、附着力和机械强度是对防腐蚀涂层的基本要求。

水对涂层的渗透认为是通过吸附、溶解、扩散、毛细管吸引的过程。前两者与作为漆基的高聚物中所含极性基因和可溶性成分有关,后两者与聚合物链节的活动性、涂层的孔度和浸出量(浸出增加孔度)有关。可溶成分和浸出物包括小分子单体、滞留溶剂和外来污染物,以及高聚物的降解物。涂层的孔度决定于涂层的针孔以及高聚物分子之间和大分子内部存在的气孔。针孔来自不理想的施工,而气孔决定于高聚物的分子结构、交联密度和排列状态等,是涂层固有的。因此,涂层的渗透不可能绝对的避免。颜料的加入能提高涂层的抗渗透性,颜料粒子不透水,它能填充管孔,延长渗透至基体金属的路程,涂层中颜料少于临界颜料体积浓度时,水通过颜料粒子之间的基料渗透;大于此浓度时,便更快地通过颜料粒子之间的空隙扩散,故色漆的水渗透性决定于颜料的品种、用量、分散度和粒子的几何形状。

如惰性的片状颜料在涂层中起着挡板的作用。此外，颜料-高聚物、颜料-高聚物-水，高聚物-基体之间的相互反应也对水的渗透有影响。

防腐蚀涂层对腐蚀介质的稳定性是指化学上既不被介质分解，也不与介质发生有害的反应；物理上不被介质溶解或溶胀。大多数防腐蚀涂层只用于中性至微碱性的含水介质和极性较低的有机溶剂中。但是，经过加强和加厚的涂层体系，也有能长期耐强腐蚀介质作用的，无机酸对涂层的作用主要是使涂层中高聚物的某些极性基团水解，在双键处发生加成反应和异构化，还能溶解和分解涂层中的颜料和添加剂，最终使涂层失去保护作用。有机酸由于对高聚物还具有溶胀和溶解作用而加速有害反应的进行，使侵蚀作用更为强烈，碱溶液的作用主要是水解，并与高聚物中的酸性基团成盐，使涂层更加亲水，甚至泡胀软化。水是最常遇到的腐蚀介质，除其本身对于高聚物有水解和渗透破坏作用，还与存在的其他物质起协同破坏作用，盐溶液的破坏在于增大了离子浓度，而离子的渗透引起涂层电阻下降，有些离子如氯离子和硫酸根离子还会在膜底干扰缓蚀颜料的作用，促进涂层下金属腐蚀。从耐介质腐蚀性来看，碳链高聚物比杂链好。碳链上的氢原子被氟、氯原子取代更好。饱和度高，极性小的比含有双键和极性基团多的要好。

涂层要保护基体，必须在使用期间始终与基体牢固附着。除反应性底漆外，涂层的附着力主要靠分子间的物理吸引，称次价力或范德华力。其中以氢键吸引最强，但这类引力只有在分子级距离内才产生，故底漆应润湿性好，使其能与基体充分接触。使用过程中影响附着力的主要因素有以下两方面。

① 涂层-金属界面上水的积聚　由于水对金属的亲和力大于一般高聚物对金属的亲和力，故水能插入其间，取代了高聚物的吸附。界面水可能来自施工时金属表面原来吸附的水膜，会影响涂层原始强度，也可在使用中由涂层表面渗入或破损处进入，使附着力逐渐下降。所以在高温条件下，附着力下降更快。

② 内应力的积累　由于固化后期溶剂挥发，使用过程中的进一步交联和小分子物浸出等因素使涂层体积收缩而形成内应力，在反复的冷热、干湿循环中，由于涂层和基体胀缩不一致使界面产生反复的相对位移也会形成破坏性应力。内应力积累至大于附着力，涂层便脱开；如小于附着力而大于内聚力，涂层便开裂。据测因体积收缩而形成的内应力可高达 $9.8 \times 10^3 \text{kPa}$，可见其影响之大。

内应力的形成与高聚物结构也有很大关系，低模量的柔软涂层能通过分子构象变化消除内应力，高交联的刚性涂层则不能。片状或纤维状颜料填料能与高聚物间微观开裂而局部释放了应力，从而降低涂层的内应力。

涂层的常规机械性能指标有硬度、柔韧性、耐冲击、耐磨耗等。从涂层为黏弹体系考虑，则机械性能可综合地反映因外力而产生的变形大小，而机械性能又与温度相关，故在讨论如何使涂层长期适应所承受的外力时，首先应考虑应力-应变特性和玻璃化温度。

高聚物的机械性能受控于玻璃化温度（T_g），T_g 则决定于高聚物分子的结构，刚性分子链和高的次价键力可提高 T_g，颜填料的加入对 T_g 影响不大。

涂层的机械性能决定于所承受的机械应力与高聚物结构内部产生的应变分布状况间的关系。涂层应力-应变特性与高聚物的种类，颜填料种类和浓度有关。在颜料填料浓度低于临界颜料体积浓度范围内，随着浓度提高，涂膜的拉伸强度提高而延伸性下降。涂膜的拉伸强度和伸长率很能说明使用性能。低的伸长率和高的拉伸强度说明其硬而韧，预示耐磨性好；高的伸长率和低的拉伸强度说明其为柔软的弹性膜；而两值均高为强韧的弹性膜。故在研制或选用防腐蚀漆时，应将应力-应变特性作为考核指标。

总之，上述对防腐蚀涂层性能的要求，相互间不免出现矛盾，如高度抗渗性和耐介质腐蚀要求采用低极性、结构规整、分子链刚性的树脂作基料，但牢固附着要求高极性，清除内应力要求无规结构和柔性链；提高颜料浓度（临界颜料体积浓度以下）也有利抗渗而不利弹性和耐磨耗等机械性能。另外还会有技术与经济之间的矛盾。上述矛盾要求研制和选用需要全面考虑、分清主次，利用树脂改性和配方调整来恰当处理。

根据树脂结构，常用的金属涂料有氨基涂料、醇酸涂料、丙烯酸涂料、环氧树脂涂料、聚氨酯涂料等；根据固化工艺，又可分为烘漆、自干漆等。

13.2 氨基烘漆

由具有氨基官能团的原料与醛类（主要是甲醛）经缩合反应制得的树脂称为氨基树脂。涂料用氨基树脂主要是醇醚化的脲醛树脂、三聚氰胺甲醛树脂、苯鸟粪胺甲醛树脂（即苯代三聚氰胺树脂）以及它们的共聚树脂。

单纯将氨基树脂加热固化所生成的漆膜过分硬脆，附着力差，所以它一般不单独使用。而是与其他可以混溶带有羟基官能团并加热后可相互交联的树脂（如醇酸树脂、环氧树脂、环氧酯和丙烯酸树脂等）配合制成各类氨基烘漆，氨基树脂在其中作为交联剂。以三聚氰胺树脂与醇酸树脂配合制成的氨基醇酸烘漆在硬度、光泽、丰满度、耐化学品性、耐水性等方面都很突出。与聚酯树脂（或称无油醇酸树脂）配合，可制得保光保色性等优良的高级白色或彩色烘漆。美国氰特公司主要的三聚氰胺树脂见表 13-1。

表 13-1 美国氰特公司主要的三聚氰胺树脂

类别和牌号	醚化度	分子量	不挥发分/%	醚化用醇
高醚化度				
六甲氧基甲基三聚氰胺				
Cymel 300	~1.0	~400	>98	甲醇
Cymel 305	~0.95	~500	>98	甲醇
高亚氨基				
Cymel 325	~0.9	~650	80±2	异丁醇
Cymel 1158	~0.9	~700	80±2	正丁醇
部分醚化				
Cymel 370	~0.75	~400	86±2	异丁醇
Cymel 380	~0.6	~800	80±2	异丁醇

注：~表示约。

脲醛树脂主要用于和醇酸树脂配制氨基醇酸烘漆，以提高漆膜的硬度和干性。与不干性醇酸树脂配合可制成酸固化氨基漆作为木材家具罩光之用，但耐候性、耐水性、保光性稍差。它有如下特点：

① 价格便宜，原料充足；

② 脲醛树脂分子结构上含有极性氧原子，所以对物面附着力好，可用于底漆、中间层涂料，以提高底、面漆之间的结合力；

③ 由于用酸性催化剂时可在室温固化，可用于双组分木器涂料；

④ 以脲醛树脂固化的漆膜，挠曲性较好；

⑤ 脲醛树脂的黏度较大，酸值较高，贮藏稳定性较差。

醚化改性的三聚氰胺甲醛树脂能溶于有机溶剂。它是用于氨基醇酸烘漆的主要氨基树脂。在硬度、光泽、丰满度、耐化学品性及耐水性和耐候性方面均很突出。

三聚氰胺分子上的一个氨氢被烃基团取代的化合物，称为烃基三聚氰胺。涂料工业中以苯基三聚氰胺的苯鸟粪胺应用最多。

苯鸟粪胺甲醛树脂由于分子结构中引进了苯环，降低了整个分子的极性，改善了它与其他树脂的混溶性，提高了漆膜的光泽度和附着力，但其漆膜容易泛黄、耐久性较低。

影响漆膜的主要因素有下列几种。

(1) 容忍度对漆膜性能的影响　容忍度与氨基树脂的醚化程度和烷基的大小有关。烷基化程度高自缩聚少，固化交联密度高，漆膜耐水性能好。

(2) 不同树脂组成对漆膜硬度的影响　甲基化的三聚氰胺树脂固化的漆膜一般比丁基化的硬度高。这与漆膜的固化程度有关。要提高漆膜硬度，除提高氨基树脂用量，使用催化剂或提高固化温度外，还应考虑能进行自缩聚的树脂，如亚氨基含量高的甲基化三聚氰胺树脂。

(3) 溶剂对氨基漆贮藏稳定性的影响　氨基烘漆都需要加入起稳定作用的醇或胺。丁基化的树脂如果丁醇含量不足，丁氧基脱落后再醚化就不容易。随着贮藏期增加，氨基漆黏度逐渐上升直至成胶。为了不影响贮藏稳定性，溶剂中丁醇用量不宜低于三聚氰胺树脂的40%。甲基化的树脂可加入甲醇或乙醇来改善贮藏稳定性。加胺可以控制 pH，以防止 pH 下降（醇酸树脂中的游离酸等）对交联的催化。

(4) 耐湿热、耐洗涤剂和耐盐雾性能的影响　氨基漆的耐水性受各方面因素的影响。漆膜的固化程度，交联密度，附着力和吸水性均影响漆膜的耐水性。高烷基化的树脂需要酸性催化剂来催化固化，催化剂的用量和品种亦影响着漆膜耐水性，一般选用带憎水基的磺酸。树脂官能度大，自缩聚少，交联密度高，漆膜耐水就好。若部分烷基化或高亚氨基含量的树脂，如配合恰当酸性的醇酸树脂，就不必外加催化剂，在湿热条件下亦不易起泡。

若把固化温度提高到150℃时，各种三聚氰胺树脂的耐潮性能均能提高，完全烷基化的树脂耐洗涤剂性能更好。而丁基化高亚氨基的树脂有较好的耐盐雾性能。

(5) 室外耐久性能的影响　三聚氰胺甲醛树脂具有良好的耐候性，甲基化的要优于丁基化的。

三种不同品种氨基树脂制漆性能比较如表 13-2 所列。

表 13-2　三种不同品种氨基树脂制漆性能比较

品　　种	脲醛树脂	三聚氰胺甲醛树脂	苯鸟粪胺甲醛树脂
加热固化温度	100~180℃	90~250℃	90~250℃
固化后漆膜硬差	小	大	大
柔韧性、附着力	柔韧性好,附着力优	较硬、脆,附着力优	硬、韧,附着力优
耐水、耐碱性	差	好	好
耐溶剂性	差	好	好
光泽	差	好	最好
户外耐久性	差	好	差
涂料稳定性	较好	好	好
使用对象	底漆	外用面漆	内用面漆
价格	低	高	高

13.2.1　丙烯酸型氨基烘漆

丙烯酸酯树脂与氨基树脂交联固化使漆膜的分子形成不熔、不溶的空间网状结构，对金属基材起保护及装饰作用的涂料，称为丙烯酸型氨基烘漆。由于所用的涂料树脂分子量小，可以在不太高的黏度下制成高固体分的涂料，从而改进涂膜的丰满度，缩减施工道数。

丙烯酸树脂与氨基树脂的交联反应是通过树脂侧链上带有可与氨基树脂反应或自身反应的活性官能团。共聚合反应制造树脂时采用不同的活性官能单体，这样树脂侧链上就具有多种不同交联体系的官能团。

丙烯酸树脂可分为"自反应"与"潜反应"两大类，前者单独或在微量催化剂存在下，侧链上的活性官能团自身之间发生反应交联成网状结构的聚合物。后一类的活性官能团自身间不会反应，但可以与添加进的交联剂上的活性官能团反应，由交联剂搭桥进行交联从而形成网状结构的聚合物。这类交联剂应至少具有两个活性官能团，不同的侧链活性基团各有不同的交联体系，要求不同的温度、催化剂（或不用催化剂）。表 13-3 为常用的热固性丙烯酸酯树脂交联反应类型。

表 13-3　常用热固性丙烯酸酯树脂交联反应类型

侧链官能团	官能单体	交联类型及交联反应物质
羟基	（甲基）丙烯酸羟烷酯	与烷氧基氨基树脂加热交联
羟基	（甲基）丙烯酸羟烷酯	与多异氰酸酯室温交联
羧基	（甲基）丙烯酸，顺丁烯二酸酐或衣康酸（亚甲基丁二酸）	与烷基氨基树脂加热交联或与环氧树脂加热交联
环氧基	（甲基）丙烯酸缩水甘油酯	多元羧酸或多元胺交联或催化加热自交联
N-羟甲基或烷甲氧基酰胺基	（甲基）丙烯酰胺羟甲基化或再用醇醚化	①加热自交联 ②与环氧树脂加热交联 ③与烷氧基氨基树脂加热交联

下面介绍表 13-3 中所列各种交联反应的反应式及应用情况。

丙烯酸树脂羟基与烷氧基氨基树脂交联反应机理与氨基醇酸系统基本相同。固化所需烘烤温度较低，在 120～130℃数分钟至 1h 或在 140℃左右经 20～30min 即可很好地固化，如在共聚物分子中引入一些羧基或外加酸性催化剂则可交联得更好或可缩短烘烤时间。羧基的存在一方面催化了羟基与氨基树脂的交联反应；另一方面它本身也能与氨基树脂的烷氧基交联反应。反应如图 13-1 所示。

图 13-1　丙烯酸树脂羟基与烷氧基氨基树脂反应机理

含羟基丙烯酸树脂是目前工业生产的丙烯酸氨基烘漆中要求固化温度较低的一种，但也有在高达 200℃的温度过热烘烤条件下迅速固化而不影响光泽及色泽。它具有较好的硬度、耐候性、保光性、保色性、附着力、挠曲性及耐水性，所以应用最广，约占各类热固性丙烯酸涂料总产量的 70%以上，应用最多的是轿车工业。轻工、家电产品上也多有应用。

常用的羟基单体为甲基丙烯酸羟乙酯（HEMA）或羟丙酯（HPMA），以及丙烯酸羟乙酯（HEA）或羟丙酯（HPA）。

配制丙烯酸烘漆所用的氨基树脂为醚化了的三聚氰胺甲醛树脂，其典型的结构式如下：

结构中 R 可能是羟甲基—CH_2OH、甲氧基甲基—CH_2OCH_3 或丁氧基甲基—$CH_2OC_4H_9$，这使氨基树脂与丙烯酸树脂之间的交联反应变得非常复杂。羟甲基、甲氧基甲基及丁氧基甲基均可与丙烯酸树脂上的羟基或羧基反应，而亚氨基—NH 则可以与氨基树脂上的羟甲基反应；此外，羟甲基与另一个羟甲基之间也可能反应。

目前，部分醚化的丁氧基甲基三聚氰胺树脂在国内应用较多，其品种的醚化程度高低不同。高醚化度品种反应较慢，硬度较低但柔韧性较好，甲氧基甲基的品种目前市售的多为高醚化度品种，但一般均不易达到 6 个甲氧基，其甲氧基含量常在 5～6 个；但羟甲基含量很低，与丙烯酸树脂交联反应需要较高温度或采用催化剂，应用此种树脂制造丙烯酸烘漆可以依赖其低黏度以生产高固体分涂料，漆膜具备更为优异的附着力、柔韧性、冲击强度及抗划伤性能，从而提高漆膜物性，但要求高温烘烤为其主要缺点，常可用添加酸性催化剂来克服。国外目前发展了一些部分醚化成三甲氧基甲基的品种，可以节约甲醇及甲醛，减少污染并加速固化，国内也有批量生产。

三聚氰胺树脂与丙烯酸树脂反应时，为了降低烘烤温度及加速固化速度，常采用催化剂，催化剂的加入对降低固化温度的效果非常明显，通常可达到降低 30～60℃ 的效果。羟基与氨基树脂交联反应常采用酸性催化剂，常用对甲苯磺酸为催化剂，也可使用壬基萘磺酸、十二烷基苯磺酸、马来酸丁酯、磷酸氢丁酯及磷酸羟基酯。催化效果一般随催化剂的酸性强弱而变，同时也随催化剂用量的多少而变。

热固性氨基丙烯酸涂料由丙烯酸共聚树脂、丁醇醚化三聚氰胺甲醛树脂、颜料、溶剂和助剂等组成。氨基丙烯酸涂料形成的涂膜坚硬，附着力、保光性、保色性优良，过度烘烤涂膜不变色，具有优异的耐候性和机械性，耐化学药品性突出。适用于家用电器、仪器、仪表和医疗器械等金属制品装饰性涂装。氨基丙烯酸烘烤磁漆的配方实例见表 13-4 和表 13-5。

表 13-4　氨基丙烯酸烘烤磁漆（白）

组　　成	质量份
带羟基丙烯酸树脂溶液(50%)	54.0
低醚化度三聚氰胺甲醛树脂(60%)	19.0
钛白粉(金红石型)	14.0
二甲苯	5.00
环己酮	6.00
硅油溶液(1%)	0.20
邻苯二甲酸二丁酯	2.00

表 13-5　氨基丙烯酸烘烤磁漆（红）

组　　成	质量份
带羟基丙烯酸树脂溶液(50%)	55.0
三聚氰胺甲醛树脂(60%)	20.0
邻苯二甲酸二丁酯	2.00
甲苯胺红	7.00
环己酮	8.00
二甲苯	8.00
丁醇	5.00

13.2.2 醇酸型氨基烘漆

醇酸树脂在各类涂料中是综合性能很平衡的树脂品种之一，也是用于氨基烘漆中的主要树脂。根据不同改性的干性油、半干性油和不干性油的品种以及油改性的量（或油度），可以制成各种醇酸树脂。

13.2.2.1 氨基烘漆用醇酸树脂

氨基烘漆用醇酸树脂的油度，以短油度为宜，它赋予漆膜以硬度、附着力和光泽。

氨基烘漆用醇酸树脂的改性油品种以半干性油和不干性油较为恰当，如豆油、椰子油、花生油、茶油、蓖麻油、脱水蓖麻油以及十一烯酸等合成脂肪酸等均能制成各类氨基烘漆。白色漆和清漆以不干性油为主。干性油改性醇酸树脂不适宜生产氨基烘漆，因为它高温变色，使漆膜泛黄，耐热性能差。

氨基烘漆中醇酸树脂反应所用多元醇以甘油较为普遍，季戊四醇因生产短油度醇酸树脂时很难掌握、容易胶凝。同时漆膜易泛黄，经不起高温烘烤，故很少使用。除甘油外，三羟甲基丙烷和三羟甲基乙烷在烘漆中使用的醇酸树脂中发展很快。三羟甲基丙烷含有三个伯羟基，反应速率比甘油快，黏度低，制得的漆膜性能比甘油醇酸好。特别是漆膜硬度、耐水性和耐久性均有特殊表现，特别适用于外用的自行车和汽车用漆。

13.2.2.2 氨基树脂和醇酸树脂的配合

在氨基醇酸烘漆中氨基树脂和醇酸树脂的配合相当重要，两者配合得当与否对漆膜的质量带来很大影响。在氨基树脂中使用最多的是丁醇改性三聚氰胺甲醛树脂，其他氨基树脂品种可根据制漆性能的需要加以选用。

三聚氰胺树脂赋予漆膜以硬度、光泽等性能，醇酸树脂赋予漆膜以弹性和附着力等性能。要根据醇酸树脂的油度长短、油的种类、对漆膜的质量要求等多种因素综合考虑它们之间的配比。一般认为白色及浅色烘漆以及半平光烘漆等由于颜料分比较高，氨基比例（氨基和醇酸之比例）可以适当低些，深色漆可以高些。又如透明红、蓝、绿等，由于使用醇溶性颜料或颜料含量极低，因此配方和清漆相仿，氨基比例可以高一些。总之，氨基树脂用量必须根据成本和质量进行平衡。

在三聚氰胺树脂和醇酸树脂的配合中要注意两种树脂的混溶性。混溶性不好表现在漆膜的光泽，特别是白色及浅色漆颜料分用量高的品种，更为突出。

高醚化程度的，泛指树脂容忍度在 10 以上，该氨基树脂与干性油醇酸树脂或半干性油醇酸树脂较为亲和，使形成的漆膜有较高的光泽和丰满度。

低醚化程度的，泛指树脂容忍度在 10 以下，该氨基树脂与不干性油醇酸树脂亲和。氨基树脂与不干性油醇酸树脂配合不良，烘干后有白雾或光泽差。除可能是树脂分子量过大外，主要是树脂内含丁氧基团太多亦即醚化程度太高所致。

13.2.2.3 常用的氨基醇酸烘漆

有光氨基醇酸烘漆保光、保色性较好，钛白最好用金红石型的，但如是内用的也可以用锐钛型的，用量可以在 25%～30%。为了减少白漆泛黄和大红避免金光，烘烤温度都要求低些，一般在 100℃ 左右烘 2h。为了使漆膜硬度能达到要求，氨基树脂用量要稍多些，有时还要加入少量锰催干剂。各色氨基醇酸烘漆配方见表 13-6。

因为豆油醇酸树脂是半干性油醇酸树脂，需要醚化度较高的氨基树脂才能有较好的混溶性，以保证漆膜有较好的光泽和外观，所以使用醚化度较高的三聚氰胺甲醛树脂，醇酸树脂常用二甲苯溶解。

表 13-6　各色氨基醇酸烘漆配方（质量份）

原料名称	白色	大红	黑色	中黄	淡灰
钛白	25.0				19.1
大红粉		8.00			
镉红					
炭黑			3.20		0.100
中铬黄				24.0	0.600
酞菁蓝					0.200
44%油度豆油醇酸树脂(50%)	56.5	67.5	70.0	59.5	62.0
高醚化度三聚氰胺树脂(60%)		15.0	16.0	10.5	11.0
甲基硅油(1%溶液)	0.500	0.500	0.500	0.300	0.300
环烷酸锰液(2%金属锰含量)	0.300	0.200	0.200		
环烷酸锌液(4%金属锌含量)		0.160	6.00		
丁醇	3.00	3.00	3.80	3.00	3.00
二甲苯	2.80	5.80		2.70	3.70

色漆一般都用酞菁蓝、酞菁绿、喹吖啶酮红等配色，尽量不用铁蓝、铬黄、大红粉等，以求达到较好的保色性和较鲜艳的色彩。

加些硅油溶液是为了改善漆膜外观、流平性，并改善复色漆的浮色、发花现象，用量都控制在 0.5%（以溶液计）以下。

半光和无光的氨基醇酸烘漆（表 13-7、表 13-8）和有光烘漆配方基本一致，根据光泽度加入滑石粉、碳酸钙等体质颜料，半光少加，无光多加。醇酸树脂的选用和有光烘漆一样，用豆油醇酸树脂，氨基树脂的用量在半光漆中可以和有光烘漆相仿，但在无光漆中由于颜料含量很高，因此漆膜的弹性与耐冲击强度都较差，所以氨基树脂的比例就要相应减少一些。

表 13-7　半光氨基醇酸烘漆配方（质量份）

原料	黑色	灰色	青色
钛白		21.0	17.1
炭黑	3.40	0.200	
铬黄		0.100	1.00
酞菁蓝			0.500
碳酸钙	8.00	11.2	10.2
硫酸钡	20.5		
滑石粉		7.00	6.80
44%油度豆油醇酸树脂(50%)	39.4	44.8	36.5
低醚化度三聚氰胺树脂(60%)	12.6	14.2	11.8
丁醇	9.00	8.00	14.0
二甲苯	6.50	3.50	4.40

在半光、无光漆中为了保持漆膜性能，总是希望在能达到消光要求的情况下体质颜料尽可能少用。体质颜料含量多，相对的树脂含量就少，漆膜表面较粗糙。在半光和无光漆中可采用气相二氧化硅作消光剂，由于气相二氧化硅颗粒的团聚微粒小，使形成的漆膜表面特别光滑，能提高半光和无光漆的外观质量。

表 13-8　无光氨基醇酸烘漆配方（质量份）

原　料	黑　色	白　色	灰　色	草绿色
钛白		25.0	24.0	
炭黑	3.40		0.120	0.800
中铬黑			0.100	8.80
酞菁蓝			0.0300	
铁黄				18.4
铁蓝				1.30
碳酸钙	20.0	15.0	15.0	8.80
硫酸钡	20.0			
滑石粉	4.00	10.0	10.0	8.00
44％油度豆油醇酸树脂(50％)	25.0		33.0	32.0
44％油度花生油醇酸树脂(50％)		21.4		
低醚化度三聚氰胺树脂(60％)	5.00	8.60	5.00	5.00
丁醇	7.00	9.70	5.00	4.00
二甲苯	14.8	10.0	7.25	12.4
环烷酸锰液(2％金属锰)	0.500			
硅油溶液(1％)	0.300	0.300	0.500	0.500

　　随着国民经济的飞跃发展，各使用部门都要求加快烘漆干燥速度。一般氨基醇酸烘漆中白色、浅色、大红色漆需在 105℃烘 2h，深色漆在 120℃烘 2h，清漆也要 110℃烘 1.5h。氨基醇酸烘漆中如果一部分用干性油（如亚麻油和桐油）醇酸树脂，漆的烘烤时间能缩短至 1h。但桐油、亚麻油醇酸树脂泛黄严重只能在深色漆中使用，在浅色漆和清漆中则无法应用。在醇酸树脂中如果引入部分苯甲酸改性能加快干燥，提高漆膜硬度。同时在施工时可以适量加入酸性催化剂，能加快烘漆的固化速度，烘干温度和烘干时间可以同时一步降低至 80～100℃烘 0.5h。快干氨基醇酸烘漆配方见表 13-9。

表 13-9　快干氨基醇酸烘漆配方（质量份）

原　料	黑　色	白　色	清　漆
炭黑	3.20		
钛白		30.0	
44％油度豆油醇酸树脂(50％)	35.0		
54％油度桐油亚麻油醇酸树脂(50％)	35.0		
30％油度苯甲酸改性脱水蓖麻油醇酸树脂(50％)		52.0	
33％油度苯甲酸改性脱水蓖麻油三羟甲基丙烷醇酸树脂(50％)			61.0
高醚化度三聚氰胺树脂(60％)	16.0	12.0	1.00
低醚化度三聚氰胺树脂(60％)			36.0
乙醇胺	0.140		
丁醇	6.00	2.70	2.50
煤焦溶剂(150～200℃)	3.80	3.00	
硅油溶液(1％)	0.500	0.300	0.500
环烷酸锰溶液(2％金属锰)	0.200		
环烷酸锌溶液(4％金属锌)	0.600		

　　表 13-9 所述快干氨基醇酸烘漆由于醇酸树脂的油脂的油度缩短，干燥时间快，所以醇酸树脂要求用高沸馏程煤焦溶剂，以改进漆膜的流平性。若用二甲苯则漆膜的流平性差。

13.2.3　聚酯氨基烘漆

由新戊二醇合成的聚酯树脂（或称无油醇酸树脂）可和三聚氰胺甲醛树脂、苯代三聚氰胺甲醛树脂等交联固化成膜。

新戊二醇聚酯氨基烘漆较之植物油改性醇酸氨基烘漆不易氧化、分解和泛黄。漆膜有更好的光泽、丰满度,不易沾污和附着力强等物理力学性能。常用于家用电器的装饰和保护。

家用电器等轻工产品要求漆膜不但有良好的耐候性和保光、保色性等优良性能,还要求较高的装饰性:要求漆膜光亮、丰满和干性快速等特点。为了满足上述要求,应采用耐晒牢度高的、色彩鲜艳的有机颜色,如稳定型 BS 酞菁蓝和 G 酞菁绿、双偶氮大分子 R 大红、4GL 黄等高级颜料,钛白粉以金红石型为主,为提高黑色漆黑度,必须采用色素或特黑炭黑。溶剂使用酮、醇、醚类混合有机溶剂,为保证大面积施工的流平性,常需要加入适量高沸点溶剂。聚酯氨基烘漆配方见表 13-10。

表 13-10　聚酯氨基烘漆配方

组成	聚酯树脂(60%)	低醚化度三聚氰胺树脂(60%)	二甲苯	环己酮	高沸点溶剂	R902 钛白粉	硅油	流平剂
质量份	52.0	14.0	8.0	2.0	2.0	22	0.5	0.8

该漆是由进口优质聚酯树脂、低醚化度三聚氰胺树脂、钛白粉、助剂及溶剂组成,漆膜丰满、色彩鲜艳、光泽好、硬度高并具有良好的韧性、冲击强度和耐水性,与底漆和中间涂层配套,有极佳的装饰和防护性能,施工性能优越,主要用作高级车辆表面保护装饰。

13.3　单组分自干漆

13.3.1　醇酸自干漆

以醇酸树脂为主要成膜物质制成的清漆或者色漆,在常温下可自然干燥成膜,称为醇酸自干漆。

13.3.1.1　醇酸树脂清漆

醇酸树脂清漆由中或长油度醇酸树脂溶于适当溶剂,加入催干剂,经过滤净化制成。溶剂中可加一些松节油、二甲苯以增加清漆的稳定性;适当地添加防结皮剂防止在罐内结皮(松节油亦有防结皮作用)。催干剂要在醇酸树脂制成并已经冷却后再加入,不然会导致胶化。催干剂的种类与用量视干率要求而定,锌可以减轻起皱并使漆膜"开敞",便于干透,过多则影响附着力;铅可促使漆膜干透,但在醇酸树脂漆料中常与游离的苯二甲酸酐结合成铅盐析出而使清漆浑浊,有时非常严重。所以在清漆中使用铅催干剂应特别慎重,用量也要很少。也可以采用钴、钙两种催干剂配合使用代替铅催干剂。表 13-11 为常用醇酸树脂清漆配方。

表 13-11　醇酸树脂清漆配方(质量份)

原　料		中油度醇酸树脂	长油度醇酸树脂	环烷酸钴(4%)	环烷酸锌(3%)	环烷酸钙(2%)	环烷酸锰(3%)	环烷酸铅(10%)	二甲苯
配方1	质量份	84.0		0.450	0.350	2.40	—	—	12.8
配方2	质量份		88.5	0.250	0.300	0.300	0.050	0.600	10.0

醇酸树脂清漆干燥快,漆膜光亮坚硬,耐候性、耐油性(汽油、润滑油)都很好,但由于以酯链为主链,还有残留的羟基与羧基,所以耐水性稍差,中油度醇酸树脂清漆硬度较大,但刷涂性稍差;长油度醇酸树脂清漆弹性和刷涂性较好,其他性能也很优越。

13.3.1.2 醇酸树脂色漆

醇酸树脂色漆大致可分为磁漆、半光漆、中间（二道底漆）层、底漆（打底漆、防锈漆）、腻子等。设计醇酸树脂色漆配方应注意：①颜料的颜色、遮盖力、粒度、形状、分散性、吸油量、堆密度、防腐（锈）性、耐光、耐热、耐水、耐溶剂（抗渗色）性、耐化学药品性等；②醇酸树脂的油类，油度、固体分、溶剂类型和含量、黏度、酸值、对颜料的润湿性、保光性、保色性、干率，耐光、耐热和耐候性，耐水和耐化学药品性等；③催化剂及其他助剂；④对于所制的色漆成品应考虑干后漆膜的颜色、遮盖力、光亮度、平整度、硬度、柔韧性、耐冲击性、耐磨损性、附着力、耐潮气和气体透入性，防腐（锈）性、耐光性、保色性、耐水性、耐化学药品性、户外耐久性。

磁漆是醇酸树脂漆中的主要品种，由醇酸树脂与颜料（不加或加极少量填料）组成（表13-12），PVC为3%～20%，具有非常好的装饰性，用于面漆。室温干燥快，漆膜坚硬，具有良好的光泽、附着力、耐汽油和润滑油、良好的耐候性，既可在常温干燥，也可烘干，主要用于金属表面，如机械部件、卡车、农机具、钢铁设备，也涂于木器表面。

表 13-12　醇酸树脂磁漆配方（质量份）

组　　成	黑	红	绿	浅灰	天蓝	白
醇酸树脂种类	中油度	中油度	中油度	中油度	中油度	中油度
醇酸树脂(50%)	88.3	79.8	72.3	70.0	70.3	66.4
炭黑(硬质)	2.00	—	—	—	—	—
二氧化钛(金红石型)	—	—	—	19.2	18.8	25.4
柠檬黄	—	—	11.4	0.390	—	—
铁蓝	—	—	2.40	0.200	1.20	—
炭黑(软质)	—	—	—	0.250	—	—
甲苯胺红	—	8.00	—	—	—	—
群青	—	—	—	—	—	0.180
中铬黄	—	—	1.90	—	—	—
氧化铅	0.0800	0.100	0.0700	0.0700	0.600	0.0700
环烷酸铅(12%)	1.20	1.50	1.40	2.00	2.00	2.00
环烷酸钴(3%)	1.20	0.300	0.400	0.2000	0.600	0.800
环烷酸锰(3%)	0.600	0.600	0.400	0.800	0.600	0.800
环烷酸锌(3%)	0.780	0.800	1.10	0.940	0.800	0.800
环烷酸钙(2%)	0.850	0.900	0.820	1.24	1.20	1.20
硅油(1%)	—	—	0.400	0.40	0.400	—
双戊烯	2.40	2.40	2.70	2.40	2.40	2.40
二甲苯	适量	适量	适量	适量	适量	适量
PVC/%	2.69	12.4	9.2	15.9	14.4	16.4

室内用具、仪器仪表等以免刺激视力而不需较高的光泽，则需要半光或无光漆。降低漆膜的光泽有两种方法，一是增大PVC，即多加颜料和填料使漆膜表面产生散射而起消光效果；二是使用消光剂，如晶形蜡和氧化硅类化合物。表13-13和表13-14是几个常用的半光、无光醇酸树脂漆配方。

底漆因直接与底材接触，要求本身有很好的机械强度，并对底材有好的附着力。底漆配方设计成高的PVC，使呈半光或无光，以便与面漆能较好的结合，又可加入防锈颜料如红丹、铬酸锌起打底和防锈双重作用。表13-15和表13-16为铁红醇酸树脂底漆和红丹醇酸树脂防锈底漆配方。

表 13-13　醇酸树脂半光漆配方（质量份）

组　成	颜色		
	白	中灰	草绿
醇酸树脂	长油度	长油度	长油度
醇酸树脂(50%)	50.69	54.80	54.95
二氧化钛(金红石型)	17.51	10.15	—
铁蓝	—	—	1.15
炭黑(软质)	—	0.780	0.740
深铬黄	—	—	8.45
群青	0.0100	—	—
偏硼酸钡	23.0	25.0	25.0
滑石粉	2.30	2.50	2.50
白炭黑	3.69	3.97	4.00
蓖麻油酸锌	0.230	0.250	0.300
环烷酸铅(10%)	1.38	1.49	1.50
环烷酸钴(4%)	0.0500	0.0500	0.0500
环烷酸锌(2%)	0.320	0.350	0.350
环烷酸钙(2%)	0.550	0.600	0.600
环烷酸锰(3%)	0.140	0.150	0.150
硅油(1%)	—	—	0.3
二甲苯	—	—	适当
松节油	—	适量	—
重芳烃	适量	—	—
PVC/%	37	34	34

表 13-14　醇酸树脂无光磁漆配方（质量份）

组　成	颜　色	
	白	黑
醇酸树脂种类	中油度	长油度
醇酸树脂(50%)	32.0	31.0
二氧化钛	25.0	—
群青	0.200	—
炭黑(硬质)	—	2.10
碳酸镁	10.0	—
滑石粉	12.5	16.0
沉淀硫酸钡	—	27.0
环烷酸铅(12%)	0.500	1.70
环烷酸钴(3%)	0.100	0.100
环烷酸锰(3%)	0.200	0.150
环烷酸锌(3%)	0.250	1.50
环烷酸钙(2%)	0.500	0.500
200 号油漆溶剂油	—	6.00
二甲苯	18.8	13.4
PVC/%	49.5	47.5

　　红丹醇酸树脂防锈底漆具有很好的防锈性能，但本身附着力、强度、耐水性和耐化学品稳定性不如环氧树脂类防锈底漆，对底材的渗透性不如纯亚麻油红丹防锈底漆。

316

表 13-15 铁红醇酸树脂底漆配方（质量份）

组 成	C06-1	C04-42
中油度桐亚油醇酸树脂50%	33.0	—
中油度亚麻油醇酸树脂50%	—	32.2
二氧化钛(金红石型)	26.3	26.7
铁红	6.70	—
锌黄	13.2	—
沉淀硫酸钡	—	11.7
滑石粉	—	11.6
浅铬黄	1.10	—
氧化铅	0.500	—
环烷酸铅(12%)	1.30	1.00
环烷酸钴(3%)	1.00	0.0200
环烷酸锰(3%)	1.20	0.170
环烷酸锌(3%)	—	0.170
环烷酸钙(2%)	—	0.530
二甲苯	18.8	14.7
PVC/%	41.6	43.9

表 13-16 红丹醇酸树脂防锈底漆配方

组成	长油度醇酸树脂	红丹	滑石粉	碳酸钙	环烷酸钴(4%)	松节油-二甲苯(1∶1)	PVC/%
质量份	25.0	66.0	6.00	3.00	0.500	5.50	47.3

　　醇酸树脂二道底漆含颜（填）料比底漆多，但着色颜料较少，体制颜料较多，以便施工于底漆之上填充底漆的孔隙构成一个细腻的表面，减少底漆面的粗糙度，使面漆显得丰满、光泽。表 13-17 为醇酸树脂二道底漆配方。

表 13-17 醇酸树脂二道底漆配方

组成	中油度醇酸树脂(50%)	锌钡白	滑石粉	环烷酸锰(2%)	环烷酸铅(8%)	环烷酸锌(2%)	二甲苯	200 号油漆溶剂油	PVC/%
质量份	30.0	52.0	5.00	0.800	0.800	0.500	5.00	5.90	48.6

　　醇酸树脂腻子用来填补不平整的工件表面。它涂于底漆之上，在刮涂填补低凹不平的表面之后，经砂纸打平，再涂二道底漆，最后涂面漆。各漆根据情况可以涂一道或二道。醇酸树脂可以作为腻子的黏合剂，加入少量颜料和大量的填料（体质颜料），以很高的 PVC 制成厚浆。表 13-18 为白色醇酸树脂腻子配方。

表 13-18 白色醇酸树脂腻子配方

组成	醇酸树脂(中油度)(50%)	锌钡白	碳酸钙(重体)	碳酸钙(轻体)	滑石粉	黑浆(6∶1)	环烷酸铅(10%)	环烷酸钴(4%)	环烷酸锌(3%)	环烷酸锰(3%)	200 号油漆溶剂油	PVC/%
质量份	21.8	6.50	48.3	7.60	14.3	0.390	0.500	0.0500	0.0200	0.0300	0.600	73.5

13.3.2 丙烯酸自干漆

以（甲基）丙烯酸及其酯类的共聚物为主要成膜物质，能在自然条件下干燥成膜的漆称为丙烯酸自干漆。

溶剂型热塑性丙烯酸酯漆依靠溶剂挥发自干，而热固性的则除溶剂挥发外还有官能团的交联反应，有的需要加热烘烤交联，有的则可室温下交联。由于含有溶剂，成膜较薄，装饰性及丰满度均依靠多层涂装。但其户外耐久性、保光性能、保色性能优良，而且施工简便，有较大的应用面。

13.3.2.1 溶剂型热塑性丙烯酸酯漆

热塑性丙烯酸酯漆所用的共聚树脂由于成膜时不会进一步交联，要获得较好的物理性能，分子量常较高，为了能满足各种用途所需要的性能特点，必须通过树脂配方中单体比例来调整，或采用外加其他能与之混溶的成膜物来进行改性。

热塑性丙烯酸酯漆的优点如下：

① 耐候性优良，户外耐久性远较硝基、醇酸、乙烯等类树脂产品优良，单体调配得当时不低于热固性丙烯酸酯漆；

② 保光、保色性优良，树脂水白，透明度高，在紫外线照射下不易褪光及变色，适用于制造铝粉（金属感）面漆及浅色面漆；

③ 耐化学品性及耐水性良好，耐酸、耐碱性良好，可以不受润滑脂及道路用石油沥青的污染，对洗涤剂有较强的抗性；

④ 与适当的底漆配套时附着力良好；

⑤ 抛光性良好。

但它存在施工黏度高、漆膜的厚度及丰满度较差、对温度敏感的缺点，一般可以与硝酸纤维素、醋酸丁酸纤维素、过氯乙烯树脂等树脂共混或者调整组成树脂的单体组分弥补不足。

在建筑方面，无论是外墙、铝质框架以及大桥栏杆、电视塔架等工程设施均长期处于强烈日光的暴晒之下，需要优良的耐大气老化的涂料来涂饰。这些工程设施及产品常利用热塑性的挥发性自干涂料进行涂饰。桥梁白色丙烯酸面漆配方见表 13-19。

表 13-19　桥梁白色丙烯酸面漆配方

组成	丙烯酸共聚树脂（50%）	过氯乙烯树脂	金红石钛白粉	滑石粉	邻苯二甲酸二丁酯	乙酸乙酯	甲苯
质量份	45.0	4.00	8.00	16.0	4.00	15.0	8.00

13.3.2.2 热固性丙烯酸酯漆

热固性丙烯酸酯漆与热塑性的相比，其主要优点在于通过固化交联使漆膜的分子变成巨大的网状结构，不熔不溶，并提高了其多方面的物理性能及防蚀性、耐化学药品性。此外，由于涂料树脂原来的分子量小得多，可以在不太高的黏度下制成高固体分的涂料，从而改进涂膜的丰满度，缩减施工道数，达到理想的漆膜厚度。热固性涂料树脂的分子量常在 30000以下，一般在 10000~20000，至于高固体分涂料所用树脂则常低至 2000~3000。

热固性丙烯酸树脂的交联反应是通过树脂侧链上带有可与其他树脂反应或自身反应的活性官能团。共聚合反应制造树脂时采用不同的活性官能单体，这样树脂侧链上就具有多种不同交联体系的官能团。

其中，与多异氰酸酯室温交联固化可认为是自干涂料。其化学反应式为

$$2H_2C{\sim}CH{-}C{-}O{-}CH_2{-}CH_2{-}OH + R \overset{O=C=N}{\underset{N=C=O}{}}$$

$$\downarrow$$

$$H_2C{\sim}CH{-}C{-}O{-}CH_2{-}CH_2{-}O{-}C{-}NH$$
$$\underset{HN{-}C{-}O{-}CH_2{-}CH_2{-}O{-}C{-}CH{\sim}CH_2}{R}$$

这种类型的交联反应与含羟基聚酯-多异氰酸酯加成物的反应机理相同,其特点是可在常温下交联固化,固化后的漆膜具有优越的丰满度、光泽、耐磨、耐划伤、耐水、耐溶剂及耐化学腐蚀性,如采用脂肪族多异氰酸酯为固化剂时更有极优良的耐候性、保光性、保色性及柔韧性。在航空、交通、机器、家电、轻工产品上有较多应用实例,车辆维修方面应用更广,在 ABS、聚氯乙烯、聚烯烃、聚碳酸酯等塑料表面的二次加工应用效果也很突出,它的两种组分可在常温下反应,所以采用双组分分装。

较多工厂采用热固性的丙烯酸酯漆作为汽车面漆或修补漆,除汽车外,还应用于其他车辆,例如高速列车、集装箱等。表 13-20 为丙烯酸酯汽车面漆配方。

表 13-20　丙烯酸酯汽车面漆配方

组　　成	质　量　份
甲组分	
含羟基丙烯酸共聚树脂(50%)	60.0
铝粉	22.0
酞菁蓝色浆	8.00
金红石钛白粉	2.00
滑石粉	4.00
乙酸乙酯	3.00
甲苯	1.00
乙组分	
脂肪族异氰酸酯三聚体	60.0
乙酸乙酯	30.0
甲苯	10.0

施工时将甲、乙组分按照 (1~1.2)∶1 的比例进行混合喷涂,固化后的漆膜具有优越的丰满度、光泽,耐磨、耐划伤、耐水、耐溶剂及耐化学腐蚀性,铅笔硬度可达 2H,耐候性及保光性、保色性优良。

户外耐大气老化性能优越也是热固性丙烯酸涂料的主要优点,户外大型钢结构如大桥栏杆、港口浮吊、户外起重机、电视塔架等均要求涂饰后能在紫外线强烈照射、湿度高的大气条件下长时期应用,采用含氟热固性丙烯酸涂料最为适宜。表 13-21 为含氟丙烯酸酯桥梁涂料配方。

由于树脂中引入了氟原子,大大提高了涂料的耐紫外线性能,1000h 人工加速老化不变色,有利于发挥涂料的长期保护作用。

13.3.3　环氧酯自干漆

酯化型环氧树脂漆常称为环氧酯漆,是由植物油酸与环氧树脂经酯化反应而制得的。它是单组分体系,贮存稳定性好,有烘干型的,也有常温干型的,烘干温度较低(约120℃),

表 13-21　含氟丙烯酸酯桥梁涂料配方

组　成		质　量　份
甲组分	含氟丙烯酸共聚树脂(50%)	70.0
	金红石钛白粉	8.00
	滑石粉	12.0
	乙酸乙酯	6.00
	二甲苯	3.00
	二月桂酸二丁基锡	0.500
	流平剂	0.600
乙组分	脂肪族异氰酸酯三聚体	66.0
	乙酸丁酯	30.0

施工方便，环氧酯漆可以由不同品种的脂肪酸以不同的配比与环氧树脂反应制得，因而漆膜性能可调。环氧酯可溶于价廉的烃类溶剂中，成本较低，可以制成清漆、磁漆、底漆和腻子等。环氧酯与其他树脂混溶性较好，如与氨基树脂或酚醛树脂并用，可制成性能不同的烘干型漆。

脂肪酸的羧基与环氧树脂的环氧基和羟基发生酯化反应，生成环氧酯。以无机碱或有机碱作催化剂，反应可加速进行。环氧基比羟基活泼，所以羧基与环氧基反应先发生，称为加成酯化，其次是羟基与羧基发生反应，反应过程如下：

$$\underset{\overset{|}{CH}}{\overset{CH_2}{\diagdown}}O\ +\ RCOOH\ \xrightarrow{130\sim180℃}\ \underset{\underset{(半酯)}{CH-OH}}{\overset{CH_2-OOCR}{|}}\ +\ H_2O$$

$$\underset{(半酯)}{\overset{CH_2-OOCR}{\underset{CH-OH}{|}}}\ +\ RCOOH\ \xrightarrow{200\sim240℃}\ \underset{(全酯)}{\overset{CH_2-OOCR}{\underset{CH-OOCR}{|}}}\ +\ H_2O$$

$$\overset{|}{\underset{|}{CH-OH}}\ +\ RCOOH\ \xrightarrow{200\sim240℃}\ \overset{|}{\underset{|}{CH-OOCR}}\ +\ H_2O$$

在制备环氧酯时，通常是将环氧树脂部分地酯化，因为这样可以更多地保留环氧树脂的特性。环氧酯的酯化程度一般在 40%～80%，具体的酯化程度则应根据涂膜的性能要求决定。一般说来，制备空气干燥的环氧酯时，酯化程度在 50% 以上，使环氧酯中含有足够的脂肪酸双键，以便进行氧化聚合而干燥。制备烘干的环氧酯时，酯化程度可在 50% 以下。通过酯化物中的剩余羟基和氨基树脂中活泼基团进行交联，而使漆膜干燥。

环氧酯的性能与脂肪酸用量有密切关系，当脂肪酸用量增加时，黏度、硬度降低，对溶剂的溶解性增加，刷涂性、流平性改善。干燥速度以中油度最好，一般室外耐久性也较好。但环氧酯涂料中因含大量醚键，耐晒性不如醇酸树脂漆好。

适于酯化的环氧树脂分子量有：900、1400 和 2900。通常如果环氧树脂的分子量大，其酯化物的耐化学品性能高。但是树脂中羟基较多，在加热酯化时，酯化物黏度上升快，在制造时操作控制困难，制成的清漆黏度大，与其他树脂的混溶性不好。

制造常温干型环氧酯时，主要选用干性油脂肪酸，如亚麻油酸、桐油酸等。制造烘干型环氧酯时，常选用脱水蓖麻油酸、椰子油酸等。

环氧酯漆用途很广，如各种金属底漆、电器绝缘漆、化工厂室外设备防腐蚀漆等。环氧酯底漆对铁、铝金属有很好的附着力,漆膜坚韧,耐腐蚀性较强,大量用于汽车、拖拉机或其他设备的打底漆。近年来我国水稀释性环氧酯底漆大量应用于阳极电泳涂漆工艺中。红丹环氧酯防锈漆、铁红环氧酯氨基底漆和环氧酯氨基磁漆的配方见表 13-22～表 13-24。

表 13-22 红丹环氧酯防锈漆配方

组成	510号环氧酯	红丹	沉淀硫酯钡	滑石粉	防沉剂	二甲苯-丁醇(7:3)	环烷酸钴	环烷酸锰
质量份	25.0	60.0	5.00	5.00	0.500	4.10	0.100	0.300

<table>
<tr><td colspan="2">表 13-23 铁红环氧酯氨基底漆配方</td></tr>
<tr><td>原　料</td><td>质量份</td></tr>
<tr><td>铁红</td><td>10.0</td></tr>
<tr><td>氧化锌</td><td>4.20</td></tr>
<tr><td>氧化铅</td><td>0.200</td></tr>
<tr><td>滑石粉</td><td>8.30</td></tr>
<tr><td>碳酸钙</td><td>7.50</td></tr>
<tr><td>40%酯化的脱水蓖麻油酸环氧酯(50%)</td><td>41.4</td></tr>
<tr><td>丁醇醚化三聚氰胺甲醛树脂(50%)</td><td>4.60</td></tr>
<tr><td>环烷酸钴(3%)</td><td>0.600</td></tr>
<tr><td>环烷酸钙(2%)</td><td>0.600</td></tr>
<tr><td>二甲苯</td><td>24.0</td></tr>
</table>

表 13-24 环氧酯氨基磁漆配方

组　成	质量份
40%酯化的脱水蓖麻油酸环氧酯(50%)	63.3
三聚氰胺树脂(60%)	24.5
钛白(金红石型)	11.9
炭黑	0.300
环烷酸钴(6%)	0.600
烘干条件	120℃、1h

13.4　双组分自干漆

13.4.1　双组分聚氨酯自干漆

双组分聚氨酯漆分为甲、乙两组分,分别贮存。甲组分含有异氰酸酯基,乙组分一般含有羟基。使用前将甲乙两组分混合涂布,使异氰酸酯基与羟基反应,形成聚氨酯高聚物。

多异氰酸酯组分应具备以下条件:
① 良好的溶解性以及与其他树脂的混溶性;
② 与羟基组分拼和后,施工时限较长;
③ 足够的官能度和反应活性,异氰酸酯基含量高;
④ 贮存稳定性好;
⑤ 低毒。

直接采用挥发性的二异氰酸酯(如 TDL、HDI 等)配制涂料,则异氰酸酯挥发到空气中,危害工人建康,而且官能团只有两个,分子量又小,不能迅速固化。所以必须把它加工成低挥发性的齐聚物,使二异氰酸酯或与其他多元醇结合,或本身聚合起来。加工成为不挥发的多异氰酸酯的工艺有 3 种。

① 二异氰酸酯与多元醇(例如三羟甲基丙烷等)加成,生成以氨酯键联结的多异氰酸酯,常称之为加成物。
② 二异氰酸酯制备缩二脲多异氰酸酯,典型的如 HDI 缩二脲多异氰酸酯,在我国广泛应用。
③ 二异氰酸酯聚合成为三聚异氰酸酯。

能与异氰酸酯反应的基团除了羟基以外,还有氨基等;但在聚氨酯漆的实际生产中,绝大多数还是采用含羟基的聚合物。小分子的多元醇（例如三羟甲基丙烷等）只可作为制造预聚物或加成物，或制造聚酯树脂的原料，不能单独成为双组分漆中的乙组分。作为双组分漆用的多羟基树脂，一般有聚酯多元醇；含羟基丙烯酸树脂；聚醚多元醇；环氧树脂；蓖麻油或其加工产品（氧化蓖麻油、甘油醇解物）；其他树脂，如含羟基的氯醋共聚体，醋酸丁酸纤维素等。

聚酯是与多异氰酸酯配制涂料最早使用的树脂。将二元酸（常用己二酸、苯酐、间苯二甲酸、对苯二甲酸等）与过量的多元醇（三羟甲基丙烷、新戊二醇、一缩乙二醇、1,3-丁二醇等）酯化，按不同配比可制得一系列的含羟基聚酯。为了干燥迅速，大多采用三羟甲基丙烷。与其他羟基组分相比，聚酯形成的漆膜耐候性好、不泛黄、耐溶剂、耐热性好。与丙烯酸树脂相比，聚酯的分子量低，固体分高，其漆膜的挠性较好，因为其酯键上的氧原子容易旋转，而丙烯酸树脂的碳碳键较不易旋转，丙烯酸-聚氨酯漆的硬度比相应的聚酯高，表干性也比聚酯好。

含羟基的丙烯酸树脂与脂肪族多异氰酸酯配合，可制得性能优良的聚氨酯漆，其用途逐年上升，大量用作汽车的修补漆、高级外墙漆、海上钻井等平台的面漆等。丙烯酸树脂耐候性优良，干燥快，因为它不吸收 300nm 以上的紫外线及可见光，其主链的碳碳键耐水解。含羟基丙烯酸树脂与多异氰酸酯交联的漆膜，比单纯的丙烯酸树脂固体含量高，耐溶剂，而且力学性能提高。有些聚氨酯漆配方采用聚丙烯酸树脂和聚酯树脂合用，例如固化剂为 HDI 三聚体，羟基组分为 80% 丙烯酸树脂、20% 聚酯树脂。聚酯能提高固体含量，并且润湿性好，是研磨颜料的优良介质。

聚醚与聚酯相比，醚键比酯键更易旋转，所以聚醚的玻璃转化温度低，因而其漆膜的耐寒性好，耐碱性水解，黏度低。但是耐油性、耐水性、机械强度、干燥性、与 NCO 的反应速率均不及聚酯，所以在涂料中聚酯的应用量远超过聚醚。聚醚的耐碱性、耐寒性、柔韧性优良，可用于防腐蚀涂料、混凝土面涂料等。随着石油化工的发展，环氧丙烷等原料的产量扩大，成本降低。在聚氨酯涂料中，聚醚因黏度低，可制无溶剂涂料等。

环氧树脂具有仲羟基和环氧基，仲羟基可以与异氰酸酯反应。用环氧树脂作为含羟基组分，则涂膜的附着力、抗碱性等均有提高，适宜作耐化学品、耐盐水的涂料。如尿素造粒塔所用的聚氨酯漆中就有环氧树脂的产品，具有优良的化学稳定性。但是，由于环氧树脂中的苯环和醚键，不耐户外暴晒。采用环氧树脂作为羟基组分，一般可有 3 种方式。

① 单纯使用环氧树脂作多元醇，配入漆中。例如有些潜水艇外壳涂料用含环氧树脂的双组分聚氨酯漆，可在寒冷潮湿环境下施工，效果很好，这种用法只有羟基参加反应，环氧基未结合。

② 用酸性树脂的羧基，使环氧基开环，生成羟基。

③ 与醇胺或胺反应，生成多元醇。

脂肪酸中 90% 是蓖麻油酸（9-烯基-12-羟基十八酸），还有 10% 是不含羟基的油酸和亚油酸。蓖麻油的羟值为 163 左右，即含羟基 4.94%，羟基当量为 345。其组分中长链非极性的脂肪酸赋予漆膜良好的抗水性和可挠性，并且因为价廉而来源丰富，所以广泛应用于聚氨酯漆中，或直接使用，或与甘油经酯交换后制漆。可以制双组分漆，也可与异氰酸酯反应制成预聚物，再配制单组分或双组分漆。有些聚氨酯漆膜经长期浸水后容易起泡，用蓖麻油配制的聚氨酯漆大有改善，是因为长链脂肪酸的疏水作用。聚氨酯双组分自干漆配方实例见表 13-25～表 13-27。

322

表 13-25　黑色聚氨酯磁漆配方

成　　分	质量份	成　　分	质量份
组分 A		组分 B	
脂肪酸改性聚酯(75%)	45.0	甲苯二异氰酸酯-三羟甲基丙烷加成物	32.0
炭黑	2.40	乙酸丁酯	18.0
分散剂 BYK-161	2.30		
流平剂 BYK-306	0.300		
消泡剂 BYK-141	0.300		
乙酸丁酯	23.0		
二甲苯	28.0		

注：该涂料色泽饱满、附着力高、弹性优良，具有优良的保护和装饰性能。

表 13-26　云铁聚氨酯底漆配方

成　　分	质量份	成　　分	质量份
组分 A		组分 B	
醇酸树脂(50%)	22.0	甲苯二异氰酸酯-三羟甲基丙烷加成物	20.0
云母氧化铁	30.0	乙酸丁酯	12.0
锌黄	4.20		
滑石粉	8.00		
消泡剂	0.300		
乙酸丁酯	22.0		
二甲苯	14.0		

表 13-27　聚氨酯金属漆配方

成　　分	质量份	成　　分	质量份
组分 A		组分 B	
羟基丙烯酸树脂(60%)	80.0	HDI 三聚体	25.0
铝银浆	2.40	乙酸丁酯	15.0
二月桂酸二丁基锡	0.0300		
分散剂 BYK-161	2.300		
流平剂 BYK-306	0.300		
定向助剂	0.300		
乙酸丁酯	6.00		
二甲苯	10.0		

注：该涂料赋予基材以金属质感，同时分子结构中不含有苯环，具有优异的耐候性，可用于高级汽车的保护和装饰涂料。

13.4.2　双组分环氧自干漆

胺固化环氧树脂漆是一类常温固化的双组分环氧树脂漆。固化剂主要是多元胺、胺加成物、聚酰胺树脂、腰果壳油改性胺。漆的固化是由环氧树脂的环氧基和胺固化剂的活泼氢原子交联达到的，这个反应在常温下即可进行。

胺固化环氧树脂漆分以下几类：多元胺固化环氧树脂漆；胺加成物固化环氧树脂漆；聚酰胺固化环氧树脂漆；胺固化环氧沥青漆。

多元胺固化环氧树脂漆具有很好的附着力和硬度，完全固化的漆膜对脂肪烃类溶剂、稀酸、碱和盐有优良的抗腐蚀性。漆膜可在常温干燥。该漆是双组分的，施工前配制，使用期限短，固化剂有毒，施工不方便，漆膜柔韧性尚好。该漆主要用于涂装既要求防腐蚀又不能烘烤的大型设备，如油罐和贮槽的内壁、地下管道等。胺固化环氧清漆配方见表 13-28。

表 13-28　胺固化环氧清漆配方

成　分	质量份	成　分	质量份
组分 A		组分 B	
环氧树脂(环氧当量 500)	50.0	二亚乙基三胺	3.00
脲醛树脂(固体分 60%)	3.00	乙酸丁酯	3.50
甲乙酮	22.0	二甲苯	3.50
二甲苯	25.0		

　　多元胺固化的环氧树脂漆，在 25℃时漆膜一般在 1d 内即可干燥，但漆膜彻底干燥需要 7d 以上，这样漆膜的性能才能充分表现出来。

　　使用多元胺作固化剂，有不少缺点。多元胺本身易挥发，有刺激性臭味，影响操作人员的健康。而且配制时要求很严格，如果配制不准确，会使漆膜固化后性能下降。在气温较低时或空气湿度较大时施工，由于固化剂吸水，使漆膜泛白，附着力下降。因此目前多采用多元胺的加成物作固化剂。使用多元胺加成物作固化剂时，漆膜不易泛白，臭味较小，配漆后可以不经静置熟化而直接使用。涂料常用的多元胺加成物有丁基缩水甘油醚-二亚乙基三胺加成物、环氧树脂-乙二胺加成物等。

　　聚酰胺固化环氧树脂漆使用的固化剂是氨基聚酰胺树脂，它是由植物油的不饱和脂肪酸的二聚体或三聚体和多元胺缩聚而成的。它和合成纤维用的聚酰胺树脂完全不同，合成纤维用的聚酰胺树脂是由己二胺和己二酸缩合而成的，没有游离氨基。聚酰胺固化的环氧树脂漆与多元胺固化的环氧树脂漆比较有以下优缺点：

　　① 漆膜对金属和非金属都有很强的粘接强度，可以制得高弹性的漆膜；

　　② 耐候性较好，户外用时漆膜较不易失光、粉化；

　　③ 施工性能好，漆膜不易产生橘皮、泛白等病态，漆的施工时限较长，对人体毒性较小；

　　④ 可以在除锈不充分或较潮湿的钢铁表面施工，可制成水下施工的涂料；

　　⑤ 漆膜的耐化学品性，比多元胺固化环氧树脂漆有所下降。

　　聚酰胺固化环氧树脂漆，用于涂装贮罐、煤仓、地板、管道、钻塔、石油化工厂设备、海上采油设备等。因漆膜弹性好，可用于涂装金属薄板、塑料薄膜、橡胶制品等。

　　聚酰胺树脂分子结构内含有活泼的氨基，可在常温下与环氧树脂中的环氧基反应，交联而成网状结构。聚酰胺树脂在常温下是黏稠的液体，分子结构中含有较长的碳链和极性基团，具有很好的弹性和附着力。它不仅是环氧树脂良好的固化剂，而且是一种良好的活性增韧剂，使环氧树脂长期保持韧性。聚酰胺树脂在芳香烃及醇混合溶剂中就可溶解，与环氧树脂有良好的混溶性，对颜料有很好的润湿性。

表 13-29　聚酰胺环氧树脂漆配方

成　分	质量份	成　分	质量份
组分 A		组分 B	
环氧树脂(环氧值 0.45)	50.0	聚酰胺 651	50.0
氧化铁红	12.0		
滑石粉	8.00		
丁醇	10.0		
甲乙酮	5.00		
二甲苯	15.0		

表 13-29 为聚酰胺环氧树脂漆配方，使用时按配方比例混合调匀，混合后的施工时限，一般为 24h，涂膜硬度高，韧性强，具有优良的耐化学品性，多用于金属防腐蚀底漆。

表 13-30 为环氧富锌底漆配方，该涂料以中等分子量环氧树脂液与防锈力很强的金属锌粉等为组分 A，聚酰胺树脂固定化剂为组分 B。该漆防锈能力很强，具有阴极保护作用，能渗入焊接缝隙处，并能耐溶剂腐蚀，施工工艺要求较高。

表 13-30　环氧富锌底漆配方

组　成	质量份	组　成	质量份
组分 A		组分 B	
双酚 A 型固态环氧树脂(环氧当量 500)	3.50	聚酰胺树脂(100%,胺值约 200)	2.00
乙酸乙二醇乙醚酯	3.50	二甲苯	0.600
锌粉	83.0	甲基异丁基酮	0.600
表面经过处理的碳酸钙	1.00		
甲基异丁基酮	2.90		
二甲苯	2.90		

表 13-31 为环氧带锈防锈漆配方，该涂料能将钢铁表面的铁锈转化成铁的络合物，然后靠成膜将已转化的锈蚀层（转化层）黏附在金属表面上，达到带锈涂装的目的。

表 13-31　环氧带锈防锈漆配方

组　成	质量份	组　成	质量份
组分 A		组分 B	
6101 环氧树脂(E-44)	42.0	聚酰胺(300 号,固化剂)	10.0~20.0
铬酸二苯胍	0.5~2.0		
氧化铁红	12.6		
氧化锌	3.0~6.0		
磷酸锌	4.2		
碳酸钙	0.8		
四盐基锌黄	1.0~3.0		
重晶石粉	8.4		
滑石粉	4.2		
二甲苯-丁醇(4:1)	15~20.0		

13.5　结语

金属基涂料体系配套比较成熟，今后的发展方向是高固体分涂料、粉末涂料、水性涂料及重防腐涂料的研究和开发，水性涂料可能从底漆、中涂漆率先得到应用，重防腐涂料中氟碳涂料的应用会得到重视。

第14章 建筑涂料

14.1 概述

建筑涂料是指涂装于建筑物表面，并能与建筑物表面材料很好地黏结，形成完整的涂膜，这层涂膜能够为建筑物表面起外装饰作用、保护作用或特殊的功能作用。建筑涂料用作建筑物的装饰材料，与其他涂层材料或贴面材料相比，具有方便、经济，基本上不增加建筑物自重，施工效率高，翻新维修方便等优点，涂膜色彩丰富、装饰质感好，并能提供多种功能。建筑涂料作为建筑内外墙装饰主体材料的地位已经确立。

14.2 建筑涂料的分类

目前我国建筑涂料还没有统一的分类方法，习惯上常用三种方法分类，即按组成涂料的基料的类别划分，按涂料成膜后的厚度或质地划分以及按在建筑物上的使用部位划分。

(1) 按基料的类别分类　建筑涂料可分为有机、无机和有机-无机复合涂料三大类。

有机类建筑涂料由于其使用的溶剂或分散介质不同，又分为有机溶剂型和水性有机（乳液型和水溶型）涂料两类，还可以按所用基料种类再细分。

无机类建筑涂料主要是无机高分子涂料，属于水性涂料，包括水溶性硅酸盐系（即碱金属硅酸盐系）、硅溶胶系、磷酸盐系及其他无机聚合物系。应用最多的是碱金属硅酸盐系和硅溶胶系无机涂料。

有机-无机复合建筑涂料的基料主要是水性有机树脂与水溶性硅酸盐等配制成的混合液（物理拼混）或是在无机物表面上接枝有机聚合物制成的悬浮液。

(2) 按涂膜的厚度或质地分类　建筑涂料可分为表面平整光滑的平面涂料和有特殊装饰质感的非平面类涂料。平面涂料又分为平光（无光）涂料、半光涂料等。

非平面类涂料的涂膜常常具有很独特的装饰效果，有彩砖涂料、复层涂料、多彩花纹涂料、云彩涂料、仿墙纸涂料和纤维质感涂料等。

(3) 按照在建筑物上的使用部位分类　建筑涂料可以分为内墙涂料、外墙涂料、地面涂料和顶棚涂料等。

建筑涂料的主要类型列于表 14-1。

表 14-1　建筑涂料的主要类型

按基料分类			按建筑物使用部位分类					按涂膜厚度、质地分类			
			内墙装饰	外墙装饰	地面装饰	顶棚装饰	特种功能	平面涂料	非平面涂料		
									砂壁涂料	多彩(色)涂料	凹凸花纹涂料
有机涂料	水性	水溶性 聚乙烯醇系	○			○	○				○
		乳液型 乙烯系乳液	○	○		○	○	○	○		○
		醋酸乙烯系乳液	○			○		○		○	○
		纯丙烯乳液	○	○		○	○	○	○	○	○
		苯丙乳液	○			○		○			

按基料分类			按建筑物使用部位分类					按涂膜厚度、质地分类			
			内墙装饰	外墙装饰	地面装饰	顶棚装饰	特种功能	平面涂料	非平面涂料		
									砂壁涂料	多彩(色)涂料	凹凸花纹涂料
有机涂料	水性 乳液型	叔丙乳液	○	○		○	○	○	○		○
		叔醋乳液	○			○		○			
		环氧系乳液	○		○	○		○	○		
		氯偏系乳液	○			○		○	○		
	溶剂型	酚醛系				○		○			
		酚酸系	○					○			
		硝酸纤维系					○	○		○	
		过氯乙烯系	○	○				○			
		丙烯酸树脂系	○	○				○			
		环氧树脂系	○	○				○			
		聚氨酯系	○	○				○			
		有机硅系		○				○			
		有机氟系		○				○			
		氯化橡胶系						○			
无机涂料	水性	碱金属硅酸盐	○	○			○	○			
		硅溶胶	○	○			○	○			○
有机-无机复合涂料	水性	碱金属硅酸盐-合成树脂乳液	○	○				○			
		硅溶胶-合成树脂乳液	○	○				○			

14.3 乳胶漆

在建筑涂料中，乳胶漆是产量最大、用途最广的产品，它已形成了系列化的产品。乳胶漆也称为合成树脂乳液涂料，是有机涂料的一种，是以合成树脂乳液为基料，加入颜料、填料及各种助剂配制而成的一类水性涂料。根据成膜物质的不同，乳胶漆主要有聚醋酸乙烯基乳胶漆、纯丙基乳胶漆、苯丙基乳胶漆、叔丙基乳胶漆、醋丙基乳胶漆、叔醋基乳胶漆、硅丙基乳胶漆及氟聚合物基乳胶漆等品种；根据产品适用场合的不同，乳胶漆分为内墙乳胶漆、外墙乳胶漆、木器用乳胶漆、金属用乳胶漆及其他专用乳胶漆等；根据涂膜的光泽高低及其装饰效果又可分为无光、哑光、半光、丝光和有光等类型；按涂膜结构特征可分为热塑性乳胶漆和热固性乳胶漆，热固性乳胶漆又可以分为单组分自交联型、单组分热固型和双组分热固型三种；按基料的电荷性质，可分为阴离子型和阳离子型两类。

14.3.1 乳胶漆的特点

① 涂膜干燥快。25℃时，30min 内表面即可干燥，120min 可完全干燥，一天内可以施工 2～3 道，施工工期短。

② 保光、保色性好，漆膜坚硬，表面平整，观感舒适。

③ 施工方便。可在新施工完的湿墙面上施工，刷涂、辊涂、喷涂皆可。

④ 安全无毒，不污染环境。

⑤ 乳胶漆以水为介质，无引起火灾的危险。

⑥ 涂料流平性不如溶剂型涂料，外观不够细腻，存在大量微孔，易吸尘，一般为无光

至半光。

⑦ 涂膜受环境温度影响，遇高温易回黏，易为灰尘附着而被沾污，难于清洗。

14.3.2 乳胶漆的组成

14.3.2.1 成膜物

（1）乳液 乳液是乳胶漆的主要成膜物，起固着颜、填料的作用，并黏附在墙体上形成涂膜，提供涂层最基本的物理性能及抵抗各种外界因素的破坏。乳液对涂料制备、涂膜的初始及长久性能影响较大，乳液种类不同，对粉料的润湿包覆能力不同，它还影响增稠剂、消泡剂的选择，影响涂料的浮色发花、涂料的贮存稳定、涂膜附着力、耐水性、耐碱性、耐洗刷、保光保色、抗污、抗粉化、抗泛黄性、抗起泡和抗开裂性等。研究发现：苯丙乳液具有很好的耐碱性、耐水性，光泽亦较高，但耐老化性较差，适合作室内涂料的基料；纯丙乳液是综合性能很好的品种，尤其其耐老化性突出，涂膜经久耐用；硅丙乳液是在丙烯酸酯共聚物大分子主链上引入了有机硅链段（或单元），其硅氧烷通过水解、同基材羟基（—OH）的缩聚提高了涂膜的耐水性、透气性、附着力和耐老化性；氟碳或氟丙乳液属于高端乳液品种，有极低的表面能和优异的耐候性。因此，应根据对乳胶漆性能、用途及价格等综合要求进行乳液的选择。

（2）颜料 颜料主要提供遮盖力及各种色彩。颜料为颜色的呈现体，无机、有机颜料在着色能力和鲜艳度、耐化学性以及遮盖性方面存在差异，颜料本身的色牢度和耐化学性直接影响到涂膜的保色性、粉化性。乳胶漆颜料中用量最大的是钛白粉，其金红石（R）型晶格致密、稳定，不易粉化，耐候性好；锐钛（A）型晶格疏松，不稳定，耐候性差，主要用于室内用漆。为了进一步改进使用性能，近年来出现了包覆型金红石（R）型钛白粉。此外，铁红、铁黄、酞菁蓝（绿）、炭黑乳胶漆中也可应用（一般磨成色浆使用）。

（3）填料（或称体质颜料） 填料能调节黏度、降低成本，提高漆膜硬度及改善各种物理性能。常用的品种有碳酸钙（轻质、重质）、高岭土、滑石粉、硅灰石粉、重晶石粉、沉淀硫酸钡、超细硅酸铝和云母粉等。

14.3.2.2 分散介质

乳胶漆的分散介质主要是水。乳胶漆所用水为去离子水，直接用自来水或井水是不合适的，否则在长期贮存中容易沉淀，并容易造成乳胶漆性能的变化。

14.3.2.3 助剂（添加剂）

虽然助剂在乳胶漆中用量较少，但所起作用不可忽视。助剂在乳胶漆制造、贮存及施工过程中的主要作用有：

① 满足乳胶漆制造过程中的工艺要求，如润湿、分散、消泡等；
② 保持乳胶漆在贮存中的稳定性，避免涂料的分层、沉淀、霉变等；
③ 改善乳胶漆的成膜性能，如成膜助剂；
④ 满足乳胶漆的施工性能。

乳胶漆常用的助剂有：润湿剂、分散剂、增稠剂、消泡剂、成膜助剂、pH调节剂、防腐剂、防霉剂等。

（1）成膜助剂 乳胶漆的基料是聚合物乳液，水中分散的球形聚合物颗粒经过聚集、蠕变、融合最终才能形成平整的涂膜，因此，一般成膜物质都有自己的最低成膜温度（MFT），品种不同，其最低成膜温度不等。当外界环境温度低于涂料的最低成膜温度时，涂料即会出现龟裂、粉化等现象，不能形成连续、平滑的涂膜，这个最低成膜温度与乳液的玻璃化温度（T_g）有关，一般较 T_g 高出几度到十几度。为了使乳胶漆能在较宽的温度范围内形成连续的、完整的涂膜，生产时需加入一定量的成膜助剂以改善涂料的成膜性，当乳液成膜后，成膜助剂会从涂膜中挥发，不影响聚合物的最终 T_g 和硬度等性能。常用的成膜助剂及其物性见表 14-2。

表 14-2　常用的成膜助剂及其物性

成膜助剂	挥发速率①	溶解度(20℃)/(g/100g)		沸点/℃	水解稳定性
		水中	成膜助剂中		
2,2,4-三甲基-戊二醇-1,3-异丁酸单酯	0.002	0.2	0.9	244～247	优
苯甲醇	0.009	3.8			优
丙二醇苯醚	0.01	1.1	2.4	243	优
丙二醇丁醚	0.093	6	13	170	优
乙二醇苯醚	0.01	2.5	10	244	优
乙二醇丁醚	0.079	∞	∞	171	优
二乙二醇丁醚	0.01	∞	∞	230	优

① 以醋酸丁酯的挥发速率（100）为基准。

2,2,4-三甲基-戊二醇-1,3-异丁酸单酯为乳胶漆中的主流成膜助剂，它能显著降低乳液的最低成膜温度，提高涂膜的光泽、耐水性及耐老化性。加入 5％的该成膜助剂可使 MFT 下降 10℃左右。由于成膜助剂对乳液有较大的凝聚性，最好在乳液加入前加入到颜、填料混合物中，这样就不会损害乳液的稳定性。

（2）润湿剂、分散剂　润湿剂的作用是降低被润湿物质的表面张力，使颜料和填料颗粒充分地被润湿而保持分散稳定。分散剂的作用使团聚在一起的颜、填料颗粒通过剪切力分散成原始粒子，并且通过静电斥力和空间位阻效应而使颜、填料颗粒长期稳定地分散在体系中而不附聚。

（3）增稠剂　乳胶漆是由水、乳液、颜填料和其他助剂组成，因用水作为分散介质，黏度通常都较低，在贮存过程中易发生分水和颜料沉降现象，而且施工过程中会产生流挂，无法形成厚度均匀的涂膜，因此必须加入一定量的增稠剂来提高涂料的黏度，以便于分散、贮存和施工。涂料的黏度与浓度没有直接关系，黏度的最有效调节方法是通过加入增稠剂。羟乙基纤维素（HEC）、缔合型聚氨酯、丙烯酸共聚物为最常用的三种增稠剂。HEC 在乳胶漆中使用最方便，低剪切和中剪切黏度大，具有一定的抗微生物侵害的能力、良好的颜料悬浮性、着色性及防流挂性，应用广泛，其主要缺点是流平性较差。缔合型增稠剂的优点是具有良好的涂刷性、流平性、抗飞溅性及耐霉变性，缺点是着色性、防流挂性和贮存抗浮水性较差，尤其是对涂料中的其他组分非常敏感，包括乳液的类型、粒径大小及表面活性剂、共溶剂、成膜助剂的种类。比较好的方法是将 HEC 和缔合型增稠剂拼起来使用，以获得平衡的增稠和流平效果。

（4）消泡剂　消泡剂的作用是降低液体的表面张力，在生产涂料时能使因搅拌和使用分散剂等表面活性物质而产生的大量气泡迅速消失，减少涂料制造与施工障碍，可以缩短制造时间，提高施工效率和施工质量。

（5）防霉、防腐剂　防霉剂的作用是防止涂料涂刷后涂膜在潮湿状态下发生霉变。防腐剂的作用是防止涂料在贮存过程中因微生物和酶的作用而变质。

（6）防冻剂　防冻剂的作用是降低水的冰点以提高涂料的抗冻性。

14.3.3　乳胶漆的配方设计

乳胶漆的组成决定乳胶漆性能。

① 基料和乳胶漆的 PVC 值与大部分涂料性能密切相关。乳液是乳胶漆中的黏结剂，依靠乳液将各种颜填料黏结在墙壁上，乳液的黏结强度、耐水、耐碱以及耐候性直接关系到涂膜的附着力、耐水、耐碱和耐候性能；乳液的粒径分布影响到涂膜的光泽、涂膜的临界 PVC（CPVC）值，进而影响到涂膜的渗透性、光学性能等；乳液粒子表面的极性或疏水情况影响增稠剂的选择、色漆的浮色发花等。乳胶漆的性能不仅取决于 PVC，更取决于 CPVC 值，涂膜多项性能在 CPVC 点产生转变，因而学会利用 CPVC 概念来进行配方设计与涂膜性能评价是很重要的。一般涂料 PVC 在 CPVC±5％范围内性能较好。

② 颜料种类影响到涂膜的遮盖力、着色均匀性、保色性、耐酸碱性和抗粉化性；填料涉及涂料的分散性、黏度、施工性、储运过程的沉降性、乳胶漆的调色性，同时也部分影响涂料涂膜的遮盖力、光泽、耐磨性、抗粉化以及渗透性等，因此要合理选配颜料、填料，提高涂料性能。

③ 涂料助剂对涂料性能的影响虽然不如乳液种类、颜填料种类以及 PVC 值大，但其对涂料制造及性能上的影响亦不可小视。增稠剂影响面比较宽，它与涂料的制造、贮存稳定、涂装施工以及涂膜性能密切相关，影响涂料的增黏、贮存脱水收缩、流平流挂、涂膜的耐湿擦等。润湿分散剂通过对颜填料的分散效果，吸附在颜填料表面对颜填料粒子表面进行改进，与涂装作业、涂膜性能相联系，它对涂料的储运、流动、调色性产生影响。颜填料分散好，涂料黏度低、流动性好，颜填料粒子聚集少，因而防沉降好、遮盖力高、光泽高。润湿分散剂吸附在颜填料粒子表面，影响粒子的运动能力，从而影响涂料的浮色发花，疏水分散剂对颜填料粒子表面进行疏水处理后，有助于涂膜耐水、耐碱、耐湿擦性能的提高，当然润湿分散剂种类还会影响涂膜的白度以及彩色漆的颜色饱和度。消泡剂涉及涂料制造过程的脱气，对涂料的贮存和涂膜性能没有多少关系。增塑剂、成膜助剂可以改性乳液，与涂膜性能有关。防冻剂改善涂料的低温贮存稳定性，防止因低温结冰、体积膨大，导致粒子聚并，漆样返粗。防腐、防霉助剂防止乳胶漆腐败和涂膜抗菌藻污染。

配方设计是在保证产品高质量和合理的成本原则下，选择原材料，把涂料配方中各材料的性能充分发挥出来。配方设计工程师应熟悉涂料的组成及各组分的性能。乳胶漆性能全依赖所用原材料的性能，以及配方设计师对各种材料的优化组合，使组分中每一个组分的积极作用充分发挥出来，不浪费材料优良性能、掩盖或减少材料的负面效应，这才是配方设计追求的最高境界。

14.3.4 乳胶漆的生产工艺

乳胶漆制备工艺流程可用图 14-1 表示。

图 14-1　乳胶漆制备工艺流程

乳胶漆的生产工艺如下：

① 将去离子水及羟乙基纤维素（HEC）加入高速分散机，搅拌溶解后再加入润湿剂、分散剂、部分消泡剂，分散均匀；

② 加入颜填料［主要是钛白粉、立德粉、轻（重）钙粉、滑石粉、超细硅酸铝等，彩

色颜料以制成色浆的方式最后调色时加入]、成膜助剂进行高速分散，对有光漆应进行砂磨或球磨制成白浆；

③ 在低速搅拌下，把乳液慢慢地加到白浆中，搅拌均匀即得初成品；

④ 用增稠剂、稀释液调整初品的黏度，用色浆调配出涂料的颜色，再加消泡剂等助剂，经过滤，即为乳胶漆成品。

14.3.5 乳胶漆生产工艺探讨

(1) 颜填料的分散工艺 在乳胶漆生产过程中，颜填料的分散有三个过程，即润湿、分散、稳定。乳胶漆和溶剂型涂料的不同之处在于：黏结剂和颜料均为分散相，水是连续相；而溶剂型漆则只有颜料是分散相。由于水的低黏度、高的表面张力及成膜物质在成膜前为分散相，导致乳胶漆在制造过程中必须加入各种助剂。

要取得较好的分散效果，润湿剂、分散剂、部分消泡剂以及抗冻剂（乙二醇、丙二醇）应在 HEC 充分溶解之后加入，在低速搅拌下（约 300r/min）加入颜填料。粉料加入原则：先加入难分散的、量少的颜料，然后加入填料，加料完毕后再提高转速。为了提高分散效果，也可采用适当偏心分散，以消除死角，一般高速分散 20~30min，过度延长分散时间不会提高分散效果，应当避免。

经高速分散后，如果还达不到细度要求（乳胶漆一般 60μm 以下），可再经砂磨机研磨。应注意浆料的黏度不能太高。目前，在乳胶漆的生产中开始应用超细颜、填料，经过高速分散即可达到细度要求。BASF 296DS 型苯丙乳液，机械稳定性好，可以在分散、研磨过程中适当加入一些，有利于润湿分散，提高质量。

(2) 助剂选择 助剂用量一般很少，但正确使用各类助剂对涂料的性能会产生重大影响，影响到涂料的制备、储运、施工及涂膜各项性能。助剂也可分为常规助剂、功能助剂等。常规助剂有润湿分散剂、消泡剂、增稠剂、防腐防霉剂、抗冻剂、成膜助剂等；功能助剂用量较常规的助剂用量大，如果使用得当可以使涂料在性能上产生质的飞跃，如加入水乳型蜡，可以增强涂膜的手感，减少摩擦，在低 PVC 疏水乳胶漆中添加适量的水乳型蜡可产生良好的疏水效果，提高涂膜抗划伤性。

当然，助剂选择一定要正确，若选择不当，也会引起负面作用。分散剂的作用是分散与稳定，因而要求分散剂有很好的分散能力，这样才能缩短分散时间，节约能量，提高生产效率，同时也可以保护和稳定被分散好的粒子，防止聚并而返粗。但不同的润湿分散剂结构、性能差别大，有些分散剂会起表面活性剂的作用，易于起泡；不同润湿分散剂制成的乳胶漆，漆膜在白度、光泽、遮盖力、颜色的展现性等方面差异较大。

增稠剂调节乳胶漆的流变特性，使其有很好的储运、施工性能，但增稠剂可能影响颜料粒子的絮凝，进而影响涂膜的光泽，一般聚氨酯类增稠剂对光泽影响较小，而 HEC 可能降低光泽；另外，纤维素类增稠剂对水增稠快，黏度稳定，很少有罐内贮存后增稠现象，保水性好，但是保水性与涂层的耐水、耐水洗性是一对矛盾，涂料既要求有一定的保水性，保证涂料施工消泡流平，干后又要有很好的抗水性，选择助剂时应找准一个平衡点，可以考虑将几种增稠剂复合使用以产生协同效应。

消泡剂具有抑泡和消泡作用，消泡剂要高效、持久。消泡剂选择不当或其他组分搭配不当时，常出现"鱼眼"、"失光"、"色差"等毛病。评价消泡剂一定要消泡剂加入后至少需要 24h 后才能取得消泡剂性能的持久性与缩孔、缩边之间的平衡。在加入消泡剂后立即涂刷样板或测试涂料性能，往往会得出错误的结论。

消泡剂由于是一种混合物，在贮存时往往易分层，即使不分层，在使用前也要搅拌均匀。添加时最好分两次加入，即在研磨分散颜料阶段及最后成漆阶段。一般是每次各加总量的一半，可根据泡沫产生的情况进行调节。在制浆阶段最好加入抑泡效果大的消泡剂，在制漆阶段最好用破泡效果大的消泡剂。

至于其他助剂，如防冻剂、防霉防腐剂、pH 调整剂或气味调整剂、成膜助剂等比较简单，不用费心挑选。

助剂选择时，要综合考虑，使原材料的性能充分发挥出来，助剂选择不当会影响到涂膜某些性能，使涂膜性能降低，从而导致原材料性能部分被浪费，关于这一点，涂膜浸水起泡脱落，不耐擦洗方面表现尤为明显。

14.4 乳胶漆国家标准

乳胶漆国家标准见表 14-3。

表 14-3　合成树脂乳液建筑涂料技术指标

产品标准名称	GB/T 9756《合成树脂乳液内墙涂料》		GB/T 9755《合成树脂乳液外墙涂料》	
	一等品	合格品	一等品	合格品
在容器中状态	搅拌混合后无硬块,呈均匀分布状态		搅拌混合后无硬块,呈均匀分布状态	
涂装性	刷涂二道无障碍		刷涂二道无障碍	
涂膜外观	正常		正常	
干燥时间/h≤	2		2	
对比率(白色和浅色)	0.93	0.93	0.90	0.87
耐碱性	无异常	无异常	无异常	无异常
耐洗刷性/次≥	300	100	1000	500
涂料耐冻融性	不变质	不变质	不变质	不变质
耐水性(96h)			无异常	无异常
耐人工老化性/h			250	250
粉化/级			1	1
变色/级			2	2
涂层耐温变性 (10 次循环)			无异常	无异常

注：内墙乳胶漆的耐碱性时间为 24h，外墙乳胶漆的耐碱性时间为 48h。

14.5 乳胶漆配方

14.5.1 经济型内墙乳胶漆

经济型内墙乳胶漆配方及工艺见表 14-4。

表 14-4　经济型内墙乳胶漆配方及工艺

原材料	质量分数/%	功能	供应商
浆料部分：			
去离子水	25.0		
Disponer W-18	0.2	润湿剂	Deuchem
Disponer W-511	0.6	分散剂	Deuchem
PG	1.5	抗冻、流平剂	Dow Chemical
Defom W-090	0.15	消泡剂	Deuchem
DeuAdd MA-95	0.1	胺中和剂	Deuchem

原材料	质量分数/%	功能	供应商
浆料部分：			
DeuAdd MB-11	0.2	防腐剂	Deuchem
DeuAdd MB-16	0.1	防霉剂	Deuchem
250HBR(2%水溶液)	10.0	流变助剂	Hercules
BA0101钛白粉(锐钛型)	10.0	颜料	
重质碳酸钙	16.0	填料	
轻质碳酸钙	6.0	填料	
滑石粉	8.0	填料	
高岭土	5.0	填料	

在搅拌状态下依序将上述物料加入容器搅拌均匀，调整转速高速分散至细度合格后，再调整转速至合适状态下加入下述物料，搅拌均匀后过滤出料

配漆部分：			
Defom W-090	0.15	消泡剂	Deuchem
Texanol	0.8	成膜助剂	Eastman
AS-398A	12.0	苯丙乳液	Rohm & Haas
去离子水	2.9		
DeuRheo WT-116(50%水溶液)	1.2	流变助剂	Deuchem
DeuRheo WT-204	0.1	流变助剂	Deuchem
用DeuAdd MA-95调整pH值8.0～9.0			
总量	100.0		

配方控制数据：	
项目	数据
黏度(KU)	92
触变指数(TI)	3.65
对比率	0.91
PVC/%	73
体积分数/%	51

注：Deuchem为德谦（上海）化学有限公司。

内墙乳胶漆的乳液优选苯丙乳液。当颜基比高达7.5时，苯丙乳液仍可以耐擦洗200次以上，优于醋酸乙烯或纯丙共聚物乳液，而且苯丙乳液耐碱、干燥快、价格低，经济型内墙乳胶漆用苯丙乳液做基料，性价比最高。内墙乳胶漆可以用锐钛型钛白粉做主体颜料，为降低成本可以复合使用一些氧化锌和立德粉。若填料配伍恰当，填料也能起到增效作用，取代一部分钛白，填料最好使用两种以上，如重质碳酸钙、轻质碳酸钙价格便宜，滑石粉可以防止沉降和涂层开裂，硫酸钡有利于涂层耐磨性的提高。内墙乳胶漆的颜料体积浓度（PVC）值应接近而小于临界颜料体积浓度（CPVC）值，使基料用料最少，又使涂层具有一定的耐洗刷性。应当注意的是PVC值通常是实验测出来的，而并非是计算出来的。

14.5.2　高档内墙乳胶漆
高档内墙乳胶漆配方及工艺见表14-5。

表 14-5　高档内墙乳胶漆配方及工艺

原材料	质量分数/%	功能	供应商
浆料部分：			
去离子水	15.0		
Disponer W-18	0.2	润湿剂	Deuchem
Disponer W-511	0.6	分散剂	Deuchem
PG	2.0	抗冻、流平剂	Dow Chemical
Defom W-090	0.15	消泡剂	Deuchem
DeuAdd MA-95	0.2	胺中和剂	Deuchem
DeuAdd MB-11	0.1	防腐剂	Deuchem
DeuAdd MB-16	0.2	防霉剂	Deuchem
250HBR(2%水溶液)	5.0	流变助剂	Hercules
R902 钛白粉	14.0	颜料	
重质碳酸钙	14.0	填料	
滑石粉	6.0	填料	
高岭土	6.0	填料	

在搅拌状态下依序将上述物料加入容器搅拌均匀,调整转速高速分散至细度合格后,再调整转速至合适状态下加入下述物料,搅拌均匀后过滤出料

配漆部分：			
Defom W-090	0.15	消泡剂	Deuchem
Texanol	1.2	成膜助剂	Eastman
2800	23.0	纯丙乳液	National starch & Chemical
去离子水	11.5		
DeuRheo WT-116(50%水溶液)	0.4	流变助剂	Deuchem
DeuRheo WT-202(50%PG 溶液)	0.2	流变助剂	Deuchem
DeuRheo WT-204	0.1	流变助剂	Deuchem

用 DeuAdd MA-95 调整 pH 值 8.0～9.0

总量	100.0		

配方控制数据：

项目	数据
KU	95
TI	4.0
对比率	0.91
PVC/%	52.3
体积分数(NV)/%	51.5

14.5.3　经济型外墙乳胶漆

经济型外墙乳胶漆配方及工艺见表 14-6。

表 14-6　经济型外墙乳胶漆配方及工艺

原材料	质量分数/%	功能	供应商
浆料部分：			
去离子水	8.0		
Disponer W-18	0.15	润湿剂	Deuchem
Disponer W-519	0.5	分散剂	Deuchem

原材料	质量分数/%	功能	供应商
浆料部分：			
PG	2.0	抗冻、流平剂	Dow Chemical
Defom W-094	0.15	消泡剂	Deuchem
DeuAdd MA-95	0.1	胺中和剂	Deuchem
DeuAdd MB-11	0.1	防腐剂	Deuchem
DeuAdd MB-16	0.2	防霉剂	Deuchem
R902 钛白粉	18.0	颜料	
重质碳酸钙	16.0	填料	
滑石粉	6.0	填料	

在搅拌状态下依序将上述物料加入容器搅拌均匀，调整转速高速分散至细度合格，再调整转速至合适状态下加入下述物料，搅拌均匀后过滤出料

配漆部分：			
Defom W-094	0.15	消泡剂	Deuchem
Texanol	2.0	成膜助剂	Eastman
2800	28.0	纯丙乳液	National starch & Chemical
去离子水	17.9		
DeuRheo WT-113(50%水溶液)	0.4	流变助剂	Deuchem
DeuRheo WT-202(50%PG溶液)	0.25	流变助剂	Deuchem
DeuRheo WT-204	0.1	流变助剂	Deuchem
用 DeuAdd MA-95 调整 pH 值 8.0~9.0			
总量	100.0		

配方控制数据：	
项目	数据
KU	98
TI	2.68
对比率	0.91
PVC/%	48
NV/%	54

外墙乳胶漆的颜基比一般控制在 2.0~3.0，所对应的颜料体积浓度为 35%~45%，此时，所形成的涂层的耐候性较好，但是颜基比也不应太低，否则，将影响涂层的透气性，阻碍潮气从基材中逸出，造成涂层鼓泡等病态。外墙乳胶漆用乳液应选择耐老化、耐水性好的乳液，为提高耐沾污性，乳液的玻璃化温度应高于室温，自交联型乳液、核-壳结构乳液、氟碳乳液、硅丙乳液是优秀的乳液产品，而苯丙乳液、醋丙乳液、叔醋乳液的户外性能较差，一般不应采用。所用颜填料也应注意其耐候性，钛白要选金红石（R）型，填料同内墙漆基本相同。

14.5.4 高档外墙乳胶漆

高档外墙乳胶漆配方及工艺见表 14-7。

表 14-7 高档外墙乳胶漆配方及工艺

表 14-7 高档外墙乳胶漆配方及工艺

原材料	质量分数/%	功能	供应商
浆料部分：			
去离子水	8.0		
Disponer W-19	0.15	润湿剂	Deuchem
Disponer W-519	0.5	分散剂	Deuchem
PG	2.5	助溶剂	Dow Chemical
Defom W-094	0.15	消泡剂	Deuchem
DeuAdd MA-95	0.1	胺中和剂	Deuchem
DeuAdd MB-11	0.1	防腐剂	Deuchem
DeuAdd MB-16	0.2	防霉剂	Deuchem
R902 钛白粉	20.0	颜料	
重质碳酸钙	16.0	填料	
滑石粉	6.0	填料	

在搅拌状态下依序将上述物料加入容器搅拌均匀，调整转速高速分散至细度合格，再调整转速至合适状态下加入下述物料，搅拌均匀后过滤出料

配漆部分：			
Defom W-094	0.15	消泡剂	Deuchem
Texanol	2.5	成膜助剂	Eastman
AC-261	35.0	纯丙乳液	Rohm & Haas
水	7.85		
DeuRheo WT-113(50%水溶液)	0.2	流变助剂	Deuchem
DeuRheo WT-202(50%PG溶液)	0.4	流变助剂	Deuchem
DeuRheo WT-204	0.2	流变助剂	Deuchem

用 DeuAdd MA-95 调整 pH 值 8.0～9.0

总量	100.0		

配方控制数据：	
项目	数据
KU	98
TI	3.0
对比率	0.93
PVC/%	43.5
NV/%	59.8

14.5.5 弹性拉毛乳胶漆

弹性拉毛乳胶漆配方及工艺见表 14-8。

表 14-8 弹性拉毛乳胶漆配方及工艺

原材料	质量分数/%	功能	供应商
浆料部分：			
去离子水	9.5		
Disponer W-19	0.2	润湿剂	Deuchem
Disponer W-519	0.8	分散剂	Deuchem
PG	1.5	抗冻、流平剂	Dow Chemical
Defom W-094	0.3	消泡剂	Deuchem

原材料	质量分数/%	功能	供应商
浆料部分:			
DeuAdd MA-95	0.2	胺中和剂	Deuchem
DeuAdd MB-11	0.1	防腐剂	Deuchem
DeuAdd MB-16	0.2	防霉剂	Deuchem
R902 钛白粉	12.0	颜料	
重质碳酸钙	16.0	填料	
滑石粉	6.0	填料	
云母粉	10.0	填料	

在搅拌状态下依序将上述物料加入容器搅拌均匀,调整转速高速分散至细度合格,再调整转速至合适状态下加入下述物料,搅拌均匀后过滤出料

配漆部分:			
Defom W-052	0.4	消泡剂	Deuchem
Texanol	1.5	成膜助剂	Eastman
2438	30.0	弹性乳液	Rohm & Haas
AC-261	10.0	纯丙乳液	Rohm & Haas
DeuRheo WT-113(50%水溶液)	0.5	流变助剂	Deuchem
DeuRheo WT-207(50%PG 溶液)	0.8	流变助剂	Deuchem
用 DeuAdd MA-95 调整 pH 值 8.0～9.0			
总量	100.0		

配方控制数据:

项目	数据
KU	130
TI	7.0
PVC/%	48
NV/%	54

弹性乳胶漆是指能够形成弹性漆膜的乳胶漆,漆膜的弹性即其柔韧性、高的伸长率和回弹性。弹性乳胶漆用乳液的玻璃化温度至少应低于−10℃,拉伸强度要高,回弹性要好,而且要有一定的耐沾污性。

14.5.6　水性真石漆

水性真石漆配方及工艺见表 14-9。

表 14-9　水性真石漆配方及工艺

原材料	质量分数/%	功能	供应商
AD-15	16.0	无皂纯丙乳液	National starch & Chemical
去离子水	15.0		
Defom W-094	0.3	消泡剂	Deuchem
DeuAdd MB-11	0.1	防腐剂	Deuchem
DeuAdd MB-16	0.2	防霉剂	Deuchem
DeuAdd MA-95	0.2	胺中和剂	Deuchem
Texanol	1.6	成膜助剂	Eastman

続表

原材料	质量分数/%	功能	供应商
DeuRheo WT-113(50%水溶液)	1.0	流变助剂	Deuchem
DeuRheo WT-207(50%PG 溶液)	0.4	流变助剂	Deuchem
彩砂	65.2(不同目数)		
在搅拌状态下依序将上述物料加入容器,搅拌均匀。然后加入不同目数彩砂搅拌均匀后过滤出料			
总量		100.0	

真石漆是一种仿天然石材的涂料。涂料由乳液、不同粒度的石英砂骨料和助剂组成。涂层硬度很高,耐候性好,具有天然花岗石、大理石的逼真形态,装饰性强。砂粒尺度在20～180 目,选 3 种不同粒度的砂粒复合使用,效果更好。

14.5.7 丝光涂料

丝光涂料配方及工艺见表 14-10。

表 14-10 丝光涂料配方及工艺

原材料	质量份	功能	供应商
去离子水	245.5		
ER-30M	3	羟乙基纤维素	Dow Chemical
DP-518	4	分散剂	Deuchem
DeuAdd MB-11	2	防腐剂	Deuchem
Defoamer 091	3	消泡剂	Deuchem
TR-92	200	钛白粉	
Omyacarb® 2(2μm)	80	碳酸钙	
在搅拌状态下依序将上述物料加入容器搅拌均匀,调整转速高速分散至细度合格,再调整转速至合适状态下加入下述物料,搅拌均匀后过滤出料			
200 号溶剂汽油	10		Deuchem
乙二醇丁醚	15		Deuchem
Defoamer 091	2		Deuchem
Acronal 296DS	417	乳液	BASF
WT-105A 与丙二醇 1:1 预混合后加入	2		Deuchem
455	2	流平剂	Deuchem
AMP-95	适量	中和剂	Deuchem
用 DeuAdd MA-95 调整 pH 值 8.0～9.0			

配方控制数据:

项目	数据
KU	104
固含量/%	48
PVC/%	30
光泽(60°)/%	23
对比度/%	97

14.5.8 透明封闭底漆

透明封闭底漆配方及工艺见表 14-11。

表 14-11 透明封闭底漆配方及工艺

原材料	质量份	功能	供应商
去离子水	60		
250HBR(2%水溶液)	15.0	流变助剂	Hercules
DeuAdd MA-95	0.2	胺中和剂	Deuchem

原材料	质量份	功能	供应商
PG	2.0	抗冻、流平剂	
Defom W-094	0.1	消泡剂	Deuchem
Texanol	0.1	成膜助剂	Eastman
DeuAdd MB-11	0.05	防腐剂	Deuchem
DeuAdd MB-16	0.1	防霉剂	Deuchem
Acronal 296DS	30.0	苯丙乳液	国民淀粉化学(广东)有限公司

在搅拌状态下依序将上述物料加入容器,搅拌均匀,过滤出料

配方控制数据:

项目	数据
黏度(涂-4 杯)/s	30
固含量/%	12.5
PVC/%	30
pH 值	8.8

透明封闭底漆应具有较低的黏度和极强的渗透力,因此乳液粒径要细,另外要有很好的耐水性和耐碱性。

14.5.9 遮盖型封闭底漆

遮盖型封闭底漆配方及工艺见表 14-12。

表 14-12 遮盖型封闭底漆配方及工艺

原材料	质量分数/%	功能	供应商
浆料部分:			
去离子水	7.0		
Disponer W-18	0.5	润湿剂	Deuchem
250HBR(2%水溶液)	20.0	流变助剂	Hercules
Disponer W-519	0.5	分散剂	Deuchem
PG	2.0	抗冻、流平剂	Dow Chemical
Defom W-094	0.1	消泡剂	Deuchem
DeuAdd MA-95	0.1	胺中和剂	Deuchem
DeuAdd MB-11	0.1	防腐剂	Deuchem
DeuAdd MB-16	0.2	防霉剂	Deuchem
立德粉	10.6	颜料	
重质碳酸钙	21.5	填料	
滑石粉	15	填料	

在搅拌状态下依序将上述物料加入容器搅拌均匀,调整转速高速分散至细度合格,再调整转速至合适状态下加入下述物料,搅拌均匀后过滤出料

配漆部分:			
Defom W-094	0.1	消泡剂	Deuchem
Texanol	0.6	成膜助剂	Eastman
Acronal 296DS	14.0	苯丙乳液	国民淀粉化学(广东)有限公司
去离子水	7.0		
DeuRheo WT-113(50%水溶液)	0.4	流变助剂	Deuchem
DeuRheo WT-202(50%PG 溶液)	0.2	流变助剂	Deuchem
DeuRheo WT-204	0.1	流变助剂	Deuchem
用 DeuAdd MA-95 调整 pH 值 8.0～9.0			
总量	100.0		

14.6 结语

国内建筑涂料生产企业众多，但规模甚小，据有关部门统计年产值在100万元以上的涂料生产厂达4500多家，其中年产10000吨以上规模的企业不足1%，大多数年产量在1000吨以下，且产品档次低，品种少，模仿多，创新少，导致粗制滥造产品上市，无序竞争，自毁市场。目前，国内聚合物乳液的主要生产企业有北京东方罗门哈斯、上海高桥巴斯夫、中山联碳、江苏日出集团、广东巴德富、国民淀粉、昆山长兴、广东天银化工、青州万利化工等。2002年各大企业生产建筑涂料用乳液超过20万吨（用于生产建筑乳胶漆超过63万吨），占全国聚合物乳液产量的50%以上，比2000年增长了10%～15%，高于世界聚合物乳液的平均增长率（年均6%）。同时，我国建筑涂料行业存在生存与发展的严峻考验，如恶性低价竞争、缺乏知识产权保护意识、产品质量不稳定等，迫切需要认真研究和解决这些技术问题，只有将乳液、颜填料及各种助剂的质量提高，加强工艺研究和配方设计研究，才能生产出高品质的乳胶漆产品，提升企业竞争力。

第15章 木器涂料

15.1 概述

15.1.1 木器表面涂装的目的和要求

木材是天然产物，组织构造复杂，材质不均匀，多孔、亲水膨缩。作为工业材料，可以说是不适宜的。但其特殊的纹理、外表及材色具有自然美，拥有巨大魅力，所以人们还是用其制作家具，装修居室。

(1) 涂装目的

① 美化表面　在赋予色彩、光泽、平滑性之际，增强木材纹理的立体感和表面的触摸感；

② 保护材质　耐湿、耐水、耐油、耐化学药品、防虫、防腐等；

③ 特殊作用　温度指示、电气绝缘、隔音、隔热等。

(2) 木材表面对涂料的要求　要达到上述涂装的目的并非易事，与金属、塑胶等其他材质涂装不同，木材涂装困难的原因主要有两点。

① 木材的多孔性。木材表面的孔隙度平均约占表面积的40%，少则30%左右，多则可达到80%。所以涂料对木材的润湿性和附着力是木材涂装的一个大问题。

② 木材亲水膨缩性，木材遇水狂胀，脱水猛缩，会造成涂膜开裂、脱落，所以涂膜的持久稳定性是木材涂装的另一大难题。另外木材有的含酸和脂胶类物质，易于渗出表面，再有木材质地的软硬度、材质结构、表面色相的不均一性等也是木材涂装的难点。

因为木材自身的特性及涂装上的难点，构成了木材涂料的特性及特殊的涂装配套体系。

(3) 木材涂装对涂料的要求

① 因木材涂装是多层的配套体系，所以要求底层涂料对木材具有良好的渗透性、润湿性和优越的附着力，层与层之间也应具有良好的附着力以形成一个整体。

② 涂膜要具有良好的韧性，保证涂膜的持久性。

③ 涂层要具有良好的装饰性，保证木纹的清晰度及明显的立体感。

④ 涂层要具有良好的力学性能以及耐水性、耐化学药品性、耐污染性、耐热性等良好的保护性能。

⑤ 涂膜的硬度高，具有较强的耐摩擦性及良好的手感。

⑥ 涂料要具有良好的施工性、重涂性。

15.1.2 木器涂料的分类

木材制品包括实木木材和人造板材（胶合板，中密度纤维板和刨花板）。用于木材制品的涂料统称为木器涂料，包括家具、门窗、地板、护墙板、日常生活用木器、木制乐器、体育用品、文具、玩具等所用涂料，以家具涂料为主。木器涂料按木器制造工艺分为板材预涂涂料和木器成品涂装涂料两类。按涂料类型分为溶剂型涂料、水性涂料和无溶剂涂料。

木器涂料按成膜物质品种的分类见表15-1。

表 15-1　木器涂料按成膜物质品种的分类

类型	品　种　名　称		类型	品　种　名　称	
天然树脂类	油脂漆	桐油及其加工品 其他干性油及其他加工品	合成树脂类	氨基树脂漆——酸固化氨基漆	
	天然树脂漆	天然大漆 虫胶清漆 松香加工品涂料(酯胶漆等)		丙烯酸漆——热塑性丙烯酸漆	
				聚氨酯漆	双组分羟基固化型聚氨酯漆 双组分催化固化型聚氨酯漆 单组分聚氨酯漆
合成树脂类	酚醛树脂漆 醇酸树脂漆 硝基纤维素漆			不饱和聚酯漆	触媒固化型不饱和聚酯漆 光固化不饱和聚酯漆 电子束固化不饱和聚酯漆

木器涂料按涂装层次的分类见表 15-2。

表 15-2　木器涂料按涂装层次的分类

品种名称	作　　用
着色剂	对木材表面着色,使表面色泽均匀或美化
封闭底漆	对木材有填孔作用,驱赶孔隙中空气,封闭表面,防止木材干缩湿胀
头道底漆	增加涂层附着力,提高涂膜丰满度
打磨底漆	有填孔作用,供打磨需要
面漆	木器的主要表面涂层,装饰和保护作用。分清漆、透明色漆和色漆 3 类,每类又分有光和亚光 2 种
罩光清漆	提高整个涂膜装饰和保护性

15.2　醇酸型木器漆

醇酸树脂是最先应用于涂料工业的合成树脂之一，也是至今仍广为应用的漆用树脂。其原料来源广泛，配方灵活，善于通过种种改性而赋予各种性能特色，因此可以应用于几乎所有类型的涂料之中。随着近 10 年来涂料工业的迅速发展，醇酸树脂采用的原料、应用的领域在不断扩大，工艺、设备在不断更新，产品品质在不断提高。

以醇酸树脂为主要成膜物质，能在自然条件下氧化聚合固化成膜的涂料称为醇酸自干漆。将醇酸树脂溶于 200 号溶剂汽油，加入适量的催干剂即可制成清漆，再加入颜料和填料，即可制成色漆。其涂膜具有较强的光泽、良好的柔韧性，漆膜也比较美观，对底材具有良好的附着力，好的抗冲击强度，抗溶剂性，但耐水性、耐碱性较差。

① 木器用铁红醇酸底漆配方见表 15-3。

表 15-3　木器用铁红醇酸底漆配方

原　料　名　称	用量(质量份)	原　料　名　称	用量(质量份)
干性中油度醇酸树脂	45.00	4%异辛酸锌	0.50
铁红	24.75	10%异辛酸锆	2.00
氧化锌	10.00	二甲苯	2.00
15μm 滑石粉	8.00	200 号溶剂汽油	6.10
有机膨润土防沉剂	0.25	丁酮肟	0.20
1%异辛酸钴	1.20	合计	100.0

操作要点：混合均匀，200 目筛网过滤。该配方的特点是漆膜快干，丰满，光泽高，硬度较好。

表 15-3 中干性中油度醇酸树脂为江门树脂 PJ6565，其性能指标见表 15-4。

表 15-4　干性中油度醇酸树脂的性能指标

项　目	指　标	项　目	指　标
外观	棕黄色透明液体	油度	56%
色数(Fe-Co)	≤10 号	酸值	≤10mgKOH/g
固含量	52%±1%	黏度	20～80s(格/25℃)

② 黑醇酸磁漆配方见表 15-5。

表 15-5　黑醇酸磁漆配方

原 料 名 称	用量(质量份)	原 料 名 称	用量(质量份)
干性长油度醇酸树脂	74.85	4%异辛酸锌	0.30
中色素炭黑	5.00	10%异辛酸锆	2.40
HTY-851(分散剂)	0.150	BYK 306(流平剂)	0.100
BYK 104S(润湿分散剂)	0.100	200 号溶剂汽油	15.05
有机膨润土防沉剂	0.25	丁酮肟	0.20
1%异辛酸钴	1.60	合计	100.0

操作要点：混合均匀，200 目筛网过滤。该配方的特点是漆膜光泽高，耐候性好，柔韧性好，抗冲击，耐水，对颜料有良好分散性。

干性长油度醇酸树脂为江门树脂 PJ6616，其性能指标见表 15-6。

表 15-6　干性长油度醇酸树脂的性能指标

项　目	指　标	项　目	指　标
外观	棕黄色透明黏稠液体	酸值	≤10mgKOH/g
色数(Fe-Co)	≤10	黏度	7～25s(格/25℃)
固含量	60%±1%	溶剂	200 号溶剂汽油/二甲苯
油度	60%		

③ 醇酸木器清漆配方见表 15-7。

表 15-7　醇酸木器清漆配方

原 料 名 称	制造商/供应商	质 量 份	
		A	B
醇酸树脂 Alkydal 681(75%)	Bayer	70.0	70.0
松香水　D60		14.7	13.7
二甲苯		12.0	12.0
流平剂 Baysilone OL 17	Borchers	1.0	1.0
流平脱气剂 Borchi Gol E2	Borchers	1.0	1.0
锆催干剂 Octa-Soligen Zirconium 18	Borchers	1.0	—
无铅催干剂 Octa-Soligen 69	Borchers	—	2.1
抗结皮剂 Borchi Nox M2	Borchers	0.3	0.3
合计		100.0	100.0

制造工艺：在搅拌下按配方顺序加料，最后加入抗结皮剂，搅拌均匀即可。

醇酸木器清漆技术参数见表 15-8。

低黏度长油度干性醇酸树脂 Alkydal 681（75%）性能见表 15-9。

表 15-8　醇酸木器清漆技术参数

检测项目	A	B
固体分(质量分数)/%	53	53
基料含量(质量分数)/%	52.9	52.9
流出时间(DIN53211 杯,4mm 嘴,23℃)/s	45	45
干燥时间(干燥时间记录仪湿膜厚 100μm)/h		
24h 后	4~5	4~5
室温贮存 1 个月后	4~5	4~5
摆杆硬度(DIN53157)/s		
24h 后	19	19
1 周后	28	26
2 周后	36	29

表 15-9　低黏度长油度干性醇酸树脂的性能指标

项　目	指　标	项　目	指　标
外观	浅黄色透明黏稠液体	油度	66%
色数(Fe-Co)	≤6 号	酸值	≤13mgKOH/g
固含量	75%±1%	黏度(23℃)	(5100±1100)mPa·s
邻苯二甲酸酐含量	25%	溶剂	松香水

15.3　丙烯酸自干木器漆

　　以丙烯酸酯类和甲基丙烯酸酯类及其他烯类单体共聚制成的树脂,通过选用不同结构的树脂、生产工艺及溶剂组成制成的涂料,涂覆于以木材为底材的物件上,在自然条件下干燥成膜,起到装饰和保护作用的涂料,称为丙烯酸自干木器漆。该漆属于单组分涂料,施工方便,耐老化,缺点是固体分较低。丙烯酸自干木器清漆配方见表 15-10。

表 15-10　丙烯酸自干木器清漆配方

原 料 名 称	制造商/供应商	用量(质量份)
热塑性丙烯酸树脂	江门树脂	47.00
CAB(25%)		8.00
醋酸丁酯		6.00
乙酸乙酯		4.20
丁醇		5.20
丁酮		3.20
丙酮		6.40
二甲苯		20.0
合计		100.00

　　操作要点:混合均匀即成。可用于藤器涂饰。表 15-10 中丙烯酸树脂为江门树脂 PJ80402,其性能指标见表 15-11。

表 15-11　热塑性丙烯酸树脂的性能指标

项　目	指　标	项　目	指　标
外观	水白或微黄色透明黏稠液体	酸值	≤6mgKOH/g
色数(Fe-Co)	≤1 号	黏度	80~150s(格/25℃)
固含量	60%±1%		

丙烯酸自干铝粉漆配方见表 15-12。

表 15-12　丙烯酸自干铝粉漆配方

原　料　名　称	制造商/供应商	用量(质量份)	原　料　名　称	制造商/供应商	用量(质量份)
热塑性丙烯酸树脂 7815T45	信德树脂	70.00	二甲苯		5.00
醋酸丁酯		10.0	BYK-306		0.30
PMA		2.70	铝粉		6.00
正丁醇		6.00	合计		100.00

操作要点：混合均匀即成。热塑性丙烯酸树脂 7815T45 的性能指标见表 15-13。

表 15-13　热塑性丙烯酸树脂 7815T45 的性能指标

项　　目	指　　标	项　　目	指　　标
外观	水白或微黄色透明黏稠液体	酸值	≤1mgKOH/g
色数(Fe-Co)	≤1 号	黏度(格式管黏度)	$Z\sim Z_3$(25℃)
固含量	45%	T_g	82℃

15.4　聚氨酯木器漆

以聚氨基甲酸酯树脂为主要成膜物质制成的，用于以木材为底材的制品的装饰与保护，能在自然条件下干燥成膜的涂料，称为聚氨酯自干木器漆。通常，聚氨酯木器漆以双组分形式供应市场，是一种最常用的木器漆，构成了从低端到高端的系列化产品。

(1) 双组分聚氨酯快干清漆　配方见表 15-14 和表 15-15。

表 15-14　组分 A（漆基）配方

原　料　名　称	制造商	用量(质量份)
羟基丙烯酸树脂 Desmophen A 450(50%)	Bayer	54.0
醋酸丁酯		14.0
流平剂 Baysilone OL 31(50%混合溶剂液)	Borchers	0.3
25%醋酸丁酸纤维素 CAB381-2 丁酯液	Eastman	12.0
丁酮		19.7
合计		100.0

制备工艺：搅拌混合均匀。

表 15-15　组分 B（固化剂）配方

原　料　名　称	制造商	用量(质量份)
HDI 缩二脲 Desmodur N 75(MPA/X)	Bayer	8.00

制备工艺：施工前，按比例与漆基混合。

① 双组分聚氨酯快干清漆性能见表 15-16。

② 羟基丙烯酸树脂 Desmophen A 450 性能见表 15-17。

(2) 双组分聚氨酯快干木材底漆　配方见表 15-18 和表 15-19。

操作要点：前 3 种原料混合，在高速分散机中 2000r/min 分散 10min，然后加入其余原料混合均匀即成。

表 15-16　双组分聚氨酯快干清漆性能

项　目	指　标
$w_A : w_B$	100:8
组分 A 固体分(质量分数)/%	30
施工固体分(质量分数)/%	30.5
喷涂稀释剂二甲苯-醋酸丁酯(1:1)/%	10
喷涂黏度(DIN53211 杯 4mm 嘴)/s	24
适用期/h	8
干燥时间/min	5
硬度(干 1 周后,柯尼希法,DIN 53157)	195
加氏 20°光泽/%	80
加氏 60°光泽/%	86
雾影	13
抗化学性 (DIN68861,1B 节)	好

表 15-17　羟基丙烯酸树脂 Desmophen A 450 性能指标

项　目	指　标	项　目	指　标
外观	水白或微黄色透明黏稠液体	酸值/(mgKOH/g)	≤(4±2)
色数(Fe-Co)	≤1 号	黏度(23℃)/mPa·s	5000±1000
羟基含量/%	1.0±0.2	水分/%	≤0.1
固含量/%	(50±2)		

表 15-18　组分 A（漆基）配方

原 料 名 称	制造/供应商	用量(质量份)
羟基聚酯 Desmophen RD 181(75%)	Bayer	10.0
丙二醇甲醚醋酸酯		5.0
功能性填料 Silithin V 88	Hoffmann	2.0
羟基丙烯酸树脂 Desmophen A 450(50%)		32.0
25%醋酸丁酸纤维素 CAB381-2 丁酯液		12.0
流平脱气剂 Baysilone 3468		0.2
醋酸丁酯		20.0
二甲苯		18.8
合计		100.0

表 15-19　组分 B 固化剂配方

原 料 名 称	制造/供应商	用量(质量份)
HDI 缩二脲 Desmodur N 75(MPA/X)	Bayer	10.0

操作要点：混合均匀。施工前按比例与漆基混合。

双组分聚氨酯快干木材底漆性能见表 15-20。

表 15-20　双组分聚氨酯快干木材底漆性能

项　目	指　标	项　目	指　标
$w_A : w_B$	10:1	喷涂黏度(DIN53211 杯,4mm 嘴)/s	21
组分 A 固体分(质量分数)/%	25.7	适用期/h	8
施工固体分(质量分数)/%	27.7	干燥时间/min	6
喷涂稀释剂二甲苯-醋酸丁酯(1:1)/%	10		

（3）双组分丙烯酸型聚氨酯白漆　配方见表 15-21 和表 15-22。

表 15-21　丙烯酸型聚氨酯白漆组分 A（漆基）配方

原料名称	制造商	用量（质量份）
PJ32-60B 羟基丙烯酸树脂	江门制漆	54.85
丙二醇甲醚醋酸酯		5.00
R902（钛白粉）		25.00
SD-1（有机膨润土防沉剂）		0.30
BYK 306（流平剂）		0.15
合计		85.3

操作要点：前 3 种原料混合，在高速分散机中 2000r/min 分散 10min，然后加入其余原料混合均匀即成。

表 15-22　丙烯酸型聚氨酯白漆组分 B（固化剂）配方

原料名称	制造商	用量（质量份）
HDI 缩二脲 Desmodur N 75（MPA/X）	Bayer	14.70

操作要点：混合均匀。施工前按比例与漆基混合。

羟基丙烯酸树脂性能指标见表 15-23。

表 15-23　羟基丙烯酸树脂的指标

项目	指标	项目	指标
外观	水白或微黄色透明黏稠液体	酸值/(mgKOH/g)	≤9
色数（Fe-Co）	≤1 号	黏度（格/25℃）/s	30～60
固含量/%	60±1	羟值/(mgKOH/g)	120±10

该配方为高档、不黄变双组分 PU 漆。可用于木器或金属涂装。

（4）双组分醇酸树脂型聚氨酯快干木材哑光漆　配方见表 15-24 和表 15-25。

表 15-24　醇酸树脂型聚氨酯快干木材哑光漆组分 A（漆基）

原料名称	制造商	用量（质量份）
Novalkyd 3750X70C	先达树脂	64.3
二甲苯		16.2
乙酸丁酯		5.00
Byk-306	BYK 公司	0.4
Byk-323	BYK 公司	0.1
A-350	日本哑粉	5.5
9610F	科莱恩蜡粉	0.5
CAB-381-0.1（20%）	EASTMAN 公司	4.0
M-5（12%）	美国卡博特防沉剂	4.0
合计		100.0

操作要点：在高速分散机中混合均匀即成。

表 15-25　醇酸树脂型聚氨酯快干木材哑光漆组分 B（固化剂）

原料名称	制造商	用量（质量份）
TDI 加合物（50%）	Bayer	50.0

操作要点：混合均匀。施工前按比例与漆基混合。

先达 3750X70C 羟基丙烯酸树脂的性能指标见表 15-26。

表 15-26　先达 3750X70C 羟基丙烯酸树脂的性能指标

项　　目	指　　标	项　　目	指　　标
外观	水白或微黄色透明黏稠液体	酸值/(mgKOH/g)	≤18
色数(Fe-Co)	≤1号	黏度/mPa·s	40000～70000(25℃)
固含量/%	70%	羟值/(mgKOH/g)	120

15.5　不饱和聚酯木器漆

不饱和聚酯木器漆以不饱和聚酯树脂为主要成膜物质,分 A、B 两组分包装,使用时两组分按一定比例混合、搅拌均匀,涂覆于木材基物品表面,装饰和保护底材。

不饱和聚酯树脂配方见表 15-27。

表 15-27　不饱和聚酯树脂配方

原料名称	用量(质量份)	原料名称	用量(质量份)
顺丁烯二酸酐	882.0	1,2-丙二醇	411.0
邻苯二甲酸酐	890.0	对苯二酚	0.6
乙二醇	780.0	合计	2963.6

操作要点:前四种原料加入反应釜缓慢加热升温,待大部分固体物料熔融后开动搅拌,并在液面以下通入二氧化碳。此时温度不应高于 100℃。升温至 (160±2)℃,并在此温度下保持至酸值达 (200±5)mgKOH/g。继续加热升温至 (175±2)℃,并在此温度下保持至酸值达 135mgKOH/g 以下。继续加热升温,并保持 190～195℃ 至酸值达 (52±2)mgKOH/g 为止。如果在 190～195℃ 保持 2h 后,酸值仍高于 (52±2)mgKOH/g,则可以升温到 195～200℃ 保持到酸值达到 (52±2)mgKOH/g。停止加热,搅拌冷却至 90℃ 停止通入二氧化碳,加入对苯二酚,充分搅拌至完全溶解。继续冷却至室温。

过氧化环己酮浆配方见表 15-28。

表 15-28　过氧化环己酮浆配方

原料名称	环己酮	邻苯二甲酸二丁酯(1)	30%双氧水	邻苯二甲酸二丁酯(2)	合计
用量(质量份)	98.0	60.0	155.0	84.4	397.4

操作要点:在搪玻璃反应罐中加入环己酮和邻苯二甲酸二丁酯 (1),开动搅拌,滴加双氧水,并将反应温度控制在 45℃ 以下。开始滴加后,由于反应放热,需在反应罐夹套内通入冰水降低温度,以使反应温度控制在 45℃ 以下。双氧水滴加完后,反应温度会自行上升,此时要控制温度不超过 50℃。在此温度下保持 2.5h 结束反应。

反应完成后,在搅拌下冷却降低温度,此时会有白色结晶析出,停止搅拌,静置过夜。吸出上层水液,加入邻苯二甲酸二丁酯 (2),充分搅拌均匀,即得 50% 过氧化环己酮浆糊状物。测定活性氧含量应为 5.5%。

不饱和聚酯清漆配方见表 15-29。

表 15-29　不饱和聚酯清漆配方

原料名称	不饱和聚酯树脂	苯乙烯(1)	过氧化环己酮浆糊	苯乙烯(2)	8%环烷酸钴	苯乙烯(3)	合计
用量(质量份)	70.0	27.0	4.0	2.0	0.5	1.0	104.5

操作要点:施工前配制。不饱和聚酯树脂与苯乙烯 (1) 充分溶解混合。加入已事先搅拌混合均匀的过氧化环己酮浆糊与苯乙烯 (2) 的混合物,充分搅拌均匀。加入已事先搅拌

混合均匀的环烷酸钴与苯乙烯（3）的混合物，充分搅拌均匀。

配制好的清漆固化时间为 2.5～3.0h。如果固化时间过长，可以再适量增加过氧化环己酮浆糊，但是总量不应大于清漆的 6%。

性能：不饱和聚酯清漆是厌氧型，所以在涂覆后必须隔绝空气，否则表面会发黏。一次涂覆的干膜厚度最大可达 200μm。

15.6 硝基漆

硝基纤维素漆，简称硝基漆，是以硝酸纤维素（硝化棉 NC）为主要成膜物，并加入不干性醇酸树脂和改性松香甘油酯以及增韧剂、溶剂、颜料等混合调配而成。

硝基漆是目前比较常见的木器及装修用涂料。优点是装饰作用好、施工简便、干燥迅速、对涂装环境的要求不高，具有较好的硬度和亮度，不易出现漆膜弊病，修补容易。缺点是固含量较低，需要较多的施工道数才能达到较好的装饰效果；耐久性不太好，尤其是内用硝基漆，其保色、保光性不好，使用时间稍长就容易出现诸如失光、开裂、变色等弊病；漆膜保护作用不好，不耐有机溶剂、不耐热、不耐腐蚀；耗用的有机溶剂太多，在石油价格节节攀升的今天，成本也是不得不考虑的因素。

硝基漆的主要成膜物质是以硝化棉（NC）为主，配合醇酸树脂、改性松香树脂、丙烯酸树脂、氨基树脂等软硬树脂共同组成。一般还需要添加邻苯二甲酸二丁酯（DBP）、邻苯二甲酸二辛酯（DOP）、氧化蓖麻油等增塑剂。溶剂主要有酯类、酮类、醇醚类等真溶剂，醇类等助溶剂，以及苯类等稀释剂。硝基漆主要可以用于木器及家具制品的涂装、家庭装修、一般装饰涂装、金属涂装和一般水泥涂装等方面。

NC 透明腻子配方见表 15-30。

表 15-30　NC 透明腻子配方

原料	H1/2s 硝化棉	甲苯	滑石粉	天那水	422 树脂	短油度醇酸树脂	硬脂酸锌
用量(质量份)	9.0	10.0	23.0	21.0	10.0	4.00	23.0

422 树脂是一种马林酸树脂，是以松香和顺丁烯二酸酐进行加成反应并且用甘油酯化而成。具有软化点高、色泽浅、不易泛黄、热稳定性好及附着力强等优点，适用于清漆、油漆、油墨、黏合剂等行业。

硝化棉为四川北方硝化棉公司产品。NC 透明底漆、NC 全亚光面漆及天那水配方分别见表 15-31～表 15-33。

表 15-31　NC 透明底漆配方

原料	H1/4s 硝化棉	422 树脂	天那水	BYK-141	硬脂酸锌	短油度醇酸树脂	邻苯二甲酸二辛酯(DOP)
用量(质量份)	20.0	15.5	46.4	0.15	4.00	11.5	2.00

表 15-32　NC 全亚光面漆配方

原料	H1/4s 硝化棉	ED-30	MW-1135	天那水	BYK-300	椰子油醇酸树脂	邻苯二甲酸二辛酯(DOP)
用量(质量份)	17.0	3.00	1.50	40.1	0.20	28.0	2.00

注：ED-30：二氧化硅消光剂，美国格雷斯公司。

MW-1135：Deuchem 消光剂。

表 15-33 天那水配方

原料	乙酸正丁酯	正丁醇	乙醇	丙酮	甲苯 40%	乙二醇乙醚醋酸酯	甲基异丁酮
用量(质量份)	20.0	10.0	5.00	5.00	40.0	10.0	10.0

15.7　光固化木器涂料

① 表 15-34 为一种丙烯酸酯体系光固化白色腻子参考配方。

表 15-34　丙烯酸酯体系光固化白色腻子参考配方

原　料	用量(质量份)	原　料	用量(质量份)
双酚 A 环氧丙烯酸酯	28.2	表面活性剂	0.13
三羟甲基丙烷三丙烯酸酯	7.53	钛白粉	14.1
异丙基硫杂蒽酮(ITX)	1.00	滑石粉	14.1
苯甲酸-2-二甲基氨乙酯	4.80	氧化钡	28.2
N-乙烯基吡咯烷酮	1.88		

② 表 15-35 为一丙烯酸酯体系光固化木器底漆参考配方。

表 15-35　丙烯酸酯体系光固化木器底漆参考配方

原　料	用量(质量份)	原　料	用量(质量份)
双酚 A 环氧丙烯酸酯(含 20%TPGDA)	33.5	二苯甲酮	5.00
四官能度聚酯丙烯酸酯	15.0	HMPP、HCPK 等裂解型光引发剂	1.50
TPGDA	40.0	硬脂酸锌	0.500
叔胺	4.00	流平助剂	0.500

③ 表 15-36 为一丙烯酸酯体系光固化木器面漆参考配方。

表 15-36　丙烯酸酯体系光固化木器面漆参考配方

原　料	用量(质量份)	原　料	用量(质量份)
双酚 A 环氧丙烯酸酯	32.0	TMP(EO)$_4$TA	10.0
聚氨酯丙烯酸酯(Photomer 6008)	10.0	DMPA(Irgacure 651)	4.00
TPGDA	38.0	二苯甲酮	2.00
TMP(EO)$_3$TA	3.00	三乙醇胺	1.00

15.8　水性木器漆

(1) 水性木器透明底漆　参考配方见表 15-37。

表 15-37　水性木器透明底漆参考配方

序　号	原材料	用量(质量份)	备注
1	NeoCryl XK61	80.0	DSM
2	Dehydran 1293	1.00	Cognis 消泡剂
3	乙二醇丁醚	8.00	工业级
4	水	9.70	
5	Hydropalat 875	0.300	Cognis 润湿剂
6	DSX 2000	0.500	Cognis 流平剂
7	水	0.500	

底漆要求对木材的润湿性好、渗透性强、打磨性好、附着力强。丙烯酸共聚物具有快干、光稳定性好，透明性、流动性好及较好的低温柔韧性，成本较低，可选择粒径小、玻璃化温度适中的丙烯酸乳液作为封底漆树脂。助剂的选择要求基材润湿剂能有效降低体系的表面张力，增加对木材的润湿性和渗透性，提高层间附着力；消泡剂要求相容性好、消泡能力强。

制备工艺：

① 称量组分 1，将组分 2~5 混合后在 300r/min 搅拌下加入，600r/min 下分散 30min；

② 将转速调至 400r/min，将组分 6 用组分 7 稀释后加入搅拌均匀。

主要性能指标：

固含量	约 33.6%
黏度（涂-4 杯）	40s
表干时间（湿膜 50μm）	10~15min
实干时间	3h
附着力	1 级

（2）水性木器高光面漆　水性木器面漆的树脂有水性聚氨酯分散体、丙烯酸改性水性聚氨酯和丙烯酸乳液三大类。

水性聚氨酯具有流平性好、丰满度高、耐磨、抗化学品性好和硬度高等优点，非常适用于配制各种高档水性木器面漆，如家具漆和地板漆等。丙烯酸改性水性聚氨酯是通过核-壳等聚合方法将丙烯酸和聚氨酯聚合在一起的一种新型水性树脂，其不但具有丙烯酸树脂的耐候性、耐化学品性和对颜料的润湿性，并且继承了聚氨酯树脂的高附着力、耐磨性和高硬度等性能，常用于中高档木器面漆；丙烯酸树脂具有快干、光稳定性优异的特点，传统的丙烯酸共聚物系热塑性树脂，力学性能较差，如硬度、耐热性较低，目前的发展趋势是采用多步聚合法制备常温自交联乳液，其特点是干燥迅速、硬度高、透明、流动性好、耐化学品性优异，并具有良好的低温柔韧性和抗粘连性，另外采用核-壳聚合方法也可以制备成膜温度低、抗粘连性及柔韧性好的多相丙烯酸分散体，但硬度稍差，丙烯酸类乳液由于相对低廉的成本，目前在市场上仍备受关注，广泛用于水性底漆及低端水性木器装饰漆等。水性木器高光面漆参考配方见表 15-38。

表 15-38　水性木器高光面漆参考配方

序号	原材料	用量（质量份）	备注
1	NeoPac E-106	80.0	DSM
2	Dehydran 1293	0.60	Cognis 消泡剂
3	FoamStar A34	0.6	消泡剂
4	乙二醇丁醚	8.00	工业级
5	水	1.10	
6	Hydropalat 140	0.400	Cognis 润湿剂
7	Perenol S5	0.300	增滑剂
8	DSX 2000	0.500	Cognis 流平剂
9	水	0.500	

工艺操作：

① 准确称量组分 1，300r/min 搅拌条件下加入预混后的组分 2~7，600r/min 搅拌 30min；

② 将转速调至 400r/min，加入组分 8、9 的稀释液调整黏度，并慢速消泡 10min。

主要性能：

固含量　　　　　　　　30%

黏度（涂-4杯）　　　　40s

表干时间　　　　　　　15min

铅笔硬度　　　　　　　1～2H

E-106 是一种水性丙烯酸-聚氨酯杂化体，综合性能较好。

水性木器亚光面漆参考配方见表 15-39。

表 15-39　水性木器亚光面漆参考配方

序号	原材料	用量（质量份）	备　　注
1	Ucecoat DW 5562	100	UCB
2	Dehydran 1293	0.60	Cognis 消泡剂
3	TS 100	1.00	Degussa,消光剂
4	Aquamat 216	3.00	BYK,乳化蜡（手感剂）
5	Dowanol DE	2.00	Dow,成膜助剂
	Dowanol EB	1.00	
6	BYK 346	0.500	BYK,润湿流平剂
7	Ucecoat XE 430(10%IPA)	0.800	UCB

　　Ucecoat DW 5562 是一种自交联型水性丙烯酸-聚氨酯杂化体。该配方所得涂膜硬度大于 1H，40～60min 实干。3d 后，完全固化，加热可加速固化。DW 5562 的性能指标见表 15-40。

表 15-40　DW 5562 的性能指标

项　　目	指　　标	项　　目	指　　标
固含量/%	40±1	MFT/℃	约 7
黏度/mPa·s	50～100	硬度(柯尼希法)/s	135
NMP 含量/%	5	pH	7.5

　　（3）水性木器白色面漆　参考配方见表 15-41。

表 15-41　水性木器白色面漆参考配方

序　　号	材　　料	用量（质量份）	备　　注
1	水	10.0	
2	TC-202	61.0	广东天银化工
3	Disponer W-511	0.300	Deuchem
4	Disponer W-18	0.200	Deuchem
5	BYK-028	25.0	BYK
6	钛白粉(828)	0.200	
7	DeuAdd MB-11	2.00	Deuchem
8	DeuAdd MB-16	0.100	Deuchem
9	TS-100	0.200	乳化蜡
10	DeuRheo WT-204	1.00	Deuchem

　　TC-202 为一种油改性脂肪族水性聚氨酯，是目前性价比最高的一种水性树脂。其性能指标见表 15-42。

　　工艺操作：

　　① 准确称量组分 1、2，600r/min 搅拌条件下加入组分 3～6，1000r/min 搅拌 30min；

　　② 将转速调至 600r/min 加入组分 7～9，搅拌 10min，加入组分 10 调整黏度，慢速消泡 30min，过滤、包装。

表 15-42　TC-202 的性能指标

项　　目	指　　标
外观	微黄色半透明溶液
不挥发分/%	33±1
pH	7～9
黏度(25℃,NDJ.I 黏度计)/mPa·s	15～100
干燥性(25℃,湿度 65%)	表干/实干 20(min)/2(h)
光泽	≥90
硬度	≥2H
附着力(级)	0
抗划伤性(100g)	通过
抗粘连性(500g,50℃/4h)	通过
耐磨性(750g/500r)/g	≤0.03
耐水性(72h)沸水(15min)	无异常
耐碱性(50g/L NaHCO₃,1h)	无异常
耐污染性(50%乙醇、醋、绿茶,1h)	无异常
耐黄变性(7d、ΔE)	≤3
TVOC/(g/L)	≤200
可溶性重金属/甲醛	无检出

(4) 双组分水性聚氨酯木器清漆　配方见表 15-43 和表 15-44。

表 15-43　双组分水性聚氨酯木器清漆配方（羟基组分）

序　　号	原材料	用量(质量份)	备　　注
1	水性聚氨酯羟基组分	68.0	广东天银化工
2	BYK 028	0.0800	BYK 消泡剂
3	Aquamat 216	0.558	BYK 乳化蜡,手感剂
4	BYK 346	0.0400	BYK 流平剂
5	DeuRheo WT-204	1.80	Deuchem 增稠剂

表 15-44　双组分水性聚氨酯木器清漆配方（固化剂）

序　　号	原材料	用量(质量份)	备　　注
1	2102	10.0	罗地亚
2	丙二醇甲醚醋酸酯	1.00	溶剂
3	DBTL	0.0056	催化剂

施工时将水性固化剂溶液在搅拌下加入羟基组分中,搅拌均匀,熟化 30min 后使用,使用期约 5h。其涂层光泽高、硬度好、耐水、耐热、耐溶剂,基本达到油性双组分 PU 漆的性能。水性聚氨酯羟基组分的性能指标见表 15-45。

表 15-45　水性聚氨酯羟基组分的性能指标

项　　目	指　　标	项　　目	指　　标
外观	半透明水分散体	黏度/(mPa·s)	500～1000
固含量/%	40±1	羟值	1.8%(以树脂计)

15.9　结语

近年来,木器漆的水性化趋势势不可挡,因此在加强水性树脂研发的同时,水性漆的配方研究也应加强,再加上政府的政策导向,性能优异的水性漆必将占领市场,满足客户及社会的需要。

第 16 章　涂料生产设备与工艺

16.1　概述

从本质上来讲，涂料生产的过程就是把颜料固体粒子通过外力进行破碎并分散在树脂溶液或者乳液中，使之形成一个均匀微细的悬浮分散体。其生产过程通常采用四个步骤。

（1）预分散　将颜料在一定设备中先与部分漆料混合，以制得属于颜料色浆半成品的拌合色浆，同时利于后续研磨。

（2）研磨分散　将预分散后的拌合色浆通过研磨分散设备进行充分分散，得到颜料色浆。

（3）调漆　向研磨的颜料色浆中加入余下的基料、其他助剂及溶剂，必要时进行调色，达到色漆质量要求。

（4）净化包装　通过过滤设备除去各种杂质和大颗粒，包装制得成品涂料。

16.2　涂料生产设备

涂料生产的主要设备有分散设备、研磨设备、调漆设备、过滤设备、输送设备等。

16.2.1　分散设备

预分散是涂料生产的第一道工序，通过预分散，颜、填料混合均匀，同时使基料取代部分颜料表面所吸附的空气使颜料得到部分湿润，在机械力作用下颜料得到初步粉碎。在色漆生产中，这道工序是研磨分散的配套工序，过去色漆的研磨分散设备以辊磨机为主，与其配套的是各种类型的搅浆机，近年来，研磨分散设备以砂磨机为主流，与其配套的也改用高速分散机，它是目前使用最广泛的预分散设备。

高速分散机由机体、搅拌轴、分散盘、分散缸等组成，主要配合砂磨机对颜、填料进行预分散用，对于易分散颜料或分散细度要求不高的涂料也可以直接作为研磨分散设备使用，同时也可用作调漆设备。

高速分散机的关键部件是锯齿圆盘式叶轮（图 16-1），它由高速旋转的搅拌轴带动，搅拌轴可以根据需要进行升降。工作时叶轮的高速旋转使漆浆呈现滚动的环流（图 16-2），并产生一个很大的旋涡，位于顶部表面的颜料粒子，很快呈螺旋状下降到旋涡的底部，在叶轮边缘 2.5～5cm 处，形成一个湍流区。在湍流区，颜料的粒子受到较强的剪切和冲击作用，很快分散到漆浆中。在湍流区外，形成上、下两个流束，使漆浆得到充分的循环和翻动。同时，由于黏度剪切力的作用，使颜料团粒得以分散。

高速分散机具有以下优点：

① 结构简单、使用成本低、操作方便、维护和保养容易；

② 应用范围广，配料、分散、调漆等作业均可使用，对于易分散颜料和制造细度要求不高的涂料，通过混合、分散、调漆可直接制成产品；

③ 效率高，可以一台高速分散机配合数台研磨设备开展工作；

④ 结构简单，清洗方便。

图 16-1　圆盘式叶轮

图 16-2　高速分散机中液流情况

但其剪切力低，从而分散能力较差，不能分散紧密的颜料，对高黏度漆浆不适用。

高速分散机工作时漆浆的黏度要适中，太稀则分散效果差，流动性差也不合适。合适的漆料黏度范围通常为 0.1～0.4Pa·s。

近几年来又开发了一些新的高速分散机品种，如双轴双叶轮高速分散机，它能产生强烈的汽蚀作用，具有很好的分散能力，同时产生的旋涡较浅，漆浆罐的装量系数也可提高；双轴高速分散机的双轴可在一定范围内做上下移动，有利于漆浆罐内物料的轴向混合；双轴高低速搅拌机适用于高黏度物料拌合，如用于生产硝基铅笔漆、醇酸腻子等。

在各种研磨分散设备中，三辊机和五辊机是加工黏稠漆浆的，与之配套的预分散设备通常是搅浆机，常用的有立式换罐式混合机、转筒式搅浆机和行星搅拌机。

16.2.2　研磨设备

研磨设备是色漆生产的主要设备，其基本形式可分为两类，一类带自由运动的研磨介质（或称分散介质），另一类不带研磨介质，依靠抹研力进行研磨分散。常用研磨分散设备有砂磨机、辊磨、高速分散机等，砂磨机分散效率高，适用于中、低黏度漆浆，辊磨可用于黏度很高的甚至成膏状物料的生产。

砂磨机、球磨机依靠研磨介质在冲击和相互滚动时产生的冲击力和剪切力进行研磨分散，由于效率高、操作简便，成为当前最主要的研磨分散设备。砂磨机结构及外观示意见图16-3。

砂磨机由电动机、传动装置、筒体、分散轴、分散盘、平衡轮等组成，分散轴上安装数个分散盘，筒体中盛有适量的玻璃珠、氧化锆珠、石英砂等研磨介质。经预分散的漆浆用送料泵从底部输入，电动机带动分散轴高速旋转，研磨介质随着分散盘运动，抛向砂磨机的筒壁，又被弹回，漆浆受到研磨介质的冲击和剪切得到分散。

砂磨机主要分立式砂磨机和卧式砂磨机两大类。立式砂磨机研磨分散介质容易沉底，卧式砂磨机研磨分散介质在轴向分布均匀，避免了此问题。

砂磨机具有生产效率高、分散细度好、操作简便、结构简单，便于维护等特点，因此成为了研磨分散的主要设备，但是砂磨机必须要有高速分散机配合使用，而且深色和浅色漆浆互相换色生产时，较难清洗干净，目前主要用于低黏度的漆浆。

球磨机机体内装有钢球、鹅卵石或瓷球等研磨介质，运转时，圆筒中的球被向上提起，然后落下，球体间相互撞击或摩擦使颜料团粒受到冲击和强剪切作用，分散到漆料中。球磨机无需预混作业，完全密闭操作，适用于高挥发分漆及毒性大的漆浆的分散，而且操作简单、运行安全，但其效率低，变换颜色困难，漆浆不易放净；不适宜加工过于黏稠的漆浆。

辊磨利用转速不同的辊筒间产生的剪切作用进行研磨分散，能加工黏度很高的漆浆，适

(a)

(b)

图 16-3 砂磨机结构及外观示意

宜于难分散漆浆，换色时清洗容易，以三辊磨使用最普遍。

16.2.3 过滤设备

在色漆制造过程中，仍有可能混入杂质，如在加入颜、填料时，可能会带入一些机械杂质，用砂磨分散时，漆浆会混入碎的研磨介质（如玻璃珠），此外还有未得到充分研磨的颜料颗粒，因此需经过滤处理。

用于色漆过滤的常用设备有罗筛、振动筛、袋式过滤器、管式过滤器和自清洗过滤机等，一般根据色漆的细度要求和产量大小选用适当的过滤设备。

（1）袋式过滤器 袋式过滤器由一细长筒体内装有一个活动的金属网袋，内套以尼龙丝绢、无纺布或多孔纤维织物制作的滤袋，接口处用耐溶剂的橡胶密封圈进行密封，压紧盖时，可同时使密封面达到密封，因而在清理滤渣、更换滤袋时十分方便。

过滤器的材质有不锈钢和碳钢两种。为了便于用户使用，制造厂常将过滤器与配套的泵用管路连接好，装在移动式推车上，除单台过滤机外、还有双联过滤机，可一台使用，另一台进行清洗。

这种过滤器的优点是适用范围广，既可过滤色漆，也可过滤漆料和清漆，适用的黏度范围也很大。选用不同的滤袋可以调节过滤细度的范围，结构简单、紧凑、体积小、密闭操作，操作方便。缺点是滤袋价格较高，虽然清洗后可反复使用，但清洗也较麻烦。

（2）管式过滤器　管式过滤器也是一种滤芯过滤器。待过滤的油漆从外层进入，过滤后的油漆从滤芯中间排出。它的优点是：滤芯强度高，拆装方便，可承受压力较高，用于要求高的色漆过滤。但滤芯价格较高，效率低。

16.2.4　输送设备

涂料生产过程中，原料、半成品、成品往往需要运输，这就需要用到输送设备，输送不同的物料需要不同的输送设备。常用的输送设备有液料输送泵，如隔膜泵、内齿轮泵和螺杆泵、螺旋输送机、粉料输送泵等。

16.3　涂料生产工艺过程

16.3.1　基本工艺

（1）清漆生产工艺　清漆生产中，由于不涉及颜、填料分散，工艺相对比较简单，包括树脂溶解、调漆（主要是调节黏度、加入助剂）、过滤、包装。

（2）色漆生产工艺　色漆生产工艺是指将颜、填料均匀分散在基料中加工成色漆成品的物料传递或转化过程，核心是颜、填料的分散和研磨，一般包括混合、分散、研磨、过滤、包装等工序。通常依据产品种类、原材料特点及其加工特点的不同，首先选用适宜的研磨分散设备，确定基本工艺模式，再根据多方面的综合考虑，选用其他工艺手段，制订生产工艺过程。

通常色漆生产工艺流程是以色漆产品或研磨漆浆的流动状态、颜料在漆料中的分散性、漆料对颜料的湿润性及对产品的加工精度要求这四个方面的考虑为依据，结合其他因素如溶剂毒性等首先选定过程中所使用的研磨分散设备，从而确定工艺过程的基本模式。

砂磨机对于颗粒细小而又易分散的合成颜料、粗颗粒或微粉化的天然颜料和填料等易流动的漆浆，生产能力高、分散精度好、能耗低、噪声小、溶剂挥发少、结构简单、便于维护、能连续生产，是加工此类涂料的优选设备，在多种类型的磁漆和底漆生产中获得了广泛的应用。但是，它不适用于生产膏状或厚浆型的悬浮分散体，用于加工炭黑等分散困难的合成颜料时生产效率低，用于生产磨蚀性颜料时则易于磨损，此外换色时清洗比较困难，适合大批量生产。

球磨机同样也适用于分散易流动的悬浮分散体系，适用于分散任何品种的颜料，对于分散粗颗粒的颜料、填料、磨蚀性颜料和细颗粒难分散的合成颜料有着突出的效果。卧式球磨机由于密闭操作，故适用于要求防止溶剂挥发及含毒物的产品。由于其研磨精度差，且清洗换色困难，故不适于加工高精度的漆浆及经常调换花色品种的场合。

三辊机由于开放操作，溶剂挥发损失大，对人体危害性强，而且生产能力较低，结构较复杂，手工操作劳动强度大，故应用范围受到一定限制。但是它适用于高黏度漆浆和厚浆型产品，因而被广泛用于厚漆、腻子及部分厚浆美术漆的生产。对于某些贵重颜料，三辊机中不等速运转的两辊间能生产巨大的剪切力，导致高固体含量的漆料对颜料润湿充分，有利于获得较好的产品质量，因而被用于生产高质量的面漆。三辊机清洗换色比较方便，也常和砂磨机配合应用，用于制造复色磁漆的少量调色浆。

确定研磨分散设备的类型是决定色漆生产工艺过程的前提和关键。研磨分散设备不同，工艺过程也随之变化。以砂磨机分散工艺为例，一般需要使用高速分散机进行研磨漆浆的预混合，使颜、填料混合均匀并初步分散以后再以砂磨机研磨分散，待细度达到要求后，输送到调漆罐中进行调色制得成品，最后经过滤净化后包装，入库完成全部工艺过程。由于砂磨机研磨漆浆黏度较低，易于流动，大批量生产时可以机械泵为动力，通过管道进行输送；小批量多品种生产也可使用移动调漆罐的方式进行漆浆的转移。球磨机工艺的配料、预混合与研磨分散则在球磨筒体内一并进行，研磨漆浆可用管道输送和活动容器运送两种方式输入调漆罐调漆，再经过滤包装入库等环节完成工艺过程。三辊机分散因漆浆较稠，故一般用换罐式搅拌机混合，以活动容器运送的方式实现漆浆的传送，往往与单辊机串联使用进行工艺组合。

色漆的生产工艺一般分为砂磨机工艺、球磨机工艺、三辊机工艺和轧片工艺，核心在于分散手段不同。

以砂磨机工艺为例，包括以下工序：

① 备料，即将色漆生产所需的各种原材料送至车间；

② 配料预混合，按工艺配方规定的数量将漆料和溶剂分别经机械泵输送并计量后加入配料预混合罐中，开动高速分散机将其混合均匀，然后在搅拌下逐渐加入配方量的颜、填料，加完后提高高速分散机的转速，以充分湿润和预分散颜料，制得待分散的漆浆；

③ 研磨分散，将待分散的漆浆用泵输入砂磨机进行分散，至细度合格后输入调漆罐中或者中间贮罐；

④ 调色制漆，将分散好的漆浆输入到调漆罐中，在搅拌下，将调色漆浆逐渐加入其中，以调整颜色，补加配方中基料及助剂，并加入溶剂调整黏度；

⑤ 过滤包装，经检验合格的色漆成品，经过滤器净化后，计量、包装、入库。

16.3.2 乳胶漆生产工艺

乳胶漆是颜料的水分散体和聚合物的水分散体（乳液）的混合物，二者本身都已含有多种表面活性剂，为了获得良好的施工和成膜性质，又添加了许多表面活性剂。这些表面活性剂除了化学键合或化学吸附外，都在动态地做吸附/脱吸附平衡，而表面活性剂间又有相互作用，如使用不当，有可能导致分散体稳定性的破坏。

因此，在颜料和聚合物两种分散体进行混合时，投料次序就显得特别重要。典型的投料顺序如下：

①水；②杀菌剂；③成膜溶剂；④增稠剂；⑤颜料分散剂；⑥消泡剂、润湿剂；⑦颜、填料；⑧乳液；⑨pH调整剂；⑩其他助剂；⑪水和/或增稠剂溶液。

操作步骤是：先将水放入高速搅拌机中，在低速下依次加入杀菌剂、成膜溶剂、增稠剂、颜料分散剂、消泡剂、润湿剂，混合均匀后，将颜、填料缓缓加入叶轮搅起的旋涡中。加入颜、填料后，调节叶轮与调漆桶底的距离，使旋涡成浅盆状，加完颜料后，提高叶轮转速，为防止温度上升过多，应停车冷却，停车时刮下桶边黏附的颜、填料。随时测定刮片细度，当细度合格，即分散完毕。

分散完毕后，在低速下逐渐加入乳液、pH调整剂，再加入其他助剂，然后用水和/或增稠剂溶液调整黏度，过筛出料。

16.3.3 生产过程中应注意的问题

(1) 絮凝　当用纯溶剂或高浓度的漆料调稀色浆时，容易发生絮凝；其原因在于调稀过程中，纯溶剂可从原色浆中提出树脂，使颜料保护层上的树脂部分为溶剂取代，稳定性下降，当用高浓度漆料调稀时，因为有溶剂提取过程，使原色中颜料浓度局部增大，从而增加絮凝的可能。

(2) 配料后漆浆增稠　色漆生产中，会在配料后或砂磨分散过程中遇到漆浆增稠的现象。其原因，一是颜料由于加工或贮存的原因，含水量过高，在溶剂型涂料中出现了假稠现象；二是颜料中的水溶盐含量过高，或含有其他碱性杂质，它与漆料混合后，脂肪酸与碱反应生成皂而导致增稠。解决方法：增稠现象较轻时，加少量溶剂，或补加适量漆料；增稠情况严重时，如原因是水分过高，可加入少量乙醇等醇类物质，如是碱性物质所造成的，可加入少量亚麻油酸或其他有机酸进行中和。

(3) 细度不易分散　研磨漆浆时细度不易分散的原因主要有以下几点。

① 颜料细度大于色漆要求的细度，如云母氯化铁、石墨粉等颜料的原始颗粒大于色漆细度标准，解决办法是先将颜料进一步粉碎加工，使其达到色漆细度的要求。此时，单纯通过研磨分散解决不了颜料原始颗粒的细度问题。

② 颜料颗粒聚集紧密难以分散。如炭黑、铁蓝在生产中就很难分散，且易沉淀。解决办法是分散过程中不要停配料罐搅拌机，砂磨分散时快速进料过磨，经过砂磨机过一遍后，再正常进料，两次分散作业。此外还可以在配料中加入环烷酸锌对颜料进行表面处理，提高颜料的分散性能，也可加入分散剂，提高分散效率。

③ 漆料本身细度达不到色漆的细度要求，也会造成不易分散，应严格把好进漆料的检验手续关。

(4) 调色在贮存中变胶　某些颜料容易造成调色贮存中变胶，最易产生变胶现象的是酞菁蓝浆与铁蓝浆。解决方法，可采用冷存稀浆法，即配色浆研磨后，立即倒入冷漆料中搅拌，同时加松节油稀释搅匀。

(5) 醇酸色漆细度不合格　细度不合格的主要原因有：研磨漆浆细度不合格，调漆工序验收不严格；调色浆、漆料的细度不合格，调漆罐换品种时没刷洗干净，投放的稀料或树脂混溶性不好。

(6) 复色漆出现浮色和发花现象　浮色和发花是复色漆生产时常见的两种漆膜病态。

浮色是由于复色漆生产时所用的各种颜料的密度和颗粒大小及润湿程度不同，在漆膜形成但尚未固化的过程中向下沉降的速度不同造成的。粒径大、密度大的颜料（如铬黄钛白、铁红等）的沉降速度快，粒径小、密度小的颜料（如炭黑、铁蓝、酞菁等）的沉降速度相对慢一些，漆膜固化后，漆膜表面颜色成为以粒径小、密度小的颜料占显著色彩的浮色，而不是工艺要求的标准复色。

发花是由于不同颜料表面张力不同，漆料的亲和力也有差距，造成漆膜表面出现局部某一颜料相对集中而产生的不规则的花斑。

解决上述问题的办法是在色漆生产中，加入降低表面张力的低黏度硅油或者其他流平助剂。

(7) 凝胶化　涂料在生产或贮存时黏度突然增大，并出现弹性凝胶的现象称为凝胶化。聚氨酯涂料在生产和贮存过程中，异氰酸酯组分（又称甲组分）和羟基组分（又称乙组分）都可能出现凝胶化现象，其原因有：生产时没有按照配方用量投料；生产操作工艺（包括反应温度、反应时间及 pH 值等）失控；稀释溶剂没有达到氨酯级要求；涂料包装桶漏气，混入了水分或空气中的湿气；包装桶内积有反应性活性物质，如水、醇、酸等。

预防与解决的办法：原料规格必须符合配方、工艺要求；严格按照工艺条件生产，反应温度、反应时间及 pH 值控制在规定的范围内。

（8）发胀　色浆在研磨过程中，浆料一旦静置下来就呈现胶冻状，而一经搅拌又稀下来的现象称为发胀。这种现象主要发生在羧基组分中，产生羧基组分发胀的原因主要有：羧基树脂 pH 值偏低，采用的是碱性颜料，两者发生皂化反应使色浆发胀，聚合度高的羧基树脂会使一些活动颜料结成颜料粒子团而显现发胀。可以在发胀的浆料中加入适量的二甲基乙胺或甲基二乙醇胺，缓解发胀；用三辊机对发胀的色浆再研磨，使絮凝的颜料重新分散；在研磨料中加入适量的乙醇胺类，能消除因水而引起的发胀。

（9）沉淀　由于杂质或不溶性物质的存在，色漆中的颜料出现沉底的现象叫沉淀。产生的原因主要有：色漆组分黏度小，稀料用量过大，树脂含量少；颜料相对密度大，颗粒过粗；稀释剂使用不当；贮存时间长。可以加入适量的硬脂酸铝或有机膨润土等涂料常用的防沉剂，提高色漆的研磨细度避免沉淀。

（10）变色　清漆在贮存过程中由于某些原因颜色发生变化的现象叫变色。这种现象主要发生在羧基组分中，其原因有：羧基组分 pH 值偏低，与包装铁桶和金属颜料发生化学反应；颜色料之间发生化学反应，改变了原来颜料的固有颜色；颜料之间的相对密度相差大，颜料分层造成组分颜色不一致。可以通过选用高 pH 值羧基树脂，最好是中性树脂避免变色；在颜料的选用上需考虑它们之间与其他组分不发生反应。

（11）结皮　涂料在贮存中表层结出一层硬结漆膜的现象称为结皮。产生的原因有：涂料包装桶的桶盖不严；催干剂的用量过多。可加入防结皮剂丁酮肟以及生产时严格控制催干剂的用量解决。

16.4　质量检验与性能测试

对涂料进行质量检验和性能测试有利于选定配方、指导生产，起到控制产品质量的作用，同时为施工提供技术数据，并且有助于开展基础理论研究。

涂料本身不能作为工程材料使用，必须和被涂物品配套使用并发挥其功能，其质量好坏，最重要的是它涂在物体上所形成的涂膜性能。因此，涂料的质量检测有以下特点。

① 涂料产品质量检测即涂料及涂膜的性能测试，主要体现在涂膜性能上，以物理方法为主，不能单纯依靠化学方法。

② 试验基材和条件有很大影响。涂料产品应用面极为广泛，必须通过各种涂装方法施工在物体表面，其施工性能好坏也大大影响涂料的使用效果，所以，涂料性能测试还必须包括施工性能的测试。

③ 同一项目往往从不同角度进行考察，结果具有差异。

④ 性能测试全面，涂料涂装在物体表面形成涂膜后应具有一定的装饰、保护性能。除此而外，涂膜常常在一些特定环境下使用，需要满足特定的技术要求。因此，还必须测试某些特殊保护性能，如耐温、耐腐蚀、耐盐雾等。

涂料的性能一般包括涂料产品本身的性能、涂料施工性能、涂膜性能等。

16.4.1　涂料产品本身的性能

涂料产品本身的性能包括涂料产品形态、组成、贮存性等性能。

（1）颜色与外观　本项目是检查涂料的形状、颜色和透明度的，特别是对清漆的检查，外观更为重要，参见 GB 1727—79《清漆，清油及稀释剂外观和透明度》和 GB 1722—79《清漆，清油及稀释颜色测定方法》。

（2）细度　细度是检查色漆中颜料颗料或分散均匀程度的标准，以 μm 表示，测定方法见 GB 1724—79《涂料细度测定法》。

（3）黏度　黏度测定的方法很多，涂料黏度测定通常是在规定的温度下测量定量的涂料从仪器孔流出所需的时间，以 s 表示，如涂-4 黏度计，具体方法见 GB 1723—79《涂料黏度测定法》。

（4）固体分（不挥发分）　固体分是涂料中除去溶剂（或水）之外的不挥发分（包括树脂、颜料、增塑剂等）占涂料的质量分数，用以控制清漆和高装饰性磁漆中固体分和挥发分的比例是否合适，从而控制漆膜的厚度。一般来说，固体分低，一次成膜较薄，保护性欠佳，施工时较易流挂。

16.4.2　涂料施工性能

涂料施工性能是评价涂料产品质量好坏的一个重要方面，主要有：遮盖力，指的是遮盖物面原来底色的最小色漆用量；使用量，即涂覆单位面积所需要的涂料量；干燥时间，指涂料涂装施工以后，从流体层到全部形成固体涂膜的这段时间；流平性，指涂料施工后形成平整涂膜的能力。

16.4.3　涂膜性能

涂膜性能是涂料产品质量的最终表现，也是涂料价值的体现，一般包括力学性能、外观、热性能、耐候性等。

涂膜外观包括颜色、表面平滑性、光泽等。

力学性能是涂膜的基本性能，包括附着力、硬度、柔韧性、抗冲击等。涂膜的硬度是指涂膜干燥后具有的坚实性，用以判断它抵抗外来摩擦和碰撞的能力，测定涂膜硬度的方法很多，一般用摆杆硬度计测定。柔韧性是指涂膜经过一定的弯曲后，不发生破裂的性能，也称为弯曲性。测定柔韧性是将涂漆马口铁板在一定直径的轴棒上弯曲，观察涂膜是否有裂纹，无裂纹即算通过。冲击强度是指涂膜受到机械冲击时，涂膜不发生破损或起皱的承受能力，这项指标对于车辆及机械用漆具有重要意义。涂膜附着力是指它和被涂物表面牢固结合的能力，附着力的测定方法有划圈法、划格法和扭力法等。

涂膜的热性能包括耐热性、耐寒性、温变性。

耐介质性包括：耐水性，水可以采用蒸馏水、盐水、海水、热水、冷水等不同水种；还有耐酸，耐碱，耐溶剂，耐汽车油，耐化学药品等性能。

涂膜对光（主要上紫外线）作用的稳定性称为涂料的耐光性。涂膜的耐光性主要取决于树脂的结构，颜料也有重要影响，不同品种的涂料，耐光性相差很远。通常丙烯酸树脂、脂肪族聚氨酯的耐光性很好，硝基树脂、环氧树脂等较差，易产生褪色、变黄、泛白等。

参考文献

[1] 李绍雄，刘益军. 聚氨酯胶黏剂. 北京：化学工业出版社，1998.

[2] 虞兆年. 涂料工艺. 第二分册. 北京：化学工业出版社，1996.

[3] 山西省化工研究所. 聚氨酯弹性体手册. 北京：化学工业出版社，2001.

[4] 徐培林，张叔勤. 聚氨酯材料手册. 北京：化学工业出版社，2002.

[5] 丛树枫，喻露如. 聚氨酯涂料. 北京：化学工业出版社，2003.

[6] 刘登良. 涂料合成树脂工. 北京：化学工业出版社，2007.

[7] Masakazu H, Jianhui Zhou, Katsutishi Nagai. The structure and properties of acrylic-polyurethane hybrid emul-
     sions. Progress in Organic Coatings, 2000, 38: 27.

[8] 杨昌跃，曹红菊，杨丽等. 水性聚氨酯木器漆胶膜物性的研究. 聚氨酯工业，2001，16 (4)：22.

[9] 闫福安. 内交联型水性聚氨酯合成配方的设计与计算. 中国皮革，2002，31 (7)：12.

[10] 范浩军，石碧，何有节等. 蓖麻油改性聚氨酯皮革涂饰剂的研究. 精细化工，1996，13 (6)：30.

[11] 闫福安. 内交联型水性聚氨酯皮革光亮剂的合成研究. 武汉化工学院学报，2003，25 (1)：25.

[12] 闫福安. 短油度水溶性醇酸树脂的合成研究. 中国涂料，2003，18 (1)：26.

[13] 闫福安. 水性聚酯树脂的合成研究. 涂料工业，2003，33 (3)：9.

[14] 闫福安. 水性双组分聚氨酯木器漆的合成与研制. 涂料工业，2003，33 (5)：37.

[15] 闫福安. 水性聚氨酯的合成与应用. 胶体与聚合物，2003，21 (2)：30.

[16] 闫福安. 水性丙烯酸树脂的合成及其氨基烘漆研制. 武汉化工学院学报，2003，25 (2)：6.

[17] 吴让军，闫福安. 水性聚氨酯预聚体中异氰酸酯基的容量分析. 中国涂料，2006，21 (1)：33.

[18] 文艳霞，闫福安. 水性醇酸树脂及其聚氨酯改性研究. 中国涂料，2007，22 (1)：25.

[19] 闫福安. 气干型短油度水性醇酸树脂的合成研究. 第二届环保型水性涂料及树脂技术研讨会论文集，2003
     年：25.

[20] 闫福安. 聚酯型双组分水性聚氨酯树脂的合成研究. 第三届环保型水性涂料及树脂技术研讨会论文集，2004
     年：66.

[21] 闫福安. UV 固化水性聚酯合成研究. 第四届环保型水性涂料及树脂技术研讨会论文集，2005：166.

[22] 闫福安. 水性聚氨酯型水性环氧固化剂合成研究. 第五届环保型水性涂料及树脂技术研讨会论文集，2007
     年：296.

[23] 闫福安. 自交联型水性丙烯酸-聚氨酯杂化体的合成. 首届水性木器涂料发展研讨会论文集，2007：99.

[24] 汪长春，包启宇. 丙烯酸酯涂料. 北京：化学工业出版社，2005.

[25] 潘祖仁. 高分子化学. 北京：化学工业出版社，2007.

[26] 洪啸吟，冯汉保. 涂料化学. 北京：化学工业出版社，1997.

[27] 曹同玉，刘庆普，胡金生. 聚合物乳液合成原理性能及应用. 北京：化学工业出版社，1997.

[28] 刘国杰. 水分散性涂料. 北京：化学工业出版社，2004.

[29] [美] Zeno W. 威克斯，Frank N 琼斯，S. Peter 柏巴斯. 有机涂料科学与技术. 经桴良，姜英涛等译. 北京：化
     学工业出版社，2004.

[30] 陈平，王德中. 环氧树脂及其应用. 北京：化学工业出版社，2004.

[31] 涂料工艺编委会. 涂料工艺. 第三版. 上册. 北京：化学工业出版社，1997.

[32] 沈钟昌，周山，陈人金. 防腐涂料生产与应用技术. 北京：中国建材工业出版社，1994.

[33] 张凯，黄渝鸿，郝晓东，周德惠. 环氧树脂改性技术研究进展. 化学推进剂与高分子材料，2004，2 (1)：12.

[34] 洪晓斌，谢凯，盘毅，肖加余. 有机硅改性环氧树脂研究进展. 材料导报，2005，19 (10)：44.

[35] 刘晓冬，陈志明，董劲. 单组分水性环氧乳液的合成研究. 应用化工，2007，36 (1)：68.

[36] 官仕龙，李世荣. 水性光敏酚醛环氧树脂的合成. 涂料工业，2007，37 (1)：24.

[37] 陈少鹏，俞小春，林国良. 水性环氧丙烯酸接枝共聚物的合成及固化. 厦门大学学报（自然科学版），2007，46
     (1)：63.

[38] 周继亮，涂伟萍. 非离子型自乳化水性环氧固化剂的合成与性能. 高校化学工程学报，2006，20 (1)：94.

[39] 《化工百科全书》编辑委员会. 化工百科全书. 第12卷. 北京：化学工业出版社，1996：368.

[40] 《化工百科全书》编辑委员会. 化工百科全书. 第8卷. 北京：化学工业出版社，1996：223.

[41] 《化工百科全书》编辑委员会. 化工百科全书. 第13卷. 北京：化学工业出版社，1996：124.

[42] 《实用精细化学品手册》编辑委员会. 实用精细化学品手册. 有机卷（上）. 北京：化学工业出版社，1996.

[43] 《实用精细化学品手册》编辑委员会. 实用精细化学品手册. 有机卷（下）. 北京：化学工业出版社，1996.

[44] 刘国杰，夏正斌. 雷智斌. 氟碳树脂涂料及施工应用. 北京：中国石化出版社，2005.

［45］ 管从胜，王威强. 氟树脂涂料及应用. 北京：化学工业出版社，2004.

［46］ 刘国杰. 氟化有机硅树脂涂料开发动向. 中国涂料，2004，(12)：42.

［47］ 周立新，程江，杨卓如. 氟树脂涂料及其应用. 合成材料老化与应用，2003，32 (3)：39.

［48］ 张玲，朱学海，姚虎卿. 改性有机硅树脂涂料研究新进展. 现代化工，2006，26 (增刊02)：77.

［49］ 陈兴娟，张正晗，王正平. 环保型涂料生产工艺及应用. 北京：化学工业出版社，2004.

［50］ 杨建文，曾兆华，陈用烈. 光固化涂料及应用. 北京：化学工业出版社，2005.

［51］ 魏杰，金养智. 光固化涂料. 北京：化学工业出版社，2005.

［52］ 江梅，王德海，马家举等. UV 固化竹木基涂料的研制. 热固性树脂，2002，17 (3)：26.

［53］ 陈建山，罗洁，吴志平等. 低黏度紫外光固化竹木基涂料的研制. 化工新型材料，2005，33 (8)：66.

［54］ 马越峰，李宝芳，陈刚. 光固化粉末涂料涂膜性能研究. 热固性树脂，2003，18 (3)：1.

［55］ 官仕龙，李世荣. 光敏酚醛环氧丙烯酸酯的合成工艺. 涂料工业，2006，36 (1)：32.

［56］ 陈乐培，王海杰，武志明. 光敏树脂及其紫外光固化涂料发展新动向. 热固性树脂，2003，18 (5)：33.

［57］ 周建平，徐伟箭，熊远钦. 异氰酸酯改性光敏水性环氧丙烯酸酯的合成. 涂料工业，2005，35 (1)：24.

［58］ 梁宗军，史宜望，沈波. 用于紫外光固化涂料的羧基化环氧丙烯酸酯水分散性研究. 上海大学学报（自然科学版），2005，11 (3)：303.

［59］ 杨康，孟军锋，李洁. 脂肪族聚氨酯紫外光固化涂料的研制. 现代涂料与涂装，2003，(4)：1.

［60］ 官仕龙，李世荣. 水性丙烯酸改性酚醛环氧树脂的合成及性能. 材料保护，2007，40 (5)：17.

［61］ 洪宣益主编. 涂料助剂. 第二版. 北京：化学工业出版社，2006.

［62］ 武利民编著，涂料技术基础，北京：化学工业出版社，1999.

［63］ 童身毅等. 涂料树脂合成与配方原理. 武汉：华中理工大学出版社，1992.

［64］ 涂料工艺编委会编. 涂料工艺. 第三版，下册. 北京：化学工业出版社，1997.

［65］ 钱逢麟，竺玉书主编. 涂料助剂——品种和性能手册. 北京：化学工业出版社，1990.

［66］ 武利民等编著. 现代涂料配方设计. 北京：化学工业出版社，2000.

［67］ 何曼君等. 高分子物理. 上海：复旦大学出版社，1990.

［68］ 童国忠编著. 现代涂料仪器分析. 北京：化学工业出版社，2006.

［69］ 赵国玺等著. 表面活性剂作用原理. 北京：中国轻工业出版社，2003：555.

［70］ S T Eckersley, A Rudin. Drying behavior of acrylic latexes. Progress in Organic Coatings, 1994, 23：387.

［71］ Y Chevalier, C Pichot, C Graillat, et al. Film formation with latex praticles. Colloid and Polymer Science, 1992, 270：806-821.

［72］ F Lin, D J Meier. Latex film formation：atomic force microscop and theoretical results. Progress in Organic Coatings, 1996, 29：139.

［73］ ［美］T. C. 巴顿著. 涂料流动和颜料分散. 第二版. 郭隽奎，王长卓译. 北京：化学工业出版社，1988.

［74］ ［美］Calbo L J 主编. 涂料助剂大全. 朱传柴等译. 上海：上海科学技术文献出版社，2000.

［75］ 林宣益编著. 乳胶漆. 北京：化学工业出版社，2004.

［76］ 涂伟萍主编. 水性涂料. 北京：化学工业出版社，2005.

［77］ 刘会元. 乳胶漆生产工艺的控制及助剂应用. 涂料工业，2003，33 (8)：29.

［78］ 涂料工艺编委会编. 涂料工艺. 第三版. 下册. 北京：化学工业出版社，1997.

［79］ 洪宣益主编. 涂料助剂. 第二版. 北京：化学工业出版社，2006.

［80］ 倪玉德编著. FEVE 氟碳树脂与氟碳涂料. 北京：化学工业出版社，2006.

［81］ ［苏联］戈尔洛夫斯基等著. 涂料化工厂设备. 第三版. 周本励，冯明霞译. 北京：化学工业出版社，1987.

［82］ 李桂林编著. 环氧树脂与环氧涂料. 北京：化学工业出版社，2003.

［83］ 赵亚光编著. 聚氨酯涂料生产实用技术问答. 北京：化学工业出版社，2004.

［84］ 郑顺兴主编. 涂料与涂装科学技术基础. 北京：化学工业出版社，2007.

［85］ 马庆麟主编. 涂料工业手册. 北京：化学工业出版社，2001.

［86］ 刘国杰主编. 水分散涂料. 北京：中国轻工业出版社，2004.

［87］ 刘国杰主编. 现代涂料工艺新技术. 北京：中国轻工业出版社，2000.

［88］ 沈春林主编. 涂料配方手册. 北京：中国石化出版社，2000.

［89］ 张传恺主编. 新编涂料配方 600 例. 北京：化学工业出版社，2006.

［90］ 周学良主编. 涂料. 北京：化学工业出版社，2005.

［91］ 官仕龙，李世荣. 酚醛环氧甲基丙烯酸改性树脂的合成. 江西化工，2006，79 (2)：18.

［92］ 官仕龙，李世荣. 用有机胺催化丙烯酸改性酚醛环氧树脂. 安徽化工，2006，32 (4)：28.

［93］ 李世荣，官仕龙. 准水溶性光敏环氧酚醛树脂的合成. 现代化工，2002，22 (5)：26.

[94] 李世荣，喻克雄，官仕龙. 含环氧基的甲基丙烯酸改性 F-44 树脂的合成工艺改进. 现代化工，2000，20 (3)：26.

[95] 郭进光，官仕龙. 丙烯酸改性酚醛环氧树脂的合成工艺研究. 材料保护，2002，35 (10)：14.

[96] 李世荣，官仕龙. 涂料用水溶性光敏树脂的制备及性能. 化学世界，2001，42 (4)：181.

[97] 李世荣，官仕龙. 丙烯酸改性 F-44 环氧树脂及其光固化性能研究. 热固性树脂，2001，16 (1)：1.

[98] 李世荣，官仕龙. 甲基丙烯酸改性 F-44 树脂的合成工艺及性能. 武汉化工学院学报，2000，22 (2)：11.

[99] 李世荣，官仕龙. 水溶性甲基丙烯酸改性光敏酚醛环氧树脂的制备及性能. 湖北化工，2000，17 (3)：14.

[100] 李世荣，官仕龙. 光敏性酚醛环氧树脂的合成及性能. 涂料工业，2000，30 (5)：6.

[101] 闫福安，张艳丽. 氟改性核壳结构叔丙乳液的合成. 第六届环保型水性涂料及树脂技术研讨会论文集，2008：90.

[102] 张艳丽，闫福安. 叔丙乳液合成及其水性木器封闭底漆研制. 第六届环保型水性涂料及树脂技术研讨会论文集，2008：196.

[103] 闫福安. 水性聚氨酯合成及改性. 第二届水性木器涂料发展研讨会论文集，2008：99.

[104] 闫福安. 普适平衡缩聚方程的理论处理. 湖北化工，1998，(5)：37.

[105] 闫福安. 共聚物组成曲线的数学分析. 高分子材料科学与工程，1999，15 (2)：169.

[106] 闫福安. (a-AB-b＋b-B-b) 型线形缩聚体系的分子量分布. 高分子材料科学与工程，2000，16 (2)：164.